建设工程检测实验室管理实务

梅月植　汪涛　黄俭　韦宇箭　萧赞亮 等　编著

中国城市出版社

图书在版编目（CIP）数据

建设工程检测实验室管理实务 / 梅月植等编著. —
北京 ：中国城市出版社，2024.6
ISBN 978-7-5074-3714-0

Ⅰ. ①建… Ⅱ. ①梅… Ⅲ. ①建筑工程－质量检验－
实验室管理 Ⅳ. ①TU712-33

中国国家版本馆 CIP 数据核字(2024)第 094212 号

本书共 4 章，分别是：绪论、实验室的宏观（监督）管理、实验室的微观（内部）管理、实验室管理的信息化。书末还有附录，附录共收录了 17 部与本书内容密切相关的法律、法规、规章、标准、规范，以便读者方便查阅。本书分别从宏观（监督）管理和微观（内部）管理两个方面，就如何建立健全实验室管理体系、制定确立实验室管理相关规矩和执行落实实验室管理相关规矩等内容展开系统阐述，并就实验室的宏观（监督）管理和微观（内部）管理的信息化提供了颇具指导意义的应用示例，具有较强的系统性、实用性和指导性。

本书可作为建设工程领域实验室监督管理人员、建设工程实验室管理人员和技术人员使用，也可作为高等院校和高等、中等职业院校相关专业师生使用。

责任编辑：胡明安
责任校对：芦欣甜

建设工程检测实验室管理实务
梅月植　汪涛　黄俭　韦宇箭　萧赞亮 等　编著
*
中国城市出版社出版、发行(北京海淀三里河路 9 号)
各地新华书店、建筑书店经销
北京红光制版公司制版
建工社（河北）印刷有限公司印刷
*
开本：787 毫米×1092 毫米　1/16　印张：33¼　字数：830 千字
2024 年 7 月第一版　　2024 年 7 月第一次印刷
定价：**130.00** 元
ISBN 978-7-5074-3714-0
(904725)

前　言

自中华人民共和国成立以来，我国的实验室管理经历了始创起步、快速发展、统一（规范）管理和高质量发展四个阶段。

我国建筑业的检测实验室，作为当今世界上规模最大、专业门类最齐全、服务范围（领域）最广的实验室（检验检测）服务体系的重要一员，已经成为支撑我国基础设施工程建设事业高质量发展的不可或缺的重要技术力量，实验室提供的工程质量检测服务作为建设工程质量管理“体检证”、建筑市场经济活动“信用证”、基础设施工程建设国际合作“通行证”的作用愈加重要和突出。因此，未来实验室管理事业将大有可为，面临难得的良好发展机遇！

本书作者根据“保护合法、打击违法、取缔非法”的实验室宏观（监督）管理总要求和“客观独立、公平公正、诚实信用，恪守职业道德，承担社会责任”实验室微观（内部）管理的总要求，将实验室管理工作总括为“建体系、立规矩、抓落实”，以便读者们可以迅速建立、掌握一套完整的科学、规范、高效管理实验室的理论体系和逻辑思维框架。书中从实验室宏观（监督）管理和微观（内部）管理两个方面，就如何建立健全实验室管理体系、制定确立实验室管理相关规矩和执行落实实验室管理相关规矩等内容展开系统阐述，并对如何实现实验室管理的信息化提出了解决方案（应用示例），希望能够为改善目前实验室管理水平与我国建筑业高质量发展要求和人民群众日益增长的美好生活需要不相适应的现状而贡献薄力。

在实验室宏观（监督）管理方面。第一，借国家机构改革的东风，建立完善了与我国建筑业高质量发展要求相适应的国家、省、市、县四级政府实验室监督管理体系；第二，制定和出台了系列的实验室管理相关法规规矩（含法律、行政法规、法规性文件，下同）和管理规矩（含规章、规范性文件和标准、规范等，下同），为实验室的内部管理和政府监督管理提供了规矩依据。例如，《中华人民共和国民法典》规定**“民事主体从事民事活动，应当遵循诚信原则，秉持诚实，恪守承诺。营利法人从事经营活动，应当遵守商业道德，维护交易安全，接受政府和社会的监督，承担社会责任。”**《中共中央 国务院关于开展质量提升行动的指导意见》提出**“加强工程质量检测管理，严厉打击出具虚假报告等行为。”**和**“健全质量违法行为记录及公布制度，加大行政处罚等政府信息公开力度。”**等强化政府监管的工作要求；《中共中央 国务院印发〈质量强国建设纲要〉》明确提出**“深化检验检测认证机构资质审批制度改革，全面实施告知承诺和优化审批服务，优化规范检验检测机构资质认定程序。”“加强检验检测认证机构监管，落实主体责任，规范从业行为。”“健全以‘双随机、一公开’监管和‘互联网＋监管’为基本手段、以重点监管为补充、以信用监管为基础的新型监管机制。”**等优化质量基础设施管理和质量监管效能的措施；

国家标准《房屋建筑和市政基础设施工程质量检测技术管理规范》GB 50618—2011 提出**“检测机构必须在技术能力和资质规定范围内开展检测工作。”“检测机构应对出具的检测报告的真实性、准确性负责。”“检测机构应配备能满足所开展检测项目要求的检测人员。”“检测机构应配备能满足所开展检测项目要求的检测设备。”“检测机构严禁出具虚假检测报告。”**等强制性要求；住房和城乡建设部《建设工程质量检测管理办法》（住房和城乡建设部令第 57 号）提出**“申请检测机构资质的单位应当是具有独立法人资格的企业、事业单位，或者依法设立的合伙企业，并具备相应的人员、仪器设备、检测场所、质量保证体系等条件。”“从事建设工程质量检测活动，应当遵守相关法律、法规和标准。相关人员应当具备相应的建设工程质量检测知识和专业能力。”“检测机构应当建立建设工程过程数据和结果数据、检测影像资料及检测报告记录与留存制度，对检测数据和检测报告的真实性、准确性负责。”“检测机构应当建立信息化管理系统，对检测业务受理、检测数据采集、检测信息上传、检测报告出具、检测档案管理等活动进行信息化管理，保证建设工程质量检测活动全过程可追溯。”“检测机构应当保持人员、仪器设备、检测场所、质量保证体系等方面符合建设工程质量检测资质标准，加强检测人员培训，按照有关规定对仪器设备进行定期检定或者校准，确保检测技术能力持续满足所开展建设工程质量检测活动的要求。”“县级以上地方人民政府住房和城乡建设主管部门应当加强对建设工程质量检测活动的监督管理，建立建设工程质量检测监管信息系统，提高信息化监管水平。”**等住房和城乡建设行业检测实验室管理的特殊要求。这些规定和要求，是政府监督管理实验室及实验室内部管理都不可逾越的规矩。第三，严格按照实验室管理的法规规矩和管理规矩实施实验室资质许可，并对获得资质许可的实验室实施监督管理。因此，进入“十四五”后，制约实验室服务事业发展的体制机制障碍越来越少，实验室管理的相关规矩越来越健全，实验室管理的措施手段越来越公平公正、科学高效，实验室服务市场越来越宽广、开放，实验室经营环境越来越健康、有序。

在实验室微观管理方面。本书根据国家现行住房和城乡建设领域实验室管理相关法规规矩和管理规矩的强制性要求、通用要求和特殊要求，结合自身多年来从事建设工程质量监督、质量检测管理的工作实践，特别是参加实验室资质认定（许可）与实验室国家认可现场评审活动的实践，总结归纳出一套从实验室管理体系的建立，到实验室管理体系文件的制定，以及实验室管理体系的运行管理等系统完整的理论，为广大读者开展实验室管理工作实际业务提供富有建设性、实用性的指引。

本书还根据《中华人民共和国国民经济和社会发展第十四个五年规划和 2035 年远景目标纲要》明确的检验检测的发展目标任务，国务院《“十四五”市场监管现代化规划》提出的检验检测监管现代化的工作措施，以及国务院住房和城乡建设主管部门对实验室管理提出新目标、新要求和新措施，结合自身长期从事建设工程领域的实验室管理信息化系统及政府实验室监督管理信息化系统开发应用的实践经验，就如何实现实验室管理的信息化，通过应用示例提出了极具建设性和实用性的解决方案。希望能够助力国家应用“互联网＋监管”基本手段，推动“互联网＋监管”模式全面运行，加快形成多部门联合监管、多种监管手段相互融合、监管机制方法不断创新的系统监管和协同监管格局，推动落实保护合法、守法、诚信经营者，打击违法者与取缔非法经营者的政府监管总要求，推动我国建筑业高质量发展。

本书第1章绪论介绍了实验室管理的基础知识和我国实验室管理的发展历史与展望等基本知识，第2章实验室的宏观（监督）管理介绍了实验室的宏观（监督）管理的实务知识，第3章实验室的微观（内部）管理从实验室管理体系的建立、实验室管理体系文件的制定和实验室管理体系的运行管理等方面介绍了实验室微观（内部）管理的实务知识，第4章实验室管理的信息化介绍了实验室管理信息化的实务知识。本书还专门设置了一个资料性附录，共收录了17部（份、件）与本书内容密切相关的法律、行政法规、规章、法规（规范）性文件、标准、规范的条文，便于广大读者查阅。

本书由梅月植负责全书的主编和统稿工作。其中，第1章由梅月植执笔，第2章由汪涛执笔，第3章由韦宇箭、萧赞亮、梅月植执笔，第4章由黄俭执笔。

在本书编写过程中，得到广东永志检测技术服务有限公司、广东荣骏建设工程检测股份有限公司和广州粤建三和软件股份有限公司的大力支持和帮助，借此一并表示衷心的感谢！

限于作者的业务、政策和理论水平，本书中难免会存在不少的错谬之处，恳请广大读者将在使用本书过程中发现的问题，向我们提出批评指正意见（电子邮箱：13903005177@139.com）。

目　录

第1章 绪　论

实验室是指从事检测、校准、与后续检测或校准相关的抽样中的一种或多种活动的、为评价和量度产品、过程或服务的质量特征（性）提供客观、公正、科学的测量或检测数据的技术机构。在我国社会经济发展过程中，实验室始终扮演着十分独特和重要的角色。在工程建设领域，通常把实验室称为工程质量检测机构（或简称检测机构，下同），工程质量检测机构是如何管理的？工程质量检测机构管理的发展历史及其展望是怎么样的？建设工程领域的实验室是如何管理的？本书将围绕上述问题做系统、深入介绍。

1.1 实验室管理基础知识

1.1.1 实验室及其管理相关术语

1. 实验室相关术语

(1) 实验室[①]：是指从事检测、校准、与后续检测或校准相关的抽样中的一种或多种活动的机构。

在我国，不同的主管部门（或专业领域）对实验室有不同的称谓：

1）在住房和城乡建设行政主管部门，将实验室称为**工程质量检测机构**[②]：依法取得建设工程质量检测机构资质，并在资质许可的范围内从事建设工程质量检测活动的机构。

2）在市场监管部门，将实验室称之为**检验检测机构**[③]：是指依法成立，依据相关标准或者技术规范，利用仪器设备、环境设施等技术条件和专业技能，对产品或者法律法规规定的特定对象进行检验检测的专业技术组织。

3）在交通运输主管部门，将实验室称为**公路水运工程试验检测机构**[④]（或简称**检测机构**）：是指依法取得公路水运工程质量检测机构资质的公路水运工程质量检测机构。

(2) 建设工程质量检测[⑤]：是指在新建、扩建、改建房屋建筑和市政基础设施工程活动中，建设工程质量检测机构接受委托，依据国家有关法律、法规和标准，对建设工程涉及结构安全、主要使用功能的检测项目，进入施工现场的建筑材料、建筑构配件、设备，

---

① 中华人民共和国国家市场监督管理总局，中国国家标准化管理委员会. 检测和校准实验室能力的通用要求：GB/T 27025—2019 [S]. 北京：中国标准出版社，2019.

② 中华人民共和国住房和城乡建设部《建设工程质量检测管理办法》（2022 年 12 月 29 日中华人民共和国住房和城乡建设部令第 57 号公布，自 2023 年 3 月 1 日起施行）第三条。

③ 中华人民共和国国家市场监督管理总局《检验检测机构资质认定管理办法》（国家市场监督管理总局令第 38 号发布）第二条。

④ 中华人民共和国交通运输部《公路水运工程试验检测管理办法》（中华人民共和国交通运输部令 2023 年第 9 号公布，自 2023 年 10 月 1 日起施行）第三条。

⑤ 同注［2］第二条。

以及工程实体质量等进行的检测活动。

(3) 实验室（检测机构）资质[①]：实验室（检测机构）合法开展实验（检测）活动应当具备的法律地位（应当是具有独立法人资格的企业、事业单位，或者依法设立的合伙企业）、人员、仪器设备、检测场所、质量保证体系等基本条件。

2. 实验室管理相关术语

(1) 检测人员：经建设主管部门或其委托有关机构的考核，从事检测技术管理和检测操作人员的总称。

(2) 检测设备：在检测工作中使用的、影响对检测结果作出判断的计量器具、标准物质以及辅助仪器设备的总称。

(3) 见证人员：具备相关检测专业知识，受建设单位或监理单位委派，对检测试件的取样、制作、送检及现场工程实体检测过程真实性、规范性见证的技术人员。

(4) 见证取样：在见证人员的见证下，由取样单位的取样人员，对工程中涉及结构安全的试块、试件和建筑材料在现场取样、制作，并送至有资格的检测单位进行检测的活动。

(5) 见证检测：在见证人员的见证下，检测机构现场测试的活动。

(6) 鉴定检测：为建设工程结构性能可靠性鉴定（包括安全性鉴定和正常使用性鉴定）提供技术评估依据进行测试的活动。

(7) 工程检测管理信息系统：利用计算机技术、网络通信技术等信息化手段，对工程质量检测信息进行采集、处理、存储、传输的管理系统。

(8) 公正性：客观性的存在。

(9) 投诉：任何人员或组织向实验室就其活动或结果表达不满意，并期望得到回复的行为。

(10) 实验室间比对：按照预先规定的条件，由两个或多个实验室对相同或类似的物品进行测量或检测的组织、实施和评价。

(11) 实验室内比对：按照预先规定的条件，在同一实验室内部对相同或类似的物品进行测量或检测的组织、实施和评价。

(12) 能力验证：利用实验室间比对，按照预先制定的准则评价参加者的能力。

(13) 判定规则：当声明与规定要求的符合性时，描述如何考虑测量不确定度的规则。

(14) 验证：提供客观的证据，证明给定项目满足规定要求。

(15) 确认：对规定要求满足预期用途的验证。

(16) 计量器具：是指能用以直接或间接测出被测对象量值的装置、仪器仪表、量具和用于统一量值的标准物质，包括计量基准、计量标准、工作计量器具。

(17) 计量检定：是指为评定计量器具的计量性能，确定其是否合格所进行的全部工作。

(18) 计量检定机构：是指承担计量检定工作的有关技术机构。

(19) 仲裁检定：是指用计量基准或者社会公用计量标准所进行的以裁决为目的的计

---

① 中华人民共和国住房和城乡建设部《建设工程质量检测管理办法》（2022年12月29日中华人民共和国住房和城乡建设部令第57号公布，自2023年3月1日起施行）第六条。

量检定、测试活动。

(20) 认证与认可[①]**：认证，**是指由认证机构证明产品、服务、管理体系符合相关技术规范、相关技术规范的强制性要求或者标准的合格评定活动；**认可，**是指由认可机构对认证机构、检查机构、实验室以及从事评审、审核等认证活动人员的能力和执业资格，予以承认的合格评定活动。

(21) 实验室（检测机构）资质许可[②]**：**实验室（检测机构）登记地所在省、自治区、直辖市人民政府住房和城乡建设主管部门，依照实验室（检测机构）管理相关法律、行政法规、规章的规定，对申请检测机构资质的实验室（检测机构）的法律地位、人员、仪器设备、检测场所、质量保证体系等条件符合所申请资质标准要求所实施的评价许可。

实验室（检测机构）资质许可，在计量行政主管部门称为实验室**计量认证**[③]：政府计量行政部门对有关技术机构计量检定、测试的能力和可靠性进行的考核和证明；在市场监督管理部门则称之为检验检测机构**资质认定**[④]：市场监督管理部门依照法律、行政法规规定，对向社会出具具有证明作用的数据、结果的检验检测机构的基本条件和技术能力是否符合法定要求实施的评价许可；在交通运输主管部门则称之为**检测机构资质许可**[⑤]：由部、省级交通运输主管部门（或其委托的监督机构）根据检测机构的资质标准，经过申请、受理、专家技术评审、公示、行政许可等程序，对检测机构的资质专业、类别、等级等进行认定，并向符合标准的检测机构颁发《公路水运工程试验检测机构资质证书》。

(22) 告知承诺：是指实验室提出资质认定申请，资质认定部门一次性告知其所需资质认定条件和要求以及相关材料，实验室以书面形式承诺其符合法定条件和技术能力要求，由资质认定部门作出资质认定决定的方式。

(23) 实验室认可：实验室认可是指由法定的实验室认可机构（中国合格评定国家认可委员会 CNAS）对实验室的能力和执业资格，予以承认的合格评定活动。

为了节省篇幅和叙述方便，除需要特别指明者外，本书将各类实验室、检验检测机构、建设工程质量检测机构（或检测机构）等统一称之为实验室。

1.1.2 实验室的分类

目前，实验室的分类方法较多，限于篇幅，不能一一介绍，这里仅介绍以下两种：

1. 按实验室的主要业务功能和服务对象划分

按实验室的主要业务功能和服务对象划分，可将实验室分为检验/检测实验室、校准

---

① 《中华人民共和国认证认可条例》（2003 年 9 月 3 日中华人民共和国国务院令第 390 号公布，根据 2016 年 2 月 6 日《国务院关于修改部分行政法规的决定》第一次修订，根据 2020 年 11 月 29 日《国务院关于修改和废止部分行政法规的决定》第二次修订）第二条。

② 中华人民共和国住房和城乡建设部《建设工程质量检测管理办法》（2022 年 12 月 29 日中华人民共和国住房和城乡建设部令第 57 号公布，自 2023 年 3 月 1 日起施行）第八条、第九条。

③ 《中华人民共和国计量法实施细则》（1987 年 1 月 19 日经国务院批准，1987 年 2 月 1 日国家计量局发布。根据 2016 年 2 月 6 日《国务院关于修改部分行政法规的决定》第一次修订，根据 2017 年 3 月 1 日《国务院关于修改和废止部分行政法规的决定》第二次修订，根据 2018 年 3 月 19 日《国务院关于修改和废止部分行政法规的决定》第三次修订。2022 年，国务院决定对《中华人民共和国计量法实施细则》的部分条款予以修改，自 2022 年 5 月 1 日起施行）第二十九条、第三十条、第三十一条。

④ 国家市场监督管理总局《检验检测机构资质认定管理办法》（国家市场监督管理总局令第 38 号发布）第二条。

⑤ 中华人民共和国交通运输部《公路水运工程试验检测管理办法》（中华人民共和国交通运输部令 2023 年第 9 号公布，自 2023 年 10 月 1 日起施行）第二章 检测机构资质管理。

实验室、司法鉴定/法庭科学机构（以下简称：鉴定机构）、医学实验室、教学实验室、科研实验室和生产实验室等类别。其中，各类实验室按其法人主体的法律地位又可分为第一方实验室、第二方实验室和第三方实验室等。

2. 按实验室认证认可的领域划分

按实验室认证认可的领域①划分，可将实验室分为生物实验室、化学实验室、机械实验室、电气实验室、日用消费品实验室、植物检疫实验室、卫生检疫实验室、医疗器械实验室、兽医实验室、建设工程与建材实验室、无损检测实验室、电磁兼容实验室、特种设备及相关设备实验室、软件产品与信息安全产品实验室 14 类。在每一类实验室中又可再细分为不同的等级（如生物实验室按其安全防护等级可细分为 P1 实验室、P2 实验室、P3 实验室、P4 实验室）进行分类管理。在某一个实验室中，其检测能力范围可能涉及多个认证认可领域，一般可根据其所在的主管部门或其主要业务的专业领域来进行归类或命名。

本书仅介绍住房和城乡建设工程领域的检验/检测实验室（建设工程与建材实验室）的管理实务知识。

1.1.3 实验室的管理

实验室的管理可以简单归纳为**“建体系、立规矩、抓落实”**。**“建体系”**就是要构建满足实验室管理需要的管理体系，包括建立实验室的管理机构和管理体制机制、配备管理资源（含人、财、设备设施、授权）等。**“立规矩”**就是定立、建立符合我国实验室管理需要的法律、行政法规（合称法规规矩，下同），规章、标准、规范、（认证/认可）准则、规范性文件等（合称管理规矩，下同）和符合上述法规规矩与管理规矩的相关要求（含强制性要求、通用要求和特殊要求，下同）且满足本实验室管理需要的管理体系文件（又称内部规矩，下同）。**“抓落实”**就是通过所建立的管理体系，严格执行落实所定立、建立的相关规矩（含法规规矩、管理规矩和内部规矩，下同），持续保持所建立管理体系的运行符合相关规矩的要求。为了方便读者理解，笔者把实验室管理分为宏观管理（或称监督管理）和微观管理（或称内部管理）两部分。现分别介绍如下：

1. 实验室的宏观（监督）管理

实验室的宏观（监督）管理是指国家通过实验室管理的主管部门或其授权（认可）的管理机构，依据实验室管理的法规规矩和管理规矩对各类实验室实施的宏观（监督）管理。它包括建立政府监督管理体系、定立实验室管理法规规矩和管理规矩、根据实验室管理相关法规规矩和管理规矩实施监督管理等三方面的工作。

（1）建立政府的实验室管理体系。首先，明确国家和地方政府的实验室管理主管部门并授予相应的管理职权。其次，各级人民政府的实验室管理主管部门依法成立隶属自己管理的国家、省、市一级的检测中心（或/和监督机构），作为本行业、本地区实验室管理的技术机构，协助当地政府开展本行业、本地区实验室之间比对、能力验证、核查检测资质

---

① 中国合格评定国家认可委员会（CNAS）《实验室认可领域分类》CNAS-AL06：按认可领域的一级代码分，实验室可分为：01. 生物（0101～0114），02. 化学（0201～0249），03. 机械（0301～0319），04. 电气（0401～0432），05. 日用消费品（0501～0533），06. 植物检疫（0601～0604），07. 卫生检疫（0701～0715），08. 医疗器械（0801～0812），09. 兽医（0901～0922），10. 建设工程与建材（1001～1059），11. 无损检测（1101～1110），12. 电磁兼容（1201～1224），13. 特种设备及相关设备（1301～1312），14. 软件产品与信息安全产品（1401～1402）。

资格和检测能力、开展监督检查等技术性工作。

（2）建立健全实验室管理相关规矩。首先，国家和地方的立法、行政机关，国务院和地方政府负责实验室管理的主管部门，根据国家和本地区经济社会发展与实验室管理的需要，适时制定和颁布实施实验室管理的法规规矩和管理规矩，建立健全与国家和本地区实验室管理需要相适应的规矩体系，明确实验室及其人员从业管理的相关要求，为保证实验室管理合法、合规、规范、有序地进行提供相关规矩依据。

（3）依据相关规矩对实验室实施监督管理。政府的实验室监管部门（含住房和城乡建设主管部门及其委托的监督机构等，下同）按照"保护合法、打击违法、取缔非法"总要求，依据所定立的实验室管理的相关规矩，从实验室的法律地位、检测资质（含人员、仪器设备、检测场所、质量保证体系等）、检测活动（含通用要求、结构要求、资源要求、过程要求、管理体系要求等）、法律责任等方面，借助大数据、互联网＋等信息化技术手段，通过建立实验室监督管理信息化系统（实验室监督管理服务平台），依法依规在线上对所管辖的获证实验室开展全天候的持续不间断的电子监督管理，同时在线下"双随机、一公开"的开展定期（例行的随机抽查）和不定期（非例行、飞行）监督执法检查；对监督执法检查中发现存在违法违规行为的实验室及其从业人员，依法依规对其进行查处（含作出责令改正、罚款、吊销/注销资质认定证书等行政处罚），并将其受到行政处罚的信息在实验室监督管理信息化系统（实验室监督管理服务平台）和国家企业信用信息公示系统等平台进行公示，对本行业、本地区的实验室实施全方位的宏观（监督）管理，以督促实验室及其人员"遵章守法、客观独立、公正公平、诚实信用"地从业。如何实施实验室宏观（监督）管理，详见本书第 2 章所述。

2. 实验室的微观（内部）管理

实验室的微观（内部）管理是指实验室根据国家实验室管理相关的法规规矩和管理规矩，结合自身管理的实际，建立实验室管理体系、制订实验室管理体系文件（内部规矩）和严格按照实验室管理体系文件的要求，推动管理体系持续有效运行管理等内部管理控制工作的统称。实验室微观（内部）管理应当坚持"遵章守法、客观独立、公平公正、诚实信用"的总原则，建立并保持一个有效运行的，能够覆盖全员、全要素、全过程的，能够保证其检测活动独立、公正、科学、诚信且能保证其出具的检测报告真实、客观、准确、完整的管理体系。具体如何进行实验室微观（内部）管理，将在本书第 3 章中详细介绍。

1.2　实验室管理的发展历史

自中华人民共和国成立以来，我国实验室管理的发展大体上可分为始创起步、快速发展、统一（规范）管理和高质量发展四个阶段。各阶段的发展情况介绍如下：

1.2.1　始创起步阶段

始创起步阶段从中华人民共和国成立到改革开放前夕（1949 年 10 月至 1978 年底）。中华人民共和国成立之初，国家的社会、经济、文化、科技、国防、教育等各行各业都是百业待举、百废待兴。实验室管理也只能和其他各行业一样从零开始，艰难起步！

中华人民共和国成立之后，从加强我国对度、量、衡等计量标准管理工作入手，开启了实验室管理事业的发展步伐。1954 年 11 月全国人大常委会批准国务院设置国家计量局，作为国务院直属机构，负责全国计量管理工作；国务院在1956年6月发布《关于统一计量制度的命令》，从而统一了全国的计量制度，结束了我国长期以来多种计量制度并行的混乱状况，也为科学开展检验检测工作提供了重要计量基础。随着我国生产资料所有制的社会主义改造的全面完成，我国社会主义的政治、经济、文化、社会管理等基本制度逐步确立。为了适应国家社会经济发展的需要，国务院在1972年11月批准成立国家标准计量局，负责国家标准化和计量管理工作。1977年5月，国务院颁布《中华人民共和国计量管理条例（试行）》，作为实验室管理重要基础工作的计量管理，从此进入有法可依的轨道。国务院于1978年4月批准成立国家计量总局（由国家科学技术委员会代管），专门负责国家计量管理工作。经过近三十年的艰苦探索和大胆实践，克服了来自国内和国际的各种困难和挑战，我国业已建立起世界上门类比较齐全的工业、农业、国防、科学技术等国民经济产业体系和规模最大的教育、科研、医疗卫生、标准、计量等公共服务体系，并随我国社会经济的发展而不断发展和完善。

在这个阶段中，实验室管理作为我国国民经济产业体系和公共服务体系的一个有机组成部分，也随着社会经济的发展而稳步发展。但是，由于国家在这个时期实行全面的计划经济管理模式，几乎所有的实验室都是附设在各类国有的企（事）业单位、学校、医院、科研机构内，作为这些单位（机构）内的一个部门（或下属单位）为其主业提供检验检测服务。这期间的实验室几乎都属于向其所有者提供检验检测服务的第一方实验室的范畴。与此同时，由于这阶段各行业（或单位/机构）对实验室管理的需求和方法手段不尽相同，国家又未曾建立起统一的实验室管理标准体系和法规规矩体系。所以，该阶段的实验室管理也像其他各行业一样，一步一个脚印地在建设中国特色社会主义的伟大实践中摸索着前进。

1.2.2 快速发展阶段

快速发展阶段从党的十一届三中全会召开到21世纪初我国加入世界贸易组织（WTO）（1978年底至2001年底）。党的十一届三中全会作出把党和国家工作的中心转移到社会主义现代化建设上来的重大战略决策后，全国各族人民积压多年的建设社会主义现代化国家的积极性、主动性和创造性全面激发出来。经过长期的努力，我国的社会生产力得到了极大的解放和提高。加上实施对外开放的基本国策，通过大量引进国外的资金、先进的技术和管理经验，使国家的工业、农业、国防、科学技术等产（行）业和教育、科研、医疗卫生、标准、计量等公共服务业的发展进入了快车道，实验室管理也随之进入快速发展阶段。

随着国家经济体制改革事业的向前推进和对外开放水平的不断提高，国家和社会对实验室管理的需求日益增大，原有实验室管理的队伍规模、体制机制和管理模式越来越难以适应社会经济快速增长的需求。为了应对这种情况，国家及其实验室管理的相关主管部门在这个阶段中，制定和颁布实施了大量与实验室管理相关的法规规矩和管理规矩，从而使实验室管理保持在快速、健康和有序的发展轨道上。

1. 在立法建制方面

在立法建制方面主要从以下几个方面推动实验室管理事业快速发展：

（1）成立实验室管理相关监管机构，颁布实施实验室管理相关的法规规矩和管理规矩，确立并推行实验室计量认证和实验室认可制度。例如：

1）1982年9月，国家计量总局更名为国家计量局，变原来由国家科学技术委员会代管为由国家经济贸易委员会领导。实验室管理的重要基础工作之一的计量工作重新提升到由国务院组成部门统一管理。

2）为了加强计量管理，保障国家计量单位制的统一和量值的准确可靠，国务院在1984年2月发布了《关于在我国统一实行法定计量单位的命令》，从此使我国计量单位制度与国际单位制同步，为实验室管理中的计量管理工作提供了法规规矩。

3）1985年9月6日，第六届全国人大常务委员会第十二次会议通过后颁布了《中华人民共和国计量法》，该计量法规定：**"国家实行法定计量单位制度。国际单位制计量单位和国家选定的其他计量单位，为国家法定计量单位。为社会提供公证数据的实验室，必须经省级以上人民政府计量行政部门对其计量检定、测试的能力和可靠性考核合格。"**[①]《中华人民共和国计量法》首次在法律层面上明确了实验室必须经过政府组织的考核合格方可为社会提供公证数据的要求。

4）1985年，国家计量局成立了实验室认证机构，对为社会提供公证数据的产品质量检验机构和承担进出口商品检验、测试、分析、鉴定和参加出口产品认证、质量许可证和质量监督抽查、评比等工作的各类实验室、检测单位（统称商检实验室）的检测能力等推行计量认证和实验室认证，从而把对实验室和检查机构能力的评价活动以"认证"的方式纳入到我国政府的监督管理体系。

5）国家计量局根据《中华人民共和国计量法》的授权，报经国务院于1987年1月19日批准后，在1987年2月1日发布了《中华人民共和国计量法实施细则》，该实施细则对实验室管理密切相关的计量基准器具和计量标准器具、计量检定、计量监督、产品质量检验机构的计量认证等事项的管理要求作出了强制规定，特别是明确了**"为社会提供公证数据的产品质量检验机构，必须经省级以上人民政府计量行政部门计量认证"**的要求，并对计量认证的内容、程序和监督检查等事项的管理作出了明确规定。

至此，对需要为社会提供公证数据的实验室实行计量认证的法律、法规已经建立起来了。

（2）在住房、城乡建设、交通、水利等基础设施工程建设领域，建立了与基础设施工程建设事业快速发展相适应的实验室管理体系和规矩体系。随着国家经济体制改革事业的不断推进和发展，国家对基础设施工程建设的投资迅猛增长，基础设施工程建设事业迎来了爆发式的高速发展，基础设施工程作为拉动国民经济高速发展的"引擎"作用越来越突出。但是，既有的管理体制机制已经难以满足基础设施工程建设事业高速发展的需要。为了解决工程管理体制存在的突出问题，国务院在1984年9月18日发布了《国务院关于改革建筑业和基本建设管理体制若干问题的暂行规定》（国发〔1984〕123号），对建筑业和基本建设管理体制进行了重大调整，为全面改革建筑业和基本建设管理体制提供了指导方针。在工程建设领域中，实验室管理的地位也随着该文件的颁布实施而得到提升。随后，基础设施工程建设领域的住房、城乡建设、交通运输、水利等行业主管部门迅速行动起来，根据《国务院关于改革建筑业和基本建设管理体制的若干问题的暂行规定》（国发

① 在本书中，凡原文引用法律、行政法规、规章、法规（规范）性文件和国家标准、行业标准、规范的条文等内容时，均用黑体字并加双引号标示。

〔1984〕123号）文件精神，纷纷出台本行业工程建设管理体制改革和实验室管理体制改革的相关规矩，开展以建设项目责任制为核心的工程管理体制改革。工程建设管理、施工承包、勘察设计、材料与设备供应等单位（企业），以及附设在这些单位（企业）内部的实验室大量涌现。还陆续成立了国家（部）、省、市一级工程质量检测中心和质量监督站等管理机构。因此，各行业都建立健全了与基础设施工程快速发展相适应的管理体系和规矩体系，从而有效地保证了我国基础设施工程建设事业健康、有序的快速发展。与此同时，实验室的管理体系和规矩体系也逐步建立健全起来了，使实验室管理能够跟上基础设施工程建设事业高速发展的步伐。在此，以住房和城乡建设领域为例介绍如下：

1）制定并发布实施《建筑工程质量检测工作的规定》。为保证建筑工程质量，提高经济效益和社会效益，加强对建筑工程及建筑工程所用的材料、制品、设备的质量监督检测工作，1985年10月21日中华人民共和国城乡建设环境保护部发布实施了《建筑工程质量检测工作的规定》。该规定明确：**“建筑工程质量检测机构在城乡建设主管部门的领导和标准化管理部门的指导下，开展检测工作。建筑工程质量检测机构是对建筑工程和建筑构件、制品以及建筑现场所用的有关材料、设备质量进行检测的法定单位。其所出具的检测报告具有法定效力。国家级检测机构出具的检测报告，在国内为最终裁定，在国外具有代表国家的性质。建筑工程质量检测机构必须严格执行国家、部门和地区颁发的有关建筑工程的法规和技术标准。”**该规定还对国家、省、市级的检测机构和任务、检测权限和责任等作出了规定。

2）制定并发布实施《建设工程质量管理办法》。1993年11月16日中华人民共和国建设部第29号令颁布实施了《建设工程质量管理办法》。该部门规章除对建设工程的建设、勘察、设计、施工、材料和设备供应等单位的质量责任、义务作出规定外，还明确了**“建设工程质量检测机构必须具备相应的检测条件和能力，经省级以上人民政府建设行政主管部门、国务院工业、交通行政主管部门或其授权的机构考核合格后，方可承担建设工程质量检测任务”**的要求。同时，还对检测单位伪造检验数据或伪造检验结论的违法行为作出处罚的规定。

3）印发和实施《关于加强工程质量检测工作的若干意见》。建设部在1996年4月15日印发了《关于加强工程质量检测工作的若干意见》（建监〔1996〕208号）。该文件对企业内部的第一方和可承接社会委托检测业务第三方实验室的业务范围、资质资格和管理要求等作出了明确规定：**“企业内部的土建试验室作为企业的质量保证机构，原则上只能承担本企业承建工程质量的检测任务。根据各地情况，对达到建筑施工和建筑构件一级试验室资质条件的并经省级建设行政主管部门批准列入检测机构的企业内部土建试验室，方可承接社会委托的检测任务，否则，出具的检测数据无效。”“各级工程质量检测机构必须经过省级（含省级）以上建设行政主管部门的资质认可和技术监督部门的计量认证审查，获得《工程质量检测机构资质认可证书》和《计量认证合格证书》，并在有效期内方可开展工程质量检测工作。否则，其出具有检测数据无效。”“各级检测机构要建立健全质量保证体系，制定切实可行的质量管理手册，并在检测工作中认真贯彻执行，各级检测机构要按照有关规定，从组织机构、仪器设备、检测工作、人员素质、环境条件、工作制度方面，不断加强自身建设，努力提高工程质量检测业务水平，以确保检测工作的质量。”**首次把**“必须经过省级（含省级）以上技术监督部门的计量认证审查”**作为本行业实验室从业资质资格的必要条件。

4）印发和实施《建筑施工企业试验室管理规定》。1996 年 8 月 16 日建设部印发了《建设部关于印发〈建筑施工企业试验室管理规定〉的通知》（建监〔1996〕488 号），对建筑施工企业试验室的资质管理、试验的取样和送检、试验室工作制度管理等作出了详细的规定。

5）2000 年 1 月 30 日国务院颁布实施了《建设工程质量管理条例》（2000 年 1 月 30 日中华人民共和国国务院令第 279 号发布，根据 2017 年 10 月 7 日《国务院关于修改部分行政法规的决定》第一次修订，根据 2019 年 4 月 23 日《国务院关于修改部分行政法规的决定》第二次修订）。该条例对建设工程参建各方的质量责任、义务等作出了规定。同时规定：**“监理工程师应当按照工程监理规范的要求，采取旁站、巡视和平行检验等形式，对建设工程实施监理。”**从此引出了建设工程领域监理工程师平行试验——第二方检测的概念。

通过上述实验室管理体系建设和制定、实施实验室管理相关规矩的大量实践探索，建立了一支满足建筑工程建设需要的工程质量检测队伍及其监督管理队伍，也为该行业实验室管理提供了科学、实用、有效的规矩依据，保证了住房和城乡建设工程行业的实验室管理工作快速、健康、有序发展。

（3）在计量认证管理方面。建立完善计量认证相关的管理机构和管理规矩，科学、规范、有序推进实验室计量认证工作：

1）国务院对计量认证相关的管理机构及其管理模式进行了下列调整和完善：

①在 1988 年 3 月，国家计量局、国家标准局和国家经济贸易委员会计量局合并成立国家技术监督局；

②在 1998 年 3 月，国家技术监督局更名为国家质量技术监督局，并从 1999 年 2 月起，全国质量技术监督系统开始实行省以下垂直管理；

③在 2001 年 4 月，国家质量技术监督局、国家出入境检验检疫局合并成立国家质量监督检验检疫总局，由其统一管理全国实验室计量认证等工作。

2）颁布实施了实验室计量认证相关的管理规矩：

①制定和颁布实施实验室计量认证管理相关的行业标准。为了科学规范有序推进实验室计量认证工作，原国家技术监督局根据《中华人民共和国计量法》和《中华人民共和国计量法实施细则》的相关规定，参照英国实验室认可机构（NAMAS）、欧共体实验室认可机构等国外认可机构对实验室（检验机构）的考核标准，结合我国的实际情况，经过 1987—1990 年 3 年的实践和探索后，国家技术监督局于 1990 年发布了我国对实验室（检验机构）计量认证管理的行业标准——《产品质量检验机构计量认证技术考核规范》JJF 1021—1990（参考采用 ISO/IEC 导则 25—1982），为科学、规范开展实验室（检验机构）计量认证工作提供了规范依据。

②制定和颁布实施实验室计量认证管理相关的部门规章。1992 年 1 月 30 日，国家技术监督局第 30 号令发布了《产品质量认证检验机构管理办法》，该部门规章明确了产品质量认证检验机构管理的相关规定，为产品质量认证检验机构的管理提供了规章依据。

③颁布实验室计量认证管理相关的国家标准。1995 年 2 月 1 日，颁布实施了国家标准《校准和检验实验室能力的通用要求》GB/T 15481－1995（等同采用 ISO/IEC 导则 25

—1990），该标准将校准和检验实验室能力的通用要求，通过国家标准的规范条文作出了详细、清晰的规定，为全国各行各业的实验室实施科学、有效管理，监管部门科学、严谨、规范开展实验室计量认证工作提供了管理规矩和评定依据。

通过以上计量认证相关管理机构的调整和管理规矩的颁布实施，为我国开展实验室计量认证工作提供了重要体制机制和法规制度保障，有力推动了我国实验室计量认证工作的科学、规范、有序的发展。据不完全统计，截至2000年底，经考核获得国家质量技术监督局颁发的国家计量认证合格证书的国家级和部委级检验机构超过1818家，省级质量技术监督部门颁发的省以下计量认证合格证书17430多个。

2. 在实验室认可管理方面[①]

在实验室认可管理方面，积极学习引进、消化吸收和推行国际通用的实验室认可制度取得显著成效。主要表现在以下几个方面：

（1）在1980年，原国家标准局和原国家进出口商品检验局共同组团，首次参加了国际实验室认可大会（ILAC），国际认可活动从此在我国开始萌芽。此后，我国还派团参加了国际标准化组织认证委员会（后更名为国际标准化组织合格评定委员会ISO/CASCO）会议，开始跟踪合格评定的相关国际要求，并陆续在机床出口、电子元器件认证等部分领域开展对实验室能力的评价活动。

（2）在1994年9月20日，依据《中华人民共和国产品质量法》《中华人民共和国计量法》《中华人民共和国标准化法》《中华人民共和国产品质量认证管理条例》等法律、行政法规的相关规定和我国实验室认可工作发展的需要，国家技术监督局成立了中国国家实验室认可委员会（CNACL），并授权其统一负责实验室和检查机构认可相关工作。

（3）在1995年4月，中国国家实验室认可委员会（CNACL）等16个国家和地区的认可机构代表在印度尼西亚雅加达签署了《谅解备忘录》，中国国家实验室认可委员会（CNACL）成为亚太实验室认可合作组织（APLAC）始创成员。

（4）在1996年1月16日，中国国家进出口商品检验实验室认可委员会（CCIBLAC）成立，由其负责进出口商品检验实验室认可工作。

（5）在1996年9月，中国国家实验室认可委员会（CNACL）和中国国家进出口商品检验实验室认可委员会（CCIBLAC）等44个实验室认可机构签署了正式成立“国际实验室认可合作组织”的谅解备忘录（MOU），成为ILAC的第一批正式全权成员。

（6）在1999年，中国国家实验室认可委员会（CNACL）发布了《检测和校准实验室能力的通用要求》ISO/IEC 17025—1999，作为我国检测和校准实验室认可的评审和管理的规范依据。

（7）在1999年12月，中国国家实验室认可委员会（CNACL）同亚太实验室认可合作组织（APLAC）有关成员签署了APLAC实验室（包括检测和校准）互认协议。

（8）2000年11月，中国国家实验室认可委员会（CNACL）同国际实验室认可合作组织（ILAC）的35个成员签署了ILAC多边互认协议（MRA）。

（9）2001年10月，中国国家进出口商品检验实验室认可委员会（CCIBLAC）同亚

① 中国合格评定国家认可委员会. 中国认可的起源与组织体系的历史沿革［R］. 北京：中国合格评定国家认可委员会，2014.

太实验室认可合作组织（APLAC）有关成员签署了 APLAC 实验室（包括检测）互认协议。

（10）2001 年 11 月，中国国家进出口商品检验实验室认可委员会（CCIBLAC）同国际实验室认可合作组织（ILAC）的 35 个成员签署了 ILAC 多边互认协议（MRA ）。

至此，中国国家实验室认可委员会（CNACL）和中国国家进出口商品检验实验室认可委员会（CCIBLAC）的运作管理与国际同行的通行做法完全一致，经过数年的运行已被国际同行广泛认同，我国逐步建立了实验室认可的管理体系和管理规矩体系并取得显著的运行效果。

与此同时，交通运输、水利等其他建设行业也不遑多让，像住房和城乡建设行业一样，根据本行业建设工程管理的实际，发展壮大实验室群体，建立实验室管理机构及其监督管理队伍，健全实验室管理的相关规矩，强化本行业实验室的管理，为保证本行业的工程建设质量起到了保驾护航的重要作用。同时，积极大胆学习、吸收、引进国外先进的工程管理体制机制和经验，使实验室管理也随工程建设管理积极向国际同行看齐。如在 1987 年 12 月至 1993 年 9 月建设的中国首条利用世界银行贷款并采用国际通行的菲迪克条款进行国际招标建设的（北）京（天）津塘（沽）高速公路，实施了建设方、施工方和监理方三方相互监督并制衡的项目管理模式。监理方在建设项目部建立了独立于建设方（甲方）和施工方（乙方）的监理工程师试验室，开展与施工方自检（第一方检测）背靠背的监理平行试验（第二方检测），作为监理工程师履行其质量监督管理职责的重要技术手段，开启了交通运输工程建设领域第二方检测服务的大胆探索。

经过了这个阶段二十多年的探索和实践，在国家和地方政府实验室监督管理部门及其所属的管理机构、全体实验室及其从业人员的共同努力下，我国已经建立起一支世界上规模最大、服务领域最广、门类最齐全的实验室服务队伍，为各行各业的客户提供了优质的检验检测服务，实验室管理事业也像其他各行业一样得到了快速发展。

1.2.3　统一（规范）管理阶段

统一（规范）管理阶段从 21 世纪初（2001 年底）我国加入 WTO 开始至“十三五”末（2020 年底）。随着我国改革开放伟大事业的向前推进，中国特色社会主义市场经济体制机制的建立和不断发展与完善，各行各业的市场主体蓬勃发展，对实验室（检验检测）服务的需求日益增大，从而带动检验检测行业快速发展。除维持原有体制的国有实验室外，大量经过体制改革转型或新成立的股份制（含国有全资或国有控股、混合股份、中外合资等）实验室和民营（自然人投资）的实验室像雨后春笋般涌现出来。特别是为了兑现我国加入 WTO 后逐步对外开放服务领域的相关承诺，实验室（检验检测）服务市场进一步对外开放，数量不菲的外资实验室纷纷涌入中国检验检测市场，共同参与我国检验检测市场的竞争和博弈。在这样的情况下，原来的实验室管理体制机制已不能适应检验检测市场的新变化，要求我们必须建立一套与当下检验检测市场管理要求相适应，且能够与国际惯例接轨的实验室管理体制机制和相关规矩来统一（规范）管理实验室（检验检测）市场。为此，国家和地方政府及其实验室监管部门，在统一（规范）实验室管理的相关规矩、整合实验室管理机构等方面做了大量卓有成效的工作，取得了良好的效果。现介绍如下：

1. 在计量认证和实验室认可管理方面

在计量认证和实验室认可管理方面，主要从以下几个方面发力并取得明显的成效：

（1）统一了实验室计量认证和实验室认可的管理规矩。计量认证作为我国政府对实验室管理的一种具有中国特色的监管手段之一——行政许可，其管理规矩，从《产品质量检验机构计量认证技术考核规范》JJF 1021—1990（参考采用ISO/IEC导则25－1982）到《产品质量检验机构计量认证审查认可评审准则》（质技监函〔2000〕046号），以及国家标准《校准和检验实验室能力的通用要求》GB/T 15481－1995（等同采用ISO/IEC导则25－1990）等，对实验室的能力和执业资格等的要求，都是在国际实验室认可相关准则要求的基础上，增加了我国实验室管理相关规矩对计量认证和审查认可（验收）管理的有关强制性要求和特殊要求而成。换句话说，计量认证与实验室认可的起点是相同的，甚至是计量认证的要求略高于实验室认可的要求。但是，在其管理规矩的版本更新方面，计量认证的稍微滞后于实验室认可的，给同时申请计量认证和实验室认可的实验室带来重复评审的困扰。为此，实验室监管部门采取了以下措施：

1）国家质量监督检验检疫总局在2006年2月21日以第86号局长令公布的《实验室和检查机构资质认定管理办法》规定：**“国家鼓励实验室、检查机构取得经国家认监委确定的认可机构的认可，以保证其检测、校准和检查能力符合相关国际基本准则和通用要求，促进检测、校准和检查结果的国际互认。申请计量认证和申请审查认可的项目相同的，其评审、评价、考核应当合并实施。符合相关规定要求的，可以取得相应的资质认定。取得国家认监委确定的认可机构认可的实验室和检查机构，在申请资质认定时，应当简化相应的资质认定程序，避免不必要的重复评审。”**

2）2006年6月27日，国家认证认可监督管理委员会在《关于印发〈实验室资质认定评审准则〉的通知》（国认实函〔2006〕141号）印发的《实验室资质认定评审准则》，其内容完全涵盖了中国合格评定国家认可委员会在2006年6月发布的CNAS—CL01《检测和校准实验室能力认可准则》ISO/IEC 17025:2005，并加上法律法规有关计量认证和审查认可（验收）的特殊要求（准则中用黑体字表述）。该通知还规定：**“取得国家认监委确定的认可机构认可的实验室申请资质认定（计量认证/审查认可）的，只对本准则有别于认可准则的特定条款（黑体字部分）进行评审。同时申请实验室认可和资质认定（计量认证/审查认可）的，应按实验室认可准则和本准则的特殊条款进行评审。”**

通过以上措施，使得实验室计量认证与实验室认可相关的管理规矩达成了基本一致，为实验室计量认证和实验室认可的二合一评审同步进行提供了可供执行操作的依据。以后的计量认证与实验室认可的管理规矩的版本更迭都基本上能保持着同步。如国家认证认可监督管理委员会2017年10月16日发布，2018年5月1日开始实施的认证认可行业标准《检验检测机构资质认定能力评价 检验检测机构通用要求》RB/T 214—2017，就是根据国家标准《合格评定 各类检验机构的运作要求》GB/T 27020—2016和《检测和校准实验室能力的通用要求》GB/T 27025—2019（含所有的修改单）制定的，其内容涵盖了中国合格评定国家认可委员会（CNAS）几乎同期发布的实验室认可基本准则CNAS-CL01:2018《检测和校准实验室能力认可准则》（等同采用ISO /IEC 17025:2017）。至此，实现了实验室计量认证和实验室认可在管理规矩方面的统一。

（2）统一了实验室计量认证和实验室认可的管理机构。进入21世纪后，国家分别对实验室计量认证和实验室认可管理机构进行了调整：

1）在2001年4月，将国家质量技术监督局和国家出入境检验检疫局合并成立国家质量监督检验检疫总局，由其统一管理全国所有实验室计量认证和审查认可工作。

2）2002年7月4日，原中国国家实验室认可委员会（CNACL）和原中国国家出入境检验检疫实验室认可委员会（CCIBLAC）合并，成立了中国实验室国家认可委员会（CNAL），实现了我国实验室认可管理机构的完全统一，开启了全国实验室认可统一管理的新阶段。

3）2002年8月20日，中国合格评定国家认可中心在人民大会堂宣告成立，标志着我国统一认可机构的组织平台正式建立，建立集中统一的认可体系正式进入实施阶段，并由此走上了一体化、法制化、规范化的发展轨道。

4）2006年3月31日，在整合中国认证机构国家认可委员会（CNAB）和中国实验室国家认可委员会（CNAL）的基础上，中国合格评定国家认可委员会（CNAS）成立，实现了我国认可体系的集中统一，形成了“统一体系、共同参与”的认可工作体制，全球国际认可界认可规模最大的国家认可机构也由此诞生。

5）2018年3月，组建国家市场监督管理总局。根据2018年3月中共中央印发的《深化党和国家机构改革方案》，将国家工商行政管理总局的职责，国家质量监督检验检疫总局的职责，国家食品药品监督管理总局的职责，国家发展和改革委员会的价格监督检查与反垄断执法职责，商务部的经营者集中反垄断执法以及国务院反垄断委员会办公室等职责整合，组建国家市场监督管理总局，作为国务院直属机构。在实验室管理方面，其主要职责是，统一管理计量标准、检验检测、认证认可工作等。与此同时，国务院在2018年3月印发的《国务院关于机构设置的通知》（国发〔2018〕6号），将国家认证认可监督管理委员会、国家标准化管理委员会职责划入国家市场监督管理总局，对外保留牌子。

从此，包括实验室计量认证和审查认可在内的所有实验室认证认可的管理职责，全部都集中由国家市场监督管理总局（对外保留国家认证认可监督管理委员会牌子）统一履行。

（3）修订更新和发布实验室认证认可管理相关的法规规矩和管理规矩。根据我国实验室管理形势发展的需要，国务院及其相关部委对原有的实验室管理相关的法规规矩和管理规矩进行了修订更新，并发布实验室管理模式改革相关的法规规矩和管理规矩：

1）2017年10月16日，中国国家认证认可监督管理委员会发布了认证认可行业标准《检验检测机构资质认定能力评价 检验检测机构通用要求》RB/T 214—2017，自2018年5月1日起实施，对检验检测机构资质认定能力评价，从机构、人员、场所环境、设备设施和管理体系等五个方面提出了具体而明确的通用要求。

2）2019年10月24日，国家市场监管总局印发了《市场监管总局关于进一步推进检验检测机构资质认定改革工作的意见》（国市监检测〔2019〕206号），提出：依法界定检验检测机构资质认定范围，逐步实现资质认定范围清单管理；试点推行告知承诺制度；优化准入服务，便利机构取证；整合检验检测机构资质认定证书，实现检验检测机构“一家一证”等四项实验室资质认定改革措施，通过改革和实施实验室管理规矩来鼓励、引导实验室诚信、守法、循规经营。并随该文附了《检验检测机构资质认定告知承诺实施办法（试行）》，为实验室资质认定实施告知承诺制度提供了依据。

3）2008年5月8日，国家质量监督检验检疫总局和国家标准化管理委员会发布了国家标准《检测和校准实验室能力的通用要求》GB/T 27025—2008（ISO/IEC 17025:2005，IDT），代替GB/T 15481—2000。该标准2008年8月1日实施，等同采用国际上检测和校准实验室认可机构的基础标准ISO/IEC 17025:2005，从管理要求和技术要求两方面明确了对检测和校准实验室能力的通用要求。2019年12月10日，国家市场监督管理总局和国家标准化管理委员会修订发布了国家标准《检测和校准实验室能力的通用要求》GB/T 27025—2019（ISO/IEC 17025:2017，IDT），代替GB/T 27025—2008。该标准2020年7月1日实施，从通用要求、结构要求、资源要求、过程要求和管理体系等方面重新明确了检测和校准实验室能力的通用要求，是目前全国统一对各行业实验室开展资质认证、资格能力认可和实验室开展内部管理工作都应当遵循的通用要求和共同依据。

4）国务院修订并重新公布了《中华人民共和国认证认可条例》（2003年9月3日中华人民共和国国务院令第390号公布，根据2020年11月29日《国务院关于修改和废止部分行政法规的决定》第二次修订），对加快推进实验室认证认可事业向高质量发展阶段迈进提出新的管理要求。

2. 住房和城乡建设工程领域实验室管理

在住房和城乡建设工程领域实验室管理方面，主要从以下两方面为建设工程领域实验室的统一（规范）管理提供了管理规矩和工作依据：

（1）2005年9月28日，建设部以第141号令发布了《建设工程质量检测管理办法》，自2005年11月1日施行。该部门规章明确了其调整管理的范围：申请从事对涉及建筑物、构筑物结构安全的试块、试件以及有关材料检测的工程质量检测机构资质，实施对建设工程质量检测活动的监督管理。水利工程、铁道工程、公路工程等工程中涉及结构安全的试块、试件及有关材料的检测按照有关规定，可以参照本办法执行；定义了建设工程质量检测：是指工程质量检测机构（以下简称：检测机构）接受委托，依据国家有关法律、法规和工程建设强制性标准，对涉及结构安全项目的抽样检测和对进入施工现场的建筑材料、构配件的见证取样检测；特别是把**“与所申请检测资质范围相对应的计量认证证书原件及复印件”**作为检测机构申请检测资质应当提交的必要申请材料之一，并把**“所申请检测资质对应的项目应通过计量认证”**作为检测机构资质标准的基本条件之一，这就使得建设工程质量检测机构资质许可与计量认证资质认定时对实验室基本条件和检测能力的要求达到了基本统一；对建设工程检测机构的资质、检测行为、监督管理、法律责任等作出了具体、明确的规定，为实验室开展检验检测活动和实施内部管理，政府监管部门对实验室实施宏观（监督）管理提供了管理规矩。

（2）2011年4月2日，住房和城乡建设部与国家质量监督检验检疫总局联合发布了国家标准《房屋建筑和市政基础设施工程质量检测技术管理规范》GB 50618—2011，2012年10月1日起实施。该强制性国家标准列出了必须严格执行8条强制性条文，明确了建设工程质量检测应当遵守的基本规定、检测机构能力（含检测人员、检测设备、检测场所、检测管理等）、检测程序（含检测委托、取样送检、检测准备、检测操作、检测报告、检测数据的积累利用等）、检测档案等检测技术管理的规范条文，作为政府监管部门及其工作人员依法依规对实验室实施严格、科学、规范的监督管理和实验室及其人员规范检测行为、实施内部管理共同遵守的规矩依据。

经过这个阶段近二十年的改革和发展，我国已经建立了由各行业主管部门、市场监督管理部门、中国合格评定国家认可委员会（CNAS）等组成的分工明确、协调高效、管理科学的全国统一的实验室管理体系，建立健全了由实验室管理相关的法律、行政法规和强制性国家标准等规定的强制性要求＋推荐性国家标准、市场监督管理部门的规章与行业标准、规范（含规范性文件）等规定的通用要求＋各行业主管部门的规章与行业标准、规范（含规范性文件）等规定的特殊要求＋中国合格评定国家认可委员会（CNAS）实验室认可方面的特殊要求等构成的全面、系统、科学的实验室管理法规规矩和管理规矩体系，为统一（规范）全国各行各业的实验室管理提供了强大的支撑和保障。在这个时期，实验室监管部门始终坚持以改革创新为动力，着力完善实验室管理工作体系，全面深化实验室资质管理体制改革，整合实验室资质管理（行业检测机构资质许可/等级评定、计量认证、实验室资质认定、实验室国家认可等），不断完善"通用要求＋行业特殊要求"模式。优化行政审批程序，为建设质量强国、实现全面建成小康社会战略目标作出了积极贡献。据国家市场监督管理总局《市场监管总局关于印发〈"十四五"认证认可检验检测发展规划〉的通知》（国市监认证发〔2022〕69号）披露的数据，截至2020年底，全国共有获得资质认定的检验检测机构48919家，检验检测从业人员数量141.19万人。另据中国合格评定国家认可委员会官方网站发布的消息，截至2022年8月，中国实验室认可工作迎来了统一发展20周年。在这20年间，实验室和检验机构认可数量增长了11倍，达到1.4万多家，广泛涉及食品安全、节能环保、医疗卫生、生物科学、司法公正、服务业、网络与信息安全等国民经济的多个领域。我国认可的检验检测机构数量占到全球认可总数的1/7。为此，我国实验室管理事业大踏步走过了统一（规范）管理阶段，进一步巩固了当今世界上规模最大、专业门类最齐、服务范围（领域）最广的实验室服务体系和实验室管理体系的地位，昂首阔步向高质量发展新阶段迈进！

1.2.4 高质量发展阶段

高质量发展阶段从"十四五"（2021年）开始。进入"十四五"以来，为了适应我国社会经济高质量发展对实验室管理事业的重大需求，国家立法、行政机关及其实验室主管部门先后颁布实施了一系列涉及实验室管理的相关规矩，对推动实验室管理事业的高质量发展进行了规划和部署，主要有：

1. 指明了实验室事业高质量发展的目标方向

2021年3月12日，全国人大授权新华社发布了《中华人民共和国国民经济和社会发展第十四个五年规划和2035年远景目标纲要》，指明了未来实验室（检验检测）事业高质量发展的目标方向。

2. 提出了"十四五"期间实验室市场监管现代化的工作措施

2021年12月14日，《国务院关于印发"十四五"市场监管现代化规划的通知》（国发〔2021〕30号），提出了我国"十四五"期间实验室（检验检测）市场监管现代化的工作措施。

3. 重新修订并颁布了《建设工程质量检测管理办法》

2022年12月29日，住房和城乡建设部令第57号公布《建设工程质量检测管理办法》（以下简称：管理办法），自2023年3月1日起施行，同时废止2005年9月28日建设部令第141号公布的《建设工程质量检测管理办法》。该管理办法从总则、检测机构资质管理、检测活动管理、监督管理、法律责任等方面明确了住房和城乡建设行业（领域）实验室管理的特殊要求。特别是明确提出**“县级以上地方人民政府住房和城乡建设主管部门应当加强对建设工程质量检测活动的监督管理，建立建设工程质量检测监管信息系统，提高信息化监管水平。”**和**“检测机构应当建立信息化管理系统，对检测业务受理、检测数据采集、检测信息上传、检测报告出具、检测档案管理等活动进行信息化管理，保证建设工程质量检测活动全过程可追溯。”**的住房和城乡建设行业实验室信息化管理的特殊要求，对提升实验室管理高质量发展水平提出了全新的要求，同时也为推动本行业实验室的高质量发展提供了强有力的技术支撑和保障。

4.《中共中央 国务院印发〈质量强国建设纲要〉》

2023年2月6日，《中共中央 国务院印发〈质量强国建设纲要〉》，明确**“质量基础设施管理体制机制更加健全、布局更加合理，计量、标准、认证认可、检验检测等实现更高水平协同发展，建成若干国家级质量标准实验室，打造一批高效实用的质量基础设施集成服务基地。”**的质量基础设施（含实验室）建设目标；提出了**“深化检验检测认证机构资质审批制度改革，全面实施告知承诺和优化审批服务，优化规范检验检测机构资质认定程序。加强检验检测认证机构监管，落实主体责任，规范从业行为。”“健全以‘双随机、一公开’监管和‘互联网＋监管’为基本手段、以重点监管为补充、以信用监管为基础的新型监管机制。”**等推动包括实验室在内的质量基础设施高质量发展的措施。

5. 重新修订并颁布了《建设工程质量检测机构资质标准》

2023年3月31日，住房和城乡建设部以建质规〔2023〕1号文印发《建设工程质量检测机构资质标准》。该规范性文件从检测机构资历及信誉、主要人员、检测设备及场所、管理水平等方面明确了住房和城乡建设行业检测机构综合资质和专项资质的标准条件要求。特别是明确了检测机构综合资质的管理水平，应当满足等同采用国际上检测和校准实验室认可机构的基础标准ISO/IEC 17025:2017的国家标准《检测和校准实验室能力的通用要求》GB/T 27025—2019的要求，为住房和城乡建设领域对标国际先进的实验室管理标准、为国家“一带一路”国际合作的基础设施工程建设项目、为全面实施党中央国务院提出的质量强国建设宏伟目标提供高质量、国际化工程质量检测服务开辟了广阔的道路。

6. 国家市场监督管理总局制（修）定了实验室管理相关的规矩

国家市场监管总局先后公布实施了多份推动实验室事业高质量发展的重要文件：

（1）在2022年7月29日，《市场监管总局关于印发〈“十四五”认证认可检验检测发展规划〉的通知》（国市监认证发〔2022〕69号），明确提出了“十四五”期间实验室管理事业高质量发展的工作目标与要求。

（2）在2021年4月2日，国家市场监督管理总局修改并重新公布了《检验检测机构资质认定管理办法》（2015年4月9日国家质量监督检验检疫总局令第163号公布，根据国家市场监督管理总局令第38号公布的《国家市场监督管理总局关于废止和修改部分规章的决定》修改，自2021年6月1日起施行），按照国家对实验室管理事业高质量发展的相关要求，对检验检测机构资质认定（CMA）管理办法进行了修改、补充和完善。

（3）在2021年4月8日，国家市场监督管理总局公布了《检验检测机构监督管理办法》（国家市场监督管理总局令第39号发布，自2021年6月1日起施行），根据国家对实验室管理事业高质量发展的需要，提出了检验检测机构监督管理的新要求。

通过发布实施上述系列实验室管理相关规矩，加上广大实验室及其从业人员和政府监管部门及其工作人员的共同努力，我国实验室管理事业的高质量发展取得了长足的进步。当今世界上规模最大、专业门类最齐、服务范围（领域）最广的实验室服务体系和实验室管理体系的金字招牌被擦得更加亮丽、更加耀眼！

回顾我国实验室管理 70 多年的发展历史，经历了始创起步、快速发展、统一（规范）管理和高质量发展四个阶段，经过全体实验室及其从业人员和政府监管部门及其管理者们的艰苦探索和勇敢实践，成功闯出了一条适合中国实验室管理事业发展的成功之路。

1.3　实验室管理的展望

想要了解我国实验室管理事业（含标准计量、认证认可、检验检测、试验验证等，下同）未来发展趋势，就得从《中华人民共和国国民经济和社会发展第十四个五年规划和 2035 年远景目标纲要》、《中共中央 国务院印发〈质量强国建设纲要〉》、《国务院关于印发“十四五”市场监管现代化规划的通知》（国发〔2021〕30 号）、《住房和城乡建设部关于印发“十四五”建筑业发展规划的通知》（建市〔2022〕11 号）等重要文件中寻找线索，结合我国社会经济高质量发展对实验室管理事业的需要来进行分析判断，从而得出所需要的结论和答案。

1.3.1　“十四五”期间实验室管理事业高质量发展的目标任务、工作措施与要求

1. “十四五”期间实验室管理事业高质量发展的目标任务

在《中华人民共和国国民经济和社会发展第十四个五年规划和 2035 年远景目标纲要》中，明确了“十四五”期间实验室管理事业高质量发展的目标任务是：

（1）建设标准计量、认证认可、检验检测、试验验证等产业技术基础公共服务平台。

（2）制定公共信用信息目录和失信惩戒措施清单。

（3）健全以“双随机、一公开”监管和“互联网＋监管”为基本手段、以重点监管为补充、以信用监管为基础的新型监管机制，推进线上线下一体化监管。

2. 质量基础设施建设目标、优化质量基础设施管理和质量监管效能的措施

在中共中央 国务院授权新华社在 2023 年 2 月 6 日发布的《中共中央 国务院印发〈质量强国建设纲要〉》中，明确**“质量基础设施管理体制机制更加健全、布局更加合理，计量、标准、认证认可、检验检测等实现更高水平协同发展，建成若干国家级质量标准实验室，打造一批高效实用的质量基础设施集成服务基地。”**的质量基础设施建设目标，提出以下优化质量基础设施管理和质量监管效能的措施：

（1）建立高效权威的国家质量基础设施管理体制，推进质量基础设施分级分类管理。

（2）深化检验检测机构市场化改革，加强公益性机构功能性定位、专业化建设，推进经营性机构集约化运营、产业化发展。

（3）深化检验检测认证机构资质审批制度改革，全面实施告知承诺和优化审批服务，优化规范检验检测机构资质认定程序。

（4）加强检验检测认证机构监管，落实主体责任，规范从业行为。

（5）健全以“双随机、一公开”监管和“互联网＋监管”为基本手段、以重点监管为补充、以信用监管为基础的新型监管机制。

3.“十四五”期间实验室（检验检测）市场监管现代化的工作措施

在《国务院关于印发“十四五”市场监管现代化规划的通知》中，提出“十四五”期间实验室（检验检测）市场监管现代化的工作措施是：

（1）建设计量、标准、认证认可、检验检测等质量基础设施“一站式”服务平台。

（2）完善认可制度，加强认可机构管理，推进认可结果国际互认。

（3）发挥计量、标准、认证认可、检验检测等支撑作用，完善检验检测认证机构资质认定办法，建立健全日常监督检查与长效监管相结合的工作机制，加大对违反强制性标准行为的查处力度，切实规范检验检测认证市场秩序。

（4）强化跨地区、跨部门、跨层级信息归集共享，推动国家企业信用信息公示系统全面归集市场主体信用信息并依法公示，与全国信用信息共享平台、国家“互联网＋监管”系统等实现信息共享。

（5）建立告知承诺事项信用监管制度，加强对市场主体信用状况的事中事后核查，将信用承诺履行情况纳入市场主体信用记录。

4.“十四五”期间建筑业实验室（检验检测）事业发展的基本原则、重要手段和工作措施

在《住房和城乡建设部关于印发“十四五”建筑业发展规划的通知》（建市〔2022〕11号）中，明确“十四五”期间建筑业实验室（检验检测）事业发展的基本原则、重要手段和工作措施分别是：

（1）把**“坚持质量第一，安全为本。统筹发展与安全，坚持人民至上、生命至上，坚决把质量安全作为行业发展的生命线，以数字化赋能为支撑，以信用管理为抓手，健全工程质量安全管理机制，强化政府监管作用，防范化解重大质量安全风险，着力提升建筑品质，不断增强人民群众获得感。”**作为“十四五”建筑业发展的基本原则。

（2）把**“完善建筑市场信用管理政策体系，构建以信用为基础的新型建筑市场监管机制。”**和**“完善全国建筑市场监管公共服务平台，加强对行政许可、行政处罚、工程业绩、质量安全事故、监督检查、评奖评优等信息的归集和共享，全面记录建筑市场各方主体信用行为。”**作为加强建筑市场信用体系建设的重要手段。

（3）把**“依托全国工程质量安全监管平台和地方各级监管平台，大力推进‘互联网＋监管’，充分运用大数据、云计算等信息化手段和差异化监督方式，实现‘智慧’监督。”**和**“组织开展全国工程质量检测行业专项治理行动，规范检测市场秩序，依法严厉打击弄虚作假等违法违规行为。”**作为全面提高工程质量安全监管水平的工作措施。

1.3.2 “十四五”期间实验室管理事业发展的几点展望

综合分析以上线索，不难对“十四五”期间实验室管理事业发展作出以下几点展望：

1. 在实验室宏观（监督）管理方面的展望

（1）检验检测市场的监管体系和治理体系更加完善。“互联网＋监管”模式将全面运行，将形成多部门联合监管、多种监管手段相互融合、监管机制与方法不断创新的系统监管和协同监管格局。

（2）检验检测市场监管机制更加健全，监管手段更加科学有效。将形成以“双随机、一公开”监管和“互联网＋监管”为基本手段、以重点监管为补充、以信用监管为基础的新型检验检测市场监管机制，借助大数据、互联网＋等信息化技术手段，构建检验检测活

动全过程追溯机制，健全日常监督检查与长效监管相结合的工作机制，实现对检验检测活动的线上线下一体化监管。

(3) 社会监督和信用监管的机制与措施更加实用有效。将通过建设全国认证认可信息公共服务平台和全国企业信用信息公示平台，建立实验室及其人员从业的诚信档案，强化跨地区、跨部门、跨层级的实验室及其从业人员的信用信息归集共享，并在国家企业信用信息公示系统依法公示，与全国信用信息共享平台、国家“互联网＋监管”系统等实现信息共享，严格实施失信惩戒等信用监管措施，形成“失信惩戒、守信激励”的长效机制。

(4)“保护合法、打击违法、取缔非法”的政府监管总要求得到全面贯彻落实。通过推行告知承诺事项信用监管制度、加强对检验检测市场主体信用状况的事中事后核查、将信用承诺履行情况纳入检验检测市场主体信用记录等措施，督促实验室及其人员遵章守法、客观独立、公正公平、诚信从业；坚决依法严厉打击伪造冒用认证标志、无资质检测、出具虚假检测报告等违法行为，严肃查处违反强制性标准的行为，切实规范检验检测市场秩序，切实保护遵章守法、合法经营者的权益。

(5) 大数据、互联网＋等信息化技术手段的应用更加全面、深入。为了落实国家建设计量、标准、认证认可、检验检测等质量基础设施“一站式”服务平台的工作措施，完成建设全国信用信息共享平台、国家“互联网＋监管”系统、全国企业信用信息公示平台、全国认证认可信息公共服务平台、检验检测机构资质认定信息查询系统、检验检测报告编号查询系统等信息共享平台的工作目标要求，必然要更加全面、深入地应用大数据、互联网＋等信息化技术手段。

2. 在实验室微观（内部）管理方面的展望

(1) 坚持“遵章守法、客观独立、公正公平、诚实信用”的总原则不动摇。未来政府对实验室监管体制机制不断完善、监管规矩不断健全、监管手段和措施不断强化、监管力度不断加大、违法失信的成本不断加大，一旦背离了这个总原则，实验室将难以在检验检测市场再有立锥之地。

(2) 建设一个与政府对实验室监管信息化的要求相适应的实验室管理信息化系统，是所有实验室不二的必然选择。根据国家构建检验检测活动全过程追溯机制的要求，需要利用大数据、互联网＋等信息化技术手段建立实验室管理信息化系统，将国家对实验室管理相关规矩的强制性要求、通用要求和特殊要求完全融入实验室管理的内部规矩（管理体系文件中），将全部实验室活动的全要素、全过程都全面纳入到该系统的信息化管控之中，保证所有检验检测业务的每一项活动（工作）、每一项数据、每一份结果报告都可追溯。同时按政府监管部门的要求，向政府相关监督管理信息化服务系统（平台）实时推（报）送实验室活动结果报告等相关信息。

(3) 实验室管理服务的数字化、信息化进程将大大加快且其态势不可逆转。围绕如何激活检测数据这一核心生产要素，深化检测数据这一战略资源的开发利用这个实验室管理信息化的未来发展核心，促进以检测数据采集端、传输端管理控制的自动化、数字化、智能化和信息化为特征的服务创新，以检测数据这个战略资源带动技术流、资金流、人才流、物资流、信息流等资源以最快的速度、最合理的方式，汇聚和流动到实验室范围内最佳、最合适的位置（含部门、岗位、人员等），从而带动实验室提高全要素生产率和创新水平。具体体现在以下几个方面：

1）采集端。实验室需要利用各类仪器、设备开展各种物理、化学、生物、地质等实验，并通过仪器、设备采集相关数据从而得出所需要的检验检测结论（果）。随着压力传感器、温度传感器、湿度传感器、光线传感器、方向传感器、颜色传感器等传感器技术发展水平的不断提高和应用范围、应用领域的日益扩大（拓宽），使得试验方式已经从传统的人工操作、观测、记录发展到广泛采用各类传感器自动采集数据，大大提高了试验数据的准确性和试验结果的科学性。与此同时，跟上机器人和自动化智能设备开发应用的前进步伐，加快对仪器、设备进行数字化改造，研制、引入数控系统和智能检测装备，逐步替代简单重复人工作业（如操作仪器设备、样品流转、数据处置等），开放数据接口，在实验室采集端全面实现数字化和智能化转型升级已成为不可逆转的趋势。例如，运用AGV技术、机器人以及人工智能技术升级建设工程实验室信息化管理系统，实现了钢筋、混凝土等常规建筑材料检验检测活动（工作）过程控制的数字化和智能化，全程无人化的检测活动确保了检测数据和检测结果的真实性、准确性和科学性。其应用场景如图1.3.2所示。

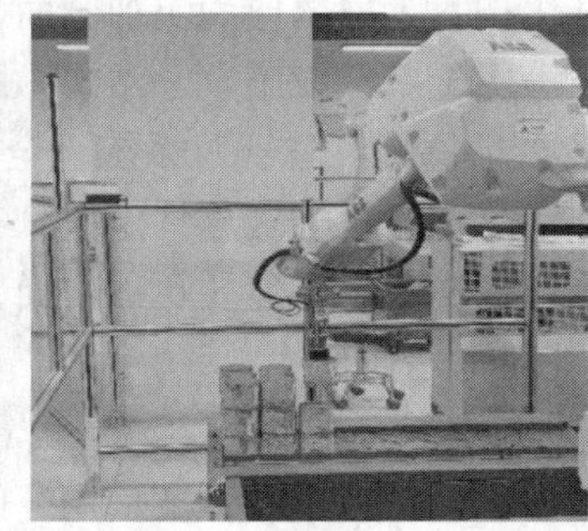

图1.3.2　机器人和自动化智能设备应用场景示意图

2）传输端。实验室的检测业务受理、检测数据采集、检测信息上传、检测报告出具、检测档案管理等活动（工作）通常由不同业务部门（或人员）、不同时间甚至在不同地点（跨区域分支机构）协同操作完成，检测活动过程中所产生的全部信息需要通过一个安全、高效的传输端来实现。为了有效克服现有实验室检测数据传输过程存在网络不稳定、数据库或文件可能被攻击而导致数据可能丢失、泄露或篡改，无法确保检测活动全过程可追溯、无法支撑检测数据在开放网络环境下的安全、可信流动等突出问题，通过引入数字签名、区块链等数字技术，可有效解决数据传输端的可靠性和数据可信、数据安全等问题，为数据作为实验室核心生产要素的资产化运作和开发应用奠定基础。

3）平台端。实验室数据也是产业大数据的重要组成部分，通过综合运用云计算、大数据、人工智能等数字技术，建设一个与全国检验检测机构监督管理信息化服务平台和国家认证认可信息化公共服务平台的有关要求相适应的实验室大数据汇聚平台，实现多源、异构数据的融合和汇聚，将赋能实验室企业创新发展，提升实验室管理行业数据资源的安全运行水平，助力实验室管理事业高质量发展。

实验室管理数字化和信息化进程将支持实验室从提供单一检测服务，向参与产品设计、研发、生产和使用等全生命周期提供解决方案的方向发展，引导实验室开展质量基础设施“一站式”服务、实现“一体化”发展，推动实验室服务业向专业化和价值链高端延伸。

3. 未来我国实验室管理行业发展的展望

根据《市场监管总局关于印发〈“十四五”认证认可检验检测发展规划〉的通知》（国市监认证发〔2022〕69 号），预测到“十四五”末，全国获得资质认定的检验检测机构 5.5 万家，检验检测从业人员数量 170 万人；检验检测认证服务业总营收 5000 亿元。

综上所述，随着国家“十四五”规划的实施，国家治理体系和治理能力现代化进程的持续推进，制约实验室管理事业发展的体制机制上的障碍将越来越少，实验室管理的相关规矩体系将越来越健全，实验室管理的措施手段将越来越公平公正、科学高效，检验检测市场将越来越开放，实验室的经营环境越来越健康、有序。因此，未来实验室管理事业将大有可为，每个实验室及从业人员都面临难得而良好的发展机遇！

展望未来，笔者深以为实验室管理的发展机遇和美好的将来，一定是属于遵循“遵章守法、客观独立、公正公平、诚实信用”总原则和“恪守职业道德，承担社会责任”总要求的实验室及其从业者的！

第 2 章　实验室的宏观(监督)管理

实验室的宏观（监督）管理包括实验室宏观（监督）管理体系的建立、实验室宏观（监督）管理相关规矩的定立和实验室宏观（监督）管理的实施三方面的工作。现分别介绍如下：

2.1　实验室宏观（监督）管理体系的建立

实验室宏观（监督）管理体系的建立主要包括明确各级人民政府的实验室主管部门和成立国家、省、市、县级的实验室监督管理工作机构（部门）等工作，现分别介绍如下：

2.1.1　明确各级人民政府的实验室主管部门

1. 确定国务院的实验室主管部门

国务院根据实验室管理相关法规规矩的授权，明确各行业实验室的政府主管部门：

（1）将住房和城乡建设行业（领域）实验室管理的职权授予住房和城乡建设部，由其对住建行业（领域）的实验室实施宏观（监督）管理。

（2）将交通运输等其他行业（领域）实验室管理的职权授予国务院相关行业（领域）主管部（委），由其对本行业（领域）的实验室实施宏观（监督）管理。

（3）将实验室（检验检测）市场监督管理和国家认证认可管理的职权授予国家市场监督管理总局（对外挂国家认证认可监督管理委员会牌子），由其负责对各行业（领域）中所有需要向社会出具具有证明作用的数据和结果的实验室实施宏观（监督）管理。

（4）将实验室国家认可管理的职权授予中国合格评定国家认可委员会（CNAS），由其负责对全国各行业（领域）需要开展跨国、跨境检测业务、其检测结果需要国际互认的实验室国家认可实施管理。

2. 确定省、市、县一级人民政府的实验室主管部门

（1）各省、自治区、直辖市人民政府按照国务院对实验室管理的模式和责任分工，结合本地区各行业（领域）实验室管理的实际，明确本级政府的实验室主管部门：

1）将住房和城乡建设行业（领域）实验室管理的职权授予本级人民政府的住房和城乡建设主管部门。

2）将交通运输、医疗卫生、农业等其他各行业（领域）实验室管理的职权授予本级人民政府的相关行业（领域）主管部门。

3）将实验室市场监管的职权授予本级人民政府的市场监督管理部门。

（2）国家市场监督管理总局通过发布部门规章，将向社会出具具有证明作用的数据、结果的实验室（检验检测机构）资质认定（CMA）管理的职权授予省一级的市场监督管理部门。

（3）市、县一级人民政府依照其上一级人民政府对本地区实验室管理的职权和责任划

分，明确当地各行业（领域）政府的实验室主管部门及其职责和权限，以及明确当地政府的实验室市场监督管理主管部门及其职责和权限。

2.1.2　成立各级人民政府的实验室监督管理工作机构（部门）

1. 成立国家一级实验室监督管理工作机构（部门）

国务院各行业（领域）的实验室主管部门（如住房和城乡建设部、交通运输部等），在明确本行业（领域）实验室监管的职能部门（司/局）的同时，成立隶属自己管理的国家一级检测（研究）中心（或/和监督机构），作为本行业（领域）实验室监督管理的工作机构（单位），协助其开展本行业（领域）实验室管理的技术性工作。

2. 成立省、市、县级实验室监管工作机构（部门）

省、市、县级人民政府的各行业（领域）实验室主管部门（如住房和城乡建设、交通运输等），在明确本行业（领域）实验室监管的职能部门（处/科室）的同时，也成立隶属其管理的省、市、县级政府的检测机构（或/和监督站）等实验室监管工作机构（单位），协助其开展本地区、本行业实验室管理的技术性工作。

3. 明确实验室监督管理工作机构（部门）的职责和权限

依法获得相关法律、法规授权或政府主管部门委托（认可）的国家、省、市、县级政府检测机构（或/和监督站）等实验室监管工作机构（单位），协助政府主管部门或接受政府主管部门的委托，在本地区开展本行业（领域）诸如实验室资质许可相关的技术评审、组织本行业（领域）的实验室间比对、能力验证、核查检测资质资格和检测能力、开展监督检查等政府对实验室实施宏观（监督）管理的技术性工作。

为了叙述简便，以下将政府的实验室主管部门和实验室监督管理工作机构统一合称为实验室监管部门。

2.2　实验室宏观（监督）管理相关规矩的定立

国家的立法、行政机关和国务院各行业实验室管理的相关部（委），根据我国经济社会发展和实验室管理的需要，适时制定和颁布实施实验室管理的法规规矩和管理规矩，建立健全与我国实验室管理相适应的规矩体系，从而保证实验室管理合法合规、规范有序地进行。主要包括以下几个方面：

2.2.1　制定并颁布实施实验室管理的法规规矩

1. 颁布实验室管理相关的法规性文件（行政命令）

中共中央 国务院通过颁布法规性文件（行政命令）等形式，明确提出对实验室管理的具有法规性作用的强制性要求。例如：

（1）中共中央、国务院在 2017 年 9 月 5 日发布的《中共中央 国务院关于开展质量提升行动的指导意见》中，提出了**“加强工程质量检测管理，严厉打击出具虚假报告等行为。”**和**“健全质量违法行为记录及公布制度，加大行政处罚等政府信息公开力度。”**的强制性要求，为加强实验室的政府监管和落实社会监督指明了方向，也为实验室及其人员依法从业画出了一道不可碰触和逾越的“红线”。

（2）中共中央、国务院在 2023 年 2 月 6 日发布的《中共中央 国务院印发〈质量强国建设纲要〉》中，明确**“质量基础设施管理体制机制更加健全、布局更加合理，计量、标**

准、认证认可、检验检测等实现更高水平协同发展，建成若干国家级质量标准实验室，打造一批高效实用的质量基础设施集成服务基地。”的质量基础设施建设目标，并提出以下优化质量基础设施管理和质量监管效能的措施：

1）建立高效权威的国家质量基础设施管理体制，推进质量基础设施分级分类管理。

2）深化检验检测机构市场化改革，加强公益性机构功能性定位、专业化建设，推进经营性机构集约化运营、产业化发展。

3）深化检验检测认证机构资质审批制度改革，全面实施告知承诺和优化审批服务，优化规范检验检测机构资质认定程序。

4）加强检验检测认证机构监管，落实主体责任，规范从业行为。

5）健全以“双随机、一公开”监管和“互联网＋监管”为基本手段、以重点监管为补充、以信用监管为基础的新型监管机制。

这些目标和措施，为各行业（领域）的实验室服务于国家质量强国建设的宏伟目标指明了方向。

2. 颁布实施实验室管理相关的法规规矩

国家立法、行政机关通过制订、颁布和实施实验室管理相关的法律、行政法规等法规规矩的形式，明确提出对实验室管理的强制性要求。例如：

(1)《中华人民共和国民法典》(2020年5月28日第十三届全国人民代表大会第三次会议通过，自2021年1月1日起施行）规定：**“民事主体从事民事活动，应当遵循诚信原则，秉持诚实，恪守承诺。”“民事主体从事民事活动，不得违反法律，不得违背公序良俗。”“营利法人从事经营活动，应当遵守商业道德，维护交易安全，接受政府和社会的监督，承担社会责任。”**从法律上提出了对实验室及其人员守法、诚信从业的强制性要求。

(2)《中华人民共和国计量法》(2018年10月26日第十三届全国人民代表大会常务委员会第六次会议《关于修改〈中华人民共和国野生动物保护法〉等十五部法律的决定》第五次修正）规定：**“为社会提供公证数据的产品质量检验机构，必须经省级以上人民政府计量行政部门对其计量检定、测试的能力和可靠性考核合格。”**从法律上对为社会提供公证数据的实验室必备的合法地位提出了强制性要求。

(3)《中华人民共和国产品质量法》(1993年2月22日第七届全国人民代表大会常务委员会第三十次会议通过，根据2018年12月29日第十三届全国人民代表大会常务委员会第七次会议《关于修改〈中华人民共和国产品质量法〉等五部法律的决定》第三次修正）规定：

“建设工程不适用本法规定；但是，建设工程使用的建筑材料、建筑构配件和设备，属于前款规定的产品范围的，适用本法规定。”

“产品质量检验机构必须具备相应的检测条件和能力，经省级以上人民政府市场监督管理部门或者其授权的部门考核合格后，方可承担产品质量检验工作。”

“产品质量检验机构、认证机构必须依法按照有关标准，客观、公正地出具检验结果或者认证证明。”

“产品质量检验机构、认证机构伪造检验结果或者出具虚假证明的，责令改正，对单位处五万元以上十万元以下的罚款，对直接负责的主管人员和其他直接责任人员处一万元以上五万元以下的罚款；有违法所得的，并处没收违法所得；情节严重的，取消其检验资

格、认证资格；构成犯罪的，依法追究刑事责任。"

"产品质量检验机构、认证机构出具的检验结果或者证明不实，造成损失的，应当承担相应的赔偿责任；造成重大损失的，撤销其检验资格、认证资格。"

以上法律条文是对承担产品质量检验工作的实验室在其法律地位、实验室及其人员依法从业等方面的强制性要求。

(4)《中华人民共和国建筑法》(1997 年 11 月 1 日第八届全国人民代表大会常务委员会第二十八次会议通过。根据 2011 年 4 月 22 日第十一届全国人民代表大会常务委员会第二十次会议《关于修改〈中华人民共和国建筑法〉的决定》第一次修正。根据 2019 年 4 月 23 日第十三届全国人民代表大会常务委员会第十次会议《关于修改〈中华人民共和国建筑法〉等八部法律的决定》第二次修正）规定：**"建筑施工企业必须按照工程设计要求、施工技术标准和合同的约定，对建筑材料、建筑构配件和设备进行检验，不合格的不得使用。"**

(5)《建设工程质量管理条例》(2000 年 1 月 30 日国务院令第 279 号发布，根据 2017 年 10 月 7 日国务院令第 687 号《国务院关于修改部分行政法规的决定》第一次修正，根据 2019 年 4 月 23 日国务院令第 714 号《国务院关于修改部分行政法规的决定》第二次修改）规定：

"施工单位必须按照工程设计要求、施工技术标准和合同约定，对建筑材料、建筑构配件、设备和商品混凝土进行检验，检验应当有书面记录和专人签字；未经检验或者检验不合格的，不得使用。"

"施工人员对涉及结构安全的试块、试件以及有关材料，应当在建设单位或者工程监理单位监督下现场取样，并送具有相应资质等级的质量检测单位进行检测。"

"违反本条例规定，施工单位未对建筑材料、建筑构配件、设备和商品混凝土进行检验，或者未对涉及结构安全的试块、试件以及有关材料取样检测的，责令改正，处 10 万元以上 20 万元以下的罚款；情节严重的，责令停业整顿，降低资质等级或者吊销资质证书；造成损失的，依法承担赔偿责任。"

以上法律法规条文，是对建设工程领域的质量检测活动提出的强制性要求。

(6)《中华人民共和国认证认可条例》(2003 年 9 月 3 日中华人民共和国国务院令第 390 号公布，根据 2016 年 2 月 6 日《国务院关于修改部分行政法规的决定》第一次修订，根据 2020 年 11 月 29 日《国务院关于修改和废止部分行政法规的决定》第二次修订）规定：**"向社会出具具有证明作用的数据和结果的实验室，应当具备有关法律、行政法规规定的基本条件和能力，并依法经认定后，方可从事相应活动，认定结果由国务院认证认可监督管理部门公布。"**这是对需要向社会出具具有证明作用的数据和结果的实验室提出的强制性管理要求。

2.2.2　制定并颁布实施实验室管理的管理规矩

1. 制定并颁布实施实验室管理相关的国家标准

国家标准化管理部门通过颁布实施实验室管理相关的强制性国家标准和推荐性国家标准，明确实验室管理的强制性要求和通用要求。例如：

(1) 2011 年 4 月 2 日，住房和城乡建设部与国家质量监督检验检疫总局联合发布了国家标准《房屋建筑和市政基础设施工程质量检测技术管理规范》GB 50618—2011，

2012 年 10 月 1 日实施。该标准为强制性国家标准，从总则、术语、基本规定、检测机构能力、检测程序、检测档案等方面，明确了住房和城乡建设行业（领域）工程质量检测技术管理的特殊要求。根据《中华人民共和国标准化法》**“强制性标准必须执行”**的规定，该国家标准条文的相关规定，均为实验室管理过程中必须执行的强制性要求。尤其是以下强制性条文，更是必须严格执行，违者将受到法律的严惩：

“检测机构必须在技术能力和资质规定范围内开展检测工作。”

“检测机构应对出具的检测报告的真实性、准确性负责。”

“检测应按有关标准的规定留置已检试件。有关标准留置时间无明确要求的，留置时间不应少于 72h。”

“检测试件的提供方应对试件取样的规范性、真实性负责。”

“检测机构应配备能满足所开展检测项目要求的检测人员。”

“检测机构应配备能满足所开展检测项目要求的检测设备。”

“检测机构严禁出具虚假检测报告。凡出现下列情况之一的应判定为虚假检测报告：

1　不按规定的检测程序及方法进行检测出具的检测报告；

2　检测报告中数据、结论等实质性内容被更改的检测报告；

3　未经检测就出具的检测报告；

4　超出技术能力和资质规定范围出具的检测报告。”

“检测应严格按照经确认的检测方法标准和现场工程实体检测方案进行。”

(2) 2019 年 12 月 10 日，国家市场监督管理总局与国家标准化管理委员会联合发布了国家标准《检测和校准实验室能力的通用要求》GB/T 27025—2019，2020 年 7 月 1 日实施。该推荐性国家标准从检测和校准实验室的通用要求、结构要求、资源要求、过程要求、管理体系要求等方面，明确了国家对检测和校准实验室能力管理的通用要求，是国家对实验室实施宏观（监督）管理和实验室进行内部管理都应当共同遵守的通用要求，更是实验室及其人员开展实验（检验检测）活动应当遵守的规矩依据。例如：

1）在保证实验室公正性方面，提出了以下通用要求：

“实验室应公正地实施实验室活动，并从组织结构和管理上保证公正性；”

“实验室管理层应作出公正性承诺；”

“实验室应对实验室活动的公正性负责，不允许商业、财务或其他方面的压力损害公正性；”

2）在保证实验室合法性方面，提出了**“实验室应为法律实体或法律实体中被明确的一部分，该实体对实验室活动承担法律责任。”**的通用要求。

3）在保证实验室满足实验室管理的人员、资源要求、过程要求等方面，提出了下列通用要求：

“实验室应获得管理和实施实验室活动所需的人员、设施、设备、系统及支持服务。”

“所有可能影响实验室活动的人员，无论是内部人员还是外部人员，应行为公正、有能力并按照实验室管理体系要求工作。”

“实验室应确保人员具备其负责的实验室活动的能力，以及评估偏离影响程度的能力。”

“设施和环境条件应适合实验室活动，不应对结果有效性产生不利影响。”

此外，这里未列出的该国家标准的其他条文，也都是政府监管部门对各行业（领域）的实验室实施宏观管理和实验室开展内部管理应当遵循的通用要求。

2. 制定并颁布实施实验室管理的部门规章、行业标准/规范、规范性文件等管理规矩

（1）国务院住房和城乡建设行政主管部门通过制订并颁布实施部门规章、规范性文件和行业标准、规范等形式，明确住房和城乡建设行业（领域）实验室管理的特殊要求，作为本行业（领域）实验室宏观管理和实验室内部管理共同遵守的管理规矩与依据。例如：

1）《建设工程质量检测管理办法》（2022年12月29日住房和城乡建设部令第57号公布，自2023年3月1日起施行）从总则、检测机构资质管理、检测活动管理、监督管理、法律责任等方面明确了住房和城乡建设行业（领域）实验室管理的特殊要求。例如：

“检测机构应当按照本办法取得建设工程质量检测机构资质（以下简称：检测机构资质），并在资质许可的范围内从事建设工程质量检测活动。未取得相应资质证书的，不得承担本办法规定的建设工程质量检测业务。”

“国务院住房和城乡建设主管部门负责全国建设工程质量检测活动的监督管理。县级以上地方人民政府住房和城乡建设主管部门负责本行政区域内建设工程质量检测活动的监督管理，可以委托所属的建设工程质量监督机构具体实施。”

“申请检测机构资质的单位应当是具有独立法人资格的企业、事业单位，或者依法设立的合伙企业，并具备相应的人员、仪器设备、检测场所、质量保证体系等条件。”

“省、自治区、直辖市人民政府住房和城乡建设主管部门负责本行政区域内检测机构的资质许可。”

“从事建设工程质量检测活动，应当遵守相关法律、法规和标准。相关人员应当具备相应的建设工程质量检测知识和专业能力。”

“检测机构应当建立建设工程过程数据和结果数据、检测影像资料及检测报告记录与留存制度，对检测数据和检测报告的真实性、准确性负责。”

“检测机构应当建立信息化管理系统，对检测业务受理、检测数据采集、检测信息上传、检测报告出具、检测档案管理等活动进行信息化管理，保证建设工程质量检测活动全过程可追溯。”

“检测机构应当保持人员、仪器设备、检测场所、质量保证体系等方面符合建设工程质量检测资质标准，加强检测人员培训，按照有关规定对仪器设备进行定期检定或者校准，确保检测技术能力持续满足所开展建设工程质量检测活动的要求。”

“县级以上地方人民政府住房和城乡建设主管部门应当加强对建设工程质量检测活动的监督管理，建立建设工程质量检测监管信息系统，提高信息化监管水平。”

“县级以上人民政府住房和城乡建设主管部门应当对检测机构实行动态监管，通过‘双随机、一公开’等方式开展监督检查。实施监督检查时，有权采取下列措施：

① 进入建设工程施工现场或者检测机构的工作场地进行检查、抽测；

② 向检测机构、委托方、相关单位和人员询问、调查有关情况；

③ 对检测人员的建设工程质量检测知识和专业能力进行检查；

④ 查阅、复制有关检测数据、影像资料、报告、合同以及其他相关资料；

⑤ 组织实施能力验证或者比对试验；

⑥ 法律、法规规定的其他措施。”

2)《建设工程质量检测机构资质标准》(2023年3月31日，住房和城乡建设部建质规〔2023〕1号印发)从检测机构资历及信誉、主要人员、检测设备及场所、管理水平等方面明确了住房和城乡建设行业(领域)检测机构资质标准，对各类资质检测机构的业务范围作出了规定，是本行业(领域)检测机构资质管理(资质申请、资质许可、资质维持、资质变更等)和检测机构及其人员开展检测活动必须共同遵守的特殊要求。例如：

① 建设工程质量检测机构资质标准包括检测机构资历及信誉、主要人员、检测设备及场所、管理水平等内容(见本书附录N的附件1：主要人员配备表；附件2：检测专项及检测能力表)。

② 检测机构资质分为综合资质和专项资质二个类别。其中，综合资质是指包括全部专项资质的检测机构资质；专项资质包括建筑材料及构配件、主体结构及装饰装修、钢结构、地基基础、建筑节能、建筑幕墙、市政工程材料、道路工程、桥梁及地下工程9个检测机构专项资质。检测机构资质不分等级。

③ 检测机构综合资质的标准是：

a)**资历及信誉：**有独立法人资格的企业、事业单位，或依法设立的合伙企业，且均具有15年以上质量检测经历；具有建筑材料及构配件(或市政工程材料)、主体结构及装饰装修、建筑节能、钢结构、地基基础5个专项资质和其他2个专项资质；具备9个专项资质全部必备检测参数；社会信誉良好，近3年未发生过一般事故及以上工程质量安全责任事故；

b)**主要人员：**技术负责人应具有工程类专业正高级技术职称，质量负责人应具有工程类专业高级及以上技术职称，且均具有8年以上质量检测工作经历；注册结构工程师不少于4名(其中，一级注册结构工程师不少于2名)，注册土木工程师(岩土)不少于2名，且均具有2年以上质量检测工作经历；技术人员不少于150人，其中具有3年以上质量检测工作经历的工程类专业中级及以上技术职称人员不少于60人、工程类专业高级及以上技术职称人员不少于30人；

c)**检测设备及场所：**质量检测设备设施齐全，检测仪器设备功能、量程、精度，配套设备设施满足9个专项资质全部必备检测参数要求；有满足工作需要的固定工作场所及质量检测场所；

d)**管理水平：**有完善的组织机构和质量管理体系，并满足《检测和校准实验室能力的通用要求》GB/T 27025—2019要求；有完善的信息化管理系统，检测业务受理、检测数据采集、检测信息上传、检测报告出具、检测档案管理等质量检测活动全过程可追溯。

④ 检测机构专项资质的标准是：

a)**资历及信誉：**有独立法人资格的企业、事业单位，或依法设立的合伙企业；主体结构及装饰装修、钢结构、地基基础、建筑幕墙、道路工程、桥梁及地下工程等6项专项资质，应当具有3年以上质量检测经历；具备所申请专项资质的全部必备检测参数；社会信誉良好，近3年未发生过一般事故及以上工程质量安全责任事故；

b)**主要人员：**技术负责人应具有工程类专业高级及以上技术职称，质量负责人应具有工程类专业中级及以上技术职称，且均具有5年以上质量检测工作经历；主要人员数量不少于本书附录N的附件1：主要人员配备表的要求；

c)**检测设备及场所：**质量检测设备设施基本齐全，检测设备仪器功能、量程、精度，配套设备设施满足所申请专项资质的全部必备检测参数要求；有满足工作需要的固定工作场所及质量检测场所；

d）**管理水平：**有完善的组织机构和质量管理体系，有健全的技术、档案等管理制度；有信息化管理系统，质量检测活动全过程可追溯。

⑤ 业务范围：

a）综合资质：承担全部专项资质中已取得检测参数的检测业务；

b）专项资质：承担所取得专项资质范围内已取得检测参数的检测业务。

（2）国务院市场监督管理部门和交通运输等其他行业主管部门通过发布部门规章、行业标准、规范和规范性文件等形式，明确对其所管辖行业（领域）实验室管理的特殊要求和通用要求。例如：

1）《检验检测机构资质认定管理办法》（2015 年 4 月 9 日国家质量监督检验检疫总局令第 163 号公布，根据 2021 年 4 月 2 日国家市场监督管理总局令第 38 号公布《国家市场监督管理总局关于废止和修改部分规章的决定》修改，自 2021 年 6 月 1 日起施行）从总则、资质认定条件和程序、技术评审管理、监督检查等方面，明确了市场监督管理部门对各行业（领域）从事向社会出具具有证明作用的数据和结果的实验室资质认定（CMA）管理的特殊要求。

2）《检验检测机构监督管理办法》（国家市场监督管理总局令第 39 号公布，自 2021 年 6 月 1 日起施行）明确了市场监督管理部门对在中华人民共和国境内检验检测机构从事向社会出具具有证明作用的检验检测数据、结果、报告的活动及其监督管理的特殊要求。

3）认证认可行业标准《检验检测机构资质认定能力评价检验检测机构通用要求》RB/T 214—2017（中国国家认证认可监督管理委员会 2017 年 10 月 16 日发布，2018 年 5 月 1 日实施）从机构、人员、场所环境、设备设施、管理体系方面明确了市场监督管理部门对实验室资质认定能力评价管理的通用要求。该行业标准是市场监督管理部门对实验室实施宏观（监管）管理和实验室及其从业人员开展实验室活动应当共同遵守的通用要求。

4）交通运输部《公路水运工程试验检测管理办法》（中华人民共和国交通运输部令 2023 年第 9 号公布，自 2023 年 10 月 1 日起施行）从总则、检测机构资质管理、检测活动管理、监督管理、法律责任等方面明确了交通运输行业主管部门对公路水运工程质量检测实验室管理的特殊要求。

3. 制定并颁布实施实验室国家认可的管理规矩

中国合格评定国家认可委员会（CNAS）通过颁布实施实验室国家认可管理相关的规则、准则、指南等管理规矩，明确实验室国家认可的通用要求和各行业（专业领域）实验室国家认可的通用要求和特别要求。例如：

中国合格评定国家认可委员会（CNAS）密切跟踪国际实验室认可合作组织（ILAC）和亚太实验室认可合作组织（APLAC）的最新动态，制订并持续更新实验室认可规则（CNAS-RL）、认可准则（CNAS-CL）、认可指南（CNAS-GL）、认可说明（CNAS-EL）和认可技术报告（CNAS-TRL）等一系列的实验室国家认可的管理规矩。如在《检测和校准实验室能力认可准则》CNAS-CL01 中，对实验室的管理要求和技术要求相关的诸要素作出详细的要求和规定，作为实验室国家认可机构对实验室的能力与资格进行合格评定和实验室进行内部管理的依据。

总而言之，我国对实验室的宏观管理就是政府的各行业主管部门根据本行业（领域）的专业特点，依据实验室基本条件和检测能力等，实行分类（或/和分级）的资质管理。国家用颁布实施实验室管理相关的法律、行政法规和强制性国家标准等方式对实验室主体的法律地位、公正性和独立性、基本条件和检测能力、资质许可/资格认定、从业要求等作出强制性规定，要求实验室应满足法律地位、独立性和公正性、安全、场所环境、人力资源、设施、仪器设备、程序和方法、质量保证体系等方面的基本条件，具备运用其基本条件以保证所出具的数据和结果的准确性、可靠性、稳定性的相关经验和能力水平，且必须获得省、自治区、直辖市人民政府的相关行业主管部门的资质许可/认定后，方可在获得资质许可/认定的检测能力范围内开展检测活动。

在住房和城乡建设行业（领域）中，对需要从事向社会出具具有证明作用的检验检测数据、结果、报告的活动实验室，除必须取得省级人民政府的住房和城乡建设主管部门的资质许可外，还应依法取得省级或以上市场监督管理部门对其检验检测资格能力的资质认定（CMA）合格证书，方可在取得资质认定的检测能力范围内开展检验检测活动，才能向社会出具具有证明作用的检验检测数据、结果、报告。对需要开展跨国、跨境检测业务、其检测结果需要国际互认的实验室，可以自愿向中国合格评定国家认可委员会（CNAS）申请实验室国家认可，由CNAS对实验室的能力和执业资格，按照《检测和校准实验室能力认可准则》CNAS-CL01等实验室认可的管理规矩进行合格评定，评定合格的予以承认，颁发实验室国家认可合格证书，作为实验室合法开展国内和国际检测业务的依据，其检测结果在国际实验室认可合作组织（ILAC）和亚太实验室认可合作组织（APLAC）的成员国中互认。

综上所述，不同行业（领域）的主管部门对实验室管理的相关要求是存在一定差异的，但最重要、最根本的要求是基本一致的。为了节省篇幅，本书后续的内容仅介绍住房和城乡建设行业（领域）检测实验室管理的相关要求，其他行业（领域）对实验室管理的特殊要求，则不作介绍，有需要的读者可参考这些行业（领域）实验室管理的特殊要求。

2.3 实验室宏观（监督）管理的实施

实验室宏观（监管）管理工作就是各级人民政府的实验室监管部门（含住房和城乡建设主管部门及其委托的监督机构等，下同）依据所定立的实验室管理的相关规矩，从实验室的总原则（法律、公正性、独立性地位等）、资质管理、检测活动管理、监督管理和法律责任等方面，对本行业实验室实施全方位的监督管理。下面，根据《建设工程质量检测管理办法》（住房和城乡建设部令第57号）（以下简称：《管理办法》）、国家标准《房屋建筑和市政基础设施工程质量检测技术管理规范》GB 50618—2011（以下简称：《管理规范》）和《建设工程质量检测机构资质标准》（建质规〔2023〕1号）（以下简称：《资质标准》）等实验室管理规矩的相关要求，就实验室的宏观（监督）管理介绍如下：

2.3.1 实验室宏观（监督）管理的总原则

1. 实验室宏观管理工作的内容和责任分工

（1）实验室宏观管理工作的内容，是对实验室及其从事的建设工程质量检测相关活动实施监督管理。其中，建设工程质量检测，是指在新建、扩建、改建房屋建筑和市政基础设施工程活动中，建设工程质量检测机构（以下简称：检测机构）接受委托，依据国家有关法律、法规和标准，对建设工程涉及结构安全、主要使用功能的检测项目，进入施工现场的建筑材料、建筑构配件、设备，以及工程实体质量等进行的检测。

（2）实验室宏观管理工作的责任分工。国务院住房和城乡建设主管部门负责全国建设工程质量检测活动的监督管理；县级以上地方人民政府住房和城乡建设主管部门负责本行政区域内建设工程质量检测活动的监督管理，可以委托所属的建设工程质量监督机构具体实施。

2. 实验室主体法律地位、公正性和独立性的宏观管理

实验室主体法律地位、公正性和独立性的宏观管理，应按以下要求进行：

（1）实验室主体法律地位的宏观管理。实验室应当是具有独立法人资格的企业、事业单位，或依法设立的合伙企业。

（2）实验室公正性和独立性的宏观管理。实验室应当采取以下（但不限于）措施，保证其公正性和独立性：

1）实验室与所检测建设工程相关的建设、施工、监理单位，以及建筑材料、建筑构配件和设备供应单位不得有隶属关系或者其他利害关系。

2）实验室及其工作人员不得推荐或者监制建筑材料、建筑构配件和设备。

3）实验室应公正地实施实验室活动，并从组织结构和管理上保证公正性。

4）实验室管理层应作出公正性承诺。

5）实验室应对实验室活动的公正性负责，不允许商业、财务或其他方面的压力损害公正性。

6）检测人员不得同时受聘于两家或者两家以上检测机构。

3. 实验室及其从业行为合法性的宏观管理

实验室及其从业行为合法性的宏观管理，应按以下要求进行：

（1）实验室应当依法取得建设工程质量检测机构资质（以下简称：检测机构资质）。

（2）实验室应当在资质许可的范围内从事建设工程质量检测活动。

（3）实验室未取得相应资质证书的，不得承担相应的建设工程质量检测业务。

2.3.2 实验室资质的宏观（监督）管理

实验室资质的宏观（监督）管理，应按以下要求进行：

1. 按实验室资质管理相关规矩实施资质许可

（1）由各省、自治区、直辖市人民政府住房和城乡建设主管部门（以下简称：资质管理部门或资质许可机构）负责本行政区域内检测机构的资质许可。

（2）资质管理部门受理检测机构的资质申请：申请检测机构资质应当向登记地所在省、自治区、直辖市人民政府住房和城乡建设主管部门提出，并提交下列材料：

1）由国务院住房和城乡建设主管部门制定格式的检测机构资质申请表。

2）主要检测仪器、设备清单。

3）检测场所不动产权属证书或者租赁合同。

4）技术人员的职称证书。

5）检测机构管理制度以及质量控制措施。

（3）资质管理部门严格按照《资质标准》实施检测机构资质许可。资质管理部门受理

申请后，应当进行材料审查和专家评审，在20个工作日（其中专家评审时间不计算在资质许可期限内）内完成审查并作出书面决定。具体应：

1）组织材料审查。资质管理部门安排工作人员或委派技术专家（或专家组）对申请检测机构资质的单位提交的申请材料进行审查，核查申请单位是否满足《管理办法》和《资质标准》规定的基本条件：

① 申请单位应为具有独立法人资格的企业、事业单位，或者依法设立的合伙企业；

② 申请单位应具有《资质标准》规定的资历及信誉，并具备相应的主要人员、检测仪器设备、检测场所、管理水平（组织机构和质量保证体系）等条件。

2）组织专家评审。专家评审工作一般由资质管理部门派出由技术专家或评审员组成的专家评审组进行现场评审（法律、法规规定可以免除现场评审环节的情形除外），并应严格按照《管理办法》《资质标准》和《检测和校准实验室能力的通用要求》GB/T 27025—2019（以下简称：《通用要求》），以及各省、自治区、直辖市资质管理部门制订的资质许可管理的规范性文件（如实施细则等）的相关要求组织实施。实施时，一般应从以下几方面进行评审：

① 资历及信誉：

a）应为有独立法人资格的企业、事业单位，或依法设立的合伙企业；

b）申请主体结构及装饰装修、钢结构、地基基础、建筑幕墙、道路工程、桥梁及地下工程等6项专项资质，应当具有3年以上质量检测经历；

c）申请综合资质，应具有建筑材料及构配件（或市政工程材料）、主体结构及装饰装修、建筑节能、钢结构、地基基础5个专项资质和其他2个专项资质，且均应具有15年以上质量检测经历；

d）申请专项资质，应具备所申请专项资质的全部必备检测参数；申请综合资质，应具备所申请的9个专项资质中的全部必备检测参数；

e）社会信誉良好，近3年未发生过一般及以上工程质量安全责任事故。

② 主要人员：

“检测机构应配备能满足所开展检测项目要求的检测人员。”具体应满足：

a）专项资质：一是技术负责人应具有工程类专业高级及以上技术职称，质量负责人应具有工程类专业中级及以上技术职称，且均具有5年以上质量检测工作经历；二是主要人员数量不少于本书附录N的附件1：主要人员配备表的要求；

b）综合资质：一是技术负责人应具有工程类专业正高级技术职称，质量负责人应具有工程类专业高级及以上技术职称，且均具有8年以上质量检测工作经历；二是注册结构工程师不少于4名（其中，一级注册结构工程师不少于2名），注册土木工程师（岩土）不少于2名，且均具有2年以上质量检测工作经历；三是技术人员不少于150人，其中具有3年以上质量检测工作经历的工程类专业中级及以上技术职称人员不少于60人、工程类专业高级及以上技术职称人员不少于30人。

此外，还需要对检测人员的配备是否满足《管理规范》第4.1节的相关规定；技术人员是否根据所申请资质涉及的检测项目来配备，各检测项目配备的技术人员是否满足本书附录P中的附录A：检测项目、检测设备及技术人员配备表的相关要求等进行现场评审。

③ 检测设备及场所：

"检测机构应配备能满足所开展检测项目要求的检测设备。"具体应满足：

a）专项资质：一是质量检测设备设施齐全，检测仪器设备功能、量程、精度，配套设备设施满足9个专项资质全部必备检测参数要求；二是有满足工作需要的固定工作场所及质量检测场所；

b）综合资质：一是质量检测设备设施基本齐全，检测设备仪器功能、量程、精度，配套设备设施满足所申请专项资质的全部必备检测参数要求；二是有满足工作需要的固定工作场所及质量检测场所。

与此同时，还要对检测设备的配备是否满足《管理规范》第4.2节的规定，是否根据所申请资质涉及的检测项目来配备相应的检测设备，各检测项目配备的检测设备是否满足本书附录P中的附录A：检测项目、检测设备及技术人员配备表的相关要求，以及对检测场所的配备是否满足《管理规范》第4.3节的相关要求进行现场评审。

④ 管理水平：

专项资质和综合资质的管理水平，应满足：

a）专项资质：一是有完善的组织机构和质量管理体系，有健全的技术、档案等管理制度；二是有信息化管理系统，质量检测活动全过程可追溯；

b）综合资质：一是有完善的组织机构和质量管理体系，并满足《检测和校准实验室能力的通用要求》GB/T 27025—2019要求；二是有完善的信息化管理系统，检测业务受理、检测数据采集、检测信息上传、检测报告出具、检测档案管理等质量检测活动全过程可追溯。

还要对实验室的检测管理水平是否满足《管理规范》第4.4节的相关要求进行现场评审。

专家评审组就是要对照《资质标准》《通用要求》及其所申请检测项目涉及的标准（规范）的相关内容和要求，逐项进行现场核查、评审，确认是否具备开展所申请资质相应检测项目必需的技术能力和条件、检测管理水平，然后根据现场评审结果，向资质管理部门提出是否准许实验室所提出资质申请的评审意见。

总之，应按省一级资质管理部门制订的资质许可管理的规范性文件（实施细则）的规定组织实施资质许可申请材料审查和专家评审。如省一级资质管理部门没有制订资质许可管理的规范性文件时，可参照CNAS实验室国家认可关于技术评审管理的相关规定或参照《检验检测机构资质认定管理办法》（国家市场监督管理总局令第38号）关于技术评审管理的相关要求进行。

3）颁发检测机构资质证书。资质管理部门对材料审查和专家评审意见进行审查并作出书面决定。经审核确认符合资质标准的，自作出决定之日起10个工作日内，向申请检测机构颁发检测机构资质证书，并报国务院住房和城乡建设主管部门备案。

2. 按实验室资质管理相关规矩实施监督管理

（1）监督获得资质许可实验室持续满足《管理办法》《通用要求》和《资质标准》等管理规矩的相关要求。主要从以下几方面进行：

1）公开取得检测机构资质许可的实验室名单。省级实验室资质管理部门，向获得资质许可的申请检测机构颁发检测机构资质证书，并报国务院住房和城乡建设主管部门备案的同时，通过合法的渠道（如官方网站、监管平台等）公开所有获得其资质许可的检测机构名单，并将获得综合类资质、专项类资质检测机构的名称、资质类别及其获得许可开展的检测项目（业务范围）等需要依法向社会公开的相关信息向社会公开，供有需要的单位（机构）或个人查询，并接受社会公众的监督。

2）对检测机构资质证书进行管理。按照**“检测机构资质证书实行电子证照，由国务院住房和城乡建设主管部门制定格式”**的规定，制发检测机构资质证书。检测机构资质证书有效期为5年。当检测机构资质证书即将达到5年有效期而需要延续资质证书有效期时，资质管理部门应按以下规定管理：

① 督促检测机构在资质证书有效期届满30个工作日前向资质许可机关提出资质延续申请；

② 对符合资质标准且在资质证书有效期内无后面第3）项规定行为的检测机构，经资质许可机关同意，有效期延续5年。

3）对获证检测机构申请综合类资质或者资质增项的管理。资质管理部门应按照前面第1.款所述的相关要求，处理获证检测机构提出综合类资质或者资质增项的申请事项，对符合所申请检测机构资质标准要求的，批准其申请，并颁发检测机构资质证书。但如果提出申请的检测机构在申请之日起前一年内有下列行为之一者，资质许可机关不予批准其申请：

① 超出资质许可范围从事建设工程质量检测活动；

② 转包或者违法分包建设工程质量检测业务；

③ 涂改、倒卖、出租、出借或者以其他形式非法转让资质证书；

④ 违反工程建设强制性标准进行检测；

⑤ 使用不能满足所开展建设工程质量检测活动要求的检测人员或者仪器设备；

⑥ 出具虚假的检测数据或者检测报告。

4）对取得资质的检测机构不再符合相应资质标准时的管理。资质管理部门发现取得资质的检测机构，在取得检测机构资质后，不再符合相应资质标准时，应按以下要求实施管理：

① 资质许可机关责令相关检测机构限期整改并向社会公开；

② 相关检测机构按资质许可机构的要求限期整改；

③ 当检测机构尚未完成整改的，对其综合类资质或者资质增项申请，资质许可机关不予批准；

④ 当检测机构完成整改后，方可向资质许可机关提出资质重新核定申请；

⑤ 检测机构在重新核定符合资质标准前出具的检测报告不得作为工程质量验收资料。

5）对检测机构在资质证书有效期内发生的变更事项的管理。资质管理部门按以下要求处理检测机构在资质证书有效期内提出的变更申请事项：

①督促检测机构在资质证书有效期内名称、地址、法定代表人等发生变更时，在办理营业执照或者法人证书变更手续后30个工作日内办理资质证书变更手续；资质许可机关在2个工作日内办理完毕；

②督促检测机构在检测场所、技术人员、仪器设备等事项发生变更影响其符合资质标准时，在变更后30个工作日内向资质许可机关提出资质重新核定申请，资质许可机关在

20 个工作日内完成审查，并作出书面决定。

（2）监管部门监督实验室严格执行**“检测机构必须在技术能力和资质规定范围内开展检测工作。”**的强制性规定。主要有：

1）健全以“双随机、一公开”监管和“互联网＋监管”为基本手段、以重点监管为补充、以信用监管为基础的新型监管机制。

2）加强对检测机构监管，督促检测机构落实主体责任，规范从业行为，按以下要求在其资质许可的能力范围内开展业务：

① 对取得检测机构综合资质的，能够承担所取得的全部专项资质中已取得检测参数的检测业务；

② 对取得检测机构专项资质的，能够承担所取得专项资质范围内已取得检测参数的检测业务。

对违反上述资质管理相关要求的检测机构及其从业人员，监管部门严格按《管理办法》的相关规定严肃查处。

2.3.3　实验室检测活动的宏观（监督）管理

政府监管部门应按**“健全以‘双随机、一公开’监管和‘互联网＋监管’为基本手段、以重点监管为补充、以信用监管为基础的新型监管机制”**的要求，对实验室的检测活动实施有效的宏观（监督）管理。具体应按以下要求进行：

1. 监督实验室及其人员依法依规从业

（1）督促检测机构及其人员遵守相关法律、法规和标准从事建设工程质量检测活动，并出具检测报告。

（2）监督检测机构的相关人员是否具备与其开展检测活动相应的建设工程质量检测知识和专业能力。

（3）督促检测机构及其人员按以下要求确保其客观性、公正性和独立性地位：

① 检测机构与所检测建设工程相关的建设、施工、监理单位，以及建筑材料、建筑构配件和设备供应单位不得有隶属关系或者其他利害关系；

② 检测机构及其工作人员不得推荐或者监制建筑材料、建筑构配件和设备。

（4）监督检测机构及其从业人员按**“检测机构应对出具的检测报告的真实性、准确性负责。”**和**“检测机构严禁出具虚假检测报告”**的强制性要求出具检测报告，具体应：

1）识别/判定并严肃查处检测机构下列出具虚假检测报告的违法行为：

① 不按规定的检测程序及方法进行检测出具的检测报告；

② 检测报告中数据、结论等实质性内容被更改的检测报告；

③ 未经检测就出具的检测报告；

④ 超出技术能力和资质规定范围出具的检测报告。

2）检测报告应经检测人员、审核人员、检测机构法定代表人或者其授权的签字人等签署，并加盖检测专用章后方可生效。检测报告批准人、检测报告审核人应经检测机构技术负责人授权，掌握相关领域知识，并具有规定的工作经历和检测工作经验。

3）检测报告中应当包括检测项目代表数量（批次）、检测依据、检测场所地址、检测数据、检测结果、见证人员单位及姓名等相关信息。

4）检测机构应当建立建设工程过程数据和结果数据、检测影像资料及检测报告记录与留存制度，对检测数据和检测报告的真实性、准确性负责。

5）任何单位和个人不得明示或者暗示检测机构出具虚假检测报告，不得篡改或者伪造检测报告。

（5）监督检测机构在检测过程中发现建设、施工、监理单位存在违反有关法律法规规定和工程建设强制性标准等行为，以及检测项目涉及结构安全、主要使用功能检测结果不合格时，及时报告建设工程所在地县级以上地方人民政府住房和城乡建设主管部门。监督检测机构按规定定期向建设主管部门报告（或通过政府监督管理信息化系统实时推送）以下主要技术工作信息：

1）按检测业务范围进行检测的情况。

2）遵守检测技术条件（包括实验室技术能力和检测程序等）的情况。

3）执行检测法规及技术标准的情况。

4）检测机构的检测活动，包括工作行为、人员资格、检测设备及其状态、设施及环境条件、检测程序、检测数据、检测报告等。

5）按规定报送统计报表和有关事项。

（6）监督检测机构采取以下措施保证其开展的建设工程质量检测活动全过程可追溯：

1）严格执行**"检测应按有关标准的规定留置已检试件。有关标准留置时间无明确要求的，留置时间不应少于72h"**的强制性要求。

2）建立检测档案及日常检测资料管理制度。对检测合同、委托单、检测数据原始记录、检测报告按照年度统一编号，编号应当连续，不得随意抽撤、涂改。

3）单独建立检测结果不合格项目台账，并及时向工程所在地建设工程主管部门报告不合格检测结果。

4）建立信息化管理系统，对检测业务受理、检测数据采集、检测信息上传、检测报告出具、检测档案管理等活动进行信息化管理，保证建设工程质量检测活动全过程可追溯。具体应包括：

① 检测机构的检测管理信息系统，应能对工程检测活动各阶段中产生的信息进行采集、加工、储存、维护和使用；

② 检测管理信息系统宜覆盖全部检测项目的检测业务流程，并宜在网络环境下运行；

③ 检测机构管理信息系统的数据管理应采用数据库管理系统，应确保数据存储与传输安全、可靠，并应设置必要的数据接口，确保系统与检测设备或检测设备与有关信息网络系统的互联互通；

④ 应用软件应符合软件工程的基本要求，应经过相关机构的评审鉴定，满足检测功能要求，具备相应的功能模块，并应定期进行论证；

⑤ 检测机构应设专人负责信息化管理工作，管理信息系统软件功能应满足相关检测项目所涉及工程技术规范的要求，技术规范更新时，系统应及时升级更新。

关于实验室宏观（监督）管理信息化的相关内容，详见本书第4章所述。

（7）监督检测机构持续保持人员、仪器设备、检测场所、质量保证体系等方面符合《管理办法》《管理规范》和《资质标准》的相关要求，加强检测人员培训，按照有关规定对仪器设备进行定期检定或者校准，确保检测技术能力持续满足所开展建设工程质量检测活动的要求。具体应：

1）督促检测机构将影响实验室活动结果的各职能的能力（包括教育、资格、培训、技术知识、技能和经验等）要求形成文件，通过确定能力要求、人员选择、人员培训、人员监督、人员授权并向实验室人员传达其职责和权限、人员能力监控等措施，确保所有可能影响实验室活动的人员，行为公正且具备持续按照实验室管理体系要求开展其负责的实验室活动的能力，以及评估偏离影响程度的能力。具体应包括：

① 监督检测机构严格执行**"检测机构应配备能满足所开展检测项目要求的检测人员"**的强制性要求，保证检测机构检测项目的检测技术人员配备能够符合本书附录 P 中的附录 A 的规定和满足开展检测活动的需要，并按本书附录 P 中的附录 B 的要求和自身管理的实际需要设立相应的技术岗位；

② 检测机构的技术负责人、质量负责人应具备《资质标准》规定的技术资格、技术能力和检测经历，检测项目负责人应具有工程类专业中级及其以上技术职称，掌握相关领域知识，具有规定的工作经历和检测工作经验；检测报告批准人、检测报告审核人应经检测机构技术负责人授权，掌握相关领域知识，并具有规定的工作经历和检测工作经验；

③ 检测机构室内检测项目持有岗位证书的操作人员不得少于 2 人；现场检测项目持有岗位证书的操作人员不得少于 3 人；

④ 检测操作人员应经技术培训、通过建设主管部门或委托有关机构的考核，方可从事检测工作；

⑤ 检测人员应及时更新知识，按规定参加本岗位的继续教育，参加继续教育的学时应符合国家相关要求；

⑥ 检测人员岗位能力应按规定定期进行确认。

2）监督检测机构严格执行**"检测机构应配备能满足所开展检测项目要求的检测设备。"**的强制性要求，并维持检测设备的状态持续满足正确开展检测活动的需要。具体应包括：

① 检测机构检测项目的检测设备配备应符合本书附录 P 中附录 A 的规定，并宜分为 A、B、C 三类，分类管理；具体分类宜符合本书附录 P 中附录 C 的要求；

② 检测设备的管理应符合《管理规范》第 4.2 节的相关要求。

3）监督检测机构将从事检测活动所必需的设施及环境条件的要求形成文件，并按文件要求持续保持具备所开展检测项目相适应的检测场所和设施，保证设施和环境条件适合所进行的检测活动，不对检测结果有效性产生不利影响。具体应包括：

① 检测机构应具备所开展检测项目相适应的场所和设施，房屋建筑面积和工作场地均应满足检测工作需要，并应满足检测设备布局及检测流程合理的要求；

② 检测机构应保证检测场所的环境条件等应符合国家现行有关标准的要求，并应满足检测工作及保证工作人员身心健康的要求；当相关规范、方法或程序对环境条件有要求，或环境条件影响结果的有效性时，应配备环境条件的监控设备，监测、控制和记录环境条件；

③ 检测场所应合理存放有关材料、物质，确保化学危险品、有毒物品、易燃易爆等物品安全存放；对检测工作过程中产生的废弃物、影响环境条件及有毒物质等的处置，应符合环境保护和人身健康、安全等方面的相关规定，并应有相应的应急处理措施；

④ 检测工作场所应有明显标识，与检测工作无关的人员和物品不得进入检测工作

场所；

⑤ 检测工作场所应有安全作业措施和安全预案，确保人员、设备及被检测试件的安全；

⑥ 检测工作场所应配备必要的消防器材，存放于明显和便于取用的位置，并应有专人负责管理；

⑦ 检测机构应实施、监控并定期评审控制设施的措施，这些措施应包括但不限于：

a）进入和使用影响检测活动的区域；

b）预防对检测活动的污染、干扰或不利影响；

c）有效隔离不相容的检测活动区域。

4）督促检测机构建立完善的质量保证体系，并增强纠错能力和持续改进的能力。具体应包括：

① 检测机构应执行国家现行有关管理制度和技术标准，建立检测技术管理体系，并按管理体系运行；

② 检测机构应建立内部审核制度，发现技术管理中的不足并进行改正；

③ 检测机构应定期做比对试验，当地监管部门有要求的，应按要求参加本地区组织的能力验证。

（8）监督检测机构按照《管理规范》第五章规定的检测程序，开展检测业务。具体应：

1）检测机构应按《管理规范》第5.1节规定进行检测委托工作，具体包括但不限于以下要求：

① 建设工程质量检测应以工程项目施工进度或工程实际需要进行委托，并应选择具有相应检测资质的检测机构；

② 检测机构应与委托方签订检测书面合同，检测合同应注明检测项目及相关要求；需要见证的检测项目应确定见证人员；检测合同主要内容宜符合本书附录P中附录D的规定；

③ 检测项目应采用现行有效的标准方法检测。当需采用非标准方法检测时，检测机构应编制相应的检测作业指导书，并应在检测委托合同中说明；

④ 检测机构对现场工程实体检测应事前编制检测方案，经技术负责人批准；对鉴定检测、危房检测，以及重大、重要检测项目和为有争议事项提供检测数据的检测方案应取得委托方的同意。

2）检测机构应按《管理规范》第5.2节规定实施取样送检工作，具体包括但不限于以下要求：

① 建筑材料的检测取样应由施工单位、见证单位和供应单位根据采购合同或有关技术标准的要求共同对样品的取样、制样过程、样品的留置、养护情况等进行确认，并应做好试件标识；

② 建筑材料本身带有标识的，抽取的试件应选择有标识的部分；

③ 检测试件应有清晰的、不易脱落的唯一性标识。标识应包括制作日期、工程部位、设计要求和组号等信息；

④ 施工过程有关建筑材料、工程实体检测的抽样方法、检测程序及要求等应符合国

家现行有关工程质量验收规范的规定；

⑤ 既有房屋、市政基础设施现场工程实体检测的抽样方法、检测程序及要求等应符合国家现行有关标准的规定；

⑥ 现场工程实体检测的构件、部位、检测点确定后，应绘制测点图，并应经技术负责人批准；

⑦ 实行见证取样的检测项目，建设单位或监理单位确定的见证人员每个工程项目不得少于2人，并应按规定通知检测机构；

⑧ 见证人员应对取样的过程进行旁站见证，做好见证记录。见证记录应包括下列主要内容：

a. 取样人员持证上岗情况；

b. 取样用的方法及工具模具情况；

c. 取样、试件制作操作的情况；

d. 取样各方对样品的确认情况及送检情况；

e. 施工单位养护室的建立和管理情况；

f. 检测试件标识情况。

⑨ 试件接受应按年度建立台账，试件流转单应采取盲样形式，有条件的可使用条形码技术等信息化技术手段；

⑩ 检测机构自行取样的检测项目应作好取样记录，对接收的检测试件应有符合条件的存放设施，确保样品的正确存放、养护。

3）检测机构应按《管理规范》第5.3节规定进行检测准备工作，具体应按但不限于以下要求进行：

① 检测机构的收样及检测试件管理人员不得同时从事检测工作，并不得将试件的信息泄露给检测人员；

② 检测人员应校对试件编号和任务流转单的一致性，保证与委托单编号、原始记录和检测报告相关联；

③ 检测人员在检测前应对检测设备进行核查，确认其运作正常。数据显示器需要归零的应在归零状态；

④ 试件对贮存条件有要求时，检测人员应检查试件在贮存期间的环境条件符合要求；

⑤ 对首次使用的检测设备或新开展的检测项目以及检测标准变更的情况，检测机构应对人员技能、检测设备、环境条件等进行确认；

⑥ 检测前应确认检测人员的岗位资格，检测操作人员应熟悉相应的检测操作规程和检测设备使用、维护技术手册等；并应熟悉检测异常情况处理预案；

⑦ 检测前应确认检测依据、相关标准条文和检测环境要求，并将环境条件调整到操作要求的状况；

⑧ 现场工程实体检测应有完善的安全措施。检测危险房屋时还应对检测对象先进行勘察，必要时应先进行加固。

⑨ 检测前应确认检测方法标准，确认原则应符合下列规定：

a. 有多种检测方法标准可用时，应在合同中明确选用的检测方法标准；

b. 对于一些没有明确的检测方法标准或有地区特点的检测项目，其检测方法标准应由委托双方协商确定。

4）检测机构应按《管理规范》第5.4节规定实施检测操作，具体应按但不限于以下要求进行：

① **检测应严格按照经确认的检测方法标准和现场工程实体检测方案进行；**

② 检测操作应由不少于2名持证检测人员进行；

③ 检测原始记录应在检测操作过程中及时真实记录，检测原始记录应采用统一的格式。原始记录的内容应符合下列规定：

a. 实验室检测原始记录内容宜符合本书附录P中附录E第E.0.1条的规定；

b. 现场工程实体检测原始记录内容宜符合本书附录P中附录E第E.0.2条的规定；

④ 检测原始记录笔误需要更正时，应由原记录人进行杠改，并在杠改处由原记录人签名或加盖印章；

⑤ 自动采集的原始数据当因检测设备故障导致原始数据异常时，应予以记录，并应由检测人员作出书面说明，由检测机构技术负责人批准，方可进行更改；

⑥ 检测完成后应及时进行数据整理和出具检测报告，并应做好设备使用记录及环境、检测设备的清洁保养工作；对已检试件的留置处理除应符合“**检测应按有关标准的规定留置已检试件。有关标准留置时间无明确要求的，留置时间不应少于72h**”的强制性要求外，尚应符合下列规定：

a. 已检试件留置应与其他试件有明显的隔离和标识；

b. 已检试件留置应有唯一性标识，其封存和保管应由专人负责；

c. 已检试件留置应有完整的封存试件记录，并分类、分品种有序摆放，以便于查找；

⑦ 见证人员对现场工程实体检测进行见证时，应对检测的关键环节进行旁站见证，现场工程实体检测见证记录内容应包括下列主要内容：

a. 检测机构名称、检测内容、部位及数量；

b. 检测日期、检测开始、结束时间及检测期间天气情况；

c. 检测人员姓名及证书编号；

d. 主要检测设备的种类、数量及编号；

e. 检测中异常情况的描述记录；

f. 现场工程检测的影像资料；

g. 见证人员、检测人员签名；

⑧ 现场工程实体检测活动应遵守现场的安全制度，必要时应采取相应的安全措施；

⑨ 现场工程实体检测时应有环保措施，对环境有污染的试剂、试材等应有预防洒漏措施，检测完成后应及时清理现场并将有关用后的残剩试剂、试材、垃圾等带走。

(9) 监督检测机构按以下要求跨省、自治区、直辖市开展检测业务：

1）督促检测机构跨省、自治区、直辖市承担检测业务时，向建设工程所在地的省、自治区、直辖市人民政府住房和城乡建设主管部门备案。

2）监督检测机构在承担检测业务所在地的人员、仪器设备、检测场所、质量保证体系等均满足开展相应建设工程质量检测活动的要求。

当检测机构在省内异地设立分支机构时，应按前面资质管理的相关要求取得资质许可，并参照上述要求采取管控措施，保证分支机构的人员、仪器设备、检测场所、质量保证体系等均满足开展相应建设工程质量检测活动的要求。

（10）依法严肃查处和纠正检测机构存在的下列违法行为：

1）超出资质许可范围从事建设工程质量检测活动。

2）转包或者违法分包建设工程质量检测业务。

3）涂改、倒卖、出租、出借或者以其他形式非法转让资质证书。

4）违反工程建设强制性标准进行检测。

5）使用不能满足所开展建设工程质量检测活动要求的检测人员或者仪器设备。

6）出具虚假的检测数据或者检测报告。

（11）依法严厉查处和纠正检测人员的下列违法违规行为：

1）同时受聘于两家或者两家以上检测机构。

2）违反工程建设强制性标准进行检测。

3）出具虚假的检测数据。

4）违反工程建设强制性标准进行结论判定或者出具虚假判定结论。

（12）当检测结果利害关系人对检测结果存在争议时，可以要求利害关系人委托共同认可的检测机构复检。

2. 监督工程建设参建单位及其人员依法依规开展检测活动

（1）监督委托方委托具有相应资质的检测机构开展建设工程质量检测业务。

（2）监督建设单位在编制工程概预算时合理核算建设工程质量检测费用，单独列支并按照合同约定及时支付。

（3）监督相关单位和个人按以下要求开展建设工程质量见证取样检测活动：

1）建设单位委托检测机构开展建设工程质量检测活动的，建设单位或者监理单位应当对建设工程质量检测活动实施见证。见证人员应当制作见证记录，记录取样、制样、标识、封志、送检以及现场检测等情况，并签字确认。

2）建设单位委托检测机构开展建设工程质量检测活动的，施工人员应当在建设单位或者监理单位的见证人员监督下现场取样。

（4）监督相关单位和个人按**“检测试件的提供方应对试件取样的规范性、真实性负责”**的强制性要求和采取以下措施保证检测试样的符合性、真实性及代表性：

1）提供检测试样的单位和个人，应当对检测试样的符合性、真实性及代表性负责，且检测试样应当具有清晰的、不易脱落的唯一性标识、封志。

2）现场检测或者检测试样送检时，应当由检测内容提供单位、送检单位等填写委托单，委托单应当由送检人员、见证人员等签字确认。

3）检测机构接收检测试样时，应当对试样状况、标识、封志等符合性进行检查，确认无误后方可进行检测。

4）对实行见证取样和见证检测的项目，不符合见证要求的，检测机构不得进行检测。

3. 实验室检测活动宏观（监督）管理措施

县级以上地方人民政府的实验室监管部门应采取下列监管措施对建设工程质量检测活动实行严格监督管理：

（1）加强对建设工程质量检测活动的监督管理，建立建设工程质量检测监管信息系统，提高信息化监管水平。

（2）对检测机构实行动态监管，通过“双随机、一公开”等方式开展监督检查。在实施监督检查时，采取下列措施：

1）进入建设工程施工现场或者检测机构的工作场地进行检查、抽测。

2）向检测机构、委托方、相关单位和人员询问、调查有关情况。

3）对检测人员的建设工程质量检测知识和专业能力进行检查。

4）查阅、复制有关检测数据、影像资料、报告、合同以及其他相关资料。

5）组织实施能力验证或者比对试验。

6）法律、法规规定的其他措施。

（3）加强建设工程质量监督抽测。建设工程质量监督抽测可以通过政府购买服务的方式实施，一般可按以下要求进行：

1）监督建设工程进场的建筑材料按照现行标准、规范进行见证检验，检验合格后方可使用。

2）对涉及工程结构安全、节能、环保及重要使用功能的建筑材料，建设行政主管部门可以委托工程质量监督机构进行监督抽检。

3）监督建设单位组织设计、监理、施工、检测等单位编制实体检测方案并告知工程质量监督机构。

4）监督检测单位根据实体检测方案对工程结构实体质量进行抽测。

（4）政府监管部门对检测机构实施行政处罚后，应当采取以下后续的监管措施：

1）自行政处罚决定书送达之日起20个工作日内告知检测机构的资质许可机关和违法行为发生地省、自治区、直辖市人民政府住房和城乡建设主管部门。

2）依法将建设工程质量检测活动相关单位和人员受到的行政处罚等信息（通过政府官方网站等媒介）予以公开。

3）建立信用管理制度，实行守信激励和失信惩戒。例如，市一级建设行政主管部门可建立全市检测单位诚信管理制度，加强对检测单位检测行为的管理，并建立全市统一的检测单位诚信评价系统，实时公布诚信信息。

（5）对建设工程质量检测活动中的违法违规行为，任何单位和个人有权向建设工程所在地县级以上人民政府住房和城乡建设主管部门投诉、举报。

2.3.4 依法追究违法违规者的法律责任

1. 依法追究实验室违反资质管理相关规定的法律责任

政府监管部门应按以下规定追究存在违反资质管理相关规定的实验室及其人员的法律责任：

（1）检测机构未取得相应资质、资质证书已过有效期或者超出资质许可范围从事建设工程质量检测活动的，其检测报告无效，由政府监管部门处5万元以上10万元以下罚款；造成危害后果的，处10万元以上20万元以下罚款；构成犯罪的，依法追究刑事责任。

（2）检测机构隐瞒有关情况或者提供虚假材料申请资质，资质许可机关不予受理或者不予行政许可，并给予警告；且检测机构1年内不得再次申请资质。

（3）检测机构以欺骗、贿赂等不正当手段取得资质证书的，由资质许可机关予以撤销；由政府监管部门给予警告或者通报批评，并处5万元以上10万元以下罚款；且检测机构3年内不得再次申请资质；构成犯罪的，依法追究刑事责任。

（4）检测机构未按照**“检测机构在资质证书有效期内名称、地址、法定代表人等发生变更的，应当在办理营业执照或者法人证书变更手续后 30 个工作日内办理资质证书变更手续”**的规定办理检测机构资质证书变更手续的，由政府监管部门责令限期办理；逾期未办理的，处 5000 元以上 1 万元以下罚款。

（5）检测机构未按照**“检测机构检测场所、技术人员、仪器设备等事项发生变更影响其符合资质标准的，应当在变更后 30 个工作日内向资质许可机关提出资质重新核定申请”**的规定向资质许可机关提出资质重新核定申请的，由政府监管部门责令限期改正；逾期未改正的，处 1 万元以上 3 万元以下罚款。

2. 依法追究实验室及其人员违反检测活动管理相关规定的法律责任

（1）检测机构违反下列规定之一者，由政府监管部门责令改正，处 5 万元以上 10 万元以下罚款；造成危害后果的，处 10 万元以上 20 万元以下罚款；构成犯罪的，依法追究刑事责任：

1）检测机构应当建立建设工程过程数据和结果数据、检测影像资料及检测报告记录与留存制度，对检测数据和检测报告的真实性、准确性负责。

2）出具虚假的检测数据或者检测报告。

检测机构在建设工程抗震活动中有前款行为的，依照《建设工程抗震管理条例》有关规定给予处罚。

（2）检测机构有下列行为之一的，由政府监管部门责令改正，处 5 万元以上 10 万元以下罚款；造成危害后果的，处 10 万元以上 20 万元以下罚款；构成犯罪的，依法追究刑事责任：

1）转包或者违法分包建设工程质量检测业务。

2）涂改、倒卖、出租、出借或者以其他形式非法转让资质证书。

3）违反工程建设强制性标准进行检测。

4）使用不能满足所开展建设工程质量检测活动要求的检测人员或者仪器设备。

（3）检测人员有下列行为之一的，由政府监管部门责令改正，处 3 万元以下罚款：

1）同时受聘于两家或者两家以上检测机构。

2）违反工程建设强制性标准进行检测。

3）出具虚假的检测数据。

4）违反工程建设强制性标准进行结论判定或者出具虚假判定结论。

（4）检测机构有下列行为之一的，由政府监管部门责令改正，处 1 万元以上 5 万元以下罚款：

1）与所检测建设工程相关的建设、施工、监理单位，以及建筑材料、建筑构配件和设备供应单位有隶属关系或者其他利害关系的。

2）推荐或者监制建筑材料、建筑构配件和设备的。

3）未按照规定在检测报告上签字盖章的。

4）未及时报告发现的违反有关法律法规规定和工程建设强制性标准等行为的。

5）未及时报告涉及结构安全、主要使用功能的不合格检测结果的。

6）未按照规定进行档案和台账管理的。

7）未建立并使用信息化管理系统对检测活动进行管理的。

8）不满足跨省、自治区、直辖市承担检测业务的要求开展相应建设工程质量检测活动的。

9）接受监督检查时不如实提供有关资料、不按照要求参加能力验证和比对试验，或者拒绝、阻碍监督检查的。

（5）检测机构违反规定，有违法所得的，由政府监管部门依法予以没收。

3. 依法追究工程参建单位违反质量检测相关法规行为的法律责任

建设、施工、监理等单位有下列行为之一的，由政府监管部门责令改正，处 3 万元以上 10 万元以下罚款；造成危害后果的，处 10 万元以上 20 万元以下罚款；构成犯罪的，依法追究刑事责任：

（1）委托未取得相应资质的检测机构进行检测的。

（2）未将建设工程质量检测费用列入工程概预算并单独列支的。

（3）未按照规定实施见证的。

（4）提供的检测试样不满足符合性、真实性、代表性要求的。

（5）明示或者暗示检测机构出具虚假检测报告的。

（6）篡改或者伪造检测报告的。

（7）取样、制样和送检试样不符合规定和工程建设强制性标准的。

4. 依法追究违法违规单位相关责任人员的法律责任

依法给予单位罚款处罚的，对单位直接负责的主管人员和其他直接责任人员处 3 万元以下罚款。

5. 依法追究监管部门工作人员违法违规行为的法律责任

政府监管部门工作人员在建设工程质量检测管理工作中，有下列情形之一的，依法给予处分；构成犯罪的，依法追究刑事责任：

（1）对不符合法定条件的申请人颁发资质证书的。

（2）对符合法定条件的申请人不予颁发资质证书的。

（3）对符合法定条件的申请人未在法定期限内颁发资质证书的。

（4）利用职务上的便利，索取、收受他人财物或者谋取其他利益的。

（5）不依法履行监督职责或者监督不力，造成严重后果的。

与此同时，政府监管部门应及时将违反上述规定而受到行政处罚的实验室及人员的相关信息，向国家企业信用信息公示系统等平台推送，由其向社会公众进行公示，公开接受社会监督。

以上是住房和城乡建设行业（领域）检测实验室宏观（监督）管理的特殊要求，政府监管部门及其工作人员、实验室及其从业人员都必须严格遵守。

对住房和城乡建设行业（领域）的检测实验室中，需要向社会出具具有证明作用的数据和结果的，还需要按照《检验检测机构资质认定管理办法》（国家市场监督管理总局令第 38 号）的相关规定，取得省级或以上市场监督管理部门组织的检验检测机构资质认定（CMA）证书，并接受所在地市场监督管理部门根据《检验检测机构监督管理办法》（国家市场监督管理总局令第 39 号）的相关规定对其开展的检验检测活动所实施的监督管理。

总之，政府监管部门应按照"保护合法、打击违法、取缔非法"总要求，全面加强对实验室的宏观（监督）管理。具体来说，就是县级及以上人民政府的实验室监管部门，要按照《中华人民共和国国民经济和社会发展第十四个五年规划和 2035 年远景目标纲要》明确检验检测事业高质量发展的目标任务和《国务院关于印发“十四五”市场监管现代化规划的通知》（国发〔2021〕3 号）提出加快检验检测行业监管现代化的工作措施，以及本地区、本部门/行业全面提高实验室监督管理水平的新思路、新方法和新举措，结合本地区、本部门/行业实验室管理工作的形势、任务、目标和要求等，借助大数据、互联网＋等信息化技术手段，通过建立建设工程质量检测监管信息系统和全国检验检测机构监督管理信息化服务平台，推动“互联网＋监管”模式全面运行；依据实验室管理相关规矩的规定，在线上对所管辖的获得资质许可的实验室开展全天候的持续不间断的电子监督管理，同时在线下“双随机、一公开”的开展定期（例行的随机抽查）和不定期（非例行、飞行）监督执法检查。对监督执法检查中发现存在违法违规行为的实验室，依法依规对其进行查处（含作出责令改正、罚款、吊销/注销资质认定证书等行政处罚），并将其受到行政处罚的信息在国家企业信用信息公示系统等平台进行公示，以督促获证实验室循规蹈矩、遵章守法经营，鼓励、引导实验室及其人员严格遵循“客观独立、公平公正、诚实信用”的原则从业。

以上介绍的内容是住房和城乡建设行业（领域）对检测实验室实施宏观（监督）管理的具体要求。国家市场监管部门对从事向社会出具具有证明作用的检验检测数据、结果、报告的实验室实施宏观（监督）管理的相关内容和要求，有兴趣的读者可参阅《实验室管理学》[1] 一书的相关叙述。

① 梅月植，汪涛，黄俭，等．实验室管理学［M］．武汉：华中科技大学出版社，2024.

第3章 实验室的微观(内部)管理

实验室的微观（内部）管理是指实验室根据国家实验室管理相关的法规规矩和管理规矩，结合自身管理的实际，建立实验室管理体系、制订实验室管理体系文件（内部规矩）和严格按照实验室管理体系文件的要求，推动管理体系持续有效运行管理等内部管理控制工作的统称。实验室微观（内部）管理应当坚持“遵章守法、客观独立、公平公正、诚实信用”的总原则，建立并保持一个有效运行的，能够覆盖全员、全要素、全过程的，能够保证其检测活动独立、公正、科学、诚信且能保证其出具的检测结果报告真实、客观、准确、完整的管理体系。总言之，就是“建体系、立规矩、抓落实”一句话，下面就实验室如何建体系、立规矩、抓落实逐一介绍。

3.1 实验室管理体系的建立

实验室管理体系的建立，即“建体系”，作为实验室管理的第一步，在实验室管理中具有基础性，甚至是决定性的重要作用。为此，住房和城乡建设部《住房和城乡建设部关于印发〈建设工程质量检测机构资质标准〉的通知》（建质规〔2023〕1号）要求：**“综合资质管理水平：有完善的组织机构和质量管理体系，并满足《检测和校准实验室能力的通用要求》GB/T 27025—2019要求。专项资质管理水平：有完善的组织机构和质量管理体系，有健全的技术、档案等管理制度。”**国家标准《检测和校准实验室能力的通用要求》GB/T 27025—2019/ISO/IEC 17025:2017（以下简称：《通用要求》）提出了**“实验室应建立、实施和保持文件化的管理体系，该管理体系应能支持和证明实验室持续满足本标准要求，并且保证实验室结果的质量。”**的实验室管理体系的建立、实施和保持的总要求。《通用要求》对实验室的通用要求、结构要求、资源要求、过程要求、管理体系要求等5个方面，共计35个要素（其中，通用要求2个、结构要求7个、资源要求6个、过程要求11个、管理体系要求9个）均提出了明确的管理和控制要求，是资质许可（认定/认可）部门进行实验室资质许可（认定/认可）和实验室进行内部管理的共同依据。《通用要求》明确了实验室管理体系管理（含体系的建立、实施和保持，下同）应包括：管理体系方式、管理体系文件、管理体系文件的控制、记录控制、应对风险和机遇的措施、改进、纠正措施、内部审核、管理评审等相关要素的管理和控制。实验室应当建立健全能够对其所有内部质量管理活动和检测活动实施有效管理和控制的管理体系，以确保所出具的每一项检测数据、结果真实、客观、准确。

3.1.1 实验室管理体系的运作过程、构成和职能分配

在开始介绍如何建立实验室管理体系相关内容之前，先将实验室的运作过程、实验室管理体系的构成和实验室管理体系的职能分配简单介绍如下：

1. 实验室管理体系的运作过程

为了便于读者直观地理解实验室管理体系各管理模块及其相关要素在实验室运作过程中的角色和作用，可以通过本书附录Q中附图B.1来表示实验室管理体系运作过程。

2. 实验室管理体系的构成

为了便于读者加深理解实验室管理体系的构成，可以按以下方法对实验室管理体系进行简单切割。先从纵向自上而下将实验室管理体系划分为决策层、管理层和执行（操作）层三个层次，再从横向将实验室管理体系的管理层（含管理层）以下部分划分成业务管理体系、组织管理体系、技术管理体系和质量管理体系四个管理模块。实验室管理体系构成如图3.1.1所示。

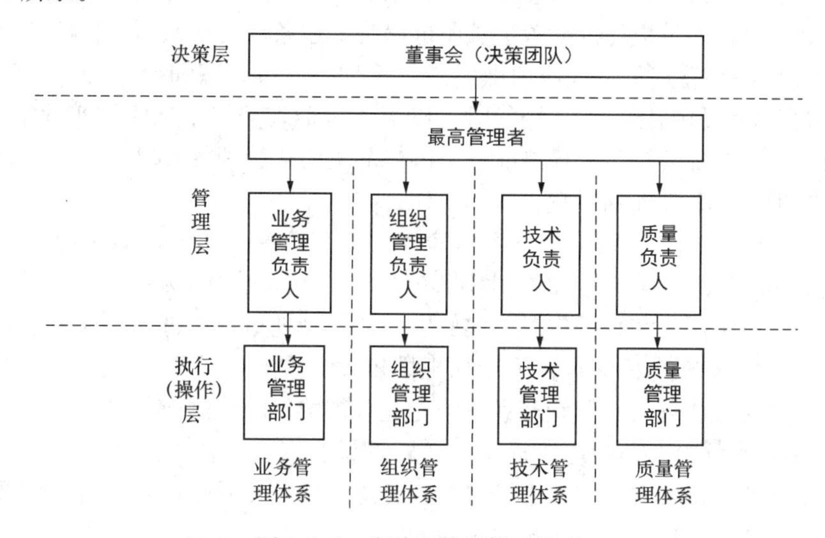

图3.1.1　实验室管理体系构成

3. 实验室管理体系的职能分配

实验室管理体系的决策层、管理层和执行（操作）层的组成及其主要职能介绍如下：

（1）决策层的组成及其主要职能如下：

1）实验室决策层的组成。决策层一般由董事会成员或由实验室所有人（实际控制者）委任的决策团队成员组成。决策层通常是由多人组成的一个团队，但也可以是一个人。当实验室为股份制管理模式时，决策层一般由董事会担任，由其行使决策层全部职权的同时，还接受公司监事会和股东大会（或股东代表大会）的监督，且股东大会为最高（后）决策者；但如果实验室所有人或实际控制者（如成立实验室的法人机构或实验室的上一级法人机构）还开展实验室活动之外的其他业务时，通常由实验室所有人或实际控制者委派、任命或聘任的一个人（如最高管理者）或若干人组成的决策班子担任，根据其所有人或实际控制者的授权行使决策层全部职权的同时，还接受实验室所有人或实际控制者的监督并向其负责。

2）决策层的主要职能。决策层主要负责对实验室管理中重大事项的决策管理。如确定实验室的管理层团队（委任/派最高管理者和领导班子）并监督其履行职责、批准实验室管理方针、目标、重大投资预算和实验室长远发展规（计）划等重大事项的决策管理。

（2）管理层的组成及其主要职能如下：

1）实验室管理层的组成。实验室的管理层一般由实验室法人通过决策层任命的包括实验室的最高管理者、组织管理负责人、业务管理负责人、技术负责人、质量负责人等成员组成。为了保证管理层能够按照《通用要求》：**“实验室应确定对实验室全权负责的管理层”**，**“实验室管理层应提供建立和实施管理体系以及持续改进其有效性承诺的证据”**的要求，全面负起实验室管理体系的领导作用和履行实验室承诺的责任，管理层人员的配备一般应按以下要求实施：

① 实验室最高管理者应由熟悉国家对实验室管理的相关规矩、方针政策和实验室活动相关行业（领域）发展动态，并对实验室运行管理有一定了解的人员担任。实验室最高管理者可由董事长兼任（如董事长能满足上述条件要求时）或另行任命（聘任）满足上述条件要求的其他专业人员担任（如董事长不能满足上述条件要求时）；

② 实验室的组织管理负责人应由熟悉组织管理、人事管理和行政管理，并具备较强的组织协调能力的人员担任。实际操作时可以配备一个人（如小规模的实验室），也可以配备两名或以上（如规模较大、检测业务范围广的集团式管理的实验室）的人分别负责实验室的组织管理、人事管理和行政管理等工作；

③ 实验室的业务管理负责人应熟悉国家对实验室管理的相关规矩，特别是实验室活动相关行业（领域）的管理规矩和检测技术知识，并具备较强的实验室经营管理和检测业务管理能力的人员担任。实际操作时，实验室的业务管理负责人可以配备一个人（如小规模的实验室），也可以配备两人或多人（如规模较大、检测业务范围广的集团式管理的实验室）分别负责检测业务的经营管理和不同专业（领域）的检测业务管理工作；

④ 实验室技术负责人需满足《资质标准》：**“综合资质：技术负责人应具有工程类专业正高级技术职称，且具有 8 年以上检测工作经历。专项资质：技术负责人应具有工程类专业高级及以上技术职称，且有 5 年以上检测工作经历”**的资格能力要求并通过资质许可机构审查批准外，还应熟悉实验室活动相关的专业理论知识、专业技术能力和管理体系特别是技术管理体系的运行管理要求，且能承担起全面负责技术运作的人员担任；

⑤ 实验室质量负责人除具备《资质标准》：**“综合资质：质量负责人应具有工程类专业高级以上技术职称，且有 8 年以上质量工作经历。专项资质：质量负责人应具有工程类专业中级及以上技术职称，且有 5 年以上质量工作经历”**的素质能力要求外，还应熟悉实验室活动相关的专业理论知识、专业技术能力和管理体系特别是质量管理体系的运行管理要求，且能承担起确保管理体系得到实施和保持责任的人员担任；

⑥ 在配备管理层成员时，质量负责人的素质和能力一般应与技术负责人相当，以便当技术负责人不在岗时可以与其互为代理。

2）管理层的主要职能。管理层应履行在实验室管理体系的建立、实施和保持的全部实验室活动中的领导作用及其在管理体系作出的所有承诺。具体来说，就是全权负责实验室的业务管理体系、组织管理体系、技术管理体系和质量管理体系的领导和管理，保证实验室管理体系的建立、实施和保持均满足国家对实验室管理的相关要求（含强制性要求、通用要求和特殊要求，下同），履行《通用要求》等实验室管理规矩规定的管理层应履行的下列各项职能：

① **“实验室管理层应作出公正性承诺。”**

② **“实验室管理层应确保就管理体系有效性、满足客户和其他要求的重要性进行**

沟通。”

③“实验室管理层应确保当策划和实施管理体系变更时，保持管理体系的完整性。”

④“实验室管理层应向实验室人员传达其职责和权限。”

⑤“实验室管理层应建立、编制和保持符合本标准目的的方针和目标，并确保该方针和目标在实验室组织的各级人员得到理解和执行。”

⑥“实验室管理层应提供建立和实施管理体系以及持续改进其有效性承诺的证据。”

⑦“实验室管理层应按照策划的时间间隔对实验室的管理体系进行评审，以确保其持续的适宜性、充分性和有效性，包括执行本标准的相关方针和目标。”

3）为了保证实验室的技术管理体系和质量管理体系有足够的权力和资源维持其有效运行，技术负责人和质量负责人应当进入管理层。一些实验室（特别是规模较小、业务单一的实验室）把技术负责人或（和）质量负责人排除在管理层外，这种做法是与《通用要求》等实验室管理规矩的相关要求不符的。

4）如实验室管理决策层认为确实有必要，管理层成员也可以扩展到实验室核心内设机构（或部门）的主要负责人、授权签字人等关键岗位管理人员。但需要在管理体系文件中，对其职责、权限作出相应的特别规定。

5）当实验室规模较小、检测业务范围单一且人力资源受到限制时，可以把业务管理模块、技术管理模块或质量管理模块两两整合在一起集中管理。

（3）执行（操作）层的组成及其主要职能如下：

1）执行（操作）层的组成。实验室的执行（操作）层由其所有内设机构（或部门）及其工作人员（含管理人员、技术人员和后勤保障人员，下同）组成。具体各子系统（模块）的执行（操作）层的组成如下：

① 业务管理体系执行（操作）层：一般由负责检测业务经营管理工作的经营管理部门和负责具体检测工作的业务管理部门及其相关工作人员组成。实验室在设立检测业务经营管理部门时，可以仅设一个经营管理部门（如规模和业务范围小的实验室），也可以分别设立合同管理部门和综合管理部门；实验室在设立检测业务管理部门时，可以根据其规模、业务数量和专业（领域）范围，选择单独设立一个业务管理部门（如规模和业务范围小的实验室）或按不同的专业（领域）分别设立两个或多个业务管理部门（如规模大、业务量和范围广的实验室），并根据业务的实际需要配备满足开展检测业务需要的工作人员；

② 组织管理体系执行（操作）层：一般由负责实验室的组织管理、行政管理和综合保障服务管理等工作的组织管理部门及其工作人员组成。实验室在设立组织管理部门时，可以根据管理的需要单独设立一个管理部门或按其管理的不同工作内容分别设立两个或多个管理部门（如人事、办公室/综合后勤服务、财务等），并配备满足开展工作实际需要的工作人员；

③ 技术管理体系执行（操作）层：一般由负责实验室检测技术管理工作的技术管理部门及其工作人员组成。技术管理部门可以是单一的一个内设技术管理工作部门，也可以在此基础上设立一个由实验室内各检测专业（领域）资深的技术人员组成的技术委员会；

④ 质量管理体系执行（操作）层：一般由负责实验室管理体系的建立、实施和保持等工作的质量监督和审（检）查工作的质量管理部门及其专职工作人员，以及分散在各检测业务管理部门的兼职监督人员（须由管理层任命）和内审员（须经过专门培训合格并取得上岗证）组成。

2）执行（操作）层的主要职能如下：

① 业务管理体系执行（操作）层的主要职能是：负责在实施和保持实验室管理体系过程中，对资源要求中的检测人员使用、设施和环境条件、设备、计量溯源性、外部提供的产品和服务，以及过程要求中的要求、标书和合同评审，抽样、检测或校准物质的处置、技术记录、报告结果等要素实施有效的控制和管理；

② 组织管理体系执行（操作）层的主要职能是：负责在实施和保持实验室管理体系过程中，对通用要求中的保密性、结构要求中的组织结构及其管理、操作层设置及其职责，以及资源要求中的人员（招录、合同、档案、配置、考核等），过程要求中的投诉，管理体系要求中的管理体系文件的控制、记录控制等要素实施有效的控制和管理；

③ 技术管理体系执行（操作）层的主要职能是：负责在实施和保持实验室管理体系过程中，对过程要求中的方法的选择、验证和确认，测量不确定度的评定、确保结果有效性、不符合工作、数据控制和信息管理等要素实施有效的控制和管理；

④ 质量管理体系执行（操作）层的主要职能是：负责建立、实施和保持实验室管理体系过程中，对管理体系要求中的管理体系文件、内部审核等要素实施有效的控制和管理，并监督其他部门对可能影响实验室结果有效性的相关要素实施有效的控制和管理，以保证实验室管理体系的运行质量得到有效的保持。

（4）管理体系各子体系统（模块）职能分配。将实验室管理体系各子系统（模块）的职能与《通用要求》中的相关要求所涉及的各要素进行分配，得到实验室管理体系各模块职能分配表如表3.1.1所示。

实验室管理体系各模块职能分配表 **表3.1.1**

要求		要素		最高管理者	业务管理体系	组织管理体系	技术管理体系	质量管理体系
编号	名称	编号	名称					
4	通用要求	4.1	公正性	●	○	○	○	○
		4.2	保密性	★	○	●	○	○
5	结构要求	5.1	实验室法律地位	●	○	○	○	○
		5.2	管理层确定	●	○	○	○	○
		5.3	实验室活动范围	●	○	○	○	○
		5.4	实验室活动方式	●	○	○	○	○
		5.5	实验室组织结构及其管理	★	○	●	○	○
		5.6	操作层设置及其职责	★	○	●	○	○
		5.7	管理层职责	●	○	○	○	○
6	资源要求	6.1	总则	●	○	○	○	○
		6.2	人员	★	○	●	○	○
		6.3	设施和环境条件	★	●	○	○	○
		6.4	设备	★	●	○	○	○
		6.5	计量溯源性		●	○	○	○
		6.6	外部提供的产品和服务	★	●	○	○	○

续表

要求		要素		最高管理者	业务管理体系	组织管理体系	技术管理体系	质量管理体系
编号	名称	编号	名称					
7	过程要求	7.1	要求、标书和合同评审	★	●	○	○	○
		7.2	方法的选择、验证和确认		○	○	●	○
		7.3	抽样		●	○	○	○
		7.4	检测或校准物品的处置		●	○	○	○
		7.5	技术记录		●	○	○	○
		7.6	测量不确定度的评定		○	○	●	○
		7.7	确保结果有效性		○	○	●	○
		7.8	报告结果	★	●	○	○	○
		7.9	投诉	★	○	●	○	○
		7.10	不符合工作		○	○	●	○
		7.11	数据控制和信息管理		○	○	●	○
8	管理体系要求	8.1	管理体系方式	●	○	○	○	○
		8.2	管理体系文件	★	○	○	○	●
		8.3	管理体系文件的控制	★	○	●	○	○
		8.4	记录控制		○	●	○	○
		8.5	应对风险和机遇的措施	★	○	○	●	○
		8.6	改进	★	○	○	●	○
		8.7	纠正措施	★	○	○	●	○
		8.8	内部审核	★	○	○	○	●
		8.9	管理评审	●	○	○	○	○

说明：★表示承担决策/领导责任；●表示承担主要责任；○表示承担次要（参与或配合）责任。

下面，就按实验室组织管理体系、实验室业务管理体系、实验室技术管理体系和实验室质量管理体系的顺序，依次介绍如何建立实验室管理体系的相关内容。

3.1.2　实验室组织管理体系的建立

实验室组织管理体系的建立主要包括实验室组织机构设置、实验室组织管理体系主要职能及其组成、实验室组织管理体系的建立等工作，具体应按如下要求进行：

1. 实验室组织机构设置

（1）实验室管理机构设置的一般原则。《通用要求》规定：**“实验室应确定实验室的组**

织和管理结构、其在母体组织中的位置，以及管理、技术运作和支持服务间的关系。”“实验室应获得管理和实施实验室活动所需的人员、设施、设备、系统及支持服务。”为此，在实验室建立科学、合理、高效的组织机构，是实现其管理目标，加强内部管理和提高管理效能的组织保证。设置实验室管理机构，必须结合实验室自身的管理实际而确定，一般应遵循以下原则：

1）“统一领导、分级管理”原则。为了保证实验室能够像一台精密机器一样高效运行，实验室应将营运管理的职权授予以实验室的最高管理者为首，由组织管理负责人、业务管理负责人、技术负责人、质量负责人等组成管理层，由其全权负责履行对实验室管理体系的建立、实施和保持的各项职责和承诺。管理层通过建立和保持文件化的管理体系，将实验室管理的各项具体事务（业务）的执行、实施的职权，授予各工作职能部门及其工作人员组成的执行（操作）层，由其负责具体执行落实管理体系文件提出的相关规定、承诺和管理层发出的全部指令。执行层对管理层负责、管理层对决策层负责，实行统一领导，落实分级管理，使各层级形成一个职责分明、紧密配合、协调一致的有机整体。

2）“目标导向、精干高效”原则。实验室的内部组织机构设置，必须在保证满足国家的实验室管理规矩的相关要求的前提下，以有利于实现实验室管理目标为立足点和出发点，力求做到精干、高效、简约，尽量减少管理层次，实行扁平化管理，以加快决策、管理信息传递速度，持续提高实验室各项决策、管理工作的效能，从而保持实验室管理体系良好运行，进而保证实验室管理目标的实现。

3）“分工合作、权责一致”原则。实验室管理层、执行层的各部门和各层级内的各部门及其工作人员，都应当自觉地认真履行自己在管理体系文件确定的职责、权限和义务，严格按照管理体系文件确立的内部规矩做好自身的工作，并根据分工合作的原则，配合与本职（或部门）相关的其他人（或部门）开展工作，齐心合力地实现实验室的管理目标。

（2）实验室组织机构的一般形式。实验室组织机构的形式，应当综合实验室法人的组织形式、规模、业务范围、检验检测场所分布等因素来选定。常用的一般有直线制、直线—职能制和项目部（或分公司）制三种形式。各自的特点和适用对象介绍如下：

1）直线制组织机构。直线制组织机构如图 3.1.2-1 所示。

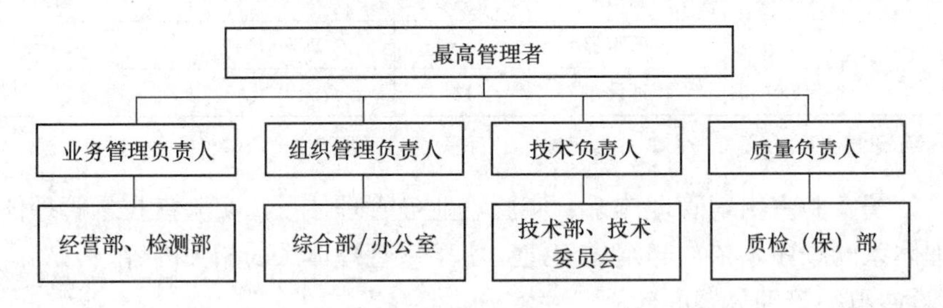

图 3.1.2-1　直线制组织机构示意图

直线制组织机构按职能划分部门和设置机构，相同职能从管理层到执行（操作）层直线管理。具有组织结构简单、直接的特点，直线制组织机构的职责分工明确，决策、管理信息传递迅速及时，工作效率高，不同部门之间没有彼此间的相互干扰，统筹协调工作由最高管理者集中负责。该组织结构形式适用于规模小、业务范围不广、检测场所单一的实验室的管理。

2）直线—职能制组织机构。直线—职能制组织机构如图 3.1.2-2 所示。

直线—职能制组织机构按其职能划分部门和按试验（检测）场所设置机构，在相同职能保留了直线制组织结构形式，即相同职能自管理层到职能部门再到不同试验（检测）场所均实行直线管理。这种组织机构既保留了直线制组织机构组织结构简单、直接的特点和职责分工明确，决策、管理信息传递迅速及时的优点，又兼具了职能制组织结构的职能齐备、专业分工明确的特（优）点。采用这种组织机构管理的实验室，各级负责人（含试验/检测场所主管人员）都有相应的职能机构（部门）为其参谋和助手，能够对其管辖的组织行政、检测业务、技术管理、质量管理等活动实施有效的管理和控制。该组织机构形式适用于规模较大、业务范围较广，具有多个检测场所且分布比较分散的实验室的管理。

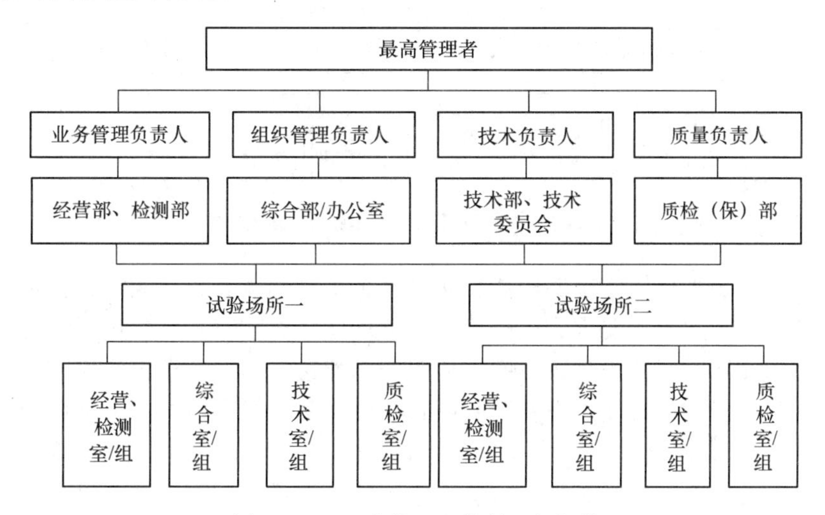

图 3.1.2-2　直线—职能制组织机构

3）项目部（分公司）制组织机构。项目部（分公司）制组织机构如图 3.1.2-3 所示。

项目部（分公司）制组织机构按其业务范围（或检测项目）与管理职能划分部门和按试验场所（或检测项目）分布状况设置机构，实验室（公司或集团）和项目部（分公司）都具有职能齐全和配置完整管理机构，能够单独或共同完成其检测业务。项目部（分公司）制组织机构具有管理层次分明、专业分工明确的特点，它既可发挥公司（集团）一级的决策管理权威，又能够调动各项目部（分公司）的积极性和主观能动性，有助于培养全面型管理人才。这种组织机构形式适用于规模巨大、专业领域和业务范围广、地域分布范围分散，具有两级或以上管理团队的集团式经营管理的实验室。

除以上介绍的三种常用组织机构形式外，还有许多其他不同的组织机构形式，限于篇幅，不作介绍。在实际采用时，既可以是单一组织机构，也可以是两种或以上的组合式的组织机构，读者应根据本单位的管理实际灵活运用。

2. 实验室组织管理体系主要职能及其组成

实验室组织管理体系主要职能及其组成如下：

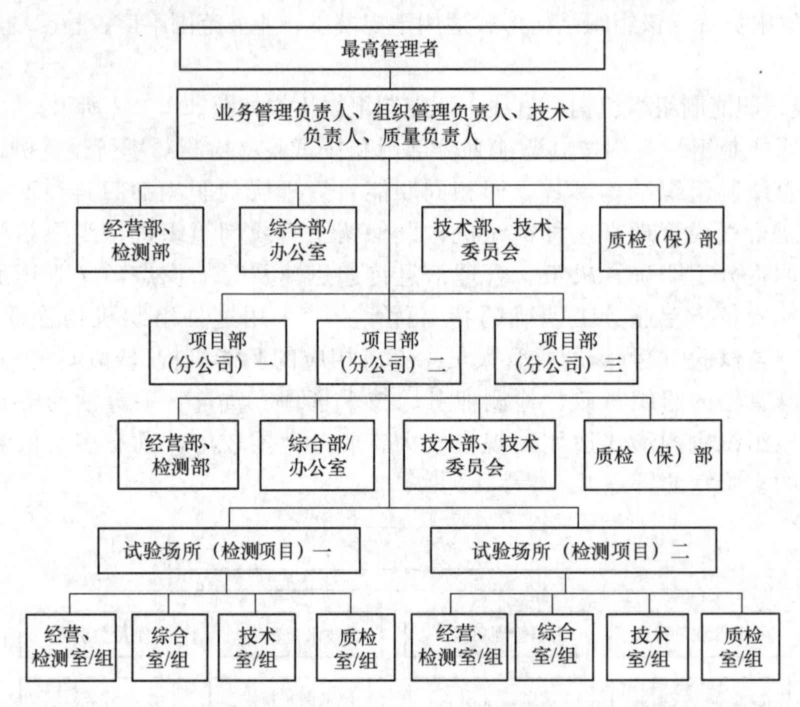

图 3.1.2-3　项目部（分公司）制组织机构

（1）实验室组织管理体系主要职能。实验室组织管理体系的功能定位就是实验室满足通用要求、结构要求、资源要求、过程要求、管理体系要求及其有效运行等所需资源的进行配置、管理和控制。组织管理体系的主要工作职能是对通用要求中的保密性、结构要求中的组织结构及其管理、操作层设置及其职责，以及资源要求中的人员（招录、合同、档案、配置、考核等），过程要求中的投诉，管理体系要求中的管理体系文件的控制、记录控制等要素实施有效的控制和管理。实验室组织管理体系的主要职能详见表 3.1.1。

（2）实验室组织管理体系的组成。实验室组织管理体系一般以管理层中的组织管理负责人为主，组织管理部门（如综合部、党政办公室、财务部、人事部等，下同）负责人为辅；也可由最高管理者（兼任）为主，组织管理负责人为副，组织管理部门负责人为辅，加上执行层的组织管理部门及其工作人员组成。其主要工作包括行政管理、组织（党、团、工、青、妇）和干部管理、劳动人事管理、财务管理、综合后勤保障等；执行层的各项工作可以由一个内设机构（部门）集中管理（如规模小的实验室），也可以将其分成两个或多个（如集团式管理的规模巨大、业务范围广、管理层次多的实验室）不同的内设机构（部门）分头管理。总之，应根据实验室自身组织管理的实际情况来确定。

3. 实验室组织管理体系的建立

实验室组织管理体系的建立，应当以为维持实验室的组织管理、业务管理、技术管理、质量管理等全部工作持续符合实验室管理相关要求提供全面保障为基本原则。具体应按以下要求进行：

（1）应当确定权责一致的组织管理体系的管理层，由其全权负责履行其对管理体系组织的领导作用和承诺。组织管理体系的管理层一般以实验室的组织管理负责人为主，加上组织管理层其他成员组成。如为较小规模的实验室，也可以以最高管理者为主，组织管理负责人为辅。

（2）应遵循“统一领导、分级管理，目标导向、精干高效，分工合作、权责一致。”的基本原则设置组织机构，使实验室内部形成一个协调一致、高效运行的整体。具体操作可按第3.1.2节关于实验室组织机构设置的相关要求进行。

（3）按照《通用要求》**“实验室应规定对实验室活动结果有影响的所有管理、操作或验证人员的职责、权力和相互关系。”“实验室应具有履行以下职责（无论其是否被赋予其他职责）的人员，并赋予其所需的权力和资源：a）实施、保持和改进管理体系；b）识别与管理体系或实验室活动程序的偏离；c）采取措施以预防或最大程度减少这类偏离；d）向实验室管理层报告管理体系运行状况和改进需求；e）确保实验室活动的有效性”**的要求设置执行（操作）层，并结合本实验室管理的实际，以文件化管理体系的形式，向管理层和执行层进行科学、合理的授权，明确各内设机构的职能和各层次工作人员的岗位职责，列出各内设机构和各类工作人员的责任清单和权力清单，作为开展检测业务、监督检查、考核评价等实验室活动的内部规矩依据。同时，为各内设机构和各层次工作人员配备开展其工作所需的软、硬件资源，从而保证检测机构的能力持续满足《管理规范》《通用要求》和《资质标准》的相关要求。

（4）按照“人岗相宜”的原则，选择、任命、配备各层级管理人员和相关工作人员，为管理体系科学、高效运行注入“动力”和“活力”。具体除按前面所述的要求配备管理层成员外，还应按以下要求进行：

1）选择、任命关键技术人员。实验室应在保证满足国家标准**“检测机构的技术负责人、质量负责人、检测项目负责人应具有工程类专业中级及其以上技术职称，掌握相关领域知识，具有规定的工作经历和检测工作经验。检测报告批准人、检测报告审核人应经检测机构技术负责人授权，掌握相关领域知识，并具有规定的工作经历和检测工作经验”**的强制性要求的基础上，根据其资质等级和检测业务管理的实际需要，选择和任命关键技术人员。

① 按《资质标准》**“综合资质技术负责人应具有工程类专业正高级技术职称，且具有8年以上检测工作经历”**和**“专项资质技术负责人应具有工程类专业高级及以上技术职称，且有5年以上检测工作经历”**的要求选择、任命技术负责人；

② 按《资质标准》**“综合资质质量负责人应具有工程类专业高级及以上技术职称，且具有8年以上质量工作经历”**和**“专项资质质量负责人应具有工程类专业中级及以上技术职称，且有5年以上质量工作经历”**的要求选择、任命质量负责人；

③ 选择、推荐和任命检测报告批准人（授权签字人）。检测报告批准人（授权签字人）作为对实验室活动结果报告质量最后把关的关键技术人员，其技术资格、技术能力和技术经验等必须满足现行国家实验室管理规矩的相关要求。所以，实验室法定代表人应选择资格、技术能力和工作经验均符合住房和城乡建设主管部门实验室管理规矩对检测报告批准人（授权签字人）相关要求的技术人员作为检测报告批准人（授权签字人），推荐给资质许可部门对其授权范围（签字领域）的技术能力进行考核，经考核合格后方可任命为获得资质许可部门批准授权范围内检测项目的检测报告批准人（授权签字人）；

当住房和城乡建设主管部门实验室管理规矩中没有关于检测报告批准人（授权签字

人）的相关要求时，可参照CNAS关于授权签字人的相关要求来掌握。即：授权签字人除满足前面关键技术人员的技术资格、技术能力和技术经验的相关要求外，还应熟悉CNAS所有相关的认可要求，并具有本专业中级以上（含中级）技术职称或同等能力。这里的“同等能力”指需满足以下条件：

a）大专毕业，从事专业技术工作8年及以上；

b）大学本科毕业，从事相关专业5年及以上；

c）取得硕士以上（含）学位，从事相关专业3年及以上；

d）取得博士以上（含）学位，从事相关专业1年及以上。

如实验室为需要向社会出具具有证明作用的数据、结果的检验检测机构，实验室选择、推荐和任命授权签字人时，还应符合市场监督管理部门的相关要求；

④ 按《管理规范》**“检测项目负责人应具有工程类专业中级及其以上技术职称，掌握相关领域知识，具有规定的工作经历和检测工作经验”**的要求选择和任命检测项目负责人；

⑤ 按《管理规范》**“检测报告审核人应经检测机构技术负责人授权，掌握相关领域知识，并具有规定的工作经历和检测工作经验”**的要求选择和任命检测报告审核人。

2）按国家标准**“检测机构应配备能满足所开展检测项目要求的检测人员”**的强制性要求和**“实验室应将影响实验室活动结果的各职能的能力要求形成文件，包括对教育、资格、培训、技术知识、技能和经验的要求”“实验室应确保人员具备其负责的实验室活动的能力，以及评估偏离影响程度的能力”**的通用要求和开展实验室活动的实际需要，任命、配备检测业务的管理人员和技术人员，并对其技术能力进行确认，从而保证人员配备满足《管理规范》《通用要求》和《资质标准》的相关要求。

当住房和城乡建设主管部门没有明确要求时，可参照CNAS“从事检测或校准活动的人员应具备相关专业大专以上学历。如果学历或专业不满足要求，应有10年以上相关检测或校准经历”的要求来选择任命检测技术人员。

3）按《通用要求》**“所有可能影响实验室活动的人员，无论是内部人员还是外部人员，应行为公正、有能力并按照实验室管理体系要求工作”**的要求和实验室对工作人员及管理体系运行情况实施监督管理工作的实际需要，选择、任命和配备数量足够且素质能力符合要求的监督人员。

4）任命、配备数量满足管理体系管理和内部审核工作的实际需要，其资格、能力符合要求（经过资质许可机构认可的机构培训考核合格并取得内审员资格证）的内审人员。

（5）按照实验室管理相关规矩的要求，结合本实验室管理的实际，组织相关人员编制和发布实施实验室管理体系文件（详见第3.2节），将所建立的管理体系文件化，作为本实验室所有管理活动和全体人员共同遵守的内部规矩。

3.1.3　实验室业务管理体系的建立

1. 实验室业务管理体系的主要职能及其组成

实验室业务管理体系的主要职能及其组成如下：

（1）实验室业务管理体系的主要职能。实验室业务管理体系的功能定位就是保证所有业务的经营和检测活动的全过程和全体检测工作人员都必须按照实验室管理相关规矩的要求进行，其主要工作职能包括业务经营管理涉及的检测人员使用、设施和环境条件、设备、计量溯源性、外部提供的产品和服务，要求、标书和合同评审，抽样、检测或校准物质的处置、技术记录、报告结果等要素实施有效的控制和管理，从而保证检测机构能力持续满足《管理规范》《通用要求》和《资质标准》的相关要求。实验室业务管理体系的主要职能详见表3.1.1。

（2）实验室业务管理体系的组成。实验室业务管理体系以管理层的业务管理负责人为首，以业务经营管理部门和业务检测管理部门的负责人为辅，加上负责“找米下锅”的经营管理部门和负责“下米做饭”的检测管理部门及其工作人员组成。经营管理部门和检测管理部门的各项工作（业务）可以集中在一个内设机构（部门）组织实施，也可以将其分成两个或多个不同的内设机构（部门）分头组织实施。例如，可以将经营管理部门分成合同管理部和项目管理部；将检测管理部门按其专业领域或场所分布分成若干个检测部（室）。总之，应根据实验室的检测业务管理的实际需要酌情考虑。

2. 实验室业务管理体系的建立

实验室业务管理体系的建立，必须保证满足“通天接地”的总要求。这里的“通天”的意思就是上可以直通实验室的最高管理者；“接地”的意思就是下要直达服务的客户。同时，还应保证有足够的权力与资源持续维持实验室管理体系中的业务管理体系（模块）的有效运行，从而保证检测机构能力持续满足《管理规范》《通用要求》和《资质标准》的相关要求。具体应按以下要求进行：

（1）实验室确定管理层的业务管理负责人，必须熟悉检测管理的相关规矩、检测市场、检测技术的发展形势及其管理要求，并应熟悉实验室检测业务相关的基本知识和工作流程，具备一定的检测业务素质和能力，并授予履行其职责的足够权力和配备履行其职责所需的资源，以保持业务管理体系有效运行。

（2）经营管理部门和检测管理部门的负责人应精通其管理业务范围的相关规矩、理论知识和技术知识，具备开展检测业务经营管理和检测管理的专业素质和能力，并授予履行其职责的权力和配备履行其职责的资源。

（3）按国家标准**“检测机构应配备能满足所开展检测项目要求的检测人员”**的强制性要求和**“实验室应将影响实验室活动结果的各职能的能力要求形成文件，包括对教育、资格、培训、技术知识、技能和经验的要求”**的通用要求，并结合实验室开展检测业务的实际需要，按“人岗相宜”的原则配备数量足够且其资格、素质、能力和经验均满足开展检测业务要求的管理人员和技术人员，从而保证所开展检测项目的人员配备满足《管理规范》和《资质标准》的相关要求。

（4）按《通用要求》**“所有可能影响实验室活动的人员，无论是内部人员还是外部人员，应行为公正、有能力并按照实验室管理体系要求工作”**的通用要求和管理体系文件的相关要求，对业务管理体系中所有管理人员和技术人员实施有效的控制和管理。

（5）所建立的业务管理体系，还应包含建立与客户沟通对话的渠道和机制，以便更加全面掌握业务经营管理和检测服务过程及其工作人员执行落实业务管理体系的情况。

3.1.4　实验室技术管理体系的建立

1. 实验室技术管理体系的主要职能及其组成

实验室技术管理体系的主要职能及其组成如下：

（1）实验室技术管理体系的主要职能。实验室技术管理体系的功能定位就是保证所有检测业务活动的全过程、全要素和全体人员都必须按照实验室管理规矩的相关要求进行。其主要工作职能是对涉及对方法的选择、验证和确认，测量不确定度的评定、确保结果有效性、不符合工作、数据控制和信息管理等要素实施有效的控制和管理，从而保证检测机构能力持续满足《管理规范》《通用要求》和《资质标准》的相关要求。实验室技术管理体系的主要职能详见表 3.1.1。

（2）实验室技术管理体系的组成。实验室的技术管理体系以技术负责人为主，以技术管理部门负责人、授权签字人等为辅，加上技术管理部门及其工作人员组成。当实验室有设立检测技术委员会或有开展对结果有效性和结果说明活动时，相关的工作人员（含技术委员会成员、专门负责对结果有效性和结果说明的人员）也应将其纳入技术管理体系的组成部分。

2. 实验室技术管理体系的建立

实验室技术管理体系的建立，也必须保证满足“通天接地”的总要求。具体应按以下要求建立实验室技术管理体系：

（1）实验室应把技术负责人作为实验室管理层的当然成员，由其履行建立、实施和保持实验室技术管理体系的职责。

（2）实验室应选择和任命满足《管理规范》《资质标准》等实验室管理规矩对技术负责人的资历资格、素质能力、工作经历和工作经验等相关要求（见第 3.1.2 节），并能够全面担负起实验室技术管理体系运作持续符合实验室管理相关规矩要求责任的人员担任技术负责人。

（3）实验室应当授予技术负责人履行其职责的必要的权力和配备满足开展技术管理工作需要的工作人员及其他资源，保证其“意见”能够随时随地直接反映到实验室最高管理者处，以便能够对技术管理中出现的问题迅速及时作出决策调整，并能得到管理层的重视和执行层的执行落实。

（4）实验室应选择、推荐和任命专业技术资历资格、素质能力和工作经验等均能满足现行实验室管理规矩的相关要求（见第 3.1.2 节）的技术人员为检测报告批准人（授权签字人），根据资质许可（认定）机构审查批准的授权签字范围（领域）并结合实验室开展检测业务的实际需要，任命检测报告批准人（授权签字人）及其授权签字的范围（领域）。

（5）实验室应根据其业务活动的需要，决定是否成立技术委员会。当需要成立时，应以技术负责人为首，业务管理负责人为辅，加上各专业领域资深的技术人员组成技术委员会，并在管理体系文件中，明确技术委员会的组成、职责、权限等要求，为其科学有效运作提供资源保障。

（6）建立业务技术管理体系时，还应包含建立与客户沟通对话的渠道和机制，以便掌握实验室向客户提供检测服务过程及其人员执行落实技术管理体系相关规定的情况。

3.1.5 实验室质量管理体系的建立

1. 实验室质量管理体系的主要职能及其组成

实验室质量管理体系的主要职能及其组成如下：

（1）实验室质量管理体系的主要职能。实验室质量管理体系的功能定位就是通过建立一个涵盖所有检测业务活动的全过程、全要素和全体人员的质量管理体系并监督其有效运行，保证实验室所有质量管理和检测活动不偏离实验室管理规矩的相关要求。质量管理体系的主要职能是通过对质量管理和检测活动过程和人员的监督、内部审核等监督、检查手段，对实验室相关规矩，特别是管理体系文件的执行落实情况实施有效的监督、检查，督促其他部门对可能影响实验室结果有效性的管理体系文件、内部审核等要素实施有效的控制和管理，以保证其所建立的实验室管理体系的运行质量得到有效的保持。实验室质量管理体系的主要职能详见表3.1.1。

（2）实验室质量管理体系的组成。实验室质量管理体系以实验室的质量负责人为主，由质量管理（监督或检查）部门及其专职质检（监督）工作人员，以及由质量负责人提名、经实验室管理层任命并受质量负责人和质量管理（监督或检查）部门调度控制的、平时安排在各检测业务部门工作的兼职质检人员（监督员）与内审员组成。

2. 实验室质量管理体系的建立

实验室质量管理体系的建立，与技术体系建立的总要求相同。具体应按以下要求进行：

（1）实验室应把质量负责人纳入实验室管理层成员，作为实验室管理的关键技术人员。

（2）实验室选择任用的质量负责人，应具备《管理规范》《资质标准》等实验室管理规矩对质量负责人的资历资格、素质能力、工作经历和工作经验等相关要求（见第3.1.2节）。实验室一般应选择具有技术负责人同等的资格和能力，且具备较强的责任心和质量管理的素质与能力，能够承担起监督实验室管理体系持续符合实验室管理相关规矩要求的重要责任的人来担任质量负责人。这样做既解决了质量管理体系的负责人问题，也很好地解决了可以与技术负责人互为代理的问题。

（3）实验室应通过文件化的管理体系授予质量负责人履行其职责所必需的权力和资源，按照《通用要求》**“实验室应确保人员具备其负责的实验室活动的能力，以及评估偏离影响程度的能力”**等通用要求，配备熟悉检验检测目的、程序、方法和结果评价且满足开展质量管理（监督或检查）工作需要的专、兼职质量监督人员，对检测人员包括实习员工进行监督。同时还应保证质量管理体系的“监督意见”能够随时随地直接反映到最高管理者处，并得到管理层的重视和各相关执行层（部门）的执行落实，以便能够对质量监督中发现的问题（或偏离）迅速及时采取纠正和纠正（或预防）措施。

（4）实验室应按选派数量满足开展管理体系管理和内部审核工作需要且熟悉实验室管理相关规矩特别是实验室管理体系运行管理的人员，参加资质许可部门或其认可的培训机构组织的内审员上岗资格培训，培训合格并取得上岗资格证后，再根据实验室管理工作的实际需要，任命数量和资格能力均能满足上述要求的内审员。

（5）实验室建立质量管理体系时，还应包含建立向客户收集检测服务质量信息的渠道和机制，以便及时收集和掌握实验室向客户提供检测服务过程中是否存在偏离质量管理体系的情况。

以上介绍的内容，仅仅是对实验室管理体系进行切割划分及其职能分配的无数实用方法之一。在实验室管理的具体实践中，还有许多对实验室管理体系的切割划分方法和职能分配方法，读者需要根据所在实验室管理的实际加以灵活运用，切不可生搬硬套。对于如何将本节所建立的管理体系文件化，将在接下来的第3.2节中详细介绍。

3.2 实验室管理体系文件的制定

制定实验室管理体系文件（含质量手册、程序文件、作业指导书、记录和表格，下同），即“立规矩”，作为实验室管理的第二步，在实验室管理中起着承上启下的中枢纽带作用。换言之，实验室管理体系文件的制定就是要把实验室管理第一步——建立管理体系时的所思（发展的思路和方向）、所想（设定的目标、方针）、所说（作出的声明和承诺）、所要（提出的要求和规定），以及如何实现它们的方法、步骤、路径等全部通过文件化的管理体系将其变成看得见、摸得着、读得懂、可追溯的管理体系文件，按照管理体系文件控制的相关要求，经实验室最高管理者批准（签发）后发布施行，作为实验室管理的第三步——管理体系的运行管理所遵循的内部规矩。“立规矩”在实验室管理过程的作用和地位可用图 3.2 表示。

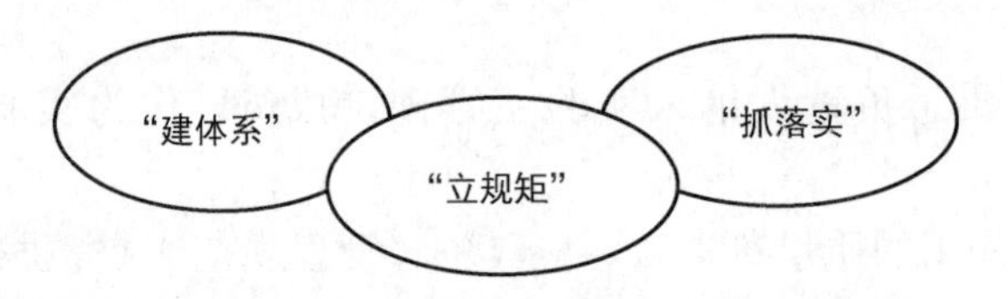

图 3.2 “立规矩”的作用和地位示意图

为了实现管理体系的文件化，实验室应按《通用要求》**“实验室应建立、实施和保持文件化的管理体系，该管理体系应能够支持和证明实验室持续满足本标准要求，并且保证实验室结果的质量。”**和**“实验室管理体系至少应包括下列内容：管理体系文件、管理体系文件的控制、记录控制、应对风险和机遇的措施、改进、纠正措施、内部审核、管理评审”**的要求和开展质量管理和检测活动的实际需要，将其管理体系所确定的政策、制度、计划等，依据《通用要求》等实验室管理规矩的通用要求和住房和城乡建设领域实验室监管的特殊要求，以及实验室管理法规规矩和强制性国家标准的要求等编制成质量手册；将如何实现其管理体系所确定的政策、制度、计划等要求而采取的程序（方法、步骤、路径）等编制成程序文件和作业指导书；将能够证明其每一项实验室活动（工作或过程）都按管理体系文件执行落实的相关记录、文件，制订成满足实验室管理相关规矩要求的格式化记录和表格。再按实验室管理规矩关于文件控制管理的有关要求，将所制订的管理体系文件呈最高管理者审批、签发后发布施行；然后将管理体系文件传达至有关人员，以便能够被其易于获取、理解和执行。为此，实验室管理体系文件的制定，一般包括管理体系文件（含定质量手册、程序文件、作业指导书、记录和表格）的制（修）定及其控制管理等工作。

3.2.1 实验室管理体系文件的制（修）定

1. 质量手册的制（修）定

质量手册是实验室内部管理的法规性文件，主要描述实验室的组织机构和岗位职责、管理体系中各部门、人员的责任和相互关系，阐明实验室的质量方针、目标、公正性措施，明确各项实验室活动应该遵从的要求，对客户和社会作出郑重的承诺，是实验室全面、有效地贯彻执行国家实验室管理有关的法规规矩、管理规矩的纲领性文件，是实验室及其人员开展实验室活动必须遵守的行为准则。用通俗的话来说，质量手册就是要回答实验室是什么、想什么、要什么、说什么、做什么等问题，以及对这些问题的管理和控制提出具体、明确的要求。具体操作时，应从以下几个方面注意：

（1）制订质量手册的依据。实验室制订质量手册的主要依据包括国家实验室管理相关的法规规矩、管理规矩和实验室自身的长期发展规划、中期发展计划及其经营管理的方针、目标等，现分别介绍如下：

1）实验室管理相关的法规规矩。实验室管理相关法规规矩主要包括实验室管理相关的法律和行政法规。例如：

①《中华人民共和国计量法》《中华人民共和国标准化法》《中华人民共和国产品质量法》等实验室管理相关法律；

②《中华人民共和国认证认可条例》和《中华人民共和国计量法实施细则》等实验室管理相关行政法规。

2）实验室活动涉及的住房和城乡建设、交通运输、医药卫生、化学、科研等其他相关行业管理的法规规矩。如：《中华人民共和国建筑法》《中华人民共和国公路法》《建设工程质量管理条例》《中华人民共和国公路管理条例》等。

3）实验室管理相关的管理规矩。实验室管理相关的管理规矩主要包括实验室管理相关的规章（含部门规章和地方性规章）、标准（含国家标准、行业标准、地方标准等）、规范与规范性文件等。例如：

① 国家标准《检测和校准实验室能力的通用要求》GB/T 27025—2019、《房屋建筑和市政基础设施工程质量检测技术管理规范》GB 50618—2011、《建设工程质量检测机构资质标准》等实验室管理相关的标准、规范和规范性文件；

②《建设工程质量检测管理办法》（住房和城乡建设部令第57号）、《公路水运工程试验检测管理办法》（交通运输部令2023年第9号）等部门规章；

③ 实验室资质认定（CMA）和（或）实验室国家认可（CNAS）相关管理规矩。如实验室在申请住房和城乡建设领域实验室资质许可的同时，还申请市场监督管理部门的实验室资质认定（CMA）和（或）实验室资格能力国家认可（CNAS）的时候，制定其质量手册的依据还应包括国家市场监督管理部门颁布的实验室资质认定（CMA）相关的部门规章和（或）国家实验室认证认可监督委员会颁布的实验室国家认可相关的部门规章与中国合格评定国家认可委员会制定、发布的实验室认可相关的准则、指南等实验室国家认可的管理规矩。

4）实验室管理的中长期发展计划、规划和经营管理方针、目标。实验室编制质量手册时，除必须满足国家实验室管理相关的法规规矩和管理规矩外，还须根据实验室自身的中长期发展计划、长期发展规划及其经营管理方针、目标，结合实验室现有的管理资源（如人员、场地、设备设施等）等实际情况，制订出既符合国家实验室管理相关规矩的规定，又与实验室管理实际需要相适应的质量手册。

（2）质量手册的内容和要求。质量手册的内容和要求应覆盖国家对实验室管理的强制性要求、通用要求和特殊要求的相关内容，并结合本机构内部管理的实际，提出对这些内容实施管控的具体要求。

1）强制性要求的内容及其管控。质量手册对强制性要求的内容及其管控，是指实验室对现行法律、行政法规、规章和标准、规范中的强制性规定及对其实施管理控制的要求。主要包括实验室管理相关规矩中，涉及保障人员（含检测人员和其他人员）人身安全、环境保护、职业伤害、有毒物质和危险化学品管理、实验室监督管理等强制性规定的内容及对其管理控制的要求。例如：《管理办法》对实验室在申请资质许可和获得资质许可后的监督管理相关要求；《管理规范》对实验室管理的强制性条文要求；以及本行业监管部门制定和发布的实验室监管的特殊要求。强制性要求的内容及其管控要求（部分）如表 3.2.1-1 所示。

强制性要求的内容及其管控要求（部分） 表 3.2.1-1

<table>
<tr><th>序号</th><th>管理规矩</th><th>条文号</th><th>强制性要求的内容</th><th>管控要求</th></tr>
<tr><td rowspan="6">1</td><td rowspan="6">《建设工程质量检测管理办法》（住房和城乡建设部令第 57 号）</td><td>第二条</td><td>从事建设工程质量检测相关活动及其监督管理，适用本办法。
本办法所称建设工程质量检测，是指在新建、扩建、改建房屋建筑和市政基础设施工程活动中，建设工程质量检测机构（以下简称：检测机构）接受委托，依据国家有关法律、法规和标准，对建设工程涉及结构安全、主要使用功能的检测项目，进入施工现场的建筑材料、建筑构配件、设备，以及工程实体质量等进行的检测</td><td rowspan="6">在质量手册中明确对相关强制性规定的管理和控制要求</td></tr>
<tr><td>第三条</td><td>检测机构应当按照本办法取得建设工程质量检测机构资质（以下简称：检测机构资质），并在资质许可的范围内从事建设工程质量检测活动。
未取得相应资质证书的，不得承担本办法规定的建设工程质量检测业务</td></tr>
<tr><td>第六条</td><td>申请检测机构资质的单位应当是具有独立法人资格的企业、事业单位，或者依法设立的合伙企业，并具备相应的人员、仪器设备、检测场所、质量保证体系等条件</td></tr>
<tr><td>第十二条</td><td>检测机构需要延续资质证书有效期的，应当在资质证书有效期届满 30 个工作日前向资质许可机关提出资质延续申请。
对符合资质标准且在资质证书有效期内无本办法第三十条规定行为的检测机构，经资质许可机关同意，有效期延续 5 年</td></tr>
<tr><td>第十三条</td><td>检测机构在资质证书有效期内名称、地址、法定代表人等发生变更的，应当在办理营业执照或者法人证书变更手续后 30 个工作日内办理资质证书变更手续。资质许可机关应当在 2 个工作日内办理完毕。
检测机构检测场所、技术人员、仪器设备等事项发生变更影响其符合资质标准的，应当在变更后 30 个工作日内向资质许可机关提出资质重新核定申请，资质许可机关应当在 20 个工作日内完成审查，并作出书面决定</td></tr>
<tr><td>第十四条</td><td>从事建设工程质量检测活动，应当遵守相关法律、法规和标准，相关人员应当具备相应的建设工程质量检测知识和专业能力</td></tr>
</table>

续表

序号	管理规矩	条文号	强制性要求的内容	管控要求
1	《建设工程质量检测管理办法》（住房和城乡建设部令第 57 号）	第十五条	检测机构与所检测建设工程相关的建设、施工、监理单位，以及建筑材料、建筑构配件和设备供应单位不得有隶属关系或者其他利害关系。 检测机构及其工作人员不得推荐或者监制建筑材料、建筑构配件和设备	在质量手册中明确对相关强制性规定的管理和控制要求
		第二十条	检测机构接收检测试样时，应当对试样状况、标识、封志等符合性进行检查，确认无误后方可进行检测	
		第二十一条	检测报告经检测人员、审核人员、检测机构法定代表人或者其授权的签字人等签署，并加盖检测专用章后方可生效。 检测报告中应当包括检测项目代表数量（批次）、检测依据、检测场所地址、检测数据、检测结果、见证人员单位及姓名等相关信息	
		第二十二条	检测机构应当建立建设工程过程数据和结果数据、检测影像资料及检测报告记录与留存制度，对检测数据和检测报告的真实性、准确性负责	
		第二十四条	检测机构在检测过程中发现建设、施工、监理单位存在违反有关法律法规规定和工程建设强制性标准等行为，以及检测项目涉及结构安全、主要使用功能检测结果不合格的，应当及时报告建设工程所在地县级以上地方人民政府住房和城乡建设主管部门	
		第二十六条	检测机构应当建立档案管理制度。检测合同、委托单、检测数据原始记录、检测报告按照年度统一编号，编号应当连续，不得随意抽撤、涂改。 检测机构应当单独建立检测结果不合格项目台账	
		第二十七条	检测机构应当建立信息化管理系统，对检测业务受理、检测数据采集、检测信息上传、检测报告出具、检测档案管理等活动进行信息化管理，保证建设工程质量检测活动全过程可追溯	
		第二十八条	检测机构应当保证人员、仪器设备、检测场所、质量保证体系等方面符合建设工程质量检测资质标准，加强检测人员培训，按照有关规定对仪器设备进行定期检定或者校准，确保检测技术能力持续满足所开展建设工程质量检测活动的要求	
		第二十九条	检测机构跨省、自治区、直辖市承担检测业务的，应当向建设工程所在地的省、自治区、直辖市人民政府住房和城乡建设主管部门备案。 检测机构在承担检测业务所在地的人员、仪器设备、检测场所、质量保证体系等应当满足开展相应建设工程质量检测活动的要求	

续表

序号	管理规矩	条文号	强制性要求的内容	管控要求
1	《建设工程质量检测管理办法》（住房和城乡建设部令第57号）	第三十条	检测机构不得有下列行为： （一）超出资质许可范围从事建设工程质量检测活动； （二）转包或者违法分包建设工程质量检测业务； （三）涂改、倒卖、出租、出借或者以其他形式非法转让资质证书； （四）违反工程建设强制性标准进行检测； （五）使用不能满足所开展建设工程质量检测活动要求的检测人员或者仪器设备； （六）出具虚假的检测数据或者检测报告	在质量手册中明确对相关强制性规定的管理和控制要求
		第三十一条	检测人员不得有下列行为： （一）同时受聘于两家或者两家以上检测机构； （二）违反工程建设强制性标准进行检测； （三）出具虚假的检测数据； （四）违反工程建设强制性标准进行结论判定或者出具虚假判定结论	
2	《房屋建筑和市政基础设施工程质量检测技术管理规范》GB 50618—2011	3.0.3	检测机构必须在技术能力和资质规定范围内开展检测工作	在质量手册中明确对相关强制性规定的管理和控制要求
		3.0.4	检测机构应对出具的检测报告的真实性、准确性负责	
		3.0.10	检测应按有关标准的规定留置已检试件。有关标准留置时间无明确要求的，留置时间不应少于72h	
		3.0.13	检测试件的提供方应对试件取样的规范性、真实性负责	
		4.1.1	检测机构应配备能满足所开展检测项目要求的检测人员	
		4.2.1	检测机构应配备能满足所开展检测项目要求的检测设备	
		4.4.10	检测机构严禁出具虚假检测报告。凡出现下列情况之一的应判定为虚假检测报告： 1　不按规定的检测程序及方法进行检测出具的检测报告； 2　检测报告中数据、结论等实质性内容被更改的检测报告； 3　未经检测就出具的检测报告； 4　超出技术能力和资质规定范围出具的检测报告	
		5.4.1	检测应严格按照经确认的检测方法标准和现场工程实体检测方案进行	

注：本表仅列出《建设工程质量检测管理办法》（住房和城乡建设部令第57号）和国家标准《房屋建筑和市政基础设施工程质量检测技术管理规范》GB 50618—2011所列的强制性内容和要求，还有国家法律、行政法规和其他不同行业实验室监管部门制定和发布的相关规矩的内容和要求，在此不一一列出。

实验室管理相关法规规矩和管理规矩中的强制性要求是实验室管理必须遵守的硬“规矩”，是实验室及其从业人员都碰触不得的“红线”，违者将受到监管部门的处罚（详见第2.3节）。实验室在明确对这些强制性要求内容的管控规定时，可以在质量手册中单独对强制性要求内容的管理控制作出明确的规定，或者可以在对通用要求的相关内容提出管理控制要求时，对涉及强制性要求的内容加以强调或做出特别标识（如对引用强制性要求的内容采用黑体加双引号作标识），以示强调和区别。

2）通用要求的内容及其管控。质量手册对通用要求的内容及其管控应完全覆盖国家标准《检测和校准实验室能力的通用要求》GB/T 27025—2019（以下简称：《通用要求》）所规定的与本实验室活动相关的通用要求、结构要求、资源要求、过程要求、管理体系要求5个方面的要求共34个要素的管理和控制要求。实验室管理通用要求的内容及其管控要求如表3.2.1-2所示。

实验室管理通用要求的内容及其管控要求　　表3.2.1-2

序号	要求	内容及其管控要求
1	4 通用要求	4.1 公正性，4.2 保密性
2	5 结构要求	5.1 实验室法律地位，5.2 管理层确定，5.3 实验室活动范围，5.4 实验室活动方式，5.5 实验室组织结构及其管理，5.6 操作层设置及其职责，5.7 管理层职责
3	6 资源要求	6.1 总则，6.2 人员，6.3 设施和环境条件，6.4 设备，6.5 计量溯源性，6.6 外部提供的产品和服务
4	7 过程要求	7.1 要求、标书和合同的评审，7.2 方法的选择、验证和确认，7.3 抽样，7.4 检测或校准物品的处置，7.5 技术记录，7.6 测量不确定度的评定，7.7 确保结果有效性，7.8 报告结果，7.9 投诉，7.10 不符合工作，7.11 数据控制和信息管理
5	8 管理体系要求	8.1 管理体系方式，8.2 管理体系文件，8.3 管理体系文件的控制，8.4 记录控制，8.5 应对风险和机遇的措施，8.6 改进，8.7 纠正措施，8.8 内部审核，8.9 管理评审

注：本表仅列出国家标准《检测和校准实验室能力的通用要求》GB/T 27025—2019的相关内容。

《通用要求》提出的实验室能力通用要求，是对实验室资质许可的最低入门要求。所以，实验室在制订质量手册时，应对其检测活动涉及的《通用要求》中所有要素都要作出明确的管理和控制的要求。同时，在编制质量手册时，还应根据最新版本《管理规范》《管理办法》和《资质标准》等管理规矩对实验室能力要求的内容，提出管理和控制的要求，以便保证实验室的检测能力满足资质许可相关管理规矩的所有要求。

3）特别要求的内容及其管控。实验室在制订质量手册时，如果实验室还同时申请市场监管部门资质认定（CMA）和（或）实验室国家认可（CNAS）时，应对CMA和（或）CNAS管理规矩的特别要求的管理和控制作出详细明确的要求。如适用时，应对实验室涉及的生物实验、化学实验（含有毒有害物质）、无损检测实验、司法鉴定实验、植物检疫实验、卫生检疫实验、特种设备及相关设备实验等行业（领域）的特别要求，提出明确的管理和控制要求。由于不同行业（领域）实验室监管部门的特别要求的内容及其管控要求的内容繁多，限于篇幅，本书不一一列出。

（3）质量手册制订的应用示例。为了节省篇幅，下面以一个小规模建设工程领域的YZ检测技术服务有限公司的质量手册为示例（示例的内容采用与本书正文内容不同的字体以示区别，并对示例中涉及公司秘密的内容做了删减或用缩略代号），说明如何制订质量手册。

1）封面。封面一般应包括实验室和文件名称、文件编号、版本号、受控状态标识、分发号、发布日期和实施日期等信息。示例如下：

YZ 检测技术服务有限公司

质　量　手　册

（封面）

文件编号：QM/YZ-08

版 本 号：　第八版（第 0 次修订）

受控状态：□受控　□非受控

分 发 号：

2023-9-30 发布　　　　2023-9-30 实施

2）扉页。扉页一般应包括实验室和文件名称、文件编号、版本号，编写、审核和批准人签名标识，颁布日期等信息。示例如下：

YZ 检测技术服务有限公司

质　量　手　册

文件编号：QM/YZ-08

发行版次：第八版（第 0 次修订）

编　写：

审　核：

批　准：

2023 年 9 月 30 日修订　　　　2023 年 9 月 30 日发布

3）目录。目录一般应包括文件编号、章节内容标题、《通用要求》对应条款编号等内容。可采用菜单式或表格方式表示。示例如下：

QM/YZ-08-00　目录

质量手册		《通用要求》对应条款
文件编号	章节内容标题	
QM/YZ-08-00	目录	—
QM/YZ-08-01	颁布令	—
QM/YZ-08-02	文件修订履历表	—
QM/YZ-08-03	公司简介	—
QM/YZ-08-04	独立性、公正性和诚实性声明	—
QM/YZ-08-05	质量方针与质量目标	—
QM/YZ-08-06	质量手册管理	—
QM/YZ-08-07	范围	1
QM/YZ-08-08	引用标准	2
QM/YZ-08-09	术语和定义	3
QM/YZ-08-10	通用要求（公正性、保密性）	4（4.1、4.2）
QM/YZ-08-11	结构要求	5（5.1—5.7）
QM/YZ-08-12	资源要求（总则）	6.1
QM/YZ-08-13	人员	6.2
QM/YZ-08-14	设施和环境条件	6.3
QM/YZ-08-15	设备	6.4
QM/YZ-08-16	计量溯源性	6.4
QM/YZ-08-17	外部提供的产品和服务	6.5
QM/YZ-08-18	要求、标书和合同的评审	7.1
QM/YZ-08-19	方法的选择、验证和确认	7.2
QM/YZ-08-20	抽样	7.3
QM/YZ-08-21	检测或校准物品的处置	7.4
QM/YZ-08-22	技术记录	7.5
QM/YZ-08-23	测量不确定度的评定	7.6
QM/YZ-08-24	确保结果有效性	7.7
QM/YZ-08-25	报告结果	7.8
QM/YZ-08-26	投诉	7.9
QM/YZ-08-27	不符合工作	7.10
QM/YZ-08-28	数据控制和信息管理	7.11
QM/YZ-08-29	管理体系方式	8.1
QM/YZ-08-30	管理体系文件	8.2
QM/YZ-08-31	管理体系文件的控制	8.3
QM/YZ-08-32	记录控制	8.4
QM/YZ-08-33	应对风险和机遇的措施	8.5
QM/YZ-08-34	改进	8.6
QM/YZ-08-35	纠正措施	8.7
QM/YZ-08-36	内部审核	8.8
QM/YZ-08-37	管理评审	8.9
附件	程序文件目录清单	—

4）颁布令。质量手册和程序文件首次颁布、经改版（或修订）后重新颁布时，均要由实验室最高管理者批准和签发。颁布令可以采用批准页或颁布令的方式发布，且一般可把质量手册和程序文件一并发布。颁布令的示例如下：

QM/YZ-08-01　颁布令

公司全体员工：

《质量手册》(QM/YZ-08) 和《程序文件》(QP/YZ-08) 于 2023 年 9 月 30 日已按照《建设工程质量检测管理办法》(住房和城乡建设部令第 57 号) 和国家标准《检测和校准实验室能力的通用要求》GB/T 27025—2019 的相关要求重新编写完成了改版，版号为第八版（第 0 次修订），现在批准颁布实施执行，原第七版（第 3 次修订）同时作废。《质量手册》是公司质量管理的法规性文件，《程序文件》是对质量活动进行控制的依据，它们是具有严肃性和权威性的内部规矩，要求公司全体员工都必须严格遵照执行。公司全体员工要以质量方针为发展方向，为实现管理体系的质量目标、实现持续发展和改进而努力。

YZ 检测技术服务有限公司
总经理：(签字)
2023 年 9 月 30 日

5）修订页。当质量手册需要进行局部修订时，需要在对质量手册相关内容进行修改的同时，还需将修订的内容及其对应的章、节、条文编号，以及批准人和批准日期等信息依次填进质量手册设置的修订页中。其示例如下：

QM/YZ-08-02　文件修订履历表

版本号	章节号	修订次数	修订内容	批准人	日期

6）机构简介。机构简介主要介绍实验室的历史沿革、社会信誉、主要业绩、检测资质能力情况、检测资源（人员、设施和设备等）配置情况等。示例（略）。

7）独立性、公正性、诚实性声明。声明主要阐明实验室的法律地位和依法依规、客观科学、独立诚信、公平公正开展实验室活动，维护其实验室活动独立性、公正性、诚实性的公开承诺。示例如下：

QM/YZ-08-04　独立性、公正性和诚实性声明

本公司为独立法人机构，公司总经理为法定代表人。具有独立开展建设工程质量检测、建筑材料检测能力的第三方公正性服务检测机构。接受省住房和城乡建设厅、省市场监督管理局、市住房和城乡建设局等政府监管部门的监督和指导。欢迎各方对我公司提出

改进意见和建议。现声明如下：

（一）绝不在任何利益驱动下偏离国家法律法规和技术标准；

（二）信守协议，优质服务，确保质量；

（三）恪守第三方公正立场，保证不受任何内部和外部的商务、财务和其他压力的影响和干预；

（四）作为公司总经理本人带头坚守检测数据应公正、准确和可靠的原则，决不干预实验室各部门按照有关法律法规和技术标准独立开展检测活动；

（五）本司各岗位人员必须按照国家法律、法规、规章和技术标准、规范开展检测业务，持有效证件上岗，认真对待各项检测工作，严格履行职业道德和职工守则，为用户保密；

（六）承担检测报告的法律责任。不参与任何外部的产品设计、研制、生产、供应等活动，非本司人员不得介入试验工作。

特此声明。

YZ检测技术服务有限公司
总经理：（签字）
2023年9月30日

8）质量方针与质量目标。主要阐述实验室的质量方针与质量目标，并分别进行含义描述、质量方针的履行说明与质量目标的细化等。示例如下：

QM/YZ-08-05　质量方针与质量目标

1　质量方针

1.1　质量方针：科学管理，开拓发展；数据准确，全心服务。

1.2　含义：

（1）科学管理——科学技术是第一生产力，科学技术在工程检测领域发展起着重要作用，科学技术的发展离不开科学管理，通过科学管理提高检测人员素质，提高检测技术能力，在科学管理中提高经济效益。

（2）开拓发展——敢于开拓发展新项目，是不断超越自我、不断进步的过程。为适应时代发展需要，开拓新的检测项目，发展自己未涉足的检测领域，在新形势、新任务面前，要有新思想、新知识、新作为，为长期发展创造新机会。

（3）数据准确——建筑工程质量关系人们生命财产安全问题，检测工作要求以质量为中心，坚持求真务实，确保检测数据结果真实性和准确性，以真实反映建筑工程质量为本职。

（4）全心服务——全心为客户提供及时、准确的服务，以协助客户（委托单位）控制工程质量，客户的满意评价是我们服务的目标。

1.3　履行说明

1.3.1　为实现质量目标，本公司全体人员须熟悉并严格执行管理体系文件实行科学管理，确保检测活动各环节符合要求。

1.3.2 本公司承诺，坚持客观、公正的工作原则，执行服务守则提供满意的服务。并遵守《建设工程质量检测管理办法》（住房和城乡建设部令第57号）、《检测和校准实验室能力的通用要求》GB/T 27025—2019 的要求，执行国家实验室管理相关法律、法规、规章、标准、规范及规范性文件等规矩。及时收集内部、外部的有关信息，包括建筑行业信息，相关法律、法规、规章和国家标准、行业标准、公司员工建议、客户投诉或建议等。重视客户投诉或建议，分析问题的产生原因，妥善处理好每个问题，不断改进我们的服务和管理体系，使之不断完善，确保持续改进的有效性。

1.3.3 为使客户得到满意的检测服务，本公司实验室根据相关标准对检测过程的规定，结合实际工作时间需要，向客户提示服务说明如下：

（1）对客户作必要的指引，先对客户要求、检测方法达成共识，有问题及时与客户沟通解决。

（2）接受客户来样后及时安排检测试验，在标准规定的检测时间前提下，尽快检测出数据结果，从收到样品到发出检测结果报告的时间：

1）有试验龄期要求的（如水泥物理力学性能检验）不超过35天，但可先提供3天龄期的检测结果/报告；

2）墙体材料，混凝土抗渗、掺合料、外加剂、土工试验不超过7天；

3）钢材试验、焊接不超过3天；

4）混凝土、砂浆试块按龄期安排，一般完成检测试验后不超过3天；

5）砂、石试验不超过7天；

6）除上述检测项目外，一般完成检测试验后不超过3天。

（3）遇到例外情况（如停水电，仪器设备、办公设备故障等）及时通知客户祈求谅解。

（4）欢迎客户的建议、投诉，接受客户的监督。

2 质量目标

2.1 总体目标：为适应时代发展需要，不断完善和改进管理体系，提高人员素质、技术水平和管理能力。根据检测市场的需求，逐步扩大检测项目范围，购进先进的仪器设备，为客户提供检测项目多样化优质服务。

2.2 量化目标：

（1）不合格检测工作控制在0.3%以下；

（2）重大检测事故控制为0；

（3）客户的满意度大于95%；

（4）合同履行率100%。

3 支持文件

《程序文件》（QP/YZ-08-01～QP/YZ-8-32）。

9）质量手册的管理。为了对质量手册的适应性和有效性进行持续有效的管理和控制，保证实验室所有员工都能够使用现行有效最新版本质量手册，应对质量手册管理的职责、编制和审批、管理与控制、修订及改版、宣贯等提出具体的管理要求。此外，为了持续保持质量手册的现行有效性和适应性，需要进行局部修订成为常态，因此，质量手册通常可以采用活页式装订管理，以便于进行修订和装订管理。示例如下：

QM/YZ-08-06　质量手册管理

1　目的

编制质量手册是为了使公司的管理体系符合《建设工程质量检测管理办法》（住房和城乡建设部令第57号）、《检测和校准实验室能力的通用要求》GB/T 27025—2019、《住房和城乡建设部关于印发〈建设工程质量检测机构资质标准〉的通知》（建质规〔2023〕1号）等实验室管理规矩的要求。质量手册是本公司具有权威性和严肃性的纲领性文件，描述本实验室所建立的管理体系及其运行管理的要求，是管理体系运行依据。因此，为对质量手册进行有效管理，特对其编写、审核、批准与发布、发放与管理、宣贯、修改和持有者责任等做出规定，以实现对质量手册的规范管理。

2　质量手册的编写、审核、批准与发布

2.1　质量手册由公司质量负责人根据《建设工程质量检测管理办法》（住房和城乡建设部令第57号）、《检测和校准实验室能力的通用要求》GB/T 27025—2019、《住房和城乡建设部关于印发〈建设工程质量检测机构资质标准〉的通知》（建质规〔2023〕1号）等实验室管理规矩的要求，并结合本公司的具体情况组织编写。

2.2　质量手册完稿后由公司实验室技术负责人进行审核定稿。

2.3　质量手册由公司法人代表（总经理）批准发布。

3　质量手册的发放与管理

3.1　质量手册由资料员进行登记和制定发放编号，并列入文件发放清单，回收失效版本。发放对象是总经理、副总经理、技术负责人、质量负责人、部门负责人、监督员、内审员人手各一册；检测部和经营部各一册，由部门负责人保管。

3.2　质量手册的编号QM/YZ-08，其中QM—质量手册，YZ—单位代号，08—版本号（第8版）。

3.3　质量手册是受控文件，发放办理签收。失效版本回收，除留一本作为历史资料外，其余销毁。对非受控版本的发放（如发给政府住房和城乡建设主管部门、市场监管部门等），由技术负责人批准后发放并进行登记。

4　质量手册的宣贯

4.1　对新发放或修改与改版后的质量手册由公司质量负责人负责宣贯，组织会议进行学习。

4.2　本公司全体人员应认真学习和熟识、理解本质量手册，并在工作中执行实施。

4.3　新员工的培训计划应包括质量手册的学习。

5　质量手册的修改与改版

5.1　质量手册实施过程中，发现其符合性、有效性、适宜性有问题时，可以提出修改，由申请人填写文件更改通知单，交质量负责人。质量负责人负责评审更新、修订文件新的内容，以维护文件的有效性和体系的适宜性。

5.2　管理体系持续改进是管理体系运行的目的，而质量手册的修改和换版也是持续改进的记录。因此，通过内外信息输入到管理评审后，必要时对质量手册修改和换版。例如，国内实验室管理相关规矩（含法律、法规、规章、标准、规范及规范性文件等）依据发生变化，实验室机构变动等，由质量负责人根据管理评审的修改决定组织修改（换页）或改版，交技术负责人审核，报公司最高管理者批准后实施。

6　质量手册的持有者责任

6.1　质量手册是受控文件，是公司法规性文件，是管理体系运行依据，持有者必须保管好，不得丢失或丢页，不得随意翻印。当持有者调离本公司时必须将质量手册交回。

6.2　质量手册是一个严肃的文件，不得在其上涂污和随便改写。

6.3　质量手册原则上不对外借出。如确有需要将手册对外借出，必须经公司最高管理者批准。

6.4　质量手册持有者有责任对下属进行宣贯和执行落实。对管理体系运行中有违反（偏离）质量手册规定的情况要随时纠正。

7　支持文件

《文件维护和控制程序》(QP/YZ-08-09)。

10）范围。主要描述说明质量手册编制依据、定位、适用范围、使用对象及主要内容的范围等。示例如下：

QM/YZ-08-07　1　范围

1.1　编制依据与定位

1.1.1《质量手册》是依据国家现行实验室管理的相关规矩（详见 QM/YZ-08-08）对实验室能力、公正性以及一致运作的强制性要求、通用要求和各行业（专业领域）的特殊要求编写。

1.1.2《质量手册》为保证本公司所有检测活动均能满足国家标准《检测和校准实验室能力的通用要求》GB/T 27025—2019/ISO/IEC 17025:2017 等实验室管理规矩的相关要求的一体化质量手册，是本公司内部法规性文件，是对外检测服务提供质量保证的依据。

1.2　适用范围

1.2.1《质量手册》适用于本机构所有工作部门及其人员所从事的检测活动。

1.2.2《质量手册》适用于客户、法定管理机构（住房和城乡建设主管部门行业资质许可、市场监管部门资质认定 CMA、实验室国家认可 CNAS 等）、使用同行评审的组织和方案、认可机构及其他机构采用本手册证实或承认本实验室能力的依据。

1.2.3《质量手册》适用于建立和完善本公司内部质量和技术运作的其他管理体系文件的依据。

1.3　内容范围

1.3.1《质量手册》是对本公司质量管理体系的全面阐述，阐述了：

(1) 本公司的质量方针及质量目标，如何确保满足实验室管理规矩的相关要求，(适用时) 认可准则的要求，以及委托方（客户）的需求，确保质量方针、质量目标的实现。

(2) 本公司的组织机构及各部门、各岗位的职责与权限。

(3) 本公司开展质量管理和检测活动的过程与过程控制要求，以及如何实施有效运作，实现持续改进和客户满意的管控要求。

1.3.2《质量手册》在制订时考虑了各部门运作中应符合实验室管理相关规矩的通用要

求，针对特定领域相关规矩和安全要求，以及行业监管部门（或认可机构）的特殊要求，各部门应进行充分识别，并在内部运行过程中进行系统策划，以全面满足这些要求。

11）引用标准。说明编制本质量手册所引用的法律、行政法规、规章、标准、规范及规范性文件等实验室管理的法规规矩和管理规矩。示例如下：

QM/YZ-08-08　2　引用标准

2.1　引用规则

《质量手册》的制订参考了下列文件，这些文件对于本《质量手册》的应用不可缺少，对注明日期的参考文件，只采用所引用的版本；对没有注明日期的参考文件，采用最新版本（包括任何的修订）。对于特殊领域相关要求，本文中未列出的，各相关部门可根据需要制定补充，报技术负责人审核和最高管理者批准后使用。

2.2　引用标准

(1)《中华人民共和国计量法》(根据2018年10月26日第十三届全国人民代表大会常务委员会第六次会议《关于修改〈中华人民共和国野生动物保护法〉等十五部法律的决定》第五次修正)。

(2)《建设工程质量检测管理办法》(住房和城乡建设部令第57号)(以下简称:《管理办法》或57号令)。

(3)《检测和校准实验室能力的通用要求》GB/T 27025—2019/ISO/IEC 17025:2017(以下简称:《通用要求》或GB/T 27025)。

(4)《房屋建筑和市政基础设施施工工程质量检测技术管理规范》GB 50618—2011(以下简称:《管理规范》或GB 50618)。

(5)《住房和城乡建设部关于印发〈建设工程质量检测机构资质标准〉的通知》(建质规〔2023〕1号)(以下简称:《资质标准》)。

(6)《检测和校准实验室能力认可准则》CNAS CL01。

(7)《认可标识和认可状态声明管理规则》CNAS R01。

(8)《实验室认可规则》CNAS RL01。

(9)《检测和校准实验室能力认可准则在电气检测领域的应用说明》CNAS-CL11。

(10)《检测和校准实验室能力认可准则在无损检测领域的应用说明》CNAS-CL14。

(11)《检测和校准实验室能力认可准则在金属材料检测领域的应用说明》CNAS-CL19。

(12)《检测和校准实验室能力认可准则在化学检测领域的应用说明》CNAS-CL10。

(13)《检测和校准实验室能力认可准则在非固定场所检测活动中的应用说明》CNAS-CL20。

(14)《检测和校准实验室能力认可准则在建设工程检测领域的应用说明》CNAS-CL44。

(15)《检测和校准实验室能力认可准则在建材检测领域的应用说明》CNAS-CL56。

12）术语和定义。说明质量手册中相关术语和定义的规则。示例如下：

QM/YZ-08-09 3 术语和定义

3.1 标准术语和定义

本《质量手册》统一使用《引用标准》（QM/YZ-08-08）中所列的引用标准给出的标准术语和定义。

检验检测机构认证和实验室认可有关的术语和定义，若其他引用标准与 ISO/IEC 17000 和 VIM 中给出的定义有差异，优先使用 ISO/IEC 17000 和 VIM 中的定义。

3.2 自定术语和定义

由于目前公司与公司岗位设置对接过程中，部分部门和岗位的称谓可能会与习惯上有一定差异，因此本质量手册中使用下列自定术语和定义：

(1)“检测部门”等同于“实验室”。

(2)“客户服务中心”与“客服”或“前台”同义。

(3)“数据处理中心”与“后台”同义。

13）通用要求。对检测机构通用要求的公正性和保密性的管理内容及其要求做出说明和规定。示例如下：

QM/YZ-08-10 4 通用要求（公正性、保密性）

4.1 公正性

4.1.1 本公司应公正地实施检测活动，并确保从公司组织结构和管理上保证检测活动公正性。

4.1.2 本公司及人员从事检测活动，应遵守国家实验室管理相关法律、法规、规章等法规规矩的规定，遵循客观独立、公平公正、诚实信用原则，恪守职业道德，承担社会责任。

4.1.3 本公司作为组织结构和管理上完全独立的法人机构，公司管理层公开作出公正性承诺，并确保管理层和员工不受任何对工作质量有不良影响的、来自内外部的不正当的商业、对财务和其他方面的影响，公司法人代表（总经理）签发了《独立性、公正性和诚实性声明》(QM/YZ-08-04)，并在公司网站上公布，公开接受监督。

4.1.4 本公司及全体人员应当遵守以下保证本公司公正性的要求：

(1) 不得与其从事的检测活动存在利益关系。

(2) 不得参与任何有损于检测的独立性和诚信度的活动。

(3) 不得参与和检测项目或者类似的竞争性项目有关系的产品设计、研制、生产、供应、安装、使用或者维护活动。

(4) 公司不得使用同时在两个及以上检测机构从业的人员；本公司的人员不得同时在两个及以上检测机构从业。

4.1.5 为避免卷入任何可能降低公司能力、公正性、判断力或运作诚实性方面的可信度的活动，应持续识别影响实验室公正性的风险，这些风险包括实验室活动、实验室的各种关系，或者实验室人员的关系而引发的风险，并对识别出的公正性风险，实验室采取有效措施消除或最大限度降低这种风险，公司制订了《保证独立性、公正性、诚实性程序》

QP/YZ-08-01相关有效机制，并通过日常监督和内部审核对部门进行监督。

4.2　保密性

4.2.1　本公司及全体员工对在实验室活动中获得或产生的所有信息承担管理责任，确保应保密信息予以保密。

4.2.2　本公司作出具有法律效力的承诺，对在实验室活动中获得或产生的所有信息承担管理责任。并做到：

（1）应将其准备公开的信息事先通知客户。

（2）除了客户公开的信息，或当实验室与客户有约定时（例如为回应投诉的目的），其他所有信息都被视为专有信息，应予以保密。

4.2.3　本公司依据法律要求或合同授权透露保密信息时，应将所提供的信息通知到相关客户或个人，除非法律禁止。

4.2.4　本公司对于从客户以外的渠道（如投诉人、监管机构）所获取的有关客户的信息，应在客户和本公司间保密。除非信息的提供方同意，本公司应为信息提供方（来源）保密，且不应告知客户。

4.2.5　人员，包括委员会委员、签约人员、外部机构人员或代表实验室的个人，应对在实施实验室活动过程中获得或产生的所有信息保密，法律有要求者除外。

4.2.6　为保护客户的机密信息和所有权，本公司发布了"员工手册"，与全体员工签订了保密协议，制订了《保护客户机密和所有权程序》（QP/YZ-08-02），并由检测管理部门通过日常监督和内部审核进行监督。

4.3　相关文件

（1）《独立性、公正性和诚实性声明》（QM/YZ-08-04）。

（2）《保证独立性、公正性、诚实性程序》（QP/YZ-08-01）。

（3）《保护客户机密和所有权程序》（QP/YZ-08-02）。

14）结构要求。对检测机构的组织结构及其管理要求做出说明和规定。示例如下：

QM/YZ-08-11　5　结构要求

5.1　法律地位和组织结构

5.1.1　本公司作为一家专业从事第三方检测机构，具备独立法人资格，对其出具的检测数据、结果负责，并承担相应法律责任。

5.1.2　外部组织机构。外部组织机构表明本公司与来自外部的政府监管、技术运作和支持服务间的关系，本公司的外部组织机构图如图5.1.2所示。

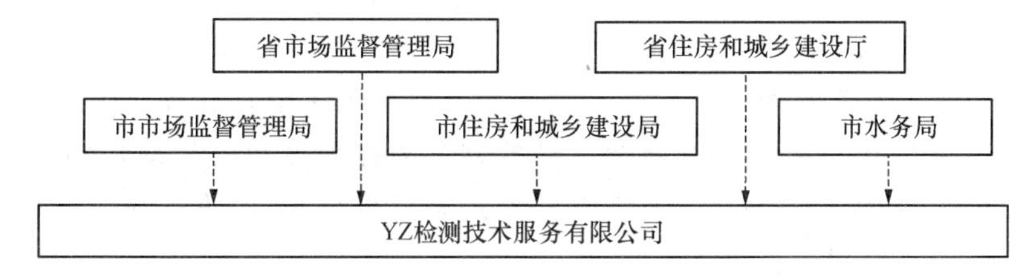

图5.1.2　外部组织机构图

5.1.3 内部组织和管理机构。内部组织机构图清楚地表明了决策层、管理层和各部门之间的关系，本公司的内部组织和管理机构图如图5.1.3所示。

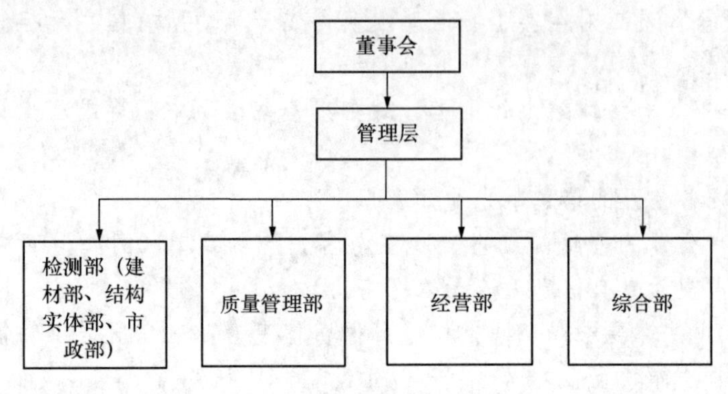

图5.1.3 内部组织机构图

5.2 管理层及其职责

5.2.1 本公司确定由总经理（最高管理者）、副总经理、技术负责人、质量负责人组成全权负责的管理层。

5.2.2 管理层应确保履行以下职责：

（1）就管理体系的有效性、满足客户和其他要求的重要性进行沟通。总经理在公司内部建立适宜的沟通机制，包括日常例会、部门会议、质量会议、公告栏、网站宣传、电子邮件、网络沟通软件的使用等方式，就管理体系的有效性、满足客户和其他要求的重要性等与公司员工、客户（代表）和其他相关方代表进行充分沟通。

（2）当策划和实施管理体系变更时，保持管理体系的完整性。

（3）授予质量负责人和质量管理部门所需的权力和资源来履行包括实施、保持和改进管理体系的职责，识别管理体系对质量活动和检测程序的偏离，以及采取措施纠正、预防或最大限度减少这些偏离。

5.3 检测活动的范围和方式

5.3.1 本公司通过《质量手册》及其配套的其他管理体系文件规定并保证下列实验室活动持续满足《通用要求》《管理规范》《管理办法》和《资质标准》等管理规矩的相关要求：

（1）在固定的工作场所（包括办公和检测活动的场地）和固定的设施内实施的实验室活动。

（2）离开固定的场所和固定的设施，或在相关的临时或移动设施中开展的实验室活动，如合同约定由客户提供的场所（工程施工现场/产品生产场所等）或利用客户提供的设施内实施的实验室活动。

（3）本公司的实验室活动，不包括持续从外部获得的实验室活动（如分包方实施的）。

（4）本公司应具有固定的工作场所（包括办公和检测活动的场地）和固定设施设备（包括检测的设备，保证检测技术活动正常进行的辅助设施等），并对所有场所、设施设备具有独立调配使用、管理的权限。

5.3.2 本公司通过《质量手册》及其配套的其他管理体系文件规定并保证实验室活动的

方式持续满足《通用要求》《管理规范》《管理办法》、实验室客户、法定管理机构和提供承认的组织的要求，包括在固定设施、固定设施以外的场所、临时或移动设施、客户的设施中实施的实验室活动。

5.3.3 本公司将所有实验室活动的工作程序和管控要求通过《程序文件》《作业指导书》等其他管理体系文件（见《程序文件目录清单》）作出统一的规定，以确保所有实验室活动实施的一致性和结果有效性。

5.4 机构与人员的职责、权力和相互关系

5.4.1 本公司通过《职责分配表》（表5.4.1）对管理层的关键管理人员和各部门职责、权力和相互关系进行规定。

职责分配表　　　　**表5.4.1**

要求		要素		总经理	技术负责人	质量负责人	经营部	质量管理部	检测部	综合部
编号	名称	编号	名称							
4	通用要求	4.1	公正性	●	△	△	△	△	△	●
		4.2	保密性	★	●	△	△	△	△	●
5	结构要求	5.1～5.6	结构要求	●	△	△	△	△	△	●
6	资源要求	6.1	总则	●	△	△	△	△	△	△
		6.2	人员	★	●	△	△	△	△	●
		6.3	设施和环境条件	★	●	△	△	△	●	△
		6.4	设备	★	●	△	△	△	●	△
		6.5	计量溯源性		●	△	△	△	△	●
		6.6	外部提供的产品和服务	★	●	△	●	△		
7	过程要求	7.1	要求、标书和合同的评审	★	●	△	●	△	△	
		7.2	方法的选择、验证和确认		●	△	△	●	△	
		7.3	抽样		●	△	△	△	●	△
		7.4	检测或校准物品的处置		●	△	△	△	●	△
		7.5	技术记录		●	△	△	△	●	△
		7.6	测量不确定度的评定		●	△	△	●	△	△
		7.7	确保结果有效性		●	△	△	●	△	△
		7.8	报告结果		●	△	△	●	△	△
		7.9	投诉		●	△	△	●	△	△
		7.10	不符合工作		●	△	△	●	△	△
		7.11	数据控制和信息管理		●	△	△	●	△	△
8	管理体系要求	8.1	管理体系方式	●	△	△	△	△	△	△
		8.2	管理体系文件	★	△	●	△	●	△	△
		8.3	管理体系文件的控制		△	●	△	●	△	△
		8.4	记录控制		●	△	△	●	△	△
		8.5	应对风险和机遇的措施		●	△	△	●	△	△
		8.6	改进	★	●	△	△	△	●	△

续表

要求		要素		总经理	技术负责人	质量负责人	经营部	质量管理部	检测部	综合部
编号	名称	编号	名称							
8	管理体系要求	8.7	纠正措施		●	△	△	△	●	△
		8.8	内部审核	★	△	●	△	●	△	△
		8.9	管理评审	●	△	△	△	●	△	△

注：表中“★”表示承担决策责任；“●”表示承担主要责任（管理层成员和相关部门可以各1个）；“△”表示承担次要（或协助）责任。

5.4.2 本公司对实验室活动结果有影响的所有管理、操作或验证人员的职责、权力和相互关系，通过本手册《人员》（QM/YZ-08-13）一文件进行规定。

5.5 执行（操作）层的配置及其职责

5.5.1 执行（操作）层的配置

本公司的执行（操作）层由建材部、结构实体部、市政部等3个检测部门和综合部、质量管理部、经营部等3个管理部门组成，各部门应按照《管理规范》《资质标准》等管理规矩的规定，并结合本公司内部管理的实际需要，配备数量和能力均能满足开展实验室活动及履行职责所需要的管理人员和技术人员，并赋予其所需的权力和资源。

5.5.2 执行（操作）层的职责

（1）实施、保持和改进管理体系。

（2）识别与管理体系或实验室活动程序的偏离。

（3）采取措施以预防或最大限度减少这类偏离。

（4）向实验室管理层报告管理体系运行状况和改进需求。

（5）确保实验室活动的有效性。

5.5.3 部门职能

5.5.3.1 按照专业领域划分建材部、结构实体部、市政部等三个检测部门，由其具体组织实施本公司的检测活动（工作）。各检测部门负责的检测领域和具体的检测项目按照公司发布的文件为准。检测部门的职能如下：

（1）负责检测信息收集和反馈，合同参与洽谈和合同评审工作。

（2）配合样品管理员做好样品的接收工作，并根据客户检测委托协议书的要求按照相应的作业指导书进行检测，做好原始记录的整理、定期归档的工作。

（3）负责根据客户检测委托协议书或合同的要求做好进场检测的各项准备工作，并按照相应的检测方法、标准、技术规程和作业指导书进行检测，做好检测工作原始记录及记录信息的整理，及时将检测资料流转到数据处理中心。

（4）按检测项目的检测技术标准、方法对检测结果作出评价结论，出具检测报告，并负责对报告进行审核，对报告的真实性、准确性、可靠性和实效性负责。对于需要本部门编写的报告由部门负责完成报告。

（5）负责本部门专用的仪器设备的日常维护保养、期间核查工作，配合做好仪器设备的周期校准或（和）计量检定。

（6）对本部门仪器配置和技改措施提出方案和申请。

（7）负责专业领域内的培训和技术考核工作（含部门内部以及其他部门相关岗位人

员、公司安排的对外培训）。

（8）承担本部门专业范畴内的比对试验（含公司组织的内部比对试验和参加外单位组织的比对试验等）。

（9）负责编制和修订本部门专业范畴内的作业指导书，跟踪技术标准的修改和更新。

（10）参与与本部门相关的客户的投诉和申诉的调查与解释、合同的评审、服务客户等事宜。

（11）根据部门实际提交用人申请，并参与与本部门相关的人员招聘面试工作。

（12）开展与本部门检测业务有关的科研工作以及新项目的开发拓展工作。

（13）负责本部门办公、检测和库房范围的环境卫生、安全、消防的管理。

（14）做好本部门内务管理。

（15）完成管理层交办的其他任务。

（16）配合其他部门履行其管理职责。

5.5.3.2　综合部负责本公司的支持服务和综合后勤保障等工作，其职能包括行政管理（含人事管理、设备管理、网络系统管理等）职能和财务管理职能。具体职能如下：

（1）行政管理（含人事管理、设备管理、网络系统管理等）职能：

1）组织安排学习、会议、活动；

2）组织贯彻执行国家方针政策、上级指示和决议，贯彻执行各项行政规章制度；

3）草拟各项行政管理相关的规章制度、行政文件、工作计划和工作总结；

4）负责人事劳资、职工福利、医疗和保险、职称评聘、考勤、人员培训（含入职培训、基本素质培训和职业生涯规划培训等）与考核，以及人员招聘等工作；

5）负责公章、介绍信、文秘和人事档案管理，行政文件收发、传阅、督办和归档，报刊邮件收发，以及对外联络和接待来宾工作；

6）负责环境卫生、办公秩序、职工饭堂等后勤工作；

7）负责各种文书资料的打印、缮印等工作；

8）负责办公用品、劳保用品的采购、保管和发放工作；

9）负责对上岗证等考试培训信息的收集及安排、领证工作；

10）负责设备采购管理、设备档案管理及检测设备计量溯源工作；

11）负责电脑管理及信息化建设工作；

12）完成领导交办的其他行政管理工作任务；

13）负责公司消防等安全管理和公司5S管理；

14）负责公司办公场地、基础设施和环境设施的管理，如场地装修、水电资源配给、空调安装维护、仓库管理、废物集中收集和处理等工作。

（2）财务管理职能：

1）负责公司日常财务核算，参与公司的经营管理；

2）管理公司资金运作情况，合理调配资金，确保公司资金的正常运转；

3）收集公司经营活动情况，资金动态，营业收入和费用开支的资料并进行分析，提出建议；

4）严格财务管理，加强财务监督，督促财务人员严格遵守各项财务制度和财经纪律；

5）负责低值易耗品的进出账务及成本处理和委托检测业务的账务处理及成本计算等

工作；

6）负责做好收入单据的审核及账务处理、各项费用支付的审核及账务处理，应收、应付账款的核算，总账、日记账、明细账的处理，以及财务盘点等工作；

7）负责编制各种财务报表和税务报表，依法诚信纳税；

8）负责固定资产的核算工作，对申请、验收、支付等各环节把好关，每年底与设备管理负责人对公司的固定资产进行清（盘）点，出具固定资产清查报告；

9）负责合同的管理；

10）负责报告的结算与检测费用的支出；

11）完成公司领导交办财务管理相关的工作。

5.5.3.3 质量管理部负责本公司的检测技术和质量管理工作，其职能包括质量管理职能和技术管理职能，具体职能如下：

（1）质量管理职能：

1）负责质量管理体系的维护与管理确保各项工作按规定执行；

2）负责组织制订本公司过程控制计划，建立质量控制工具/表单，并监督各岗位予以实施；

3）负责组织编制本公司人员监督（考核）计划并予以实施；

4）负责组织本公司质量目标管理工作，定期开展统计、分析和报告，并通过质量小组活动实施质量改进，必要时开展专项的质量改进活动，以确保本公司质量目标的实现；

5）负责健全本公司质量信息系统，确保各类质量数据和信息提交的准确性和及时性，定期（每月）向管理层（质量负责人）提交质量月报；

6）负责组织本公司客户投诉处理（调查、分析、报告、回复、整改结果的跟踪回访等）；

7）负责组织实施检测方法的标准查新工作；

8）负责上级管理机构的备案工作；

9）协助质量负责人和总经理组织实施管理体系内部审核和管理评审工作，以及外审的配合工作。

（2）技术管理职能：

1）负责公司对外的检测合同管理；

2）负责检测技术方案及投标文件的管理；

3）协助技术负责人组织实施检测技术人员的能力确认工作；

4）协助技术负责人组织实施开展新项目、新方法的检测技术能力确认工作。

（3）数据处理中心（后台）职能：

1）负责根据各专业检测部流转的检测原始记录，及时出具报告，并对报告流转、复印、装订和交接；

2）负责对异常通知单的核对，送签及流转；

3）定期公告报告延时、出错情况；

4）每天核对与监督站联网上报信息情况；

5）定期（每半年一次）收集检测部门的技术类电子文档；

6）负责对关于报告方面的投诉进行调查；

7）制订报告编号、样品编号的编号规则并依其给每一份报告、样品赋予具体编号；

8）负责室内检测项目报告和现场检测报告的归档工作；

9）配合质量负责人修订管理体系文件；

10）负责发现问题的收集及对其进行定期通报；

11）负责检测项目相关技术（方法）标准、规范的采购及发放管理工作；

12）督促检测部门及时开展标准的查新工作（每半年通报一次）。

5.5.3.4 经营部负责检测业务的经营管理和业务拓展等工作，其职能包括客户服务中心（前台）职能和业务小组职能，具体职能如下：

（1）客户服务中心（前台）职能：

1）负责以下对外业务相关工作：

① 受理业务咨询（技术指导、报告查询、业务询问等）；

② 征集客户意见和建议，做好客户维护工作，包括接收客户表扬、投诉、对我们工作提出的合理化建议等；

③ 业务信息挖掘上报。

2）负责以下报告的发放、统计、收费管理相关工作：

① 报告发放（客户自领、同事代领、转发各部代发、送样员代送）；

② 统计，在每周五对所有送交前台的报告进行统计（包括报告的收、发、未发情况）；

③ 报告的收费管理包括：现场报告已出具可以收款、报告已出具超过一周未收款、报告已领取未收款、每月每周统计上报。

3）负责以下收款相关工作：

① 全公司检测费的收取；

② 室内检测项目追款；

③ 现场检测项目追款及信息上报；

④ 每月、每周统计收款情况，并向管理层报告。

4）负责以下收样相关工作：

① 室内收样，负责客户送到前台的检测样品的收取、电脑录入、统计工作等；

② 上门收样，负责现场收样及南沙和今后将成立的其他分部代收样品的收取；

③ 负责对收样车的管理。

5）负责异常通知单的处理；

6）完成领导交办的其他工作。

（2）业务小组职能：

1）负责制定各类合同模板（包括申请单、报价单、合同、协议等）；

2）负责组织实施合同评审，并与客户签署合同；

3）负责招标投标工作；

4）负责客户和实验室之间信息的双向传递；

5）负责接收和参与处理客户投诉；

6）负责收集客户反馈意见并用于各类改进；

7）负责检测收款。

5.6 相关文件

(1)《人员》 (QM/YZ-08-13)。

(2)《程序文件目录清单》 (附件)。

15)资源要求。对检测机构的人员、设施和环境条件、设备、计量溯源性、外部提供的产品和服务等要素提出管理和控制的原则和要求。实验室的资源配置及其管理控制应满足《管理规范》《管理办法》《资质标准》和《通用要求》等实验室管理规矩的相关要求，并满足实验室运行管理和实施检测活动的需要。示例如下：

QM/YZ-08-12 6.1 资源要求（总则）

6.1.1 总则

应持续保证各职能部门获得满足管理和实施实验室活动所需的人员、设施、设备、系统及支持服务。

6.1.2 人员总要求

(1) 应按**"检测机构应配备能满足所开展检测项目要求的检测人员。"**的强制性要求配备各类检测人员。

(2) 人员的配备及其管理应持续满足《管理规范》第4.1节的要求和《管理办法》与《资质标准》关于人员配备及其管理的相关规定，以及开展检测活动的实际需要。

6.1.3 设施总要求

(1) 检测场所的配备及其管控应持续满足《管理规范》第4.3节的要求。

(2) 设施的配备及其管控应持续满足《管理办法》与《资质标准》关于设施配备及其管理的相关规定和开展检测活动的实际需要。

6.1.4 设备总要求

(1) 应按**"检测机构应配备能满足所开展检测项目要求的检测设备。"**的强制性要求配备所开展检测项目的检测设备。

(2) 检测设备的配备及其管控应持续满足《管理规范》第4.2节的相关要求和《管理办法》与《资质标准》的相关规定，以及开展检测活动的实际需要。

6.1.5 系统及支持服务总要求

(1) 应按**"检测机构应当建立信息化管理系统，对检测业务受理、检测数据采集、检测信息上传、检测报告出具、检测档案管理等活动进行信息化管理，保证建设工程质量检测活动全过程可追溯。"**的规定建立计算机信息化管理系统，并保证该系统持续满足《管理办法》《资质标准》和《通用要求》等管理规矩的相关要求和开展检测活动的实际需要。

(2) 支持服务（包括来自外部的和内部的）应持续满足《管理办法》《资质标准》和《通用要求》等管理规矩的相关要求和开展检测活动的实际需要。

QM/YZ-08-13 6.2 人员

6.2.1 应按管理体系文件中确定的规矩实施人员的任命、授权、教育、培训、技能和经历等管理和控制，确保所有操作专门设备、从事检测、报告审核人员、提出意见与解释人员、签署报告和证书的人员具备相应的能力，并按照管理体系要求履行职责。

6.2.2　人员资源要求包括确定人员岗位、任命和授权，识别人员能力要求，确认人员能力，制订和实施人员培训计划、评价培训效果、人员监督、人员授权、人员能力持续评价等方面的管理。

6.2.3　基本要求

（1）应持续保证所有可能影响检验检测活动的人员，无论是内部还是外部人员，均应行为公正，受到监督，胜任工作，并按照管理体系要求履行职责。

（2）将影响实验室活动结果的各职能的能力要求（包括对教育、资格、培训、技术知识、技能和经验的要求）形成并实施人员管理和控制的文件，以确保人员具备其负责的实验室活动的能力，以及评估偏离影响程度的能力。

（3）应建立和实施以下活动的程序，并保存相关记录：

1）确定能力要求；

2）人员选择；

3）人员培训；

4）人员监督；

5）人员授权；

6）人员能力监控。

（4）管理层应向实验室人员传达其职责和权限，以使各岗位人员知悉并正确履行其岗位职责和权限。

（5）应通过书面方式授权满足《通用要求》《管理办法》与《资质标准》等管理规矩所要求的人员从事下列（但不限于）特定的实验室活动：

1）开发、修改、验证和确认方法；

2）分析结果，包括符合性声明或意见和解释；

3）报告、审查和批准结果。

6.2.4　任命

（1）管理层的任命。公司董事会负责任命本公司总经理（最高管理者）；总经理负责提名公司副总经理、技术负责人和质量负责人，报董事会批准后由董事会（或授权总经理）任命。

（2）部门负责人的任命。部门负责人由其分管的管理层成员提名，管理层同意通过后由总经理负责任命。

（3）关键岗位人员的任命。各部门负责人提名其所在部门的关键（技术）岗位代理人、设备管理员、设备操作人员、文件（档案）管理员、监督员、报告审核员、内审员等关键岗位人员，由质量负责人会同质量管理部审核，报总经理批准和任命。

（4）检测报告批准人的任命。检测报告批准人由技术负责人提名，总经理负责任命。授权签字人应满足实验室管理规矩的相关要求，且获得资质许可（/认定）机构的考核和批准，并在批准授权的检测项目（专业领域）范围内任命。

（5）管理人员的任命。管理人员由其所在部门负责人提名，报其分管的管理层成员批准后，由公司统一任命。当现行实验室管理规矩有上岗资格要求时，拟任命的管理人员须满足相关要求。

（6）检测技术人员的任命。检测技术人员由其所在部门负责人提名，报其分管的管理层成员批准后，由公司统一任命。拟任命的检测技术人员须满足现行实验室管理规矩规定必须具备拟任岗位相适应的专业技术资格、资历、技术能力和上岗资格，其技术能力须经技术负责人确认后方可任命。

6.2.5 岗位职责

（1）**总经理**

1）依据董事会决议，全面负责带领本公司按照国家有关法律、法规、规章等法规规矩依法经营，创新发展，高效服务，并对董事会负责；

2）负责本公司的发展规划工作，拟定公司质量方针和质量目标，拟定年度目标，报董事会批准，并根据董事会决议制订工作计划；

3）主持管理体系的评审工作，带领管理层建立健全的质量管理保证体系，确保管理体系的实施、保持与持续改进，批准质量手册，签发公司法人文件，建立适宜的沟通机制，确保与管理体系有效性的事宜进行沟通；

4）批准公司内部机构设置、检测场所和设施配置、检测设备购置的计划（方案），任命各部门负责人、检测报告批准人和关键岗位人员，批准各部门及重要岗位的工作职责分工；

5）定期主持公司办公会议，决定公司内部重要事务；

6）考核各类人员的工作质量，批准员工工资奖金分配计划；

7）批准部门负责人和关键管理（技术）人员等授权岗位职权的代理人员；

8）牵头处理检测工作中发生的重大质量事故，批准改进措施计划；

9）分管公司财务、业务、人事工作；

10）负责管理层的运作管理，带头完成董事会下达给管理层的各项工作、任务。

（2）**副总经理**

1）负责协助总经理的工作、任务；

2）总经理不在时代理其行使职责，对董事会负责。

（3）**技术负责人**

1）全面负责本公司的技术管理工作，主持制定技术发展的规划和路线；

2）负责组织全公司的检测报告的审批工作，并负责批准重要项目或复杂项目的报告；

3）负责组织相关技术人员解决检测工作中重大的技术问题及组织处理重大质量事故；

4）确认技术管理部门的人员及其岗位职责，确定各检测项目的负责人；

5）主持对检测值有影响的产品供应方的评价，并签发合格供应方名单；

6）主持本公司检测人员技术能力确认工作和制定并签发检测人员培训计划，并监督培训计划的实施；

7）审核内部机构设置、检测场所和设施配置、检测设备购置的计划（方案），以及《质量手册》和《程序文件》；

8）主持收集使用标准的最新有效版本，组织检测方法的确认及其检测资源的配置；

9）主持检测结果不确定度的评定；

10）主持检测信息及检测档案管理工作；

11）按照技术管理部门的分工批准或授权有相应资格的人批准和审核相应的检测报告；

12）主持合同评审，对检测合作单位进行能力确认；

13）负责监督检查本公司安全作业和环境保护工作；

14）批准作业指导书、检测方案等技术文件；

15）批准检测设备的分类，批准检测设备的周期校准或计量检定计划并监督执行；

16）负责代表公司参加各类技术方面的会议，并负责与相关部门沟通技术方面工作；

17）掌握工程领域质量检测专业技术的发展动态和方向，主持组织新项目开发工作；

18）完成总经理交办的其他工作。

（4）**质量负责人**

1）代表管理层带领质量管理部门及全体检测人员认真执行国家计量法规、法令及上级主管部门的有关质量政策；

2）主持管理体系文件中质量手册和程序文件的编写、修订，并组织实施；

3）负责全面监督管理体系的运行和内部审核工作，主持制定不符合工作的预防措施、纠正措施，对纠正措施执行情况和成效组织跟踪验证，持续改进管理体系；

4）主持对检测工作的申诉和投诉的处理，代表本公司参与检测争议的处理；

5）编制管理评审计划，协助最高管理者做好管理评审工作，组织起草管理评审报告；

6）负责监督检测人员培训计划的执行落实工作；

7）按照总经理的工作安排，协助和指导有关部门的质量管理工作。

（5）**检测报告批准人（授权签字人）**

1）负责批准（签发）授权检测项目（范围）内的检测报告；

2）对所签发检测报告结论（果）的完整性、准确性和合法性负责；

3）对所签发检测报告的质量负责；

4）负责批准（签发）对获得资质许可（/认定）部门授权的检测项目（范围）结果报告的说明和解释意见。

（6）**检测项目负责人**

1）主持编制所负责检测项目的作业指导书、检测方案等技术文件；

2）组织实施所负责项目的检测工作，组织、指导、检查和监督所负责项目检测人员的工作；

3）带头做好所负责项目的环境设施、检测设备的维护、保养工作；

4）主持所负责项目检测设备的校准或检测工作，确定所负责项目检测设备的计量特性、分类、校准或检测周期，并对校准结果进行适用性判定；

5）组织编写所负责项目的检测报告，并对检测报告进行审核；

6）做好对所负责项目检测资料的收集、汇总及整理等工作。

（7）**部门负责人/主管（含组长）**

1）主持本部门全面工作，根据公司管理层的要求，组织完成本部门的工作任务；

2）负责本部门对公司管理体系文件的宣贯和执行实施工作；

3）负责组织本部门人员学习专业技术和业务知识，以及宣贯国家实验室质量管理相关规矩、计量及标准化有关政策法规；

4）负责组织制定本部门工作计划，组织协调本部门各项工作资源的调配和管理；

5）做好本部门人员的思想政治工作，充分发挥和调动本部门人员工作的积极性和主动性；

6）负责对本部门人员履行工作职责的情况进行检查、监督，对工作中存在问题进行批评、教育和帮助；

7）根据本部门人员工作表现和工作绩效情况，对聘任、升级考核、晋升和奖励向管理层提出本部门的意见或建议；

8）负责审核本部门相关项目负责编写的检测作业指导书和检测方案，并报技术负责人批准；

9）负责制订本部门检测设备的周期校准或计量检定计划，报技术负责人批准后组织实施；

10）负责组织本部门新增检测项目的选择及其设备选型、采购，以及开展新项目检测业务所需要的各项技术准备工作；

11）组织实施本部门检测项目范围内的比对试验和测量不确定度的分析工作；

12）负责本部门检测项目范围内的检测报告校核及结果报告的说明和解释的起草工作。

（8）**监督员**

1）负责对本人熟悉专业领域（范围）内的检测人员、检测工作实施监督，填写监督记录并向公司质量负责人及其所在工作部门报告监督工作情况；

2）应采取现场目击检查、记录抽查、巡查等方式监督检测人员（含在培训中的人员）按照相关项目的检测方法标准和程序文件开展检测工作，有权对检测人员偏离方法标准、程序文件要求的行为进行控制（制止、纠正）；

3）组织实施本人熟悉专业领域（范围）内检测人员的技术培训、技术考核，并向所在部门负责人和公司质量负责人报告；

4）监督检测人员按照作业指导书进行检测工作，记录和报告监督工作中发现的特殊或突发事件。

（9）**检测人员**

检测人员包括检测工程师和各级检测员，采用评聘制，申报检测人员等级的基本条件应符合《人事管理制度》的相关要求。检测人员的岗位要求和职责应符合下列规定：

1）检测人员的岗位要求

① 检测员等级以上检测人员必须具备单独完成检测工作的能力，且经过技术负责人对其检测能力进行确认，并具备相应的检测岗位的资格证书；见习检测员须在具备检测员以上岗位资格的人员指导下开展工作；

② 检测员以上人员应具备出具和编写检测报告的能力，且其能力应经技术负责人确认；

③ 检测工程师以上人员应具备其熟悉的专业领域内的以下技术能力并承担相应的工作责任：对从事的检测项目进行不确定度分析的能力；发现（识别）检测工作中不符合项，并提出纠正措施和预防措施建议的能力；具备培训年轻检测人员的能力；承担新项目部分开发工作的能力；

④ 掌握所用仪器设备性能、维护保养知识，做好所用仪器、设备的日常保管及维护清洁工作；

⑤ 坚持按规定的检测方法、检测程序进行检测，并即时填写检测原始记录；

⑥ 对所负责的检测结果（数据）在检测报告上签字确认；

⑦ 严格按检测项目的检测规程和操作规程正确使用仪器设备，做好所用仪器、设备使用记录和登记台账；

⑧ 负责检测项目工作区的环境卫生工作等。

2）室内检测人员的岗位职责

① 严格按照检测方法标准、检测规程和实施细则进行检测工作，即时填写（或及时打印）试验原始记录，试验完成须在样品信息单中注明“已试验”，对其出具的检测数据负责；

② 及时领取检测样品信息，凭样品信息从样品室领取样品，核对样品无误后方能开始检测工作，如有疑问及时向样品管理员反映；

③ 在试验正式开始前应检查环境是否满足试验条件要求，仪器设备是否运转正常，并作相关记录；

④ 负责将原始记录和样品信息单传到后台（数据处理中心），以便及时出具报告；

⑤ 核对其负责检测项目检测报告中的数据和结果，无误后签名确认；整理检测工作原始记录，定期交后台的档案管理员归档；

⑥ 当天试验完毕，清洁试验场地和仪器设备。

3）现场检测人员的岗位职责

① 严格按照检测方法标准、检测规程和实施细则进行检测工作，对其出具的检测数据负责；

② 及时领取检测任务单，凭任务单从仪器室领取现场检测所需仪器，仪器的规格、型号、数量等核对检查无误并确认其工作状态正常后办理领用手续；

③ 检测过程应即时做好原始数据的记录，见证检测项目应主动要求见证人员（委托方或监理方）对工作环节进行见证，并在相应的表格中签名认可；

④ 检测工作中应积极热情、礼貌待人，坚持原则，自觉抵制不正之风，恪守廉洁从业的相关规定；

⑤ 严格按照工程施工现场安全管理制度，做足现场安全保护与防护措施，确保检测作业和检测人员安全；

⑥ 现场检测工作完成后立即清洁仪器设备，并及时将仪器归还仪器设备室；

⑦ 完成现场工作后应及时整理现场检测记录数据，并将整理好的现场检测原始记录数据交由检测管理部资料管理员归档；需要时，办理内部委托手续，移交现场检测记录至检测管理部，以便及时开展下步的室内试验或出具检测报告；

⑧ 由部门安排负责编写的报告，编写人员应及时处理数据和编写报告初稿并呈报审批；

⑨ 核对其负责检测项目检测报告中的数据和结果，无误后签名确认。

（10）**设备管理员**

1）协助检测项目负责人确定检测设备计量特性、规程型号，参与检测设备的采购安装；

2）协助检测项目负责人对检测设备进行分类；

3）建立和维护检测设备管理台账和档案；

4）对检测设备进行标识，对标识进行维护更新；

5）协助检测项目负责人确定检测设备的校准或检定周期，编制检测设备的周期校准或检定计划；

6）提出校准或检定单位，执行周期校准或检定计划；

7）对设备的状况进行定期、不定期的检查，督促检测人员按操作规程操作，并做好维护保养计划；

8）指导、检查法定计量单位的使用。

（11）**档案管理员**

1）指导、督促有关部门或人员做好检测资料的填写、收集、整理、保管，保质保量按期移交档案资料；

2）负责档案资料的收集、整理、立卷、编目、归档、借阅等工作；

3）负责有效文件的发放和登记，并及时回收失效文件；

4）负责档案的保管工作，维护档案的完整与安全；

5）负责电子文件档案的内容应与纸质文件一致，一起归档；

6）参与对已超过保管期限档案的鉴定，提出档案存毁建议，编制销毁清单。

（12）**客服中心（前台）工作人员**

1）负责指导客户办理检测委托手续；

2）负责为客户建档及样品信息录入电脑，打印委托单交客户核对；

3）负责办理检测费用的登记和收缴工作；

4）负责及时通知检测人员办理检测样品信息单的领取和登记工作；

5）负责异常结果情况的通知和与有关单位（客户、监督站）直接沟通联系；

6）负责办理报告领取业务；

7）负责接待客户的咨询和抱怨；

8）负责制作样品标签。

（13）**样品管理员（前台）**

1）协助和引导客户将样品按规定方式摆放（详见《样品管理程序》），引导车辆停放，保持交通通畅；

2）检查客户样品标签、样品外观、委托协议书三者是否对应，核实后，在协议书上盖“样品完好”印章，如发现问题应及时纠正或及时与前台工作人员联系；

3）及时更新各种引导标识，及时清理过期无效样品，保持样品间的清洁整齐；

4）负责留置样品的保管，客户有要求时办理退样手续。

（14）**数据处理中心（后台）工作人员**

1）负责检测报告的打印、流转、分类、管理；

2）负责与前台报告交接；

3）负责报告的档案管理；

4）在检测员、监督员、技术负责人书面认可情况下，有权更改数据库内容。

（15）**检测信息管理员**

1）建立和维护计算机本系统、局域网，做好网络设备、计算机系统软、硬件的维护管理；

2）负责本公司计算机信息管理系统、局域网与本地区信息管理系统控制中心连接的管理工作，确保网络正常连接，准确、及时地上传检测信息；

3）负责检测数据的积累和整理分析工作；

4）负责检测信息统计及上报工作。

（16）**内审员**

1）必须经过法定机构的培训、考核合格，取得内审员证书和总经理授权任命后方能承担管理体系的审核工作；

2）应熟悉工作程序和管理体系的要求，具备判定管理体系各环节是否达到规定要求的能力，以及对不符合工作的纠正措施和预防措施的实施进行跟踪和验证的能力；

3）负责起草对其审核对象的内部审核和管理评审工作计划、方案，呈质量负责人审批，并按批准后的计划、方案实施评审；

4）参加内部审核会议，提出评审中发现的不符合工作（项目），并对不符合工作的纠正措施和预防措施的实施进行跟踪和验证。

（17）**权力代理规定**

为了保证公司日常工作正常运行，当关键管理（技术）岗位人员不在岗时，按以下权力代理规定执行：

1）总经理不在时，由指定的副总经理代其行使职责；

2）技术总负责人不在时，由质量负责人代其行使职责，并由相应检测项目（领域）的授权签字人代其行使批准报告的职责；

3）质量负责人不在时，由技术负责人代其行使职责；

4）各部门负责人不在时，由指定的部门其他负责人代其行使职责。

6.2.6 人员的要求

（1）**人员能力**

1）技术负责人应具备确认所有操作专门设备、从事检测、评价结果、签署检测报告/证书以及离开固定设施、场所或在相关的临时或移动设施中进行工作的人员的能力；

2）从事检测的人员应具备相关专业大专（高职、技术院校）以上学历，如果专业不满足要求，应有1年以上相关检测工作经历；关键技术人员，如进行检测结果复核、方法验证或确认的人员，除满足上述学历要求外，还应有3年以上本专业的检测经历；

3）技术负责人、质量负责人、授权签字人应满足现行实验室管理规矩的相关任职资格和能力的要求，如具备中/高级职称或同等能力，符合资质许（认）可机构的相关要求等；

4）当专业领域对人员能力提出了特殊的要求（可能是法定的、特殊技术领域标准包含的，或是客户要求的）时，如持证上岗，培训经历，教育经历等，应确保从事该领域工作的人员满足这些要求；综合部和质量管理部应指导检测部门（实验室）获得相应人员资格；

5）本公司的检测人员不得在其他同类型实验室从事同类的检测活动；

6）对检测报告所含意见和解释负责的人员，除了具备相应的资格、培训、经验以及所进行的检测方面的充分知识外，还需具备以下能力：

① 用于制造被检测物品、材料、产品等的相关技术知识、已使用或拟使用方法的知识，以及在使用过程中可能出现的缺陷或降级等方面的知识；

② 法规和标准中阐明的通用要求的知识；

③ 对物品、材料和产品等正常使用中发现的偏离所产生影响程度的了解。

（2）**人员培训**

1）各检测部门应识别岗位的能力要求，制订本部门人员的教育、培训和技能目标；对于与检测有关的管理人员、技术人员和关键支持人员，综合部在人员档案中应保留其当前工作的描述；

2）各检测部门应识别人员与岗位能力要求的差距，根据人员差距制定培训计划；

3）培训计划应与部门当前和预期的任务相适应，并评价这些培训活动的有效性；

4）综合部负责外部培训的管理以及公司内部公共培训的组织管理，对各部门组织的内部技术培训进行监督并进行有效性评价，负责做好培训活动的记录及建档和归档工作。

（3）**人员能力的确认、授权及监督**

1）对从事特定工作（包括从事抽样、检测、签发报告以及操作设备等）的人员，应由技术负责人会同质量管理部按要求根据相应的教育、培训、经验和/或可证明的技能进行资格确认，必要（现行的管理规矩有要求）时须持证上岗；

2）管理层应授权专门人员进行特殊类型的抽样、检测、发布检测报告、提出意见和解释以及操作特殊类型的设备；

3）实验室应使用长期雇用人员或签约人员；在使用签约人员和额外技术人员及关键的支持人员时，实验室应确保这些人员是胜任的且受到监督，并依据实验室的管理体系要求工作；

4）当使用在培训期间的员工时，应对其安排适当的监督。

（4）**人员记录**

1）应保留所有技术人员（包括签约人员）的相关授权、能力、教育和专业资格、培训、技能、经验和监督的记录，并包含授权和/或能力确认的日期；这些信息应妥善保管并易于获取；

2）人员记录的应纳入其技术档案并保存到人员离职后至少一个资质许可（/认定）周期的五（/六）年。

6.2.7　相关文件

《人员管理程序》　　　　　　　　　　（QP/YZ-08-03）。

QM/YZ-08-14　6.3　设施和环境条件

6.3.1　应在本公司的检测工作范围内，提供配置适宜且满足检测标准、规范要求和《资质标准》规定的检测、办公场所和检测设施，并进行合理、规范、有效的布局，防止对检测工作产生不利影响，确保检测结果的准确有效。

6.3.2　本公司的管理体系覆盖了所有用于检测活动的场所，无论内部还是外部、固定或可移动的，均应严格按照管理体系的要求有效控制其中的设施和环境条件，使其满足相关法律法规、标准、规范的要求，对检测结果无不良影响，确保结果准确、有效、可靠。

6.3.3　应按相关管理体系文件的规定和相关检测标准、规范的要求及安全环保的考虑，配置适宜的检测设施（包括场地、能源、照明、通风等），以及其他必要设施、工作条件等，保证检测工作的正常开展。配备给各检测部门使用的检测设施，应满足《管理规范》和《资质标准》的相关要求，其能源、照明和环境条件等，应有利于检测活动的正确实施。

6.3.4　应按相关管理体系文件规定的职责和要求实施检测设施和环境条件的管理和控制。具体应：

（1）对影响其检测结果的设施和环境条件的要求制定文件，并按文件要求对设施和环境条件实施有效的控制。保证检测场所和检测设施的管理满足《管理规范》第4.3节和相应检测方法标准、规范的相关要求。

（2）应确保其环境条件不会使结果无效，或对所要求的测量质量产生不良影响。当检测项目相关的标准、规范、方法和程序有要求，或对结果的质量有影响时，相关的检测部门应：

1）监测、控制和记录环境条件；

2）确保检测人员在按照作业方法标准要求的环境条件下进行检测，并应及时记录环境条件；

3）当环境条件影响到检测结果的准确性时，应停止检测。

（3）当需要在固定设施以外的场所（如工程施工现场）进行检测工作时，应：

1）监测控制环境条件，确保所进行的抽样、检测等工作的质量和结果不会受到影响；

2）当检测作业现场的环境条件无法保证检测工作质量时，应中止检测活动。

（4）对诸如生物消毒、灰尘、电磁干扰、辐射、湿度、供电、温度、声级和振级等应予重视，使其适应于相关的检测技术活动，如对检测结果的准确性有影响时，也应加以监控和记录。

（5）将不相容活动的相邻区域进行有效隔离或（和）采取措施以防止交叉污染。如生物实验室总体布局应减少和避免潜在的污染和生物危害，即实验室布局设计宜遵循“单方向工作流程”原则，防止潜在的交叉污染。

（6）对影响检测质量的区域的进入和使用加以控制。各检测部门应根据其特定情况确定控制的范围，并采取有效的控制措施，防止非工作人员随意进入实验室工作场所。

（7）采取措施确保检测场所的良好内务管理，保持工作场所的清洁、整齐、安全。

（8）确保其管理和使用的化学危险品、毒品、有害生物、电离辐射、高温、高电压、撞击，以及水、气、火、电等危及安全的因素和环境得以有效控制，并有相应的应急处理措施，对涉及安全的区域和设施应正确标识并有效控制。具体要求需按照《实验室安全管理程序》（QP/YZ-08-07）实施。

（9）确保检测产生的废气、废液、粉尘、噪声、固废物等的处理符合环境保护、人身健康、安全等方面的相关要求，并有相应的应急处理措施，具体要求需按照《环境保护管理程序》（QP/YZ-08-06）实施。

（10）若相关专业领域、客户或法律法规有特殊要求，则应按这些特殊要求实施管理和控制。

6.3.5 相关文件

(1)《环境控制和维护程序》 (QP/YZ-08-05)。

(2)《环境保护管理程序》 (QP/YZ-08-06)。

(3)《实验室安全管理程序》 (QP/YZ-08-07)。

QM/YZ-08-15 6.4 设备

6.4.1 设备(标准物质)是正常开展检测工作的物质基础,是取得可靠的测量数据的重要资源之一。为了保证检测结果的正确性,本公司按照检测标准要求和正确开展检测活动所需的检测设备和标准物质的配置、安全处置、运输、存放、计量校准、使用、维护保养等进行有效管理和控制,以保证检测结果的准确可靠。

6.4.2 应按相关管理体系文件的要求做好检测仪器设备(包括标准物质)的配置、安全处置、运输、存放、计量校准、使用、维护保养等全过程的管理和控制。

6.4.3 设备的配置

(1) 应根据检测的业务范围、工作量的需求及技术指标的要求,正确配置所需的仪器设备(包括量程范围、准确度、不确定度等的选择),以满足资源的要求。用于检测的设备,应有利于检测工作的正常开展,包括检测过程所必需并影响结果的仪器、软件、测量标准、标准物质、参考数据、试剂、消耗品、辅助设备等。各检测项目检测设备的配备应符合《管理规范》附录A的相关规定。

(2) 设备更新及需增置新的仪器设备时,必要时应组织有关人员论证、设备的购置及组织验收。具体工作按相关的程序文件的规定实施。

(3) 仪器设备的购置、验收、流转等一系列过程应严格按照相应的程序文件实施有效控制。

(4) 当检测部门需要使用永久控制之外的设备(租用、借用、使用客户的设备)时,应确保这些设备满足《通用要求》的相关要求并纳入本公司管理体系文件的管控。如设备租赁期要求应在一个资质许可(认定)周期5(6)年以上,且在租赁期内本公司须有完全的自主使用权。

(5) 用于检测和抽样的设备及其软件应达到要求的准确度,并符合相应的检测规范要求。

6.4.4 设备的管理

(1) 各部门应按本公司设备管理(含采购、验收、校准、功能确认、报废等)、运输、存放、使用和有计划维护设备等相关程序和《管理规范》第4.2节的相关要求,对其使用的检测设备实施管理,以确保其功能正常并防止污染或性能退化。在实验室固定场所外使用检测设备进行检测或抽样时,还需要按相应的附加程序进行特别的管理,并应保证符合政府相关管理规矩的规定。

(2) 对检测结果有重要影响的仪器的关键量或值,应制定和实施检定/校准计划。需要强制检定/校准的设备,应遵照规定的检定/校准周期送法定计量检定机构进行检定/校准。

(3) 需要计量检定/校准的仪器设备(包括新购置的设备和修理过的设备)在投入或重新投入服务前,应对其进行检定/校准及结果确认,在确认其能够满足检验检测要求后方可使用。

（4）应确保设备由经过授权的人员使用。设备使用和维护的最新版说明书（包括设备制造商提供的有关手册）应便于设备操作有关人员取用。

（5）设备管理员应为每一台（套）设备（含软件）建立档案，为其加以唯一性标识，并至少应收集并保存以下记录：

1）设备（含软件版本）的识别；

2）制造商名称、型号、序列号或其他唯一性标识；

3）设备符合规定（项目、方法、标准、规范等）要求的核查验证证据；

4）当前的位置；

5）校准日期、校准结果（报告/证书）、设备调整、验收准则和下次校准的预定日期或校准周期；

6）标准物质的文件、结果、验收准则、相关日期和有效期；

7）与设备性能相关的维护计划和已进行的维护；

8）设备的损坏、故障、改装或维修的详细信息。

（6）当检测过程中的设备出现曾经过载或处置不当、给出可疑结果，或已显示出缺陷、超出规定限度时，均应停止使用。并按以下要求处理：

1）应对这些设备贴停用标签，并尽量予以隔离以防误用；

2）相关检测部门应核查这些缺陷或偏离规定极限对先前的检测的影响，并执行不符合控制及纠正措施、应对机遇/风险措施程序；

3）对于修复后的设备，应通过校准（或检定）和功能核查表明其能正常工作。

（7）对需校准的所有设备，应使用标签、编码或其他标识表明其校准状态，包括上次校准的日期、再校准或失效日期。

（8）无论什么原因，若设备脱离了实验室的直接控制，实验室应确保该设备返回后，实验室的设备使用人员在使用前对其功能和校准状态进行核查并能显示满意结果。

（9）当需要利用期间核查以保持设备校准状态的可信度时，应按照各设备的期间核查管理办法执行。

（10）当校准产生了一组修正因子时，应按照相关程序的规定，设备管理员应确保其所有备份（例如计算机软件中的备份）得到正确更新，并将校准报告等相关资料复印给相关设备使用人员，保证其正确理解和使用修正因子。

（11）检测设备包括硬件和软件应得到保护，以避免发生致使检测结果失效的调整。

（12）未经定型的专用检测仪器（如自制设备）设备需提供相关技术单位的验证证明，并通过功能核查，表明其技术性能满足拟使用检测项目的要求。

6.4.5　相关文件

（1）《设备/标准物质管理程序》　(QP/YZ-08-08)。

（2）《不符合控制及纠正措施程序》　(QP/YZ-08-15)。

（3）《应对风险和机遇的措施管理程序》　(QP/YZ-08-16)。

QM/YZ-08-16　6.5　计量溯源性

6.5.1　应保证所使用的测量仪器设备、参考标准和标准物质经过计量检定或校准，其量值能溯源到国际单位制（SI），以确保测量结果的有效性。

6.5.2 计量溯源性应涵盖各检测部门开展检测工作使用的参考标准、标准物质及测量和试验设备的量值溯源。

6.5.3 确定计量溯源工作需求。应根据现行实验室管理相关规矩的规定，确定本公司需要周期校准或计量检定的仪器设备清单及其校准或计量检定周期，以及外部校准/检定服务工作需求等。凡对检测和抽样结果的准确性或有效性有显著影响的所有测量仪器设备（含参考标准和标准物质，下同），包括辅助测量设备（例如用于测量环境条件的设备），均纳入清单管理。

6.5.4 编制计量溯源工作相关计划。应根据相关管理体系文件的要求，编制纳入计量溯源需求清单的测量仪器设备的量值溯源计划、校准/检定计划和期间核查计划。

6.5.5 执行实施计量溯源工作相关计划。

（1）对开展检测工作使用的测量设备和具有测量功能的检测设备，应使用由具备能力（满足GB/T 27025要求）的实验室提供的校准/检定服务，或者由具备能力（满足ISO 17034要求）的标准物质生产者提供并声明计量溯源至SI的有证标准物质的标准值，或者由SI单位的直接复现，并通过直接或间接与国家或国际标准比对来保证，以确保测量结果可溯源到国际单位制（SI）。

（2）在使用外部校准/检定服务实验室发布的校准/检定证书的测量结果前，应核查校准/检定的结果是否满足所开展检测项目的相关要求；在每一次应用外部校准/检定服务的实验室发布的校准/检定证书的测量结果时，应引入校准证书提供的测量不确定度或由此产生的修正因子。

（3）应按本公司开展检测业务的实际需要和所制订的工作计划进行设备的期间核查，以保证相关设备在两个校准/检定间隔期内的量值溯源满足要求。

（4）对于目前不能严格溯源到国际单位制的仪器设备，由设备管理员负责制定设备间的比对方案或其他有效方法进行验证，经技术负责人批准后实施，以确保检测工作的有效性。可能时，应参加适当的实验室之间比对活动，并保留检测结果相关性或准确性的证据。

（5）当开展检测工作使用的测量设备和具有测量功能的检测设备，遇到现有技术上不可能计量溯源到SI单位的情况时，应证明能够溯源到如下的参考对象：

1）具备能力的标准物质生产者提供的有证标准物质（参考物质）的标准值；

2）描述清晰的、满足预期用途并通过适当比对予以保证的参考测量程序、规定方法或协议标准的结果。

（6）参考标准和标准物质（参考物质）管理：

1）参考标准的校准要求与设备相同，具体按《测量溯源管理程序》（QP/YZ-08-25）实施，并应：

① 本公司持有的测量参考标准应保证仅用于校准而不用于其他目的，除非能证明作为参考标准的性能不会失效；

② 参考标准在任何调整之前和之后均应校准。

2）可能时，标准物质（参考物质）应溯源到SI测量单位或有证标准物质（参考物质）。只要技术和经济条件允许，应对内部标准物质（参考物质）进行核查，具体核查按照《标准物质、标准样品管理实施细则》（QTD/YZ-25）实施。

3）应根据规定的程序和日程对参考标准、基准、传递标准或工作标准进行期间核查，以保持其校准状态的置信度。

4）应制定程序并按期安全处置、运输、存储和使用参考标准和标准物质（参考物质），以防止污染或损坏，确保其完整性。

5）当有必要使用参考标准和标准物质（参考物质）在实验室固定场所以外进行检测和抽样时，应制定并实施附加的程序。

6.5.6　相关文件

（1）《测量溯源管理程序》　　　　　　　　　　（QP/YZ-08-25）。

（2）《标准物质、标准样品管理实施细则》　　　（QTD/YZ-25）。

QM/YZ-08-17　6.6　外部提供的产品和服务

6.6.1　应规范并有效控制对检测工作质量有影响的服务和供应品的采购，确保检测工作质量的可靠。

6.6.2　外部提供的产品和服务管理应覆盖对检测工作质量有影响的服务和供应品的选择、购买、验收、存储及其使用的控制等工作。

6.6.3　应按相关管理体系文件的规定做好外部提供的产品和服务管理工作。这些工作和要求包括：

（1）识别需要控制的外部服务和供应品的范围（制订需求清单）。

（2）外部服务和供应品的需求申请（制订采购需求计划）。

（3）实施服务和供应品的采购。包括采购合同签订与执行、实施采购、验收及对其使用效果进行评价和反馈；需要时，负责供应品的储存。

（4）所有的采购活动应在合格供应商名录中选定供应商，并按采购需求申请实施采购。

（5）在选择和购买对检测质量有影响的服务和供应品，以及在购买、接收和储存试剂和消耗材料时，应严格执行相关程序文件规定的各项要求。

（6）应按照相关规定，采用检查或以其他有效方式确认所购买的、影响检测质量的供应品、试剂和消耗材料符合检测项目有关检测方法标准、规范的要求之后才投入使用；应验证使用的外部服务和供应品符合本公司规定的要求；应保存所有符合性检查（验证）活动的记录。

（7）影响实验室输出质量的物品采购文件，应包含描述所购服务和供应品的资料。这些采购文件在发出之前，其技术内容（包括形式、类别、等级、标识、规格、图纸、检查说明等）应经过审查和批准。应收集并保存这些采购文件，包括审查和批准结果在内的其他技术资料、质量要求和进行这些工作所依据的管理体系标准等。

（8）应建立并维持外部服务和供应品合格供应商名（目）录，定期（每年至少一次，一般可在管理评审时）组织各部门对影响检测质量的重要消耗品、供应品和服务的供应商进行评价，并根据评价结果更新合格供应商名录。

（9）应保持与外部供应商沟通，明确每次采购活动需提供的产品和服务、验收准则、能力（包括人员需具备的资格）、实验室或其客户拟在外部供应商的场所进行的活动等要求。

(10) 应记录并保存每次采购活动和对供应商评价活动的相关信息。

6.6.4 相关文件

《服务和供应品管理程序》 (QP/YZ-08-12)。

16) 过程要求。对涉及客户要求、标书和合同评审，方法的选择、验证和确认，抽样、检测或校准物品的处置、技术记录等工作（活动）过程做出要求和规定。过程要求就是要保证上述工作（活动）过程满足《检测规范》第5章、《管理规定》第三章和《通用要求》第7章等实验室管理规矩的相关要求。示例如下：

QM/YZ-08-18 7.1 要求、标书和合同的评审

7.1.1 客户要求的评审。为了满足客户的要求，与客户充分沟通，真正准确地了解客户需求，并对本公司的技术能力是否能够满足客户的要求进行评审。客户要求的评审应按以下要求实施：

(1) 客户要求的识别。相关部门人员根据不同的情况，采取相应的识别方式。当客户向公司提出具体要求时，相关部门人员应进行相应的识别，同时应确认客户的隐含要求。综合部必须定期与客户沟通，以问卷调查、当面拜访、电子邮件、电话联络等形式，主动了解客户要求。

(2) 客户要求评审的内容。

1) 客户对检验检测项目是否有明确的技术要求，有无特别的要求（如保密、保护所有权等），要求是否合理；

2) 公司有无足够的能力与资源，如满足客户的要求是否需要特殊的检验检测方法和设备，检验检测所需时间、人员能力、设备状况、后勤保障能力等；

3) 客户的要求有无及时响应，是否充分理解并确定客户的需求和期望，是否加强与客户的沟通，并达到客户满意。

7.1.2 标书的评审。标书的评审按以下要求进行：

(1) 招标信息的收集与分析。综合部通过网络查询、接收邀请等方式收集招标投标信息，对项目信息进行汇总、分析，明确项目概况、检测要求、招标单位、对投标人资质资格要求等，提出投标建议提交分管招标工作的领导确认。

(2) 标书评审的内容主要包括：

1) 初步评审，包括符合性评审、技术性评审、商务性评审；

2) 详细评审即终审，包括技术性评审和商务性评审。

(3) 标书管理。综合部总体负责检测业务的投标工作，各相关检测部门协助完成。投标文件由综合部制作、管理。技术负责人负责组织部门对标书内容进行评审，并记录评审结果。

7.1.3 合同的评审。合同的评审按以下要求管控：

(1) 合同的类型主要包括：

1) 试验检测业务类合同；

2) 设备购置合同；

3）其他类别合同。

（2）合同评审的内容。合同评审的主要内容有人员与设备技术要素、财务要素、合同交付时间、利益与风险、法律责任要素、样品要素、保密和保护所有权要素、传送检测结果的要求、根据检测结果提供评价意见和建议的要求、合同变更或偏离时的要求、报告中给出测量不确定度的要求等。

1）试验检测委托单的评审内容。收样人员负责指导客户填写试验检测委托单，对委托单上的信息，如试验项目、使用标准及其他要求予以评审，如果本公司的能力和资源能满足客户提出的试验检测要求时，即在委托单上签字确认；

2）正式合同的评审内容及其管控要求如下：

① 当客户有大宗的、特殊要求的检测项目时，相关人员应向客户了解要求，记录有关检测依据、对象、目的、时间、数量、结果等要求，经双方同意，综合部草拟合同初稿；

② 合同初稿完成后，技术负责人组织合同评审小组对公司的技术能力和检测资源进行评审；

③ 报本公司总经理批准后的合同，由本公司与客户双方盖章，合同正式生效，职能部门应在合同生效后立即组织实施。

（3）合同偏离时应按以下要求实施管控：

1）评审结果应及时与客户沟通，并得到其认可；客户的要求、标书和合同之间的任何差异，应在工作开始之前与客户协商并得到解决；

2）每项要求、标书和合同应得到实验室和客户双方的接受；

3）合同执行中如遇到对合同要求的任何偏离时，综合部应与客户做充分的沟通，保证能得到客户同意，将变更事项通知相关检测部门和人员。

（4）合同的修改。合同发生修改时，应按以下要求实施管控：

1）在执行合同过程中，任何一方提出需要修改合同时，公司应采取有效的措施，并及时与客户进行沟通，防止造成双方的利益损失；

2）若修改后的合同有重大的变化，应重新组织有关人员对变更后的合同进行评审，评审结果应作为检测合同的附件并由双方授权人签字；

3）合同修改的内容应及时通知所有受到影响的人员，防止出现工作差错给双方造成损失。

（5）记录管理。协议、合同和合同修改件应以书面的形式予以记录，合同、合同评审表以及相关文件一并归档，由综合部负责日常管理及存档。

7.1.4　资质许可（认证/认可）标识使用评审。经营部门人员在与客户接洽及合同评审过程中，应充分掌握各专业检测部门所具备的检测能力，并严格执行如下规定：

1）当某一检测项目虽然具备相应检测能力，但尚未获得资质或其他认可时，不得向客户承诺可加盖检测章或其他认可标识；

2）当某一检测项目尚不具备相应能力，需要将该项目委托外部分包机构时，应告知客户并征得其同意，同时不得承诺针对该项目可加盖检测章或其他认可标识。

7.1.5　相关文件

《合同管理程序》　　　　（QP/YZ-08-10）。

QM/YZ-08-19　7.2　方法的选择、验证和确认

本公司的管理体系文件对开展检测项目应选择的方法都做出明确规定，用以确保所进行的检测工作，包括被检测物品的送样、处理、运输、存储和准备、检验检测、结果分析或对比、结果和符合性判断。

7.2.1　检测方法的选择

(1) 本公司应满足客户需求，并满足检验检测要求的方法。应优先使用标准方法，本公司应确保使用标准的有效版本。必要时，应采用附加细则对标准加以说明，以确保应用的一致性。

(2) 当客户指定的检测方法在本公司资质许可（认定）范围内，且在保证本公司配置的技术资源满足检测需求下，首先采用客户指定的标准。

(3) 当客户未对检测项目指定方法时，本公司选择方法的原则是：优先使用国家、行业、地方颁布的标准方法。

(4) 当选用非标准方法时，应经合同评审并保留记录，并取得客户的同意后，且在检测工作展开前完成了3家或以上同行机构验证，由行业技术专家评定，保留验证记录，并经省住房和城乡建设主管部门（和/或省市场监督管理局）备案后才可使用，同时要确保检测人员都能正确使用此检测方法。

(5) 当客户提出的方法不适合或已过期时，应及时通知客户进行协商。

(6) 本公司所有与检测工作有关的标准、手册、指导书和参考数据都应是现行有效的版本，并便于操作人员查阅。

(7) 如果缺少指导书可能影响检测结果，应制定作业指导书。例如：

1) 所依据的检测标准中，由于某些条款描述并不清晰或肯定，而这些不清晰的描述可能会导致不同的测试结果时；

2) 不同人员在进行同一标准的检测时，工作方法或理解不统一且会导致结果出现差异时；

3) 对于同样的检测项目，同一检测人员不同时间进行时，每次的操作步骤有差异，且这些差异有可能对检测结果有影响时；

4) 对于一些设备使用时，由于缺少作业指导书而导致操作失误时；

5) 因为使用外国语版本的（如日语、英语等）标准、说明书等操作指引存在理解困难或差异时，应翻译、编制作业指导书。

(8) 作业指导书包括（但不限于）如下几类：

1) 检测方法及其补充文件；

2) 仪器设备的使用和操作、设备维护、设备期间核查；

3) 样品处置、制备作业指导书，包括化学实验室中化学试剂的配制方法等；

4) 操作步骤、技术要求和结果判定等内容的检测程序。

7.2.2　非标准方法的选择（包括自制方法）

检测方法包括标准方法和非标准方法，非标准方法包含自制方法。本公司根据检测工作的需要自己制定检测方法时，所制定检测方法的过程要有计划性，并指定资深的、有资格的技术人员按以下要求进行：

（1）技术负责人负责公司检测方法的制定计划，并按照《检测标准方法管理程序》（QP/YZ-08-20）进行，明确分工，合理配置资源，严格控制实施过程，并保留相关的记录和数据。

（2）在检测工作中因为检测需要而必须使用公司自制的检测方法时，应遵守与客户达成的检测协议、客户的检测要求和检测目的。在使用公司自制的检测方法前，组织相关专业技术专家按照《检测标准方法管理程序》（QP/YZ-08-20）和《开发新检测项目程序》（QP/YZ-08-28）对该方法的适用性和有效性进行验证，同时对检测人员应用该方法的能力进行审查、确认，验证和确认符合后方可使用。

7.2.3　方法的确认

为证实所选择的检测方法能够满足某一特定预期用途的特殊要求，应通过核查并提供客观证据。方法确认应按以下要求进行：

（1）本公司需要对非标准方法、本公司自行制定的方法、超出其使用范围使用的标准方法、自行扩充和修改过的标准方法进行确认，以证实该方法能实现特定检测目的。

（2）方法确认按照《检测标准方法管理程序》（QP/YZ-08-20）的相关要求进行，确认过程应尽可能全面，以满足预定用途或应用领域的需要，并记录确认过程中所获得的结果、使用的确认程序以及该方法是否适合预期用途的声明。

（3）用于方法确认的技术可以是下列一种或多种组合形式：

1）使用参考标准或标准物质进行校准；

2）与其他方法所得的结果进行比对；

3）检验检测机构间比对；

4）对影响结果的因素作系统性评审；

5）根据对方法理论原理和实践经验的科学理解，对所得结果不确定度进行评定。

（4）按预定用途进行评价所确认的方法得到的值的范围和准确度，应适应客户的需求。这些值诸如：结果的不确定度、检出限、方法的选择性、线性、重复性限和/或复现性限、抵御外来影响的稳健度和/或抵御来自样品（或检测物）母体干扰的交互灵敏度。

（5）已确认的方法需要进行改动时，应将这些改动的影响制成文件，重新确认，并得到技术负责人的批准。

7.2.4　方法偏离的控制

检测方法偏离的控制，必须在《检测标准方法管理程序》（QP/YZ-08-20）规定内执行。该偏离已有文件规定的前提下，征得客户书面同意，提出允许偏离的申请，阐明偏离的原因和理由，经过技术负责人审核和总经理批准后方能使用，偏离情况必须在报告中予以注明。

7.2.5　相关文件

（1）《检测标准方法管理程序》　（QP/YZ-08-20）。

（2）《开发新检测项目程序》　　（QP/YZ-08-28）。

QM/YZ-08-20　7.3　抽样

抽样是检测工作的重要内容，抽样的代表性、有效性和完整性直接影响到检测结果的准确性。抽样检测是取出物质、材料或产品的一部分作为其整体的代表性样品进行检测的一种形式。当抽样作为检测工作的一部分时，抽样检测是一种风险检测，为了将检测的风险降到最低程度，应当从抽样开始对涉及样品的所有工作（活动）实施严格的控制和管理，以达到保护用于检测物品（样品）的完整性，以及客户和本公司双方的利益。抽样管理包括对用于检测物品（样品）的抽取、运输、接收、制备、处置、保护、储存、保留、清理或返回等全过程管理。

7.3.1 抽样分类

（1）本公司承担的检测通常由本公司派人直接参与抽样。为使抽样过程具有科学性和合理性，抽取样品具有代表性，制定并执行抽样计划和程序，详见《抽样管理程序》（QP/YZ-08-23）的相关要求。

（2）对普通送检的情况本公司仅对来样负责，当客户要求对整批样品负责时，本公司应按规定要求进行抽样。

（3）随机监督抽检按委托机构要求，由本公司抽样或参与抽样。

7.3.2 抽样管理

当客户要求对物质、材料、产品进行抽样时，负责实施抽样的检测部门应按《抽样管理程序》（QP/YZ-08-23）的相关要求，制订抽样的计划和方法，并按抽样计划和方法实施抽样。

（1）抽样计划应包含以下内容：

1）抽样计划应根据适当的统计方法制定，或采用相应的国家标准制定；

2）抽样过程应注意需要控制的因素，以确保检测结果的有效性；

3）抽样计划应包括样品的缩分及制备；

4）除委托方送样外，抽样是检测工作的一部分。

（2）抽样方法应明确需要控制的因素，以确保后续检测结果的有效性。抽样方法应描述以下内容：

1）样品或地点的选择；

2）抽样计划；

3）从物质、材料或产品中取得样品的制备和处理，以作为后续检测的物品。

（3）应保证在抽样地点能得到抽样计划和方法。

7.3.3 抽样记录

抽样应进行完整的记录和描述，并应将抽样数据作为检测工作记录的一部分予以保存。抽样记录应包括：

（1）当客户对文件规定的抽样程序有偏离、添加或删节的要求时，应审视这种偏离可能带来的风险。根据任何偏离不得影响检测质量的原则，要对偏离进行评估，经批准后方可实施偏离。应详细记录这些要求和相关的抽样资料，并记入包含检测结果的所有文件中，同时告知相关人员。

（2）与抽样有关的资料和操作方法，通常包括：

1）所用的抽样程序、标准和方法；

2）抽样日期和时间；

3）识别和描述样品的数据（如编号、数量和名称）；

4）抽样人、见证/监督人员的识别；

5）所用的设备的识别；

6）必要时应有抽样位置（地点）的图示或其他等效的方法；

7）对抽样方法和抽样计划的偏离或增删；

8）样品状态、环境条件。

7.3.4 样品的处置

为保护检测物品的完整性以及公司和客户利益，应按照《样品管理程序》（QP/YZ-08-24）的要求，对所抽取检测物品的运输、接收、处置、保护、存储、保留、清理或归还等处置工作环节实施有效的管控。

7.3.5 相关文件

（1）《抽样管理程序》 （QP/YZ-08-23）。

（2）《样品管理程序》 （QP/YZ-08-24）。

QM/YZ-08-21 7.4 检测或校准物品的处置

检测样品的代表性、真实性、有效性和完整性将直接影响检测结果的准确度。为了向客户提供高质量的检测报告，必须按照《样品管理程序》（QP/YZ-08-24）的要求对样品的运输、接收、处置、保护、存储、保留、处理或归还等环节进行有效的管理和控制。

7.4.1 样品的运输

当本公司抽取或接收客户送检的样品需要运输时，应按《样品管理程序》的相关要求，采用合适的运输工具，并采取适当有效的样品保护措施，以避免样品在运输过程中受到破（损）坏、改变性质或状态。

7.4.2 样品的接收

（1）收样员在接收样品时：

1）必须与送检（或抽样）人员共同清点验收样品，检查、记录样品状态；

2）确认样品有无异常情况或者是否与相应的检验方法中所描述正常（或规定）条件有所偏离；

3）确认样品是否跟“委托协议书”上的样品描述相一致；

4）对于不符合标准要求的样品，应退还给委托方。

（2）如对样品是否适合检测有任何疑问，或者样品与“检验委托单”的内容不符，或对要求的检验检测规定不明确，收样员应询问委托方，取得进一步的说明并记录询问的结果后予以确认。

（3）收样员应检查并确认样品是否已经完成了所有必要的检测前处理，或委托方是否要求本公司对样品进行检测前处理。

（4）收样员应在“检验委托单”签名对样品进行判定确认。确认后在检测协议书给出唯一识别编号，发放样品编号或盲样编号并标识在样品上。

（5）样品的交接应进行登记，整个过程应保留样品标识。

7.4.3 样品的处置

（1）样品的标识：

1）客户服务中心（前台）按照程序文件的样品标识方法，对样品进行编号标识；

2）样（物）品在实验室负责的整个期间内应保留该标识，并通过“待检”“在检”

“已检”“留样”的状态标识区别同一样品的不同状态；

3）样品标识系统的设计和使用应具有唯一性，确保物品不会在实物上或在涉及的记录和其他文件中混淆。如果合适，标识系统应包含物品群组的细分和物品在实验室内外部的传递。

（2）样品的流转（传递）：

1）对检测样品从接收到检测结束后样品处理的整个流转（传递）过程，始终保留样品标签上唯一性的样品编号对不同的样品予以区分识别；

2）通过在样品标签上进行“待检”“在检”“已检”“留样”的状态标识，识别同一样品在整个流转（传递）过程的不同状态，保证在任何时候对同一样品的识别都不会发生混淆，实现样品全流转（传递）过程的可追溯；

3）为了保密和保证本公司的公正性，样品标签上屏蔽与客户相关的信息，实行全流转过程盲样管理。

（3）样品的制备/预处理：

1）按相关方法标准、技术规范的相关要求进行检测样品的制备/预处理，以确保检测物品在制备成样品和/或预处理过程中不发生损坏、变质或污染；

2）遵守随物品提供的处理说明进行样品制备/预处理。

7.4.4 样品的保护

（1）当样品或其一部分须妥善保存时，应有防火、防盗等安全措施，以保护这些需要妥善保存的样品或其部分状态的完整性。

（2）当样品涉及生物安全、危险化学和易燃易爆物品时，应遵守相关领域特别保护的规定和采取相应的安全保护措施。

7.4.5 样品的存储

（1）所有样品应存放在合适的环境，并指定专人负责，以确保检测样（物）品在仓库、检测区域或场所的存储过程中不发生变质、污染、丢失或损坏。

（2）当物品需要在规定的环境条件下存储或状态调节（如养护）时，应保持、监控并记录存放场所的环境条件。

7.4.6 样品的保留

当客户有要求，或者因为记录、安全或价值等原因，或为了日后进行补充的检测活动而需要保留样品时，应保留样品并对其实施有效的保护，以维护保留样品的安全和保证留样不发生变质、污染、丢失或损坏。

7.4.7 样品的处理或归还

（1）一般的样品经试验后可直接处理。

（2）需要保留的样品，收样员应按程序文件的规定做好保留样品相关工作。

（3）对客户要求归还的样品，特别是在检测之后要重新投入使用的物品，各检测部门需特别注意确保物品的处置、检测或存储过程中不被破坏或损伤。检测结束后，收样员应按客户的要求归还样（物）品。

7.4.8 相关文件

《样品管理程序》　　　　（QP/YZ-08-24）。

QM/YZ-08-22　7.5　技术记录

技术记录是进行检测活动所得数据和信息的累积，是表明管理体系有效运行、管理体系文件执行结果、检测技术能力及检测活动达到规定的质量或规定的过程参数的客观证据，是检测活动可溯源的证据，是采取纠正和预防措施的依据。技术记录可包括表格、合同、工作单、工作手册、核查表、工作笔记、控制图、外部和内部的检测报告、校准证书、客户信函、文件和反馈。各部门应按以下要求，确保每一项检测活动的技术记录信息充分，并得到有效管理。

7.5.1　各部门应按照《记录及档案管理程序》（QP/YZ-08-17）的要求，对本部门产生的技术记录的识别、收集、索引、存取、存档、存放、维护和清理进行规范管理。

7.5.2　内容要求

（1）应确保每一项实验室活动的技术记录包含结果、报告和足够充分的信息，以便在可能时识别测量结果及其测量不确定度的影响因素，并确保该检测活动在尽可能接近原条件的情况下能够重复进行。

（2）技术记录应包括每项实验室活动以及审查数据结果的日期和责任人，如负责抽样的人员、每项检测的操作人员和结果校核人员的标识。

7.5.3　管理要求

（1）技术记录可以纸面或电子文档方式保存。所有记录应清晰明了，并以便于存取的方式存放和保存在具有防止损坏、变质、丢失的适宜环境的设施中。

（2）所有技术记录应予安全保护和保密。

（3）对以电子形式存储的技术记录，实验室应进行保护和备份，并防止未经授权的侵入或修改。

（4）各检测部门应将原始观察、导出资料、样品的均匀性和稳定性评价记录、数据的分析和评价记录和建立审核路径的充分信息的记录、校准记录以及发出的每份检测报告/证书的副本按规定的时间保存。

（5）原始的观察结果、数据和计算应在产生（观察或获得）时即时予以记录，并按照特定任务分类识别。

（6）应确保技术记录的修改可以追溯到前一个版本或原始观察结果。应保存原始的以及修改后的数据和文档，包括修改的日期、标准修改的内容和负责修改的人员。具体应：

1）当技术记录中出现错误时，每一错误应划（杠）改，不可擦涂掉，以免字迹模糊或消失，并将正确值填写在其旁边；

2）对技术记录的所有改动应有改动人的签名或签名缩写；

3）对电子存储的技术记录也应采取相应措施，以避免原始数据的丢失或改动。

（7）可以在记录表格或记录本上保存检测原始记录，也可以直接录入信息管理系统中。当使用数据处理系统时，如果系统不能自动采集数据，实验室应保留原始记录。

（8）检验检测原始记录、报告、证书的保存期限不少于5(6）年。

（9）如果相关领域对技术记录的管理有特殊要求时，应按照该领域的要求执行。

7.5.4　相关文件

《记录及档案管理程序》　　（QP/YZ-08-17）。

QM/YZ-08-23　7.6　测量不确定度的评定

测量不确定度的评定是检测工作中的重要组成部分，测量不确定度表征赋予被测量值的分散性，表示一个区间。本公司相关部门应按以下要求实施测量不确定度的评定：

7.6.1　识别不确定度的贡献（来源）

应识别测量不确定度的贡献（来源）。评定测量不确定度时，应采用适当的分析方法考虑所有显著贡献，包括来自抽样的贡献。测量中可能导致测量不确定度的来源一般有以下几种：

(1) 被测量的定义不完善。

(2) 复现被测量的测量方法不理想。

(3) 取样的代表性不够，即被测样本不能代表所定义的被测量。

(4) 对测量过程受环境影响的认识不恰如其分或对环境的测量与控制不完善。

(5) 对模拟式仪器的读数存在人为偏移。

(6) 测量仪器的计量性能（如最大允许误差、灵敏度、鉴别力、分辨力、死区及稳定性等）的局限性导致的不确定度，即仪器的不确定度。

(7) 测量标准或标准物质提供的量值的不确定度。

(8) 引用的数据或其他参量的不确定度。

(9) 测量方法和测量程序中的近似和假设。

(10) 在相同条件下重复观测中测得的量值的变化。

测量不确定度的来源必须根据实际测量情况进行具体分析。

7.6.2　管理要求

(1) 应按《不确定度评定程序》(QP/YZ-08-21) 的相关要求评定测量不确定度。具体应：

1) 制定完整详细的不确定度评定工作计划，按计划对各种定量结果开展测量结果不确定度的评定工作；

2) 在客户或公司内部质量控制有要求、检测方法有要求或测量不确定度影响产品是否合格（如检测结果出现在临界值）时，应在检测报告中注明结果的测量不确定度；

3) 列出所有可能对测量结果有影响的不确定度分量，并给出其测量模型；

4) 评估每一个不确定度分量的标准不确定度；

5) 根据测量原理或测量模型的不同，所有影响量的标准不确定度全部以绝对标准不确定度，或全部以相对标准不确定度来表示；

6) 将影响量的标准不确定度乘以相应的灵敏系数得到不确定度分量。

(2) 当由于检测方法的原因难以严格评定测量不确定度时，实验室应基于对理论原理的理解或使用该方法的实践经验进行评估，并确保结果的报告形式不会造成对不确定度的错觉。合理的评定应依据对方法性能的理解和测量方法，并利用诸如过去的经验和确认的数据。

(3) 在评定测量不确定度时，对给定情况下的所有重要不确定度分量，均应采用适当的分析方法加以考虑，具体操作可以参考《不确定度评定程序》(QP/YZ-08-21)。

7.6.3　相关文件

《不确定度评定程序》　　　　　（QP/YZ-08-21）。

QM/YZ-08-24　7.7　确保结果有效性

为了确保检测结果有效性，本公司制定结果有效性的监控方法，对检测前过程、检测过程、检测后过程进行有效监控，不断提高检测结果的准确性和稳定度。具体应按以下要求实施，以确保结果有效性：

7.7.1　识别影响检测结果有效性的因素

影响检测结果有效性的因素通常包括：

（1）检验检测人员技术能力和职业道德水平。

（2）设备和场所环境设施。

（3）采用的检验检测方法。

（4）量值的溯源。

（5）样品的流转和保存等。

7.7.2　结果有效性监控的方法

应根据有证标准物质的来源情况、检测或校准的特性和范围以及公司人员的多少来制定内部质量控制计划，该计划须包括可疑结果的判断准则。适当时，内部质量控制计划所采用的技术可包括（但不限于）：

（1）内部质量监控：

① 定期使用有证标准物质进行检测，考核人员技术技能，判断设备的状态、验证检测结果可靠性；

② 采用对存留样品进行再检方法对检测结果质量进行控制；

③ 仪器设备的期间核查；

④ 使用相同方法或不同方法进行重复检测。

（2）外部质量监控。参加能力验证、机构间比对，借助外部力量验证检测结果的稳定性和可靠性。

7.7.3　检测结果有效性的监控要求

检测结果有效性的监控应按照《质量控制程序》（QP/YZ-08-26）相关要求执行，以监控检测结果的有效性。具体应：

（1）所得结果数据的记录方式应便于发现其发展趋势，如可行，应采用统计技术对结果进行审查。

（2）所制定的质量监控计划、选用的控制方法应当与所进行工作的类型和工作量相适应，且对所有内部质量控制计划的结果均应详细记录和进行评价。质量控制方法可包括（但不限于）下列内容：

1）定期使用有证标准物质（或质量控制物质）进行监控和/或使用次级标准物质（或质量控制物质）或使用其他已校准能够提供可溯源结果的仪器开展内部质量控制或进行结果核查；

2）进行测量和检测设备的功能核查或测量设备的期间核查；

3）参加能力验证计划或能力验证之外的同行实验室间的比对；

4）使用相同或不同方法进行重复检测；

5）对存留物品进行再检测；

6）分析一个物品不同特性结果的相关性；

7）实施报告结果的审查；

8）发放盲样进行特定监控对象（含人员或设备）的测试；

9）必要时，使用核查或工作标准，并制作质量控制图。

(3) 一些特殊的检测活动，检测结果无法复现，难以按照前款规定进行质量控制时，应关注人员的能力、培训、监督以及与同行的技术交流。

(4) 应分析质量控制活动的数据并用于控制检测活动，当出现偏离时，应启动实施改进；当发现质量控制数据将要超出预先确定的判据时，应采取有计划的措施来纠正出现的问题，以防止报告不正确的结果。

(5) 应对所实施的质量控制计划的有效性进行监督和评价。质量评价的活动开展应结合日常的质量活动进行。对于未能有效实施质量控制活动的检测部门，应发出纠正预防措施并督促其实施改进。

7.7.4 相关文件

《质量控制程序》　　　　(QP/YZ-08-26)。

QM/YZ-08-25　7.8　报告结果

检测报告是检测活动的结果，本公司应按照方法标准、技术规范的规定进行检测工作，按照《管理规范》《通用要求》和地方政府主管部门的有关要求，采用法定计量单位，准确、清晰、明确、客观地出具检测报告并提供与检测有关的足够信息。为此，相关部门应按下列要求对结果报告实施有效的管控：

7.8.1 总则

本公司出具的报告结果应：

(1) 严禁出具下列应判定为虚假检测报告的情况：

1）不按规定的检测程序及方法进行检测出具的检测报告；

2）检测报告中数据、结论等实质性内容被更改的检测报告；

3）未经检测就出具的检测报告；

4）超出技术能力和资质规定范围出具的检测报告。

(2) 应准确、清晰、明确和客观地报告每一项或一系列检测活动的结果，并符合检测方法中规定的要求。具体应：

1）结果通常以检测报告的形式出具，且应在结果发出前经过审查和批准。结果报告可以采用以下方式：

① 书面检测报告或抽样报告；

② 在满足《通用要求》的要求时，报告可以采用硬拷贝或电子方式发布；

③ 在为内部客户进行检测或与客户有书面协议的情况下，可用简化的方式报告结果。但对于本文件 7.8.2 至 7.8.7 中所列却未向客户报告的信息，应能方便地获得；

2）结果报告除报告每项检测活动结果外，还应包括客户要求的、说明检测结果所必须的和所使用方法要求的全部信息；

3）除检测方法、法律法规另有要求外，应在同一份报告上出具特定样品不同检测项目的结果；如果检测项目覆盖了不同的专业技术领域，也可分专业领域出具检测报告；

4）结果报告应使用法定计量单位，并应按照现行国家标准《数值修约规则与极限数值的表示和判定》GB/T 8170 对检测结果进行数值修约。

7.8.2　检测报告的通用要求

（1）检测报告的内容。除非实验室有充分的理由，否则每份检测报告应至少包括下列信息，以最大限度地减少误解或误用的可能性：

1）标题（例如“检测报告”）；

2）实验室的名称和地址；

3）实施检测活动的地点，包括客户设施、实验室固定设施以外的场所、相关的临时或移动设施；当不在实施检测的实验室固定设施的场所开展检测工作时，应将实际开展工作的地址及开展工作场所的环境在报告中加以描述，可采用图表或文字进行描述；

4）每份报告/证书均须有报告/证书的唯一性标识（如：报告/证书的编号）和每一页上的标识（页码和总页数），以确保能够识别报告中所有页码是属于完整检测报告的一部分，以及表明报告/证书结束的清晰标识；

5）客户的名称和联系（地址、联系方式、联系人等）信息。必要时可增加供货商的名称、地址和联系人；

6）所用方法的识别（例如：检测时所用的标准/规程/方法的名称、编号、年号或客户制订的方法等信息）；如果有发生时，还应包括对方法补充、偏离或删减的说明；

7）检测物品或项目的描述及其状态（必要时）、明确的标识（如物品、物品某个测试部位或项目的名称、唯一性标识、接收状态、特征等的描述）；如果样品为客户提供，应在报告中明确写明“客户送样”；对于客户提供的样品来源信息，原则上不应写入检测报告，如果应客户要求写入检测报告，必须以醒目的方式注明，并同时声明此信息为客户提供，实验室不负责其真实性；

8）实施检测活动的日期；对结果的有效性和应用至关重要的检测物品的接收日期或抽样日期；

9）检测报告的发布日期；

10）如与结果的有效性或应用相关时，实验室或其他机构所用的抽样计划和抽样方法（程序）的说明；

11）报告批准人的识别。包括报告批准（签发）人的姓名、职务、签字（这里指手签的姓名）或等效的标识（包括电子签名、盖章、姓名速写等）和签发日期；

12）应清晰、准确、全面地报告每项检测活动的结果，适用时，带有测量单位；

13）未经实验室书面批准，不得部分复制报告（全文复制除外）的声明；

14）当结果来自外部供应商（如分包单位实施的检测项目）时，应对其做出清晰的标识。

（2）应对报告中的所有信息负责。当报告采用了客户提供的信息时，应对其予以明确的标识。且当客户提供的信息可能影响结果的有效性时，报告中应有免责声明。

（3）当实验室不负责抽样（样品由客户提供）时，报告中应有“结果仅适用于收到的样品”的声明。

7.8.3 检测报告的特殊要求

(1) 当需要对检测结果做出解释时，检测报告除了7.8.2所列的通用要求的内容外，还应包括下列内容：

1) 特定检测条件的信息，如某些检测项目需要的特殊环境条件；

2) 相关时，符合（或不符合）客户要求或技术规范的声明（见7.8.4）；

3) 当不确定度与检测结果的有效性或应用有关，或客户的指令中有要求，或当不确定度影响对规范限值的符合性时，检测报告还需要带有与被测量相同单位的测量不确定度或与被测量相对形式的测量不确定度（如百分比）的信息；

4) 适用且需要时，提出意见和解释（见7.8.5）；

5) 特定检测方法、法定管理机构或客户（客户群体）要求的其他（附加）信息。

(2) 如果本公司负责抽样活动，当需要对检测结果做出解释时，对含抽样结果在内的检测报告，除了通用要求和前款特殊要求的内容外，还应包括以下抽样报告的信息：

1) 抽样日期；

2) 抽取的物质、材料或产品的唯一性标识（适当时，包括制造者的名称、标示的型号或类型及相应的系列号）；

3) 抽样位置，包括抽样地点、部位及其示意图、草图或照片；

4) 所用的抽样计划和抽样程序（或方法）；

5) 抽样过程中可能影响检测结果解释的环境条件的详细信息；

6) 与抽样方法或程序有关的标准或规范，以及对这些规范的偏离、增添或删节；

7) 评定后续检测测量不确定度所需的相关信息。

7.8.4 报告符合性声明

(1) 当需要做出与规范或标准的符合性声明时，应考虑与所用的判定规则相关的风险水平（如错误接受、错误拒绝以及统计假设），将所使用的判定规则形成文件，并应用判定规则做出声明。但如果客户、法规或规范性文件规定了判定规则，则无需进一步考虑风险水平。

(2) 在报告符合性声明时，应清晰标示以下信息内容：

1) 符合性声明适用的结果；

2) 满足或不满足的规范、标准或其中的条款；

3) 应用的判定规则（规范或标准中已包含判定规则者除外）。

7.8.5 报告意见和解释

(1) 当检测报告需要包含意见和解释时，应把做出意见和解释的依据制定成文件，且应由具备相应能力并且经过资质许可部门（或资质认定机关/资格认可机构）授权的检测人员针对结果作出。

(2) 检测报告中的意见和解释应有被检测物品的结果充分支持，并清晰地予以标注。意见和解释可以包括（但不限于）下列内容：

1) 对结果符合（或不符合）要求的声明的意见（根据检测结果，与规范或客户的规定限量做出的符合性判断，不属于意见和解释）；

2) 合同要求的履行；

3）如何使用结果的建议；

4）用于改进的指导意见。

（3）当客户要求，以对话方式直接与客户沟通意见和解释时，应记录并保存对话的信息内容。

7.8.6　从其他方获得的检测结果

当检测报告包含了由其他方（如分包方）所出具的检测结果时，这些结果应予清晰标注。分包方应以书面或电子方式报告结果。

7.8.7　结果的传送

（1）应建立和保存《报告发放台账》和《不合格报告台账》。对于不合格报告，应同时列入《不合格报告台账》。

（2）报告发放时，委托方代表（报告领取人）应携带“委托书第二联”，根据委托书上的检测项目领取检测报告，并在“报告领取登记表上”上签名确认。

（3）检测结果原则上应当以书面报告的形式传送。

（4）当委托方要求用电话、图文传真或电子手段传送检测结果时，委托方一定要提供由委托方负责人签字并盖公章的书面申请，经本公司领导批准同意后，方可进行传送。

（5）本公司必须保证数据、结果的完整性并为客户保密。

7.8.8　报告的格式

（1）报告/证书的格式应使用国家或地方政府行业主管部门规定的统一格式或客户要求的格式。

（2）当政府主管部门没有规定的统一格式或客户没有要求格式的报告/证书时，应设计为适用于所进行的各种检测类型，并尽量减小产生误解或误用的可能性。

7.8.9　报告修改

（1）当公司需要更改、修订或重新发布已发出的检测报告时，应在检测报告中清晰标识修改的信息，适当时标修改的原因。

（2）对已发布的检测报告进行修改时，应仅以追加文件（或更换文件）的形式，并包括如下声明：“对序列号为……的检测报告的修改”或其他等效的文字。

（3）当有必要发布全新的检测报告时，应注以唯一性标识，并注明所替代的原件。具体应：

1）如对已签发的检测报告需作更正或增补时，应按《检测报告管理程序》（QP/YZ-08-27）执行，详细记录更正或增补的内容，重新编制新（更正或增补后）的检测报告，并注以区别于原检测报告的唯一性标识；

2）已发出的原检测报告应尽量全数收回，若原检测报告不能收回，应在发出新（更正或增补后）的检测报告的同时，在新报告中还应作出“编号为——报告全部作废”或“本报告完全取代编号为——报告”的声明；

3）已发出的原检测报告可能导致潜在其他方利益受到影响或者损失的，公司要通过公开渠道声明原检测报告作废。

7.8.10　报告专用章、认证/认可标识章的使用

（1）必须在获得省住建行业资质许可部门颁发的资质证书的技术能力范围内出具检测报告，并加盖检测报告专用章。

(2) 如果出具检测报告的检测项目（参数）的技术能力已经获得了省市场监督管理局的资质认定（CMA）或中国合格评定国家认可委员会的认可（CNAS）时，应在报告上加盖资质认定（CMA）或国家认可（CNAS）的标识章，但应确保在资质认定/认可的能力范围或资质认定/认可证书有效期内。

(3) 所有出具的检测报告，必须在获得授权的报告批准人签字批准后，才可以在报告上加盖公司的检测报告专用章。当需要在检测报告上加盖CMA（或CNAS）等认证/认可标识章时，其报告签发人应获得CMA（或CNAS）等管理机构授权，且在其获得授权的专业技术能力范围内。

7.8.11 相关文件

(1)《检测报告管理程序》 (QP/YZ-08-27)。

(2)《建设工程质量检测管理办法》(住房和城乡建设部令第57号)。

QM/YZ-08-26 7.9 投诉

投诉是客户的合法权益，正确对待及妥善处理投诉是提高本公司信誉、工作质量和服务质量的重要环节，也是开展管理体系审核和评审的依据之一。因此，应全面倾听客户声音，收集客户反馈信息，了解客户需求和期望，正确对待并及时、妥善处理客户申诉和投诉，消除客户不满，以提高客户忠诚度和本公司的信誉、工作质量与服务质量。

7.9.1 总则

投诉处理相关责任部门和人员应对投诉处理过程中的所有决定负责，根据《投诉与申诉处理程序》（QP/YZ-08-14）的规定来接收、评价、调查和处理来自客户及相关方的投诉，跟踪、记录和处理好每一项投诉，确保采取适宜的措施，并注意信息保密和涉诉人员的回避。

7.9.2 投诉的来源和渠道

本公司将通过以下渠道，利用与客户和相关方接触的机会收集来自客户和相关方的各类投诉信息。

(1) 投诉的来源：

1) 客户投诉，也就是来自本公司检测服务的对象的投诉；

2) 其他相关方的投诉，包括来自政府监管部门、相关管理机构和为本公司提供外部产品或支持服务的供应商等。

(2) 投诉的渠道：

1) 直接投诉，直接向服务窗口的业务、客服人员或检测部门投诉；

2) 电话投诉，拨打公司热线电话进行投诉；

3) 信函、邮件投诉，通过来信、电子邮件或传真等进行投诉。

7.9.3 投诉处理过程的要求和方法

投诉处理过程至少应包括以下要求和方法：

(1) 对投诉的接收、确认、调查以及决定采取处理措施过程的说明。

(2) 跟踪并记录投诉，包括为解决投诉所采取的措施。

(3) 确保采取适当的措施。

7.9.4 投诉的受理（接收）与评价确认

（1）登记。接收到投诉的部门或人员，应在相关的台账（册）上进行登记或记录（如电话投诉的内容），并立即将相关信息移交质量管理部，由其进行评价和确认工作。

（2）评价确认。质量管理部对接收到的投诉信息进行分析评价，确认投诉是否与本公司的检测活动相关，并根据分析评价结果进行处理：

1）若与本公司的检测活动不相关，则确认投诉不成立，及时按程序文件规定回复投诉人，并向投诉人解释原因，获得其理解；

2）若与本公司的检测活动相关，则确认投诉成立，回复投诉人已经接受（受理）投诉和尽可能地向投诉人提供处理进程的报告和结果，并按程序文件要求进行后续处理工作。

7.9.5 投诉的调查和处理

当评价确认投诉成立时，按以下要求进行调查和处理：

1）组织相关部门（人员）对投诉涉及的事项（问题）进行深入调查、分析，查清涉诉问题产生的原因，厘清相关责任（部门/人），并提出处理意见或建议；

2）将经过管理层审批的处理意见或建议通知责任部门/人，由其对涉诉事项（问题）进行处理（实施纠正或改进），并制定和实施涉诉问题的纠正或/和预防措施，以防止涉诉问题的再次发生；

3）跟踪和评价责任部门/人对客户投诉的处理结果，并监督其实施纠正或/和预防措施；

4）处理完毕后，将投诉处理结果向客户书面反馈。

7.9.6 保密和回避

（1）在投诉未处理结束前，应向涉诉的部门或人员保密投诉相关的信息。

（2）投诉处理过程对涉诉部门或人员实行回避制度。如涉诉部门或人员不得参加投诉处理过程的相关活动，审查和批准处理结果、通知投诉人处理结果等活动。

（3）如确有必要，投诉的处理可由外部人员实施。

7.9.7 投诉记录

应记录并保存投诉处理过程的相关信息。

7.9.8 相关文件

《投诉与申诉处理程序》 （QP/YZ-08-14）。

QM/YZ-08-27 7.10 不符合工作

不符合工作是指检测活动或结果不符合自身的程序或与客户协商一致的要求（例如，设备或环境条件超出规定限值，监控结果不能满足规定的准则）。为保证管理体系的有效运行，应对本公司管理和检测活动中出现的不符合工作进行识别和控制（实施纠正并采取纠正和预防措施），提高检测结果的质量和不断完善管理体系。

7.10.1 不符合工作的识别

在管理体系和技术运作的各个环节识别不符合工作或问题。例如，监督员的监督工作（过程）、客户投诉或意见、结果质量控制、设备校准与期间核查、数据的校核与报告抽（审）查、内部审核与管理（或/和外部）评审、能力验证与实验室间比对、质量稽核等活动环节。

7.10.2 不符合工作的处理和控制

(1) 当识别出管理或/和检测工作的任何方面（过程或结果）不符合公司管理体系文件的规定或与客户达成一致的要求时，应严格按照《不符合控制及纠正措施程序》(QP/YZ-08-15) 进行处理和控制。

(2) 对不符合工作的严重性进行评价并确定风险等级，必要时，还应对以前结果的影响进行分析。具体按《不符合控制及纠正措施程序》(QP/YZ-08-15) 执行。

(3) 依据风险等级分别采取相应的措施：

对不符合工作立即进行纠正，同时对不符合工作的可接受性做出决定，并根据不符合工作的风险等级和可接受性采取以下措施：

① 通知客户并责令相关人员停止正在开展的不符合工作；

② 扣发尚未发出的检测报告等；

③ 当已经发出报告时，尽快将不符合的事实告知所有已经取得报告的客户。

(4) 应组织相关部门对不符合工作处理和控制的结果进行跟踪评价，并根据评价结果进行处置：

1) 经评价表明所采用的措施已消除不符合工作及其产生的原因时，方可批准责任部门恢复工作；

2) 当评价表明不符合工作可能再度发生（其产生原因未消除），或对实验室的运作与政策和程序的符合性产生怀疑时，应立即按《不符合控制及纠正措施程序》(QP/YZ-08-15) 的要求制订和实施消除不符合工作产生原因的预防措施，直到不符合工作再次发生的原因消除之后，方可批准恢复相关工作。

7.10.3 记录管理

(1) 每年汇集不符合工作的有关信息，包括纠正措施实施情况及效果的相关信息作为管理评审的输入。

(2) 保存不符合工作及纠正措施活动全过程的记录。

7.10.4 相关文件

《不符合控制及纠正措施程序》 (QP/YZ-08-15)。

QM/YZ-08-28 7.11 数据控制和信息管理

开展实验室活动所产生和需要的数据和信息，是公司可持续发展的战略资源。所以，应保证获得开展管理和检测技术活动所需的数据和信息，并对开展管理和检测技术活动所产生和需要的所有信息进行有效的管理和控制，以维持公司管理体系的正常运行和持续改进。

7.11.1 总则

应按**“检测机构应当建立信息化管理系统，对检测业务受理、检测数据采集、检测信息上传、检测报告出具、检测档案管理等活动进行信息化管理，保证建设工程质量检测活动全过程可追溯。”**的强制性要求建立信息化管理系统，将开展管理和检测技术活动所产生和需要的所有信息纳入该系统实行信息化的管理和控制。

7.11.2 信息管理系统的管理

(1) 用于收集、处理、记录、报告、存储或检索数据的实验室信息管理系统，在投入使用前应进行功能确认，包括与政府实验室监管信息管理系统中接口的正常运行。

(2) 对管理系统的任何变更，包括修改实验室软件配置或现成的商业化软件，在实施前都应被批准、形成文件并确认。

(3) 投入使用中的实验室信息管理系统应：

1) 采取适当有效的技术措施（如设置密码或采用生物识别）防止未经授权的访问；

2) 对系统实施安全保护以防止信息和数据的篡改或丢失；

3) 在符合系统供应商或公司规定的环境中运行；

4) 以确保数据和信息完整性的方式进行维护；

5) 包括对于系统失效、适当的紧急措施及纠正措施的记录。

(4) 当信息管理系统在异地或由外部供应商进行管理和维护时，应确保系统的供应商或运营商符合《通用要求》的所有适用要求。

(5) 确保员工易于获取与实验室信息管理系统相关的说明书、手册和参考数据。

(6) 对于非计算机化的系统，提供保护人工记录和转录准确性的条件。

7.11.3　信息和数据的管理控制要求

(1) 定期或不定期对检测数据的计算和传送进行系统和适当的核查。

(2) 当利用计算机或自动设备对检测数据进行采集、处理、记录、报告、存储或检索时，实验室应按照《计算机及软件管理程序》(QP/YZ-08-22) 的要求确保所需的信息和数据得到有效管理：

1) 由使用者开发的计算机软件应被制定成足够详细的文件，并对其适用性进行确认，并保留确认记录；

2) 数据输入或采集、数据存储、数据传输和数据处理的完整性和保密性；

3) 维护计算机和自动设备以确保其功能正常，并提供保护检测数据完整性所必需的环境和运行条件。

(3) 对公司开展管理和检测技术活动所产生和需要的所有信息进行有效的管理和控制。

7.11.4　相关文件

《计算机及软件管理程序》　　　(QP/YZ-08-22)。

管理体系要求。对管理体系方式、管理体系文件、管理体系文件的控制、记录控制、应对风险和机遇的措施等方面做出要求和规定。管理体系要求就是要保证管理体系的建立和运行管理工作（活动）满足《管理规定》《资质标准》和《通用要求》等实验室管理规矩的相关要求。示例如下：

QM/YZ-08-29　8.1　管理体系方式

8.1.1　总则

应建立、实施和保持形成文件的文件化管理体系，支持和证明本公司的资质和技术能力持续满足《管理办法》《资质标准》和《通用要求》的相关要求，并且保证检测活动结果的质量。管理体系除满足前面所述的通用要求、结构要求、资源要求、过程要求外，应按方式A或方式B实施管理体系。

8.1.2 方式A管理体系

管理体系应至少包括下列内容：

(1)《管理体系文件》(QM/YZ-08-30)；

(2)《管理体系文件的控制》(QM/YZ-08-31)；

(3)《记录控制》(QM/YZ-08-32)；

(4)《应对风险和机遇的措施》(QM/YZ-08-33)；

(5)《改进》(QM/YZ-08-34)；

(6)《纠正措施》(QM/YZ-08-35)；

(7)《内部审核》(QM/YZ-08-36)；

(8)《管理评审》(QM/YZ-08-37)。

8.1.3 方式B管理体系

实验室按照《质量管理体系 要求》GB/T 19001—2016 的要求建立并保持管理体系，能够支持和证明持续符合《通用要求》第4章至第7章的要求，也至少满足了《通用要求》第8章8.2至8.9中规定的管理体系要求的目的。

8.1.4 相关文件

《检测和校准实验室能力的通用要求》GB/T 27025—2019。

QM/YZ-08-30 8.2 管理体系文件

8.2.1 总则

为建立方针和实现目标，本公司建立符合自身实际情况，适应自身检测活动并保证其独立、公正、科学、诚信的管理体系。该管理体系至少包括但不限于：管理体系文件、管理体系文件控制、记录控制、应对风险和机遇的措施、改进、纠正措施、内部审核和管理评审，并将公司的政策、制度、计划、程序和指导书制定成文件，以达到确保所有管理和检测工作质量的要求。公司管理层应持续保持公司管理体系文件架构的完整性、适用性和有效性；执行层应将体系文件要求传达至有关人员，并被其理解、获取和执行。

8.2.2 管理体系文件框架

本公司的管理体系文件由质量手册、程序文件、作业指导书和工作记录共四个层次的文件构成。其框架示意图如图8.2.2所示。

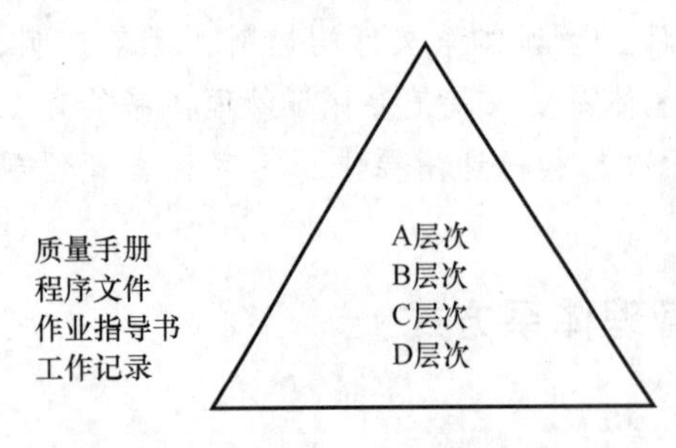

图8.2.2 管理体系文件框架示意图

(1) A层次——质量手册，是管理体系的总体描述和纲领性要求。阐述了公司的质量方针、质量目标、部门和岗位职责、包含的支持性程序文件，是开展检测工作所必须遵循的根本准则，也是开展其他各项工作的指导原则。

(2) B层次——程序文件，是质量手册的支持性文件，阐述了公司各部门和各岗位在各项工作中必须履行的职责，以及如何履行的具体流程。

(3) C层次——作业指导书，阐述了如何具体管理和实施某个流程或如何具体操作和完成某项技术性工作。作业指导书可以直接采用公司发布的专业文件，当地方存在特殊性技术要求时，本公司可编制/发布不与专业文件相冲突的，仅适用于本公司的属地作业指导书。对于特殊领域的要求（如安全要求、法规要求、认可机构要求），在质量手册和程序文件中无法逐一规定，各部门应识别这些要求，并制定相应的C层次文件予以控制。

（4）D层次——工作记录，由程序文件定出格式要求。包括管理体系运行管理过程中开展质量活动的质量记录（含计划、方案、活动记录、会议纪要、成果报告等）和开展检测活动的技术记录（含试验委托、原始记录、计算结果、检测报告等）。

此外，作为支持本公司管理体系文件的外部文件也应作为体系文件的附件予以收录，并纳入管理体系文件统一管控。这些外部文件包括现行有效的国家实验室管理相关的法律、行政法规、规章、规范性文件，国家标准、地方标准、行业标准和相关权威文献等。

8.2.3　质量政策

质量政策体现了本公司的能力、公正性和一致运作的要求，以“质量方针和质量目标”的形式发布，详见《质量方针与质量目标》（QM/YZ-08-05），本公司在开展质量管理和检测活动时遵照执行。

（1）质量方针。公司质量方针包括以下内容：

1）实验室对良好职业行为和为客户提供检测服务质量的承诺；

2）与质量有关的管理体系的目的；

3）最高管理者关于实验室服务标准的声明；

4）要求实验室所有与检测活动有关的人员熟悉质量文件，并在工作中执行这些政策和程序；

5）公司管理层对遵循《管理办法》《管理规范》《通用要求》及持续改进管理体系有效性的承诺。

（2）质量目标。根据公司年度战略会议精神和质量政策，结合上年度各项质量目标完成情况和公司在年度初公布上年度完成质量目标的考核结果，以及公司年度质量目标的编制原则要求来确定年度质量目标。其要求如下：

1）本公司质量管理部门负责统计质量目标的实现情况，在每年的管理评审会议中进行评审，并不断修订，以实现公司及部门质量管理体系的持续改进；

2）根据公司统一的质量政策及上年度质量目标完成情况，各部门负责结合不同专业领域自身的特点，制订出各部门的质量目标，并报质量管理部门；

3）质量管理部门根据公司的年度质量目标的编制原则要求，结合管理评审的结果，制订公司年度质量目标；

4）公司年度质量目标经总经理批准后公布实施。

8.2.4　管理体系的运行

为确保管理体系有效运行和持续改进，主要采取以下措施：

（1）制定和贯彻质量活动的目标、程序和细则。

（2）加强宣贯，确保全员理解和全过程贯彻执行。

（3）按照《检测和校准实验室能力的通用要求》GB/T 27025—2019中的“过程要求”和《管理办法》《管理规范》等管理规矩的相关要求，对检测活动的各个环节实施有效的控制。

（4）配备符合《管理规范》《资质标准》的相关要求且满足开展检测项目需要的设备

与设施，持续保持检测场所的环境条件。

(5) 按照《检测和校准实验室能力的通用要求》GB/T 27025—2019 中的“资源要求”和《资质标准》等管理规矩的要求配备满足管理需要的管理人员和实施检测活动所需的且具有相应能力的检测技术人员，并适时进行培训。

(6) 建立和实施内部沟通机制，定期召开专题质量管理工作会议。

(7) 建立和运行管理体系的改进机制，有效利用质量控制（能力验证、实验室间比对等）、内部审核、管理评审、预防和纠正措施等实施持续改进管理体系。

8.2.5 管理体系的变更

因内、外部原因，需要对管理体系进行重新策划或进行变更时，应当确保管理体系符合《通用要求》《资质标准》等管理规矩的相关要求，并保持管理体系的完整性和适宜性。

8.2.6 相关文件

《检测和校准实验室能力的通用要求》GB/T 27025—2019。

QM/YZ-08-31 8.3 管理体系文件的控制

8.3.1 总则

管理体系文件是管理和技术活动的依据，为确保本公司各有关场所使用的文件为现行有效的版本，本公司建立并维持文件的控制程序，对管理和检测活动文件的编制、审批、发布、标识、变更和废止等各个环节进行有效的控制。

8.3.2 文件的分类和形式

(1) 文件的类型包括本公司自行编制的内部文件和为内部文件提供支持而直接采用或等效采用的外部文件。

(2) 文件的形式。文件可以是政策声明、程序、规范、制造商的说明书、校准表格、图表、教科书、张贴品、通知、备忘录、图纸、计划等。这些文件可承载于各种载体，包括纸质（书面）、硬拷贝或数字等形式。

8.3.3 文件的编制

在公司整体的质量管理体系文件框架下，构建 QHSE 文件体系，依据《文件维护和控制程序》(QP/YZ-08-09) 的相关要求编制文件，并开展文件的维护与修订工作。

8.3.4 文件的批准和发布

(1) 公司发出的所有文件，在发布之前应经过授权的人员对其充分性进行审查，并由获得授权的批准人签发后方可发布。

(2) 应建立文件标识体系并对所发出的每一份文件用唯一性标识予以标识，该标识包括发布日期、编号、修订标识（适用时）、页码、总页数、发布机构等信息。

8.3.5 文件的管理控制

严格执行《文件维护和控制程序》(QP/YZ-08-09) 的相关规定，指定专人负责对本公司制订和发布的各类 QHSE 文件进行管理（包括文件的标准化、受控、发放和回收，以及保存在计算机系统中的文件的更改和控制等）工作，以确保：

(1) 在对本公司有效运作起重要作用的所有作业场所都能得到相应文件的受控版本。

(2) 建立受控文件发放清单（或台账），记录其文件名、版本号、发放对象及其分发号、发放或/和回收日期、经手人签名等信息，保证有需要的人员获得开展管理和检测活动需要的文件，并防止错误使用无效或作废的文件。

（3）定期审查文件，必要时进行修订或更新，以确保文件持续适用和满足使用的要求。

（4）及时地从所有使用或发布处撤除（或回收）无效或作废文件，或用其他方法（如发放新修订文件时必须同时收回作废文件等）保证防止误用。

（5）对出于法律或保护知识产权目的而保留的作废文件，应有加盖作废章并妥善保存。

8.3.6　文件变更

（1）除非另有特别指定，文件的变更应由原审查人和批准人进行审查和批准。被指定的人员应获得进行审查和批准所依据的有关背景资料。

（2）若可行，更改的或新的内容应在文件或适当的附件中标明。

（3）本公司的所有受控文件不允许手写修改。

8.3.7　相关文件

《文件维护和控制程序》　　　　　　（QP/YZ-08-09）。

QM/YZ-08-32　8.4　记录控制

8.4.1　总则

记录是管理体系有效运行、管理体系文件执行结果及检测技术能力的客观证据，是保证每一项管理和检测活动可溯源的证据，是对不符合工作采取纠正和预防措施的依据。故应建立和保存清晰的记录，以证明公司所有活动满足相关规矩（含法规规矩、管理规矩和内部规矩—管理体系文件）的相关要求。

第3章

8.4.2　记录控制

（1）应依据《记录及档案管理程序》（QP/YZ-08-17），对记录的标识、收集、存储、保护、备份、归（存）档、保存期和处置等实施管理和控制。

（2）所有记录应清晰明了，并以便于存取的方式存放和保存在具有防止损坏、变质、丢失的适宜环境的场所和设施中。记录可以纸面或电子文档方式保存。

（3）所有的记录均要归档保存，予以安全保护和保密，确保不损坏、丢失或改动。

（4）对以电子形式存储的记录，实验室应进行保护和备份，并防止未经授权的侵入或修改。

（5）工作人员应能够易于获得开展管理和检测工作（活动）所需要的记录文件。

（6）公司严格限制非工作人员调阅记录，当确需调用时应按程序文件要求办理调阅手续，并遵守保密的承诺，防止记录的信息泄密。

（7）技术记录的管理控制按照《技术记录》（QM/YZ-08-22）的相关要求执行。

8.4.3　记录的保存期

（1）记录的保存期限按政府监管部门的要求和客户合同的约定来确定，当前者没有要求或约定时，应至少保存一个资质许可或认定周期5年或6年。

（2）当公司长远发展而需要长期保存的记录，应根据需要确定其保存期。

8.4.4　特殊要求

如果相关领域对记录的管理有特殊要求时，应按照该领域的要求执行。

8.4.5　相关文件

（1）《记录及档案管理程序》　　（QP/YZ-08-17）。

（2）《技术记录》　　　　　　　（QM/YZ-08-22）。

QM/YZ-08-33　8.5　应对风险和机遇的措施

8.5.1　总则

制订和实施应对风险和机遇的措施的实施程序，确保体系能够实现预期效果，增强实现公司管理目的和目标的机遇，预防或者减少公司营运管理和检测活动中的不利影响和失败，实现管理体系改进。

8.5.2　风险和机遇的识别

(1) 在日常管理和检测活动中识别出管理体系运行管理中存在或潜在的风险。

(2) 通过评审操作程序、实施方针、总体目标、审核结果、纠正措施、管理评审、人员建议、风险评估、数据分析和能力验证结果来识别改进机遇。

8.5.3　应对风险和机遇的措施的策划和实施

(1) 针对识别出的风险和机遇，制订应对这些风险和机遇的措施。

(2) 确定如何把应对这些风险和机遇的措施在管理体系中整合并实施它们。

(3) 组织评价实施这些风险和机遇的应对措施的有效性，以保证应对措施与其对公司的管理活动和检测活动结果的有效性的潜在影响相适应。

8.5.4　应对风险和把握机遇的方式

(1) 应对风险的方式包括：

1) 识别和规避威胁；

2) 为寻求机遇承担风险（当经过分析评价风险等级或发生概率在公司可接受范围时）；

3) 消除风险源，以从根本上消除风险；

4) 降低风险等级，以改变风险的可能性或后果；

5) 分担风险（又称风险转移），从而减轻公司对风险承受的压力；

6) 通过信息充分的决策而保留风险。

(2) 把握机遇可能促使实验室扩展活动范围，赢得新客户。把握机遇的方式有：

1) 使用新技术；

2) 采取优化服务流程、改进服务质量等其他方式应对客户需求。

8.5.5　相关文件

(1)《应对风险和机遇的措施管理程序》　(QP/YZ-08-16)。

(2)《管理评审程序》　(QP/YZ-08-19)。

QM/YZ-08-34　8.6　改进

8.6.1　对根据8.5.2的要求识别出来的机遇，结合本公司的质量方针和目标、资源配置、技术能力，以及发展计划等，选择改进机遇，并采取必要的措施，持续改进公司管理体系的适宜性、充分性和有效性。

8.6.2　主动向客户征求反馈，无论是正面的还是负面的，均应分析和利用这些反馈，以改进管理体系、实验室活动和客户服务。反馈的类型包括：

(1) 客户满意度调查。

(2) 与客户的沟通记录。

（3）共同审查报告。

8.6.3 为实现持续改进，应当采取以下措施：

（1）通过质量方针与质量目标的评审，对评审识别出的风险和机遇，采取修改或更新质量方针和质量目标的措施，实现持续改进。

（2）通过人员监督、质量保证（控制）、数据分析、质量稽核和内部审核等质量活动，识别和寻求改进机遇，制订并实施改进的措施。

（3）通过分析和利用人员建议、能力验证结果和客户反馈等信息，制订和实施纠正措施和应对风险/机遇措施以及其他适用措施，实现持续改进。

（4）利用管理评审结果提出并实施改进措施、评价改进效果，确定新的改进目标并实施新改进。

8.6.4 记录并保存识别和选择改进机遇，以及实施改进措施的信息。

8.6.5 相关文件

《应对风险和机遇的措施管理程序》　　（QP/YZ-08-16）。

QM/YZ-08-35　8.7　纠正措施

8.7.1　不符合工作（项）的识别

按《不符合工作》（QM/YZ-08-27）和《不符合控制及纠正措施程序》（QP/YZ-08-15）的规定识别不符合工作。

8.7.2　不符合工作的应对

当发生不符合时，应对其作出应对：

（1）纠正不符合工作（项）。

（2）通过以下分析评价活动确定是否需要采取措施：

1）评审和分析不符合工作（项），包括对实施纠正活动成效进行分析评价；

2）分析和确定不符合工作（项）的原因；通常需要通过仔细分析客户要求、样品、样品规格、方法和程序、员工的技能和培训、消耗品、设备及其校准等可能产生不符合的所有潜在原因，才能确定不符合的原因；

3）确定是否存在或可能发生类似的不符合工作（项）。

（3）当评价结果表明不符合工作（项）可能再次发生，或对管理体系或技术运作中的政策和程序的产生偏离时，应按照《不符合控制及纠正措施程序》（QP/YZ-08-15）的要求，结合以上分析评价结果制订并按以下要求选择和实施纠正措施，以消除不符合工作（项）产生的根本原因，防止不符合的再发生：

1）选择和实施最可能消除问题和防止问题再次发生的措施；

2）纠正措施应与问题的严重程度和风险大小相适应；

3）将纠正活动评价分析所要求的任何变更制定成文件（预防措施）并加以实施。

8.7.3　纠正措施的监控

（1）实施纠正措施后，应对纠正措施的结果进行监控，以确保所采取的纠正措施是有效的。

（2）组织相关部门和人员对所采取的纠正措施的效果进行评审与验证，确认采取的纠正措施能够消除不符合发生的原因。

（3）当识别出的问题（不符合工作）严重或对业务有危害时，如对识别出来的不符合或偏离引起对责任部门是否符合本公司的政策和程序或符合《通用要求》的要求产生怀疑时，应尽快按照《内部审核程序》（QP/YZ-08-18）的规定采取下列措施：

1）对相关活动区域进行附加审核，附加审核常在纠正措施实施后进行，以确定纠正措施的有效性；

2）更新策划期间确定的风险和机遇；

3）变更管理体系文件。

8.7.4 记录和保存纠正措施相关活动的信息，作为确定不符合的性质、产生原因和后续所采取的措施及其结果等事项的证据。

8.7.5 相关文件

（1）《不符合控制及纠正措施程序》 （QP/YZ-08-15）。

（2）《内部审核程序》 （QP/YZ-08-18）。

QM/YZ-08-36 8.8 内部审核

通过对管理体系进行内部审核，确定本公司的管理体系及其要素是否符合《通用要求》《管理办法》《资质标准》等实验室管理规矩的要求，对公司管理体系运行的符合性进行自我评价。

8.8.1 制订内部审核计划

（1）制定年度内审计划报质量负责人审核，最高管理者批准。

（2）年度内审计划应覆盖到管理体系的所有要素，全公司所有部门和检测场所，包括质量管理和质量检测活动，内审依据应包括相关准则（管理规矩）、相关领域的应用说明和管理体系文件的要求。

8.8.2 实施内部审核

（1）成立内部审核小组，质量负责人和质量管理部负责人分别任审核组正副组长，小组成员由经过培训和具备内审员资格的人员来担任。

（2）依据有关过程的重要性、对本公司产生影响的变化和以往的审核结果，策划、制定和实施审核方案，审核方案包括频次、方法、职责、策划要求和报告等内容。

（3）根据年度内审计划确定的日程、审核方案和《内部审核程序》（QP/YZ-08-18）的规定，定期（每年至少一次）对本公司管理和检测活动涉及的全部要素进行内部审核，以验证其运作持续符合管理体系和相关准则（管理规矩）的要求。必要时，可追加审核。若资源允许，审核人员应独立于被审核的活动。

（4）当审核中发现的问题导致对运作的有效性，或对检测结果的正确性或有效性产生怀疑时，应通知发生问题的相关部门及时采取纠正措施。

（5）如果调查表明发现问题的检测活动结果可能已受影响，应书面通知客户。

（6）实施内审包含对（开展质量管理、现场检测/抽样）活动过程进行现场见证、检查质量管理和质量检测活动记录等。

（7）内审小组应验证纠正措施的实施情况及其有效性。

8.8.3 内部审核记录和报告

（1）内审小组应完整记录并保存内部审核活动所有的相关信息，包括审核活动过程、审核发现的问题（不符合项）和因此采取的纠正措施，以及验证纠正措施有效性的相关信息。

（2）内审结束后，及时编写和提交内部审核报告。内审报告的内容应在内部审核方案中明确并依此编报。

8.8.4　相关文件

（1）《内部审核程序》　　(QP/YZ-08-18)。

（2）《不符合控制及纠正措施程序》　　(QP/YZ-08-15)。

（3）《应对风险和机遇的措施管理程序》　　(QP/YZ-08-16)。

QM/YZ-08-37　8.9　管理评审

为了保证本公司质量方针得到贯彻、质量目标得以实现和管理体系的持续有效性、适应性，以及对管理体系的运行情况和适用性做出客观正确的评价，确保管理体系持续符合《通用要求》《资质标准》等管理规矩的要求。

8.9.1　管理评审的策划

（1）最高管理者召集管理层成员和相关部门负责人召开专题会议，对年度管理评审进行策划，听取技术负责人、质量负责人和各部门负责人的汇报，研究制订年度管理评审计划。

（2）管理评审计划应包括管理评审的输入和输出信息、管理评审的组织和实施方案等内容，由最高管理者签发后发布。

8.9.2　管理评审的组织实施

（1）管理层应按照策划的时间间隔和《管理评审程序》（QP/YZ-08-19）的要求，定期（至少每年一次，必要时可以增加次数）对本公司的管理体系进行评审，对评审发现的不符合项采取措施实施纠正或改进，以确保本公司管理体系持续的适宜性、充分性和有效性，包括执行《通用要求》的相关方针和目标。

（2）管理评审的输入应包括（但不限于）：

1）与管理体系相关的内外部因素的变化；

2）目标的可行性；

3）政策和程序的适用性；

4）以往管理评审所采取措施的情况；

5）近期内部审核的结果；

6）纠正措施；

7）由外部机构进行的评审；

8）工作量与工作类型的变化或活动范围的变化；

9）客户与员工的反馈；

10）投诉；

11）实施改进的有效性；

12）资源的充分性；

13）风险识别的结果或可控性；

14）结果质量的保障性或保证结果有效性的输出；

15）其他相关因素，如监督活动和培训。

(3) 管理评审输出至少应包括以下内容及与其相关的决定和措施:

1) 管理体系及其过程的有效性;

2) 符合《通用要求》要求相关的管理和检测活动的改进;

3) 提供所需的资源;

4) 所需的变更要求。

8.9.3 管理评审的记录和报告

(1) 应记录和保存包括管理评审中发现的问题(不符合项)和由此采取的措施、评审活动过程等信息。

(2) 管理评审报告除包括所有管理评审输出的内容外,还应包括管理层提供资源确保落实这些决定和措施,并在适当和约定的时限内(须在下次管理评审前)得到实施的安排。

8.9.4 相关文件

《管理评审程序》 (QP/YZ-08-19)。

附件 程序文件目录清单

1 保证独立性、公正性、诚实性程序 …… QP/YZ-08-01
2 保护客户机密和所有权程序 …… QP/YZ-08-02
3 人员管理程序 …… QP/YZ-08-03
4 监督管理程序 …… QP/YZ-08-04
5 环境控制和维护程序 …… QP/YZ-08-05
6 环境保护管理程序 …… QP/YZ-08-06
7 实验室安全管理程序 …… QP/YZ-08-07
8 设备/标准物质管理程序 …… QP/YZ-08-08
9 文件维护和控制程序 …… QP/YZ-08-09
10 合同管理程序 …… QP/YZ-08-10
11 分包管理程序 …… QP/YZ-08-11
12 服务和供应品管理程序 …… QP/YZ-08-12
13 客户满意度调查管理程序 …… QP/YZ-08-13
14 投诉与申诉处理程序 …… QP/YZ-08-14
15 不符合控制及纠正措施程序 …… QP/YZ-08-15
16 应对风险和机遇的措施管理程序 …… QP/YZ-08-16
17 记录及档案管理程序 …… QP/YZ-08-17
18 内部审核程序 …… QP/YZ-08-18
19 管理评审程序 …… QP/YZ-08-19
20 检测标准方法管理程序 …… QP/YZ-08-20
21 不确定度评定程序 …… QP/YZ-08-21
22 计算机及软件管理程序 …… QP/YZ-08-22
23 抽样管理程序 …… QP/YZ-08-23
24 样品管理程序 …… QP/YZ-08-24
25 测量溯源管理程序 …… QP/YZ-08-25

2. 程序文件的制（修）订

程序文件是实验室管理体系文件中起到主体或骨架作用的重要组成部分，是具有严肃性和权威性的内部规矩，是开展实验室活动必须遵循的依据。程序文件的主要功能是针对国家实验室管理相关规矩的强制性要求、通用要求和特殊要求中，可能影响实验室结果的各项工作（活动）过程，作出规范和管控的具体要求。通俗来说，就是明确实验室管理过程中每一项工作（活动）谁来做、做什么、如何做等问题，以及对这些问题的管理和控制提出具体、明确的要求。具体操作时，应从以下几个方面注意：

（1）程序文件制定依据。制定程序文件的主要依据有以下几个方面：

1）质量手册。程序文件的制定，必须把实验室质量手册中所明确的组织机构和岗位职责、管理体系中各部门、人员的责任和相互关系，实验室的质量方针、目标、公正性措施，实验室活动应该遵从的各项要求，以及对客户和社会作出郑重的承诺等，贯穿于实验室管理的每一项工作（过程）的程序文件之中，使质量手册所明确、所承诺的东西变成更加直观、更可操作、更易于实现，为质量手册提供坚强有力的支撑，从而使其与质量手册融为一体，成为管理体系文件的主体（或骨架）且不可或缺的有机组成部分。

2）国家实验室管理相关规矩的强制性要求、通用要求和特殊要求。程序文件应根据国家实验室管理相关规矩的强制性要求、通用要求和不同专业领域的特殊要求等相关规定来制订。为了节省篇幅，下面将需要制定的常用程序文件名称及其依据用表 3.2.1-3 表示。

常用程序文件名称及其依据　　　　**表 3.2.1-3**

序号	程序文件名称	依据文件	对应条款/章节号
1	保证公正性和诚实性程序	（1）《检测和校准实验室能力的通用要求》GB/T 27025—2019；（2）《建设工程质量检测管理办法》（住房和城乡建设部令第 57 号）；（3）《住房和城乡建设部关于印发〈建设工程质量检测机构资质标准〉的通知》（建质规〔2023〕1 号）	（1）4.1，（2）第十五条、第二十二条、第三十条、第三十一条
2	保密和保护所有权程序		（1）4.2
3	人员培训和管理程序		（1）6.2.1、6.2.2、6.2.3、6.2.5、6.2.6、(3)
4	场所环境条件控制程序		（1）6.3
5	内务管理程序		（1）6.3
6	仪器设备的控制与管理程序		（1）6.4.1、6.4.2、6.4.3、6.4.4、6.4.5、6.4.6、6.4.7、6.4.8、6.4.9、6.4.11、6.4.12、6.4.13
7	量值溯源管理程序		（1）6.5
8	期间核查管理程序		（1）6.4.10

续表

<table>
<tr><th>序号</th><th>程序文件名称</th><th>依据文件</th><th>对应条款/章节号</th></tr>
<tr><td>9</td><td>标准物质管理程序</td><td rowspan="20">（1）《检测和校准实验室能力的通用要求》GB/T 27025—2019；
（2）《建设工程质量检测管理办法》（住房和城乡建设部令第57号）；
（3）《住房和城乡建设部关于印发〈建设工程质量检测机构资质标准〉的通知》（建质规〔2023〕1号）</td><td>（1）7.4</td></tr>
<tr><td>10</td><td>文件控制管理程序</td><td>（1）8.3</td></tr>
<tr><td>11</td><td>客户要求、标书和合同评审程序</td><td>（1）7.1.1、7.1.2、7.1.3、7.1.4、7.1.5、7.1.6、7.1.7</td></tr>
<tr><td>12</td><td>分包控制程序</td><td>（1）6.6</td></tr>
<tr><td>13</td><td>外部服务和供应品管理程序</td><td>（1）6.6</td></tr>
<tr><td>14</td><td>服务客户程序</td><td>（1）6.6</td></tr>
<tr><td>15</td><td>投诉处理程序</td><td>（1）7.9</td></tr>
<tr><td>16</td><td>不符合检测工作的处理程序</td><td>（1）7.10</td></tr>
<tr><td>17</td><td>监督工作程序</td><td>（1）7.10、8.5、8.6、8.7</td></tr>
<tr><td>18</td><td>应对风险和机遇的措施和改进程序</td><td>（1）8.5、8.6</td></tr>
<tr><td>19</td><td>记录控制程序</td><td>（1）8.4</td></tr>
<tr><td>20</td><td>内部审核程序</td><td>（1）8.8</td></tr>
<tr><td>21</td><td>管理评审程序</td><td>（1）8.9</td></tr>
<tr><td>22</td><td>检测方法的选择确认及变更程序</td><td>（1）7.2</td></tr>
<tr><td>23</td><td>测量不确定度评定程序</td><td>（1）7.6</td></tr>
<tr><td>24</td><td>数据信息管理程序</td><td>（1）7.11、（3）</td></tr>
<tr><td>25</td><td>抽样工作程序</td><td>（1）7.3</td></tr>
<tr><td>26</td><td>样品管理程序</td><td>（1）7.4</td></tr>
<tr><td>27</td><td>结果有效性管理程序</td><td>（1）7.7</td></tr>
<tr><td>28</td><td>结果报告管理程序</td><td>（1）7.8</td></tr>
<tr><td>29</td><td>化学试剂管理程序</td><td>《检测和校准实验室能力认可准则》CNAS-CL01-A002</td><td>6.4.3</td></tr>
<tr><td>30</td><td>检验检测用章管理程序</td><td rowspan="2">《建设工程质量检测管理办法》（住房和城乡建设部令第57号）</td><td>第二十一条</td></tr>
<tr><td>31</td><td>数据上传、上报监管系统管理程序</td><td>第二十七条</td></tr>
<tr><td>32</td><td>安全生产管理控制程序</td><td>《中华人民共和国安全生产法》</td><td>第四条</td></tr>
<tr><td>33</td><td>能力验证和比对试验管理程序</td><td>（1）GB/T 27025—2019；
（2）《能力验证规则》CNAS-RL02；
（3）《建设工程质量检测管理办法》（住房和城乡建设部令第57号）</td><td>（1）7.7.1
（2）4.2.1
（3）第三十三条第五款</td></tr>
</table>

续表

序号	程序文件名称	依据文件	对应条款/章节号
34	允许偏离的控制程序	《通用要求》	（1）7.2
35	新项目评审程序		
36	电子签名管理程序		

注：表中仅列出《通用要求》等管理规矩明确要求需要制定的常用程序文件名称及其依据文件，不同领域的实验室还应根据其特殊要求，增加相关的程序文件和选择其他更合适的文件名称。

（2）程序文件的主要内容。程序文件一般应包括以下主要内容：

1）程序文件的名称。顾名思义，程序文件的名称就是给所制定的程序文件所起的标题或名字。常用程序文件的名称见表3.2.1-3，但在实际选择时，可以根据本行业的特殊规定选定其他更合适的名称。

2）制定程序文件的目的。制定程序文件时，要开宗明义地道出制定该程序文件的目的和意图。如《保证公正性和诚实性程序》的目的就是："为确保本实验室作为第三方检验检测机构的独立性、公正性和诚实性方面的可信度，规范员工的行为，保证检测数据和结果的公正、科学和准确。"

3）适用范围。制订程序文件时，应明确指出该程序文件适用的范围。如适用于哪些工作、哪些部门或岗位和哪些人员等。如《保证公正性和诚实性程序》的适用范围是："适用于本实验室公正性、诚实性措施的制定、宣贯、监督和维护，以及本实验室所有场所的室内检测和现场检测工作。"

4）职责。就是明确程序文件所管控工作（活动）涉及的相关部门、岗位和人员的责任分工及其管控要求等。如《保证公正性和诚实性程序》对检测人员的职责就是：

① 检测人员必须严格遵守职业道德准则和工作程序，讲廉洁、拒腐败、不徇私，独立客观开展检测工作，不受任何可能干扰其技术判断因素的影响，保证检测数据和结果的真实、客观、公正、准确。不造不实和虚假数据、不出不实和虚假结果报告；

② 检测人员不得参与对检测结果和数据判断产生不良影响的商业或技术活动，保证工作的独立性和数据、结果的真实性；

③ 检测人员必须取得上岗证方能从事检测工作；不得同时受聘于2家以上（含2家）检测机构或挂靠个人证件，对因个人违规行为给公司造成损失须承担相应的责任；

④ 检测人员不定期参加继续教育，不断学习新知识、新技术、新法规，努力提高管理、技术和职业道德水平。

5）工作程序。就是明确程序文件对所管控工作的每一个步骤（过程）、方面的管理和控制的具体要求。如《保证公正性和诚实性程序》的工作程序是：

① 独立性、公正性和诚实性行为政策的制定：

a）最高管理者（总经理）主持制定公正性声明、措施和检测人员行为规范准则，并带头贯彻执行；

b）质量负责人负责宣贯有关公正性声明、措施和检测人员诚实性行为规范准则的程序；

c）综合事务部负责在收样大厅明显的位置张贴公正性声明，接受客户和社会各方的监督。

② 实验室组织机构的公正性：

a）本公司是具有独立法律地位的机构，并建立满足法定管理机构和认证机构需求的质量体系来开展业务，欢迎法定管理机构和认证机构监督；

b）本公司的经营业务范围为仅从事资质许可能力范围的检测活动，没有参与和检测有竞争利益关系产品的设计、研制、生产、供应、安装使用或维护活动；

c）本公司出具给客户的检测数据和结果，坚持检测、审核、批准三级签字确认，杜绝个人行为、杜绝不实和虚假检测数据和结果报告。

③ 人员的公正性、诚实性：

a）检测人员不得在其他单位兼职，与检测有利益冲突的人员及与检测无关的人员和部门不得介入实验室的检测活动。未经总经理批准，不得携带外单位的人员（包括委托方）观看检测过程和查阅资料；

b）实验室对外窗口人员执行的制度是：样品接收、检测报告的发放与检测活动分离。对内检测过程设监督员进行过程监督，检测结果经授权签字人批准生效；

c）检测人员对客户均提供相同的检测质量服务；

d）检测人员要抵制各种形式的商业贿赂，不得参与任何由客户邀请的有违公正性的娱乐性活动；

e）现场检测活动不允许单人完成，在安排现场工作任务时，应注意人员交叉使用；

f）不得向非委托方提供检测项目的进展情况、结果等信息。

④ 检测活动的公正性、诚实性：

a）检测人员执行的检测和判断依据是现行国家或行业标准、规范、规程和有关的实施细则，对所出具的数据和报告负责；

b）各岗位人员从送样登记或抽样、检测、记录、计算到报告编制都必须以数据说话，作独立、公正的判断，不弄虚作假，信誉第一，并保护客户所有权和机密；

c）不对受检物品和结果进行公开评价，不留用、试用受检物品和技术资料，承诺为客户保守秘密；

d）不向客户投资参股牟取经济利益，坚持公开、合理的收费，不暗示客户接受任何不合理的附加要求。

⑤ 公正性措施的落实情况是质量管理体系内部审核和管理评审的重要内容，质量负责人负责跟踪和落实相关纠正和预防措施。

6）接受监督。对任何的申诉、投诉均作出调查处理和答复，并主动接受社会各界的监督。

7）相关支持文件。列出本程序文件相关的支持文件名称和编号。如《保证公正性和诚实性程序》的支持文件为：

①《监督工程程序》；

②《应对风险和机遇的措施管理程序》；

③《内部审核程序》；

④《管理评审程序》。

（3）程序文件应用示例。

1）封面。封面一般应包括实验室和文件名称、文件编号、版本号、受控状态标识、分发号、发布日期和实施日期等信息。示例如下：

YZ检测技术服务有限公司

程序文件

（封面）

文件编号：QP/YZ-08

版 本 号：　K　版

受控状态：□受控　□非受控

分 发 号：

2023-9-30 发布　　　　2023-10-01 实施

2）扉页。扉页一般应包括实验室和文件名称、文件编号、版本号，编写、审核和批准人签名标识，颁布日期等信息。示例如下：

YZ检测技术服务有限公司

程序文件

（扉页）

文件编号：QP/YZ-08-01～QP/YZ-08-32

发行版次：第八版（第0次修改）

编　写：

审　核：

批　准：

2023-9-30 发布

3）目录。目录的内容主要包括序号、文件名称和文件编号。示例如下：

目　　录

7　实验室安全管理程序　(QP/YZ-08-07)
8　设备/标准物质管理程序　(QP/YZ-08-08)
9　文件维护和控制程序　(QP/YZ-08-09)
10　合同管理程序　(QP/YZ-08-10)
11　分包管理程序　(QP/YZ-08-11)
12　服务和供应品管理程序　(QP/YZ-08-12)
13　客户满意度调查管理程序　(QP/YZ-08-13)
14　投诉与申诉处理程序　(QP/YZ-08-14)
15　不符合控制及纠正措施程序　(QP/YZ-08-15)
16　应对风险和机遇的措施管理程序　(QP/YZ-08-16)
17　记录及档案管理程序　(QP/YZ-08-17)
18　内部审核程序　(QP/YZ-08-18)
19　管理评审程序　(QP/YZ-08-19)
20　检测标准方法管理程序　(QP/YZ-08-20)
21　不确定度评定程序　(QP/YZ-08-21)
22　计算机及软件管理程序　(QP/YZ-08-22)
23　抽样管理程序　(QP/YZ-08-23)
24　样品管理程序　(QP/YZ-08-24)
25　测量溯源管理程序　(QP/YZ-08-25)
26　质量控制程序　(QP/YZ-08-26)
27　检测报告管理程序　(QP/YZ-08-27)
28　开发新检测项目程序　(QP/YZ-08-28)
29　室内检测工作程序　(QP/YZ-08-29)
30　现场检测工作程序　(QP/YZ-08-30)
31　法律和其他要求控制程序　(QP/YZ-08-31)
32　合规性评价控制程序　(QP/YZ-08-32)

4）修订记录表。当需要进行局部修订时，需要在对相关内容进行修改（订）的同时，还需将修订的内容及其对应的章、节、条文编号，依次填进修订页中，且应有批准人签名和批准日期等信息。程序文件修订记录表示例如表 3.2.1-4。

程序文件修订记录表　　**表 3.2.1-4**

版号	程序文件编号	修订序号	修订内容及其对应的章、节、条文编号	批准人（签名）	批准日期

5）各主要工作程序文件应用示例。实验室各主要检测和管理工作（活动）的程序文件应用示例如下：

QP/YZ-08-01　保证独立性、公正性、诚实性程序

1　目的

明确公司的独立性、公正性和诚实性政策，要求全体员工以独立、公正、诚实和有能力的方式行事，并表现出这种独立、公正、诚实和能力。

2　适用范围

适用于公司保证独立性、公正性、诚实性声明及保证措施的制定和实施。以及本公司所有场所的室内检测和现场检测工作。

3　职责

3.1　最高管理者

3.1.1　负责制定和发布独立性、公正性和诚实性声明，组织宣贯并带头执行。

3.1.2　组织制定检测人员行为准则、确保独立性、公正性和诚实性的具体措施和有关奖惩规定，并带着执行。

3.2　技术负责人

3.2.1　协助最高管理者制定确保独立性、公正性和诚实性的具体措施和有关奖惩规定并组织实施。

3.2.2　组织制订和执行确保独立性、公正性和诚实性政策的工作程序，对发生的任何违反独立性、公正性和诚实性的行为负总责。

3.2.3　负责保证检测全过程分阶段运作、相互监督，以及检测数据和结果报告逐级审批制度的组织实施。

3.3　质量负责人

3.3.1　组织宣贯独立性、公正性和诚实性政策及其具体保障措施和工作程序，对发生的任何违反独立性、公正性和诚实性的行为负监督责任。

3.3.2　负责监督公正性措施的执行实施，把保证公司独立性、公正性和诚实性的政策和措施的执行情况纳入内部审核，监督责任部门纠正相关不符合工作和执行纠正措施，提出预防措施和组织跟踪检查。

3.3.3　负责监督、检查各部门及其工作人员执行落实公正性措施和员工行为准则，抵制来自内外部的对检验检测工作独立性、公正性和诚实性不利的压力和影响。

3.4　质量保证部门

对公司内部独立性、公正性和诚实性的情况进行监督、检查。

3.5　各部门负责人

3.5.1　在本部门内对人员进行公正政策和程序的宣贯，确保执行实施独立性、公正性和诚实性措施。

3.5.2　带头自觉抵制来自内外部的对检验检测工作独立性、公正性和诚实性不利的压力和影响，保证本部门工作的独立性、公正性和诚实性不受干扰。

3.6　全体员工

3.6.1　自觉遵守和维护本公司的独立性、公正性和诚实性措施和员工行为准则，确保所

第3章

负责工作的公正性、诚实性和独立性。

3.6.2 贯彻本公司的质量方针和服务宗旨，保证履行本职工作的能力持续提升。

3.6.3 接受监督和检查，抵制一切可能会降低本公司独立性、公正性、判断力和运作诚实性的活动和行为。

4 程序

4.1 定义

4.1.1 独立性——独立于供需双方，与双方之间没有上下游的价值关系和组织上的直属关系。

4.1.2 公正性——客观评价客户结果，不掺杂任何外界因素和个人主观因素。

4.1.3 诚实性——如实报告检测/校准结果，不受外界影响。

4.2 声明的制定

最高管理者负责制定并签发独立性、公正性和诚实性声明，声明的具体描述见质量手册的《独立性、公正性和诚实性声明》(QM/YZ-08-04)。

4.3 保证独立性、公正性和诚实性的措施

4.3.1 公司任何人员不得接受客户的馈赠。

4.3.2 公司员工不得参与从事工作有关系的产品设计、研制、生产、供应、安装、使用或者维护活动，不得同时在两个及以上检验检测机构从业。

4.3.3 公司任何员工必须严格遵守保密规定，不得向无关人员提供或泄漏检测的技术资料和数据，也不得给客户产品做宣传或广告。

4.3.4 业务、客服、行政、财务等人员不得介入实验室检测工作，实验室的一切质量和技术活动不受上级行政管理人员的干预。

4.3.5 实验室人员必须认真对待每项检测工作，以严谨的态度对待每一个数据，保证检测结果的公正性和科学性，对检测结果及其数据的正确性负责，各级领导对检测数据不进行非授权干预。

4.3.6 诚实是公正的前提，各实验室应坚持原则不接受检测能力许可范围以外的工作任务，对于设备、技术能力和环境条件不能完全满足要求的检测活动以及对方法有效性没有把握的工作应如实告知客户。

4.3.7 本公司所有人员均有权力监督制止违反本公司独立性、公正性和诚实性的人和事，必要时应及时向有关负责人报告。

4.3.8 内审和管理评审应把独立性、公正性和诚实性的落实情况作为审核和评审的内容之一。如发现对独立性、公正性和诚实性存在理解、掌握和执行问题时，公司最高管理者及分管领导应组织专题研究并组织一定范围直至全体员工的培训，以期统一认识，统一行动。

4.4 声明的宣贯

4.4.1 最高管理者应带头贯彻执行声明。

4.4.2 最高管理者亲自或安排有关负责人员在全体大会上宣贯公正性声明及措施，对新员工安排人员对其宣贯。

4.4.3 在公司网站、《质量手册》中发布《独立性、公正性和诚实性声明》(QM/YZ-08-04)，必要时可把公正性声明及措施印制在宣传材料上，接受社会各方和客户的监督。

4.5　奖惩措施

4.5.1　最高管理者及各级领导对自觉维护本公司信誉，坚持原则，忠于职守，维护检测工作诚实性和公正性声明，对避免本公司信誉受到伤害的典型人和事给予表扬和奖励。

4.5.2　最高管理者及各级领导应对违反独立性、公正性和诚实性的人和事，视情节严重程度给予批评教育、警告直至辞退的处理。

5　相关文件

(1)《监督管理程序》　(QP/YZ-08-04)。

(2)《应对风险和机遇的措施管理程序》　(QP/YZ-08-16)。

(3)《内部审核程序》　(QP/YZ-08-18)。

(4)《管理评审程序》　(QP/YZ-08-19)。

QP/YZ-08-02　保护客户机密和所有权程序

1　目的

本公司作为第三方检测机构，本公司有责任为客户保密，保护客户的所有权（含专利权）。

2　适用范围

2.1　适用于全公司开展的与检测相关的一切活动和一切人员。与客户相关的所有商业秘密及技术资料、数据，均为公司保密范畴，包括但不限于：客户基本资料、企业状况、合同、样品、报价资料、技术记录、报告和证书、技术工艺参数等。

2.2　适用于对违反公正性、保密规定的行为处理。

3　职责

3.1　公司总经理负责制订管理措施和要求。

3.2　经公司管理层授权，检测部有权对检测相关活动和人员进行监督和对涉违规人员进行调查，并负责对查实违规人员进行处理。

3.3　检测部门各级管理人员有责任对下属进行监督。

4　程序

4.1　基本原则

4.1.1　客户提供的样品、相关资料及信息，均为机密资料，公司所有接触到客户信息的人员均须严格遵照本文件规定履行保密职责。

4.1.2　本公司有责任保护客户的机密信息和所有权，任何人不得利用客户的技术和商业机密谋利。

4.1.3　本公司人员有权拒绝不符合规定要求的外界干扰，对客户的技术资料、商业机密负有保密责任。所有人员均应签署保密承诺，承诺保守客户的机密。

4.1.4　公司与客户签订委托合同时，若客户有特别保密要求，应在合同中予以明确。

4.1.5　在客户要求或有需要的其他情形时，此程序文件中的承诺可以公开告示。

4.2　人员管理

4.2.1　新员工入职，必须与公司签订《保密协议》。用人部门根据行业特点和工作性质，在需要时，可要求员工签署《道德承诺书》，承诺对公司的机密承担保密责任，承诺遵守公司的专业、诚信、公正的道德准则。

4.2.2 在新员工入职时及入职后，综合部及用人部门需定期或不定期对员工进行道德及行为准则的教育，以确保员工遵守诚信、清廉、公正等方面的要求。

4.2.3 所有需到客户现场进行采样、检测、检验的人员，均需与客户做充分的沟通，对工作的区域事先征得客户的同意。对于客户需要保密的工作场所，本公司人员应避免前往；对于客户需要保密的文件，本公司人员不应了解。

4.2.4 参与对客户进行服务的人员，均应遵循“必要知晓”原则，即确定有必要时方接触此类信息，非必要时不需知晓。

4.3 样品管理

4.3.1 前台工作人员在接收客户的样品时，应存放于指定位置，加强监管，防止泄密。所有样品，未经客户同意，不得向与检测无关人员展示。

4.3.2 当客户有特殊保密要求的样品，收样人员应采用专用包装袋进行封装，加贴标记，由检测人员与收样人办理样品和保密要求的交接手续。

4.4 技术信息

4.4.1 对检测过程所产生的记录，所有参与人员必须严格按照记录的保密等级进行保密，确保客户的商业资料及所有权得到有效保护。各阶段记录包括但不限于：

(1) 客户测试申请资料、合同。

(2) 样品接收、流转、储存及销毁记录。

(3) 抽样、采样、检测作业原始记录。

(4) 报告的纸版、电子版、修改记录、发放记录等。

4.4.2 在本部门范围内，需要查看调阅与自己工作无关的客户信息、样品、技术记录、报告和证书时，查询人应取得本部门负责人同意。

4.4.3 在本部门范围以外，需要查看客户保存样品、调阅检测记录、报告时，查询人应经相关部门负责人批准后才可以查询。

4.4.4 本公司人员不可私自将客户机密资料用书面文件或电子媒体方式带出公司。如因工作需要带出公司，须经部门负责人同意。

4.4.5 公司保存的客户样品、检测记录、报告或证书副本等资料，除法律规定或行政主管部门要求外，未经过客户同意，任何人员不可提交给任何第三方或对社会进行公布。

4.4.6 客户如无特别要求，则按照本公司的规定要求对客户信息进行保密处理；如果客户有要求时，则应根据客户的要求执行。

4.5 结果报告

4.5.1 根据客户要求以电话或电子文本、纸质报告等形式传输检测结果时，为保证资料的保密，信息传递人只能将内容通知委托方的法人代表（或其委托人），或委托合同的签字人。检测结果传输后，传递人应确认接收人已经收到，并记录传输日期及接收人相关信息。

4.5.2 以传真形式传输检测结果时，信息传递人应传真到对方收件人指定的传真机上，并用电话确认对方是否收到，并记录传输日期及接收人的相关信息。

4.6 客户参观

4.6.1 所有客户参观均须在确保其他客户机密和所有权不被侵犯的前提下进行，否则禁止参观。

4.6.2 客户如需进入实验室工作区域，应由与客户接洽的人员向实验室负责人说明理由，经实验室负责人同意后方可安排参观。

4.6.3 在客户进入实验室工作区域参观前，被参观实验室应采取必要措施，对可能被观察到的其他客户的机密和所有权进行保护。

4.6.4 被参观实验室应指定工作人员负责参与客户现场参观的接待工作，并在客户进入实验室前给客户以温馨提示：如谢绝拍照/录像、不应干扰工作人员工作等。

4.7 失密后的处理

4.7.1 当任何应为客户保密的信息、资料和所有权发生泄密的情况时，各责任部门负责人组织事件调查，并将调查结果上报公司总经理，由综合部负责对责任人进行处理。

4.7.2 根据失密事件造成后果严重性的大小，对失密当事人的处理可分为：批评教育、书面检查、警告、停职察看、开除五种形式。对造成重大失密事件的责任人，公司保留以法律手段追究其责任的权利。

4.7.3 造成失密事件的部门负责与客户沟通并向受损失的客户致歉，妥善处理有关事宜。

5 相关文件

(1)《文件维护和控制程序》 (QP/YZ-08-09)。
(2)《记录及档案管理程序》 (QP/YZ-08-17)。
(3)《数据控制和信息管理》 (QM/YZ-08-28)。
(4)《样品管理程序》 (QP/YZ-08-24)。
(5)《检测报告管理程序》 (QP/YZ-08-27)。

QP/YZ-08-03 人员管理程序

1 目的

将本公司人员培训和考核等人力资源工作以程序文件形式进行专门管理。

2 适用范围

本程序适用于本公司所有人员（包括管理层、执行层、操作层人员），适用于入职、上岗、在岗等各阶段培训、考核以及评定的管理工作。

3 职责

3.1 管理层

3.1.1 总经理负责批准人力资源录用配备及外部培训。

3.1.2 技术负责人分管专业技术培训和技术考核工作，包括：制定本公司与技术相关的年度培训计划，组织开展有关技术方面的人员培训工作，批准、组织检验检测人员考核评价及资格确认工作。

3.1.3 质量负责人负责制定本公司与管理体系有关的年度培训计划、组织开展有关管理体系方面的人员培训工作、配合技术负责人开展检验检测人员考核评价及资格确认工作。

3.2 执行层

3.2.1 综合部是全公司人员教育培训的综合管理部门，负责公共知识方面培训考核的计划及开展，并协助、监督、检查全公司教育培训计划的制订、落实、执行和总结，以及有关学习材料的收集和归档。

3.2.2 各部门是教育培训计划的分解落实部门，负责本专业部门技术和专业培训的计划编制和实施。

4 程序

4.1 人员培训

4.1.1 计划编制和批准

（1）公司总经理根据本公司发展的需要，主持编制和批准人员培训的长远规划。

（2）检测员及从事与检测相关工作的人员，在每年一月（新入职员工在转正当月）填写个人年度培训计划，报部门负责人和总经理审批。经审批后，各部门负责人根据部门实际情况制定部门培训计划，综合部汇总形成公司培训计划。

（3）综合部制订全公司的公共知识和通用知识培训计划。

（4）技术负责人对部门及公司年度培训考核计划进行审批。

4.1.2 培训计划的实施

培训方式采用外出培训和内部培训两种形式，以内部培训为主，外部培训为辅，并以外部培训带动内部培训。部门负责人应做好培训学习的表率，起到带头作用。

（1）人员外出培训

1）公司利用外派学习、外出技术交流等多种形式进行新政策方针、法规、法令以及各项新技术理论知识的学习；

2）外出培训须有正式文件通知；

3）检测上岗证培训由综合部按照公司年度培训计划统一报名，填写外出培训申请表报公司领导审批后归入培训档案。对于其他专业性强的培训各专业部门可根据工作需要提出申请；

4）培训结束后，参培人员应将培训教材等资料交至检测管理部，将继续教育证明及证书交至综合部，将培训发票交至财务部。由综合部填写外出培训情况汇报表，归入培训档案；

5）对于重要的外出培训归来后，视情况安排外训人员负责组织相关内容的内部培训工作；

6）人员外部检测上岗证培训合格后，技术负责人组织人员所在部门技术骨干对人员进行能力确认，根据能力确认的结果对人员进行某一项检验检测工作、签发某范围内的检测报告等事项的授权，或能力确认结果为未满足要求的则不作授权。

（2）人员内部培训

1）内部培训分为专业知识培训、公共知识和通用知识培训，专业知识培训由各部门在技术负责人的统一布置下组织实施，并由技术负责人组织考核和能力确认工作；实验室通用要求、计量基础等通用知识的培训、安全、法律、法规、纪律教育等公共知识的培训工作由综合部负责组织实施；

2）由培训实施部门负责填写内部培训记录，培训完毕后将内部培训记录及时上交综合部归档；

3）综合部负责公司内部培训的组织协调工作，为了使培训工作达到实效，每次内部培训前应制定齐全的培训方案，方案包括目的、要求、时间、地点、参加人员、考核形式等。

（3）新进人员的培训与考核

1）入职培训。新进员工报到的第1～2天，必须由综合部安排对其进行入职培训，目的是让新员工了解公司管理制度、实验室通用要求、质量手册、程序文件、安全知识等知识，并在培训后进行考核；入职考核合格后方能到相关部门试用（未毕业学生在取得毕业证之前为实习期，试用期在实习期之后），并进入上岗培养阶段；用人部门负责新员工的岗前培训，包括岗位职责、工作注意事项、工作流程规范等内容。

2）上岗培养期与试用期同时进行：

① 上岗培养由各用人部门负责，用人部门对新人确定培养目标，指定培养人，提出培养期，提供学习资料并明确培养内容；

② 培养期可长于试用期，新进人员通过试用考核转为正式员工后继续接受培养；

③ 本科毕业人员培养期不少于12个月，硕士毕业人员培养期不少于9个月，博士毕业人员培养期不少于6个月；

④ 以往有相关工作经验的新进人员可适当缩短培养期；

⑤ 培养期满时，受培养人对个人接受培养期间的情况及收获进行书面汇报，用人部门对受培养人的专业技术知识及工作表现作出评价意见，综合部进行实验室和检查机构通用知识考核，最后报综合部申请上岗考核。

3）上岗考核由各部门在技术负责人带领下组织，以面试、笔试和实操相结合，综合考取相关资格证书情况：

① 检测人员在未取得相关资格证书或未通过上岗考核前，不能单独开展检测工作；

② 上岗证以省级培训机构出具的培训合格证为准，只有持证人员才有资格单独在检测报告中签名检测一栏；

③ 培养期满未取得相关资格证者降级使用，连续两次考核未合格者调岗使用；

④ 上岗考核完成后，技术负责任人对考核结果进行评价，综合部综合新进人员培养期的各方面培训与考核情况，对受培养人的岗位级别与薪酬待遇进行新的调整，并报公司领导审批。

4）新进员工试用期满前一周，由用人部门对其进行专业知识考核和实际操作考核，部门负责人填写试用员工考核表，将考核结果反馈给综合部。

4.1.3　培训和考核有效性的评价

（1）对于新增试验方法的专业知识培训考核和新进人员的培训考核，考核完成后，技术负责人对其考核结果进行评价，公司对其上岗资格进行确认、任用和授权，明确其岗位职责。

（2）综合部按年度培训计划定期公布各部门培训考核工作的完成情况，督促各部门按计划切实执行培训考核工作，年终由综合部对年度培训情况进行汇总分析、提交年度培训情况分析评价报告。

4.2　人员考核

4.2.1　固定式考核

（1）综合部负责组织公共知识考核。

（2）每次标准变更，各检测部门必须进行培训，技术负责人负责考核，考核以面试、实际操作为主，笔试为辅。

(3) 每次新项目评审时，由技术负责人负责考核，以面试、实际操作为主，笔试为辅。

(4) 技术考核笔试试题由相关的检测部门提交。

4.2.2 在岗考核

(1) 检测部应每年组织不少于2次的技术考核，由各部门小组出具考试题库，由综合部组织抽题考核。考核试卷统一交综合部存档。

(2) 抽样考核由综合部制定计划（和质控计划相结合），对每年30%的检测人员进行实操考核（可结合外审）。

(3) 检测人员晋升管理层，由综合部组织笔试和面试。检测人员晋升时需组织技术考核。

(4) 部门负责人应参与到部门人员的考核中，与部门员工共同研讨，共同提高。

(5) 综合部负责将每次考核资料（含成绩表和考卷）归档管理。

4.2.3 年终考核

(1) 本公司采用年终人员绩效考核制度，考核工作于每年年底进行。

(2) 员工根据实际情况填写《年度考核登记表》。

(3) 各部门根据部门内定期考核的情况，对部门内各员工分别就工作实绩、能力、态度三个要素进行评分。

(4) 综合部根据人员全年考勤、纪律、培训完成情况三要素进行评分。

(5) 管理层对考核人员进行评价，评定考核分数。

(6) 由综合部按公式（考核总分＝年终总结分×10%＋直接上级考核分×50%＋综合部考核分×20%＋管理层评分×20%）汇算考核总分，评定优秀、良好、合格及不合格级别。

(7) 人员年终考核的结果作为奖金分配、评选先进、职务提升、职称评定的重要依据，考核结果记入个人技术档案。

4.3 特殊情况下的培训和考核

当遇到以下情况时应及时纳入培训和考核计划之中：

(1) 由于各种原因导致质量问题和质量事故隐患。

(2) 执行或开展新方法、使用新仪器之前。

(3) 法律、法规明确要求。

4.4 技术人员档案

(1) 新员工入职，由综合部建立个人技术档案，按入职次序编排档案号。

(2) 各阶段培训记录、考核记录、年度考核登记表、培训通知与资料、毕业证、学位证、职称证书、资格证书、技能证书、上岗证、奖状、成果证书、论文、任命书等资料（或复印件）交综合部存档并建立组成个人技术档案内容。

5 相关文件

(1)《新进人员培训记录表（实习试用阶段）》 (QR/YZ-08-3-1)。

(2)《新进人员培训记录表（培养阶段）》 (QR/YZ-08-3-2)。

(3)《外出培训审批表》 (QR/YZ-08-3-3)。

(4)《外出培训情况汇报表》 (QR/YZ-08-3-4)。

(5)《年度考核登记表》 (QR/YZ-08-3-5)。

(6)《内部培训记录表》（QR/YZ-08-3-6）。
(7)《个人年度培训计划表》（QR/YZ-08-3-7）。
(8)《试用人员考核表》（QR/YZ-08-3-8）。
(9)《参加会议/培训人员签到表》（QR/YZ-08-3-9）。
(10)《人员能力确认表》（QR/YZ-08-3-10）。

QP/YZ-08-04　监督管理程序

1　目的

通过检测部门小组内部的日常监督管理，确保检测工作的质量。

2　适用范围

适用于所有检测部门小组的日常检测活动，监督内容含技术、质量、安全等要素。

3　职责

质量负责人对本程序的制订和实施负总责，质量管理部对本程序的组织实施负责，监督员负责日常检测工作的监督实施。

4　程序

4.1　监督人员的配备

4.1.1　监督员必须由技术管理人员担任，其任职条件见《质量手册》的相关描述。

4.1.2　监督员与被监督人员之间比例控制在1∶(3～10)。

4.1.3　监督员由公司统一任命，检测部门的专业组长兼任监督员工作。

4.2　监督工作的内容

4.2.1　监督员在规定的检测领域内对检测人员（含辅助人员）工作中的技术、质量及安全等方面进行监督管理，监管范围含检测工作的全过程。

4.2.2　监督的具体内容包括：

(1) 人员

1) 检测人员配置是否满足检测工作的需要；

2) 检测人员的资格是否符合相应工作的要求；

3) 在培及检测辅助人员资格是否满足相应的要求。

(2) 仪器设备

1) 仪器设备的选用、量程的选用是否合适；

2) 仪器设备的使用是否在校准有效周期内，状态标识是否完整；

3) 仪器设备的运行情况是否良好，运转使用记录是否齐全。

(3) 工作环境

1) 从事检测工作的环境条件是否能够满足工作本身的需要以及仪器设备、材料对环境条件的要求；

2) 检测环境条件是否能够保证人员、设备的安全；

3) 当有要求时，是否对检测环境进行监控和记录。

(4) 检测方法

1) 检测过程使用的方法是否现行有效，作业指导书（含标准规范）是否设置在作业现场；

2）检测全过程是否按相关方法标准和已批准的作业指导书、操作规程执行；

3）检测过程中发现的偏离或问题，是否做到及时记录和处理，是否书面上报。

（5）样品的准备

1）样品的标识是否符合要求；

2）样品是否适合于要进行的检测。

（6）检测记录

1）检测过程的各种原始记录是否按《记录及档案管理程序》（QP/YZ-08-17）中的要求执行；

2）检测原始记录中的各种数据是否正确。

（7）检测结果报告

1）检测执行标准是否正确；

2）检测结果是否准确，对可疑结果监督员要进行核查；

3）检测报告编写是否做到规范化、标准化；

4）检测报告的编号是否是唯一性标识。

4.2.3 监督过程发现重大质量问题时，监督员应及时向质量负责人汇报。

4.3 监督工作的方法

4.3.1 监督员可以采用定期检查与随机抽查相结合的方式进行。检查形式可以根据不同的检测项目的性质采用目视，巡视，个别交谈，抽取样品，检查记录等方法。

4.3.2 监督员实施监督时，为确保其充分性、有效性，应选择及确定监督工作中的重点和关键环节。

4.3.3 监督员的主要工作：

（1）在本职管理范围内，对下属检测人员的检测工作实施全面监督并组织各级检测人员正确开展检测工作，监督员每月例行的监督工作不少于5次，每次均应进行记录，监督记录每月向检测管理部归档一次，监督过程发现不符合事实应填写不符合工作报告并按《不符合控制及纠正措施程序》（QP/YZ-08-15）、《应对风险和机遇的措施管理程序》（QP/YZ-08-16）采取纠正措施并验证，相关记录与监督记录一并归档。

（2）协助本部门部长进行部门内部管理：

1）在本专业范围内，具体实施所属检测人员的技术培训、技术考核；

2）组织编制相应的作业指导书并监督检测员按照作业指导书进行检测工作，处理工作中出现的特殊或突发事件；

3）把握本专业技术的发展方向，并制定技术的发展计划并组织新项目开发工作；

4）组织实施专业范围内的比对试验和检测不确定度的分析工作。

4.3.4 监督员应对监督过程中发现的问题进行统计分析，以便在每年的管理评审中提交监督工作总结，作为对监管有效性评价的输入内容。

5 相关文件

（1）《记录及档案管理程序》 （QP/YZ-08-17）。

（2）《不符合控制及纠正措施程序》 （QP/YZ-08-15）。

（3）《应对风险和机遇的措施管理程序》 （QP/YZ-08-16）。

（4）《监督工作记录表》 （QR/YZ-08-4-1）。

QP/YZ-08-05　环境控制和维护程序

1　目的

为了保证检测结果的准确性和有效性，必须依据检测规范或检测规程对环境进行必要的控制和维护，以满足检测工作的正常开展和安全有序运行。

2　适用范围

本程序适用于检测区域内、外环境，以及与之相配套的安全应急、办公配套环境的控制和维护工作。

3　职责

在公司总经理的领导下，各检测部门负责与检测有关区域的环境维护，综合部负责与办公和服务有关区域的环境维护工作，质量管理部负责对各检测部门的设施和环境条件监测工作进行监督。

4　程序

4.1　设施和环境条件要求的识别和确定

4.1.1　实验室的设施和环境条件是实验室有效运作的一个非常重要的子系统，在实验室的规划、建设、运行、维护、改造、扩建等各个阶段和环节，综合部应组织实验室负责人及相关人员对设施和环境条件要求进行充分识别。

4.1.2　实验室设施和环境条件要求的识别和确定可从以下方面进行考虑：

（1）所从事的检测和抽样工作所遵循的标准要求。

（2）所使用仪器设备要求的环境条件或设施。

（3）样品对设施和环境条件的要求。

（4）化学品（化学试剂、标准物质、培养基等）对设施和环境条件的要求。

（5）检测人员的健康安全要求等。

4.1.3　根据识别结果，综合部应督促各实验室采取有效措施，对诸如生物消毒、灰尘、电磁干扰、辐射、湿度、供电、温度、声级和振级等给予高度重视，使其适应于相关的技术活动。

4.2　设施和环境条件控制策划

4.2.1　为确保实验室设施和环境条件满足规定要求，实验室应从基础设施建设、布局、运行和环境条件监测等方面进行有效策划和管理，从而实现对相关技术要求的有效控制。

4.2.2　在基础设施建设方面，综合部应负责提供能够满足实验室检测活动开展的基础设施，这些设施包括（但不限于）：

（1）提供充足的场地和空间，以满足检测以及办公活动的开展。

（2）提供有利于检测正常实施的能源（包括水、电供应等）、照明环境（包括普通照明和应急照明等）。

（3）提供充足且适用的消防设施（如灭火器、消火栓、消防通道、指示标识等），并符合《消防安全管理办法》文件要求。

4.2.3　综合部还应根据实验室提出的需求采取相关措施，以满足设施和环境条件的相关硬件要求。这些措施包括（但不限于）如下类型：

（1）对于要求在恒温恒湿条件下进行检测的检测部门，应设置独立的工作室，并配置相应的恒温恒湿系统。

(2) 对于有温湿度要求的检测场所，应安装空调设备、除湿设备进行温湿度调节。

(3) 对于在检测过程中产生烟尘及有害气体的检测场所，应安装通风排气系统。

(4) 对于相邻区域的工作可能互相影响时（如空气污染、水污染、电磁干扰、振动、噪声、病毒侵害等），应进行有效隔离，并采取有效的防止交叉污染的措施。

(5) 对于配置了贵重、高精密度设施设备且需要连续运行的场所，应配置不间断电源(UPS)。

(6) 对于仪器或设备需要接地的场所，应提供可靠的接地措施并予以维护。

(7) 对于火焰燃烧试验区应将火焰燃烧用的气体与试验区隔离。

(8) 对于模拟故障项目试验区应设置安全隔离区和配备足够的灭火措施。

(9) 对于在发生较大噪声、有害气体挥发、辐射、振动等影响员工职业健康卫生的检测工作区域，应采取相应的隔离措施，并提供相应的劳动保护产品，具体应按照《个人安全防护管理办法》文件要求执行。

(10) 库存化学品、高压气瓶等应有足够的空间存放，如建立储存室或配备储存柜等，并应按照《危险化学品管理办法》有关规定确保满足储存条件。

(11) 需保存的样品、纸质原始记录等应确保有足够的空间存放，如建立储存室或配备储存柜等。

4.2.4 在布局方面，各部门负责人应组织人员根据检测工作特点进行合理的区域规划，绘制及实施更新“实验室平面布置图”，并提交综合部备案。布局除了关注物流通畅、人机友好、工作效率以外，还应考虑如下环境条件要求：

(1) 防止相邻设施设备的交互作用（如空气污染、电磁干扰、热辐射、振动等）。

(2) 样品、标准物质的存放处应与有可能相互影响的试剂、药品适当隔离。

(3) 化学药品必须按酸、碱、易燃性质分类存放。

(4) 使用中的高压气瓶必须放在不易受热、受碰撞和通风良好的地方等。

4.2.5 在运行控制方面，各检测部门负责人应组织相关人员，将影响检测结果的设施和环境条件的技术要求制定成文件并组织实施。该类文件可采取如下两种方式之一进行编制：

(1) 针对某一专业的检测部门，通过一份专门的文件，对所有的设施和环境条件技术要求做出统一规定，并确定需要监测的技术指标、测量目标值以及相应的测量设备和测量方法（通常适用于有固定场所的检测作业）。

(2) 在不同的检测作业指导书中，对从事相应工作应具备的设施和环境条件技术要求加以分别规定，并确定需要检测的技术指标及测量目标值，以及相应的测量设备和测量方法（通常适用于无固定场所的检测作业）。

4.2.6 在环境条件监测方面，检测部门负责人应按照文件要求，设计相关环境条件监测记录表单，确定需要监测的指标、监测频次，并提供校准或检定合格的测量设备/工具、安排监测人员进行定期监测。

4.3 设施和环境条件技术要求的监测和控制

4.3.1 各部门从事环境条件监测的人员应按照文件规定的要求执行相应的监测作业并进行记录。当监测结果显示环境条件偏离规定要求时，监测人员应及时向部门负责人汇报，部门负责人应采取有效措施，使偏离恢复正常。危及检测结果时，应停止检测活动。

4.3.2　若因环境条件变化危及检测结果时，除了暂停工作以外，部门负责人还应组织有关人员对此期间出具的检测数据的有效性进行分析和判断，对数据进行重新复核，必要时重新检测。

4.3.3　物品和消耗品的保存环境条件如发生偏离，应尽快恢复保存环境条件，部门负责人应及时组织对物品的有效性安排核查，对消耗品的质量进行验证，以确认物品、消耗品质量是否发生变化。

4.3.4　对用于检测的设施设备的安全参数也应进行监测，如：检测用气体钢瓶、压力表等。

4.3.5　监督人员应对各实验室的设施和环境条件监测工作进行监督检查、提出改进要求，并督促相关部门实施改进，以保证各项条件符合规定技术要求。

4.4　进入检测工作区域的控制

4.4.1　对随意进入可能对检测活动产生影响的区域，应对人员进出加以控制，如设置门锁、设置警示标志等。

4.4.2　与控制区域工作无关的人员，不得随意进入，除非得到检测部门负责人的同意。

4.4.3　非本公司人员需要进入检测区域时，应确保在不影响检测活动，以及确保客户机密不被泄露的前提下，经检测部门负责人（含）以上人员同意后，在检测部门指定工作人员的陪同下进入该区域。

4.5　固定设施以外环境条件的控制

4.5.1　对在非固定场所实施的检测作业，其环境条件的影响及控制应在相应的作业指导书中做出明确规定。

4.5.2　在非固定场所实施检测作业的人员，应按照本文件4.3的相关条款执行相应的环境监测作业，并对任何偏离采取必要的措施。

4.6　实验室内务管理

4.6.1　各部门应保持清洁、整齐、安全的受控状态，不得在检测场所内进行与检测无关的活动，存放与工作无关的物品。各部门通过开展5S［整理（Seiri）、整顿（Seiton）、清扫（Seiso）、清洁（Seiketsu）、素养（Shitsuke）］活动，在保持检测场所良好内务的基础上，不断提高其现场管理水平。

4.6.2　针对检测作业可能产生的环境因素，例如，废水、废气、噪声、危险废物等，公司进行了系统的识别，并制订了相应措施以消除或降低其对环境可能产生的影响，具体参见《环境保护管理程序》(QP/YZ-08-06)。

4.6.3　针对检测作业中存在的危险源，以及可能发生的紧急情况，例如：停水、停电、化学品泄漏等，公司进行了系统的识别，并制订了相应措施以消除或降低其对员工职业健康可能产生的影响，具体按照《实验室安全管理程序》(QP/YZ-08-07) 执行。

5　相关文件

（1）《设备/标准物质管理程序》　(QP/YZ-08-08)。

（2）《环境温湿度记录表》　(QR/YZ-08-5-1)。

（3）《实验室安全管理程序》　(QP/YZ-08-07)。

（4）《环境保护管理程序》　(QP/YZ-08-06)。

QP/YZ-08-06 环境保护管理程序

1 目的

为保证检测/校准工作中所产生的噪声、有毒有害气体、液体和固体物质等符合环境保护和健康的要求，防止环境污染。

2 适用范围

适用于公司检测/校准活动过程中产生的对环境污染或人体健康有影响的噪声、废气、废水和危险废物等的合理处置。

3 职责

3.1 综合部

3.1.1 为实验室合理配置相应环境控制设施设备。

3.1.2 寻找废物处理供应商，并对供应商进行评价。

3.1.3 将实验室产生的废物统一收集后移交废物处理供应商，记录并保存移交处理信息。

3.1.4 组织制订和实施应对环境污染的应急措施。

3.2 检测部

3.2.1 对本部门检测活动中产生的废弃物的无害化处理。

3.2.2 对检测活动中产生的废弃物进行分类收集，并移交综合部统一处理。

4 程序

4.1 设施设备的配置

4.1.1 检测工作区的设计或改造，在满足实验室工作区的功能、用途、能源、采光、供暖、通风、温湿度、电磁干扰、噪声、振动等环境要求时，还须考虑对周围环境造成的影响所采取的必要措施。

4.1.2 实验过程有强噪声产生，应采取减噪声或隔声措施，有废气、废水、烟雾产生的试验场所和试验装置，应配有合适的排放系统，以保证检测工作质量、工作人员健康以及周围环境不受影响或损害。

4.1.3 应根据本部门检测过程中产生噪声、振动、废气、废水和危险废物等的实际情况，提出控制或消除对环境污染或人体健康有影响的场所、废弃物贮存及无害化处理等所需设施、设备的配置申请，并报相关负责人审批。

4.2 废气的处置

4.2.1 检测作业场所的设置应便于使泄漏的有害气体能自行扩散和自净。

4.2.2 检测部门从事日常检测活动时，必须按照国家有关规定保证大气污染防治设施的正常运转，伴有产生有害气体的操作，必须在通风柜内进行。

4.2.3 排放的废气不得违反国家及地方有关污染物排放标准要求。

4.3 废物（废液/固体废弃物）的处置

4.3.1 检测活动中产生的废液（物），必须按照国家有关规定及技术要求进行无害化处理，符合国家或地方相关规定后，方可废弃。不得随意排放、丢弃、倾倒、堆放，不得将危险废物混入一般废物（指生活垃圾和其他不具有危险性和污染性的生产废物）中。

4.3.2 检测部门负责按照《危险废物管理办法》规定，对检测活动中产生的危险废物分类集中收集，根据不同属性分别处理：

（1）无毒或低毒的酸、碱溶液分别集中后由检测部门将其相互中和至中性，放入废液桶。

（2）有毒废液（物）由检测部门进行化学处理，集中专桶收集。

（3）可回收使用的有机溶液应分别收集、重蒸馏后回收使用，难以回收使用的有机溶液集中专桶收集。

（4）检测过程中产生的有微生物污染的废物，应经无害化处理后才能废弃，不准直接进入下水道及污物处理场所。

（5）固体废弃物应按照一般废物和危险废物分类专桶收集。

4.3.3　检测部门应按照《危险废物管理办法》将上述收集的各类废弃物移交综合部，并填写《废弃物移交处理登记表》（QP/YZ-08-6-1）一同提交综合部。综合部应按规定将收集的废物交具有专业资质的委托单位处理，并负责做好记录及其保存。

4.3.4　处理废液（物）的委托单位需由综合部收集、提供其相关资质证明材料，综合部组织相关人员对其进行评价并列入公司年度合格供应商目录。

4.3.5　废液（物）应按照类别分别置于防渗漏、防锐器穿透等符合国家有关环境保护要求的专用包装物、容器内，并按国家规定要求设置明显的危险废物警示标识和说明。

4.4　应急措施

4.4.1　当检测部门发生废水、废气、危险废物或病原微生物泄漏或扩散，造成或可能造成严重环境污染或生态破坏时，应第一时间通知综合部。本公司的任何人员都有责任、义务和权利采取防止灾害蔓延的一切措施。

4.4.2　综合部应立即组织相关部门采取应急措施，通报可能受到危害的单位和居民，并向市环境保护行政主管部门和市卫生行政主管部门报告，接受调查处理。

4.4.3　综合部负责起草应急预案文件，对当地行政主管部门联系方式、应急事故联络人及联系方式、发生应急事件时需采取的具体应急措施等做出规定，并视需要实施应急演练。

4.5　监督与控制

4.5.1　检测部门负责人应对本部门的废液、废物、废气等有可能构成环境污染或影响员工健康、安全的因素落实控制与排放措施。

4.5.2　检测部门负责人应定期对实验室相应设施的完好性和环境条件的符合性、安全性进行检查。

4.5.3　若发现设施设备不符合要求而影响检测结果时或废弃物未按要求进行处置时，应按《不符合控制及纠正措施程序》（QP/YZ-08-15）、《应对风险和机遇的措施管理程序》（QP/YZ-08-16）处理，必要时责令检测人员终止实验。

5　相关文件

（1）《不符合控制及纠正措施程序》　　(QP/YZ-08-15)。

（2）《应对风险和机遇的措施管理程序》　　(QP/YZ-08-16)。

（3）《废弃物移交处理登记表》　　(QP/YZ-08-6-1)。

QP/YZ-08-07　实验室安全管理程序

1　目的

为保障检测工作过程中人身和设施设备等的安全，切实执行有关健康、安全环保的规定。

2 适用范围

适用于本公司各部门的安全管理工作。包括在固定场所和固定场所之外实施的检测活动。

3 职责

3.1 岗位责任：最高管理者对本公司的安全管理工作负第一责任，其他管理层成员对其分工领域的安全管理工作负直接领导责任；各部门负责人对本部门的安全管理工作负执行落实直接责任。

3.2 公司管理层：负责提供开展业务所需的安全设施和个人防护用具。

3.3 综合部：负责配备消防设施，定期组织安全检查和安全防范工作，并组织人员培训学习各项安全法规和安全防护知识；负责建立安全管理制度，组织检查和评比活动；负责选择危险废物处理机构，并定期办理危险废物转移手续。

3.4 各部门：负责督促指导员工正确佩戴和使用个人防护用具；负责组织员工进行个人防护和检测安全等安全知识培训；负责对其工作场所配备的应急设施/设备进行点检和维护；负责制定和组织实施本部门的具体安全管理规定。

4 程序

4.1 日常安全管理规定

4.1.1 综合部负责为实验场所、办公场所配备足够数量的消防安全设施，并确保设施的有效；各部门负责人应确保部门所在区域的走廊、楼梯、出口等消防通道应保持畅通，确保消防安全设施存放处严禁堆放物品，消防器材不得随意移位、损坏和挪用。具体按照《消防安全管理办法》执行。

4.1.2 检测部门应为检测人员配备足够的个人防护用具，要求及监督其在从事检测活动时正确佩戴适合的防护用具、执行正确的实验操作规程，避免人员伤害事故的发生。具体按照《个人安全防护管理办法》文件执行。

4.1.3 检测人员严禁在检测作业场所进食食物，在使用化学药品后须清理洁净工作环境，洗净双手，食物不得储藏在储有化学药品之冰箱或储藏柜内。

4.1.4 检测人员离开作业场所前要检查水、电、钢瓶、阀门和门窗，做好安全、防火、防盗工作，防止意外事故发生。

4.1.5 检测场所内不得使用明火取暖，严禁抽烟。必须使用明火实验/检测的场所，须按照《消防安全管理办法》提出申请，经综合部对安全性进行评估并批准后，才能使用。

4.2 危险物品的安全管理

4.2.1 危险物品（包括易燃、易爆化学品、剧毒品等）的采购、存储、领用、废弃等要求，按照《危险化学品管理办法》执行。

4.2.2 易制毒化学品的管理按照《易制毒化学品管理办法》执行。

4.3 安全用电管理

4.3.1 实验室安全用电的基本原则：

（1）实验室应对电气设备的安装和使用进行管理，并进行必要的维护，确保所有电气设备（包括照明装置、设备供电线路/装置、各类保护装置等）都能保持完好、稳定的工作状态，避免对检测工作产生影响。

（2）对实验室的用电管理必须符合国家通用安全用电管理相关规定。

4.3.2 用电负荷管理。为防止超负荷用电引起火灾或仪器/设备损坏，各部门应负责（必要时，应安排专业电工资质人员进行检查、评估）对额定用电负荷加以管控，具体应符合以下规定：

（1）各部门的配电容量/用电负荷，应兼顾当前设备的负荷以及检测业务未来发展的增容需要，留有一定余量。

（2）大功率设备用电必须使用专线，严禁与照明线共用、严禁使用移动插线板，并按一机一闸一保护开关的原则设置。

（3）各部门使用的熔断器/空气开关/漏电保护器等电气保护装置、装配的插座等必须与线路允许的容量/负荷相匹配，负载的使用必须在电气保护装置、线路、插座的允许范围内并留有安全余量。

（4）对于各部门UPS的使用应符合《UPS（不间断电源）管理办法》规定。

4.3.3 用电安全防护及标识管理。为确保用电安全，各部门应组织（必要时，应安排专业电工资质人员进行操作）对存在风险隐患的用电设备/区域应采取必要的防护措施，并进行有效标识，具体应符合以下规定：

（1）所有配电盘、空气开关、漏电保护器、插座等必须有清楚的标识，电气线路图必须妥善保存备查。

（2）可能散布易燃、易爆气体或粉尘的区域内，所用电气线路和用电装置均应符合相关防爆要求并装设明显、醒目的防爆警示标志。

（3）水槽旁安装的插座应为防水插座以防止漏电。

（4）对工作场所内可能产生静电的部位、设备、装置要有明确标记和警示，对其可能造成的危害要有妥善的预防措施，必要时可配置静电消除设备或装置。

（5）对工作场所内可能存在危险的设备/区域，应配有安全防护装置，并装设明显、醒目的警示标志。

4.3.4 用电接地管理：

（1）各部门应确保所有电器插座线路上需安装漏电保护开关并可靠接地。

（2）凡设备要求安全接地的，必须接地。

（3）综合部应在每年雷雨季节前统一组织对公司房屋接地情况进行检查并做好记录。

4.3.5 其他安全用电要求：

（1）非特殊情况（例如承重考虑），工作场所严禁使用金属台面放置电器设备，如需使用金属台面放置电器设备时，金属台面应可靠接地，电器设备线路应安装匹配的漏电保护开关以防止设备意外漏电造成触电事故。

（2）工作场所内的专业人员应严格按照设备操作规程操作，手上有水或潮湿时切勿使用或接触电器设备。

（3）各部门自行设计、制作的设备或装置，其中的电气线路部分，应请专业人员查验无误后再投入使用，其设计文档必须存入设备档案保存备查。

4.4 危险废弃物安全管理

危险废弃物的收集、储存、转移、处理等要求，按照《危险废物管理办法》执行。

4.5　环境卫生管理

4.5.1　各部门应注重环境卫生，保持环境清洁整齐、门窗明亮。

4.5.2　公司禁止在检测场所内进行与检测无关的活动，存放与检测无关的物品。

4.5.3　综合部负责建立管理制度，组织检查和评比活动，推动各实验室提高环境卫生管理水平。

4.6　安全防护

4.6.1　综合部负责定期对各项安全防护设施、设备及防护措施实施检查和维护，保证其完好、有效。同时需组织实验室人员学习安全防护相关知识，必要时可会同检测/校准部门共同进行。

4.6.2　各检测部门负责组织实验室人员学习实验安全操作、个人防护、实验室安全管理制度等相关知识，工作人员必须掌握相关安全知识及防护知识，熟悉应急预处理措施与方法。

4.7　紧急救治配备

4.7.1　各检测部门应根据检测领域的特点配备急救药箱。(如化学实验室需配备消毒液、清洗液、烫伤膏、包扎用品等；物理实验室需配备包扎用品、止血药品等)。药品箱应放于容易取用，显眼、固定的位置，并制定计划、指定专人定期补充和更新配备药品和物品。

4.7.2　化学实验室内应配备洗眼装置。洗眼装置应就近装在可能造成危险的区域，且有明显的标示。

4.7.3　各部门应制定并实施计划对应急设施/设备定期点检和维护，以确保其功能完好、有效。

4.8　意外事故的处置

4.8.1　当员工在检测工作时发生意外人身伤害事故时，实验室的任何人员应根据伤害程度立即采取救助措施，可先自行进行伤害的预处理。同时可拨打120紧急救助电话求助。采取救助的同时立即报告部门负责人做好善后处理，部门负责人应立即上报公司领导。

4.8.2　当出现诸如火灾、水灾、化学品或燃油泄漏、环境污染等蔓延性灾害时，本公司的任何人员都有责任、义务和权利采取防止灾害蔓延的一切措施。同时应呼救其他人员帮助救助以及拨119紧急救助电话求助。采取救助的同时立即报告部门负责人做好善后处理，部门负责人应立即上报公司领导。

4.8.3　当出现或发现危险品、剧毒品及被检物品损坏、丢失或仪器设备、设施损坏时，当事人应立即向部门负责人报告，采取必要的补救措施，防止出现其他类似情况。同时执行《不符合控制及纠正措施程序》(QP/YZ-08-15)和《应对风险和机遇的措施管理程序》(QP/YZ-08-16)。

4.8.4　当检测过程中出现停电、停水、停气等影响检测的故障时，工作人员应首先对仪器设备和被检物品实施保护措施，防止仪器设备和物品损坏，及时做好现场记录，同时向部门负责人报告。

4.8.5　当发生上述各类安全事故时，应按照规定，启动事故处理程序。

5　相关文件

(1)《不符合控制及纠正措施程序》　(QP/YZ-08-15)。

(2)《应对风险和机遇的措施管理程序》　(QP/YZ-08-16)。

QP/YZ-08-08　设备/标准物质管理程序

1　目的

为了保证公司检测项目顺利开展的仪器设备能满足规定要求，特制定本程序。

2　适用范围

适用于本公司检测项目顺利开展的仪器设备的采购、使用、维护保养、校验和报废管理。

3　职责

3.1　总经理批准仪器设备采购申请和报废/停用/降级申请。

3.2　技术负责人审核仪器设备采购、报废/停用/降级申请，批准作业指导书、操作规程和协助仪器设备验收。

3.3　检测部门负责仪器设备采购申请、功能核查、使用期间的管理、参加验收和组织编写和执行仪器设备操作规程；提出报废/停用/降级的处理意见/申请。

3.4　综合部负责组织实施仪器设备的采购和报废。

3.5　检测员按照仪器设备的使用、维护要求操作并做好使用记录。

3.6　设备管理员对仪器设备定期送检并进行标识；建立仪器设备台账、档案；对购置的仪器设备进行验收及运行状况管理。

4　程序

4.1　仪器设备的配置和采购

4.1.1　各检测部门需购置的设备，原则上在年度工作计划中制订年度设备购置计划，只有经总经理批准的计划内的设备采购计划才能进入采购程序。特殊情况下，有预算外的采购必须经总经理特批后才能进入采购流程。

4.1.2　由检测部门负责人组织进行设备选型和合同洽谈，供应商的选择应首选年度合格供应商。洽谈过程及时与综合部沟通。

4.1.3　设备采购合同尽量采用我方的标准格式并得到供应商的认同。合同应包括设备名称、型号、技术指标、用料、配件、软件、数量、价格等主体内容和货期、付款方式、售后服务、包装运输、安装、培训、计量、违约等附加条款。

4.1.4　当合同洽谈完毕，在签订采购合同前检测部门填写《仪器设备采购审批表》（附上采购合同）一同报技术负责人审核，总经理批准后交综合部组织采购，对于大型专用设备也可指定检测部门专人跟进。

4.1.5　需要购置的设备，但目前公司财力不允许，在不违反国家现行实验室管理相关规定的前提下可租借使用。租借设备须与供应方签署书面租赁合同，以确保我方在租赁期间的自主使用权。

4.1.6　需要配置的设备，因人员、设施、财力等原因暂未满足时，在不违反国家现行实验室管理相关规定的前提下可分包解决，执行《分包管理程序》（QP/YZ-08-11）。

4.2　仪器设备的验收

4.2.1　采购的大型仪器设备由使用部门（检测项目组）组织安装调试验收（应通知供应方协同安装），验货应依据合同及设备装箱单逐件清点，包括主机、配件、软件、技术文件等。设备须校准的必须经过计量校准合格才给予验收，否则不予验收。

4.2.2 技术负责人应组织相关部门负责人和项目负责人对上述仪器设备进行技术功能确认，满足购买合同的约定和产品出厂合格证明文件的要求后，方可通过验收并在《设备验收记录》上签字确认。

4.2.3 低值易耗的工、卡、量具等采购部门/人员凭送货单验收后入库。

4.2.4 验收不合格的仪器设备由采购人员办理退货手续。

4.3 仪器设备的使用和管理

4.3.1 公司管理层指定仪器设备保管人（即主要使用人）管理，对重要或专用设备做到授权使用，持证上岗。

4.3.2 仪器设备及其软件使用人员在使用前必须熟悉使用说明书和操作规程，了解其性能方能使用。

4.3.3 对检测结果有影响的仪器设备及其软件在投入使用前必须计量检定/校准，并确认其功能/技术参数符合相关检测标准规定的要求，达到所要求的准确度/不确定度。计量检定/校准执行《测量溯源管理程序》(QP/YZ-08-25)。

4.3.4 本公司编制/购买的软件必须有唯一性标识及版本号，并需要加密保护，定期变更加密标志，防止非授权人员使用和改动。

4.3.5 室内仪器设备的使用须填写《设备使用记录表》，现场设备需填写《现场仪器设备出入记录表》。

4.3.6 仪器设备使用后操作人员应填写《仪器设备使用、保养及维修记录》。

4.3.7 使用人员必须使用贴有"合格证"（绿色标签）或"准用证"（黄色标签）的仪器设备出具数据。使用贴有"准用证"的仪器设备时，要特别仔细查阅计量检定/校准证书，确保其使用功能符合相应检测方法标准或技术规程的要求。

4.3.8 使用人员依据检测项目的特点及其使用仪器设备的实际使用情况（如使用频次），拟定期间核查方法，确保仪器性能指标满足相应的技术要求。具体执行《测量溯源管理程序》(QP/YZ-08-25)。

4.3.9 当某台仪器设备不是由计量机构检定而是由计量机构校准的，操作人员应当特别仔细阅读该仪器设备的校准证书，是否有校准因子。如果有，报技术负责人研究确认是否采用校准因子对检测结果进行修正。

4.3.10 精密仪器设备或需要外携的仪器设备，必须保存原包装和防震防压材料，以便于运输时保护仪器设备安全。原包装箱不能使用者，应配置适合外携的包装箱。

4.4 仪器设备的档案和标识管理

4.4.1 各检测部门（小组）对于新购置的设备需要整理好相应设备的归档资料，提交给综合部，由综合部对档案资料进行审查并归档。

4.4.2 设备管理员负责本公司配置的所有仪器设备编制《仪器设备台账》、按以下要求建立和保存仪器设备档案：

(1) 所建立的每台仪器设备档案应有《仪器设备档案目录》和《设备归档资料》等内容。

(2) 保存设备档案中下列关键内容的电子档案：设备归档资料表中信息、设备校准证书和确认记录、设备发票等内容。

(3) 保存仪器设备的使用说明书、图纸资料、自动测量软件的原件，存放在设备档案中。

（4）对无法建立档案的量具、仪器设备应在《仪器设备台账》上登记。

4.4.3 各检测部门应将仪器设备使用说明书、图纸资料的复印件，统一放置在使用该设备工作场所内固定的文件夹（柜、格）中，以便使用者方便取用；对于可移动设备的上述资料，应将其放在仪器包装箱内，随仪器设备流转。

4.4.4 各部门（专业小组）仪器管理员应对所有检测配置的仪器、设备、量具实施“绿、黄、红”三色标识管理。具体要求如下：

（1）合格证（绿色）

1）计量检定合格且经确认其功能和工作状态满足开展检测活动要求者；

2）经校准（含内部校准）并确认校准结果及其工作状态满足开展检测活动要求者；

3）设备不必校准、经检查其功能正常并满足使用要求者；

4）设备无法计量检定，经对比和功能核查确认适用所开展的检测活动者。

（2）准用证（黄色）

1）多功能检测设备某些功能丧失，但检测工作所用功能正常且经校核合格者；

2）测试设备某一量程精度不合格，但检测工作所用量程合格者；

3）降级使用且其所用功能满足要求者。

（3）停用证（红色）

1）检测仪器、设备已损坏者；

2）检测仪器、设备经计量检定/校准不合格者；

3）检测仪器设备性能无法确定者；

4）检测仪器设备超过计量检定/校准周期者。

4.5 仪器设备的维护和保养

4.5.1 认真执行《环境控制和维护程序》（QP/YZ-08-05），确保仪器设备正常使用所需工作场所和环境条件。

4.5.2 各检测部门（小组）设备管理员应在每年年初编制本年度的仪器设备保养维护计划，设备保管人对其管理的仪器设备，按操作指南进行维护和保养，保证主机及附件的完整和正常运转，并填写《仪器设备使用、保养及维护记录》。仪器设备出现问题要及时报告公司的设备管理员，安排检查或维修。

4.5.3 设备管理员定期检查仪器设备的维护保养情况，对不履行保养职责的责任人进行提示或告诫，重大问题及时报告技术负责人处理。

4.5.4 无论什么原因，诸如将仪器设备外携到现场进行检测，除了对包装、运输、存放等进行规定外，返回公司后都必须对其功能和工作状态进行查验，以使其功能正常和工作状态得到保持。

4.6 仪器设备的故障和维修

4.6.1 当电源、水源供应中断或其他突发事件发生时，使用人应立即采取措施，停止运行，避免对仪器设备造成损坏。

4.6.2 仪器设备运行中发现故障或损坏，保管人如实报告检测组组长和设备管理员，保管人和设备管理员共同确认故障和维修方案。对大型仪器设备的维修应请示技术负责人。

4.6.3 设备维修后经校准/计量检定证明功能恢复，确认其工作状态满足开展检测活动要求后方可重新投入使用。并对维修前出具的检测数据进行追查，确认是否需要收回已经发生的检测结果报告，以及其他必要的补救措施。

4.6.4 当仪器设备需要停用时，或经校准/计量检定个别技术指标达不到要求，但可满足当前检测工作要求，保管人应报告设备管理员，经双方确认，填写《仪器设备停用、降级申请表》报技术负责人审核，总经理批准后可作出停用、降级限用的处置，并按处置后的状态加贴标识。

4.6.5 停用和报废的仪器设备应粘贴红色标签，并移离检测场所或与其他在用的仪器设备进行有效隔离，防止误用。

4.7 标准物质的管理和使用

标准物质的保存必须以标签标明它的名称和校准状态，标签符合三色标识管理。在符合该标准物质储存要求的环境下保存，设备管理员应将标准物质的使用情况和数量记录下来，按要求对标准物质进行期间核查，以维持其可信度。

5 相关文件

(1)《测量溯源管理程序》(QP/YZ-08-25)。
(2)《仪器设备台账》(QR/YZ-08-8-1)。
(3)《设备使用记录表》(QR/YZ-08-8-2)。
(4)《仪器设备重新启用、降级、报废申请表》(QR/YZ-08-8-3)。
(5)《设备采购申请表》(QR/YZ-08-8-4)。
(6)《验收记录》(QR/YZ-08-8-5)。
(7)《设备归档资料》(QR/YZ-08-8-6)。
(8)《现场仪器设备出入记录表》(QR/YZ-08-8-7)。
(9)《仪器设备维修记录表》(QR/YZ-08-8-8)。
(10)《仪器设备期间核查计划表》(QR/YZ-08-8-9)。
(11)《设备期间核查记录表》(QR/YZ-08-8-10)。
(12)《标准物质期间核查表》(QR/YZ-08-8-11)。
(13)《标准溶液期间核查表》(QR/YZ-08-8-12)。

QP/YZ-08-09 文件维护和控制程序

1 目的

管理和控制构成公司质量管理体系的所有文件的编制、审核、审查、批准、发放、使用、回收等作业，确保各工作场所的文件处于安全、有效和受控的状态。

2 适用范围

适用于本公司质量管理体系文件的管理。

3 职责

3.1 最高管理者批准及签发本公司质量手册、程序文件。

3.2 公司质量负责人策划和审核本公司的质量体系文件。

3.3 质量管理部负责建立本公司的质量体系文件，组织本公司体系文件的编制；组织识别本公司需采用的公司质量文件和专属质量文件，并提出申请。

3.4 技术负责人批准并签发各检测部门编制的作业指导书；批准专业作业指导书在各检测部门内的采用。

3.5 检测部门编制所负责检测项目的作业指导书，组织识别所负责检测项目需采用的专业作业指导书，并提出申请。

3.6 综合部执行文件受控、发放、回收、作废等作业。

4　程序

4.1　定义

4.1.1 受控文件——指文件的任何修改都会对公司正常运行的管理体系产生影响，此类文件有任何修改都需要重新审批，并再次发布。

4.1.2 非受控文件——指文件发放后对该文件不再跟踪和维持，文件变更时也不受更改控制，因此该类文件提供的信息仅供参考。

4.1.3 公司质量文件——指由公司各职能部门编制，报管理层批准后发布的，适用于公司下属各部门的各类质量文件（包括质量手册、程序文件、作业指导书、质量和技术记录表格等）。

4.2　公司体系文件架构

4.2.1 质量管理部应对公司文件的编制、审核、批准、发布、标识、变更和废止等各个环节实施控制，确保公司管理体系文件架构的完整性、适用性和有效性。

4.2.2 本公司的管理体系文件由质量手册、程序文件、作业指导书、质量和技术记录四个层次类型构成，质量管理体系文件构成表如表4.2.2所示。

质量管理体系文件构成表　　**表4.2.2**

文件层次	文件类型	文件来源
A层次	质量手册	自编
B层次	程序文件	自编
C层次	外来文件和作业指导书	采用或自编
D层次	质量记录和结果报告	自编

4.3　文件编码规则

4.3.1 管理体系文件共分四个层次：

（1）A层次——质量手册。

（2）B层次——程序文件。

（3）C层次——外来文件（现行国家标准、行业标准、规范、规程和法律、行政法规、规章和规范性文件）和作业指导书（包括实施细则、操作规程等）。

（4）D层次——质量记录和结果报告。

4.3.2 管理体系文件分类。管理体系文件分类如表4.3.2所示。

管理体系文件分类表　　**表4.3.2**

分类号	文件类型	分类号	文件类型	分类号	文件类型
A	质量手册	C2	法律、行政法规	C5	实施细则
B	程序文件	C3	规章和规范性文件	D1	管理体系运行记录
C1	国家、行业标准、规范和试验规程	C4	仪器设备操作规程	D2	试验委托、原始记录和结果报告

4.3.3 管理体系文件编号规则：□□/YZ—△△—○○

(1) A、B层次文件代号：

1) □□—文件代号：QM指质量手册，QP指程序文件；

2) YZ—本公司的代号；

3) △△—质量手册、程序文件为版本号，C、D类自编文件为顺序号；

4) ○○—分序号。

(2) C层次文件代号（作业指导书类）：

1) QTD/YZ—检测方法实施细则；

2) QSD/YZ—样品制备规程；

3) QID/YZ—仪器设备操作规程；

4) QIT/YZ—仪器设备自校验方法；

5) QTC/YZ—仪器设备期间核查方法；

6) QL/YZ—管理制度。

(3) D层次文件代号（记录类）：

1) QTR1/YZ—委托单；

2) QTR2/YZ—原始记录；

3) QTR3/YZ—检测报告；

4) QR/YZ—管理体系运行记录（程序文件所附表格）。

(4) 当同一表格为适应某些变化而形式稍作改变时，编号后加一字母以示区别。

(5) 外来文件按其自带的编号分类编目，如GB，JGJ等。

4.3.4 为避免频繁修订文件，对定时或不定时修订文件一般以文件的附录表示，如实验室能力清单、部门代码表等。附录不定义版本/版次，只明确更新日期及更新次数。相关格式要求请见《文件标准化管理规定》。

4.3.5 外来文件的管理，除公司自编文件和采用的国家、行业规范性文件之外，其他来自外部的文件管理按照《外来文件管理办法》执行。

4.4 文件的编制、修订、审批

4.4.1 质量体系文件编制应使用统一规定的文件格式，具体格式按照《文件标准化管理规定》的规定执行。文件编制和审批权限如下文规定，有关制（修）定文件具体流程按照《公司文件管理制度》的规定执行。

4.4.2 文件的编制、修订和审批职责权限如表4.4.2所示。

文件编制、修订和审批职责权限表 表4.4.2

文件类型	编制	审核	批准
质量手册、程序文件、管理办法	质量管理部	公司质量负责人	最高管理者
作业指导书	检测部门	部门负责人	技术负责人

4.5 文件的识别和采用

4.5.1 检测部门应识别可直接采用的文件或专业文件，提交《文件采用申请表》，通过审批后采用，采用文件的格式和内容不变。申请和审批职责授权见《文件编制、修订和审批职责授权表》。

4.5.2　当采用的文件发生修订时，采用文件部门应重新识别修订后的文件是否可直接采用，如确定采用应重新提交《文件采用申请表》按原规定审批，如不采用按照下述规定执行：

（1）当发现所采用的文件不适用时，可以选择停止采用该文件同时自行编制相应的文件。

（2）将文件不适用情况反馈给文件编制部门，由文件编制部门修订文件后再重新采用该文件。

4.6　文件的控制管理

4.6.1　文件的发布，按以下要求控制管理：

（1）公司质量体系文件统一交由综合部发布。文件可为PDF格式，并设置禁止复制、打印等功能，必要时可设置密码保护。

（2）公司应任命文件管理员，文件管理员可授权下载、打印所需使用的文件。

（3）文件发布后文件管理员应及时在各类文件/表单一览表中进行登记（包括采用文件和自编文件）。

（4）文件发布时须通知到相应人员。

（5）外部文件的发放和接收统一交由综合部负责填写表格，由公司总经理批准后，编号后发出或接收后编号，然后交由综合部归档。

（6）文件发布统一使用《文件一览表》《外来文件一览表》《表单一览表》《收文用笺》等表单。

4.6.2　文件的生效日期，按以下要求控制管理：

（1）编制文件时应规定文件的生效日期，如未在文件中作规定，则默认以批准人的签发日期作为文件的生效日期。

（2）文件编制部门采用文件时，以“文件采用申请表”中的“采用生效日期”为准。

4.6.3　文件的受控。综合部按以下要求做好受控文件的控制管理：

（1）发放纸版受控文件时，文件管理员负责加盖红/蓝色“受控文件”章，印章的管理要求按照《YZ公司印章管理制度》执行。

（2）对外提供本公司文件时（客户或认可机构），应提供最新文件的非受控版本。

（3）对外发放的文件应按照《YZ公司印章管理制度》《计量认证CMA章及检测报告专用章的使用管理规定》加盖印章标识。

4.6.4　文件的发放。综合部按以下要求做好文件发放的控制管理：

（1）对于适用的工作场所或人员，文件管理员应向其发放现行有效并且已受控的纸版文件，纸版文件的发放应在“文件发放、回收登记表”中做好记录。

（2）文件发放人员应负责文件的控制和保密，不得私自复制、拷贝文件。

（3）应在《文件发放、回收登记表》上登记每一份发放的文件。

4.6.5　文件的修订，文件编制部门按以下规定做好文件修订工作：

（1）文件的修订原则上由文件原编制和审批部门/人执行。

（2）对文件的修订内容应在文件中注明，或新文件和保留的旧版文件对照修订内容。

（3）在文件修订后，应重新执行上述程序，并通知相关部门/人员。

(4) 公司不允许手写修改文件，文件中的手写内容为无效内容。

4.6.6 文件作废与回收。综合部按以下要求做好文件作废与回收的控制管理：

(1) 已发放的纸版无效和作废文件由文件管理员负责回收，并在“文件发布、回收登记表”中做好登记。纸版无效和作废文件可直接销毁，不需要保存。

(2) 出于法律或其他目的需保留的无效和作废文件，应加盖“参考资料”章，印章的管理要求按照《YZ公司印章管理制度》执行。

4.7　文件的定期评审

4.7.1 质量管理部应组织负责或参与文件编制和使用部门，每年至少1次对管理体系文件进行评审，评审应覆盖全部管理体系文件。评审方式包括但不限于内审、管理评审、组织文件意见反馈及专题文件评审等。

4.7.2 评审结果应记录在《文件评审记录表》中，必要时应形成报告作为管理评审的输入，报告内容应包括但不限于：

(1) 评审文件名称版本。

(2) 评审时间。

(3) 评审方式。

(4) 参与评审部门及人员。

(5) 文件有效性、适用性、完整性等评审意见反馈。

(6) 文件拟修改意见等。

4.7.3 对于采用文件的评审，各检测部门和检测小组应向文件编制部门反馈所采用文件的有效性、适用性等意见。

4.8　文件的保密管理

4.8.1 质量管理体系文件应按照《YZ公司文件档案管理制度》要求，由文件编制部门根据文件内容对保密等级进行界定，在保密范围内进行使用。

4.8.2 如因客户要求、外部审核要求、监管部门或资质许可/认证/认可机构要求等特殊原因，需要超出保密等级的限制范围发放管理手册/程序文件/管理办法/作业指导书时，由公司技术负责人批准，并提供非受控文件。

5　相关文件

(1)《YZ公司文件档案管理制度》。

(2)《计量认证CMA章及检测报告专用章的使用管理规定》。

(3)《检测标准方法管理程序》　(QP/YZ-08-20)。

(4)《受控文件总目录》　(QR/YZ-08-9-1)。

(5)《受控文件发放记录》　(QR/YZ-08-9-2)。

(6)《文件审批表》　(QR/YZ-08-9-3)。

(7)《收文用笺》　(QR/YZ-08-9-4)。

(8)《发文用笺》　(QR/YZ-08-9-5)。

QP/YZ-08-10　合同管理程序

1　目的

为了确保公司能全面、按时履行合同，赢得客户信任，特制订本程序。

2 适用范围

本程序适用于公司对外开展检测业务时签订的委托协议书和检测合同的管理。设备、服务采购类合同参照本程序执行。

3 职责

3.1 经营部负责检测业务信息管理。

3.2 公司总经理负责批准公司检测收费标准，公司财务负责公司检测收费标准的管理。

3.3 室内常规检测项目的委托协议书由前台管理；检测合同由经营部组织检测部门对合同进行评审。

3.4 综合部为公司合同管理部门，负责检测合同的登记、盖章、统计和归档。

3.5 公司财务为公司业务结算负责人，负责统筹检测业务结算和检测收入核算管理。

4 程序

4.1 检测业务信息管理

经营部全面负责全公司检测业务的信息管理，为检测业务信息的收集、处理、汇总、协调部门。检测业务信息来源包括：

（1）经营部前台直接面对客户委托，在接受委托过程中及时收集有价值的客户信息。

（2）经营部设立公司的客户服务热线，专门处理客户来电，对有价值的信息及时登记。

（3）经营部安排专人定期收集网站及各种媒体的业务信息（如入库和招标）。

4.2 业务信息的处理

4.2.1 对于常规例行简单任务：例如常规建材试验、设备材料试验等室内检测项目，直接由客户在前台办理委托协议；植筋、回弹、结构抽芯、土工等现场检测项目，经营部可以接受客户口头订单，安排有关专业检测部门直接进场，由现场检测人员与客户现场办理简易的检测委托协议。

4.2.2 对于客户要求不变的重复性例行任务，例如：长期固定开展的材料试验，可与客户签订长期合作合同等。

4.2.3 对于重大、综合检测项目，例如：结构检测、管道探测等，由业务负责人组织相关专业检测负责人查看现场、报价、进行合同谈判。

4.3 合同、标书、技术方案、报价单等的起草

4.3.1 公司的检测合同分为格式化合同（委托书）和标准合同两种形式。对于常规例行简单任务可以签订格式化合同，除此之外的均为标准合同。

4.3.2 如需编制格式化合同由各一线检测部门在编制相关检测的作业指导书时起草，批准后由综合部发布。前台视情况印刷或打印，供客户填写。除了格式化合同外，标准合同由公司统一格式起草并审批。如若必须采用客户规定的合同格式，则将起草好的合同草稿组织合同评审，并按规定流程审批。

4.3.3 对需要签订合同的检测项目由合同洽谈负责人（业务员或专业检测人员）起草合同初稿。根据客户要求，可先起草投标书、技术方案、报价单等文件。

4.4 业务报价

4.4.1 各检测部门需要按照公司规定，核算每个项目和参数的经济成本价格。该成本价格经经营部汇总和财务审核，报总经理批准。该审批允许采用内部邮件系统进行邮件审批。

4.4.2 在核算经济成本的价格基础上形成公司对外统一报价标准。由公司总经理负责统一管理。

4.5 要求、标书、合同的评审

4.5.1 经营部负责统筹投标工作，各专业检测部门负责技术支持。在投标、制订技术方案或接受合同（协议书）之前，对每一份标书、合同（协议书）等均应进行评审。该审批允许采用内部邮件系统进行邮件审批。

4.5.2 评审的内容为：

（1）客户要求是否明确。

（2）技术能力和资源是否满足要求。

（3）检测方法选择是否适当。

（4）时间、费用规定是否清晰。

（5）客户的诚信风险源有哪些，是否有措施进行控制。

4.5.3 评审的方式及其适用范围：

（1）格式化的合同的格式在作业文件审批中已办理，视作已经完成合同评审。前台或业务人员在办理该合同时负责填写完整性和有效性评价，并在合同中通过签名并加注日期方式确认（该类合同可允许客户签名，简化客户加盖公章要求）。

（2）对于标准合同必须办理合同会签，必经的会签部门/岗位有：对应的检测部门、公司财务（必要时）、检测管理部、总经理。该会签流程等同于合同评审。

（3）综合部负责合同盖章、发放和回收归档。

4.5.4 合同份数应满足要求，签好的合同一份作为财务收款依据，另一份由综合部负责存档。

4.6 合同的结算及收款

4.6.1 合同的结算

（1）专项合同的结算：检测项目单一（检测项目不跨检测部门小组）的专项检测合同的结算由各检测部门（小组）负责办理结算手续；结算的基本流程为：一线检测部门小组发起，检测部审核，财务确认。对于现场检测类以项目为核算单位的业务，须由检测部门办理书面结算单，具体要求详见《现场检测工作程序》（QP/YZ-08-30）；室内检测项目的费用统计由前台统计。

（2）综合合同的结算：当一个合同中的检测内容跨不同的检测部门（小组）时，各检测部门（小组）按照各自部门（小组）的检测内容分别办理子结算，由检测部门负责人统筹办理整个合同的总结算。

（3）检测部门（小组）间协作项目的结算：当一个检测项目中有部分参数需要其他检测部门（小组）完成的情况，作为检测任务的承接部门（小组）作为主检部门（小组），负责将内部“分包”任务下单给相关部门，并由主检部门（小组）负责整体完成并出具报告，所有对外的结算手续由主检部门（小组）负责，被“分包”部门（小组）每月将分包的任务单汇总提交给财务，按照内部结算方式进行绩效的内部核算。

4.6.2 产值的确认

按照出具检测报告作为确认产值的方式进行统计应收账款。检测管理部每月按照该原则统计各部门及整个公司的产值，每月提交财务上报公司总经理；同时在公司内部发布每月各部门业绩数据。

4.6.3　收款

综合部财务负责公司收款的管理，在办理了结算手续并已确认的产值作为应收账款。经营部以及检测部门的项目的业务责任人有责任按照结算金额追缴检测费。财务对于逾期未缴纳的款项每月发布追缴清单。

4.7　合同的履行、变更和偏离

4.7.1　合同签署后，应当想方设法全力履行，以维护合同的权威性和严肃性，持续提升本公司的诚信度。

4.7.2　如在合同履行过程中发生变更和偏离，应按以下要求处理：

（1）在合同履行过程中任何一方提出合同的变更或偏离，均须经双方协商同意，形成书面文件（变更/修改合同或签订补充合同）后，将修改后的内容通知所有受到影响的相关部门、人员，防止出现工作差错给双方造成损失。

（2）若变更（修改）后的合同有重大的变化，经营部应重新组织有关人员对变更后的合同进行评审，评审结果应作为检测合同的附件并由双方授权人签字。

（3）如果合同发生变更或偏离无法完成检测任务，因实验室原因无法完成的，应执行《不符合控制及纠正措施程序》（QP/YZ-08-15）善后处理；因客户原因解除合同，取消检测任务的，经公司同意（经营部的主管领导或者总经理批准），应保留解除合同或取消检测任务的记录，并根据合同的相关约定处理。

5　相关文件

（1）《现场检测工作程序》　（QP/YZ-08-30）。

（2）《不符合控制及纠正措施程序》　（QP/YZ-08-15）。

（3）《合同评审表》　（QR/YZ-08-10-1）。

（4）《客户取消检测任务登记台账》　（QR/YZ-08-10-2）。

QP/YZ-08-11　分包管理程序

1　目的

当某些检测项目个别参数的检测因工作量大，以及关键人员、设备设施、技术能力等原因，需分包检测项目时，为保证委托方的权益，允许按照本程序要求将该部分参数进行分包。

2　适用范围

2.1　因工作量突然加大，无法满足客户对完成时间的要求时。

2.2　因关键人员无法正常开展工作，影响到客户服务，可协商分包。

2.3　设备环境出现故障或不符合要求，未能在规定的时间内完成的检测任务的临时分包。

2.4　本公司认为须临时分包项目。

2.5　行业主管部门有规定不允许分包的检测项目，公司不得进行分包。

3　职责

3.1　各检测部门（小组）根据自身的检测能力和委托方要求，提出分包申请。

3.2　技术负责人负责对分包方进行评审和资质考查。

3.3 质量负责人负责对分包方是否按照分包合同要求开展分包项目的检测工作进行监督和评审。

3.4 总经理批准分包事宜。

3.5 由经营部或前台客服负责联系委托方、通知分包方和样品的交接。

4 程序

4.1 分包的评审

4.1.1 各检测部门（小组）提出需分包的检测项目和内容，以及分包机构。

4.1.2 各检测部门（小组）将分包原因、分包项目、分包方的资料汇总，向技术负责人提交分包申请。

4.1.3 汇总的分包资料包括：

(1) 分包方能力调查报告（表）。

(2) 分包方的《资质许可证书》及附表。

(3) 分包报价。

4.1.4 技术负责人在收到分包申请资料后交检测管理部组织相关部门对分包方按以下条件进行评审。对于长期分包合同，必须上报公司总经理批准。分包方必须符合下列条件：

(1) 已通过省级住建主管部门检测资质许可和/或实验室国家认可/或计量认证，或审查验收的。

(2) 获得许可和/或认证/认可/或审查验收的检测能力与拟分包项目一致。

(3) 愿意签订分包合同，并承诺按时按质按量完成分包任务。

4.1.5 评审通过后，检测部与分包检测方签订分包合同，确定分包关系，明确双方的权利和义务。长期分包或固定分包的合同条款需详细明确，临时分包的合同可用单页委托协议书格式。

4.2 分包的管理

4.2.1 质量负责人对分包方是否按照分包合同要求开展分包项目的检测工作进行监督和评审，杜绝“再次分包”的现象发生，保证分包项目的有效运行与检测结果的可靠性。

4.2.2 分包前业务部门或前台客服需和委托方（客户）取得联系，并得到客户书面的同意（如在委托协议书上签名确认同意分包）后方可实施。

4.2.3 分包样品的管理应执行本公司《样品管理程序》（QP/YZ-08-24），并加以明显标识（如贴本公司标签）。样品交接时办理分包项目试样的交接手续。

4.2.4 执行分包合同过程中，若分包方条件发生变化，不能满足原合同的要求时，应及时终止合同。若经过本公司重新考察，变化不影响完成分包任务时，方可继续执行合同。

4.2.5 在管理体系评审中对分包检测项目进行检查，对分包管理工作进行评价。

4.2.6 由本公司出具检测报告，报告中应明确分包项目，并注明承担分包的分包单位的名称和资质许可证书编号，增加“XX 项目由 YY 分包检测，YY 的资质许可证书编号为 ZZ”的说明。

4.2.7 分包方提供书面的正式检测报告，本公司作为原始记录之一归档。

5 相关文件

《样品管理程序》 （QP/YZ-08-24）。

QP/YZ-08-12　服务和供应品管理程序

1　目的

对检测工作有关的服务和供应品的采购、验收、储存的管理，确保质量保证，从而保障各项检测工作的效率和质量。

2　适用范围

适用于所有与检测工作有关的外部服务、供应品采购、验收和储存的管理。其中包括：

（1）对计量/校准有影响的计量检定、校准等服务。

（2）专业技术培训服务或咨询、软件服务等。

（3）检测设备、标准物质和重要消耗性材料的供应和外部协助。

（4）设备的安装、维护（故障修复）、搬运等。

（5）其他后勤保障服务及行政方面管理采购参照本程序管理。

3　职责

3.1　综合部负责编制公司的合格供应商名录、对公司的采购工作进行监督管理、对设备验收进行把关、公共服务类及通用材料的购买、保存和管理。

3.2　各检测部门（小组）负责设备、标准物质、消耗品的选型、采购和验收。

3.3　技术负责人负责重要设备的选型、采购和验收。

3.4　总经理负责批准服务和供应品的采购。

4　程序

4.1　供应品的采购

4.1.1　供应品可按其价值和对检测质量影响程度实行分级管理，分为重要、一般两级。

4.1.2　供应品分级由综合部组织各检测部门（小组）实施，并分别列出重要供应品和一般供应品目录。

4.1.3　一般供应品是指对检测质量不造成直接影响或影响不大低值易耗用品，对此类物资应选择质量好、有良好信誉的产品，该类供应品应在公司批准的合格供应商名录选择。对于用量较小的检测专用供应品可由检测部门（小组）直接采购，对于公共供应品或批量或批次多的采购由综合部统一负责。

4.1.4　重要物资是指对检测质量有直接影响或价格较高的设备设施，对此类物质应进行市场调查和咨询同行的使用情况，充分的市场调查，货比三家：

（1）各检测部门（小组）认真填写《设备采购审批表》及合同草稿，提出采购申请，报公司负责人批准。

（2）公司财务办理首付款时必须核对经办人提交的《设备采购审批表》及签订的合同手续是否完善。

（3）在支付进度款时必须核对验收合格的手续。对于设备类支付手续须由综合部设备档案管理负责人签名确认。

4.2　供应品验收

4.2.1　一般供应品。此类供应品可在进货后核对合格证和质量信誉标志，并对其规格、数量加以确定。

4.2.2 重要物资的验收由技术负责人把关（主持），综合部组织，相关检测部门参加，填写《设备验收记录表》，并由参加验收人员签名确认。

4.3 建立合格供应商名录

4.3.1 综合部每年负责组织相关部门进行年度供应商的评价，制订下一年度重复采购使用的合格供应商名录。对于新的供应商进行的评价可填写《供应商质量评价表》，对于维持合格供应商资格的可不填该表，而采用年度评议方式进行整体评价。

4.3.2 对于一般供应品一般直接在名录中选择采购；对于重要物资应优先考虑目录中的供应商。

5 相关文件

(1)《设备/标准物质管理程序》 (QP/YZ-08-8)。

(2)《消耗材料和参考标准、标准物质台账》 (QR/YZ-08-12-1)。

(3)《供应商质量评价表》 (QR/YZ-08-12-2)。

(4)《合格供应商名录》 (QR/YZ-08-12-3)。

QP/YZ-08-13 客户满意度调查管理程序

1 目的

通过客户满意度调查，了解客户对检测服务质量反馈信息，倾听客户心声，以利于公司质量体系和检测质量服务水平的不断改进，提高员工的服务意识和服务水平确保满足客户的期望和要求，进而提升客户的忠诚度。

2 适用范围

适用于本公司合作客户的满意度调查。

3 职责

3.1 综合部负责客户满意度调查计划制定、组织调查问卷设计和客户信息收集、客户调查实施（电话/邮件/回访）和问卷回收、调查数据统计分析、调查报告制定和发放、跟进验证质量管理部提交的改进措施实施效果报告。

3.2 各检测部门负责参与调查问卷设计、提供客户名单整理和客户信息、制定和实施改进措施。

3.3 质量管理部负责组织调查问卷设计、调查并报告各相关检测部门实施改进措施的情况。

3.4 经营部负责跟进配合调查计划的实施及改进措施实施效果。

4 程序

4.1 定义

4.1.1 通用调查问卷——指适用于大多数客户的一般性的满意度调查问卷。

4.1.2 专属调查问卷——指为某个或某类客户而专门编制的满意度调查问卷，以期能够获得更为针对性的反馈。

4.1.3 调查方式——电话、邮件或上门访问。

4.2 流程图

客户满意度调查流程图如图4.2所示。

4.3 流程说明

4.3.1 满意度调查策划

（1）满意度调查计划制定：综合部每年初制定客户满意度调查计划，报总经理批准后实施。

（2）调查问卷设计：调查问卷分为《通用调查问卷》和《专属调查问卷》，由质量管理部组织各检测部门设计。通用问卷用于普通送检客户调查；专属问卷用于大型综合类工程送检客户调查。

（3）客户名单整理及信息收集：《满意度调查计划》发布后，检测部负责对本部客户进行整理并形成客户名单，包括客户公司名称、联系人及联系人邮箱等，填写《客户信息表》，提交至综合部。

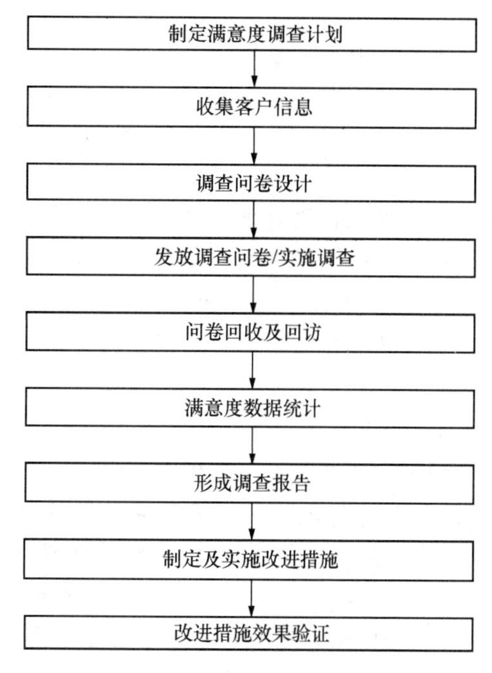

图4.2 客户满意度调查流程图

4.3.2 满意度调查的实施

（1）发放问卷实施调查：综合部负责实施满意度调查。调查方式可以是直接上门请客户填写调查问卷，也可以邮件方式向客户发出调查问卷，或者进行电话访（询）问。

（2）调查跟进：问卷发出后，综合部应负责跟进调查进度，如确认客户是否收到调查问卷、提醒客户在调查期限内填写问卷和发回问卷等。

（3）问卷回收：

1）调查问卷由综合部负责回收，非特殊情况不得代收；

2）调查问卷应在《满意度调查计划》规定期限内完成回收，各类客户的问卷最低回收数量应满足《满意度调查计划》规定的要求；

3）综合部负责统计问卷回收数量，当问卷回收数量低于规定要求（60%）时，应提醒相关人员在规定时间内进一步跟进报告回收，逾期未回收的问卷不计入调查结果统计。

（4）电话/邮件回访：在问卷回收过程中，对于满意度低于年度质量目标或有明显抱怨/投诉的，由综合部通过电话或邮件方式及时对客户进行回访，并形成《回访报告》。

4.3.3 满意度调查结果分析和报告

（1）满意度调查数据统计及满意度计算：客户满意度调查结束后，综合部负责对回收的调查问卷进行整理，对调查问卷得分和反馈内容进行统计。调查问卷中的问题得分采用5分制，对应设置5个等级的答案选项，具体如下：

1）5分：代表非常认同（非常好，非常满意等）；

2）4分：代表比较认同（比较好，比较满意等）；

3）3分：代表一般认同（还可以等）；

4）2分：代表比较不认同（不太好，不太满意等）；

5）1分：代表非常不认同（非常不好，非常不满意等）。

（2）依据不同类型客户的满意度调查问卷评分情况，分别计算客户满意度及整体满意度。

客户满意度计算公式：

$$S=\frac{\sum 客户问卷得分}{客户问卷数\times 问卷满分}\times 100\%$$

注：当客户调查问卷回收数量低于本文规定的“问卷回收目标”要求时，则因调查结果缺乏代表性，满意度按零分计。

(3) 满意度调查报告编制：综合部根据对调查数据的统计分析结果，编制《满意度调查报告》，报技术负责人审核，总经理批准。

(4) 调查报告发放：满意度报告发放给总经理和技术负责人、质量负责人，及以上管理人员。

4.3.4 调查结果改进

(1) 改进措施制定和实施：

1) 针对调查报告中满意度最低的前三项及反馈意见较多的前三项，由综合部发出《纠正和预防措施报告》，要求相关部门制定并实施改进措施。具体按《不符合控制及纠正措施程序》(QP/YZ-08-15)、《应对风险和机遇的措施管理程序》(QP/YZ-08-16) 执行；

2) 针对满意度低于年度质量目标或有明显抱怨/投诉的客户，综合部还应安排回访，并提交《回访报告》，反馈公司管理部。视回访情况决定是否向相关部门发出《纠正和应对风险措施报告》。

(2) 改进效果验证：质量管理部负责跟进相关部门改进措施实施情况，综合部负责验证实施效果。

5 相关文件

(1)《投诉与申诉处理程序》 (QP/YZ-08-14)。

(2)《不符合控制及纠正措施程序》 (QP/YZ-08-15)。

(3)《应对风险和机遇的措施管理程序》 (QP/YZ-08-16)。

(4)《客户满意度调查计划》

(5)《客户意见征询表》 (QR/YZ-08-13-1)。

(6)《不符合项报告、纠正措施实施及验证表》 (QR/YZ-08-15-1)。

QP/YZ-08-14 投诉与申诉处理程序

1 目的

积极、认真、及时、准确地处理客户或其他方面的投诉或申诉，是本公司提高工作质量、工作效率及服务质量，也是及时发现和纠正工作中失误的重要手段。

2 适用范围

本程序适用于客户对检测服务质量的意见投诉，检测相关方对检测数据和结论提出的异议申诉。

3 职责

3.1 各部门负责收集、接收、登记和转送涉及其业务的意见、投诉、申诉信息。

3.2 综合部负责对投诉、申诉内容进行登记，并跟进处理和回复。

3.3 申诉和涉及技术方面的投诉由技术负责人组织进行调查，其他方面的投诉由质量负责人或公司总经理指定责任人进行调查处理。

4　程序

4.1　投诉的接待和收集

4.1.1　公司前台设立电话投诉及投诉箱等途径，接受外部的意见，包含客户的投诉、申诉和意见建议。一旦收到涉及本公司的投诉、申诉信息，将投诉、申诉信息登记，转至综合部。

4.1.2　各部门在接待客户过程中，主动收集客户意见，涉及投诉内容应及时登记，并转至综合部。

4.1.3　公司中设立“外部意见登记”通道，所有公司人员接受的外部意见，包含客户的投诉、申诉和意见建议，无论是正面或是负面的意见，均应登记下来，并转至综合部。

4.1.4　综合部负责收集各部门登记的所有投诉、申诉意见，并对登记意见分类处理。

4.2　投诉、申诉受理及调查处理

4.2.1　综合部收集到各部门登记的所有投诉、申诉意见后，将其按照“投诉”“申诉”“客户建议”进行分类，将其中的投诉、申诉信息，登记在《投诉/申诉处理记录表》，然后按相应的流程对其进行分类处理，并根据投诉内容分类提交至相关部门或人员处理。

4.2.2　如客户投诉检测报告明显有误或超出报告承诺完成时间而领不到检测报告，一经确认，经营部及其前台工作人员应：

（1）在做好登记的同时向客户赔礼道歉，并向客户说明该投诉的处理流程和现在的处理情况。

（2）向客户承诺会第一时间反馈给客户该投诉的后续处理情况。

（3）询问客户还有没有其他需求或疑问，并由该投诉的接待人员跟踪投诉的处理情况，直至投诉处理完成。

4.2.3　对涉及检测技术的投诉、申诉处理：

（1）技术负责人、质量负责人或综合部组织调查。

（2）当调查确认客户投诉、申诉不成立时，由相关检测部门负责向客户解释说明，尽量得到客户的理解和支持，同时向客户表示感谢，并进一步询问还有没有其他建议或意见。

（3）对投诉、申诉的问题经调查确认属本公司自身的问题，应按以下要求处理：

1）针对投诉、申诉的问题实施纠正和改进。

2）当条件许可时，可利用原样或备用样品重新检测，根据重新检测的数据出具报告，收回原报告。

3）经核查是样品或制备过程出现了问题，就应重新抽样，重新安排检测和出具检测报告，收回原报告。

4）公司管理层或委托相关部门负责人对因为投诉、申诉而收回原报告的问题，向投诉、申诉人道歉。同时对是否对客户造成影响进行分析评估，并根据评估结果分别作出相应的补救处理。

4.2.4　对服务质量方面的投诉处理：

（1）对工作态度、工作作风等方面的处理。由综合部负责调查事件的真相，报公司总经理，并对屡教不改的相关人员进行降级或开除处理。

(2) 对办事（工作）效率、报告出具时间过长等方面的投诉处理，若是由于公司本身的软、硬件跟不上的，由各相关部门提交申请，提供改进办法（意见），报公司总经理审批后实施改进。

4.2.5 回复及后续措施

(1) 综合部负责统一回复客户的投诉和申诉，将处理结果反馈给投诉和申诉的客户，并向其询问对处理结果的满意程度或对我们公司还有没有其他建议或意见。

(2) 对经调查确认属实每宗投诉、申诉的问题作为本公司的不符合工作（项）进行记录并按相关程序文件要求处理。

(3) 质量负责人和质量管理部对于典型投诉、申诉案例，可在公司例会中进行案例分析，对采取的纠正措施纳入相关规章制度，防止涉诉问题再度发生。

(4) 每一宗投诉、申诉及对其开展调查处理和实施纠正措施等全过程的所有信息都应详尽记录，并由综合部负责归档。

5 相关文件

《投诉/申诉处理记录表》　　　　　　　　　(QR/YZ-08-14-1)。

QP/YZ-08-15　不符合控制及纠正措施程序

1 目的

针对检测工作中的不符合进行控制，减少检测工作差错，对发现的不符合采取纠正措施以及改进，从而不断提高检测质量和效率，持续改进质量体系的有效性。

2 适用范围

质量体系运行中或检测工作中存在不符合公司管理文件的要求或不满足标准及与客户达成一致的要求时，按本程序执行。

3 职责

3.1 监督员及部门负责人在日常管理过程中负责识别和记录不符合。

3.2 报告审核和批准人（授权签字人）负责识别和记录报告质量控制过程中的不符合。

3.3 技术负责人、质量负责人负责在各自职责范围内批准对不符合（工作）做出的处理决定；质量管理部负责监督/跟踪和报告上述决定的执行实施结果。

3.4 相关责任部门负责对不符合（工作/项）实施纠正并采取纠正措施，质量管理部负责跟踪验证纠正措施执行落实成效。

4 程序

4.1 不符合（工作/项）的发现

4.1.1 不符合（工作/项）分为严重不符合（即过失）和轻微不符合（即失误）两类：

(1) 严重不符合（即过失）是指严重违反程序文件或作业指导书的要求，造成严重后果的系统性、非孤立的可重复出现的问题或错误。例如：未经批准，擅自变更检测规程，造成检测结果无效或影响检测的公正性。

(2) 轻微不符合（即失误）是指工作中孤立的、无意识的人为错误，直接影响了检测结果，或未直接影响检测结果，但造成不良后果。

4.1.2 事故。是指造成人员伤亡，公司财产损失或公司声誉受损的工作/检测过失构成的工作/检测事故。

4.2　不符合（工作/项）的鉴/识别

不符合（工作/项）可能出现在质量管理工作/检测项目的任一环节之中，为了及时尽早发现不符合（工作/项），及时纠正，应尽可能利用以下途径发现（识别）不符合（工作/项）：

4.2.1　管理或检测人员在管理活动或检测工作中主动自我发现问题，及时记录和报告监督员。

4.2.2　监督员在日常监督检查活动中，发现问题，做好监督记录，并报告质量管理部。

4.2.3　管理或检测工作的不同环节（岗位）在工作交换中发现问题，及时记录和报告监督员。

4.2.4　在管理体系内审、管理评审以及外部审查中发现问题，由评审组开具不符合项报告。

4.2.5　客户投诉、申诉和外部意见反馈中经调查分析确认属实的问题，由综合部负责开具不符合项。

4.2.6　在合同评审、报告审查、技术档案审查中发现问题，由审批人负责开具不符合项报告。

4.3　不符合（工作/项）记录和上报

4.3.1　监督过程中：

（1）各部门监督员以上人员在工作中发现（或得到上报）不符合（工作/项），首先评价其严重性，对于轻微不符合项，可在其监督记录中记录不符合（工作/项）内容，及其纠正处理情况。

（2）对于严重不符合（工作/项）在检测部门负责人同意情况下，有权暂停检测工作，扣发报告，并填写《不符合项报告及纠正验证表》。

4.3.2　检测报告审批过程中：

（1）报告审核、批准人在审批报告过程中发现不符合（工作/项），首先评价其严重性，对于轻微不符合（工作/项），如打字错误、编写文字错误等，现场检测报告可在报告审批表中记录，并安排报告编写人修改；对于室内检测报告，可在报告草稿上直接指出，安排后台修改。

（2）对于严重不符合（工作/项），如检测方法、设备、操作、结论判定等方面出现不符合（工作/项），应填写《不符合项报告及纠正验证表》。

4.3.3　内审及管理评审中：内审及管理评审中发现不符合（工作/项），由评审组出具不符合项报告。

4.3.4　投诉处理过程中：依据《投诉与申诉处理程序》（QP/YZ-08-14）处理。

4.4　不符合（工作/项）的控制

4.4.1　前台工作人员：

（1）在接待客户过程中，主动听取客户反映意见，积极在意见中发现公司内部可能存在的不符合（工作/项）。

（2）在客户申请更改报告时，分清是客户责任还是公司责任造成，对属于公司内部责任的，由前台人员负责进行登记。

4.4.2　报告批准人在由公司责任引起的报告更改申请表中应分清责任，提出纠正的要求，申请表由数据中心组的人员负责统计归档。

4.4.3 样品管理员：在核对样品过程中发现前台工作失误时，一方面应立即通知前台纠正，另一方面应负责记录和报告此情况，以便统计分析，为制订相应纠正措施提供依据。

4.4.4 检测人员：

(1) 在领取待检样品时，发现样品不符或异常，应立即通知样品管理员处理。对于公司内部责任造成样品异常情况，在通知样品管理员同时进行记录，并报监督员。

(2) 检测工作一般应有不少于两人操作，检测人员之间相互监督有无违反操作规程/方法标准，对于人工记录检测数据的，应由检测人员读取，记录员复读确认，以防止在数据传递过程中发生差错。

(3) 在检测的操作中发现有偏差时，应立即停止试验，对偏差进行纠正。当偏差直接影响到检测数据时，应填写《内部信息单》报监督员。

(4) 在正式开始试验/检测前应对仪器性能是否正常进行检查，对检查仪器的结果加以记录。

(5) 当出现仪器设备损坏时，当事人应采取措施防止损坏继续蔓延，保护现场并及时报告本部部长或设备负责人，做好现场记录并填写仪器设备异常登记表。

(6) 因外界干扰如停水停电而中断试验影响检测活动时，检测人员首先对仪器和被检样品实施保护，防止其损坏，并报告监督员。

4.4.5 当出现诸如火灾、水灾、燃料或化学品泄漏、环境污染等蔓延性灾害时，任何员工有责任和义务采取防止灾害蔓延的一切措施，同时呼叫人员救助，并立即拨打119电话求援。

4.4.6 当员工在工作时发生人员伤亡事故，公司任何人应根据程度立即实施救助，并立即拨打120电话求援。在采取救助同时应设法通知公司经理做善后处理。

4.4.7 数据中心人员：

(1) 对前台传递的检测信息及检测人员传递的数据信息进行检查。

(2) 发现前台出现的输入错误时，在纠正的同时进行登记。

(3) 对检测人员提供的数据（原始记录）有疑问时，应立即核实，对核对证实出现的检测失误应填单上报综合部。

4.4.8 报告审批：

(1) 所有报告应不少于三级签名（检测人员、审核人、批准人）。

(2) 在审核、批准过程中发现细节问题应填写《内部信息单》通知上一环节纠正。

(3) 在报告审批单中加署意见。

(4) 当审批发现重大技术质量问题时，应报技术负责人处理。

4.4.9 技术归档：

检测部相关人员在审查归档资料时，发现存在的不合格（工作/项），应上报部长并在责任人纠正后归档。

4.5 采取的纠正/纠正措施

4.5.1 公司发生安全事故或重大质量事故后：

(1) 公司经理应召集全体员工会议，报告事故原因和善后处理结果，并对事故发生原因提出防范措施。

（2）公司经理应亲自检查防范措施的落实，在确认可以杜绝事故再次发生后，责成质量负责人对质量文件进行补充和调整，对安全防范措施实施定期检查。

4.5.2 当发生由于样品损坏而影响检测结果的事故时：

（1）由监督员组织查证，分清样品损坏的原因。

（2）如由我方管理使用不善造成，监督员应查清和记录全部事实，提出纠正和预防的措施或建议报质量负责人。

（3）必要时本公司应承担客户的全部直接经济损失，事后公司经理责成质量负责人安排管理体系相关部分的审核找出管理体系的漏洞，提出管理体系的改进和预防措施并跟踪实现。

4.5.3 当检测过程中出现诸如停水、停电、能源供给中断等造成的不符合（工作/项）时：

（1）当事人应做好保护仪器设备和样品的善后工作，记录和报告全部观察到的现象和发生的时间，由监督员分析对检测结果和样品是否造成影响。

（2）如认为或怀疑已对检测结果构成不良影响时，技术负责人应组织监督员进行分析评估，并根据评估结果善后处理。

（3）如经分析评估确认损失已经造成且不可挽回时，技术负责人应将善后处理方案报公司总经理审批处置。

（4）质量负责人应针对组织管理体系相关部分的审核，找出管理体系的缺陷，提出管理体系的改进和预防措施并跟踪实现。

4.5.4 在核查中对已发报告的数据和结论产生怀疑或发现问题时：

（1）技术负责人应立即对可疑结果进行彻底追查，对确实有误的报告应用书面形式通知可能受到影响的所有报告使用人，并追回有误报告，提供正确报告。

（2）技术负责人负责组织相关部门/人员对造成检测失误的原因进行分析，将找到的造成检测失准的原因通报质量负责人。

（3）质量负责人安排管理体系相关要求和要素的审核，查找管理体系的漏洞，提出管理体系改进和预防措施并跟踪实现。

（4）如可能安排复检（当有留样或可以找到与原检测样品同质的样品时），由技术负责人与客户充分沟通并达成共识后，尽快安排复检。

（5）对不可能复检的，则应向客户提出承担责任的具体补救措施，由本公司承担相应的责任。

4.5.5 由于质量文件模糊、疏漏造成的其他安全和质量事故或隐患时，公司总经理应及时召开管理层会议布置整改和实施纠正措施，责成质量负责人调整、补充和完善管理体系文件。

4.5.6 对于工作过失和造成检测事故的有关责任人按公司规章处理。

4.5.7 当处理办法为“暂停工作”时，应在对纠正/纠正措施的结果认可后，报技术负责人/质量负责人批准是否恢复正常工作。

4.6　纠正措施的批准、实施和验证

4.6.1 对于经常出现的检测失误，应由各相应部门研究出现失误的根本原因，提出纠正措施；对于检测过失和检测事故，必须由相关的责任部门提交纠正措施，确保今后同类事件不再发生。

4.6.2 技术方面的纠正措施报技术负责人批准后实施，与检测报告相关的纠正措施交相应的授权签字人批准实施；质量方面的纠正措施交质量负责人批准实施。

4.6.3 在纠正措施实施中，处理由于本公司原因给客户造成的不可挽回的损失，应由公司总经理或授权技术负责人与客户进行协商，达成共识后依法承担有限经济赔偿责任。

4.6.4 对于各部门纠正措施实施情况和效果，由部门负责人（当不符合工作/项的发现/上报人为部门负责人时，由综合部部门负责人）进行验证，验证人填写相应记录后交档案管理员归档。

5 相关文件

(1)《投诉与申诉处理程序》　　(QP/YZ-08-14)。

(2)《不符合项报告、纠正措施实施及验证表》　　(QR/YZ-08-15-1)。

(3)《数据中心审核发现检测工作差错情况登记表》(QR/YZ-08-15-2)。

QP/YZ-08-16 应对风险和机遇的措施管理程序

1 目的

为建立应对风险和机遇的措施，明确应对风险的措施包括风险规避、风险降低和风险接受等措施的操作要求，建立全面的风险和机遇管理措施和内部控制的建设，增强抗风险能力，并为在质量管理体系中纳入和应用这些措施及评价这些措施的有效性提供操作指导。

2 适用范围

适用于本公司质量管理体系范围内活动和服务中应对风险和机遇的策划与实施。

3 职责

3.1 总经理负责公司目标和战略方向相关影响其实现质量管理体系预期结果的各种内外部环境因素的识别与评价的确认，应对风险和机遇策划的审批。

3.2 各相关部门负责内外部环境因素信息的获取和应对风险和机遇策划相关职责的实施。

3.3 综合部负责内外部环境因素识别与评价，策划应对风险和机遇方案，并监督实施。

4 程序

4.1 定义

4.1.1 风险——在一定环境下和一定限期内客观存在的、影响企业目标实现的各种不确定性事件。

4.1.2 机遇——对企业有正面影响的条件和事件，包括某些突发事件。

4.1.3 风险评估——在风险事件发生之前或之后（但还没有结束），该事件给各个方面造成的影响和损失的可能性进行量化评估的工作。

4.2 应对风险和机遇的策划

4.2.1 为全面识别和应对各个部门在检测和管理活动中存在的风险和机遇，各个部门应建立识别和应对的方法，确认本部门存在的风险，并将发现的风险源或机遇反映给监督员，由监督员填写监督记录，反馈给综合部，由综合部策划应对风险和机遇方案，并监督实施。

4.2.2 在风险和机遇的识别和应对过程中，责任部门应对可能存在的风险的场所、相关的人员存在的风险进行逐一筛选识别，风险识别过程中应识别包括但不限于以下方面的风险：

（1）对检测对象适用的法律法规、客户要求的变更造成的风险。

（2）检测过程中的安全风险。

（3）检测设备、辅助工具对检测结果造成的风险。

（4）检测过程中环境变化对检测结果造成的风险。

（5）检测过程中人员因素对检测结果造成的风险。

（6）检测过程中检测对象发生变化对检测结果造成的风险。

（7）合同评审中与客户沟通了解客户需求，并对合同实施的可行性评审时的风险。

4.2.3　风险的严重程度评价准则，风险严重程度用于评价潜在风险可能造成的损害程度，应对潜在风险进行评估量化，风险的严重程度评价表见表4.2.3。

风险的严重程度评价表　　**表4.2.3**

严重程度	检测活动	财产损失	严重等级
非常严重	违反法律法规、公司的规章制度，造成检测活动产生非常严重的后果	大于或等于10万元	5
严重	违反省内、行业内规范要求，造成检测活动产生严重的后果	大于或等于5万元小于10万元	4
较严重	检测活动中违反作业指导书的要求，造成检测活动产生较严重的后果	大于或等于0.5万元小于5万元	3
一般	检测活动中的不当行为造成不良的后果，但可以采取纠正的措施减少影响	大于或等于500元小于5000元	2
轻微	检测活动中可能会发生的风险，但可以采取措施避免	小于500元	1

4.2.4　风险等级及应采取的措施表，见表4.2.4。

风险等级及应采取的措施表　　**表4.2.4**

严重等级	风险等级	风险措施
4、5	高风险	应立即采取措施规避或降低风险
2、3	一般风险	须采取措施降低风险
1	低风险	风险较低，但采取措施消除风险引起的成本比风险本身引起的损失较大时，接受风险，但要跟踪发展趋向

4.2.5　综合部应对所识别的风险进行评估，根据评估的结果制定风险应对方案，并监督各个实施部门对风险采取措施，制定的措施应是在现有条件下可执行和可落实的，并应落实到个人，每个人都应完成的内容应得到明确，从而达到降低或消除风险的目的。

4.2.6　综合部应指派专人对措施的执行进度和效果进行跟进，确保采取的措施被有效落实，并将措施阶段实施结果上报综合部部长，由部长汇总和报告管理层。

4.2.7　最高管理者应按制度的周期组织实施对风险和机遇的评审，以验证其有效性。

5 相关文件

《应对风险/机遇措施实施及验证表》 (QR/YZ-08-16-1)。

QP/YZ-08-17 记录及档案管理程序

1 目的

加强质量记录和技术管理的管理，以保证记录完整、真实、安全，使其具有良好追溯性。

2 适用范围

适用于质量管理相关的质量记录和检测工作相关的技术记录。

3 职责

3.1 综合部（质量管理）负责以质量记录为主的收集和归档管理。

3.2 质量管理部（数据处理中心）负责与检测相关的技术记录的收集和归档管理。

3.3 综合部（行政管理）负责设备档案和人员档案的管理。

4 程序

4.1 记录的内容、格式和编号

4.1.1 检测原始记录的基本内容

(1) 记录应包含足够的信息。检测原始记录应满足检测/复现性和可追溯的要求，便于识别测量不确定度的影响因素。

(2) 检测原始记录应包括但不限于以下基本内容：

1) 抬头（本公司的名称）；

2) 标题（原始记录的名称，如：某检验原始记录）；

3) 检测样品的名称（现场试验还需工程名称、检测部位等信息）；

4) 样品编号（或试验编号）；

5) 检测依据（或检验依据、试验依据等）；

6) 检测使用的主要仪器设备名称、设备编号；

7) 检测数据和结果（包括原始观测数据、图谱、计算过程中用到的修正量等）；

8) 检测日期；

9) 原始记录的页码和总页数；

10) 检测人员、审核人员的标识（签名或打印姓名、工号等）。

4.1.2 记录的格式

(1) 记录基本采用统一经审批的规定格式，质量记录的格式在《程序文件》中一并由总经理批准，技术记录的格式一般在《作业指导书》中一并由技术负责人批准。

(2) 原始记录通常情况下的格式要求如下，特殊情况可适当调整：

1) 抬头（本公司的名称）——黑体16号字；

2) 标题（原始记录的名称）——宋体加粗18号字；

3) 正文——宋体10号字。

4.1.3 编号

(1) 质量记录和技术记录使用的表格格式分别作为程序文件或作业指导书的组成部分，因此记录表格属受控文件管理范畴。

（2）质量记录表格编号由程序文件的文件号与流水号组成；技术记录表格编号由作业指导书编号、文件类型及流水号组成。

4.2 记录的出具

4.2.1 记录表格使用

（1）记录表格分为专用表格和通用表格两类。

（2）检测原始记录、仪器使用记录、环境记录等，类似于内部审核记录、管理评审等表格为专人/专业部门专门使用的表格，由各使用部门负责保管。

（3）通用表格电子版文件集中由公司综合部统一存档，需使用者可到综合部打印最新版文件。

4.2.2 填写要求

（1）各检测部门（小组）及综合部按各自的职责范围，对已完成的检测活动或质量活动按照相应规定认真填写记录。

（2）记录填写过程中不得涂改，当记录过程中出现错误时，应在错误的数据上画单横线或双横线，并将正确值填写在右上方，对所有改动应有改动人的签名或盖私章。

（3）记录流转过程中，当发现别人填写错误时，应要求出错人员划改并签名（或盖私章）。

（4）所有记录均应采用法定计量单位（除特定记录外）。

4.3 记录管理

4.3.1 记录的收集和归档

（1）室内检测项目的原始记录由各岗位人员整理后交数据中心；自动采集的检测项目原始记录按月份每月由各个岗位人员整理，装订后提交数据中心；现场检测项目的记录按工程项目立卷，检测项目完毕由数据处理中心立即归档。

（2）质量负责人负责将内审、管理评审记录交质量管理部归档。

（3）监督员负责将监督记录提交综合部归档。

（4）技术负责人负责将新项目评审、标准查新、质量控制记录交综合部归档。

（5）各检测部门（小组）负责人向技术负责人提交能力验证、不确定度分析记录、培训记录，经过技术负责人分析确认后交综合部归档。

4.3.2 记录的归档时限

（1）每年年初各检测部门（小组）应提交的记录：

1）监督计划；

2）比对试验计划；

3）新检测项目开展计划；

4）不确定度评定计划；

5）人员培训计划。

（2）各检测部门（小组）应在工作（活动）完成后即时提交的记录：

1）现场检测/检查项目的原始记录、报告；

2）室内检测项目中人工记录的原始记录；

3）标准、规程更新能力评审及实施控制记录；

4）偏离申请及偏离结果评价记录；

5）分包的相关记录（分包申请、分包方能力调查表）；

6）采购的相关记录（设备、易耗品的采购申请、验收记录）。

(3) 各检测部门（小组）负责人应在工作（活动）完成后即时提交的记录：

1）比对试验总结报告；

2）新检测项目开展的相关记录（检测原始记录、报告，针对新项目开展的比对试验总结报告）；

3）预防措施记录；

4）测量不确定度的评定报告；

5）培训记录。

(4) 每月10日前应提交的记录（节假日顺延）：

1）室内检测项目中未能即时归档（自动采集数据的项目）的原始记录（由相关检测部门打印提交至数据处理中心）；

2）监督记录（提交至检测管理部）；

3）不符合项报告及纠正验证记录（交技术负责人审批后由综合部归档）；

4）自动采集计算结果与人工计算结果比对记录（交技术负责人审批后由数据处理中心归档）；

5）环境温湿度监测记录（提交至数据处理中心归档）。

4.3.3 档案的保管

(1) 记录档案必须按规定分类分专柜保管，档案柜有标识，档案盒有目录供查阅。

(2) 档案的收集和电子资料应每个月做一次整理备份，以便信息更新。

(3) 各部门应将记录尽量详细地输入计算机备查。

(4) 档案材料的借阅必须履行以下手续：

1）对保留的技术记录，本公司相关人员只能就地查阅。如需短期（两周内）借出，需办理有关借阅手续（须由本人提出书面申请、所在部门负责人审核、总经理或其授权的管理层成员批准）后方可借出，借出的资料应按期归还，且应在借、还交接资料时由交接双方当面查验确认。

2）借出的技术材料逾期不还，经催交后仍不归还或遗失、损坏的，档案保管人员以书面形式交技术负责人处理，并将处理过程归档。

4.3.4 保存期限

(1) 建设工程涉及重点安全方面的记录长期保存，直至工程停止使用（拆除），其他各类原始记录、报告等技术记录的保存期不少于5 (6) 年。

(2) 各类质量记录（除特殊情况外）的保存期不少于5 (6) 年。

(3) 技术人员档案长期保存。但已经离职（岗）者，至少保存至本人离职（岗）后5 (6) 年。

(4) 有关认可与业务许可证的档案，科研、技术开发的有关资料、基建图纸资料，永久保留。

(5) 仪器档案随仪器使用年限保存，报废后至少保存到下一次资质许可/认定评审结束。

(6) 其他档案资料按上级部门或客户要求保存。

4.4　档案的注销

保管期满的档案材料和过期作废的记录档案，档案管理员报技术负责人/质量负责人批准后，指定专人用指定的方式销毁。

4.5　档案安全防范

4.5.1　档案室属特殊工作区域，非档案管理员不得直接进入。交接档案、借阅档案只能在受控区域进行，进入和使用按有关文件执行。

4.5.2　数据处理中心除本室人员外，其他人员不能直接进入，交接资料在受控区域外进行。

4.5.3　技术资料或其他档案材料的提取及归还应由档案管理员处理，特殊情况经管理员的允许，借阅人员可共同查找。

4.5.4　档案室环境应清洁、干燥，资料及档案的摆放要整齐规范便于查找。

4.5.5　档案室应切实做好防火、防盗、防潮、防虫害等工作，以确保资料及档案的安全。

5　相关文件

（1）《检测档案（封面）》　　（QR/YZ-08-17-1）。

（2）《资料（档案）注销单》　　（QR/YZ-08-17-2）。

（3）《借阅资料（档案）登记表》　　（QR/YZ-08-17-3）。

（4）《公司内部发文接收登记表》　　（QR/YZ-08-17-4）。

QP/YZ-08-18　内部审核程序

1　目的

为了确保管理体系适应于检测工作并高效运行，本公司特制订本程序对公司的活动（含管理体系管理活动和检测活动）进行全面的内部审核，以验证公司运作持续符合管理体系和资质许可的要求。

2　适用范围

适用于本公司开展的全面内部审核以及临时的附加审核活动。

3　职责

3.1　总经理负责批准内审计划。

3.2　质量负责人负责组织内审和批准内审报告工作。

3.3　内审员参加内审工作。

3.4　各部门配合内审工作，负责不符合工作（项）的纠正及其纠正（和预防）措施的组织实施工作。

4　程序

4.1　制定年度审核计划

每年一月份由质量负责人提出年度的审核计划，经公司总经理批准发布后形成一个初步工作计划。

4.2　内审工作计划

质量负责人依据年度审核计划的时间安排，结合公司日常工作开展的实际情况，与被审核部门协商后，制订内审工作计划，计划内容包括：本次审核目的、审核范围（审核的要素、部门、场所等）、审核的依据、审核组成员、审核日程及时间安排、编制人、批准人。内审工作计划经公司总经理批准后实施。

4.3　内审准备

4.3.1　对管理体系文件的有效性审查：内审组分工对质量文件进行符合性审核，可与内审一并进行，也可在管理评审前进行提交管理评审，审查基本周期是一年。

4.3.2　设计（编制）检查表：检查表一般由内审组组长负责编制，并提供内审员使用。

4.3.3　通知受审部门，一般审核组长应在审核前与受审部门负责人说明本次内审的目的、范围、依据、时间安排等。

4.4　内审实施

4.4.1　首次会议。由内审组组长（质量负责人）主持召开，内审组成员和受审部门有关人员参加并签到，组长阐明本次内审目的，范围，依据，以及审核的方法和程序，明确审核过程的联系人。

4.4.2　现场审核。内审员在现场审核，通过问、听、看、查来寻找客观证据，审核过程一切要用数据、事实说话，切忌主观臆断，保持审核的客观性、公正性。

4.4.3　审核发现和开具不符合项报告

（1）内审组在结束现场审核工作后将收集到的审核证据对照审核准则进行评价，并进行总结归纳，出具不符合项报告，按照引起不符合的原因，将不符合项分为三类：文件化不符合，实施性不符合，效果性不符合。

（2）由内审员开出不符合项报告，内审组组长进行汇总分析并讨论后确认。

4.4.4　末次会议

（1）末次会议的目的是内审组向受审方负责人及有关人员说明此次内审结果，末次会议由内审组组长主持，参加人员基本与首次会议相同，参加者须签到。

（2）会议上内审组组长说明不符合报告的数量及分类，宣读不符合项报告，并要求受审部门负责人确认签字。

4.4.5　编写内审报告。内审报告是内审结果的正式文件，由内审组组长编写，其包括以下内容：

（1）内审的目的和范围。

（2）受审核部门及其负责人。

（3）内审日期，内审组成员。

（4）审核依据。

（5）受审部门主要参加者。

（6）首次、末次会议纪要（附件）。

（7）不符合项汇总结果（不符合报告作为附件）。

（8）审核经过及审核结论。审核经过的内容可含有：

1）从发现不符合项数量的分布（哪一个要素，哪一个部门）来进行汇总分析，可以发现哪个部门或哪个要素出现的问题造成不符合项较多；

2）与去年内审或上次内审不符合项作动态比较，可发现今年或本阶段有了哪些进步；

3）分析总结管理体系工作中的优、缺点。

（9）对不符合项整改措施完成的时限要求。

4.4.6　整改。各责任部门收到内审报告后，针对不符合项报告，认真调查分析造成不符合项的根本原因，提出避免下次重犯的纠正措施建议，该建议经内审组组长审查同意后定论。

4.4.7　跟踪、验证纠正措施的实施。责任部门在实施及完成了纠正措施时应主动联系内审员或质量负责人，跟踪、验证纠正措施的实施及其有效性。

4.4.8　记录归档。有关内审工作的内审工作计划、内审报告，以及纠正措施的内容和实施结果等均应统一由内审组组长负责整理并交检测管理部归档，以备评审时审查。

5　相关文件

（1）《内审工作计划》　　(QR/YZ-08-18-1)。

（2）《内审报告》　　(QR/YZ-08-18-2)。

（3）《内部审核检查记录表》　　(QR/YZ-08-18-3)。

QP/YZ-08-19　管理评审程序

1　目的

管理评审是由管理层就质量方针和因情况变化而制定新质量目标时对管理体系的现状与适应性所作的正式评价。其目的是通过对管理体系的适应性、主动性、有效性进行的评审而使管理体系不断改进和完善，确保质量方针、目标的实现。

2　适用范围

适用于本公司的管理评审工作。

3　职责

3.1　公司总经理负责主持管理评审工作。

3.2　质量负责人及综合部协助公司总经理做好评审前的组织和准备工作。

3.3　其他管理层成员及各部门负责人按分工提供管理体系运行情况的汇报。

4　程序

4.1　管理评审计划

4.1.1　管理评审每年至少进行一次（周期为 12 个月）且按预订日程表进行（此计划可与内部年度计划合并），必要时可适当增加评审次数。

4.1.2　遇到以下影响管理体系运行的情况，由最高管理者决定增加管理评审次数：

（1）组织结构发生重大变化。

（2）发生重大质量事故或客户有严重投诉的。

（3）市场需求有重大变化。

4.2　评审前的准备工作

4.2.1　检测部门准备以下资料：

（1）部门全年工作量及工作类型变化情况分析。

（2）比对试验和参加能力验证结果分析总结报告。

（3）纠正、应对风险/机遇措施制订及执行情况报告。

（4）一年来管理与监督的情况报告。

（5）资源配备情况报告。

（6）改进的建议。

4.2.2　经营部准备以下资料：

（1）公司全年工作量和工作类型变化分析报告。

(2) 全年客户服务开展(包括客户意见收集)情况。

(3) 改进的建议。

4.2.3 质量管理部准备以下资料:

(1) 内审工作报告。

(2) 外部机构评审结果报告。

(3) 各部门质量记录、技术记录归档情况。

(4) 客户投诉/员工反馈情况分析。

(5) 各部门质量问题处罚情况。

(6) 报告准确率、及时率情况。

4.2.4 质量负责人提供质量方针、目标实现情况报告和程序的适用性检查报告,质量文件有效性核查情况。

4.2.5 综合部行政管理组准备以下资料:

(1) 员工培训考核和人力资源配备等情况分析报告以及改进的建议。

(2) 设备管理及设备校准工作情况及存在问题和下年工作建议。

(3) 改进的建议。

(4) 上次管理评审结果跟踪情况。

4.3 管理评审的实施

4.3.1 公司总经理主持管理评审会议。

4.3.2 其他管理层成员和各部门负责人参加管理评审会议(含项目负责人以上人员)。

4.3.3 质量负责人汇报前一阶段管理体系运行和检测工作情况,各部门负责人按评审的要求作专项或书面报告,其他管理层成员点评和补充其分管部门的工作报告。

4.3.4 管理评审会议上进行讨论、研究、核实、分析,最后由公司总经理对管理体系现状的适宜有效性、充分性作出结论和决议。

4.3.5 综合部负责管理评审会议记录。

4.4 后续工作

4.4.1 质量负责人根据管理评审记录编写管理评审报告,管理评审的结果应输入到实验室的计划中并包括来年的目标和行动计划的制订。

4.4.2 管理评审报告经公司总经理批准后下发至各部门。

4.4.3 各有关部门负责人按评审决议进行质量改进,纳入纠正或预防措施控制程序工作。

4.4.4 综合部做好管理评审后改进措施的检查、督促和验证工作。

4.4.5 改进措施涉及文件更改应按《文件维护和控制程序》(QP/YZ-08-09)进行。

4.4.6 管理评审的评审报告和有关记录由综合部收集整理归档,保管期至少5(6)年。

5 相关文件

(1)《文件维护和控制程序》 (QP/YZ-08-09)。

(2)《内部审核程序》 (QP/YZ-08-18)。

QP/YZ-08-20 检测标准方法管理程序

1 目的

为确保检测数据准确可靠,以满足客户的需求,必须对检测中采用的标准方法进行控制。

2　适用范围

适用于对外开展资质许可范围内检测工作的标准和方法的选用、制定和确认。

3　职责

3.1　技术负责人负责检测方法的批准。

3.2　数据处理中心在技术负责人的指导下负责对全公司的受控标准的采购、发放、标准定期查新、标准变更及确认进行管理。

3.3　各检测部门（小组）负责其使用标准方法的查新、变更确认，起草相关检测作业指导书等。

4　程序

4.1　检测方法的选择

4.1.1　前台或业务洽谈人员在负责为客户办理检测委托时，必须在检测委托单或合同中书面注明选用的检测标准，包括检测方法标准、客户需要检测结果判定时明确评价标准。

4.1.2　在开始检测前检测人员必须检查检测委托单或合同约定的标准是否有效，如标准有效按检测委托单或合同约定的标准进行检测，如标准无效需和客户进行沟通确认检测方法和评价标准。

4.1.3　数据处理中心在编制检测报告时确认一线部门使用的检测方法标准是否与客户委托一致。

4.2　标准方法编制和使用

4.2.1　公司一般直接采用公开出版的国际标准、国家标准、行业标准、地方标准的方法，在标准中对检测步骤不够明确或详细，可能造成理解不同而导致操作、判定上的因人而异时，相应的检测部门要编写检测操作细则（作业指导书），以确保应用的一致性。

4.2.2　为了便于检测记录格式的管理，公司第四层次文件由数据处理中心统一管理，未编制检测细则的检测项目直接将标准作为作业指导书，将该项目的检测委托书格式、检测原始记录格式、报告格式作为附件纳入到第四层次文件中。

4.2.3　公司所有涉及标准的采购统一由数据处理中心实施。对于受控标准的发放模式基本为：数据处理中心归档管理1全套、技术负责人1全套、各检测部门（小组）专用1套（仅部门相关部分）、配备实验室固定位置专用（仅该实验室相关部分）。当特殊情况下需要增加发放时，向数据处理中心申请。

4.3　标准方法的定期查新及标准变更的确认

4.3.1　数据处理中心编制《受控标准的定期查新记录表》（QR/YZ-08-20-2），按部门或按项目组发给相关的负责人。由各部门（小组）负责对各自使用的标准进行查新，查新不少于每半年1次，各部门（小组）对各自负责查新的标准的有效性负责。

4.3.2　当定期查新发现标准有更新或日常工作中发现标准的更新，检测部门向数据处理中心反馈，由数据处理中心负责购买新标准，并进行受控发放。

4.3.3　检测部门组织标准的内部培训，掌握新旧标准的差异后，分别对该检测项目仪器设备配备、环境条件变化、现有人员技术能力、作业指导书（含委托单、原始记录和报告格式）和检测软件是否已修订完毕等进行一一确认，并填写《标准更新能力评审及实施控制表》（QR/YZ-08-20-1），报经相关前台、数据处理中心确认后，呈报技术负责人批准。

4.3.4 由数据处理中心收集该表格，及时向省住房和城乡建设主管部门和市场监督管理部门提出标准变更的申请。

5 相关文件

(1)《文件维护和控制程序》 (QP/YZ-08-9)。

(2)《标准更新能力评审及实施控制表》 (QR/YZ-08-20-1)。

(3)《受控标准的定期查新记录表》 (QR/YZ-08-20-2)。

QP/YZ-08-21 不确定度评定程序

1 目的

为了合理地表征量值的分散性，正确而完整地表达检测结果，当客户提出要求时，给出测量不确定度，并写出检测项目的不确定度报告，特编制本程序。

2 适用范围

本程序适用于检测项目中结果不确定度的评定。

3 职责

3.1 技术负责人主持编制本公司测量不确定度的评定和表示的统一要求和评定步骤，并组织评审和批准；负责组织本公司测量不确定度评定工作。

3.2 各检测部门配合技术负责人开展本部门相关检测项目的测量不确定度评定工作。

4 程序

4.1 评定依据

4.1.1 《测量不确定度评定与表示》JJF 1059.1-2012。

4.1.2 GUM《测量不确定度表述指南》。

4.2 定义

4.2.1 测量不确定度——表征合理地赋予被测量之值的分散性，与测量结果相联系的参数。

4.2.2 标准不确定度——以标准［偏］差表示的测量不确定度。

4.2.3 不确定度的A类评定——用对观测列进行统计分析的方法来评定标准不确定度的一种方法。

4.2.4 不确定度的B类评定——用不同于对观测列进行统计分析的方法来评定标准不确定度。

4.2.5 合成标准不确定度——当测量结果是由若干个其他量的值求得时，按其他量的方式或（和）协方差算得的标准不确定度。

4.2.6 扩展不确定度——确定测量结果区间的量，合理赋予被测量之值分布的大部分可望含于此区间。

4.2.7 包含因子——为求得扩展不确定度，对合成不确定度所乘之数字因子。

4.2.8 影响量——不是被测量但对测量有影响的量。

4.3 评定

4.3.1 评定程序。评定不确定的流程示意图如图4.3.1所示。

4.3.2 不确定度来源（有选择地确定）。测量结果的不确定度来源主要有：

(1) 由相同条件下测量值的变动性所反映的各种随机影响。

（2）测量仪器的示值不够准确。

（3）标准物质的标准值不够准确。

（4）引用的数据或其他参量不够准确。

（5）人员读数的分散性。

（6）对测量环境的控制不够完善。

（7）测量方法和测量程序的近似和假设。

（8）在相同条件下被测量在重复观测中的变化。

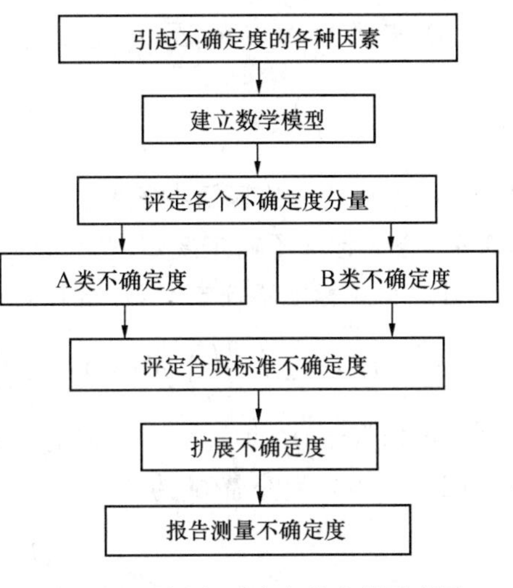

图 4.3.1　评定不确定的流程示意图

4.3.3　建立数学模型。数学模型是指测量过程的被测量 Y（即输出量）与对 Y 的测量结果 y 会产生不可忽略的所有影响量（即输入量）X_1，X_2，……，X_N之间的函数关系：

$$Y=f\ (X_1,\ X_2,\ \cdots\cdots,\ X_N)$$

而 Y 的估计值 y 则可输入量 X_i 的估计值 x_i 来表示：

$$y=f\ (x_1,\ x_2,\ \cdots\cdots,\ x_n)$$

4.3.4　A 类不确定度的评定：

（1）对量 x_1 作 n_1 次独立重复测量，得到的测量结果为 X_{ik}，$(k=1,\ 2,\ \cdots\cdots,\ n_i)$，则：

$$X_{i=}\frac{\sum_{k=1}^{n_i} x_{ik}}{n_i}$$

（2）单次测量 X_{ik} 标准不确定度为：

$$U(X_{ik})=S(X_{ik})=\sqrt{\frac{\sum_{k=1}^{n_i}(x_{ik}-x_i)^2}{n_i-1}}$$

（3）估计值 X_i 的不确定度为：

$$U(X_i)=S(X_i)=\sqrt{\frac{\sum_{k=1}^{n_i}(x_{ik}-x)^2}{n_i(n_i-1)}}=\frac{s(x_{ik})}{\sqrt{n_i}}$$

（4）当测量仪器稳定时，单次测量的标准不确定度 U（X_{ik}）可以由以前的多次测量结果得到。

4.3.5　B 类不确定度的评定：

（1）若有关资料（如：计量校准/检定证书，仪器说明书等）给出 X_i 的扩展不确定度 U（X_i）为标准不确定度的 K_i 倍，则：

$$U(K_i)=\frac{U(x_i)}{k_i}$$

（2）有多个独立影响量 X_i，且影响大小相近时，则 X_i 呈正态分布。此时若给出 X_i 的扩展不确定度 U（X_i）所对应的置信概率为 0.95，0.99，0.997 时，则 K_i 的值分别取 1.96，2.58，3。

（3）若已知 X 在 a_- 至 a_+ 范围内取值，则取 $X_i=\frac{a_+-a_-}{2}$，且：

$$U(K_i)=\frac{a_+-a_-}{\sqrt{12}}$$

式中，a 为测量值的区间半宽度。

4.3.6 合成标准不确定度 U_c 的评定：

（1）合成标准不确定度 U_c 的评定公式：

$$U_c^2=\Sigma\left(\frac{\partial f}{\partial x_i}\right)^2 u^2(x_i)+2\sum_{i=1}^{N-1}\sum_{j=i+1}^{N}\frac{\partial f}{\partial x_i}\cdot\frac{\partial f}{\partial x_j}.r(x_i,x_j).u(x_i).u(x_j)$$

式中，r（x_i，x_j）为 x_i和 x_j之间的相关系数。

（2）不确定度分量 U_i为：

$$U_i=\left|\frac{\partial f}{\partial x_i}\right|\cdot u(x_i)$$

（3）若不考虑各输入量之间的相关性，即各相关系数 r（x_i，x_j）$=0$，此时：

$$U_c=\sqrt{\Sigma u_i^2}$$

（4）在下列情况下可以不考虑各输入量之间的相关性：

1）可以确认各输入量之间相互独立无关；

2）虽然某些输入量相互之间可能存在相关性，但相关性较弱；

3）虽然某些输入量之间存在强相关性，但这些输入量所对应的不确定度分量对总不确定度的贡献不大。

4.3.7 扩展不确定度 U：

将合成标准不确定度 U_c乘以包含因子 K，得到扩展不确定度 U：

$$U=K\cdot U_c$$

若要求置信概率 $P=0.95$，则取 $K=2$；

若要求置信概率 $P=0.99$，则取 $K=3$；

包含因子 K 值也可以由学生分布（t 分布）算出。

4.3.8 测量不确定度的报告：

（1）本实验室遇下述情况之一时，应在检测报告中提供测量不确定度的信息：

1）当委托人有要求时；

2）当不确定度对检测结果的有效性或应用有影响时；

3）当不确定度对满足某规范极限有影响时。

（2）向委托人报告扩展不确定度时，应同时包含以下信息：

1）A 类不确定度分量；

2）B 类不确定度分量；

3）包含因子 K 值或合成标准不确定度 U_c。

（3）若最终测量结果 y 已加入修正值，则检测完成后，在检测报告中除应给出测量结果外，还应给出所报告结果的扩展不确定度 U，并同时说明：

“U 为合成标准不确定度 U_c=……乘以包含因子 K=……而得。”

（4）若最终测量结果 Y 中未加修正值，即直接以测得值 y'作为测量结果，则 y'的扩展不确定度U'可表示为：

$$U' = |b| + U$$

式中，b为测量得值y'的修正值；U为按上述程序评定而得的扩展不确定度。这时，除应报告测量结果y'外，还应报告U'之值，并说明：

"$U' = |b| + U$，$b = \cdots\cdots$，U为合成标准不确定度$U_c = \cdots\cdots$乘以包含因子$K = \cdots\cdots$而得。"

5 相关文件

无。

QP/YZ-08-22 计算机及软件管理程序

1 目的

保护计算机网络中各类数据安全，对整个计算机网络进行维护管理，保证检测工作能够顺利进行。

2 适用范围

适用于本公司所有办公用、检测用的计算机及应用软件、网络和自动化设备的管理。

3 职责

3.1 技术负责人负责批准更改数据申请。

3.2 计算机网络管理员负责对计算机网络进行维护，保证各工作站正常使用，对电脑的杀毒软件进行定期升级，并负责对在不当使用过程中感染的病毒进行及时清除；定期对各工作站进行巡检，发现有违反本规定行为的，必须及时上报综合部进行处理。

3.3 网络使用人必须严格按照操作规程使用计算机，定期进行日常保养工作；禁止安装来历不明的软件，发现网络使用异常和病毒应及时报告计算机网络管理员，对隐瞒报告而造成数据丢失的当事人追究其责任。

4 程序

4.1 计算机网络管理

4.1.1 计算机网络的使用要求

（1）在安装网络系统时，试验用计算机原则上不配备CD-ROM，如需在计算机上添加外设和安装新软件应由计算机网络管理员统一安装并调试。

（2）对外来软件、光盘和U盘等可移动硬盘在使用前应由网络管理员使用可靠的反病毒软件检查无异常后方可使用。

4.1.2 服务器和各工作站管理

（1）服务器管理：

1）服务器是各类检测数据的集中地，如非必要任何人禁止以任何形式使用服务器，其他人如需操作服务器应在计算机网络管理员的监督下方能使用；

2）电脑室为机房重地，谢绝无关人员逗留；

3）电脑室应定期清洁，服务器配置不间断电源确保其正常工作；

4）服务器每周重启一次，原则上保证24h不关机。

（2）工作站用户管理：

1）各工作站用户应按照电源、外设、显示器、主机的顺序来开启计算机；

2）用户按照各自网络工号，根据工作需要使用相关软件，不允许用户删改网络上共享数据；

3）关闭计算机应按开机逆序关闭电源；

4）本公司计算机一律不得打游戏，不允许非工作原因上网，不得安装与检测或办公无关的软件；

5）计算机使用场所必须保持清洁，以满足其正常运作的要求。试验用计算机应定期进行除尘保养；

6）为保证试验数据不受外来因素破坏，试验用计算机一律不配置软驱及光驱。

4.1.3 异常数据处理程序

（1）本公司检测信息采用网络化管理，计算机自动采集检测数据以及录入的检测信息为原始信息，一经进入数据库之后就不能随意修改。当发现以下异常情况需要改动，必须书面通知（须由技术负责人签字确认）计算机网络管理员并由相关人员修改。

（2）当检测人员在检测前发现计算机提供的样品信息有误，应立即填写内部信息单通知前台人员核实并改正。

（3）当检测人员由于操作问题或设备本身问题导致自动采集数据有误，应立即书面通知相关部门的检测组组长，待检测组组长确认并交技术负责人签字批准后，交计算机网络管理员进行修改信息。

（4）当客户领取报告后需要更改部分信息时，前台工作人员应要求客户填写报告更改申请表，并提供相应证明资料（对于见证检验的则要求客户单位盖章并由见证人员签名认可）后经监督员、技术负责人审查批准后交数据中心组更改信息。

4.1.4 设置密码

（1）服务器的密码由计算机网络管理员掌握，计算机网络管理员不得将服务器密码泄露给无关人员，如发现该情况的，将追究其责任。

（2）服务器的密码要经常更改。

（3）网络上各工作站的密码由使用者自行设置，密码设置后统一交计算机网络管理员保存。各使用人不得将密码告诉无关人员，若因密码泄露造成数据泄密的，追究当事人责任。工作站上计算机的密码要经常修改。

（4）计算机密码和密码变更需报综合室备案。

4.1.5 利用权限等级的限制保护数据

（1）计算机网络管理员可在技术负责人批准后具有查阅、修改、删除服务器上数据的权限。但必须严格遵守公司的保密制度，拒绝不符合要求的数据改动请求，保护好数据的完整性。

（2）本公司的检测信息系统采用三级加密措施，由检测部门根据工作范畴设定使用权限，以防止越权存取，也防止结果被修改。

（3）有访问数据权限的用户，要严格遵守保密纪律，保护好数据不被泄露。

（4）本地用户需要共享文件夹，必须设定权限密码。严禁将整个硬盘或系统文件夹共享。共享打印机的命名必须清楚明确，避免混淆。

4.1.6 数据备份

（1）计算机网络管理员负责定期协助数据中心将检测数据双备份归档（数据中心组应

每季度1次对数据进行备份，并填写完整《数据备份一览表》)，以便在服务器损坏时可以迅速恢复数据库。

（2）工作站上的用户可根据自己的需要将数据备份到本地硬盘，一经备份后不得随意调用。

（3）服务器上旧数据每年清除一次。

（4）若需要刻录光盘备份的，应交由网络管理员办理。

4.2　计算机软件管理

4.2.1　本公司自行开发或联合开发的计算机软件必须形成文件化资料，该程序应打印成物理化文件，并由另一人在另一台计算机上按此文件重新输入，考察其可行性。

4.2.2　外购软件应要求供应商提供程序使用说明。

4.2.3　本公司使用软件必须经过计算机网络管理员进行安装，未经批准不得私自安装软件。

4.2.4　首次使用检测软件必须经过其他方法的验证，证明自动化采集或计算的检测结果是可靠的，并对验证的记录归档。

4.2.5　对不涉及第三方的软件修改情况，申请人须填写《计算机软件维护申请/实施情况记录表》并经综合部负责人批准后，由网络管理员进行修改。修改经办人应把软件修改前后的信息记录在案备查。

4.2.6　对涉及第三方的软件修改：

（1）修改普通办公软件及检测设备使用软件时，由使用部门负责联系第三方进行软件修改，并监督软件修改进度和质量。修改完成后，填写《计算机软件维护申请/实施情况记录表》并经综合部负责人批准后，由公司网络管理员进行安装。

（2）当涉及检测管理信息系统修改时，应由检测部门的监督员提出修改方案交质量管理部审核后，由数据中心填写《计算机软件维护申请/实施情况记录表》，并负责联系软件公司修改。在软件公司修改完成后，网络管理员及时下载相关的升级补丁并在服务器上更新数据，数据中心组负责验证/确认软件的修改情况。

5　相关文件

（1）《保护客户机密和所有权程序》　(QP/YZ-08-2)。

（2）《文件维护和控制程序》　(QP/YZ-08-9)。

（3）《计算机软件维护申请/实施情况记录表》　(QR/YZ-08-22-1)。

（4）《自动采集计算结果与人工计算结果核查表》　(QR/YZ-08-22-2)。

（5）《数据备份一览表》　(QR/YZ-08-22-3)。

QP/YZ-08-23　抽样管理程序

1　目的

规范实验室在检测/校准中抽样环节的工作方法，使抽样符合有关标准、规范的要求，使本公司的检验结果不会因为抽样不当而导致失准。

2　适用范围

适用于实验室抽样人员从被检的总体物料中取得有代表性样品进行检验的抽样环节。

3　职责

3.1　检测部门抽样组负责人编制抽样方案。

3.2 检测部门负责人审批抽样方案。

3.3 检测部门抽样组成员实施抽样工作。

4 程序

4.1 定义

抽样——是取出物质、材料或产品的一部分作为其整体的代表性样品进行检测、校准的一种规定程序。

4.2 抽样

4.2.1 抽样工作流程如图4.2.1所示。

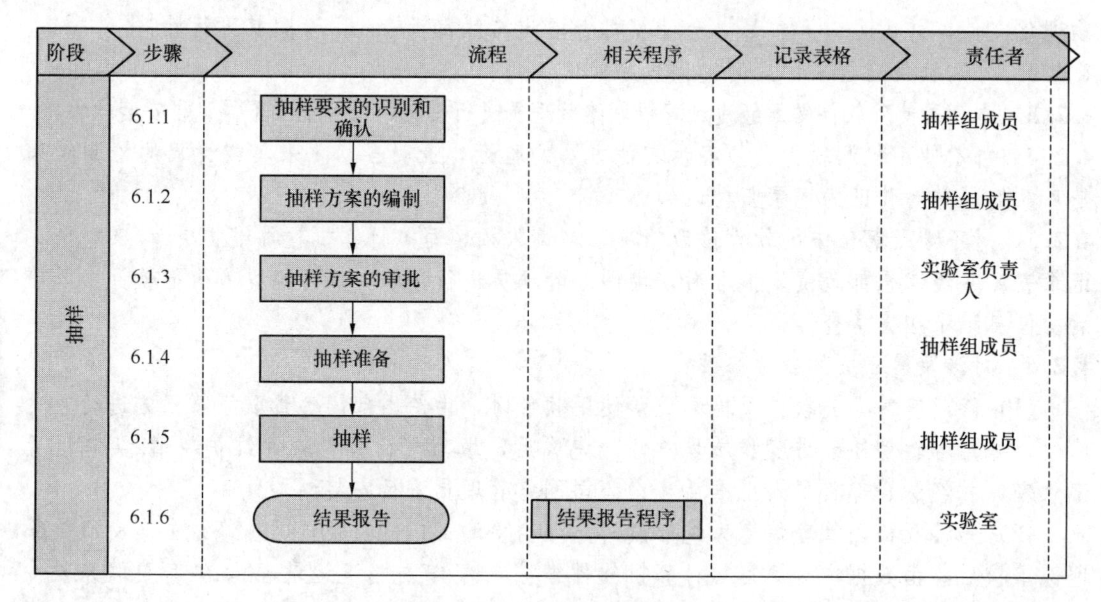

图4.2.1 抽样工作流程图

4.2.2 抽样流程说明如表4.2.2所示。

抽样流程说明表 **表4.2.2**

阶段	步骤	操作环节	流程描述
6.1 抽样	6.1.1	抽样要求的识别和确认	实验室为完成后续的检测/校准工作，可能需要对物质、材料或产品进行抽样。负责抽样的人员应充分了解合同/订单/委托书中客户/委托方对抽样的要求，以便为后续工作的开展作好准备
	6.1.2	抽样方案的编制	抽样组成员接到抽样任务后，应按相关技术标准/规范/规程，编写抽样方案，或在检测/校准方案中体现抽样策划内容。 在承担抽样检测/校准任务时，若国家、行业相关标准规定有对该类产品的抽样检测/校准方法及要求时，在征得客户同意后，可直接进行采用。若国家、行业相关标准没有明确规定，可按客户要求的方法进行抽样。 若国家、行业相关标准没有规定该类产品的抽样方法及要求，且顾客也未提出抽样要求或方法时，抽样组负责人应组织专业人员根据所承担的检测/校准工作的性质，制定详细的抽样方案。 如果顾客对抽样方案或选用方法有偏离和增删要求时，抽样组应将这些要求及相关抽样资料进行详细记录，同时告知相关人员，以便使相关要求都被记录到包含检测/校准结果的所有文件中。 当对贵重物品、易碎品、变质物品、易燃易爆物品进行抽样时，应明确责任归属的标识、识别和确认方法，包装与运输方面应与顾客充分沟通和交流

续表

阶段	步骤	操作环节	流程描述
6.1 抽样	6.1.3	抽样方案的审批	抽样组成员依据抽样要求制定详细的抽样方案，经部门负责人批准后实施
	6.1.4	抽样的准备	在抽样工作开始前，抽样组成员应准备抽样方案及技术标准、作业指导书或相关的抽样记录表格等资料，以及抽样设备、工具和量具等
	6.1.5	抽样的实施	抽样人员应依据合同规定和批准后的抽样方案进行抽样。现场抽样工作在不影响顾客生产和安全的前提下进行。抽样方案在抽样的地点应能够方便获得。 抽样应严格执行抽样标准和方案，抽样结果应由本公司检测/校准人员独立判断，不受委托方或其他人员的影响和干预，以保证判断的独立性和抽样的公正性。 现场抽样工作完成，抽样人员应将被抽样品妥善封存和编号，必要时，抽样人员应和供样方代表共同签署姓名。 封存后的样品必须用妥善方式发送至实验室。抵达实验室后，要核验封存状态，作好记录并办理登记手续，为后续的样品制备、检测/校准工作作好准备
	6.1.6	检测/校准报告或证书中对抽样的要求	当抽样是检测/校准工作的一部分时，应当在检测/校准报告或证书中给出有关抽样信息的声明，翔实报告抽样过程及相关的抽样技术标准规范。 当客户对文件规定的抽样方法有偏离或增删要求时，应当在检测/校准报告或证书中加以注明。 当样品信息与顾客存在利害关系时，抽样人员对样品信息有保密要求。 检测/校准报告或证书中对抽样的报告要求详情参考《结果报告程序》

3　相关文件

《检测报告管理程序》　　　　（QP/YZ-08-27）。

QP/YZ-08-24　样品管理程序

1　目的

因为样品的代表性、有效性和完整性将直接影响检测结果的准确度。必须对样品的接收、流转、贮存、处置以及识别等各个环节实施有效的质量控制。

2　适用范围

本程序适用于本公司受理样品的接收、流转、贮存、处置、识别等的管理。

3　职责

3.1　前台人员负责在接受客户检测委托时，对样品的有关信息包括检测的要求进行核对，编制样品的唯一性标识；客户在前台办理委托后将样品搬至样品室时，根据检测委托协议书对样品的完整性、对检测要求的符合性进行验收，并做样品唯一性标识和摆放在相应的未检区域。

3.2　检测人员负责核对待检样品，并对制备、测试、传递过程中的样品加以防护。

4 程序

4.1 样品的接收

4.1.1 送检样品根据取样和送检方式不同可分为有见证取样送检样品、监督抽检样品、普通送检样品三种类型。

4.1.2 新客户第一次送检时，前台为客户建立客户档案（或工程档案），软件自动生成新工程的工程代号，需在委托单的工程代号中注明，并告知客户相关的工程代号。

4.1.3 客户在送检样品时应填写《委托协议书》，并在协议书中注明样品的类型，前台人员必须严格要求客户完整填写《委托协议书》，避免漏填、错填。

(1) 对于有见证送检的样品，前台人员应核对见证员证书、见证记录、《委托协议书》以及样品本身标识，确认后在《委托协议书》中注明样品的性质为有见证取样送样。

(2) 对于监督抽检样品，前台人员应核对《监督抽检通知单》《委托协议书》以及样品本身标识，确认后在《委托协议书》中注明样品的性质为监督抽检。

(3) 对于普通委托送检，前台人员核对《委托协议书》，检查样品完整性，在《委托协议书》中注明样品的性质为普通送检。

4.1.4 《委托协议书》单页委托单（A4 纸），由前台人员扫描留存，原件委托单（须将客户信息屏蔽后）流转给相应的检测人员，并进行流转交接登记，检测人员凭单领取待检样品；前台人员填制试验工作任务单，并将其转送到相应检测部门。

4.1.5 前台人员对送检样品给出样品的唯一性编号，编号应在《委托协议书》中标明。

4.1.6 前台人员对照委托协议书核对样品的完整性和对检测要求的符合性。经核查合格后贴样品标签，并将样品摆放在相应未检样品摆放区域，在委托协议书上选择“样品正常”。

4.1.7 前台人员将未委托的样品标识好工程名称，并将样品摆放在相应未委托样品摆放区域。

4.2 样品的标识

4.2.1 样品的标识除了前台人员给定的样品编号外，还包括试验状态的识别，试验状态标识可分为“未检”“在检”“已检”“留样”“退样”。

4.2.2 样品间内应在样品架或样品摆放区中明确“某某未检区”；对于检验完毕的样品，需退样的样品试验员应放置于“退样区域”；客户要求或标准规范规定留样的样品，应将其试验状态标识为“留样”并放置于留样间。

4.2.3 对检测前后外观无明显区别的样品，在实验室内摆放时，相应区域应有“未检区”“已检区”等类似标识，在样品标签上也应做相应试验状态标识。

4.2.4 样品编号由前台根据规则进行编制。

4.2.5 样品编号规则

(1) 样品编号方法：

编号形式：项目代号	年号	样品顺序号
（英文字母）	（四位数年号）	（五位数顺序号）

例如：水泥代号 SN-WA，2017 年第一个收样，则样品编号为：SN-WA201700001。第 12 个水泥顺序收样，则样品编号为：SN-WA201700012，如此类推。

(2) 建材类试验代号分类表如表 4.2.5-1 所示。

建材类试验代号分类表　　表4.2.5-1

序号	项目/项目名称	试验项目代号	序号	项目/项目名称	试验项目代号
1	石子软弱颗粒含量	JL-CA	19	混凝土路缘石	LY-WA
2	岩石抗压强度	YS-KY	20	沥青	LQ-YA
3	细集料（公路）	JL-XG	21	沥青混合料（成品）	LQ-HA
4	粗集料（公路）	JL-CG	22	沥青混合料目标配合比设计	LQ-PA
5	矿粉	JL-KA	23	沥青混合料芯样	LQ-XA
6	粉煤灰	FH-WA	24	无机结合料稳定材料（含水量）	WJ-HA
7	混凝土外加剂	WJ-HA	25	无机结合料稳定材料（标准击实）	WJ-JA
8	混凝土抗折强度	HX-ZA	26	无机结合料稳定材料（无侧限抗压）	WJ-WY
9	混凝土劈裂抗拉强度	HX-PL	27	无机结合料稳定材料（剂量分析）	WJ-JC
10	混凝土轴心抗压强度	HX-ZY	28	无机结合料稳定材料（间接抗拉强度）	WJ-JL
11	混凝土拌合物	HB-WA	29	无机结合料稳定材料（成分分析）	WJ-HF
12	钢材原材（板材、型材）	GC-BY	30	无机结合料稳定材料（级配碎石配合比设计）	WJ-SP
13	钢管原材	GC-GY	31	无机结合料稳定材料（稳定配合比设计）	WJ-WP
14	钢管焊接	GC-GH	32	井盖（铸铁）	JG-ZT
15	砂浆物理性能	SJ-WA	33	井盖（复合材料）	JG-FH
16	净浆力学性能	JJ-LA	34	水质	SZ-HA
17	净浆配合比	JJ-PA	35	土壤	TR-HA
18	混凝土路面砖	LZ-WA	36	肥料	FL-HA

（3）结构实体类试验代号分类表如表4.2.5-2所示。

结构实体类试验代号分类表　　表4.2.5-2

序号	项目	试验项目代号	序号	项目	试验项目代号
一	**混凝土及钢筋混凝土排水管**		3	水池满水试验	GP-MS
1	混凝土和钢筋混凝土排水管	HG-PW	4	给水排水构筑物气密性试验	GP-SM
二	**路基路面现场测试**		5	管道压力试验	GP-GY
1	路基路面厚度试验	LL-LH	6	CCTV法检测排水管道	GP-CC
2	平整度（3m直尺）	LL-PZ	四	**地基基础检测**	
3	平整度（连续平整度仪）	LL-PL	1	圆锥动力触探试验（轻型）	DJ-CT
4	摆式仪测定路面摩擦系数	LL-MB	五	**主体结构**	
5	沥青路面渗水系数试验	LL-LS	1	饰面砖粘结强度	SM-NQ
6	路基路面几何尺寸（中线偏差、横坡、路面宽度、中线高程）	LL-JC	2	植筋抗拔	ZT-JB
7	密度灌砂法-非稳定层	YS-TG	3	回弹法检测混凝土强度	ZT-HH
8	密度灌砂法-稳定层	YS-WG	4	钻芯法检测混凝土强度	ZT-ZX
9	密度环刀法	YS-HD	5	钢筋保护层厚度	ZT-GB
10	密度灌水法	YS-GS		钢筋间距	ZJ-GJ
三	**给水排水构筑物及管道工程**			实体质量、结构构件尺寸	ZT-GC
1	QV法检测排水管道	GP-QV		**工程监测**	
2	管道闭气试验	GP-BQ		建筑物变形	ZT-BX

(4) 常用建材类样品代号表如表 4.2.5-3 所示。

常用建材类样品代号表 **表 4.2.5-3**

代号	SN-WA	HX-YA	HX-PA	XQ-WA	JL-XA	JL-CA
样品	水泥	混凝土抗压	混凝土配合比	新型墙体材料	砂子	石子
代号	HX-SA	GC-JY	SJ-PA	SJ-YA	GC-JH	HX-ZA
样品	混凝土抗渗	钢筋原材	砂浆配合比	砂浆抗压	钢筋焊接	混凝土抗折

(5) 土工类样品代号表如表 4.2.5-4 所示。

土工类样品代号表 **表 4.2.5-4**

样品	密度	击实	无侧限	弯沉	闭水	摩擦系数	构造深度
代号	YS-TG	TG-TJ	WJ-WY	LL-WC	GP-BS	LL-MB	LL-KZ

4.3 样品在制备、检测过程中的流转

4.3.1 样品按检测工作流转图流转，在协议书上标识已核查样品的状况。

4.3.2 待检样品送达实验室后，应分类堆放在“未检品”标记处，样品识别号不得随意改变。

4.3.3 检测人员在样品试验完毕后，应将已检样品加上“已检”标识，若样品已完全破坏且客户无退样要求，不存在任何保留价值时，可作为废件处理。但特殊情况，如检测结果不合格或客户要求保留的，应退还前台保管或退还给客户。

4.3.4 相关法规、标准/规范规定或客户要求留样的，应按前面“留样”的标识和存放要求处理，并应确保样品在保存期限内的品质。

4.3.5 样品在制备、测试及传递的过程中应加以保护，避免受到非检验性损坏，并防止丢失。若样品意外损坏或丢失，应在原始记录中加以说明，并向技术负责人报告，商定处理方案。

4.4 样品的贮存

4.4.1 实验室应有专门且适宜的样品贮存场所。样品应分类存放，标识清楚，贮存环境应安全、无腐蚀、清洁干燥。

4.4.2 对要求在特定环境下贮存的样品应严格控制环境，前台对环境条件应按规定记录。

4.4.3 易燃、易爆、有毒的危险样品应隔离存放，做出明显标记，并对其保管、处理做出具体规定。

4.5 样品的处置

4.5.1 应按**“检测应按有关标准的规定留置已检试件。有关标准留置时间无明确要求的，留置时间不应少于72h”**的强制性要求留置已检试件。

4.5.2 部分破坏性试验完毕且结果合格和留置时间达到前款规定时，样品可以直接处理。

4.5.3 有留样要求的特殊样品，留样期按有关标准/规范的要求或与客户商定的留样时间来确定；超过留样期的样品，由前台人员统一安排处理，并做好记录。

4.5.4 检测不合格需留样时，由检测人员负责将留样交前台人员将其存放在样品仓库的留样区域中。对于需退样处理的样品，检测人员在试验完毕后将退样移交前台，由前台负责退样。

4.6　分包和实验室外检样品的管理

4.6.1　前台人员对提供给分包实验室的样品，在交付前应检查样品完好性，交付时应有对方接收凭证。相关的检测部门做好内部分包样品的管理工作。

4.6.2　对在实验室外检测的样品，检测部门及其人员应做好样品的标识和实验室外样品的管理工作。

4.7　样品的保密和安全

4.7.1　本公司严格按有关规定进行样品的检测、贮存和处置，对客户的样品，附件及有关信息负保密责任。

4.7.2　留样期内的样品任何部门或个人不得以任何理由挪作他用或擅自处理。

5　相关文件

（1）《室内检测工作程序》　　（QP/YZ-08-29）。

（2）《留样、退样库存登记表》　　（QR/YZ-08-24-1）。

QP/YZ-08-25　测量溯源管理程序

1　目的

本程序的目的在于保证公司检测设备的量值准确，保证公司对外出具的检测数据准确可靠具有溯源性和有效性。

2　适用范围

适用于公司对检测结果的准确性有显著影响的检测设备。

3　职责

3.1　技术负责人负责批准年度计量检定/校准计划。

3.2　综合部负责全公司的量值溯源总体协调。

3.3　检测部门负责对其使用的检测仪器计量检定/校准的申请。

3.4　设备管理员负责制订计量检定/校准计划及其执行实施。

4　程序

4.1　制定计量检定/校准计划

4.1.1　设备管理员年初负责制定设备年度计量检定/校准计划，报综合部汇总制定全公司的《年度设备检定/校准计划表》，报技术负责人批准。

4.1.2　确定计量检定/校准周期及送检时间：

（1）一般情况下，以法定计量检定/校准单位建议的检定/校准周期作为设备的检定/校准周期。

（2）根据使用的频率和使用环境的严苛性，可缩短检定周期。

（3）设备量值漂移或出现过载使用时，应送检。

（4）设备故障修复后对量值有影响时，应送检。

（5）新购进设备应送检。

（6）对于较少使用且检定费用较高的仪器，允许采用前检定方法，并当设备超出检定有效期后在设备上贴上停用的红色标签。

4.1.3　制定计量检定/校准计划的原则

在制定计量检定/校准计划时，要综合考虑送检时间尽量集中和送检尽量不影响正常检测工作两项原则。

4.2 计量检定/校准计划的实施

4.2.1 各检测部门（小组）设备管理员编制本部门的设备计量检定/校准计划报综合部统筹，综合部编制全公司的检定/校准年度计划。对于新的检测设备由所使用的检测部门提供计量检定/校准参数和评判标准。

4.2.2 综合部设备管理员按计划提前与计量检定/校准部门联系，确定计量检定/校准时间。使用者应积极协助计量检定/校准人员安排检定/校准工作。

4.2.3 综合部设备管理员负责领取计量检定/校准证书并及时进行归档。

4.2.4 根据计量检定/校准证书的结论和功能确认结果在设备固定位置贴上计量检定/校准状态标签。

4.3 计量检定/校准后技术状态的确认

4.3.1 对计量检定合格的设备可直接投入使用。

4.3.2 对校准的设备，应根据校准证书给出的结果，经使用部门项目负责人确认其技术状态的可用性，填写《设备校准技术状态确认书》，由部门负责人签名批准后，方可投入使用。应复印《校准证书》副本供专业人员使用。

4.4 标准物质的检定和储存

4.4.1 应使用有资格/能力的供应/生产者（满足ISO 17034要求的标准物质生产者）提供的有证标准物质，使之具有可靠的物理或化学特性。

4.4.2 有证标准物质应视其材料的稳定性，确定是否送检、送检周期，以保持校准状态的置信度。

4.4.3 标准物质应储存在特定的环境下，防止其污染、变质和损坏。如，化学标准溶液应存放在恒温的环境，以防变质；钢砧、标准插头、卡规等应存放在恒温恒湿的环境，以防生锈；砝码应存放在专用的盒子中；标准硬度块要用油纸包装。

4.5 无法溯源的对象及其测量溯源措施

4.5.1 无法溯源包括国家尚未制定相应的技术法规，或尚未建立计量标准的那些仪器设备；尚未或无法建立溯源途径的专用测量设备。

4.5.2 对于无法溯源的测量量值，可采取以下措施：

(1) 由专业部门通过参与实验室之间的比对或能力验证来证实此仪器设备的测量量值与外部实验室的一致性。

(2) 实验室之间仪器的比对由各专业部门组织实施，并将结果的分析及收集到的有关材料归至设备档案。

(3) 如果溯源到有证标准物质，则要收集并保存提供者的资质证明及其校准证书。

(4) 实施比对的设备应有三台以上同类型的设备进行。检测部门应预先编制比对的计划、程序和结果评定的原则和方法，以便对仪器设备最终能否使用作出判断结论。

4.6 偏离的处理程序

4.6.1 当有紧急的检测任务时，若检定有效期刚好在作业中间到期，作业不能间断时，在做好运行检查的情况下，允许用后检定。但必须在使用前办理审批手续并采取适当有效的预后措施（包括留样、缓发报告等）。

4.6.2 上述情况的用后检定不合格，应评估其对试验结果的影响，判定试验结果无效。

4.7　量值溯源图

量值溯源图如图4.7所示。

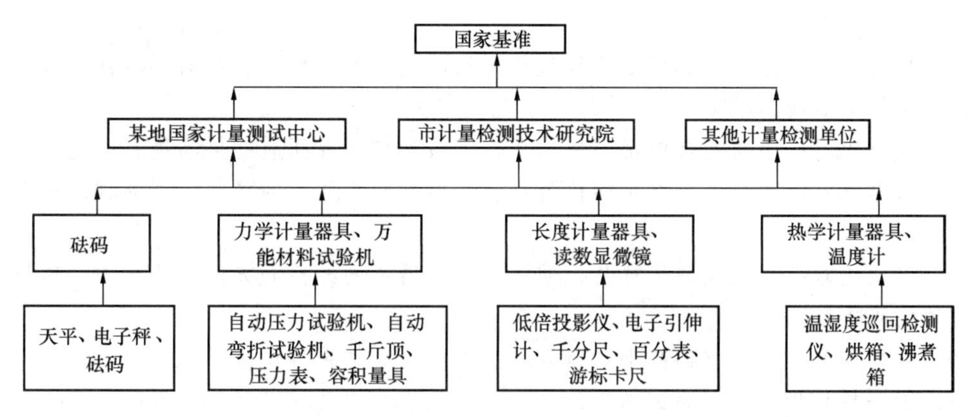

图4.7　量值溯源图

5　相关文件

（1）《设备/标准物质管理程序》　　（QP/YZ-08-8）。

（2）《仪器设备检定/校准计划表》　　（QR/YZ-08-25-1）。

（3）《仪器设备的检定/校准结果确认表》　　（QR/YZ-08-25-2）。

QP/YZ-08-26　质量控制程序

1　目的

通过实施质量监控计划和措施保证公司检测结果的准确性。

2　适用范围

公司参加的能力验证和实验室间比对试验以及本公司为实施质量控制而组织的各类比对试验的管理。公司属下各部门纳入公司统一管理。

3　职责

3.1　技术负责人负责组织检测部门编制年度质量控制计划并监督检测部门实施，对监控方法的有效性进行评审，并负责对各类比对试验计划及比对试验总结报告的审批。

3.2　质量管理部（质量小组）负责汇总全公司的年度质量控制计划、组织本公司有关检测部门参加国内外有关机构开展的能力验证或实验室间比对试验活动、能力验证和比对试验技术资料及过程记录的汇总和存档；审核并向组织能力验证单位报送比对试验总结报告。

3.3　检测部门负责提出本部门比对试验计划、方案以及标准曲线校核方法，实施能力验证和比对试验计划、指令，并编制比对试验总结报告。

4　程序

4.1　比对试验方式分类

4.1.1　能力验证和实验室间比对试验：

（1）国内外有关机构开展的能力验证或实验室间比对试验。

（2）本公司与其他实验室间开展的相互比对试验。

（3）上级有关部门组织的同行实验室间比对试验。

4.1.2 公司内部比对试验：

（1）每年定期使用有证标准物质或次级物质进行比对试验，评价检验方法的可靠性和检验结果的准确性。

（2）标准曲线质控：根据标准曲线校核方法，使用有证标准物质对标准曲线进行误差分析，评价标准曲线的准确性。

（3）人员比对：不同人员使用同一仪器、方法和相同或同质的样品进行比对。

（4）仪器比对：同一人员在不同仪器设备上对相同或同质的样品，用同样的检测方法进行比对。

（5）方法比对：同一或同质样品、同一人员采用不同的检测方法，检测同一项目，验证其方法的可靠性。

（6）留样再试：在保留样品上进行复测，验证检测结果再现性。

（7）同一样品相关项目测试结果比较。

4.2 计划的编制与审批

4.2.1 各检测部门在每年的1月份提交本年度的比对试验计划报综合部。计划的内容应包括：

（1）时间、比对项目。

（2）比对的目的、方式。

（3）参加比对的实验室（或检查机构）名称、认可水平等。

（4）项目负责人及参加比对人员。

4.2.2 综合部汇总各检测部门比对计划的基础上编制年度全公司比对计划，报经公司技术负责人批准。

4.2.3 对国际和国内外以及有关上级主管部门组织的能力验证或实验室间比对试验，统一由技术负责人安排检测部门跟进实施。

4.3 组织实施

4.3.1 检测部门负责人根据计划安排组织实施，安排项目实施负责人检测。

4.3.2 检测过程中质量负责人应组织安排监督员对整个检测过程进行监督检查。

4.3.3 项目负责人根据有关检测方法的要求，按预定方案在规定的实施时间完成检测工作，按《检测报告管理程序》（QP/YZ-08-27）出具报告。

4.3.4 原始记录应按《记录及档案管理程序》（QP/YZ-08-17）的规定执行。

4.3.5 样品的留存和处理应按《样品管理程序》（QP/YZ-08-24）的规定执行。

4.3.6 质量管理部应及时审核并将比对试验总结报告上报组织能力验证的单位。

4.4 结果处理

4.4.1 能力验证或实验室间比对出现的问题由技术负责人组织相关检测部门进行分析、整改、上报。

4.4.2 内部组织的质量控制活动的评价由技术负责人负责。

4.4.3 年底由技术负责人对本年度质控计划实施情况进行总结评价，并作为管理评审输入资料。

5 相关文件

（1）《检测报告管理程序》 （QP/YZ-08-27）。

(2)《记录及档案管理程序》(QP/YZ-08-17)。
(3)《样品管理程序》(QP/YZ-08-24)。
(4)《____年比对试验计划》(QR/YZ-08-26-1)。

QP/YZ-08-27 检测报告管理程序

1 目的

本公司从报告的打印、审核、批准、发放至最后的归档进行全方位的管理，保证检测报告的严肃性、规范性。

2 适用范围

本程序适用于本公司出具的所有检测报告。

3 职责

3.1 部门职责

3.1.1 质量管理部门（数据处理中心）负责所有检测报告的出具、印制和盖章、归档。

3.1.2 经营部（前台）负责检测报告的发放。

3.1.3 检测部门负责编制打印非格式化检测报告。

3.2 岗位职责

3.2.1 检测（试验）人员负责确认（签名）所负责项目检测报告的原始数据。

3.2.2 检测项目负责人（/项目监督员）负责复核（签名）所负责项目检测报告的检测数据和结果，以及提出与其相关的检测报告的变更申请。

3.2.3 检测部门负责人负责校核（签名）所负责项目检测报告的检测数据和结果，以及复核与其相关的检测报告的变更申请。

3.2.4 技术负责人负责批准（签发）检测报告及检测报告的变更申请。

3.2.5 授权签字人负责签发获得授权项目的检测报告。

4 程序

4.1 检测报告的形成

4.1.1 报告形成方式

(1) 格式化的报告：指运作成熟的检测项目，检测报告的形成以固定格式，由后台（数据处理中心）统一编制打印的检测报告。例如：材料试验、土工试验等检测项目的报告。

(2) 非格式化报告：作为未完全成熟或需综合评价和解释说明的检测报告，此类报告由各专业检测部门编制打印。例如：新开展检测项目及综合性的检测报告等。

4.1.2 报告出具流程

(1) 格式化报告出具：

1) 检测管理系统固定格式的项目：

① 客户填写协议书。协议书第一联转后台，第二联下半联（屏蔽客户相关信息后）作为业务流转单交给检测人员，第三联为客户领取报告凭证。通过检测信息管理软件出具报告的项目，前台负责向软件输入客户档案及检测样品信息；

② 检测人员按照业务流转单内容开展检测。检测项目实现自动采集的，检测数据通过局域网传输到数据处理中心；

③ 出现结果不合格或异常时，检测人员需填写“检测结果异常通知单”上报项目负责人，并需要检测人、项目负责人和技术负责人签名，再由前台通知客户，同时流转到后台出具报告；出现检测结果为不合格或异常的检测报告应在完成试验后12h内出具；

④ 后台出具报告人员负责审查并打印报告，将打印出的报告直接交检测人员、报告审核人签名确认，并经批准人批准签字后安排复印、盖章；

⑤后台报告盖章人员将正式报告转交前台发放，同时负责将留底报告、原始记录和协议书等资料归档。

2）检测系统中自定义检测项目：与检测管理系统固定格式的项目流程基本相同，对于自定义项目后台需要将系统外报告电子版上传到检测系统内。

(2) 非格式化报告出具：

1）检测人员整理好原始记录（含图表），交报告编写人；

2）报告编写人负责编写报告。报告编号由前台提供，检测人出具的报告电子版最终要归档到后台存档和上传系统，出具的报告由数据处理中心安排复印、装订、盖章，再转前台统一发放。

4.1.3 报告的审批

(1) 检测报告需经过不少于三级审批，单页报告经过检验、审核、批准三级，成册报告经过检测人员、报告编写、校核、审核、批准五级。

(2) 采用检测信息管理软件出具格式化报告的检测项目，检测人员通过个人密码进入管理系统进行试验，此类报告在经公司批准的情况下允许采用电子化签名。

(3) 授权签字人须在授权范围内签发报告。

4.1.4 报告的异常情况处理

(1) 检测报告上的检测项目出现检测结果异常或不合格的情况时，应由数据中心立即登记在不合格试验报告登记台账上，并由前台在规定时间内上报各有关部门和人员。

(2) 建设工程24h内通知委托单位和监理单位，48h内向负责监督该工程的质量监督机构报告并同时传真检测结果异常通知书到质量监督机构。

(3) 水务工程2h内短信和电话通知委托单位、监理单位、建设单位及相应的监督机构，24h内将检测结果异常通知单传真到质量监督机构或将相应的检测报告（关键页）上传到检测监管系统。

4.2 检测报告格式、编号

4.2.1 检测报告格式可分为两种，一种为单页的报告，另一种为成册的报告。单页报告主要运用于常规材料试验等，成册报告主要用于现场开展的工程质量检测报告。

4.2.2 检测报告编号方法：

前台接受委托确认下单后给予对应的委托单唯一性（流水号）的报告编号。

编号形式：	项目代号	年号	报告顺序号
	（B+样品项目代号）	（四位数字）	（五位数字）

例如：混凝土抗压代号BHX-YA，2017年第一份报告，则报告编号为：BHX-YA201700001。第15个混凝土抗压顺序报告，则报告编号为：BHX-YA201700015，如此类推。

4.2.3 检测报告上所用章的规则：

（1）在获得省住建行业主管部门资质许可的检测项目范围内的检测报告方可加盖住建行业“检测专用章”，检测专用章应加盖在检测报告的机构名称位置/检测结论位置或报告的右下角，多页报告的骑缝位置也应加盖。

（2）资质认定（或实验室国家认可）标志（CMA章或CNAS章）应在公司获得省市场监督管理局（或中国合格评定国家认可委员会CNAS）颁发的资质认定（或实验室国家认可）证书的能力范围内，对社会出具具有证明作用数据、结果时，加盖在检测报告或成册报告封面上部。

（3）资质认定/认可标志（CMA/CNAS章）和住建行业检测专用章由数据中心组长负责保管和使用，并记录每次用章情况。

4.2.4　检测报告更改：

（1）当客户提出报告更改要求时，由前台负责接待，由客户填写《检测报告更改申请表》，同时回收全部已发报告。此类修改仅限于客户提供信息有误导致且不需要重新进行检测的修改。

（2）当客户发现本中心工作失误导致报告出错时，前台工作人员应填写《检测报告更改（增发）申请表》，尽快回收所有已发出的错误报告。所有内部出错的报告均由后台进行登记。

（3）对已发出的检测报告修改并需要重新出具报告时，新报告应重新编排报告编号，并注明本报告代替原报告或声明原报告作废。要在报告编号后面＋G，如：本报告替代原报告编号为H130015，报告日期为2016年5月10日的报告。新报告编号为：H130015G。

4.3　报告的发放

4.3.1　前台每次收到可发给客户的报告后，打印本次可发放的报告发放签收清单（系统出不了清单的手工登记打印），按照自编的工程编号进行登记放入资料柜。

4.3.2　前台报告发放人员在确认检测费用已交清或未超过合同付款约定的、未签合同要先发报告的，须经上一级领导或业务组长批准，委托方签名确认后，方可将报告发出。

4.3.3　本公司所出具的检测报告一律由前台统一发放，任何人不得擅自将检测报告带离公司。

4.3.4　在特殊情况下，客户要求本公司工作人员呈送报告，可由受委托的工作人员经其部门负责人批准后在前台办理代领手续，并由该工作人员负责转送和收款事宜。

4.4　结果和报告的电子传送

4.4.1　根据客户特殊要求（须是客户签章手续完备的书面要求），采用传真形式和电话形式传送检测结果和检测报告，此项事宜由前台统一办理。

4.4.2　当客户电话查询检测结果时，前台工作人员首先核对客户的工程代号和样品编号等信息，待确认符合身份后才能查询，并在电话中告知电话查询结果仅供参考，最终以书面报告为准。

4.4.3　当客户提出（书面）要求传真检测报告时，办理人员应在传真前办理书面登记，传真内容必须为出具的正式报告（已签名盖章），未完成报告一律不允许外传。

4.5　报告的归档

4.5.1　所有检测报告、检测原始记录、检测委托协议书等由后台负责归档。原则上检测报告和相应的原始记录、协议书等资料一并归档。材料检测自动采集数据的项目，报告、原始记录、协议书可分开归档。

4.5.2 材料检测自动采集数据的检测项目归档方法：

（1）检测委托协议书：每月按样品编号升序排列并加装封面装订归档。

（2）原始记录归档：检测项目的原始记录每月按样品编号升序排列并加封面装订归档。

（3）检测报告：每月按报告编号升序排列并加封面装订归档。（注：以上归档资料须清楚标识该项目名称、起止日期、起止编号。）

4.5.3 检测部门将整理好的技术资料交由档案管理人员核对，档案管理人员按手续登记入册。

4.5.4 档案室的钥匙由后台档案管理人员保管，档案管理人员对借出的资料进行登记和在借出和归还时查验，并督促借出者限期归还。

5 相关文件

(1)《检测标准方法管理程序》 (QP/YZ-08-20)。

(2)《检测报告更改（增发）申请表》 (QR/YZ-08-27-1)。

(3)《不合格试验报告登记台账》 (QR/YZ-08-27-2)。

QP/YZ-08-28 开发新检测项目程序

1 目的

保证新开展的检测项目立项正确合理，准备工作充分严谨，有足够的能力和资源。

2 适用范围

适用于开展新的检测项目。

3 职责

3.1 技术负责人负责组织新项目的评审工作。

3.2 质量管理部协助技术负责人组织实施新项目评审工作，以及负责申请资质许可评审和运行后的管理工作。

3.3 各检测部门负责填报新项目立项申请，参与设备订购和验收，以及相关技术类文件的起草工作。

4 程序

4.1 新项目的立项

4.1.1 立项原则。各检测部门根据检测技术发展动态、市场需求、客户期望，不断跟踪和收集各种新项目的发展动态，结合本公司及本部门的实际情况提出立项申请。

4.1.2 立项申请。各检测部门年初在管理评审中提出立项计划。管理评审中对该计划进行审议。经审批的立项需要纳入到公司的年度预算中。

4.2 新项目筹备

检测部门负责组织新项目筹备工作，统筹仪器设备购买、安装、验收、校准，完善环境条件。

4.2.1 硬件筹备

（1）检测部门负责人组织仪器设备调研，提交仪器设备采购申请，按设备管理相关程序办理采购事宜。

（2）检测部门负责人提出试验设计方案，报技术负责人批准后（装修或调整过程中涉及发生重大开支费用的上报公司总经理）实施，基建施工、装修事宜由综合部负责实施。

4.2.2 软件筹备

(1) 检测部门负责人组织编写下述文件：

1) 编写《检测作业指导书》、委托书（合同）格式、原始记录表格及报告格式，作业指导书及其相关表格的编号、试验编号（或样品编号）及报告编号由质量管理部数据处理中心提供；

2) 编写检测能力分析表（即填写《资质许可申请书》中对应的表格）；

3) 编写相关设备的操作规程；

4) 编制仪器设备计量校准计划及期间核查计划。

(2) 对有检测员资格证要求的项目则需由综合部负责联系外培。对无特殊资格证书要求的，由项目负责人负责对检测人员进行内部培训，技术负责人对检测人员进行考核和资格确认。

4.2.3 试运行。当新项目具备基本运行条件后，检测部门负责人可以安排进行试运行，按文件要求进行检测、记录、编写报告，为新项目评审准备评审资料。

4.3 新项目评审申报

筹备工作（试运行）完成后，检测部门负责人负责编写新项目评审报告（申请部分），并提交以下评审资料：

(1) 作业指导书、委托协议书、原始记录表、报告格式。

(2) 试运行检测技术资料2份以上（含原始记录和报告）。

(3) 对于重要项目及重要参数，综合部可提出必须经过实验室或检查机构间比对要求，评审时应提交相应的比对材料。

(4) 质量管理部负责整理技术资料档案。

(5) 检测部门负责人将建立新购仪器设备档案资料交由综合部整理归档。

4.4 新项目评审

4.4.1 技术负责人负责组织评审工作。评审内容分软件、硬件两部分：

(1) 软件部分：

1) 审批作业指导书、委托协议书、记录、报告格式；

2) 需要时进行检测项目的实操考核；

3) 对检测人员进行技术提问考核。

(2) 硬件部分：

1) 设备配备及检定情况；

2) 试验的环境条件；

3) 与综合部交接情况（如各种编号衔接、业务流转）。

4.4.2 评审组将评审情况记录在评审报告中，签署评审意见的整改要求。

4.4.3 评审通过后的后续工作

(1) 质量管理部负责在适当时候向省住房和城乡建设厅申请行业资质许可和省市场监督管理局申请资质认定（适用时）。

(2) 检测部门负责人向相关部门（岗位）提供开展新检测项目的相关信息，如向前台提供样品编号规则和按照公司规定核算经济成本以便确认公司对外收费标准、向数据中心提供报告模板，提供完整的作业指导书电子版等，以便正式开展业务。

4.4.4 质量管理部负责收集或整理以下质量记录：

(1) 新项目检测评审报告。

(2) 新项目相关标准的培训记录。

(3) 典型检测报告和原始记录。

5 相关文件

《新检测项目评审报告》 (QR/YZ-08-28-1)。

QP/YZ-08-29 室内检测工作程序

1 目的

通过检测工作流程的合理性和科学性保障检测工作有序高效地运作。

2 适用范围

本程序适用于室内开展的检测项目工作。

3 职责

3.1 经营部（前台）负责客户送检样品的接收及报告的发放工作。

3.2 检测部及其检测人员依据检测委托书的检测要求和按照相应的检测方法标准、作业指导书的要求开展检测工作。

3.3 质量管理部（数据中心）负责大部分报告的打印、流转和分类归档。

3.4 监督员负责对检测人员的工作全过程进行督查，处理检测过程中出现的异常问题。

4 程序

4.1 送检

4.1.1 客户根据送检样品的类别在前台拿取检测协议书，并填写送检信息和检验要求。

4.1.2 前台工作人员根据以下三种不同的送检性质做出相应的判断：

(1) 对于有见证送检的样品，前台工作人员对见证员证书、《见证记录》《委托协议书》以及样品本身标识确认后在《委托协议书》中注明样品的性质为有见证取样送检。

(2) 对于监督抽检样品，前台工作人员应核对《监督抽检通知单》《委托协议书》以及样品本身标识确认后在《委托协议书》中注明样品送检的性质为监督抽检。

(3) 对于普通委托送检，前台工作人员核对《委托协议书》、样品完整性，在《委托协议书》中注明样品的性质为普通委托送检。

4.1.3 前台为客户提供样品编号，并将该编号填入《委托协议书》。

4.1.4 客户送样人员按照《委托协议书》第三联在样品管理员的协助下摆放样品，样品由样品管理员贴上样品标签。

4.1.5 前台将送检样品信息输入电脑，并为客户办理计费手续。

4.2 检测

4.2.1 前台工作人员将样品信息录入电脑后，将《委托协议书》第一联交后台存档；第二联的上半联（客户相关信息）为保密部分，下半联为检测业务流转单，作为试验工作任务单转送到检测/检查人员。

4.2.2 检测人员凭委托协议书第二联的下半联领取待检样品。

4.2.3 检测人员在正式开始试验（检测）工作前，首先检查检测的设备及工具是否齐备，是否运转正常，同时应检查试验（检测）环境是否满足试验（检测）的要求，并对上述检查情况进行书面记录。

4.2.4　检测人员应该严格按照相关的方法标准和操作规程进行检测。遇到异常情况应立即停止检测工作，报告监督员（必要时以书面形式）。

4.2.5　检测人员应及时打印或即时填写原始记录，并在记录中签名后交监督员审核，审核后的原始记录立即转给数据中心组打印报告。

4.2.6　检测结果如出现异常，应立即填报《检测结果异常上报单》，参见《检测报告管理程序》（QP/YZ-08-27）。

4.3　报告打印及归档

4.3.1　数据中心组按照检测原始记录和《委托协议书》核查电脑自动生成的报告，核查无误后打印报告。

4.3.2　打印好的报告必须经过检测人员签名、审核人审核、授权签字人签名批准后由数据中心人员根据客户的要求复印、盖章，并将待发报告与前台人员交接。

4.3.3　数据中心组负责将盖章后的检测报告分类归档；每月定期负责检查检测人员对电脑打印版原始记录的归档。

4.4　报告发放

客户凭《委托协议书》第三联在前台领取报告。前台在发放报告时应核对报告是否与领取报告凭证相符，并与客户办理签收手续。

4.5　室内检测工作流程

室内检测工作流程图如图 4.5 所示。

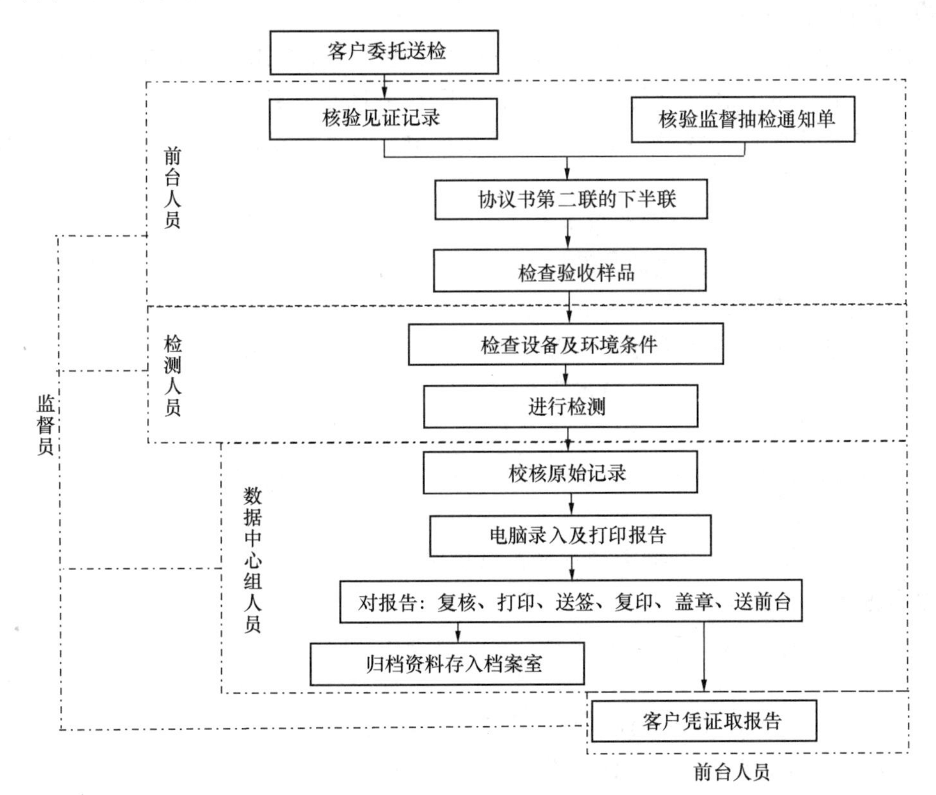

图 4.5　室内检测工作流程图

5　相关文件

(1)《检测报告管理程序》　(QP/YZ-08-27)。

(2)《样品管理程序》　(QP/YZ-08-24)。

QP/YZ-08-30　现场检测工作程序

1　目的

为保证在外部现场试验的工作顺利、高效运行。

2　适用范围

适用于客户要求或必须到现场进行的数据和样品采集的检测工作。

3　职责

3.1　经营部和检测部门（业务负责人）负责洽谈、办理检测合同，并跟进合同履行和结算收款；为各检测部门下达检测任务，并负责现场检测工作完成后的结算控制。

3.2　综合部（会计）负责本公司检测服务合同管理、现场检测收费管理、收款情况统计。

3.3　质量管理部（数据处理中心）负责现场检测报告出具、流转、归档，对检测部门现场检测结算审核及现场检测实现产值情况统计。

3.4　检测部门及各项目负责人负责组织按照合同要求开展现场检测并及时将检测原始资料提交数据处理中心。部分检测报告如需检测人员编写，由检测部门及项目负责人编审完毕并经技术负责人批准后再提交到数据处理中心；项目负责人在项目完成后提交结算表。

4　程序

4.1　检测合同洽谈及签订

4.1.1　本公司业务采用公司和部门两级联动方式进行，业务工作以经营部为主，公司对各部门业务工作统筹、协调、协助。公司和部门视情况指定具体某项业务的业务负责人，由该业务负责人负责跟进检测工程信息，查看现场、洽谈和签订合同。业务管理的相关规定另行制定。

4.1.2　业务负责人负责起草检测服务合同。

(1) 本公司合同分为正式的检测服务合同和格式化的检测委托协议书。格式化的检测委托协议书用于收款方便的零星业务，除上述情况外均应签订正式检测服务合同。

(2) 正式检测服务合同办理了内部审批手续后交会计盖章归档。

(3) 正式检测服务合同一般情况下本公司留一正一副共二份，正本由会计归档、副本交现场检测部门作为开展检测工作要求并最终交由数据中心与报告及原始资料归档。

4.1.3　当遇到合同签订流程时间较长，而客户要求提前进场情况时，业务负责人应办理《现场检测任务单》交现场检测部门作为开展检测工作要求。

4.1.4　合同签订程序按《合同管理程序》(QP/YZ-08-10) 规定执行。

4.2　检测进场前准备

4.2.1　检测部门负责人根据工作需要，安排项目实施负责人、具体检测人员以及辅助人员。

4.2.2　项目实施负责人凭合同或任务单准备以下事宜：

(1) 按客户需求编写相关项目检测方案。

(2) 与客户联系现场是否已具备进场条件，并协调好具体日程安排，当涉及劳务分包工作时，与指定的分包单位联系，确定配合事宜。

（3）准备好现场使用的各种资料（原始记录表格、工作量见证表、劳务分包工作量签证表等）。

（4）领用精密仪器，领用时对仪器工作状态进行检查，做好仪器用前准备工作，做好领用记录。

（5）在设备仓库领用工具、设备。

4.3　现场检测工作的实施

4.3.1　检测人员按约定时间到达现场，项目实施负责人与现场客户/客户代表接洽。进场前须按照公司《检测安全管理规定》做好安全防护和安全教育工作。

4.3.2　确认现场检测环境是否满足安全和检测工作的要求，如不满足，应做好安全保护措施及检测前的准备工作，并根据试验方法的要求，记录好试验环境条件。

4.3.3　检测人员严格按照作业指导书或相关规范/标准的要求开展检测工作，做好原始记录。对于抽取样品应及时做好样品编录。如在试验过程中出现异常（含受检构件、仪器设备）应做好异常记录并向项目负责人报告；当异常情况影响到数据的采集时，应立即停止试验，并向项目负责人或部门负责人报告和做好相关记录。

4.3.4　检测完毕，请客户/客户代表确认工作量。对于见证检测工作应填写《现场检测工作见证表》交见证人员现场办理见证签认手续，清理现场，清点、清洁仪器设备。

4.3.5　在外出检测过程中，应做好仪器设备的防振、防尘、防磁、防潮等工作，并确保仪器设备满足检测工作要求。

4.4　内部委托及检测资料移交

4.4.1　检测人员现场采集样品如需进行内部委托试验（如：抽芯、绿化工程）时，由检测人员负责在前台办理内部委托手续，由前台流转到室内检测部门完成。

4.4.2　现场检测工作结束后，检测人员应及时将仪器设备归仓。仪器设备在入库前应与仪器设备管理员共同查验其工作状态正常后方可归仓。

4.4.3　由检测部门及时整理原始记录及相关资料移交数据处理中心出具报告。当某些报告由检测部门自行编写出具检测报告时，检测部门在编写报告，经审核、批准后需将整理后的全部原始记录、报告（审批版及电子版）等资料交数据处理中心复印、装订、盖章、归档及流转报告。

4.4.4　检测项目完成后检测部门负责将全部的《现场检测工作见证表》《检测工作完工结算单》交数据处理中心办理结算，数据处理中心审核结算后将待发报告和结算单转前台（出纳）负责收款和发报告。

4.5　检测异常情况处理

4.5.1　项目实施负责人安排检测人员在完成现场工作后，立即进行数据处理工作。

4.5.2　当数据处理过程或在现场检测过程中发现检测结果异常（如结果不合格、异常偏高或偏低、结果处于临界状态等）情况时，应填写《现场检测结果异常上报单》，报部门负责人、授权签字人审批后通知相关方。然后根据结果异常的情况分别处理：

（1）结果不合格时，将录入不合格台账，并在通知相关方的同时，按规定上报相关监管部门、机构。

（2）如在现场检测过程中发现结果异常偏高或偏低时，检测项目负责人应立即组织对检测仪器设备、检测现场环境条件等导致结果异常的原因进行全面排查，在条件允许的情况下安排重测，并根据重测结果出具报告，且应完整记录和保存现场检测活动全过程的相关信息。

(3) 如在数据处理过程中发现结果异常偏高或偏低时，检测部门（项目小组）负责人应对现场检测过程相关记录、数据信息进行全面分析，查找原因并在现场具备条件的情况下尽量安排重测，再根据重测结果出具报告。

(4) 结果处于临界状态时，若现场具备安排重测条件时按前款规定处理；否则，应就该检测项目进行测量不确定度分析，并在检测报告中报告不确定度分析结果。

4.5.3 从发现检测结果异常到最后通知相关方须在24h内完成。

4.5.4 现场检测结果异常通知单由项目负责人通知相关方（含客户、监管机构等），并由后台统一归档。

4.6 检测报告

检测报告的出具详见《检测报告管理程序》(QP/YZ-08-27)。

4.7 工程结算及收款

4.7.1 数据处理中心依据合同、《现场检测工作见证表》，以及检测报告核对检测部门提交的《检测工作完工结算单》。结算单和待发检测报告一起流转到前台（出纳岗位）作为收款依据，收款后交由会计核算存档。

4.7.2 业务负责人负责追缴检测费用。

4.8 现场检测业务数据统计

4.8.1 为了全面地掌握各检测部门及检测专业的业务状况，现场检测业务数据统计分工如下：

(1) 会计负责统计每周、每月合同签订情况，每周、每月项目结算情况；提交每周/月现场检测合同（含协议书）统计表。

(2) 数据处理中心负责提交每周/月现场检测完工结算统计表。

(3) 财务提交每周/月现场检测收款情况统计表以及应收未收的追款明细表。

4.8.2 现场检测业务统计报表提交时间规定：每周统计报表周一上午提交，每月统计报表每周第一个星期一上午提交。

5 相关文件

(1)《合同管理程序》 (QP/YZ-08-10)。

(2)《检测报告管理程序》 (QP/YZ-08-27)。

(3)《现场检测任务单》 (QR/YZ-08-30-1)。

(4)《现场检测工作见证表》 (QR/YZ-08-30-2)。

(5)《检测工作结算表》 (QR/YZ-08-30-3)。

(6)《现场检测结果异常上报单》 (QR/YZ-08-30-4)。

QP/YZ-08-31 法律和其他要求控制程序

1 目的

识别、获得和充分理解相关环境及职业健康安全的法律、法规和组织应遵守的其他要求。

2 适用范围

适用于公司范围内活动、产品或服务的环境因素、危害因素。法律和其他要求的范围是适用于本公司的环境因素、危害因素的全部国家的法律、法规、地方性法规、国家强制性标准、管理法律制度及公司认可并自愿遵守的其他要求。

3 职责

3.1 质量管理部负责识别、获得、更新、保存法律和其他要求，并向各部门负责人传达有关要求。

3.2 各部门负责人在本部门内传达、贯彻和实施法律和其他要求。

3.3 公司全体员工有责任严格遵守法律和其他要求，报告不符合现象并与之斗争。

4 程序

4.1 法律、法规和其他要求的识别

4.1.1 根据ISO 14001、ISO 45001标准和已识别出来的环境因素、危害因素，逐项识别与之相对应的法律、法规或其他要求。

4.1.2 对识别出来与本公司质量管理相关的法律法规和其他要求按《文件维护和控制程序》（QP/YZ-08-09）的要求进行管理。

4.2 法律、法规及其他要求的获取

4.2.1 相关的法律、法规及其他要求的范围

（1）国家的法律、行政法规和部门规章；本省与本市的地方性法规、政府规章。

（2）客户和其他利益相关方制定的要求公司执行的守则和公约。

（3）与ISO 45001：2018、《环境管理体系 要求及使用指南》GB/T 24001—2016标准有关的其他法律法规及其实施细则。

（4）国际劳工组织以及其他国际组织发布且被我国政府认可等同使用的相关公约。

4.2.2 获取途径。法律、法规及其他要求的获取途径表如表4.2.2所示。

法律、法规及其他要求的获取途径表 **表4.2.2**

获取途径	国家/国际	本省	本市	其他
政策部门	√	√	√	√
书店	√	√	√	√
报纸	√	√	√	√
互联网	√	√	√	√
其他	√	√	√	√
客户	√	√	√	√

4.2.3 信息的获取。质量管理部按以下要求获取相关信息：

（1）定期阅览相关报纸、杂志、简报等，随时收集相关要求。

（2）每半年到书店或其他有效途径查阅最新出版的国家/国际、本省、本市法律、法规及其他要求。

（3）每季度到政策部门（如：劳动局、社会保险局、安全生产局、消防局、环保局、总工会等）或其官网查阅本省地方性法规及其他要求。

（4）每月上立法机关和政府官网查找一次有关法律、行政法规等。

(5) 每次查阅工作如有变更，应立即更新《法律法规以及其他要求清单》并报告管理层。

(6) 将与各部门检测作业环境因素、危害因素相关的法律法规及其他要求传达至各相关部门。

(7) 及时保存客户及其他相关利益方提供的最新的守则和公约等。

4.3　法律、法规及其他要求的应用、评价及管理

4.3.1　质量管理部及各部门对获取的法律、法规及其他要求的适用性进行识别，确定适用的法规条文并形成摘要分发到各使用部门。

4.3.2　质量管理部组织管理者代表及各相关部门对法律法规遵循情况进行评价。如评价发现公司内存在的不符合情况，质量管理部应定出一个时间表，分阶段进行纠正并根据外部变化及时补充、更新，并登记和保存相关的法律、法规及其他要求。

4.3.3　综合部负责组织对员工法律、法规及其他要求的培训工作。

5　相关文件

(1)《文件维护和控制程序》　　(QP/YZ-08-09)。

(2)《合规性评价控制程序》　　(QP/YZ-08-32)。

QP/YZ-08-32　合规性评价控制程序

1　目的

对组织应遵守的环境及职业健康安全法律、法规和组织应遵守的其他要求的符合性进行评价。

2　适用范围

本程序适用于对适用于本公司的环境因素、危险源的全部国家的环境法律、法规、地方性法规、国家强制性标准、环境管理法律制度及公司认可并自愿遵守的其他要求符合性的评价。

3　职责

3.1　质量管理部负责识别、获得、更新、保存法律及其他要求，并向各部门负责人传达有关要求。

3.2　各部门负责人在本部门传达、贯彻和实施法律和其他要求。

3.3　公司全体员工有责任严格遵守法律和其他要求，报告不符合现象并与之斗争。

4　程序

法律、法规和其他要求的收集、识别、传达、贯彻和实施控制参照《法律和其他要求控制程序》(QP/YZ-08-31)。

4.1　法律、法规及其他要求的评价

4.1.1　合规性的评价范围包括公司适用的国际公约、国家法律、行政法规、政府及其主管部门的规章、法规（规范）性文件及相关方的要求等。

4.1.2　质量管理部负责组织各部门每半年至少一次对法律、法规及其他要求的符合性进行评价，评价活动结合重要环境因素、重大职业健康安全风险、目标指标、管理方案等，评价的方式可采用会议、座谈、查记录等，并记录和保存每一次评价活动相关信息。

4.1.3　合规性评价还可以结合相关的政府主管部门的监督评审，例如环境检查、安全生产检查、文明施工检查等，由质量管理部负责记录并保存评价活动相关信息。如政府主管部门的监督评审中指出（开具）公司存在的不符合情况，应按《法律和其他要求控制程序》（QP/YZ-08-31）第4.3.2条规定处理。

5　相关文件

《法律和其他要求控制程序》　　　　　　　　　（QP/YZ-08-31）。

3. 作业指导书的制（修）定

作业指导书是检测活动过程有效实施的基础，是规范检测人员检测工作（活动或过程）行为的指导性文件，是实验室管理体系文件的有机组成部分。作业指导书（含检测操作实施细则、仪器设备操作规程等，下同）的主要功能就是解决如何做检测的问题。也就是对每一项检测工作（活动）的目的、要求、方法、步骤等做出详细、清晰的规定。具体操作时，应注意以下几个方面：

（1）需要制订作业指导书的情形。下列情况应制订作业指导书：

1）当选择标准规定的方法时，若标准方法中步骤不够明确或详细，可能造成理解不同而导致操作、判定上的因人而异时，应编写检测操作实施细则，以确保标准方法应用的一致性；

2）当相关的产品质量标准、检测方法标准中没有清晰明确的检测步骤及方法指引时，应制定检测操作实施细则；

3）仪器设备说明书没有清晰明确的操作步骤及方法等必要信息时，实验室应制定仪器设备操作规程；

4）其他需要制订作业指导书的情形。

（2）制订作业指导书的依据。制订作业指导书的依据主要有以下几个方面：

1）需要制订作业指导书的检测项目所涉及的相关检测方法标准、技术规范；

2）需要制订作业指导书的检测项目所涉及的相关产品质量标准、技术规范；

3）需要制订作业指导书的检测项目所涉及的相关检测仪器设备说明书或使用手册；

4）自主开发的检测技术方法、计划和方案；

5）其他需要制订作业指导书的检测方法、方案。

（3）作业指导书的主要内容。作业指导书的主要包括以下内容：

1）检测的目的：明确通过本检测作业想要取得什么样的参数、指标；

2）检测人员：明确对检测人员资格和能力要求；

3）仪器设备：列出检测所使用的主要仪器设备和辅助仪器设备、工具等；

4）准备工作：包括样品准备（如试样的数量、制备、预处理和养护）、检测环境与设施（场所）准备等工作；

5）检测方法与步骤：明确检测工作过程的操作方法和操作步骤。如准备工作、环境条件、试验过程控制、数据读取、注意事项等；

6）结果计算及判断评定：明确检测结果的计算范式（公式）、判断（评定）标准、数据修约等要求；

7）检测记录和结果报告：明确检测记录的要求和结果报告的格式、内容、制发程序等要求。

（4）作业指导书的应用示例。下面以《混凝土强度（回弹法）检测实施细则》和《钢筋焊接接头检验实施细则》为例介绍，见本节附件1、附件2。

附件1:《混凝土强度（回弹法）检测实施细则》

1 检测依据

《回弹法检测混凝土抗压强度技术规程》JGJ/T 23—2011。

2 适用范围

适用于现场对水泥混凝土路面及其他构筑物的普通混凝土抗压强度的快速检测评定，所试验的水泥混凝土厚度不得小于100mm，温度应不低于10℃。

3 检验目的

检验的目的是测定混凝土路面及其他构筑物的普通混凝土抗压强度。

4 仪器设备

（1）混凝土回弹仪。

（2）酚酞酒精溶液，浓度为1%。

（3）手提式砂轮。

（4）钢砧：洛氏硬度HRC60±2。

（5）其他：卷尺、钢尺、凿子、锤子、毛刷等。

5 检验方法和步骤

（1）测区和测点布置

① 当为水泥混凝土路面时，随机抽取一块混凝土板作为一个试样，每个试样的测区数不宜少于6～10个，相邻两测区的间距宜大于2m；测区宜在试样的可测表面上均匀分布，并宜避开板边板角；

② 对其他混凝土构造物，测区应避开位于混凝土内保护层附近设置的钢筋，测区宜在试样的两相对表面上有两个基本对称的测试面，如不能满足这一要求时，一个测区允许只有一个测面；

③ 测区表面应清洁、干燥、平整，不应有接缝、饰面层、粉刷层、浮浆、油垢等以及蜂窝、麻面。必要时，可用砂轮清除表面的杂物和不平整处，磨光的表面不应有残留粉尘或碎屑；

④ 一个测区的面积宜不少于200mm×200mm，每一测区宜测定16个测点，相邻两测点的间距宜不小于3cm。测点距路面边缘或接缝的距离应不小于5cm；

⑤ 对龄期超过3个月的硬化混凝土，应测定混凝土表层碳化深度进行回弹值修正，也可用砂轮将碳化层打磨掉以后进行测定，但经打磨的与未经打磨的不得混在一起计算或试块强度比较。

（2）回弹值测定

在测试过程中，回弹仪的轴线应始终垂直于混凝土路面，具体操作应符合下列要求：

① 将回弹仪的弹击杆顶住混凝土表面，轻压仪器，使按钮松开，弹击杆徐徐伸出，并使挂钩挂上弹击锤；

② 使回弹仪对混凝土表面缓慢均匀施压，待弹击锤脱钩，冲击弹击杆后，弹击锤即带动指针向后移动直至到达一定位置时，指针块的刻度线即在刻度尺上指示某一回弹值（如为数显式回弹仪则直接显示回弹值数字）；

③ 使回弹仪继续顶住混凝土表面，进行读数并记录回弹值，如条件不利于读数，可按下按钮，锁住机芯，将回弹仪移至他处读数，准确至1个单位；

④ 逐渐对回弹仪减压，使弹击杆自动壳内伸出，挂钩挂上弹击锤，待下一次使用。

（3）碳化深度测定

1）对龄期超过3个月的混凝土，回弹值测量完毕后，可在每个测区上选择一处测量混凝土的碳化深度值。当相邻测区的混凝土土质或回弹值与它基本相同时，则该测区测得的碳化深度值也可代表相邻测区的碳化深度。

2）测量碳化深度值时，可用合适的工具在测区表面形成直径约为15mm的孔洞（其深度略大于混凝土的碳化深度），然后用毛刷除去孔洞中的粉末和碎屑（不得用液体冲洗），并立即用浓度为1%的酚酞酒精溶液洒在孔洞内壁的边缘处，当已碳化与未碳化界线清晰时，应采用碳化深度测量仪测量已碳化与未碳化混凝土交界面到混凝土表面的垂直距离，并应测量3次，每次测读至0.25mm，应取三次测量的平均值作为检测结果，精确至0.5mm。

（4）结果与计算：

1）将一个测区的16个测点的回弹值，去掉3个较大值及3个较小值，将其余10个回弹值按下式计算测区平均回弹值：

$$\overline{N}_S = \frac{\Sigma N_i}{10}$$

式中　$\overline{N}_S$——测区平均回弹值，准确至0.1；

N_i——第i个测点的回弹值。

2）碳化深度按下式计算：

$$L = \frac{1}{n}\sum_{i=1}^{n} L_i$$

式中　L——碳化深度（mm）；

L_i——第i个测点碳化深度（mm）；

n——测点数。

3）如果平均碳化深度值L小于或等于0.4mm时，按无碳化处理（即平均碳化深度为0）；如大于或等于6.0mm时，取6.0mm；对新浇混凝土龄期不超过3个月者，可视为无碳化。

附件2：《钢筋焊接接头检验实施细则》

1　检测依据

《钢筋焊接接头试验方法标准》JGJ/T 27—2014。

《金属材料焊接破坏性试验　横向拉伸试验》GB/T 2651—2023。

《焊接接头弯曲试验方法》GB/T 2653—2008。

2　适用范围

适用于检验各种钢筋焊接接头的拉伸弯曲性能和弯曲变形性能。

3　检验目的

试验的目的是测定焊接接头抗拉强度，观察断裂位置和断口形貌，判定塑性断裂或脆性断裂，测定焊接接头弯曲变形性能及可能存在的焊接缺陷。

4 仪器设备

（1）万能试验机：示值相对误差不超过±1%，试样破坏最大荷载在量程的20%～80%。

（2）游标卡尺：精确至0.02mm。

5 检验方法和步骤

（1）试样制备

1）钢筋焊接接头拉伸试验和弯曲试验试样各3条，弯曲试验只适用于个别焊接接头。焊接接头试样两端与焊接接头中心点应呈轴线受拉作用。

2）常见钢筋焊接接头拉伸试验试样尺寸：

闪光对焊：$L \geqslant 8d + 2l_j$

双面对焊：$L \geqslant 8d + l_n + 2l_j$

单面对焊：$L \geqslant 5d + l_n + 2l_j$

双面搭接焊：$L \geqslant 8d + l_n + 2l_j$

单面搭接焊：$L \geqslant 5d + l_n + 2l_j$

上式中 d—— 钢筋直径（mm）；

l_n—— 焊缝长度（mm）；

l_j——夹持长度（100～120mm）；

L——试样长度（mm）。

3）钢筋焊接接头弯曲试验试样尺寸：

弯曲试样尺寸一般为两支辊的内侧距离另加150mm，两支辊内侧距离直径加2.5倍钢筋的直径。

（2）试验方法和步骤

1）拉伸试验

① 试验前，应采用游标卡尺复核试样的直径；

② 将试样夹紧于试验机夹头上，应确保夹持的试样受轴向拉力；在试验过程中不允许有滑动，启动试验机，连接而平稳地加荷，不得有冲击或跳动，加荷速度为10～30mPa/s，直至试件拉断（或出现颈缩后）为止，断口应在原材处；

③ 根据试样抗拉强度、断裂位置和断裂特征对其作出评定；

④ 计算试样抗拉强度：

抗拉强度计算公式：

$$\sigma_b = \frac{F_b}{S_0}$$

式中 σ_b——抗拉强度（N/mm^2）；

F_b——最大力（N）；

S_0——试样横截面积（mm^2）。

2）弯曲试验（适用于闪光对焊）

① 将试样受弯曲的金属毛刺和镦粗变形部位用砂轮等工具加工，使之达到与用材外表齐平，其余部位可保持焊后状态（即焊态）；

② 将试样放在试验机两支辊上，并使焊缝中心线与变头中心线相一致；

③ 启动试验机，平稳连续地对试样施加压力，直至达到规定的弯曲角度为止；

④ 根据弯曲角度、受弯形貌（有无裂纹、断裂现象）作为评定依据。

（3）检验结果评定

依据《钢筋焊接及验收规程》JGJ 18—2012和《碳素结构钢》GB/T 700—2006给出的评定方法标准或客户要求的评定标准，评定检验结果。

4. 记录表格的制（修）定

《通用要求》规定：**“实验室应建立和保存清晰的记录以证明满足本标准的要求。”“实验室应对记录的标识、存储、保护、备份、归档、检索、保存期和处置实施所需的控制。实验室记录保存期限应符合合同义务。记录的调阅应符合保密承诺，且记录应易于获得。”**为了保证实验室能够对其所有活动相关信息进行清晰、真实、完整、准确的记录，并保证其安全和具有良好的可追溯性，以便在可能时识别影响测量结果及其测量不确定度的因素，并确保能在尽可能接近原条件的情况下重复该实验室活动。故在制订或设计记录表格时，应确保每一项实验室活动的记录包含活动从样品的接收到出具检测报告的工作过程、结果、报告和足够的信息，并全程确保样品与报告的对应性。为此，在制订记录表格时，应注意以下几个方面：

（1）记录表格的分类。记录表格一般可分为质量记录、技术记录两大类：

1）质量记录：是指实验室质量管理体系活动形成的相关记录、信息和数据。如合同评审、分包控制、采购、内部审核、管理评审、人员教育培训、能力验证、纠正和预防措施、投诉等活动（过程）形成的记录、信息和数据；

2）技术记录：是实验室进行检验检测活动所得到的数据和信息，以及开展检验检测活动形成的相关记录、信息和数据，包括原始观察数据、导出数据和建立审核路径等有关信息的记录。如检验检测设施管理、环境条件控制、人员技术资格与能力的考核和确认、方法确认、设备管理、抽样记录、样品管理、质量控制、检验检测原始记录、检验检测委托书、检验检测报告等检验检测活动所形成的相关记录或得到的信息、数据或结果。

（2）记录表格的内容。记录表格的内容应符合下列要求：

1）记录表格的内容应能够充分证明实验室所有活动满足《通用要求》和不同专业领域的特殊要求。如建设工程领域检测原始记录的主要内容如下：

① 实验室检测原始记录应包括下列内容：

a）试样名称、试样编号、委托合同编号；

b）检测日期、检测开始及结束时间；

c）使用的主要检测设备名称和编号；

d）试样状态描述；

e）检测的依据；

f）检测环境记录数据（如有要求）；

g）检测数据或观察结果；

h）计算公式、图表、计算结果（如有要求）；

i）检测方法要求记录的其他内容；

j）检测人、复核人签名。

② 现场工程实体检测原始记录应包括下列内容：

a）委托单位名称、工程名称、工程地点；

b）检测工程概况，检测鉴定种类及检测要求；

c）委托合同编号；

d）检测地点、检测部位；

e）检测日期、检测开始及结束时间；

f）使用的主要检测设备名称和编号；

g）检测的依据；

h）检测对象的状态描述；

i）检测环境数据（如有要求）；

j）检测数据或观察结果；

k）计算公式、图表、计算结果（如有要求）；

l）检测异常情况的描述记录；

m）检测、复核人员的签名，有见证要求的见证人员签名。

2）技术记录表格的内容应确保能方便获得所有的原始记录和数据，应至少包括以下内容：

① 样品描述；

② 样品唯一性标识；

③ 所用的检测和抽样方法；

④ 环境条件，特别是实验室以外的地点实施的实验室活动；

⑤ 所用设备和标准物质的信息，包括使用客户的设备；

⑥ 检测过程中的原始观察记录以及根据观察结果所进行的计算；

⑦ 实施实验室活动的人员；

⑧ 实施实验室活动的地点（如果未在实验室固定地点实施）；

⑨ 检测报告的副本；指实验室发给客户的报告版本的副本，可以是纸质版本或不可更改的电子版本，其中应包含报告的签发人、认证标识（如使用）等信息；

⑩ 其他重要信息。

（3）记录表格的依据。记录表格的依据主要有：

1）实验室的质量手册、程序文件和作业指导书等管理体系文件。

2）实验室活动相关的法律、行政法规、规章、标准、规范、规范性文件等相关规矩。

3）实验室活动相关的合同文件、设计（图纸）文件、检测工作方案等。

（4）记录表格的形式。记录表格可以是手工填写书面形式和计算机信息管理系统自动生成的电子表格形式。其中书面形式的记录表格可以采用单张表格（如室内检测项目）或装订成册记录手簿（如室外或生产/施工现场进行的检测项目）的方式。

（5）记录表格应用示例（略）。

5. 实验室管理体系文件制（修）定的责任分工

在制（修）定实验室管理体系文件过程中，质量手册和程序文件应当由实验室管理层负责组织各内设机构（部门）相关管理人员制（修）定。其责任分工如下：

（1）质量目标和质量方针等应由最高管理者负责确定。

（2）质量手册可由最高管理者或其指定的熟悉实验室管理体系建立和运行管理的管理

层成员（如质量负责人或技术负责人）负责组织相关管理人员制（修）定。

（3）程序文件一般可由管理层的技术负责人或质量负责人负责组织相关管理人员和检测技术人员制（修）定。

（4）作业指导书和记录表格，一般由实验室相关检测业务部门负责人组织相关检测技术人员制（修）定。

3.2.2　实验室管理体系文件的批准和发布

管理体系文件的批准和发布一般可按以下要求进行：

（1）质量手册和程序文件完成制（修）定工作后，需提交实验室的管理层集体研究审定，通过管理层审定后再呈实验室最高管理者以签发《颁布令》或《批准页》的方式批准后发布施行。

（2）作业指导书和记录表格完成制（修）定工作后，由实验室相关检测项目的部门负责人审核，然后交由实验室技术负责人批准后发布施行。

3.2.3　实验室管理体系文件的管理

实验室管理体系文件一经审批和发布施行，就是实验室及其工作人员开展实验室活动必须遵守的内部规矩和行为准则，是确保每一项实验室活动结果正确有效的重要保障。为此，实验室应从以下几个方面对实验室管理体系文件实施有效的管理：

1. 明确管理体系文件管理的职责权限

管理体系文件管理的职责权限一般按以下要求实施：

（1）管理体系文件的制（修）定和审批，按前面第 3.2.1 节和第 3.2.2 节所述实施。

（2）一般由技术（或质量）管理部门负责实验室检测技术活动相关管理体系文件（如方法标准、规范、规范性文件、质量体系文件等）的统一收发控制管理工作；由综合管理部门负责实验室检测经营管理活动相关管理体系文件（如合同管理、投诉、分包、外部支持与技术服务等）的控制管理和所有管理体系文件归档管理工作。

（3）负责管理体系文件管理的部门应指定专人负责管理体系文件的标识、发放、登记、回收、存档和销毁等管理控制工作。

（4）管理体系文件持有人负责其持有受控管理体系文件的保管工作。

2. 管理体系文件的发放范围

管理体系文件的发放范围一般按以下要求控制：

（1）质量手册的发放范围。受控版本的质量手册应发放到管理层成员、各内设机构（部门、分支机构或分设检测点）负责人；非受控版本的质量手册主要提供给客户、实验室资质许可/认证/认可机构组织资质许可/认定使用和实验室行业监管部门监督检查使用。

（2）程序文件的发放范围。受控版本的程序文件一般应发放到管理层成员、各内设机构（部门、分支机构或分设检测点）及其负责人；非受控版本的程序文件发放范围与质量手册相同。

（3）作业指导书和记录表格的发放范围。受控版本作业指导书和记录表格应发放到相关检测部门、分支机构或检测点（岗位），并便于其服务对象（项目）的检测工作人员随时取用。非受控版本的作业指导书和记录表格一般应与质量手册和程序文件配套使用，发放范围可与前者相同。

3. 受控管理体系文件的管理

管理体系文件分为受控版本和非受控版本，实验室内部使用的管理体系文件都是受控版本，其管理控制一般按下列要求进行：

（1）负责管理体系文件管理的工作部门应按实验室文件控制管理程序的要求，对经最高管理者（技术负责人）批准发布的管理体系文件（含质量手册、程序文件/作业指导书）进行打印、装订（活页式）成册。

（2）可按以下规定对质量体系文件进行编码，给每一本（套）管理体系文件赋予唯一性的标识（编码）：

1）文件通用格式

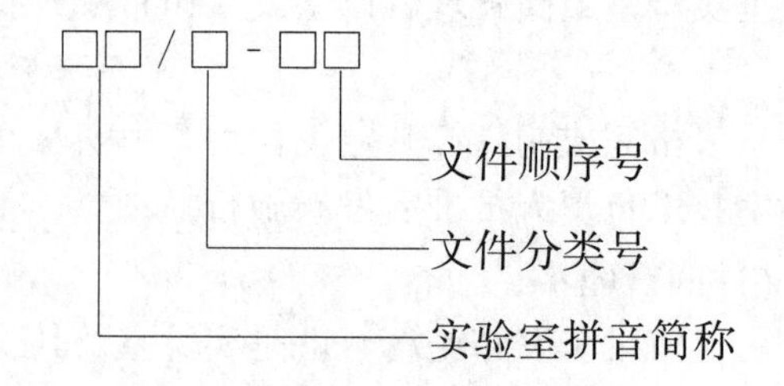

2）标准规范格式

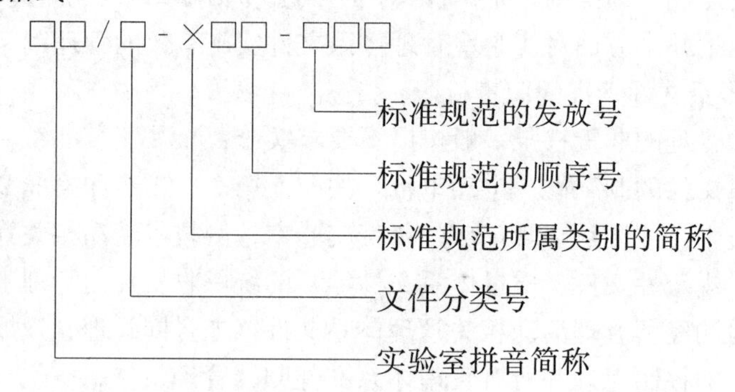

其中：

① 建筑工程检测领域实验室标准规范所属类别的简称可按以下规定采用：骨（砂石类）；混凝土（水泥混凝土类）；砌（砌体材料）；钢（金属材料）；塑（塑料类）；土（土工类）；掺（掺合料）；公（公路类）；现（现场类）；其（其他类）。

② 管理体系文件分类号可按表 3.2.3-1 的规定采用。

管理体系文件分类号 **表 3.2.3-1**

文件类型	分类号	文件类型	分类号	文件类型	分类号
质量手册	A	仪器设备自校规程	F	现场原始记录	L-X
程序文件	B	校核方法	G	不确定度分析	K
管理制度	C	仪器设备校准流程图	H	标准规范	L
作业指导书（室内检测）	D-J	行政管理文件	I	自编试验报告	M
作业指导书（室外检测）	D-X	建材力学原始记录	L-J-样品代码	检测协议书	N
仪器设备操作规程	E	沥青土工原始记录	L-L-样品代码	其他	O～Z

③ 文件（标准规范）的顺序号和发放号一般可按自然流水号编码。

（3）管理体系文件受控状态标识及其管理。管理体系文件管理人员负责在所有受控文件的封面上加盖“受控文件”印章以标明其受控状态，并填入受控管理体系文件清单。

（4）受控管理体系文件的发放。管理体系文件管理员编制受控管理体系文件发放记录，报实验室最高管理者或其授权的管理层成员批准后发放，文件领取人应办理签收手续。

（5）受控管理体系文件的更改。当管理体系文件需要更改时，由相关部门负责人填写管理体系文件更改申请表，经原管理体系文件批准人同意后进行更改；整份换版的管理体系文件在更改后须由原编写人、审核人、批准人签字。

（6）受控管理体系文件的回收。所有更改换版、换页后的文件，原“受控”管理体系文件必须收回，盖上“作废”标识，以保证有效文件的唯一性，并在受控文件回收记录中登记。更改后的受控管理体系文件的发放范围和程序与原“受控”管理体系文件的相同。

（7）受控管理体系文件的销毁。作废后的受控管理体系文件需要销毁时，管理人员填写文件销毁申请表，报最高管理者或其授权的管理层成员批准后方可销毁。

（8）用于知识积累和延续历史所保留的任何已作废的文件，经技术负责人批准后，管理人员对其加盖“历史资料”进行标识，单独存放。

（9）受控管理体系文件的使用管理

1）管理体系文件的使用者应在使用前确认受控文件为有效版本，质量监督员应经常检查在用的受控文件是否为有效版本。

2）检测场所应保留现行有效版本适用的标准、操作规程、作业指导书，以方便检测人员查阅使用。

3）当管理体系文件破损而影响使用时，应到文件管理人员处办理更换手续，交回相应破损文件，换出的文件的分发号不变；由于文件遗失而要重新发放的，应给予新的分发号，并在受控管理体系文件发放记录和受控管理体系文件回收记录上注明。

4）管理体系文件原则上不得借出和转赠他人，非发放范围内的人员不得外借或复印管理体系文件。

5）实验室工作人员需要借阅有关管理体系文件时，应办理借阅手续，填写管理体系文件资料借阅单（记录）并经获得授权的管理人员批准后方可借阅。

4. 非受控管理体系文件的管理

对于提供给客户、上级主管机关（监管部门）、省住房和城乡建设厅和省市场监督管理局的管理体系文件加盖“非受控文件”印章，以示区别。非受控管理体系文件可不作更改控制，但必须做好发放记录。

5. 管理体系文件的保管

（1）管理体系文件的原始版本由文件资料管理员保管，存放在干燥通风和安全的地方，并做好保密工作。

（2）管理体系文件的保存年限至少一个资质许可（认定）评审周期5（6）年以上。对于作为实验室历史资料保存的管理体系文件，应长期保存。

（3）受控版本的管理体系文件由持有人负责保管。

6. 管理体系文件的评审与保持

（1）实验室管理层应在管理评审前对现行管理体系文件进行评审。

（2）当实验室内部运作（组织机构、关键管理人员等）和法规、规章、标准、规范或操作规程等实验室管理规矩有所变更时，应及时修订（更改）相应管理体系文件。

（3）管理体系文件的评审和修订（更改）结果要作为管理评审的输入。管理评审应关注管理体系文件的适用性、符合性和有效性，当发生偏离时，应予以纠正，以保证所制定的管理体系文件持续有效，且适用于实验室的运行管理。

3.3 实验室管理体系的运行管理

实验室管理体系的运行管理，即“抓落实”，是实验室管理中最关键的第三步。管理体系文件所定立的制度、程序、规矩的生命力在于执行和落实。国家对实验室管理相关规矩明确规定，实验室必须依法取得资质许可后方可从事相关检测活动。实验室获得资质许可后，其所建立的管理体系能否持续保持有效的运行，其依据国家关于实验室管理相关的法规规矩、管理规矩制定的内部规矩——管理体系文件，能否在实验室管理的全过程中得到全面的贯彻执行，不仅直接决定了实验室的检测能力和管理水平，而且更加决定了实验室的生存能力、核心竞争力和发展潜力。为此，本节依据国家实验室管理相关的法规规矩、管理规矩的相关要求，以及前面所介绍实验室应当制定的内部规矩的规定，从实验室的通用要求、结构要求、资源要求、过程要求、管理体系要求等几方面，介绍实验室管理体系的运行管理。

3.3.1 通用要求的管理

《管理办法》规定：**“检测机构与所检测建设工程相关的建设、施工、监理单位，以及建筑材料、建筑构配件和设备供应单位不得有隶属关系或者其他利害关系，检测机构及其工作人员不得推荐或者监制建筑材料、建筑构配件和设备。”“检测机构应当建立建设工程过程数据和结果数据、检测影像资料及检测报告记录与留存制度，对检测数据和检测报告的真实性、准确性负责。”“检测单位不得有出具虚假的检测数据或者检测报告的行为。”“检测人员不得有同时受聘于两家或者两家以上检测机构、违反工程建设强制性标准进行检测、出具虚假的检测数据、违反工程建设强制性标准进行结论判定或者出具虚假判定结论等行为。”**

《通用要求》规定：**“实验室应公正地实施实验室活动，并从组织结构和管理上保证公正性。”“实验室应对实验室活动的公正性负责，不允许商业、财务或其他方面的压力损害公正性。”**

因此，实验室应当在其官方网站或者以其他公开方式，对其遵守国家实验室管理相关规矩，遵循客观独立、公平公正、诚实信用原则，恪守职业道德，承担社会责任等作出承诺或自我声明，并对承诺或声明内容的真实性、全面性、准确性负责。具体来说，实验室及其从业人员应当从公正性和保密性两方面来对通用要求实行管理。

1. 公正性管理

（1）应当遵守客观独立的原则。具体应注意：

1）实验室及其人员应当独立于其出具的检测报告所涉及的利益相关方，不受任何来自内外部的、不正当的商业、财务和其他方面的可能干扰其技术判断的因素和压力的影响，保证其出具的检测报告真实、客观、准确、完整和可追溯。通常可采用：

① 通过建立、实施和保持维护客观独立性的内部规矩，赋予工作人员拒绝各种可能

干扰其技术判断的因素和压力的影响的权力；

② 在样品管理和检测环节实行“盲样”管理制度。即在室内检测项目的样品流转记录中，屏蔽客户相关信息，让相关检测人员无法知道客户方的相关信息，从而实行“盲样”检测；同时，在检测委托书（或收样记录单）的客户联中，屏蔽样品编号等信息，以免客户依此对检测活动造成不利影响；

③ 在需要离开固定场所（如工程施工现场实体质量检测项目）实施检测时，应采取以下措施：

a. 严格执行落实检测活动监督制度。严禁只派1人单独进行，每次都必须至少安排1名监督员跟随检测人员进入检测现场对检测活动过程进行监督，在检测人员填写检测原始记录的同时，监督员同步填写监督记录，把现场监督记录与检测原始记录一起作为审批签发现场检测项目结果报告的必要资料，以最大限度地避免检测活动的客观独立性受到来自客户方的不利影响；

b. 严格执行落实检测活动见证制度。在进场实施检测活动前，应通知客户方代表（或相关工作人员）到场见证检测活动过程，并在相关记录上签字确认；适用时，应通知其他相关方（如委托/建设单位、监理单位、政府监督管理部门）的相关（见证）人员到场见证检测过程，并在相应的见证记录上签字确认；

c. 应记录和保存检测活动的时间、地点及其环境条件等的相关信息，以及能够反映主要检测过程的证明资料（照片、视频）；

d. 应按政府监管部门的要求，采用自动采集和实时上传检测原始数据信息的记录、结果报告，记录并保存对检测活动过程进行监控的相关资料（照片、视频）；

e. 对政府监管部门未要求（或无法实现）自动采集和实时上传检测原始数据信息的记录、结果报告的检测项目，还应记录和保存能够反映主要检测工作（过程）的影像资料（照片或视频），以最大限度保证检测活动过程可追溯。

2）若实验室所在的机构（组织）还从事检测以外的活动，应制订和执行实施识别并采取（但不限于）以下措施避免潜在的利益冲突的内部规矩，以保证实验室按照客观独立的原则开展检测业务活动：

① 限制人员交叉任职方面的规定；

② 防止彼此开展业务活动时产生利益冲突而影响实验室客观独立性方面的规定。

（2）应当遵守公平公正和诚实信用的原则。具体应注意：

1）实验室从事检测业务活动，应当遵循诚信原则，秉持诚实，恪守承诺[①]。实验室应通过各种合法、公开的途径，作出公平公正和诚实信用从业的公开声明或承诺，并保证在开展检测活动过程中，践行和兑现这些承诺。

2）实验室应建立和执行落实维护其公平、公正和诚信的内部规矩。所建立的内部规矩应针对在通用要求、结构要求、资源要求、过程要求、管理体系要求等方面，可能会影响其公平、公正和诚信的因素，实施规范和控制的机制与措施，并保持这些机制与措施在

---

① 《中华人民共和国民法典》第七条　民事主体从事民事活动，应当遵循诚信原则，秉持诚实，恪守承诺。第八条　民事主体从事民事活动，不得违反法律，不得违背公序良俗。第八十六条　营利法人从事经营活动，应当遵守商业道德，维护交易安全，接受政府和社会的监督，承担社会责任。

实际管理过程中得到持续的执行与实施。例如，在人员管理方面，应从以下几个方面保证实验室执行落实**“不得使用同时在两个及以上检验检测机构从业的人员，保证本机构所有从事检验检测活动的人员，只在本机构从业。”**的要求：

① 在订立的内部规矩中对此作出明确规定；

② 在与从业人员签订的劳动服务合同条款中对此进行特别约定；

③ 要求所有从业人员入职前都必须对此作出书面承诺；

④ 在从业人员招录及其使用过程中加强审查和检（抽）查，一旦发现违反此规定者，严格依据相关规矩的规定严肃处理。

3）实验室应建立和运行识别出现公正性风险的长效机制。所建立的长效机制应包括公正性风险的识别、分析、评估及消除等内容。如果识别出公正性风险，实验室应对其进行分析、评估，并采取消除或减少该风险的措施，并应保存能证明消除或减少该风险的相关记录、信息（数据）。（详见第 3.3.5 节）

4）实验室应当遵循诚实信用的原则开展检测业务，保证所出具的检测报告不存在任何下列情况之一，且数据、结果存在错误或者无法复核的可能被认定为不实检测报告的情形：

① 样品的采集、标识、分发、流转、制备、保存、处置不符合标准等规定。如样品污染、混淆、损毁、性状异常改变等；

② 使用未经检定或者校准的仪器、设备、设施；

③ 违反国家有关强制性规定的检测规程或者方法，或者未按照标准等规定传输、保存原始数据和报告等。

(3) 应当遵守相关规矩、从业规范和恪守职业道德，并应当承担社会责任。具体应注意：

1）实验室应遵守相关法规规矩、管理规矩从业，保证不出具虚假检测报告。具体应做到以下几点：

① 不得未经检验检测出具检测报告；

② 不得伪造、变造原始数据、记录，或者未按照标准等规定采用原始数据、记录出具检测报告；

③ 不得减少、遗漏或者变更标准等规定的应当检验检测的项目，或者改变关键检测条件出具检测报告；

④ 不得调换检测样品或者改变其原有状态进行检测和出具检测报告；

⑤ 不得伪造检测机构公章或者检测专用章，或者伪造授权签字人签名或者签发时间出具检测报告；

⑥ 不得超出技术能力和资质规定范围出具检测报告。

2）实验室及其从业人员从事经营活动，应当遵守从业规范、恪守职业和商业道德，维护自身和公众安全，接受政府和社会的监督，承担社会责任。具体应：

① 按照**“检测机构应当建立信息化管理系统，对检测业务受理、检测数据采集、检测信息上传、检测报告出具、检测档案管理等活动进行信息化管理，保证建设工程质量检测活动全过程可追溯”**的要求建立和运行能够实现全员、全要素、全过程管理控制的信息化系统，把国家实验室管理相关法规规矩、管理规矩和实验室内部规矩的相关要求，嵌

入、固化在该系统中，以实现对所有实验室活动涉及的全体人员、全部要素和全过程实施科学、规范、严格的信息化管理和控制，保证其检测活动全过程可追溯且其出具的检测数据和结果报告真实、客观、准确、完整，杜绝不实检测报告和虚假检测报告；

② 按政府行业和市场监管部门的要求，将内部管理信息化系统与政府监管部门的检测监督管理信息化服务系统连通或其他有效的方式，接受政府监管部门线上线下的监督管理：

a）实时自动采集、记录和上传检测活动的原始数据和结果报告等信息；

b）按照国家关于实验室管理相关规矩的要求，向其所在地省、市的行业监管部门和（省级）市场监督管理部门报告持续符合相应条件和要求、遵守从业规范、开展检测活动以及统计数据等信息；

c）对在检测活动中发现普遍存在的产品质量问题（如在某一时期内某种或某类产品的合格率偏低等），及时向其所在地的行业监管部门和市场监督管理部门报告。

（4）建立并持续保持有效的自查自纠的机制与措施，教育和约束从业人员履行其作出的公开承诺，依法依规从事检测活动，公开接受客户和社会公众的监督，积极主动接受政府行业监管部门和市场监督管理部门的监督管理。

2. 保密性管理

《通用要求》规定：**“实验室应通过作出具有法律效力的承诺，对在实验室活动中获得或产生的所有信息承担管理责任。实验室应将其准备公开的信息事先通知客户。除了客户公开的信息，或当实验室与客户有约定时（例如为回应投诉的目的），其他所有信息都被视为专有信息，应予以保密。”**为此，实验室除应在其官方网站或者以其他公开方式作出其保密承诺声明外，还应注意：

（1）明确保密的工作部门、职责和范围。

1）实验室在设置内部工作机构（部门）时，应明确负责本实验室保密工作的职能部门及其保密工作的职能和权力。必要时，可单独设置保密工作部门或保密工作小组，并赋予其保密工作的职权和配备必要的资源。

2）实验室应根据保密工作的需要设置保密工作岗位（可以是专职和兼职的），按岗位配备满足保密工作需要的保密工作人员，并明确其保密工作职责和权力。

3）实验室的保密工作范围应包括国家秘密、商业秘密和技术秘密的保护，具体应按以下要求实施：

① 对实验室活动中涉及的国家秘密，必须严格按照国家保密法规规矩进行识别并实施有效保护，以防范泄露国家秘密的违法违规事（案）件的发生；

② 商业秘密和技术秘密的保护。包括客户、本实验室和检测活动涉及第三方的商业秘密、技术秘密和所有权，都应当按照国家保密管理相关规矩的要求和实验室的内部规矩进行有效保护，以防止失（泄）密事件（故）的发生。

（2）制定和实施保密工作的内部规矩和保密措施主要包括（但不限于）下列内容：

1）实验室应建立和严格实施保护国家秘密、本实验室及检测业务涉及第三方（客户、其他相关方）的商业秘密、技术秘密及所有权的内部规矩，明确保护国家秘密、客户及实验室本身的商业秘密、技术秘密和所有权的相关保密要求和措施，还应包括保护纸质的、电子存储和传输结果信息的要求和措施，并长期持续保持其有效运行，定期或随机开展保

第3章

密检（抽）查，以确保这些措施得到执行落实。

2）实验室应在与从业人员签订的劳动服务合同条款中对保密要求进行特别约定，并要求所有从业人员签署保密书面承诺，作为劳动服务合同的附件存照。

3）实验室应严格按其作出具有法律效力的公开承诺（或声明），对在实验室活动中获得或产生的所有信息承担保密管理责任。具体应按以下要求实施：

① 实验室应将其准备公开的信息事先通知客户，并获得其同意后方可公开；

② 实验室应将除客户公开的信息，或实验室与客户有约定（例如：为回应投诉的目的）可以公开信息外的其他所有信息都被视为客户的专有信息予以保密；

③ 实验室依据法律要求或合同授权透露保密信息时，应将所提供的信息通知到相关客户或个人；法律禁止通知者除外；

④ 实验室从客户以外渠道（如投诉人、监管机构）获取有关客户的信息时，应在客户和实验室间保密；除非信息的提供方同意，实验室应为信息提供方（来源）保密，且不告知客户；

⑤ 实验室应保证所有人员（包括委员会委员、签约人员、外部机构人员或代表实验室的个人）对在实施实验室活动过程中获得或产生的所有信息保密。法律有要求者除外。

3.3.2 结构要求的管理

1. 机构合法性管理

《管理办法》规定：**“申请检测机构资质的单位应当是具有独立法人资格的企业、事业单位，或者依法设立的合伙企业，并具备相应的人员、仪器设备、检测场所、质量保证体系等条件。”“检测机构应当按照本办法取得建设工程质量检测机构资质（以下简称检测机构资质），并在资质许可的范围内从事建设工程质量检测活动，未取得相应资质证书的，不得承担本办法规定的建设工程质量检测业务。”**

《通用要求》规定：**“实验室应为法律实体，或法律实体中被明确界定的一部分，该实体对实验室活动承担法律责任。”**

因此，应采取以下措施来保证实验室的机构合法性：

(1) 实验室应是依法成立的法人或者其他组织。实验室（或其母体机构）应是依法经过法定机构登记注册的法人机构。一般可以为企业法人、机关法人、事业单位法人或社会团体法人。在实际管理过程中，应注意以下几点：

1）实验室为独立注册法人机构时，资质许可的实验室名称应为其法人注册证明文件上所载明的名称；实验室为注册法人机构的一部分时，资质许可的实验室名称中应包含注册的法人机构名称。后者一般可按法人机构（企业、机关、事业单位、社团法人）名称＋实验室（公司、机构）名称＋主要业务的（行业或领域）名称的方式来命名。

政府或其他部门授予实验室的名称如果不是法人注册名称，一般不能作为资质许可的实验室名称。

2）实验室为独立法人机构时，检测业务应为其主要业务，检测活动应在法人注册核准的经营范围内开展。

3）实验室是某个组织（机构）的一部分时，申请的检测能力应与法人机构核准注册的业务范围密切相关。否则，需要另行单独申请检测能力的资质许可，取得开展检测业务活动的合法地位。

（2）实验室应是能够承担相应法律责任的法人或者其他组织。具体应注意以下几点：

1）实验室或者其所在的组织（机构）应有明确的法律地位，对其出具的检测数据、结果负责，并能够承担相应的民事、行政和刑事的法律责任。

2）不具备独立法人资格的实验室应经其所在法人单位授权。授权一般以书面方式或法律、行政法规允许使用的其他方式。未经所在法人单位授权，该类实验室不得承担检测业务和出具检测数据、结果。

（3）实验室应明确对实验室活动全面负责的人员（管理层），所确定的人员（管理层）应：

1）对实验室的管理全权负责。

2）作出公正性承诺。

3）确保就管理体系的有效性、满足客户和其他要求的重要性进行沟通和当策划和实施管理体系变更时，保持管理体系的完整性。

4）向实验室人员传达其职责和权限。

5）建立、编制和保持符合《通用要求》等实验室管理规矩目的要求的方针和目标，并确保该方针和目标在实验室组织的各级人员得到理解和执行。

6）提供建立和实施管理体系以及持续改进其有效性承诺的证据。

因此，实验室在开展检测相关活动前，应明确对其所有活动全面负责的人员，这里对实验室活动全面负责的人员可以是一个人（如法定代表人或最高管理者），也可以是由负责不同专业（技术）领域的多名管理人员和技术人员组成的团队（如包括最管理者在内的管理层）。如为管理层时，组成团队成员的专业（技术）能力应能覆盖实验室所从事的检测活动的全部专业（技术）领域，并由其全面负责履行管理体系的领导作用和承诺。

（4）实验室应明确实验室自身的组织结构。具体要注意：

1）实验室应通过管理体系文件、组织结构图或其他直观有效的方式明确实验室自身的组织结构。组织结构应包括实验室所有内设机构或部门。如果有分支机构时，还应把所有分支机构包含其中。当实验室是母体机构的一部分时，还应在其组织结构图中明确显示实验室与母体机构之间的关系。

2）当实验室所在的母体机构还从事检测以外的活动时，实验室管理体系文件除按前述要求明确实验室自身的组织结构外，还应明确母体机构的组织结构图，显示实验室在母体机构中的位置，并说明母体机构所从事的其他活动。从而可以清晰地表明实验室在母体中所承担法律责任界限，以保证实验室的客观独立性。

（5）应明确实验室与上级主（监）管部门的关系。实验室应通过组织框图或文字描述等方式，将其与本地区的行业主（监）管部门和市场监督管理部门的关系明确表示出来。

2. 分支机构的运行管理

《管理办法》规定：**“检测机构跨省、自治区、直辖市承担检测业务的，应当向建设工程所在地的省、自治区、直辖市人民政府住房和城乡建设主管部门备案。检测机构在承担检测业务所在地的人员、仪器设备、检测场所、质量保证体系等应当满足开展相应建设工程质量检测活动的要求。”**

随着我国检测市场和实验室队伍的不断发展壮大，设立实验室分支机构将成为常态。对实验室分支机构的管理，应当注意以下几点：

（1）分支机构的组织（机构）管理，应按以下要求进行：

实验室分支机构的类型及其管理模式。实验室分支机构的类型及其管理模式主要有以下两种：

1）由从事多种业务的其他法人机构依法设立专门从事检测业务的分支机构。其组织（机构）管理模式和要求如下：

① 当分支机构具备独立法人资格时，应按本节前面所述的各项要求进行组织（机构）管理；

② 当分支机构不具备独立法人资格时，应经其所在法人单位授权，并按本节前面所述的各项要求进行组织（机构）管理。

2）实验室法人设立的分支机构，它可以是实验室统一管理下分设的检测点，也可以是实验室法人治下的二级法人（如分公司）机构。其组织（机构）管理模式和要求如下：

① 当分支机构为实验室统一管理下的不具有法人资格的分设检测点时，只需将分支机构作为实验室的一个内设机构（部门），纳入实验室组织体系实施统一管理即可；

② 当分支机构是实验室法人治下的二级法人（如分公司）机构时，应通过组织机构图和文字说明等方式，将分支机构在实验室组织管理体系中的地位、职能及相互间的关系明确表示清楚；再在分支机构设置完整的组织管理体系，根据实验室管理体系文件的授权，分支机构依法取得资质许可后，按本节前面所述的各项要求进行组织（机构）管理和检测业务管理。同时，还应接受实验室一级法人的统一调度和管理。

（2）分支机构的人员、场所环境和设备设施管理，应按以下要求进行：

1）对具备独立法人（含二级法人）资格的检测分支机构，其人员、场所环境和设备设施的管理，与具备法人资格的实验室的管理要求相同。分支机构应根据其所在地上一级法人机构的授权，按第3.3.2节至第3.3.4节的相关规定对其人员、场所环境和设备设施实施管理。

2）对不具备独立法人资格的检验检测分支机构，其人员、场所环境和设备设施的管理，应按第3.3.2节至第3.3.4节的相关规定纳入其所在法人机构统一实施管理。

（3）分支机构的管理体系管理，应按以下要求进行：

1）对具备独立法人资格的分支机构管理体系的管理：

① 当分支机构所在的法人机构是从事检测业务的实验室时，可将其管理体系直接纳入其所在实验室管理体系统一按第3.3.5节的相关规定实施管理；或者根据其所在实验室的授权，在其所在实验室的管理体系之内，建立相对独立的分支机构的管理体系，按第3.3.5节的相关规定对其管理体系实施管理；

② 当分支机构的上一级法人机构不是从事检测业务的机构时，应参照具备独立法人资格实验室的要求，单独建立分支机构的管理体系，并按第3.3.5节的相关规定对其管理体系实施管理。

2）对不具备独立法人资格的检测分支机构的管理体系，应纳入其所在实验室法人机构的管理体系统一按第3.3.5节的相关规定对其管理体系实施管理。

3. 资质证书和认证（认可）标志管理

实验室资质证书和认证（认可）标志的管理，除应按《管理办法》等管理规矩的相关规定执行外，还应注意以下几个方面：

（1）应以正当的手段取得资质许可。实验室应当以合法、诚实的正当手段取得资质许可，不得以提供虚假材料或者隐瞒有关情况等欺骗，或者以贿赂等不正当手段取得资质许可。

（2）应在资质许可证书批准的检测能力范围从业。实验室应当确保在资质许可证书有效期内，且在资质许可证书规定的检测能力范围内，依据相关标准或者技术规范规定的程序和要求，开展检测活动和出具检测数据、结果。

（3）应正确使用、管理资质许可/认证证书和认证标志。实验室应按以下要求正确使用、管理资质许可/认定证书和认证标志：

1）实验室不得转让、出租、出借资质许可证书或者标志。

2）实验室不得伪造、变造、冒用资质许可证书或者标志。

3）实验室不得使用已经过期或者被撤销、注销的资质许可证书或者标志。

4）实验室在向社会出具具有证明作用的检验检测数据、结果时，应在其检验检测报告上标注资质认定（CMA）/资格认可（CNAS）标志。

（4）应保证资质许可/认定证书和资质许可/认定标志合法有效，具体应注意：

1）实验室应按以下要求及时申请资质许可/认定证书延期：

① 实验室资质许可（认定）证书有效期为5（6）年，实验室应当在其有效期届满30个工作日前向资质许可部门提出延续资质许可证书有效期的申请，以确保有足够的时间给资质许可（认定）部门完成延续资质许可（认定）证书有效期的相关工作，防止因为延期换证不及时而影响实验室持续开展检测业务；

② 实验室可根据其在上一许可周期内的信用信息和申请事项的情况，选择延续资质证书有效期技术评审的方式。根据《管理办法》**“检测机构需要延续资质证书有效期的，应当在资质证书有效期届满30个工作日前向资质许可机关提出资质延续申请。对符合资质标准且在资质证书有效期内无本办法第三十条规定行为的检测机构，经资质许可机关同意，有效期延续5年”**的规定，实验室可以在申请延续资质许可证书有效期时，如对上一许可周期内无违反《管理办法》第三十条规定行为（超出资质许可范围从事建设工程质量检测活动；转包或者违法分包建设工程质量检测业务；涂改、倒卖、出租、出借或者以其他形式非法转让资质证书；违反工程建设强制性标准进行检测；使用不能满足所开展建设工程质量检测活动要求的检测人员或者仪器设备出具虚假的检测数据或者检测报告）和违反市场监管相关规矩规定的行为，未列入失信名单，并且申请事项无实质变化时，实验室可以向资质许可（认定）部门申请采取书面审查方式延续资质许可（认定）证书有效期。

当资质许可（认定）部门确定采取形式审查方式进行技术审查，经审查确认符合要求时，予以延续资质证书有效期，无需实施现场评审。具体采取书面审查、现场评审（或者远程评审）中的何种方式进行技术评审，由资质许可（认定）部门根据实验室的申请事项、信用信息、分类监管等情况来决定，并根据技术评审结果作出是否准予延续的决定。

2）实验室应按以下要求及时办理变更事项的变更申请：

① 实验室出现以下变更事项时，应按实验室管理相关规矩的规定，及时向资质许可（认定）部门申请办理相关事项的变更手续：

a）机构名称、地址、法人性质发生变更时；

b）法定代表人、最高管理者、技术负责人、检测报告授权签字人发生变更时；

c）资质许可的检测项目取消时；

d）检测标准或者检测方法发生变更时；

e）发生依法需要办理变更的其他事项（如联系人、联系方式等发生变更）时。

② 实验室在实际办理变更事项的变更申请操作时，应注意：

a）当获证实验室发生上述变更事项时，应按实验室管理相关规矩的规定，及时通知（报）资质许可（认定）机构；相关规矩没有规定的，可参照实验室国家认可的规定，在发生变化后的30个工作日内通知（报）资质许可（认定）机构，同时向资质许可（认定）机构提出变更申请；

b）当实验室发生变更的事项影响其符合资质许可（认定）条件和要求时，应依照资质许可（认定）的一般程序和告知承诺程序实施变更。提出该类变更申请的最后时限，应当考虑预留给资质许可（认定）机构组织技术评审和批准变更所需的足够时间。如检测标准或者检测方法发生变更，应当在新旧标准过渡期结束前的3个月内提出变更申请，以保证本机构的检测业务不受变更事项的影响；

c）当实验室申请无需现场确认的机构法定代表人、最高管理者、技术负责人、授权签字人等人员变更或者无实质变化的有关标准变更时，在事先与当地资质许可部门（或市场监管部门）充分沟通协商一致的基础上，可以自我声明符合资质许可（认定）相关要求，并向资质许可部门（或省市场监管部门）报备[①]；

d）当实验室的环境发生变化（如搬迁），实验室除按前面第（1）项规定通报资质许可（认定）机构外，还应立即停止检测业务和使用资质许可（认定）标志（能够维持原来资质许可的设备设施和环境条件不变者除外），并制定相应的质量保证验证计划，保留相关记录，待资质许可（认定）部门确认后，方可继续（恢复）检测业务和使用资质许可（认定）标志。

3.3.3 资源要求的管理

3.3.3.1 总则

《通用要求》规定：**“实验室应获得管理和实施实验室活动所需的人员、设施、设备、系统及支持服务。”**为此，实验室应按以下总原则配备（获得）管理和实施检测活动所需的人员、设施、设备、系统及支持服务：

1. 人员管理的总原则

（1）应按**“检测机构应配备能满足所开展检测项目要求的检测人员”**的强制性要求配备各类检测人员。

（2）人员的配备及其管理应持续满足《管理规范》第4.1节的要求和《管理办法》与《资质标准》等管理规矩关于人员配备及其管理的相关要求，以及满足自身开展检测活动的实际需要。

---

① 国家市场监督管理总局《市场监管总局关于进一步推进检验检测机构资质认定改革工作的意见》（国市监检测〔2019〕206号）。

2. 设施管理的总原则

（1）检测场所的配备及其管控应持续满足《管理规范》第 4.3 节的要求。

（2）设施的配备及其管控应持续满足《管理办法》与《资质标准》等管理规矩关于设施配备及其管理的相关要求和满足自身开展检测活动的实际需要。

3. 设备管理的总原则

（1）应按**“检测机构应配备能满足所开展检测项目要求的检测设备。”**的强制性要求配备所开展检测项目的检测设备。

（2）检测设备的配备及其管控应持续满足《管理规范》第 4.2 节的要求和《管理办法》与《资质标准》等管理规矩的相关要求，以及满足自身开展检测活动的实际需要。

4. 系统及支持服务管理的总原则

（1）应按**“检测机构应当建立信息化管理系统，对检测业务受理、检测数据采集、检测信息上传、检测报告出具、检测档案管理等活动进行信息化管理，保证建设工程质量检测活动全过程可追溯。”**的规定建立计算机信息化管理系统，并保证该系统持续满足《管理办法》《资质标准》和《通用要求》等管理规矩的相关要求，且满足自身开展检测活动的实际需要。

（2）支持服务（包括来自外部的和内部的）应持续满足《管理办法》与《资质标准》等管理规矩的相关要求和自身开展检测活动的实际需要。

3.3.3.2　人员的管理

《通用要求》规定：**“所有可能影响实验室活动的人员，无论是内部人员还是外部人员，应行为公正、有能力并按照实验室管理体系要求工作。”“实验室应将影响实验室活动结果的各职能的能力要求形成文件，包括对教育、资格、培训、技术知识、技能和经验的要求。”“实验室应确保人员具备开展其负责的实验室活动的能力，以及评估偏离影响程度的能力。”**

每一位实验室管理者的心中都应十分清楚，人是维持和提升实验室核心竞争力的第一重要的战略资源。在建立和持续保持实验室管理体系，制订和执行落实管理体系文件，对实验室的通用要求、结构要求、资源要求、过程要求和管理体系要求等方面的全部要素实施控制和管理活动的全过程，都离不开人。所以，实验室管理层首先应牢固树立“以人为本”的思想，始终坚持“以人为中心”的管理理念，把建设一支“忠诚、敬业、尽责”的循规守法、践诺守信的人才队伍，作为实验室管理重中之重的工作。为此，实验室应建立和保持人员管理程序，将影响实验室活动结果的所有岗位的能力要求形成文件，明确并落实人员的教育、资格、培训、技术知识、技术能力和工作经验等的管控要求，根据自身开展实验室活动的实际需要，配备数量足够且满足上述各项要求的人员，并对人员资格确认、任用、授权和能力保持等实施科学、严格、规范、有效的管理。

1. 人员劳动关系的建立

实验室应按国家人事管理相关规矩的规定，与其所有人员建立劳动、聘用或录用关系，并严格按合同的约定管理人员。具体为：

（1）实验室应通过书面合同（或协议）的方式与其使用的所有人员建立劳动、聘用或录用关系，并按国家劳动人事相关规矩的规定，为他们提供足额的薪酬、劳动保护和福利保障，不得随意克扣人员依法应当获得的薪酬、降低人员法定的劳动保护措施和福利保障。

(2) 实验室应在劳动服务合同中，明确所有人员应当承担的工作责任、享有的各项权利和应该履行的各项（含保密、公正性、独立性和诚信等）义务，以及要承担违反劳动服务合同有关约定时所受到的处理（罚）和风险。

(3) 实验室应履行人员管理相关法规规定的和劳动服务合同约定的各项责任、义务，严格按照人员劳动服务合同的约定，管理为其服务的所有人员，防止违反国家对人员管理相关规矩的事情（或事件）发生。

(4) 实验室不得使用未与其建立劳动、聘用或录用关系的人员。

2. 人员的岗位设置

实验室应依据管理体系文件的规定设置内部机构（部门），并根据其实验室活动的工作需要，按照“精简效能”的原则设置人员岗位并明确其职责。除按管理体系文件的相关规定设置人员岗位及职责外，还应注意以下几点：

(1) 管理层的岗位设置及其职责。管理层的岗位设置，应包括最高管理者和其他管理岗位。其岗位设置及其职责应按管理体系文件的规定实施。如管理体系没有明确规定时，一般按以下要求进行：

1) 最高管理者。接受实验室法人的授权（或委托），全面负责实验室管理涉及的行政组织、经营业务、质量技术等活动的统一领导工作。

2) 行政（组织）管理负责人。在最高管理者的统一领导下，专门负责实验室的行政、组织、人事、综合后勤保障等行政（组织）管理相关工作。

3) 业务经营管理负责人。在最高管理者的统一领导下，专门负责实验室的检测业务经营管理相关工作。

4) 技术负责人。在最高管理者的统一领导下，专门负责实验室的检测技术管理相关工作。

5) 质量负责人。在最高管理者的统一领导下，专门负责实验室的检测质量体系管理相关工作。

6) 技术委员会。如实验室管理有实际需要，可设立以技术负责人为首，业务经营管理负责人或（和）质量负责人为副，其他技术业务骨干（如授权签字人、不同领域的资深检测技术人员等）组成的技术委员会，专门负责分析研究、处理实验室活动中遇到的重大技术问题，提出改正意见和纠正（预防）措施。

7) 实验室在设置管理层相关岗位及其职责时，应根据本机构管理的实际灵活运用。具体应：

① 对检测业务专业领域单一且检测项目（参数）较少的小规模实验室，可以对管理层岗位设置及其职责作适当的精简合并。如将行政（组织）管理与业务经营管理的岗位及其职责进行合并，或将业务经营管理和技术管理的岗位及其职责整合到技术负责人岗位。

② 对检测业务专业领域广、检测项目（参数）多的大规模（或集团式管理）的实验室，可以根据管理的实际需要，对管理层岗位设置进行适当的拆（细）分。例如：

a. 将行政（组织）管理负责人岗位拆（细）分为行政管理负责人、组织（人事）管理负责人岗位；

b. 将业务经营管理负责人拆（细）分为检测业务管理负责人和经营管理负责人岗位；

c. 根据其检测业务管理的实际需要，在设置实验室业务管理、经营管理、技术管理、质量管理总负责人岗位的基础上，再分设不同专业领域的业务管理负责人、经营管理负责人、专业技术负责人和质量负责人岗位，以保证对检测业务实行更加专业化、精细化的管理。

（2）执行层（操作层）的岗位设置及其职责。执行层（操作层）的岗位设置及其职责包括管理人员和技术人员的岗位设置及其职责，其岗位设置及其职责的要求如下：

1）管理人员的岗位设置及其职责：管理人员岗位包括了各内设机构（部门）负责人和其他管理人员岗位，其岗位设置及其职责应按管理体系文件的相关规定进行（详见第3.2.1节）。

2）技术人员的岗位设置及其职责：技术人员岗位是为具体开展检测业务部门而设置的岗位，其岗位设置及其职责应按管理体系文件的相关规定进行（详见第3.2.1节）。

3）如有必要时，实验室可根据其检测业务量和业务范围的变化，对涉及检测业务的岗位进行动态的调整，以保证达到“精简效能”的目标。但是，这种调整必须保证与其相关的管理体系文件的调整同步实施，以免管理体系的实际运行与相应管理体系文件产生“偏离”。

（3）人员的岗位设置及其职责，必须保证满足实验室管理的实际需要，同时还应当符合国家实验室管理相关规矩对人员的岗位设置及职责的有关要求。对于建设领域检测机构的技术人员配备和检测机构基本岗位及职责，应分别满足《管理规范》附录A《检测项目、检测设备及技术人员配备表》和附录B《检测机构技术能力、基本岗位及职责》中的相关要求。

3. 人员的授权及其职责的落实

在明确了人员的岗位设置及其职责后，实验室应对所有人员进行授权来保证其岗位职责的落实，也就是通过明确管理人员和技术人员的岗位职责、任职要求和工作关系，使其满足岗位要求并具有所需的权力和资源，履行其建立、实施、保持和持续改进管理体系的职责。具体应按以下要求实施：

（1）实验室所有人员的授权应按“适当合理”的原则进行。所谓“适当”授权就是要授予管理人员和技术人员充分必要的权力来保证其客观、公正、独立地开展实验室活动，并授予其拒绝来自任何方面（含外部和内部）的可能影响其公正性、独立性因素干扰影响的权力；所谓“合理”授权就是应该保证授予所有人员的权力不得违反实验室管理相关规矩的规定，以保证所有人员都必须在实验室管理的相关规矩，特别是实验室内部规矩（管理体系文件）的规范、约束之下开展实验室活动。

（2）实验室应按管理体系文件中所明确的人员岗位职责要求来管理、考核、评价所有人员，以保证所有人员均按其岗位职责开展工作，并承担其相应的责任和履行相应的义务。

（3）实验室应在管理体系文件中明确所有人员岗位的任职要求，并按此要求配备、任用所有的管理人员和技术人员，以保证所有人员均有足够的素质、能力胜任其工作。

（4）实验室应在管理体系文件中明确所有人员之间的工作关系，并在实验室活动中遵从这些关系开展工作（详见第3.2.1节），以保证所有人员都能够根据各自的岗位职责，分工合作、有条不紊、协调一致地开展工作，共同实现实验室管理的目标。

4. 人员的配备

实验室应根据管理体系文件所明确的人员任职要求，以及开展实验室活动的实际需要，按“人岗相宜”的原则，配备、任命管理人员和技术人员，具体应注意以下几个方面：

（1）实验室应根据其管理目标和发展需要，配备熟悉实验室管理相关规矩、政策和实验室所在行业的发展动态，具备开展实验室活动相关领域的专业技术能力和较强管理素质能力的管理层班子，由其全权负责履行管理层对管理体系的领导作用和承诺，建立和保持管理体系的良好运行和持续提升，以保证实现实验室的管理目标和满足实验室自身发展的需要。

（2）实验室应根据各类工作岗位设置情况，配备数量能够满足实验室组织管理、业务管理和质量、技术管理实际需要的管理人员、技术人员和后勤保障服务人员。当检测业务量或专业领域发生较大变化时，还应根据业务量或专业领域的变化及时作出适当的调整，以保证满足开展检测业务的实际需要。

（3）实验室应按照在管理体系文件中明确的人员任职要求，配备符合其任职要求的管理人员和技术人员，以保证各工作岗位的人员都具备履行其岗位职责、开展工作所需要的素质和能力（详见后文第5款所述）。

（4）应按代理人的相关要求配备关键管理人员。具体应按以下要求进行：

1）配备管理层的技术负责人、质量负责人或（和）检测业务经营管理负责人时，应考虑两两之间具备相同（相近）的专业资格和能力，以便当其中任何一方不在岗位时可以互为代理，以保证管理体系的运行不受关键管理人员不在岗的影响。

2）当实验室的业务范围涉及专业领域较多时，可以结合自身技术管理的实际需要，在设置1名全面负责的总技术负责人的基础上，设置若干名不同专业（领域）的专业技术负责人，分别协助总技术负责人管理相关专业领域的技术管理工作。

3）当实验室能够配备多名授权签字人时，如果条件允许，应尽可能地考虑在不同的授权签字人之间能够在其签字领域上有一定的重叠，以免某些签字领域检测报告的签发工作受这些领域的授权签字人不在岗的影响。

5. 人员的能力和任职要求

实验室应通过实施管理体系文件明确的人员能力（包括综合素质、教育、资格、培训、技术知识、技能和经验等方面）和对不同工作岗位的任职要求，对所有人员的能力和任职要求进行有效的控制和管理，以确保所有人员均具备开展所负责实验室活动的能力，以及对工作中出现偏离的影响程度进行评估和应对的能力。在实际操作时，应按以下要求来管控：

（1）人员的综合素质要求。人员的综合素质要求，主要从以下几个方面控制：

1）要知规矩、懂规矩和守规矩。具体应做到：

① 要清楚地知道并自觉遵守与本职工作相关的实验室管理法规规矩和管理规矩；

② 要熟悉并严格执行实验室的内部规矩（管理体系文件）、质量方针、质量目标、质量政策及内部管理相关文件；

③ 要了解并遵守实验室所在地政府（或行业协会）为保证检测质量的不成文的习惯、做法和规矩；

④ 要熟悉并自觉履行本人的岗位职责，熟练掌握并遵守本岗位相关的工作标准、工作规范和工作准（守）则。

2）要践诺守约。具体应做到：

① 要理解并严格遵守所在实验室对外公开作出的关于遵守法规规矩和管理规矩、独立公正从业、履行社会责任、诚实信用和保密的自我声明和承诺；

② 要熟悉并严格遵守本人与实验室签订劳动服务合同时作出的各项承诺和约定；

③ 要了解并遵守实验室与客户签订的合同文件的约定开展实验室活动；

④ 要了解并遵守实验室所在地的检测行业协会、政府监管部门公布的相关从业自律公约。

3）要忠诚老实、公平公正。具体应做到：

① 要忠诚于自己的国家、团队和组织，不得做出违法违规、损公肥私、损人利己的言行，自觉维护国家及其所在组织（单位或团队）的利益；

② 要老实做人做事，不得有弄虚作假、编造数据、出具不实或虚假报告等损害国家、社会及其所在单位（组织或团队）利益和信誉的言行；

③ 要诚实待人，处事公平公正，时时处处维护其所在单位（组织或团队）独立、客观、公正的形象。

4）要爱岗敬业、尽职尽责。具体应做到：

① 要热爱自己的工作岗位，熟练掌握本岗位所需的基本技术和能力；

② 要尊重自己的职业，珍惜自己的职业生涯，不做砸自己“饭碗”和拆自己“招牌”的事情，维护自己在本行业中的声誉；

③ 要自觉学习和持续更新本岗位工作相关的专业理论、专业知识，不断提升履行自身职责的专业素质和技能；

④ 要牢记并竭尽全力履行自己的岗位职责，不做“越位”“错位”或“出格”的事情。

5）要热情服务、自觉接受监督。具体应做到：

① 要根据所在实验室公开的质量方针、质量目标和服务承诺的要求，热情为客户提供优质高效的检测服务；

② 要自律自强，自觉接受来自政府、客户、社会和实验室内部的监督，虚心接受别人的批评、建议和意见，持续提升自己的服务水平和服务质量。

（2）人员的教育要求。人员的教育要求主要包括学历教育、相关规矩教育、职业技能教育、职业道德教育四个方面：

1）学历教育。不同岗位对人员的学历有不同的要求，现行实验室资质许可相关规矩除对关键技术人员（技术负责人、授权签字人等）给出学历的明确要求外，对其他人员则没有给出硬性的明确要求，给实验室管理带来一定的困扰。为此，实验室应：

① 在招录新进人员时，应尽量参照 CNAS 发布的实验室认可现场评审工作文件中**“从事检测活动的人员应具备相关专业大专以上学历。如果学历或专业不满足要求，应有10年以上相关检测经历”**的要求来掌握；

② 当实验室无法达到以上要求（如欠发达地区人力资源不足或既有员工未达到此要求）时，至少应接受过与其工作专业相同或相近专业的中专（中职）学历教育，并在签订

录（聘）用劳动服务合同时，提出必须在某一较短时间内将其学历提升到大专以上的附加条款要求，以期保证其学历在较短时期内可以满足实验室管理规矩的相关要求。

2）相关规矩教育。实验室应按以下要求对所有人员进行实验室管理相关规矩的教育：

① 管理层应带头跟进学习国家对实验室管理相关的法规规矩和管理规矩，必要时，可聘请外部专家进行专题宣贯教育；再根据实验室管理相关的法规规矩和管理规矩的要求，制订（或修订）实验室管理的内部规矩（管理体系文件），定期组织全体人员学习宣贯这些内部规矩，并对学习宣贯成效进行考试（核）和检查，以保证全体人员都懂得并遵守这些规矩；

② 当国家对实验室管理相关的法规规矩和管理规矩发生变化调整时，管理层应带头学习并深入了解这些变化和调整，及其对实验室管理带来的影响和变化，及时对实验室的内部规矩（管理体系文件）作出相应的调整、修改（订），并组织所有人员对调整、修改（订）后的相关规矩，特别是内部规矩进行宣贯学习和考核，使所有人员都能知悉并遵守这些规矩的变化和调整，防止实验室管理体系的运行管理发生与法规规矩和管理规矩的有关要求不符合的方向性偏离；

③ 验室应按政府监管部门或行业协会的要求，派出人员参加其组织的相关规矩教育、宣贯活动。

3）职业技能教育。实验室所有人员均应在独立开展工作前，接受必要的职业技能教育。职业技能教育可以采取走出去（派员参加外部培训教育机构组织的职业技能教育）、请进来（邀请本行业的资深专家到实验室进行现场指导教育）和互学互教（由实验室内部的资深专业人员负责现场演示或示范教育、组织职业技能的学习、研讨、交流或擂台比赛等）等方式进行，从而保证所有影响实验室活动结果的人员，特别是新上岗或调整工作岗位后的人员的职业技能满足独立开展工作的要求。

4）职业道德教育。实验室管理层要指定专人（本机构内合适、资深的管理或专业人员）或聘请职业道德教育方面的专家、老师，借助、利用本行业（领域）发生的涉及实验室及其从业人员违反职业道德（操守）的案（事）件，定期或不定期对全体人员开展职业道德和职业操守方面的教育。对新进人员和有可能直接接触客户的人员尤其要特别注意，以保证所有人员都熟悉并自觉遵守实验室从业人员的职业操守和职业道德，以防范工作人员违反职业道德操守的事件发生。

（3）人员的资格要求。实验室对负责抽样、操作设备、检测、签发检测报告或证书以及提出意见和解释的人员，除按国家实验室管理规矩的相关规定取得相应的上岗资格证外，还应根据各类从业人员的教育、培训、技能和经验，对其是否具备实际上岗资格（能力）进行确认，具体应按以下要求进行：

1）对在实验室管理相关规矩规定必须取得上岗资格方可上岗工作的人员，在独立开展工作前，必须通过政府监管部门或其认可的培训机构组织的相关岗位上岗资格培训合格且取得上岗资格证，并经管理层组织的以现场提问、笔试、实际操作或演示等方式，对其实际上岗资格（能力）进行核查，确认已经具备了独立上岗工作的资格（能力）后，方可以发放证书或任命文件的方式授予其上岗资格。

2）对在实验室管理相关规矩没有硬性规定需要上岗资格的岗位上工作的人员，实验室管理层应在安排其独立开展工作前，按前文第（1）、（2）项的要求对其进行对照检查和按后面第（4）项的相关要求进行上岗前的培训，确认其满足独立开展工作所要求的技术能力后，以发放证书或任命文件的方式授予其上岗资格。

3）实验室应保证所有人员均获得实验室管理层核发的上岗资格后，方可独立上岗开展工作，并密切跟踪和持续提升人员独立开展工作的技术能力。尤其是对涉及实验室活动过程出现不符合工作、质量投诉或质量事故的相关人员更应特别关注。

（4）人员的培训要求。实验室应按管理体系文件中的人员培训程序所确定的人员教育和培训目标，结合当前和预期的检测任务的培训需求来制订人员培训计划，然后按计划实施人员培训。人员的培训分外部培训和内部培训，其要求如下：

1）外部培训。外部培训分上岗资格培训和实验室管理相关规矩、新政策与新技术培训等，具体应按以下要求实施：

① 应按国家对实验室管理的相关规矩和实验室资质许可部门及政府监管部门的有关要求，将人员送到政府监管部门或其认可的培训机构组织的上岗资格培训，并取得相关上岗资格培训合格证明文件；

② 应根据实验室资质许可部门和政府监管部门的要求，结合实验室管理的实际需要，将人员送实验室的政府监管部门或其认可的培训机构，或者行业协会等组织的诸如实验室管理相关的法律、法规、规章、质量（技术）标准、技术规范、规范（法规）性文件、行业管理政策、实验室管理新技术与新方法应用等培训学习活动，以保证本实验室的从业人员能够及时掌握实验室管理相关规矩的最新规定和了解本行业（领域）的最新动态。

2）内部培训。内部培训包括新进人员上岗前培训和常态化培训，具体应按以下要求进行：

① 新进人员上岗前培训。实验室管理层应按下列要求对所有新进工作人员（包括转换岗位后的人员，下同）进行上岗前的培训：

a. 应根据管理体系文件的规定向新进人员传达、学习其职责和权限，详细讲解其任职要求和工作关系；

b. 应根据实验室与新进人员签订的劳动服务合同的约定，详细解释新进人员对实验室应当承担的各项责任、享有的各项权利和应该履行的各项义务，以及违反这些约定的处理措施；

c. 应组织新进人员进行实验室管理相关法规规矩、管理规矩和内部规矩的宣贯学习，并进行适当和必要的考核，以保证新进人员清楚了解相关规矩对其工作岗位相关的行为准则和管控要求，以及违反这些准则和要求将要面临的处罚或处理措施；

d. 管理层除对新进人员按综合素质、教育、资格［见前文第（1）、（2）项所述］的要求进行管控外，还应按以下要求强化其岗位工作技能的培训，并进行必要和适当的考核，以保证其行为公正、有能力并按照实验室管理体系要求开展工作；

e. 新进人员的培训一般采取以下几种方式：一是通过集中授课、讨论学习、个别交流、操作演练、跟班实习等方式，对新进人员进行针对性的技术能力和操作技能的培训，以使其尽快掌握开展工作所需的技术能力和操作技能；二是通过谈话、提问、实际操作考核、问卷调查或组织考试等方式，考核、查验新进人员是否真正掌握了开展工作必需的技术能力和操作技能；三是对经过培训、考核满足岗位能力素质要求的新进人员，管理层在办理相关确认手续后，将其安排到工作岗位上开展工作的同时，还应指定专人负责对其进行跟踪和指导，并安排监督人员加强对其监督，以保证新进人员胜任其新工作，并按任职要求履行其岗位职责。

② 常态化培训。实验室管理层应根据相关法规规矩、管理规矩的要求和实验室内部规矩的相关规定，常态化开展人员的培训工作，培训的方式、内容和要求如下：

a. 培训的方式：应结合自身管理的实际，采用灵活多样、实用有效的培训方式，如集中授课（包括线上、线下）、召开学习（学术研讨）会议、发放学习资料自学、通过学习小组集体学习等方式；

b. 培训的内容：应根据开展实验室活动的实际需要和人员实际情况，以及相关规矩的要求来选择培训内容，如检测活动涉及的新法律、新法规、新规章、新政策（如规范性文件），新标准、新规范，新技术、新方法、新理论及其应用，检测操作技能、检测问题应对及其处理技能（术），检测质量、安全事故分析研讨及其应对处理，检测工作典型案例分析等；

c. 培训的要求：应保证所有可能影响检测活动的人员均根据其岗位要求，常态化接受必要的培训，以保证所有人员的工作能力及其行为能够满足相关规矩的最新要求。

（5）人员的技术知识、操作技能和经验要求。实验室应当保证执行层所有的管理人员和技术人员均具备开展其工作所必需的技术知识、操作技能和工作经验，具体应按以下要求实施管控：

1）技术知识要求。技术知识主要通过理论学习（如学历教育、理论培训等）和实践学习（实际操作、日常工作实践等）两大途径来获得，对人员的技术知识要求如下：

① 应保证所有人员具备其工作岗位所需的基本理论知识。管理层应根据管理体系文件的相关要求，督促或派遣人员参加其工作岗位相关专业领域的学历教育、专业理论培训教育或通过自学等方式，掌握其工作岗位必需的相关专业理论知识，以促使人员对其工作相关的理论知识做到心中有数，对其工作做到知其然，亦知其所以然；

② 应确保人员具备其工作岗位所需的实践知识。管理层应根据管理体系文件的相关要求，在组织所有人员通过外部的上岗资格培训、内部的操作技能培训等途径掌握开展工作必备的实践知识的同时，还应建立相关的机制来教育、引导人员虚心向身边有经验同事学习其工作相关的实践知识，鼓励人员加强工作中的实践锻炼，自觉在工作实践中不断总结和持续提高自己的实践知识水平，以促成在本实验室内，人人都想把自己培养成工作的行家里手的积极向上的良好局面。

2）操作技能和经验要求。人员获得操作技能和经验最重要的途径是工作实践。因此，管理层应建立相应的机制来教育、引导和鼓励人员在日常工作实践中，虚心向身边有经验的同事学习与其工作相关操作技能的同时，还要在实际工作中刻苦钻研，不断探索和提升自己的操作技能，持续吸收、总结和提高自己的工作经验，以逐步实现培养一支专家型人才队伍的管理目标。

（6）人员的监督及其能力监控要求。实验室应根据实验室管理相关规矩和管理体系文件的相关规定，结合实验室自身人员的实际情况，对可能影响实验室活动的相关人员实施监督并对人员的能力实施有效监控，以保证其工作质量持续符合实验室管理的要求。具体应按以下要求进行：

1）人员的监督要求。实验室应对所有可能影响实验室活动的人员，无论是内部人员还是外部人员，均应受到监督，以保证胜任其工作并按照管理体系要求履行其工作职责。对新入职的人员、调整工作岗位后的人员、受到过投诉多和接受过处理的人员等尤其要重点监督。

2）人员的能力监控要求。实验室应定期或不定期采取以下方式和相关要求，对所有可能影响实验室活动的人员的能力实施有效的监控：

① 开展实验室内部人员之间的比对。对检测结果易受人工操作因素影响的项目、新开展的项目、采用自行开发方法的项目、新进人员参加的项目、参加行业组织实验室比对或相关机构组织能力验证的结果不满意或基本满意的项目，以及其他需要加强对人员的能力监控的项目，管理层应根据实验室管理的实际，组织实验室内部不同人员之间的比对，以准确、及时找出并补足个别检测人员存在的能力短板，采取针对性的纠正措施，以持续提升检测人员操作技术能力水平；

② 采用盲样进行考核。管理层应根据本实验室管理的实际需要，对检测结果容易受影响或已受影响较多的项目及其相关人员，采用发放盲样的方式，对相关项目及其相关人员进行盲样考核，以迅速、及时锁定产生问题的人为原因，并采取有效的纠正措施，以填补人员能力监控管理的漏洞和短板；

③ 采用标准物质进行考核（验证）。管理层参照前述盲样考核的操作方法，采用发放有证标准物质的方法，对重点项目及其相关人员进行考核（验证），以迅速、及时查出并纠正错误，以解决重点项目相关人员的技术能力不足的问题；

④其他适合且有效的监控方式。如采取现场监督实际操作过程、核查记录等方式对人员能力实施监督与控制，即时做好监控记录并进行评价。

（7）人员的考核评价要求。实验室应按管理体系文件的相关规定，定期（如每年至少 1 次）对所有人员工作表现、业绩、能力进行考核、评价，确定考核评价等级（档次），并将考核结果与人员的职务、职级和薪酬的升降等紧密挂钩，以持续调动和提升人员队伍的积极性和主观能动性。

（8）人员的公正性和独立性要求。实验室应通过建立管理体系文件、劳动服务合同约定、要求人员作出书面承诺和加强审查检查等手段，防止所使用的人员在其他同类型实验室从事同类的实验室活动，以保证所有人员公正、独立地履行职责。具体的措施详见第 3.3.1 节。

（9）关键技术人员的素质和能力要求。实验室应保证技术负责人、质量负责人、授权签字人和负责进行检测结果复核、检测方法验证或确认等关键技术人员的素质和能力满足实验室管理相关规矩的规定。具体要求如下：

1）实验室的技术负责人除满足前面所述人员的素质和能力要求外，还应满足《资质标准》的以下规定，并通过资质许可机构审查考核，全面负责实验室技术管理体系的运作。

① 综合资质：应具有工程类专业正高级技术职称，且具有 8 年以上质量检测工作经历；

② 专项资质：应具有工程类专业高级及以上技术职称，且具有 5 年以上质量检测工作经历。

2）实验室的质量负责人应具备确保管理体系得到实施和保持的素质和能力，除满足前面所述人员的素质和能力要求外，还应满足《资质标准》的以下规定：

① 综合资质：应具有工程类专业高级及以上技术职称，且具有8年以上质量检测工作经历；

② 专项资质：应具有工程类专业中级及以上技术职称，且具有5年以上质量检测工作经历。

在具体运行管理时，质量负责人一般应与技术负责人的素质和能力相当，以便当技术负责人不在岗时可以与其互为代理。关于这一点，规模较小的实验室尤其要注意，以免出现技术负责人不在岗时没有满足其指定代理人资格能力要求的人员的窘况。

3）实验室授权签字人应具有中级及以上专业技术职称或同等能力。这里同等能力是指需满足以下条件之一者：

① 大专毕业，从事专业技术工作8年及以上；

② 大学本科毕业，从事相关专业技术工作5年及以上；

③ 取得硕士及以上学位，从事相关专业技术工作3年及以上；

④ 取得博士及以上学位，从事相关专业技术工作1年及以上。

与此同时，授权签字人还应熟悉实验室资质许可/认定所有相关的要求，且其授权签字领域（范围）须经资质许可（/认定）部门的审查考核和批准。

4）从事下列特定的实验室活动的关键技术人员，除应获得实验室的授权并满足前面所述的素质和能力要求外，还应有3年以上本专业领域的检测经历。特定的实验室活动包括但不限于下列活动：

① 开发、修改、验证和确认方法；

② 分析结果，包括作出符合性声明或意见和解释；其中，对结果报告作出意见和解释工作的关键技术人员，还应通过资质许可部门的考核和批准，方可开展该项工作；

③ 报告、审查和批准结果。

（10）实验室应对上述全部活动进行记录并予以保存，记入个人的履历和技术档案，以保证所有相关工作都可追溯和可核查。

6. 人员的档案管理

（1）实验室应对本节前面所述人员素质、能力和任职要求的确定、人员配备、人员培训、人员监督、人员授权和人员能力监控等活动进行记录，并保留人员的相关资格、能力确认、授权、教育、培训和监督的记录。

（2）实验室应为每一位员工单独建立个人技术档案，将涉及个人自入职开始到离开工作岗位的所有与其任职履历相关的记录信息，纳入个人技术档案，并保存至该人离开岗位（含退休和离职）后至少一个资质许可（/认定）周期的5（/6）年。

3.3.3.3 设施和环境条件的管理

1. 试验场所的配置

实验室应配置满足开展检测业务所需要的试验场所，具体应：

（1）实验室应保证有固定的、临时的、可移动的或多个地点的场所，并应保证这些场所的使用功能、环境条件、规格（规模）、数量等满足相关规矩的要求。如一些工程类的现场检测项目，更应注意试验场所（如检测现场）的环境条件是否满足检测标准、方法的相关要求。

（2）实验室应将其从事检测活动所必需的场所要求制定成文件并依其实施控制管理。

（3）试验场所的配置应满足开展实验室活动的需要，并符合国家实验室管理相关规矩的有关要求。对于住房和城乡建设工程领域实验室的场所配置，应符合《管理规范》第4.3节和《资质标准》的相关要求。具体应：

1）检测机构应具备所开展检测项目相适应的场所。房屋建筑面积和工作场地均应满足检测工作需要，并应满足检测设备布局及检测流程合理的要求。

2）检测场所的环境条件等应符合国家现行有关标准的要求，并应满足检测工作及保证工作人员身心健康的要求。对有环境要求的场所应配备相应的监控设备，记录环境条件。

3）检测场所应合理存放有关材料、物质，确保化学危险品、有毒物品、易燃易爆等物品安全存放；对检测工作过程中产生的废弃物、影响环境条件及有毒物质等的处置，应符合环境保护和人身健康、安全等方面的相关规定，并应有相应的应急处理措施。

4）检测工作场所应有明显标识，与检测工作无关的人员和物品不得进入检测工作场所。

5）检测工作场所应有安全作业措施和安全预案，确保人员、设备及被检测试件的安全。

6）检测工作场所应配备必要的消防器材，存放于明显和便于取用的位置，并应有专人负责管理。

（4）当实验室在永久控制之外的场所实施实验室活动时，应确保满足上述要求和后面第2、3款中有关设施和环境条件的相关要求，并如实作好记录和在相应的结果报告中作出说明。

2. 试验工作环境条件的管理

应按《通用要求》：**“实验室应将从事实验室活动所必需的设施及环境条件的要求形成文件”**的规定制订并实施设施及环境条件管理的程序文件，以确保其工作环境满足检测管理规矩的相关要求。具体应满足以下要求：

（1）实验室在固定场所以外进行检测或抽样时，应根据相关检测标准或者技术规范的规定，提出并实施相应的环境条件控制要求，以确保环境条件满足检测标准或者技术规范的要求。

（2）应按《通用要求》**“设施和环境条件应适合实验室活动，不应对结果有效性产生不利影响”**的规定对开展检测活动的设施和环境条件实施管理和控制，以保证检测活动结果的有效性。具体要求如下：

1）实验室应识别环境条件是否适合实验室活动，保证环境条件不对结果有效性产生不利影响。如对微生物污染、灰尘、电磁干扰、辐射、湿度、供电、温度、声音和振动等对结果有效性有不利影响的因素进行识别。当识别出有上述对结果有效性有不利影响的因素时，应对这些影响因素进行监测、控制和记录。

2）当检测标准或者技术规范对环境条件（如湿度、温度、声音和振动等）有要求，或环境条件影响检测结果的有效性时，应监测、控制和记录这些影响环境条件的因素。

3）当识别出环境条件不利于检测的开展时，应停止检测活动，并立即采取措施消除这些环境条件的不利影响，直到这些影响因素恢复到符合检测标准或技术规范的相关要求为止。

4）当发现环境条件偏离检测标准或者技术规范的要求时，要追踪该偏离是否对已经出具的结果有效性产生不利影响。若有影响，则要评估影响的时间和范围，并采取相应的纠正措施，从而消除偏离对检测活动结果有效性的不利影响。

（3）实验室应实施、监控并定期评审试验（检测）工作环境条件控制的设施或措施，这些措施应至少包括：

1）进入和使用影响实验室活动的区域。如在实验室活动区域的出入口设置明显的“受控区域”或“非工作人员未经批准不得进入”等控制标识（标志），防止非检测工作人员进入和使用影响实验室活动的区域。

2）预防对实验室活动的污染、干扰或不利影响。如采用监测、控制的设施或设备对微生物污染、灰尘、电磁干扰、辐射、湿度、供电、温度、声音和振动等不利影响因素进行监测、控制和记录，并定期对这些设施或设备的运行、管控效果进行检查、评审，以保证这些控制设施正常发挥效能。

3）有效隔离不相容的实验室活动区域。如通过物理隔离或其他适当有效的措施，防止诸如微生物污染、灰尘、电磁干扰、辐射、声音和振动等不利因素的交叉影响。

4）应制订应对上述措施失效时的对策，以保证一旦发生环境条件控制设施或措施失效的情况时，有足够的应对措施消除其不利影响。

3. 试验场所环境的内部管理

实验室应建立和保持试验（检测）场所良好的内务管理程序，以保证试验（检测）场所环境维持良好的管控状态。具体应按以下要求实施管理：

（1）实验室的内务管理程序应综合考虑安全和环境的因素。如应保持有足够的安全距离或安全防护设施（或措施）来保证检测工作人员的人身安全不因为试验（检测）场所环境因素的影响而受到威胁，从而有效防范人身安全事故的发生。

（2）实验室应将不相容活动的相邻区域进行有效隔离，并采取措施以防止干扰或者交叉污染。如当相邻区域的检测活动可能会发生互相干扰或交叉污染时，应采取诸如物理隔离或其他适当的措施把相邻区域有效隔离开来，以防止干扰或者交叉污染事件的发生。

（3）实验室应对使用和进入影响检测质量的区域加以控制，并根据特定情况确定控制的范围。如对影响检测质量的实验室活动区域实施，除在其出入口设置明显的“受控区域”或“非工作人员未经批准不得进入”等控制标识（标志）外，还可以结合自身的实际采取视频监控系统或人脸识别、指纹识别或其他方式的门禁系统，防止非检测工作人员擅自进入和使用影响实验室活动的区域。

（4）实验室应保持实验室活动区域的环境条件得到良好的控制，具体应：

1）实验室应保持实验室活动区域的环境干净、整洁，检测完毕的样品应按样品处理程序的要求及时清（处）理。

2）检测仪器设备、设施（工具）和被检物（样）品应摆放整齐、有序，且便于开展检测工作。

3）应保持检测工作活动空间、通道畅通无阻。

4）与检测工作无关的物品、工具等不得放置于工作区域。

3.3.3.4 设备的管理

1. 设备设施的配备

实验室应根据自身开展实验室活动的实际需要，将所必需的设备设施配备的要求形成文件，并按这些要求选择（或采购）、配备满足检测或抽样方法和《通用要求》的相关要求，以及开展检测（包括抽样、物品制备、数据处理与分析）业务要求的设备和设施。具体应按以下要求进行：

（1）实验室应按**“检测机构应配备能满足所开展检测项目要求的检测设备”**的强制性要求配备开展实验室活动所需的各类设备，并保证所使用的设备按照管理体系文件的规定实施有效的管理和控制。具体应按以下要求实施：

1）实验室配备的设备至少应包括检测活动所必需并影响结果的测量仪器、软件、测量标准、标准物质、参考数据、试剂、消耗品、辅助设备或相应组合装置。如标准物质和有证标准物质包括标准样品、参考标准、校准标准、标准参考物质和质量控制物质。实验室应选用或采购满足 ISO 17034 要求的标准物质生产者提供的标准物质，并根据标准物质信息单/证书提供的规定来使用它。

2）实验室应对配备使用的所有设备拥有完全的支配权和使用权。只要条件允许，实验室在配备同类仪器设备时，应考虑其数量及其检测能力在保证满足检测业务需要的基础上，留有适当的冗余，以防止某一仪器设备发生故障或由于特别原因需要停止使用时，影响实验室检测业务的持续进行。如建筑工程领域实验室中力学试验的仪器设备，有条件时尽量不要单机配置，且不同仪器设备之间其检测能力的有效工作范围能够部分重叠，以尽量拓展仪器设备配置的容错空间和能力。

（2）实验室应配备满足其开展检测活动所需要的设施，并保证所使用的设施按照管理体系文件的规定实施有效的管理和控制。具体应按以下要求进行：

1）实验室的设施应为自有设施，并拥有设施的全部使用权和支配权。自有设施是指购买或长期租赁（至少2年）并拥有完全使用权和支配权的设施。如果实验室通过签订合同，在有检测任务时临时使用其他机构的设施，不能视为自有设施，这是《通用要求》不予许可的。

2）实验室应有充足的设施实施检测活动，包括实验室活动所需的空间与设施、样品储存空间等。设施的数量、规模（面积）等除满足本节第 3.3.3.3 节第1款的相关要求外，还应满足相关行业监管部门的特殊要求。如住房和城乡建设领域的实验室，其检测场所的配备应满足《管理规范》第 4.3 节和《资质标准》的相关要求。

3）用于检测的设施，应有利于检测工作的正常开展。

4）对于实验室固定场所之外实施的检测活动（如工程实体质量检测和在施工或生产现场检测的项目），可利用客户提供的设施（场地）进行，但必须保证检测的环境条件满足第 3.3.3.3 节第2款的相关要求。

（3）当实验室使用永久控制以外的设备（如租用的设备）设施时，不得违反国家实验室管理相关规矩的强制性规定，并应确保满足《通用要求》对设备设施的相关要求。如实验室租用设备设施开展检测时，应确保：

1）租用设备设施的管理应纳入本机构的管理体系实施有效的控制。

2）本机构可全权支配使用设备设施，即：租用的设备设施由本机构的人员操作、维护、检定或校准，并对使用环境和贮存条件进行控制。

3）在租赁合同中明确规定租用设备设施的使用权。

4）不允许租赁正在被其他实验室租赁使用（或说不允许使用重复租赁）的设备设施。

（4）实验室配置的（固定）设备设施应在其申报认证的地点内，并按有利于开展检测活动和内务管理的原则进行布置。具体应：

1）将功能相近的同类检测项目（参数）使用设备设施相对集中在同一区域，便于按功能分（片）区集中管理，避免此类项目的检测活动过程中与其他类别检测项目（参数）之间产生不利影响。例如，建设工程领域的实验室，应将混凝土和钢材的力学试验类设备集中在同一区域，并尽量地紧邻混凝土试块标准养护室。

2）将单件质量重或需要空间较大的设备设施安置在首层（或地下层）。

3）对检测过程会产生强（剧）烈振动、较大响声或噪声的设备设施，除应安放在首层（或地下层）外，还应尽量采取有效的减振、隔声的设备设施，防止检测活动对周边的人员、环境产生不利影响。

4）对相互干扰的设备设施，应尽量安放在不会发生相互干扰的位置，否则必须进行有效的隔离。

5）对检测过程会产生有毒有害气体试验项目（参数），应配备符合环保和保障人身安全卫生要求的通风排气设备设施。

6）根据工作的需要配备检测固体废弃物、废水（液）回收处理设备设施。有条件的实验室可配备固体废弃物（如自动传送带或智联垃圾自动回收车等）或废水（液）自动回收设备设施（如敷设废水/废液收集管道系统等）。

7）有条件时，可采用工业机器人替代人工运（输）送大件试样等简单重复的重体力劳动，或选用自动化、数字化控制的智能检测设备逐步替代传统的手工操作检测设备。

（5）实验室应按以下要求建立并维持检测设备设施供应商名（目）录：

1）检测设备设施供应商名（目）录可分为合格供应商名（目）录和不合格供应商名（目）录。

2）在实施设备设施采购活动前，应优先选择合格供应商名（目）录中的供应商；对不在合格供应商名（目）录中的供应商，应先按第6款“采购和客户服务管理”中的相关规定，对其资格、能力、信誉、售后服务等进行综合评价，评价结果符合要求的，方可将其纳入合格供应商名（目）录并实施采购活动。

3）应单独保留主要设备设施的制造商记录，以便维持设备设施的性能持续满足要求和获得制造商提供的售后服务。

4）每次实施设备设施采购活动结束后或每年制订设备设施采购计划前，应对所采购设备设施的性能及其供应商的售后服务质量和设备设施维护水平等进行评价。对能够持续满足要求和提供良好服务的供应商，继续将其纳入合格供应商名（目）录；对不能持续满足要求或不能提供良好售后服务和设备设施维护的供应商，实验室应将其放入不合格供应商名（目）录。

2. 设备的管理

《管理规范》规定：**“检测机构检测项目的检测设备配备应符合本规范附录A的规定，并宜分为A、B、C三类，分类管理。具体分类宜符合本规范附录C的要求。”**设备的管理包括设备的管理人员、档案、校准/检定、工作状态、维护、期间核查和使用过程的管理等工作内容，设备管理的工作目的是保证所配置的设备满足计量溯源和检测业务的要求，具体应按以下要求实施：

（1）设备管理人员的管理。应按以下要求进行：

1）实验室应指定专人负责设备的管理。实验室任命的设备管理人员应具有检测设备管理的基本知识和检测工作的基本知识，从事检测工作的年限符合相关规定，熟悉检测设备管理相关规矩和要求。除任命的专职设备管理人员外，设备管理人员还应包括最了解设备的使用状态的设备使用者。

2）实验室应通过所建立的设备管理程序，明确设备管理人员的职责并授予履行其职责所需的权力，以保证实验室所订立的设备管理的内部规矩得到执行落实，从而保证所有设备满足《管理规范》《通用要求》的相关规定和开展检测业务活动的需要。设备管理人员应包括（但不限于）以下主要职责：

① 协助检测项目负责人确定检测设备计量特性、规格型号，参与检测设备的采购安装；

② 协助检测项目负责人对检测设备进行分类；

③ 建立和维护检测设备管理台账和档案；

④ 对检测设备进行标识，对标识进行维护更新；

⑤ 协助检测项目负责人确定检测设备的校准或检定周期，编制检测设备的周期校准或检定计划；

⑥ 提出校准或检定单位，执行周期校准或检定计划；

⑦ 对设备的状况进行定期、不定期的检查，督促检测人员按操作规程操作，并做好维护保养工作；

⑧ 指导、检查法定计量单位的使用。

（2）设备的管理。宜按以下要求将其使用的检测设备实行分类管理：

1）将其使用的检测设备分为A、B、C三类，进行分类管理。具体分类宜按《管理规范》附录C的要求进行。

2）A类检测设备范围及其管理：

① A类检测设备范围见《管理规范》附录C第C.0.2条的规定，并应符合下列规定：

a. 本单位的标准物质（如果有时）；

b. 精密度高或用途重要的检测设备；

c. 使用频繁，稳定性差，使用环境恶劣的检测设备。

② A类检测设备应按以下要求进行管理：

a. A类检测设备在启用前应进行首次校准或检定，并应送至具有校准或检定资格的实验室进行；

b. A类检测设备的校准或检定周期应根据相关技术标准和规范的要求，检测设备出厂技术说明书等，并结合检测机构实际情况确定。

3）B类检测设备的范围及其管理：

① B类检测设备的范围见《管理规范》附录C第C.0.2条的规定，并应符合下列规定：

a. 对测量精度有一定的要求，但寿命较长、可靠性较好的检测设备；

b. 使用不频繁，稳定性比较好，使用环境较好的检测设备。

② B类检测设备应按以下要求进行管理：

a. B类检测设备在启用前应进行首次校准或检定，并应送至具有校准或检定资格的实验室进行；

b. B类检测设备的校准或检定周期应根据检测设备使用频次、环境条件、所需的测量准确度，以及由于检测设备发生故障所造成的危害程度等因素确定。

4）实验室应制定A类和B类检测设备的周期校准或检定计划，并按计划执行。

5）C类检测设备的范围及其管理：

① C类检测设备的范围宜符合《管理规范》附录C第C.0.3条的规定，并应符合下列规定：

a. 只用作一般指标，不影响试验检测结果的检测设备；

b. 准确度等级较低的工作测量器具。

② C类检测设备应按以下要求进行管理：C类检测设备首次使用前应进行首次校准或检定，经技术负责人确认，可使用至报废。

6）实验室自行研制的检测设备应经过检测验收，并委托校准单位进行相关参数的校准，符合要求后方可使用。

（3）设备档案的管理。新启用的设备在投入使用前，实验室应按设备管理程序文件的要求，为每一台（套）设备确定唯一性标识（如序列号或其他编码）且在该设备的生命周期内予以维持，并按以下要求为每一台（套）设备建立和管理档案，记录设备技术条件及使用过程的相关信息：

1）建立设备档案的要求。对所有用于实验室活动的设备，实验室应在投入使用前，按“一设备一档案”的要求为所配置的每一台（套）设备单独建立档案。如为小型设备时，可以为同一类型的多台（套）设备共设一个档案。

2）设备档案的内容。设备档案至少要包括以下内容：

① 设备的识别，如设备的名称、设备的管理序列号或编码等唯一性标识等。包括软件和固件版本；

② 制造商名称、型号、序列号或其他唯一性标识；

③ 设备符合规定要求的验证证据。包括出厂合格证明（适用时，含校准证书）、使用说明书或使用手册、检查验收记录、投入（或重新投入）使用前采用核查、检定或校准等方式确认其是否满足检测方法要求的验证确认记录等；

④ 当前的位置、启用日期；

⑤ 校准日期、校准结果、设备调整、验收准则、下次校准的预定日期或校准周期；

⑥ 标准物质的文件、结果、验收准则、相关日期和有效期；

⑦ 与设备性能相关的维护计划和已进行的维护；

⑧ 设备的损坏、故障、改装或维修的详细信息。

3）设备档案的日常管理和保存。设备档案的日常管理和保存工作，应按以下要求进行：

① 设备档案的日常管理。设备档案的日常管理工作包括设备管理相关工作记录（表格）的填写、设备档案相关资料的收集和归档、设备档案的保管等工作：

a. 工作记录的填写。由负责设备管理相关工作的人员负责填写设备管理相关工作记录。当负责设备管理相关工作人员不是设备管理员时，相关工作（如设备使用）人员应将填写好的工作记录（如设备使用记录）及时移交设备管理员，以便管理员及时归档和保存工作记录；

b. 设备档案相关资料的收集和归档。设备管理员应随时收集设备档案相关资料（含设备管理相关的工作记录、检定/校准证书、报告等），并按档案管理的要求将收集到的相关资料归入设备档案中；同时，还应实时更新设备档案中需要动态更新（填写）的相关信息内容；

c. 设备档案的保管。设备档案一般应由设备管理员负责保管，其他人员需要调（借）阅设备档案时，应按相关程序文件的要求，办理相关手续；当设备档案的部分资料需要随设备流转时（如设备使用手册或说明书等），可使用复印件随设备流转，原件则保存在专职管理员处，以防止设备档案资料的丢失或损毁。

② 设备档案的保存。实验室应保证设备档案在设备的整个使用生命周期内都得到妥善地保存，并保存到设备生命周期结束（如报废处理）后再加一个资质许可（/认定）评审周期的5（/6）年；应设置专门的满足档案保存环境条件要求的空间存放设备档案，并指定专人（如设备管理员或档案管理员）负责按档案管理相关程序文件要求管理设备档案；实验室可根据自身的条件和管理的实际需要，再延长设备档案的保存时间。

（4）设备功能的确认

投入使用（含新启用和重新投入使用，下同）的设备在使用前，实验室应按以下要求对其功能是否满足开展相关检测活动的要求进行确认：

1）设备功能的核查。应按以下要求对设备功能进行核查：

① 利用设备之间比对。实验室可按以下要求，采用同类设备之间的比对来核查新使用设备的功能：

a. 当实验室已经配置了新设备的同类设备时，可以利用功能满足计量溯源要求的既有设备与新设备之间开展实验室内部的设备比对；

b. 当实验室尚未配置同类设备时，可以与具有能力的实验室（如获认证实验室）的满足计量溯源要求的同类设备进行设备之间的比对；

c. 利用以上比对结果核查新设备的功能是否符合设备出厂合格证明文件的相关说明。

② 利用有证标准物质。如购买的化学标准溶液、化学试剂等，实验室可利用具备能力的标准物质生产者提供的有证标准物质来核查拟投入使用的标准物质的特征值是否与其出厂合格证明文件的标示（称）值相符。

2）设备功能的校准或检定。对需要通过校准或检定来核查其功能的设备，实验室应利用具备能力（获得监管部门授权/认证认可）的实验室或校准/检定机构提供的校准/检定服务来核查设备的功能：

① 对可移动设备，则将其送至校准/检定服务机构进行校准/检定；

② 对不可移动的设备，则请校准/检定服务机构到实验室进行现场校准/检定；

③ 利用设备校准证书（或检定报告）提供的校准/检定结果核查设备的功能是否符合设备出厂合格证明文件的相关说明。

3）设备功能的确认。对经过以上核查确认其功能符合设备出厂合格证明要求的设备，管理层还应组织相关人员，对照设备使用对象（检测项目）所使用的方法标准、技术规程的有关要求，逐一核查设备的功能（相关的技术参数）是否满足这些要求。经核查确认设备满足检测方法标准、规程的相关要求后，方可批准使用该设备。

4）设备功能核查确认记录。实验室应对上述设备功能核查和确认工作进行记录，并将其纳入设备档案予以保存。

对实验室活动结果有影响的相关设施，可参照上述设备管理的相关要求对其实施管理和控制。

（5）设备校准/检定的管理

实验室应建立设备校准或检定周期台账，制定设备的周期校准或检定计划，并按计划执行。具体应：

1）新启用或重新投入使用的设备在使用前，实验室应先评估设备对结果报告有效性和计量溯源性的影响，确定是否需要进行校准/检定。下列情况之一，设备需要进行校准/检定：

① 当设备的测量准确度或测量不确定度影响结果报告的有效性时。例如：

a. 用于直接测量被测量的设备（如使用天平测量质量）；

b. 用于修正测量值的设备（如温度测量）；

c. 用于从多个量计算获得测量结果的设备。

② 为建立报告结果的计量溯源性，要求对设备进行校准/检定时。

2）经评估确定设备对结果有效性有影响或报告结果的计量溯源性有要求时，实验室应建立并实施该类设备的周期校准/检定方案，并进行复核和必要的调整，以保持对校准/检定状态的信心。方案中应包括：

① 设备校准/检定的参数、范围、不确定度；

② 设备的校准/检定周期以及设备到期校准/检定提示；如最近一次校准/检定的时间和下次校准/检定的时间等信息；

③ 明确送校准/检定和在送校准/检定时的针对性要求等。

3）当设备出现下列情况之一时，应进行校准或检定：

① 达到校准或检定有效期的；

② 可能对检测结果有影响的改装、移动、修复和维修后；

③ 停用超过校准或检定有效期后再次投入使用；

④ 设备出现不正常工作情况；

⑤ 使用频繁或经常携带运输到现场（离开固定检测场所）的，以及在恶劣环境下使用的设备。

4）实验室应对所有需要校准/检定或有有效期的设备，使用标签、编码或以其他有效的方式来标识，以便使用人员易于识别校准/检定的状态或有效期，防止误用。例如：

① 对校准/检定合格且在证书有效期内的设备，应在设备上显眼且不易脱落的部位（不能粘贴在设备的外包装盒/箱上，防止与其他同类型的设备混淆了，下同）粘贴绿色的“合格”标签来标识其校准/检定状态；

② 对校准/检定不合格或者校准/检定证书超出有效期的设备，应在设备上显眼且不易脱落的部位粘贴红色的“不合格”标签来标识其校准/检定状态；

③ 对校准/检定部分主要技术参数合格且在证书有效期内的设备，可在设备上显眼且不易脱落的部位粘贴黄色的“准用”的标签来标识其校准/检定状态。

5）实验室应按以下要求对设备实际的校准/检定状态实行有效管理和控制，并实时更新校准/检定状态标识：

① 设备管理人员应在达到校准/检定证书有效期前安排对该设备进行校准/检定。如为可移动设备，则送具备能力（获得监管部门授权或认证认可）的实验室校准/检定；如为不可移动设备，则请校准/检定机构上门校准/检定；根据校准/检定结果参照前款规定分别标识其校准/检定状态；

② 当因为错误操作、外力破坏，或其他原因导致设备出现无法正常工作（故障），或经核查发现设备功能异常（偏离）不能使用时，设备管理人员应立即停止使用该设备，并将其校准/检定状态标识为“不合格”，直到故障排除且经重新校准/检定合格后方可再次投入使用，同时更换其校准/检定状态标识；

③ 使用人员每次使用设备前应查验其校准/检定状态标识，确认其校准/检定状态正常时方可使用该设备。如对于可移动设备，设备管理人员和使用人员在办理设备出入库手续时均应查验其校准/检定状态，确认正常后方可办理相关交接手续。

6）校准/检定结果的确认和利用。实验室应按以下要求确认和利用校准/检定结果：

① 校准/检定结果的确认。每次对设备校准/检定结束后，设备管理人员（必要时会同设备使用人员）应根据校准/检定证书提供的校准/检定结果信息，对设备的各项功能（技术参数）进行核查，确认其功能（技术参数）合格且满足开展检测工作需要后，方可再投入使用，并粘贴“合格”的校准/检定状态标识；

② 校准/检定结果的利用。设备的校准或检定结果应由检测项目负责人进行管理，并按实验室管理相关规矩的要求，正确利用设备校准/检定结果。例如，针对校准/检定结果产生的修正信息或标准物质包含的参考值，实验室应确保在其相关的检测数据及相关记录中加以利用并备份和更新。

（6）设备工作状态的管理

实验室应正确使用工作状态标识对所有在用设备进行状态管控，以保证所使用的全部（含有计量溯源性要求和没有计量溯源性要求的）设备的工作状态受控。具体应：

1）对不需要校准/检定的设备，设备管理人员应在设备投入使用或重新投入使用的前、后，均对其工作状态进行核查，并根据核查结果在设备上显眼且不易脱落的部位粘贴设备工作状态标识，以防止设备使用人员误用：

① 当设备工作状态满足使用要求时，粘贴绿色的“正常”的工作状态标识（签）；

② 当设备工作状态不满足使用要求时，粘贴红色的“停用”的工作状态标识（签）。

2）对需要校准/检定的设备（包括用于测量环境条件等辅助测量设备），应有计划地采用核查、校准或检定等方式实施校准/检定，并应根据核查、校准或检定证书的结果信息，判断设备技术参数（条件）是否满足检测方法标准的相关要求，以确认其校准/检定状态是否满足计量溯源性要求及其技术性能是否满足开展相关检测活动的方法标准的要求。对经确认满足相关要求的设备，设备管理人员应在新使用和重新投入使用的前、后，对其工作状态进行核查，并根据核查结果在设备上显眼且不易脱落的部位粘贴设备工作状态标识，以防止设备使用人员误用：

① 当设备工作状态满足检测工作的使用要求时，应在设备上显眼且不易脱落的部位粘贴绿色的“正常”工作状态标识（签）；

② 当设备工作状态不满足检测工作的使用要求时，应在设备上显眼且不易脱落的部位粘贴红色的“停用”的工作状态标识（签）。

3）设备管理人员应定期或不定期对所有在用设备的工作状态进行检查，并根据检查结果实时更新工作状态标识。特别是对可移动式设备在出、入库前后均应查验其工作状态，当发现设备工作状态异常时，应立即更换其工作状态标识的同时，采取适当的措施（如保养、维修等）恢复其工作状态，并在设备出、入库账册（记录表格）和设备管理工作记录中如实做好相关记录。

4）设备使用人员在每次使用前、后均应查验设备的工作状态，并在设备使用手册（记录表格）中如实记录。如工程类检测使用回弹仪，应在每次使用前使用随仪器所附的律定砧块对其进行律定，确认不偏离正常范围时才可投入使用；当发现设备工作状态异常时，应停止使用并即时向设备管理人员报告，同时做好相关记录；设备管理人员接到报告后，应立即更换设备工作状态标识，以免其他人员误用该设备。

5）关于设备工作状态管理应注意的问题。在实验室管理过程中，不少机构都把设备的工作状态标识与计量校准/检定状态标识混淆了，没有作明确的区分。所以，以下两点要引起注意：

① 使用范围的差别：工作状态标识必须覆盖全部设备，包括需要计量校准/检定和不需要计量校准/检定的设备；而计量校准/检定状态标识只需要对有计量校准/检定要求的设备进行标识，无计量校准/检定要求的设备则可以不用标识；

② 使用功能的差别：计量校准/检定状态标识的功能是证明该设备是否进行了计量校准/检定及其校准/检定状态如何（包括是否经过校准/检定、校准/检定证书是否在有效期内、校准/检定的结果或技术参数是否符合设备的标称值或规范值等信息）；工作状态标识的功能是证明该设备的工作状态是否正常且满足开展相关检测活动的要求等信息。

综上所述，设备的计量校准/检定状态标识和工作状态标识的使用范围和使用功能都是有较大差别的。因此，应正确、恰当地使用它们，避免出现以计量校准/检定状态标识代替工作状态标识，非计量校准/检定设备却粘贴计量校准/检定状态标识等问题。

(7) 设备设施的维护管理

实验室应根据所建立的设备设施维护保养、日常检查制度，由经过授权的管理人员进行正常维护，并作好相应的记录。管理人员应根据设备设施的技术性能、使用状况、工作状态、校准/检定状态（需要校准/检定的设备）等，定期和不定期采取以下措施对设备设施进行维护：

1）检查设备设施工作状态、校准状态，如有异常时应根据检查结果及时更换标识，并对其进行维修或保养，直到恢复正常工作为止。

2）对使用内置可拆卸干电池的设备设施，如较长时间不使用时，应将干电池拆卸下来，以防止电池的破损引致设备设施的损坏。当设备设施的使用手册（或说明书）规定不可拆卸者除外。

3）对长时间不使用的电子设备设施，应间隔一定时间（如每周一次）通电运行，以保证电子设备设施工作状态正常。

4）对容易损坏损耗的设备设施，应加强日常维护保养和运行状态的检查。必要时，定期对其状态进行核查，以确认其状态满足开展检测工作的要求。

（8）设备期间核查的管理

1）设备管理人员应根据设备的稳定性和使用情况，如设备校准/检定周期、历次校准/检定结果、质量控制结果、设备使用频率和性能稳定性、设备维护情况、设备操作人员及环境的变化、设备使用范围的变化等因素来确定是否需要进行期间核查。

2）对需要进行期间核查以保持其可信度的设备，实验室应建立和保持相关的程序，确定期间核查的方法与周期，对到期设备提示进行核查，并保存相关核查记录。实验室一般可以用以下方法要求进行设备期间核查：

① 利用实验室建立的比需要核查设备的计量基准高一级别的计量设备（如高精度天平/砝码、测力环等）核查或利用与实验室内部满足计量溯源要求的同类设备进行设备之间的比对；

② 利用具备能力的实验室或校准/检定机构提供的校准/检定服务；

③ 利用具备能力的标准物质生产者提供的有证标准物质（如化学标准溶液、化学试剂等）进行核查；

④ 通过直接或间接与国家或国际标准比对来保证。

3）实验室应记录并保存设备期间核查的相关信息、数据。

（9）设备使用过程的管理

实验室应建立和保持处理、运输、储存、使用设备的程序，以确保其功能正常并防止污染或性能退化。具体应：

1）对大型的、复杂的、精密的检测设备，应编制使用操作规程，并指定专人使用。

2）应保证所有检测设备均应由经过授权的人员使用，以防止非授权人员的错误使用而损坏设备。

3）检测设备，包括硬件和软件设备应得到保护，以避免出现致使检测结果失效的调整。

4）应有切实可行的措施，防止设备被意外调整而导致结果无效。如对设备采用唯一性标识、工作状态标识、校准状态标识和严格实施移动式设备出入库的交接查验及登记制度等措施予以保证。

5）实验室使用永久控制以外的设备时，应确保满足《通用要求》对设备的要求，详见第 3.3.3.4 节第 1 项所述。

6）当设备出现下列情况之一时，应立即停止使用：

① 有过载或处置不当，如人为操作错误时；

② 给出可疑结果时；

③ 已显示有缺陷时。如：设备指示装置损坏、刻度不清或其他影响测量精度，或出现显示缺损或按键不灵敏等故障时；

④ 设备的性能不稳定，漂移率偏大或超出规定要求时；

⑤ 其他影响检测结果的情况。

7）对停止使用的设备应按以下要求处置：

① 停用的设备应立即予以隔离以防误用，或加贴“停用”的红色标签/标记以清晰表

明该设备已停用，直至经过验证表明能正常工作为止；

② 应检查设备缺陷或偏离规定要求造成的影响，并启动不符合工作管理程序（见第3.3.5节所述）来消除或降低该影响；

③ 当需要利用期间核查以保持对设备性能的信心时，应按程序文件或前文第（8）项所述进行核查来恢复其信心。

8）实验室在使用对实验室活动有影响设备的过程中，应动态更新并保存该设备使用过程的相关记录。适用时，记录包括以下内容：

① 设备的识别，包括软件和固件版本；

② 制造商名称、型号、序列号或其他唯一性标识；

③ 设备符合规定要求的验证证据；

④ 当前的位置；

⑤ 校准日期、校准结果、设备调整、验收准则、下次校准的预定日期或校准周期；

⑥ 标准物质的文件、结果、验收准则、相关日期和有效期；

⑦ 与设备性能相关的维护计划和已进行的维护；

⑧ 设备的损坏、故障、改装或维修的详细信息。

9）设备的使用人员在使用过程应作好使用记录，并将使用过程形成的相关记录及时向设备管理人员移交，由其纳入设备档案保存。

3. 设备控制

实验室应保证所有在用的设备均受到有效的控制，具体应：

（1）设备在投入使用前，实验室应按前面第2款第（4）项所述的要求对其功能是否满足开展相关检测活动的要求进行确认。

（2）保存对检测具有影响的设备及其软件的记录。如设备的使用记录内容见第2款的第（9）项所述。

（3）检测设备应由经过授权的人员操作并对其进行正常维护。如设备的使用和维护管理详见第2款的第（7）、（9）项的相关描述。

（4）用于检测并对结果有影响的设备及其软件，应加以唯一性标识，以防止使用人员误用。

（5）若设备脱离了实验室的直接控制（如移动式设备出库到现场使用等），应确保该设备返回后和在下次使用前，对其功能、工作状态和校准状态进行核查，并得到满意结果，方可入库和再次使用。对设备的功能、工作状态和校准状态进行核查具体要求见第2款的第（4）、（5）、（6）项的相关描述。

（6）因校准或维修等原因又返回实验室的设备，在返回实验室后应按第2款的第（4）、（5）、（6）项的要求，对其功能、工作状态和校准状态进行验证，确认正常后方可再次投入使用，并对其工作状态和校准状态予以标识。

4. 故障处理

《通用要求》规定：**“如果设备有过载或处置不当、给出可疑结果、已显示有缺陷或超出规定要求时，应停止使用。这些设备应予以隔离以防误用，或加贴标签/标记以清晰表明该设备已停用，直至经过验证表明其能正常工作。实验室应检查设备缺陷或偏离规定要求的影响，并应启动不符合工作管理程序。”**当设备出现故障或者异常时，实验室除按以上要求处理外，还应采取以下措施，防止误用有故障的设备：

（1）立即停止使用、隔离或加贴红色的“停用”标签、标记，直至修复并通过检定、校准或核查表明能正常工作为止。

（2）联系设备生产厂家或具备故障修复能力的服务供应商，对故障设备进行修复。

（3）将已经修复正常工作的设备，按设备管理相关规矩的要求进行处理。具体应：

1）对需要校准/检定确认其功能的设备，应通过有能力的校准/检定机构进行校准/检定，校准/检定结果表明其功能已经恢复正常，并经过核查确认其工作状态正常后，方可重新投入使用。具体方法见第2款的第（4）、（5）、（6）项所述。

2）对不需校准/检定的设备，应通过实验室组织设备功能的核查，表明其功能和工作状态恢复正常后，方可重新投入使用。设备功能核查的方法见第2款的第（4）项所述。

（4）实验室应核查设备出现的故障或偏离对以前出具的检测结果是否造成影响。如果有影响，则应分析评估造成影响的范围和数量等，并按照第3.3.5节中不符合工作管理的相关要求，采取消除或减少这些影响的纠正和纠正措施。

（5）设备管理人员应对上述故障处理过程进行记录并予以保存，将记录信息纳入设备档案，以保证每一个（次）设备故障都可以追溯和跟踪。

3.3.3.5　计量溯源性管理

《通用要求》规定：**“实验室应通过形成文件的不间断的校准链，将测量结果与适当的参考对象相关联，建立并保持测量结果的计量溯源性，每次校准均会引入测量不确定度。”**实验室除按以上要求和程序文件的要求对标准物质和计量溯源性进行有效的管理和控制外，还应注意以下问题：

1. 标准物质的管理

（1）实验室应有充足的标准物质来对设备的预期使用范围进行校准。如化学分析中一些常用设备，通常是用标准物质来校准。标准物质和有证标准物质有多种名称，包括标准样品、参考标准、校准标准、标准参考物质和质量控制物质等。

（2）应按国际标准化组织现行标准《标准物质的使用指南》ISO Guide 33给出的标准物质选择和使用指南的选用标准物质。具体应：

1）实验室应选用满足国际标准化组织现行标准《标准物质/标准样品生产者能力认可准则》ISO 17034要求的标准物质生产者提供的标准物质。

2）使用前应查验标准物质生产者提供产品信息单/证书，并核查标准物质规定特性的均匀性和稳定性；对于有证标准物质，应核查包含规定特性的标准值、相关的测量不确定度和计量溯源性等信息；经查验确认满足实验室的使用要求后方可使用。

3）实验室如需内部制备质量控制物质，应遵从国际标准化组织现行标准《质量控制材料的内部准备指南》ISO Guide 80给出的内部制备质量控制物质的指南制订和执行相关工作方案，并应在投入使用前对该控制物质是否满足实验室的使用要求进行核查（如使用有证标准物质或其他有效的方式进行核查），确认满足使用要求后方可使用。

2. 计量溯源性的管理

（1）实验室应通过形成文件的不间断的校准链，将测量结果与适当的参考对象（或计量基准）相关联，建立并保持测量结果的计量溯源性，每次校准均会引入测量不确定度。

（2）实验室应通过以下方式确保测量结果溯源到国际单位制（SI）：

1）采用具备能力（满足《通用要求》）的实验室提供的校准/检定服务。

2）选用由具备能力（满足 ISO 17034 要求的标准物质生产者）的标准物质生产者提供并声明计量溯源至 SI 的有证标准物质的标准值。

3）SI 单位的直接复现，并通过直接或间接与国家或国际标准比对来保证。

关于建立计量溯源性和证明计量溯源性的要求，有兴趣的读者可参考《通用要求》附录 A 的相关内容。

（3）当技术上不可能计量溯源到 SI 单位时，实验室应证明可计量溯源至适当的参考对象，如：

1）具备能力的标准物质生产者提供的有证标准物质的标准值。

2）描述清晰的、满足预期用途并通过适当比对予以保证的参考测量程序、规定方法或协议标准的结果。但在采用这些测量程序、规定方法或协议标准前，实验室应向资质许可（/认定）机构报备。

3.3.3.6 外部提供的产品和服务

1. 分包管理

《通用要求》规定：**“在使用外部提供的产品和服务前，或直接提供给客户之前，应确保其符合实验室规定的要求，或在适用时满足本标准的相关要求，并保存相关记录。”“当使用外部供应商时，实验室应告知客户由外部供应商实施的实验室活动，并获得客户同意。”**实验室除按以上要求和分包管理程序文件要求实施项目分包外，具体实施时还应注意以下问题：

（1）禁止违法分包检测业务。实验室不得将法律、行政法规、规章等相关规矩明文禁止分包的项目实施分包。特别是涉及公众身体健康、生命安全，以及国家有强制性规定禁止分包的项目。

（2）严格按照分包管理相关规矩实施检测业务分包管理，具体应：

1）在检测业务洽谈、合同评审和合同签署过程中严格按分包的管理程序实施分包。

2）将需要分包的检测项目分包给具备相应条件和能力的实验室，并事先取得委托人对分包的检测项目以及拟承担分包项目的实验室的同意。

3）当检测报告或证书包含了由分包方出具的检测结果时，实验室出具的检测结果报告中，应清晰注明分包的检测项目以及承担分包项目的实验室，以便将分包项目与非分包项目予以区分。

（3）应如实详细记录分包管理工作（活动）过程，并按规定妥善保存相关记录。

2. 采购和客户服务管理

《通用要求》规定：**“实验室应确保影响实验室活动的外部提供的产品和服务的适宜性，这些产品和服务包括用于实验室自身的活动、部分或全部直接提供给客户和用于支持实验室的运作。”**实验室实施采购和客户服务管理时，应按以上要求和程序文件的规定实施，并应注意以下问题：

（1）实验室应按选择和购买对检测质量有影响的服务和供应品程序，关于服务、供应品、试剂、消耗材料等的购买、验收、存储的相关要求，对检测质量有影响的服务和供应品实施采购、验收和存储，形成并保存相关（含对供货商的评价）记录。具体应：

1）实验室应按相关程序文件的要求，在管理层内指定专人负责采购工作，并明确采购工作责任部门，负责对检测质量有影响的服务和供应品、试剂、消耗材料等的选择、购买、验收、存储等工作，形成并保存上述活动的记录信息，以保证采购活动满足实验室管理相关规矩的要求。

2）实验室应确保影响实验室活动的外部提供的产品（包括测量标准和设备、辅助设备、消耗材料和标准物质）和服务（包括校准/检定服务、抽样服务、检测服务、设施和设备维护服务、能力验证服务以及评审和审核服务）的适宜性，这些产品和服务包括：

① 用于实验室自身活动的；

② 部分或全部直接提供给客户的；

③ 用于支持实验室运作的。

3）实验室应按其建立的相关程序开展以下活动，并保存相关活动记录：

① 确定审查和批准实验室对外部提供的产品和服务的要求；

② 确定评价、选择、监控表现和再次评价外部供应商的准则；

③ 在使用外部提供的产品和服务前，或直接提供给客户之前，应确保其符合实验室管理规矩和《通用要求》的相关要求；

④ 根据对外部供应商的评价、监控表现和再次评价的结果采取相应的措施。如评价结果满意则继续将其放在外部供应商名录，评价结果不满意则移出外部供应商名录。

4）实验室应根据自身需求，对需要控制的产品和服务进行识别，并采取有效的控制措施。实验室应按以下要求对下列3类产品和服务实施管理和控制：

① 易耗品（包括培养基、标准物质、化学试剂、试剂盒和玻璃器皿等）：

a）实验室应对其品名、规格、等级、生产日期、保质期、成分、包装、贮存、数量、合格证明等进行符合性检查或验证；

b）对商品化的试剂盒，实验室应核查该试剂盒是否已经过技术评价，并有相应的信息或记录予以证明；

c）当某一品牌的物品验收的不合格比例较高时，实验室应考虑更换该产品的品牌或制造商。

② 设备及维护服务：

a）选择设备时应考虑满足检测或抽样方法，以及《通用要求》等管理规矩的相关要求；

b）应单独保留主要设备的制造商记录；

c）对于设备性能不能持续满足要求或不能提供良好售后服务和设备维护的供应商，实验室应考虑更换供应商。

③ 校准/检定服务、标准物质和参考标准：

a）选择校准/检定服务、标准物质和参考标准时，应满足相关规矩对测量结果的计量溯源性要求以及检测或抽样方法对计量溯源性的要求；

b）实验室的参考标准应满足溯源要求。无法溯源到国家或国际测量标准时，实验室应保留检测结果相关性或准确性的证据（如参加国家认可或授权的权威机构组织的能力验证、实验室之间比对结果满意的证明等）。

5）应按供应品、试剂、消耗材料、标准物质的采购管理相关程序文件的规定，对购买回来的供应品、试剂、消耗材料、标准物质等在入库前组织验收，查验其品质特性是否符合其质量说明书或合格证明材料的说明（要求）。验收合格后，存储于满足相关物品存储环境条件要求的空间。必要时，应采取有效的设施和措施对相关物品的存储环境条件进行控制。

6）应就以下事务保持与外部供应协商沟通，并在实施前达成共识：

① 需提供的产品和服务的品种（类型）、数量等；

② 提供的产品和服务的验收准则；

③ 服务能力的要求，包括提供服务的人员需具备的资格和能力等；

④ 实验室或其客户拟在外部供应商的场所进行的活动。包括活动的内容、范围及活动参与者等。

7）实验室应根据自身管理体系管理的需要，选择用于支持实验室运作的服务：

① 应选择国家认可（或授权）的权威机构提供的包括能力验证、审核或评审服务等可能影响实验室活动的用于支持实验室运作的产品和服务；

② 当实验室需从外部机构获得实验室活动服务时，应选择相关项目已获资质许可/认定（或资格认可）的实验室或相关服务机构。

（2）实验室应根据服务客户的程序中，关于保持与客户沟通、对客户进行服务满意度调查、跟踪客户的需求，以及允许客户或其代表合理进入为其检测的相关区域观察等相关规定，实施客户服务管理。具体应按以下要求实施：

1）实验室管理层内应指定专人负责服务客户工作，并明确负责服务客户相关工作的部门，按照所建立的相关程序文件的要求，开展客户服务相关工作，形成并保存相关记录。

2）实验室应采取但不限于以下方式对客户进行服务满意度调查、跟踪客户需求：

① 寄、发书面（或电子）的服务满意度调查问卷或调查表；

② 寄、发书面（或电子）的客户需求调查表；

③ 语音（如电话）或视频方式对客户进行服务满意度调查和跟踪客户需求；

④ 邀请客户或客户代表参加座谈或咨询会议等听取和收集客户的意见。

3）当客户提出要求或需要让客户加深了解本实验室相关检测能力时，应允许客户或其代表进入为其检测的相关区域观察。但在组织观察时，应采取为其他客户保护秘密的相关措施，防止因此而泄露了其他客户的秘密。

3.3.4 过程要求的管理

3.3.4.1 要求、标书和合同的评审的管理

《通用要求》规定：**“实验室应有要求、标书和合同评审程序。该程序应确保：要求被予以充分规定，形成文件，并易于理解；实验室有能力和资源满足这些要求；当使用外部供应商时，应满足本标准 6.6 的要求，实验室应告知客户由外部供应商实施的实验室活动，并获得客户同意；选择适当的方法或程序，并能满足客户的要求。”**实验室除按以上要求和合同管理相关程序文件对合同实施管理外，还应注意以下问题：

1. 客户要求、标书和合同的评审

实验室应按所建立的客户要求、标书和合同评审程序实施合同评审，并能够确保：

（1）对客户要求应能够通过所制订的程序文件，用易于理解方式予以充分规定。

（2）应保证有足够的能力和资源满足这些客户要求。

（3）当使用外部供应商时，实验室应告知客户由外部供应商实施的实验室活动，并获得客户同意后，方可按照《通用要求》第6.6节“外部提供的产品和服务”的相关要求实施。在实验室有实施活动的资源和能力，但由于不可预见的原因不能承担部分或全部活动，或者实验室没有实施活动的资源和能力的情况下，才有可能使用外部提供的实验室活动。

（4）应按照实验室管理规矩的相关规定且能满足客户要求的情况下选择适当的方法或程序。

（5）对于内部或例行客户，客户要求、标书和合同评审可简化进行。如采用格式化的表格或检测（试验）委托单，尽数列出实验室可供服务的项目（能力范围）清单，交由客户根据业务实际需要选择填写（勾选）等。

（6）必要时，实验室应给客户提供充分说明，以便客户在申请检测项目时，能更加适合自身的需求与用途。

（7）应保存客户要求、标书、合同的评审记录，包括任何重大变化的评审记录。针对客户要求或实验室活动结果与客户的讨论，也应作好记录并予以保存。

2. 合同的履行

每项合同均应被实验室和客户双方接受并严格履行。合同履行过程出现争议或偏离、客户或实验室要求调整时，应按以下要求实施：

（1）当客户要求的方法不合适或是过期的时候，实验室应通知客户，并应与客户进行充分的沟通，达成一致意见。应防止因为实施了客户不合适或过期的方法要求而影响实验室的诚信或结果的有效性。

（2）当客户要求针对检测作出与规范或标准符合性的声明（如通过/未通过，在允许限内/超出允许限）时，应：

1）根据所选择的规范或标准本身包含的判定规则进行。

2）当选择的规范或标准本身没有包含判定规则时，应明确规定选择的规范或标准，以及判定规则，且选择的判定规则应通知客户并得到同意。

关于符合性声明的相关内容，有兴趣的读者可参阅国际标准化组织/国际电工委员会《测量的不确定性 第4部分：合格评定中不确定性的测量作用》ISO/IEC Guide 98-4给出的详细指南。

（3）客户要求或标书与合同之间的任何差异（偏离），应在实施实验室活动前解决，并应确保客户要求的偏离不影响实验室的诚信或结果的有效性。

（4）在合同履行过程中，与合同的任何偏离实验室都应通知客户，并与客户进行沟通洽商，最终达成共识。

（5）如果工作开始后修改合同，应重新进行合同评审，并将修改内容通知所有受到影响的人员或机构。

（6）在澄清客户要求和允许客户监控其相关工作表现方面，实验室可采取以下方式与客户或其代表合作，但应保证这种合作的实施过程中，满足为其他客户保密的相关要求：

1）允许客户合理进入实验室相关区域，以见证与该客户相关的实验室活动。

2）客户出于验证目的所需物品的准备、包装和发送过程。

3. 合同履行质量和水平的管控

为了持续提高合同管理的质量和水平，实验室应按以下要求对合同履行质量和水平进行跟踪与评价：

（1）向所有客户开展合同履行满意度调查和跟踪客户服务需求（见第 3.3.3.6 节），以持续提高合同管理特别是合同履行的质量和水平。

（2）实验室内部定期或不定期组织负责经营、检测、财务等相关业务部门，对本实验室签订的所有类型的合同，分门别类对合同管理特别是合同履行的质量、水平和效果进行跟踪、分析与评价，并根据评价结果，对客户进行分类、分级管理和控制。如对评价结果差的客户及其执行部门列出清单，实行重点管控；对评价结果好的客户及其执行部门给予正向的激（鼓）励。

4. 合同管理信息的管理

实验室应如实详细记录合同管理涉及的各项工作（活动）过程，并按文件管理控制程序的规定妥善保存相关记录。

3.3.4.2 方法的选择、验证和确认管理

《通用要求》规定：**“实验室应使用适当的方法和程序开展所有实验室活动，适当时，包括测量不确定度的评定以及使用统计技术进行数据分析。”“实验室应确保使用最新有效版本的方法，除非不合适或不可能做到。必要时，应补充方法使用的细则以确保应用的一致性。”“实验室应对非标准方法、实验室开发的方法、超出预定范围使用的标准方法、或其他修改的标准方法进行确认。确认应尽可能全面，以满足预期用途或应用领域的需要。”**检测方法是确保检测活动取得正确结果的重要手段，为此，实验室应按照上述要求和检测方法控制程序的相关规定，加强检测方法的管理和控制。具体应从以下几个方面予以注意：

1. 方法采用的控制和管理

实验室对方法采用的控制和管理，应按国家对实验室管理相关规矩关于检测方法管理的相关规定，采用国家现行有效的检测规程（标准）或方法，并随时跟踪检测活动涉及的所有标准或方法的更新情况，确保所使用的方法符合国家现行有效标准和管理规矩的相关规定。具体应按以下要求控制和管理：

（1）应采用现行有效（最新版本）方法标准规定的方法，且经验证或确认本机构相关检测技术能力与方法的适合（宜）性和充分性满足要求后方可使用。

（2）应密切跟踪检测规程（标准）或方法的变化。当标准或方法发生变化时，应经重新验证或确认本机构相关检测能力满足标准或方法变化的要求后方可使用。

（3）必要时，如现行的方法标准没有或给出的试验方法步骤等规定（指引），不能满足指（引）导试验人员进行实际操作的需要时，实验室应制定作业指导书，以保证操作人员方便获得开展工作必需的操作指导（引）文件。

2. 方法的验证和确认

实验室对所采用方法的验证和确认，应符合国家相关规矩对方法的验证和确认管理的相关要求和实验室方法管理程序的有关规定，具体应按以下要求进行：

（1）实验室在引入新（或标准更新后方法有重大变更）的检测方法之前，应对其能否正确运用这些标准方法的能力进行验证。验证不仅需要识别相应的人员、设施和环境、设

备等相关因素，还应通过试验证明结果的准确性和可靠性。如精密度、线性范围、检出限和定量限等方法特性指标。必要时应进行实验室间比对。经验证确认本机构具备了正确运用这些标准方法的能力后，方可开展相关实验室活动。

（2）应对非标准方法、实验室自制（自行开发）方法、超出预定范围使用的标准方法或其他修改的标准方法，在决定采取或使用前，采用以下一种或多种技术进行方法确认：

1）使用参考标准或标准物质进行校准或评估偏倚和精密度。

2）对影响结果的因素进行系统性评审。

3）通过改变受控参数（如培养箱温度、加样体积等）来检验方法的稳健度。

4）与其他已确认的方法进行结果比对。

5）实验室间比对。

6）根据对方法原理的理解以及抽样或检测方法的实践经验，评定结果的测量不确定度。

（3）进行确认时，应尽可能全面，如可包括检测物品的抽样、处置和运输等，以满足预期用途或应用领域的需要。

3. 方法偏离的控制和管理

实验室对方法偏离的控制和管理，应符合国家相关规矩有关检测方法偏离管理的要求和实验室相关程序文件的有关规定，具体应按以下要求进行：

（1）任何方法的偏离都不得违反国家关于检测规程（标准）或者方法管理规矩的强制性规定。

（2）如确需方法偏离，应按照既有质量体系文件的规定实施：

1）方法的偏离，应经由实验室技术负责人组织的专门工作小组或由技术委员会进行技术判断和相关管理体系文件规定的审批人批准，并征得客户同意。

2）当客户建议的方法不符合国家实验室管理规矩的强制性规定或方法标准已过期时，应通知客户。不得因此而对实验室的诚信和公正性造成不良的影响。

（3）非标准方法（含自制方法、超出预定范围使用的标准方法，或其他修改的标准方法）的使用，应按以下要求实施：

1）应事先征得客户同意，并告知客户相关方法可能存在的风险。

2）需要使用自制方法时，实验室应按其建立的开发自制方法控制程序实施，并按前面第2款所述的要求进行确认。

4. 方法使用的控制和管理

实验室对方法使用的控制和管理，应符合国家相关规矩有关检测方法使用管理的要求和实验室相关程序文件的规定，具体应按以下要求进行：

（1）实验室应对使用的检测方法实施有效的控制与管理，明确每种新方法投入使用的时间，并及时跟进检测技术的发展，定期评审方法能否满足实验室的检测需求。

（2）对于标准方法，应定期跟踪标准的制修订情况，及时采用最新版本标准，并按照相关规矩的规定办理标准变更的手续。

（3）当修改已确认过的方法时，应确定这些修改是否影响原有的确认。当有影响时，应重新进行方法确认。

（4）实验室应记录并保存方法确认的下列信息：

1）所使用的确认程序。

2）规定的要求的详细说明。

3）方法性能特征的确定：当按预期用途评估被确认方法的性能特性时，应确保与客户需求相关，并符合规定的要求。方法性能特性至少包括：测量范围、准确度、结果的测量不确定度、检出限、定量限、方法的选择性、线性、重复性或复现性、抵御外部影响的稳健度或抵御来自样品或测试物基体干扰的交互灵敏度以及偏倚等。

4）获得的结果和方法的有效性声明：应详细描述该方法与预期用途的适宜性和满足预期用途的有效性声明。

3.3.4.3 抽样管理

《通用要求》规定：**“当实验室为后续检测或校准对物质、材料或产品实施抽样时，应有抽样计划和方法。抽样方法应明确需要控制的因素，以确保后续检测或校准结果的有效性。在抽样地点应能得到抽样计划和方法。只要合理，抽样计划应基于适当的统计方法。”**抽样（含从一个批次抽取样品和检测领域常用的“采样”和“取样”）作为实验室检测活动的第一步，其工作质量的好坏，直接关系到检测结果的有效性。为此，当实验室活动涉及抽样工作（活动）时，除应按照上述要求和抽样控制程序的相关要求组织实施外，还应注意以下几个方面：

1. 偏离抽样程序的管理

偏离抽样程序的应对处理，应按以下要求进行：

(1) 当客户对抽样程序有偏离的要求时，应予以详细记录的同时，告知相关人员。这里的相关人员包括实验室管理层、抽样活动涉及的执行（操作）层的管理人员和技术人员，以及这些偏离要求涉及的其他相关方的人员。

(2) 如果客户要求的偏离影响到检测结果，应在报告、证书中做出声明，并在实施前告知客户。

2. 抽样过程的管理

抽样过程的管理，应按以下要求进行：

(1) 当实验室为后续检测对物质、材料或产品实施抽样时，应事先制订抽样计划和方法，并按抽样计划和方法实施抽样。

(2) 抽样计划应根据适当的统计方法制定。

(3) 抽样方法应：

1）明确需要控制的因素，以确保后续检测结果的有效性。

2）详细描述样品或地点的选择、抽样计划，以及从物质、材料或产品中取得样品的制备和处理，以作为后续检测的物品。

3）保证抽样人员在抽样地点能方便得到抽样计划和方法。

(4) 实验室如需从客户提供的样品中取出部分样品进行后续的检测活动时，应有书面的取样程序或记录，并确保样品的均匀性和代表性。

(5) 实验室接收样品后，进一步的处置要求见第3.3.4.4节的相关规定。

3. 抽样记录的管理

抽样记录的管理，应按以下要求进行：

(1) 实验室应将抽样过程和抽样数据如实记录，并作为检测工作记录的一部分予以保存。

（2）适用时，抽样记录应包括以下信息：

1）所用的抽样方法。

2）抽样日期和时间。

3）识别和描述样品的数据（如编号、数量和名称）。

4）抽样人的识别。

5）所用设备的识别。

6）环境或运输条件。

7）适当时，标识抽样位置的图示或其他等效方式。

8）对抽样方法和抽样计划的偏离或增减。

9）其他需要关注和记录的信息或数据。

（3）当实验室从事抽样活动时，应有完整、充分的信息支撑其检测报告或证书。

3.3.4.4 检测或校准物品的处置管理

《通用要求》规定：**“实验室应有运输、接收、处置、保护、存储、保留、处理或归还检测或校准物品的程序，包括为保护检测或校准物品的完整性以及实验室与客户利益所需的所有规定。在物品的处置、运输、保存/等候和制备过程中，应注意避免物品变质、污染、丢失或损坏。应遵守随物品提供的操作说明。”“实验室应有清晰标识检测或校准物品的系统。物品在实验室负责的期间内应保留该标识。标识系统应确保物品在实物上、记录或其他文件中不被混淆。适当时，标识系统应包含一个物品或一组物品的细分和物品的传递。”**样品处置管理贯穿了样品的运输、接收、处置、保护、存储、保留、处理或归还等全过程，其工作质量直接决定了被检物品的完整性、真实性和安全性，进而决定了检测结果的真实性、可靠性和有效性。因此，实验室应按照上述要求和样品管理程序的相关要求，做好样品处置管理工作，并应注意以下几个环节：

1. 样品的运输管理

当实验室需要对通过抽样取得的样品或从客户处接收的样品进行运输时，应按以下要求进行管理：

（1）应根据不同样品的物理化学特性、外观特征和性状等，采取能够防止样品运输过程中变质、污染、混淆、丢失或损坏的适当的方法和措施，对其进行包装、密封和标识。

（2）应选择合适的运输工具，将样品摆（或叠）放整齐，并加以固定，防止运输过程发生因为样品的移动、碰撞、挤压、倾覆等而导致其出现变质、污染、丢失或损坏。

2. 样品的接收与标识管理

在接收样品时，实验室应对照与客户签订的检测/试验服务合同（或客户填写的检测/试验委托单）或抽样记录提供的信息，逐一做好以下工作：

（1）核对样品的品种、数量。

（2）查验样品完整性：

1）查验样品是否存在表（外）观质量的缺陷、规格尺寸的偏离等异常情况。

2）当对样（物）品是否适于检测有疑问或当样（物）品不符合客户或抽样记录所提供的描述时，应在开始工作（确认接收样品）之前询问客户或抽样人员，以得到进一步的说明，并记录询问的结果。

（3）核实客户的要求：

1）采用检测方法及其偏离、完成时限，以及其他特别的要求。

2）当客户要求的方法或经查验样（物）品的完整性偏离规定条件时，收样人员应通知客户，并告知客户这些偏离的潜在风险和实验室可能采取的应对措施。

3）若客户知道偏离了规定条件仍要求进行检测时，实验室应在报告中作出免责声明，并指出偏离可能影响的结果。

（4）实验室应按其标识检测物品系统的要求，采用清晰的唯一性标识（签）在样（物）品实物上进行标识，并保证样（物）品在实验室负责的期间内保留该标识，以确保样（物）品实物及其在记录或其他文件中不被混淆。通常情况下，样品标识不应粘贴在容易与盛装样品容器分离的部件（如容器盖）上，以免可能会导致样品的混淆。

（5）样品接收人员应对样品接收过程及其出现的所有情况都应如实记录下来，包括样品的异常情况或客户要求对检测方法的偏离等。

3. 样品的处置管理

实验室应按样品处置程序文件、检测方法标准的相关规定，或随物品提供的操作说明，对接收到的样品或物品进行处置管理，实施时应注意：

（1）样品的预处理。在检测前需要对样品或物品进行预处理或再加工时，须小心注意，以防止样品或物品在处置（预处理或再加工）过程中发生变质、污染、丢失或损坏。

（2）样品的保护。实验室应按程序文件和方法标准的相关要求，采取恰当的保护措施，对待检（含需要留样）的样品实施有效的保护，避免样品在实验室负责的期间内变质、污染、丢失或损坏。

（3）样品的存储。实验室应按程序文件和方法标准的相关要求，将样品存放在环境条件满足规定的地方。当样品需要在规定环境条件（如环境温度、湿度等）下储存或状态调节时，应采取有效的设施和措施予以保持、监控和记录这些环境条件。例如，样品需要存放或养护时，应维护、监控并记录其环境条件。

（4）样品的保留。当客户有要求或样品管理相关规矩有规定需要保留样品时，实验室应予以保留，并对保留的样品采取恰当保护措施，存储于环境条件满足要求的地方，以确保样品在保留期间内不发生变质、污染、丢失或损坏。如保留样品的品质与时间、环境条件（如环境温度、湿度）等因素有关时，应采取更严格的密封措施，并对样品存放环境条件进行维护、监控并如实记录。

（5）样品的处（清）理或归还。对已检测过（或检测后剩余）的样品，实验室应按照样品处理相关管理规矩的要求（如《管理规范》：**“检测应按有关标准的规定留置已检试件。有关标准留置时间无明确要求的，留置时间不应少于72h”**的强制性要求）和相关程序文件的规定进行处（清）理。当客户有特别要求时，应按在合同评审时明确或客户要求的样品处理方式进行处（清）理或归还样品，以保障客户的信息安全、所有权和专利权。

4. 样品管理记录的管控

实验室应按记录控制管理程序的要求，对样品管理（包括样品的抽取、运输、接收、处置、保护、存储、保留、处理或归还等）全过程的活动情况如实记录并予以妥善保存。

3.3.4.5 技术记录管理

《通用要求》规定：**“实验室应确保每一项实验室活动的技术记录包含结果、报告和足**

够的信息，以便在可能时识别影响测量结果及其测量不确定度的因素，并确保能在尽可能接近原条件的情况下重复该实验室活动。技术记录应包括每项实验室活动以及审查数据结果的日期和责任人。原始的观察结果、数据和计算应在观察或获得时予以记录，并应按特定任务予以识别。”技术记录控制管理工作涉及几乎所有的工作部门和人员，是实验室管理过程中最容易出现不符合工作的环节之一，更是保证所有检测活动可以再现的一个十分重要的技术手段。所以，实验室管理层应按上述要求和记录控制管理程序的相关规定，明确一名负责人和一个负责部门，专门负责监督执行层严格执行落实记录控制管理程序。技术记录控制管理工作应按以下要求实施：

1. 制订技术记录表格

实验室应为实验室所有活动建立格式化的记录表格（详见第 3.2.1 节）。

2. 技术记录的管理和控制

实验室应按其建立的记录控制管理程序，对所有实验室活动进行详细、清晰记录并加以保存，以证明其活动满足《通用要求》等实验室管理规矩的相关要求。技术记录，无论是电子记录还是纸质（书面）记录，应包括从样品的接收到出具检测报告过程中观察到的信息和原始数据，并全程确保样品与报告的对应性。具体应：

（1）实验室应对其所有活动进行清晰记录，并应按以下要求对记录过程进行控制管理：

1）记录的内容应确保能方便获得所有的原始记录和数据。应确保每一项检测活动的技术记录包含结果、报告和足够的信息，以便在可能时识别影响测量结果及其测量不确定度的因素，并确保能在尽可能接近原条件的情况下重复该实验室活动。技术记录的内容应至少包括以下信息：

① 样品描述；

② 样品唯一性标识；

③ 所用的检测和抽样方法；

④ 环境条件，特别是实验室以外的地点实施的实验室活动；

⑤ 所用设备和标准物质的信息，包括使用客户的设备；

⑥ 检测过程中的原始观察记录以及根据观察结果所进行的计算；

⑦ 实施实验室活动的人员；

⑧ 实施实验室活动的地点（如果未在实验室固定地点实施）；

⑨ 检测报告的副本。指实验室发给客户的报告版本的副本，可以是纸质版本或不可更改的电子版本，其中应包含报告的签发人、认证标识（如使用）等信息；

⑩ 其他应该记录的重要信息。

2）实验室应在管理体系文件规定格式的记录表格中或成册的记录本上记录、保存检测得到的原始数据信息，不得随意用一页白纸来记录和保存原始数据信息；也可以将检测得到的原始数据信息直接录（输）入信息化管理系统或者通过信息化管理系统自动导入由设备自动采集到的检测原始数据信息：

① 技术记录应包括每项实验室活动以及审查数据结果的日期和责任人（试验/检测人、审/校核人）等信息；

② 原始的观察结果、数据和计算应在观察或获得时予以记录，并按特定任务（如用

检测项目名称作为记录的题名等）予以识别；

③ 对自动采集或直接录入信息化管理系统中的数据的任何更改，应确保技术记录的修改可以追溯到前一个版本或原始观察结果，并应保存原始的以及修改后的数据和文档，包括修改的日期、标识修改的内容和负责修改的人员等信息；

④ 应保证原始记录为试验人员在试验过程中记录的原始观察数据和信息，而不是试验后所誊抄的数据。当需要另行整理或誊抄时，应同时保留对应的原始观察数据和信息的记录；

⑤ 当实验室活动的记录者和司测（操作）者不是同一个人时，司测（操作）者应将原始观察数据和信息高（大）声诵读一遍，让记录者能够清楚听到；记录者也应随即高（大）声重复诵读一遍，让司测（操作）者能够清楚听到并确认无误后，方可记入记录表格或记录本中。

（2）实验室应对记录的标识、存储、保护、备份、归档、检索、保存期限和处置实施所需的控制：

1）应对记录采用唯一性的标签或编码进行标识，以便于对记录进行有效的控制管理（含存储、保护、备份、归档、检索、保存和处置等）。

2）应对记录进行妥善地存储和实施有效的保护，必要时要备份，以防止记录丢失或损坏（毁）。

3）人员或设备的记录应随同人员工作期间或设备使用期限内全程保留，在人员调离或设备停止使用后，人员或设备的技术记录应至少再保存一个资质许可（/认定）周期的5（/6）年。

4）应按实验室管理相关规矩的规定或合同约定的保存期限保存技术记录（详见第3.3.5节）。

5）应按记录控制管理相关规矩的规定处置超过保存期限的记录。超过保存期限的记录，经确认有长期保存价值的记录，可按长期保存的档案资料继续存档；对没有长期保存价值的记录，可按管理体系文件的相关规定予以销毁。

（3）记录的调阅应实行登记、查验和审批制度，以保证被调阅记录的完整和安全，并符合保密承诺，以及有需要的人员易于获得工作所需的记录：

1）记录的相关工作未结束前，记录应由负责相关工作的记录人员负责保管和使用，其他人员原则上不得调阅；因工作确有需要使用记录的人员须经管理层的相关负责人审批后方可调阅。

2）记录的相关工作已经结束，但记录未归档前，记录应继续由负责相关工作的记录人员或由记录的相关工作所在部门指定专人负责保管；其他因工作确有需要使用记录的人员，须经管理层相关负责人审批后方可调阅。

3）已经归档的记录，有需要使用记录的人员须经管理层相关负责人审批并办理相关手续后方可调阅。

4）经批准同意调阅的记录（含未归档和已归档的），记录的保管人员应在调阅前、后对其完整性进行查验并进行登记确认，以确保记录不会因为调阅而造成丢失、缺损或破坏。

（4）应任命档案管理员按以下职责要求对记录进行归档和管理，并为归档的记录建立检索索引（或检索号），以便于快速查找、应用和处置记录：

1）指导、督促有关部门或人员作好检测记录资料的填写、收集、整理、保管，保质保量按期移交记录、档案资料。

2）负责记录、档案资料的收集、整理、立卷、编目、归档、借阅等工作。

3）负责有效文件的发放和登记，并及时回收失效文件。

4）负责记录、档案的保管工作，维护记录、档案的完整与安全。

5）负责电子文件档案的内容应与纸质文件一致，一起归档。

6）参与对已超过保管期限记录档案的鉴定，提出记录档案存毁建议，编制销毁清单。

3.3.4.6　测量不确定度的评定管理

《通用要求》规定：**“实验室应识别测量不确定度的贡献。评定测量不确定度时，应采用适当的分析方法考虑所有显著贡献，包括来自抽样的贡献。”“开展检测的实验室应评定测量不确定度。当由于检测方法的原因难以严格评定测量不确定度时，实验室应基于对理论原理的理解或使用该方法的实践经验进行评估。”**测量不确定度是指表征合理地赋予被测量之值的分散性与测量结果相联系的参数。报告测量不确定度是保证检测结果可靠性和有效性的一种技术手段。所以，实验室应按照上述要求和应用评定测量不确定度程序（详见第3.2.1节）的规定开展该工作，建立相应数学模型，给出相应检测能力的评定测量不确定度案例。具体应注意：

1. 测量不确定度评定的要求

实验室对测量不确定度评定，一般应按以下要求进行：

（1）确定需要评定和报告测量不确定度的情况。当出现下列情况之一时，实验室可评定和报告测量不确定度：

1）在检测结果出现临界值时。

2）当内部质量控制有要求（需要）时。

3）当客户有要求时。

（2）确定不需要评定和报告测量不确定度的情况。当出现下列情况之一时，实验室可以不评定和报告测量不确定度：

1）当采用标准（或公认）的检测方法对测量不确定度主要来源规定了限值，并规定了计算结果的表示方式，实验室只要遵守检测方法和报告要求，即满足测量不确定度的要求时。

2）对一特定方法，如果已确定并验证了结果的测量不确定度，实验室只要证明已识别的关键影响因素受控，则不需要对每个结果评定测量不确定度时。

（3）确定难以评定测量不确定度时的应对措施。当由于检测方法的原因难以严格评定测量不确定度时，实验室应基于对理论原理的理解或使用该方法的实践经验进行评估。

2. 测量不确定度评定的步骤①

以化学分析中测量不确定度评定为例，实验室进行测量不确定度评定时，一般应按以下步骤进行：

① 中国合格评定国家认可委员会. 化学分析中不确定度的评估指南［R］. 北京：中国合格评定国家认可委员会，2019.

（1）第一步，规定被测量。应清楚地写明需要测量什么，包括被测量和被测量所依赖的输入量（如被测数量、常数、校准标准值等）的关系，还应尽可能包括对已知系统影响量的修正。

（2）第二步，识别不确定度的来源。评定测量不确定度时，应采用适当的分析方法考虑所有显著来源，并将所有的可能来源都列出来，包括第一步所规定的关系式所含参数的不确定度来源和那些由化学假设所产生的不确定度来源，以及其他的来源。这里的其他来源包括定义不完整、取样、基体效应和干扰、环境条件、质量和容量仪器的不确定度、参考值、测量方法和程序中的估计和假定，以及随机变化等。

（3）第三步，不确定度分量的量化。测量或估计与所识别的每一个潜在的不确定度来源相关的不确定度分量的大小。

（4）第四步，计算合成不确定度。将第三步得到的总不确定度的一些量化分量（须以标准差的形式表示），根据有关规则进行合成，以得到合成标准不确定度；再使用适当的包含因子来给出扩展不确定度。

评定测量不确定度的具体操作要求见第 3.2.1 节相关程序文件示例。

3. 评定测量不确定度的方法

评定测量不确定度应按行业标准《测量不确定度的评定与表示》JJF 1059.1—2012 和 GUM《测量不确定度表述指南》提供的方法进行。一般来说，实验室评定测量不确定度的方法主要有以下两种：

（1）GUM 不确定性框架的推广法（Gude to the expression of Uncertainty in Measurement）。对涉及具有任意数量输入量和任意数量输出量的测量模型，所涉及的数量可能是真实的，也可能是复杂的。当 GUM 不确定性框架适用于处理此类模型时，采用此法。

（2）蒙特卡罗方法（Propagation of distributions using a MonteCarlo method）：当 GUM 不确定性框架的适用性存在疑问时，采用蒙特卡罗方法，以获得提供有效的结果。

中国合格评定国家认可委员会 CNAS 在其官网上公布了不同领域测量不确定度的评估指南，并给出了使用相关指南的示例，有需要或有兴趣的读者可参阅自己所在领域相关的评估指南开展该项工作。

3.3.4.7 确保结果有效性的管理

《通用要求》规定：**“实验室应有监控结果有效性的程序。记录结果数据的方式应便于发现其发展趋势，如可行，应采用统计技术审查结果。实验室应对监控进行策划和审查，适当时，监控应包括但不限于以下方式，使用标准物质或质量控制物质；使用其他已校准能够提供可溯源结果的仪器；测量和检测设备的功能核查；适用时，使用核查或工作标准，并制作控制图；测量设备的期间核查；使用相同或不同方法重复检测或校准；留存样品的重复检测或重复校准；物品不同特性结果之间的相关性；报告结果的审查；实验室内比对；盲样测试。”**结果有效性管理是保证检测活动结果的有效性、可靠性和稳定性的重要技术手段，所以，实验室应按以上要求和相关程序文件的规定，实施结果有效性管理，并应注意以下几个方面：

1. 记录数据的方式

实验室所有记录数据的方式应便于发现其发展趋势，发现偏离预先判据，并应采取有效的措施纠正出现的问题，防止出现错误的结果。例如：

（1）在制订格式化的记录表格时，在设定记录实际观测原始数据（测量值）栏目的基础上，增加标准（规范）界限值数据栏，使用者在填入测量原始数据（值）的同时，填入实测对象相关标准（规范）的合格判断界限值数据，以便直观、快速判定测量结果是否超出标准（规范）限值。

（2）在设计记录数据的图表上，同时将检测对象相关标准（规范）的界限值和实测数据值一起直观表示出来，以便在出现异常数据时能够快速判断并采取有效的纠正措施，防止出现错误结果。

2. 结果有效性的监控

结果有效性的监控，应按以下要求进行：

（1）实验室应按其建立的监控结果有效性的程序，对监控进行策划和审查。具体应：

1）对结果的监控范围应覆盖到其认证范围内的所有检测项目，确保检测结果的准确性和稳定性。

2）如可行，应采用统计技术审查结果。

（2）质量控制应有适当的方法和计划并加以评价，具体操作时应：

1）当检测方法中规定了质量控制要求时，实验室应保证质量控制符合这些要求。

2）适用时，实验室应在检测方法中或其他文件中，规定相应检测方法的质量监控方案。如实验室制定内部质量监控方案时，应考虑以下因素：

① 检测业务量；

② 检测结果的用途；

③ 检测方法本身的稳定性与复杂性；

④ 对技术人员经验的依赖程度；

⑤ 参加外部比对（包含能力验证）的频次与结果；

⑥ 人员的能力和经验、人员数量及变动情况；

⑦ 新采用的方法或变更的方法等。

（3）结果有效性的内部监控。实验室应结合其管理的实际需要实施结果有效性的内部监控，至少采用以下任何一种内部监控方式或手段：

1）定期使用标准物质、核查标准或工作标准来监控结果的准确性。例如，在化学分析检测领域中，可通过获得足够的标准物质，评估在不同浓度下检测结果的准确性。

2）使用其他已校准能够提供可溯源结果的仪器与设备。

3）测量和检测设备的功能核查。

4）通过使用质量控制物质制作质量控制图，持续监控检测结果的准确性和精密度。

5）测量设备的期间核查。如对在一个计量校准/检定周期内使用频次超过200次或其量值漂移较大的测量设备，进行必要的期间核查。

6）采用相同或不同的检测方法或设备测试同一样品，监控方法或设备之间的一致性。

7）定期留样再测或不同方法重复测量，监控同一操作人员的精密度或不同操作人员间的精密度。

8）通过分析一个物品不同特性结果之间的相关性，以识别错误。

9）报告结果的审查。

10）实验室内比对，包括不同人员、设备、方法之间的比对。

11）进行盲样测试，监控实验室日常检测的准确度或精密度水平。

（4）结果有效性的外部监控。实验室应严格按照国家实验室管理规矩的相关要求，并结合自身管理的实际需要，实施结果有效性的外部质量监控。实验室的外部质量监控方案不仅包括国家实验室管理规矩相关要求参加的能力验证计划，还应适当包含实验室间比对计划。实验室制定外部质量监控计划时，除应考虑使用标准物质或质量控制物质的因素外，还应考虑以下因素：

1）内部质量监控结果。

2）实验室间比对（包含能力验证）的可获得性。对没有能力验证的领域，实验室应有其他措施来确保结果的准确性和可靠性。

3）CNAS、客户和监管机构对实验室间比对（包含能力验证）的要求。

（5）当可行和适当时，实验室应策划和审查结果有效性的外部监控措施，这些措施包括：

1）参加满足国家标准《合格评定 能力验证的通用要求》GB/T 27043—2012 要求的能力验证提供者组织的能力验证。

2）参加除能力验证之外的由本行业实验室监管部门或其授权的技术机构组织的同行业实验室间比对。

3）通过与其他有能力的实验室的结果比对监控能力水平。

（6）实验室应定期或不定期分析监控活动的数据用于控制实验室活动，适用时实时改进。如果发现监控活动数据分析结果超出预定的准则时，应采取适当措施防止报告不正确的结果。

（7）当一些特殊的检测活动，其检测结果无法复现，难以使用标准物质或质量控制物质进行质量控制时，实验室更应关注人员的能力、培训、监督，以及与同行的技术交流。

3.3.4.8 报告结果管理

《通用要求》规定：**“检测报告经检测人员、审核人员、检测机构法定代表人或者其授权的签字人等签署，并加盖检测专用章后方可生效。检测报告中应当包括检测项目代表数量（批次）、检测依据、检测场所地址、检测数据、检测结果、见证人员单位及姓名等相关信息。”“结果在发出前应经过审查和批准。”“实验室应准确、清晰、明确和客观地出具结果，并且应包括客户同意的、解释结果所必需的以及所用方法要求的全部信息。实验室通常以报告的形式提供结果（例如检测报告、校准证书或抽样报告）。所有发出的报告应作为技术记录予以保存。”**

检测结果报告是检测活动结果的载体，结果报告质量的好坏，直接决定了实验室的品牌影响力、信誉度和市场竞争力。所以，实验室除应按照实验室管理规矩的上述要求和结果报告管理程序的规定严格管理结果报告外，还应注意以下几个方面：

1. 结果报告的通用要求

（1）结果报告的信息内容。结果报告的信息内容应完整、客观、真实、准确，满足结果报告管理相关规矩的规定和客户的要求。检测结果报告至少应包括下列信息内容：

1）标题。如检测报告或抽样报告。

2）标注资质许可（/认定）标志，加盖检测专用章（行业监管部门要求的）。如报告有多个页面时，应加盖骑缝章，以防止报告被部分摘用或恶意选择性抽撤或更换。

3）实验室的名称和地址，检测的地点（当它与实验室的地址不同时，如使用客户的设施、实验室固定设施以外的场所、相关的临时或移动设施等）。

4）检测结果报告的唯一性标识（如系列号）和每一页上的标识，以确保能够识别该页是属于检测结果报告的一部分，以及表明检测结果报告结束的清晰标识。

5）客户的名称和联系方式等信息。

6）所用检测方法的识别。一般应使用现行有效的标准方法或客户要求的检测方法，如有对方法的补充、偏离或删减，应予以说明。

7）检测样品的描述、状态和标识。如有偏离的情况，应予以说明。

8）检测的日期；当涉及检测活动的时间对其结果的有效性和应用有重大影响时，还应注明样品的接收日期或抽样日期。

9）适用时，如对检测结果的有效性或应用有影响时，应提供实验室或其他机构所用的抽样计划和程序的说明。

10）检测结果报告签发人的姓名、签字或等效的标识和签发日期。

11）适用时，检测结果的测量单位。

12）如样品是由客户提供时，应在报告中声明结果仅适用于客户提供的样品。

13）检测结果来自于外部提供者时的清晰标注。

14）实验室应在报告显眼处（如封面、扉页等）做出未经本机构批准，不得部分复制报告的声明，以确保报告不被部分摘用。

（2）结果报告的制发程序。检测报告应按结果报告程序规定的流程来制发，且制发全过程各环节的参加人员均应签名确认。具体应按以下要求实施：

1）对于利用计算机化信息系统自动生成的结果报告，一般应经过打印、校对、签发、缮印等工作程序，并经过格式化结果报告所要求的相关人员（如检测/试验人、校对/校核人、签发/批准人等）签名（签字或用等效的标识）确认，以保证参加各环节工作人员责任的落实。

2）对于人工制作的结果报告，一般应经过打印（或编写）、复核、审/校核、签发、缮印等工作程序，并经负责检测/试验活动的相关人员（如检测/试验人、复核人、审/校核人、签发/批准人等）签名（签字或用等效的标识）确认，以保证各相关工作人员责任的落实。

（3）结果报告的质量，应满足以下要求：

1）报告的格式及其发布方式（如以书面、硬拷贝或电子方式）应符合本行业监管部门的要求。

2）结果报告的信息内容应满足前面第（1）项的规定，且应准确、清晰、明确、客观地出具结果。并应包括客户同意的、解释结果所必需的，以及所用方法要求的全部信息。

3）结果报告应使用现行有效标准提供的方法或客户要求的方法，并确保客户要求的方法或方法的偏离，不得违反国家实验室管理规矩的强制性规定。

4）检测结果（数据）应使用法定计量单位。

5）数值的修约应按国家标准《数值修约规则与极限数值的表示和判定》GB/T 8170—2008进行。

6）结果报告的制发程序应按前面第（2）项的要求进行且应符合国家实验室管理规矩

的相关规定。

(4) 结果报告的保存。实验室所有发出的结果报告（含检测报告、抽样报告）应作为技术记录予以保存。

(5) 其他注意事项：

1) 如客户同意或要求，实验室可以用简化方式报告结果。但这些要求不得违反实验室行业监管部门或实验室管理规矩的强制性规定。

2) 如果结果报告中未向客户报告本条后面第2款至第7款中所列的信息，客户应能方便地获得。

2. 结果报告的特定要求

(1) 除前款所列通用要求之外，当解释检测结果需要时，检测报告还应包含以下信息：

1) 特定的检测条件信息，如环境条件（含温度、湿度、振动、防尘等可能会对检测结果产生影响的因素等）信息。

2) 相关时，有要求或规范的符合性声明（详见后文第4款“报告符合性声明”的内容）。

3) 适用时，在下列情况下，带有与被测量相同单位的测量不确定度或被测量相对形式的测量不确定度（如百分比）：

① 测量不确定度与检测结果的有效性或应用相关时；

② 客户有要求时；

③ 测量不确定度影响与规范限的符合性时。

4) 适当时，作出意见和解释（详见后文第5款“意见和解释”的内容）。

5) 特定方法、法定管理机构或客户要求的其他信息。

(2) 如果实验室负责抽样活动，当解释检测结果需要时，检测报告还应包含以下信息：

1) 抽样日期。

2) 抽取的物品或物质的唯一性标识（适当时，包括制造商的名称、标示的型号或类型以及序列号）。

3) 抽样位置，包括图示、草图或照片。

4) 抽样计划（方案）和抽样方法。

5) 抽样过程中影响结果解释的环境条件的详细信息。

6) 评定后续检测测量不确定度所需的信息。

(3) 应在同一份报告上出具特定样品全部检测项目的结果。除检测方法、法规和管理规矩另有要求外，实验室应在同一份报告上出具特定样品不同检测项目的结果；如果检测项目覆盖了不同的专业技术领域，也可分专业领域出具检测报告。

(4) 实验室不得随意拆分检测报告。即使客户有要求，实验室也不得随意拆分检测报告。如将“满足规定限值”的结果与“不满足规定限值”的结果分别出具报告，或只报告“满足规定限量”的检测结果。因为这样做将会被监管部门认定为出具虚假检测报告的违法行为。

(5) 当实验室行业监管部门或实验室管理规矩有规定时，应报告检测的类型，如企业自检、有见证第三方检测、监督抽检等。当为有见证第三方检测时，应报告见证取样送样和见证检测相关信息，如见证的人员、时间、地点等信息；当为监督抽检时，还应报告监督人员和其他相关方见证人员的信息。

（6）当检测工作是为司法或仲裁机构委托的司法或仲裁鉴定检测时，结果报告还应满足司法或仲裁机构的特别要求。

3. 结果说明

当标准、方法规定或客户要求需对检测结果进行说明时，检测报告中还应包括下列内容：

（1）对检测方法的偏离、增加或删减，以及特定检测条件的信息，如环境条件的相关信息。

（2）适用时，给出符合（或不符合）要求或规范的声明。

（3）当测量不确定度与检测结果的有效性或应用有关，或客户有要求，或当测量不确定度影响到对规范限的符合性时，检测报告中还需要包括测量不确定度的信息。

（4）适用且需要时，提出意见和解释。详见第5款“意见和解释”相关内容。

（5）特定检测方法或客户所要求的附加信息。报告涉及使用客户提供的数据时，应有明确的标识。当客户提供的信息可能影响结果的有效性时，报告或证书中应有免责声明。

4. 报告符合性声明

当客户要求、方法或标准、法规或规范性文件规定需要报告符合性声明时，应按以下要求进行：

（1）当作出与规范或标准符合性声明时，实验室应考虑与所用判定规则相关的风险水平（如错误接受、错误拒绝以及统计假设），将所使用的判定规则形成文件并应用判定规则。如果客户、法规或规范性文件规定了判定规则，则无需进一步考虑风险水平，但使用前者时须作出免责声明。

（2）除应用的判定规则在规范或标准中已包含者外，实验室在报告符合性声明时还应清晰标示以下内容：

1）符合性声明适用的结果。

2）满足或不满足的规范、标准或其中条款。

5. 意见和解释

当客户要求或实验室管理相关规矩有规定需要对结果报告做出意见和解释时，应按以下要求进行：

（1）实验室可以根据自身的资质能力和资源配置情况选择是否做出意见和解释：

1）当不具备做出意见和解释的能力和资源，如实验室没有通过资质许可（/认定）部门针对“意见和解释”资格能力的许可（/认定）或没有获批准针对“意见和解释”的授权人员时，实验室不应开展该项工作。

2）当实验室具备开展该项工作的能力和资源时，方可开展该项工作。

3）当实验室选择开展对结果报告做出意见和解释工作时，应在管理体系中予以明确，将意见和解释的依据形成文件，并依其对该工作进行有效控制。具体应：

① 当表述意见和解释时，实验室应确保只有获得授权人员（通过资质许可/认定部门针对意见和解释的资格能力的许可/认定并获批准授权的人员，不是仅获授权签字人资格

能力的人员或由实验室自己授权的人员）才能发布相关意见和解释。

② 当以对话方式直接与客户沟通意见和解释时，应记录并保存与客户沟通意见和解释的对话内容。

（2）意见和解释，应包括但不限于以下范围：

1）对被测结果或其分布范围的原因分析，例如在环境中毒素的检测报告中对毒素来源的分析。

2）根据检测结果对被测样品特性的分析。

3）根据检测结果对被测样品设计、生产工艺、材料或结构等的改进建议等。

根据检测结果，作出与规范或客户的规定限做出的符合性判断，不属于“意见和解释”的范畴。

（3）对于检测活动，实验室如果申请对某些特定检测项目的“意见和解释”能力的许可/认证时，应按以下要求进行：

1）应在申请书中予以明确，并说明针对哪些检测项目做出哪类的意见和解释，并提供以往做出“意见和解释”时所依据的文件、记录及报告。

2）应同时提交申请“意见和解释”能力认定相关人员的能力信息。

3）申请“意见和解释”能力认定的相关人员，不仅从事过相关的检测活动，而且还应熟悉检测对象的设计、制造和使用。如果相关人员仅从事过相关的检测活动，而不熟悉检测对象的设计、制造和使用时，资质许可/认定部门通常是不会对其“意见和解释”能力作出许可/认定的。

6. 结果报告的修改

检测报告签发后，若有任何更正或增补均应予以记录，并按以下要求处理：

（1）当有必要发布全新的报告替代原报告时，新报告应标明所代替的原报告，并注以唯一性标识。

（2）当更改、修订或重新发布已发出的报告时，应在报告中清晰标识修改的信息；适当时，应标注修改的原因。

（3）修改已发出的报告时，不仅以追加文件或数据传送的形式，而且还应包含以下声明：

1）“对序列号为……（或其他标识）报告的修改”，或其他等效文字。

2）应保证这类修改满足《通用要求》和结果报告管理规矩的所有要求。

7. 结果传送和格式管理

（1）实验室应按实验室所在行业监管部门和市场监管部门规定的传送方式、传送要求和统一格式，向客户和政府主管部门的检测机构信息化监督管理平台传（推）送检测结果报告。

（2）当采用电话、传真或其他电子或电磁方式传送检测结果时，应满足《通用要求》等实验室管理规矩对数据控制的相关要求，且须由客户（委托方）提出书面申请。

（3）当需要自行设计结果报告格式时，应设计为适用于所进行的各种检测类型，并尽量减小产生误解或误用的可能性。同时，还必须符合实验室行业监管部门的相关要求，并在使用前向其报备。

3.3.4.9 投诉管理

《通用要求》规定：**"实验室应有形成文件的过程来接收和评价投诉，并对投诉作出决定。""投诉处理过程应至少包括以下要素和方法：对投诉的接收、确认、调查以及决定采取处理措施过程的说明；跟踪并记录投诉，包括为解决投诉所采取的措施；确保采取适当的措施。"**实验室应根据以上要求和投诉管理程序文件的规定，在管理层内指定专人（如质量负责人）负责投诉管理工作，并明确一个部门（如质量管理/技术管理部）负责按以下要求处理投诉的接收、确认、调查和处理等工作，形成并保存相关记录：

1. 投诉接收和评价

实验室应按形成文件的过程（程序）来接收和评价所有的投诉。接到投诉后，实验室应尽可能告知投诉人已收到投诉，并向投诉人提供处理进程的报告和结果的承诺。同时，立即按以下要求开展投诉的初步调查工作，收集并验证所有必要的相关信息，再根据初步调查结果和投诉与其实验室活动的相关性来确认投诉是否成立（有效）：

（1）如调查结果证实投诉成立，或投诉与其实验室活动相关，则确认投诉有效，并立即启动投诉处理的后续工作；必要时，还应向投诉人通报投诉处理相关工作的进展情况。

（2）如调查结果证实投诉不成立，或投诉与其实验室活动不相关，则确认投诉无效，并立即终止投诉处理的后续工作。同时，还应将相关信息反馈给投诉人，并做好解释说明工作。

2. 投诉处理过程的要素和方法

投诉处理过程应至少包括以下要素和方法：

（1）对投诉的接收、确认、调查以及决定采取处理措施过程的说明。当利益相关方有要求时，可获得对投诉处理过程的说明。

（2）跟踪并记录投诉，包括为解决投诉所采取的措施。

（3）确保采取适当的措施。

3. 投诉的处理

实验室应按相关规矩的要求及时处理收到的每一宗投诉，并对投诉处理过程中的所有决定负责，及时反馈处理结果。具体应：

（1）对客户或其他相关方的投诉，应按以下规定处理：

1）按实验室所建立程序文件规定的时限处理收到的投诉。

2）程序文件没有规定时限时，应与投诉人沟通商定处理时限，并在该时限内将投诉处理完毕。

3）实验室应确保投诉处理结果应由与投诉所涉及的实验室活动无关的人员作出、审查和批准，并告知投诉人。有必要时，可由外部人员实施。

4）投诉处理完毕后，只要可能，实验室应正式通知投诉人投诉已处理完毕，并向投诉人反馈投诉处理结果。

（2）如果实验室收到资质许可（/认定）部门转交的投诉，应按以下要求处理：

1）参照前述的相关规定，在投诉处理相关规矩规定的时限（相关规矩无规定时，一般应在2个月内）处理完毕，并向资质许可（/认定）部门反馈投诉处理结果。

2）如果资质许可（/认定）部门收到对实验室的投诉内容是针对实验室能力和诚信时，资质许可（/认定）部门将在不预先通知实验室的情况下安排不定期监督评审。实验室应当全力配合资质许可（/认定）部门安排的不定期监督评审。

4. 投诉的跟踪和记录

实验室应根据处理投诉的程序和实验室管理规矩的相关规定，进行跟踪和记录投诉，确保采取适宜的措施（如对投诉人相关信息实行保密、对投诉涉及的相关人员实行严格的回避等），客观、公正处理投诉事项，并将投诉处理全过程形成记录存档。

3.3.4.10 不符合工作管理

《通用要求》规定：**“当实验室活动或结果不符合自身的程序或与客户协商一致的要求时（例如设备或环境条件超出规定限值、监控结果不能满足规定的准则），实验室应有程序予以实施。该程序应确保：确定不符合工作管理的职责和权力；基于实验室建立的风险水平采取措施（包括必要时暂停或重复工作以及扣发报告）；评价不符合工作的严重性，包括分析对先前结果的影响；对不符合工作的可接受性作出决定；必要时，通知客户并召回；规定批准恢复工作的职责。”**实验室应根据以上关于不符合工作管理的相关要求和不符合工作处理程序的规定，在管理层内指定专人（如质量负责人/技术负责人，以下简称：相关负责人）负责，并明确一个部门（如质量管理/技术管理/综合管理部）负责，处理实验室活动过程出现的不符合工作，形成并保存相关记录。具体应按以下规定处理：

1. 不符合工作来源的识别

实验室应从整个检测的过程来识别不符合工作的来源，主要是通过识别检测前、检测中、检测后这些过程中的不符合：

（1）检测前的不符合工作来源，主要包括：

1）合同评审：现有资源能力的不符合，包括资质能力、人员和设备资源等不符合。

2）样品：包括检测样品信息与委托单信息不一致，样品采集、保存和处理不规范等。

3）信息保密：在与客户沟通时泄露其他客户信息和资料的不符合等。

（2）检测中的不符合工作来源，主要包括：

1）人员：检测人员资质水平、技术能力、经验不足导致检测不准确；对新上岗的检测人员缺乏有效的技术指导和监管等。

2）仪器设备：包括仪器设备性能异常、未定期校准/检定或核查、无标准操作规程、无使用维护记录、无合格证明文件或功能确认记录、无档案和状态标志等。

3）试剂耗材：包括无招标资料、无管理记录、无资质证件、无性能评价；使用无证、过期、变质、失效的标准物质等。

4）检测方法：未识别样品对检测方法带来的干扰、使用错误或不合适的检测方法；标准变更后未及时进行能力确认等。

5）文件和记录：包括缺乏内部质量控制审核资料等。

6）检测场所、环境条件、设施等不满足检测方法标准、技术规范的要求。

7）检测过程质量缺乏有效控制：检测和计算粗心大意、对可疑数据不敏感、临界值的处理有偏差、对标准理解有偏差等。

（3）检测后的不符合工作来源，主要包括：

1）数据结果风险：人为更改或伪造检测数据、结果等。

2）报告编制过程：原始记录资料不规范、缺少可追溯性、报告结论判断错误等风险，报告漏签名或签错名、非授权报告批准（签字）人签字或授权签字人超出授权范围签字，报告无签发日期或签发日期与试验（检测）日期逻辑错误等。

3）信息安全和保密：泄露客户信息、报告和数据信息等。

4）其他：留样样品未按留样要求妥善保管、处理等。

（4）当监督和管理人员在日常监督、内审、外审等工作中，发现（识别出）检测活动或管理体系运行活动已经偏离了管理体系文件和其他相关规矩（文件）并形成了不符合工作时，工作人员应立即向管理层的相关负责人报告，并填写《不符合工作记录表》。

2. 确定不符合工作类型

管理层相关负责人收到工作人员的不符合工作报告后，应立即组织相关人员对出现的不符合工作进行分析评估，并根据不符合工作可能造成的风险和后果，确定不符合工作类型：

（1）一般不符合工作：工作是个别的，少量的偏离文件，尚未影响管理体系运行，在技术操作方面未给客户造成损失和影响，属于偶发事件，在实施纠正措施后不再发生的不符合工作。

（2）严重不符合工作：工作严重偏离了体系文件，影响管理体系的运行，造成了涉及法律、安全和客户利益的严重不符合，或采取纠正措施后可能再次发生的不符合工作。

3. 采取处理措施

根据不符合工作的类型分别采取相应的处理措施：

（1）一般不符合工作的处理措施：

1）立即停止不符合工作，由管理层相关负责人组织技术、质量、检测管理等相关部门和人员，分析、查找不符合工作产生的原因，针对不符合工作的产生原因，与相关部门共同制定并实施处理方案和纠正措施，形成并保存相关工作记录。

2）对于需要紧急处理的一般不符合工作，管理层相关负责人针对不符合工作发生的原因，现场立即采取相应纠正措施，且经确认不符合工作的纠正措施有效后，可继续开展检测工作。

3）对不需要紧急处理的不符合工作处理结束后，责任部门负责人应及时向管理层相关负责人提交书面报告，经相关负责人批准后方可继续开展相关的检测工作。

（2）严重不符合工作的处理措施：

1）立即停止不符合工作，由管理层相关负责人组织技术、质量、检测管理等相关部门和人员，分析、查找不符合工作产生的原因，对不符合工作可能造成的法律、安全和客户经济利益的后果，以及客户的可接受性进行评估，针对不符合工作的产生原因及其评估结果，与相关部门共同制定并实施处理方案和纠正措施，形成并保存相关工作记录。具体应：

① 当分析评估确认不符合工作造成的影响较为严重时，应立即停止一切相关的检测活动和工作、扣发尚未发出的检测报告；

② 当分析评估确认不符合工作已经对已经完成的检测结果造成影响时，实验室应采用书面通知客户方式追回已发出的报告，并与客户商讨后续的处理措施：

a）如有留样或能够取得与原试样同批次、同规格、同型号的“同质”试样，或者是工程实体质量检测，可安排重新进行相关检测工作，以重新出具的检测报告取代追回的报告；

b）当无法安排重测时，可采用现行相关管理规矩允许使用的其他替代检测方法，对检测对象实施检测，并根据检测结果重新出具检测报告，替代追回的检测报告；

③ 当不符合工作导致实验室能力在相当一段时间内不能满足用户要求时，实验室管理层应通知客户取消相关检测工作；

④ 当不符合工作无法通过上述处理措施补救对客户造成的影响时，应主动与客户洽商，按检测合同的约定或双方洽商达成一致的意见，赔偿客户的损失；

⑤ 当评价结果对实验室的运行与其管理体系的符合性产生怀疑，或者评价表明不符合工作不是偶发的、个案的问题，可能再次发生时，管理层应当在决定采取并监督执行层实施不符合工作的纠正和纠正措施的同时，制订并监督执行层实施防止不符合工作再次发生的预防措施；必要时，由质量负责人组织专项审核，以防止不符合工作造成更严重的不良后果。

2）当发生的不符合工作按上述要求采取措施处理完毕且经确认处理措施有效，管理层相关负责人方可批准恢复相关检测工作。

4. 跟踪不符合工作处理效果

管理层应特别关注并督促不符合工作控制程序的执行落实。实验室常见的不符合工作包括（但不限于）实验室环境条件不满足要求、试验样品的处置时间不满足要求、试样未在规定的时间内检测、质量监控结果超过规定的限制、能力验证或实验室间比对结果不满意等。为此，管理层应：

（1）确保实验室所有人员均熟悉不符合工作控制程序，尤其是直接从事检测和抽样活动的人员。

（2）在内部审核中要关注不符合工作控制程序的执行落实情况。特别是如何采取措施消除或降低不符合工作给客户和实验室结果的有效性带来的不良影响方面的情况。

（3）所有不符合工作及对其采取的处理措施，均应详细清楚地记录并保存，作为进一步跟踪溯源、采取持续改进的预防性措施和开展管理体系内部审核与管理评审的输入（依据）。

3.3.4.11 数据控制和信息管理

《通用要求》规定：**“实验室应获得开展实验室活动所需的数据和信息。”“用于收集、处理、记录、报告、存储或检索数据的实验室信息管理系统，在投入使用前应进行功能确认，包括实验室信息管理系统中接口的正常运行。对管理系统的任何变更，包括修改实验室软件配置或现成的商业化软件，在实施前都应被批准，形成文件并确认。”**数据信息管理对保证实验室数据的完整性、正确性和保密性起着十分重要的作用，所以，实验室管理层应重视这项工作，按照以上要求和程序文件的相关规定，对数据信息实施有效的控制和管理，具体应注意以下几个方面：

1. 建立实验室信息管理系统

实验室应建立与其实验活动相适应的实验室信息管理系统，包括计算机化和非计算机化系统中的数据和信息管理。

（1）当实验室使用计算机化的信息管理系统（LIMS）时，应确保该系统满足《管理办法》中**“检测机构应当建立信息化管理系统，对检测业务受理、检测数据采集、检测信息上传、检测报告出具、检测档案管理等活动进行信息化管理，保证建设工程质量检测活**

动全过程可追溯”的强制性要求和所有（包括审核路径、数据安全和完整性等）的相关要求。

（2）应对LIMS与《通用要求》等管理规矩的相关要求的符合性和适宜性进行完整的确认，并保留确认记录。

2. 建立和实施数据完整性、正确性和保密性的保护程序

实验室应按《管理办法》中**“检测机构应当建立建设工程过程数据和结果数据、检测影像资料及检测报告记录与留存制度，对检测数据和检测报告的真实性、准确性负责”**的规定，建立并实施数据完整性、正确性和保密性的保护程序，实施数据信息管理。具体应：

（1）用于收集、处理、记录、报告、存储或检索数据的实验室信息管理系统，在投入使用前或使用过程的任何变更后均应进行功能确认。包括修改实验室软件配置或现成的商业化软件，在实施前应经批准、形成文件并确认。当利用现成商业化软件在其设计的应用范围内使用可视为已经过充分的确认。

（2）当采用计算机或自动化设备对检测数据进行采集、处理、记录、报告、存储或检索时，实验室应将自行开发的计算机软件形成文件，并应：

1）在使用前确认其适用性。

2）使用期间应进行定期确认、改变或升级后再次确认。

3）保留上述确认记录。

（3）应定期维护计算机和自动设备，以保持其功能正常。

（4）应对信息管理系统的计算和数据传送功能进行系统和适当的检查。如通过事先制订的检查方案（或信息管理系统使用说明书提供的典型算例或数据），输入模拟算例或数据，对计算机系统的软、硬件的功能进行系统和适当的检查（验证），以保证数据的正确性。

（5）应按以下要求实施数据信息的控制和管理，以保证数据信息既能满足实验活动需要又能保证其安全：

1）实验室应保证相关工作人员能获得开展实验室活动所需的数据和信息，并确保员工易于获取与实验室信息管理系统相关的说明书、手册和参考数据。

2）实验室信息管理系统应能够：

① 防止未经授权的访问，如规定使用者必须输入口令或密码方可访问、使用系统；

② 安全保护以防止篡改和丢失，如系统对其管理的任何数据的修改或改动都能够自动生成并保存相关动作的记录信息；

③ 在符合系统供应商或实验室规定的环境中运行，或对于非计算机化的系统，应提供保护人工记录和转录准确性的充要条件；

④ 应以确保数据和信息完整性的方式进行维护；

⑤ 应记录并保存系统失效和适当的紧急措施及纠正措施。如通过系统设定的时间间隔自动对其管理的数据信息进行定期的硬备份，以最大限度避免或降低系统失效造成的数据和信息的丢失。

3）当实验室信息管理系统在异地或由外部供应商进行管理和维护时，实验室应确保系统的供应商或运营商符合《通用要求》等管理规矩的所有适用要求。

4）实验室对 LIMS 的改进和维护应确保可以获得先前产生的记录。

3.3.5 管理体系要求的管理

《资质标准》规定：**“综合资质管理水平：有完善的组织机构和质量管理体系，并满足《检测和校准实验室能力的通用要求》GB/T 27025—2019 要求。”“有完善的信息化管理系统，检测业务受理、检测数据采集、检测信息上传、检测报告出具、检测档案管理等质量检测活动全过程可追溯。”“专项资质管理水平：有完善的组织机构和质量管理体系，有健全的技术、档案等管理制度。”“有信息化管理系统，质量检测活动全过程可追溯。”**

《通用要求》规定：**“实验室应建立、实施和保持形成文件的管理体系，该管理体系应能够支持和证明实验室持续满足本标准的要求，并且保证实验室结果的质量。”**

实验室管理体系的管理，关系到所建立的管理体系能否持续保持良好运行、关系到管理体系文件是否得到充分执行落实、关系到实验室管理目标能否实现。因此，管理体系的管理在实验室管理中扮演着十分重要的作用。因此，实验室除按本章第 3.3.1～3.3.4 节的要求对实验室管理体系中的通用要求、结构要求、资源要求、过程要求等实施有效管理外，至少还要从以下方面实施管理体系管理：

3.3.5.1 管理体系的方式管理

1. 方式 A

实验室应建立和保持文件化的管理体系，以保证该管理体系能够支持和证明实验室持续满足《通用要求》等实验室管理规矩的相关要求，以及开展实验室活动管理的需要，从而保证实验室活动结果的质量及其管理目标的实现。该管理体系至少应包括（但不限于）下列内容：

（1）管理体系文件（见第 3.3.5.2 节）。

（2）管理体系文件的控制（见第 3.3.5.3 节）。

（3）记录控制（见第 3.3.5.4 节）。

（4）应对风险和机遇的措施（见第 3.3.5.5 节）。

（5）改进（见第 3.3.5.5 节）。

（6）纠正措施（见第 3.3.5.6 节）。

（7）内部审核（见第 3.3.5.7 节）。

（8）管理评审（见第 3.3.5.8 节）。

2. 方式 B

实验室应按照国家标准《质量管理体系 要求》GB/T 19001—2016 的要求建立并保持管理体系，能够支持和证明持续符合第 3.3.1～3.3.4 节的各项要求，也至少满足了第 3.3.5.2～3.3.5.8 节所述管理体系要求的目的。

为了节省篇幅，接下来的内容按管理体系方式 A 的要求进行介绍。

3.3.5.2 管理体系文件

《通用要求》规定：**“实验室管理层应建立、编制和保持符合本标准目的的方针和目标，并确保该方针和目标在实验室组织的各级人员得到理解和执行。”“方针和目标应能体现实验室的能力、公正性和一致运作。”“实验室管理层应提供建立和实施管理体系以及持续改进其有效性承诺的证据。”“管理体系应包含、引用或链接与满足本标准的要求相关的**

所有文件、过程、系统和记录等。”“参与实验室活动的所有人员应可获得适用于其职责的管理体系文件和相关信息。”具体操作时，应从以下几个方面实施管理：

1. 质量方针和目标的确立与保持

实验室最高管理者应确立质量方针和目标，且应确保所确立的质量方针和目标适合实验室管理目标并持续符合《通用要求》等实验室管理规矩的相关要求，确保该方针和目标在实验室组织的所有人员得到理解和执行。具体应：

（1）质量方针和目标的确立，应按以下要求进行：

1）须由实验室最高管理者确立。

2）所建立的质量方针、目标应简单、明晰，易于理解和执行，并在体系文件中独立表述。

3）所制订的质量方针和目标应能体现实验室的能力、公正性和一致运作的要求。

（2）质量方针和目标的保持

1）应采取简单、直接的方式，将质量方针、目标在实验室显眼处（如工作场所、客户服务窗口/大厅等）公开，以便所有工作人员随时可以接触学习到，并公开接受社会公众和客户的监督。

2）将质量方针、目标印刷在工作人员日常工作中密切接触的工作记录、表格、手册等薄（册）的扉页等显眼处，以引起工作人员的关注。

3）将质量方针、目标的宣贯和执行落实情况纳入实验室体系文件宣贯和开展日常实验室管理工作的必然内容，定期或随机组织人员进行质量方针、目标的学习、检查和考核，以保证所有人员都能理解和执行。

4）在实验室管理体系日常运行管理中应保持对质量方针和目标的关注，并在管理评审时予以评审，以保证所制订的方针和目标得到持续保持。

2. 管理体系文件的制定和管理

实验室管理体系文件的制定包括实验室管理体系文件的制（修）定、批准、发布及其管理等工作。具体详见第3.2节所述，此处从略。

3.3.5.3　管理体系文件的控制

《通用要求》规定：**“实验室应控制与满足本标准的要求有关的内部和外部文件。”“实验室应确保：文件发布前由授权人员审查其充分性并批准；定期审查文件，并在必要时更新；识别文件更改和当前修订状态；在使用地点可获得适用文件的相关版本，并在必要时控制其发放；对文件进行唯一性标识；防止误用作废文件，并对出于某种目的而保留的作废文件做出适当标识。”**实验室除按以上要求和文件控制管理程序文件的相关规定对管理体系文件实施控制管理外，还应注意以下问题：

1. 管理体系文件的控制范围

实验室应根据其管理体系的内部和外部文件管理的程序，控制与管理满足《通用要求》等管理规矩所要求的内部和外部文件。包括政策声明、程序、规范、制造商的说明书、校准表格、图表、教科书、张贴品、通知、备忘录、图纸、计划等。这些文件可以是书面的，也可以是硬拷贝或数字形式存储在各种载体的。

2. 管理体系文件的控制措施

实验室应采用以下管理控制措施，确保管理体系文件现行有效和所有地点的使用人员能够方便获得：

(1) 文件发布前应由授权人员审查并批准。一般由实验室的技术负责人或由管理层集体对管理体系文件的充分性、完整性、适用性等进行全面审查后，报最高管理者批准和发布（详见第3.2节的相关内容）。

(2) 应定期审查管理体系文件。必要（如实验室管理的法规规矩、管理规矩变更或实验室的机构/关键管理人员变更）时，应及时修订、变更或废止相关的管理体系文件，以保证管理体系文件持续符合实验室管理规矩的相关要求和满足自身开展检测活动的实际需要。

(3) 应使用规范有效的方法（如使用版本号、更改页或加盖受控印章等方式）来识别文件更改和当前修订状态，防止错误使用无效、作废文件。

(4) 应保证人员在使用地点都可方便获得适用文件的相关版本。必要（如检测地点分散或有多个地点）时，应保证适用文件的相关版本发放到所有需要使用的地点，且使用人员可以随时方便获得。

(5) 应对管理体系文件进行唯一性标识（如发放编号等），并根据实际需要建立和保持文件发放、使用、回收（作废文件）、登记制度（账册）。

(6) 应采用适当的方法防止误用作废文件。无论出于任何目的而保留的作废文件，都必须在文件显著和不易脱落的位置加盖红色的“作废”印章或其他适当的标识，以有效防止作废文件被误用。

管理体系文件的详细管理要求可参阅第3.3.5.2节“管理体系文件”相关内容，兹从略。

3.3.5.4 记录控制

《通用要求》规定：**“实验室应建立和保存清晰的记录以证明满足本标准的要求。”“实验室应对记录的标识、存储、保护、备份、归档、检索、保存期和处置实施所需的控制。实验室记录保存期限应符合合同义务。记录的调阅应符合保密承诺，且记录应易于获得。”** 记录是证明实验室管理体系的运行满足其所建立的管理体系文件规定的重要、关键的证明（证据）材料，所以，实验室除应按上述要求和第3.3.4.5节“技术记录管理”相关要求对技术记录实施有效的控制管理外，还应按以下要求进行记录和保存管理：

1. 记录的范围

为了保证所有记录具有可追溯性，实验室应进行记录并保存以下信息/数据文件：

(1) 检测原始记录，包括在实验室活动过程形成的原始的过程记录、技术记录、文件等。

(2) 检测结果报告。

(3) 其他实验室管理需要记录和保存的信息/数据。如实验室管理体系运行管理活动所形成的过程记录、工作计划（或方案）文件、工作结果报告等。

2. 记录的保存期限

记录的保存期限，应符合以下要求：

(1) 检测记录和报告的保存期限应满足实验室管理规矩的相关规定。通常不得少于一个资质许可（/认定）周期的5（/6）年。

(2) 当特定客户要求更长的保存期时，应满足其要求。

（3）当实验室承担的检测结果用于产品认证、行政许可等用途时，相关技术记录和报告副本的保存期应当考虑相关产品认证、行政许可证书规定的有效期。

3. 记录控制的管理

记录控制管理按第 3.3.4.5 节“技术记录管理”所述的相关要求进行，此处从略。

3.3.5.5　应对风险和改进机遇的措施

《通用要求》规定：**“实验室应考虑与实验室活动相关的风险和机遇，以确保管理体系能够实现其预期结果；增强实现实验室目的和目标的机遇；预防或减少实验室活动中的不利影响和可能的失败，实现改进。”“实验室应策划应对这些风险和机遇的措施；如何在管理体系中整合并实施这些措施和评价这些措施的有效性。”“实验室应识别和选择改进机遇，并采取必要措施。”“实验室应向客户征求反馈，无论是正面的还是负面的。应分析和利用这些反馈，以改进管理体系、实验室活动和客户服务。”**应对风险和机遇的措施与改进，是预防性管理理念在实验室管理中的应用。《通用要求》虽未强制要求运用正式的风险管理方法或形成文件的风险管理过程。但如果做好了该工作，可以大幅度降低造成实验室管理体系失效或重大损失或严重不利影响的风险及其应对成本，提高管理体系实现其预期结果和增强实现其管理目的与目标的机遇。所以，作为一名有智慧的、理智的实验室管理者，应对此引起足够的重视，并按以下要求做好该项工作：

1. 实施应对风险和改进机遇的措施的目的

实验室管理层应充分考虑和关注与实验室活动相关的风险和机遇，采取应对风险和机遇的措施，有针对性地实施有效的改进，以达到以下目的：

（1）确保管理体系能够实现其预期结果。

（2）增强实现实验室目的和目标的机遇。

（3）预防或减少实验室活动中的不利影响和可能的失败。

（4）实现管理体系的持续改进。

（5）可促使实验室扩展实验室活动范围，不断赢得新客户、巩固老客户。

2. 制订应对风险和改进机遇的措施

实验室应按以下要求进行应对可能出现的风险和机遇的措施的策划：

（1）实验室可通过评审操作程序、实施方针、总体目标、审核结果、纠正措施、管理评审、人员建议、风险评估、数据分析和能力验证结果等识别风险和改进机遇，对识别出来的风险和改进机遇进行分析评估，并将其制成清单或表格，便于开展后续的相关工作。

（2）应针对识别分析出来的风险和改进机遇，拟定其应对风险和改进机遇的措施：

1）应对风险的措施包括：

① 识别和规避风险的威胁；

② 为寻求机遇承担风险；

③ 消除风险源；

④ 改变风险的可能性或后果；

⑤ 分担风险；

⑥ 通过信息充分的决策而保留风险等。

2）应对改进机遇的措施包括：

① 使用新技术；

② 创新或改进服务方式；

③ 持续提高服务质量和水平等其他方式。

(3) 在管理体系中整合并在后续的管理活动过程中实施这些措施，以应对或满足客户明显的和潜在的需求。机遇可能促使实验室扩展实验室活动范围，不断赢得新客户、巩固老客户。

3. 执行实施应对风险和改进机遇的措施

应按以下要求执行实施所制订的应对风险和改进机遇的措施：

(1) 实验室应对识别出来的风险和改进机遇，采取策划期间制订的应对风险和改进机遇的必要措施。

(2) 实验室应采用客户满意度调查、与客户的沟通记录和共同审查报告等方式，向客户征求反馈意见；无论是正面还是负面的意见，都应分析和利用这些反馈意见，以改进管理体系、实验室活动和客户服务。

(3) 管理层应组织评价这些应对措施的有效性及其对实验室结果有效性的潜在影响的适应性。

《通用要求》虽然规定了实验室应策划应对风险的措施，但并未强制要求运用正式的风险管理方法或形成文件的风险管理过程或程序。如实验室决定采用超出《通用要求》的更广泛的风险管理方法，读者可参阅其他相关的应用指南或标准。

3.3.5.6 纠正措施

《通用要求》规定：**"当发生不符合时，实验室应对不符合作出应对，并且在适用时：采取措施以控制和纠正不符合和处置后果；通过下列活动评价是否需要采取措施，以消除产生不符合的原因，避免其再次发生或者在其他场合发生：评审和分析不符合、确定不符合的原因和确定是否存在或可能发生类似的不符合；实施所需的措施；评审所采取的纠正措施的有效性；必要时，更新在策划期间确定的风险和机遇；必要时，变更管理体系。"** 对于发现的不符合（工作/项），实验室不应仅仅纠正发生的问题，还应进行全面、深入、细致的分析，确定不符合是否为独立事件，是否还会再次发生，查找出产生问题的根本原因，按上述规定和以下要求实施纠正和采取纠正（或/和预防）措施：

1. 分析评估不符合（工作/项）

实验室应按纠正措施程序的相关规定对不符合（工作/项）进行分析评估，确定产生问题的原因和是否采取纠正措施：

(1) 对不符合工作进行评审（估）和分类（详见第 3.3.4.10 节"不符合工作管理"，此处从略）。

(2) 分析确定不符合工作产生的原因。如确定不符合工作到底是人为因素造成还是由于场所环境、设备设施等其他因素造成的。

(3) 分析评估确定不符合工作是偶然发生的独立事件，还是实验室还存在其他类似的或可能还会再次发生的系统性事件。

2. 采取纠正措施

实验室应根据分析评估结果采取相应的纠正措施，以消除产生不符合工作的原因，避免不符合工作再次发生或者在其他场合发生。具体应：

(1) 对评估确定为一般或严重不符合工作时，应按照第 3.3.4.10 节"不符合工作管理”的相关要求，立即采取针对性的纠正措施，消除其产生原因，以最大限度降低或消除不符合工作对客户和实验室活动结果有效性的不良影响。

（2）对评估确定为系统性严重不符合工作（如实验室还存在其他类似的或可能还会再次发生的不符合工作）时，除按照第 3.3.4.10 节“不符合工作管理”的相关要求采取针对性的纠正措施外，还应针对产生不符合工作的系统性原因，制定并采取有效的预防措施，防止发生其他类似的或重复发生的同类不符合工作，以最大限度降低或消除不符合工作对客户和实验室活动结果有效性的系统性不良影响。

例如：在资质许可评审中，经常发现实验室未按《管理办法》《通用要求》等管理规矩的相关规定和资质许可（认定）部门（或行业监管部门）的要求参加能力验证或同行实验室之间比对活动，实验室仅是提供事后参加能力验证或实验室之间比对的证据，这种措施是不充分的。实验室应当全面分析未参加能力验证或实验室之间比对活动的根本原因，如资金不足、能力验证或实验室之间比对计划不全面、缺乏对计划实施情况的有效监督等，进而采取带有预防性的纠正措施，以防止同类事件再次发生。

3. 评审纠正措施的效果

实验室应按以下方法评估和确认采取的纠正措施的效果，并保存相关记录：

（1）应按以下要求对纠正措施的实施落实情况及其处置（纠正）效果进行评估：

1）应确认是否已经实施了所需的措施和已经取得了纠正措施所期望的结果。

2）评审确认所采取的纠正措施的有效性。

3）当评审确认不符合工作影响到其所确定的风险和机遇时，应更新在策划期间确定的风险和机遇，及其应对措施。

4）当评审确认不符合工作影响到管理体系时，应变更管理体系受到影响的相关内容。

（2）评估和确认纠正措施是否与不符合工作产生的影响相适应。

（3）应记录和保存不符合工作及对其采取的纠正措施的相关信息，作为后续跟踪纠正和采取持续改进措施的证据。

3.3.5.7　内部审核管理

《通用要求》规定：**“实验室应按照策划的时间间隔进行内部审核，以提供有关管理体系的下列信息，是否符合：实验室自身的管理体系要求，包括实验室活动和本标准的要求；是否得到了有效的实施和保持。”**内部审核在实验室管理体系管理中具有十分重要的地位和作用。因此，实验室管理层应高度重视，并根据上述要求和内部审核程序的规定做好该工作，具体应按以下要求实施：

1. 内部审核的准备

内部审核的准备工作包括成立内部审核工作小组，策划、制订和批准内部审核方案等：

（1）成立内审工作小组。内部审核工作小组应由管理层中的熟悉管理体系运行管理的质量负责人为组长，成员由经过培训，具备相应资格且熟悉内部审核工作程序和要求的内审员组成。

（2）内审工作小组应认真跟踪、收集以往审核发现问题改正结果和上一次内审以来管理体系运行过程中出现偏离的工作、活动（过程）或问题，并依据有关工作、活动（过程）或问题的重要性、对本机构产生影响的变化和以往的审核结果，在每年初开始策划、制订内部审核方案。

(3) 制订的内部审核方案应包括以下内容：

1) 明确内部审核的频次和实施时间：每年至少进行一次内部审核，时间一般应安排在距离上一次内部审核12个月内。必要时（如外部评审后、管理体系有变更或调整时），可安排追加审核；实施时间应安排在当年管理评审启动之前、外部评审或管理体系出现变更或调整后。

2) 规定内部审核的方法、要求和覆盖范围：

① 明确内部审核的方法：可采用资料审核、现场检查或提问、过程观察或考核、召开相关会议、发放与回收相关表格等方式进行；

② 明确内部审核的要求：明确内部审核工作的参加人员、组织安排、启动与完成时间等，如参加内部审核的工作人员须经培训、具备内部审核的工作资格；在组织安排内部审核任务时应执行回避制度，即不能安排内审人员负责其所在部门或其岗位工作（或活动）的审核工作，以保证内审员独立于被审核的活动；明确内部审核工作的开始和完成的具体时间安排等；

③ 明确内部审核的覆盖范围：应明确本次内部审核覆盖到管理体系的哪些要素、工作部门和人员。在一个年度内，内部审核原则上应覆盖到管理体系的全部要素。在定期安排的常规内部审核时，应对上一次内部审核以来，在管理体系管理运行过程中，存在问题或偏离现象较多的工作（或活动）予以重点关注；如为临时安排追加的内部审核，应针对性安排本次内部审核主要原因涉及的工作（或活动）进行重点审核。

3) 明确内部审核的职责：应根据程序文件的相关规定，明确本次内部审核工作的职权和责任。

4) 明确审核结果报告的内容和相关要求：应根据程序文件的相关规定，明确本次审核结果报告的格式、内容、报送范围和对象、完成时间等。审核结果报告的主要内容应包括：

① 本次审核工作的组织和实施过程的描述、发现的不符合工作（项）及其应采取的纠正和纠正措施，以及这些措施执行实施后取得的实际效果等；

② 对实验室日常管理运作是否符合管理体系和《通用要求》等相关规矩的要求作出客观、真实的评价结果（论）；

③ 对管理体系是否得到有效的实施和保持作出客观、准确、清晰的评价结果（论）；

④ 对管理体系运行管理提出的改进建议和意见；

⑤ 其他需要报告的重要内容。

(4) 批准内部审核方案：所编制的内部审核方案经内部审核小组审核通过后，送实验室内部审核程序文件规定的批准人或最高管理者（程序文件未作出规定时）批准。

2. 内部审核的组织实施

内部审核小组根据获批准的内部审核方案，开展内部审核工作并提交内部审核结果报告：

(1) 召开首次会议，内审小组全体成员均应参加，由组长依据内部审核方案向全体成员宣布具体的人员和工作安排，明确审核工作的职责、方法和时间安排等具体要求。

(2) 明确本次审核的对象和范围（如部门、工作/活动或过程、人员）并按内部审核方案确定的职责、方法和时间安排等实施审核。

(3) 识别、整理、分析和确认审核发现的不符合工作（项），针对这些不符合工作（项）提出并督促相关部门（岗位）采取适当的纠正和纠正措施，并追踪对不符合工作（项）采取的纠正和纠正措施是否取得预期的成效。

(4) 编写、审核、批准内部审核结果报告：根据内部审核方案规定的内部审核结果报告的内容和相关要求（见前述），组织编写内部审核结果报告，提交末次会议讨论通过后，将内部审核结果报告呈内部审核程序文件规定的批准人或最高管理者（程序文件未作出规定时）批准。

(5) 应将获批准后的内部审核结果报告发送给相关管理者，包括管理层成员和各相关工作部门负责人，以便于运用内部审核结果持续改进管理体系的运行效果。

(6) 记录并保存内部审核工作相关的信息、数据：

1) 内部审核所有工作活动均应形成的记录，包括工作过程形成的原始记录、文件、方案、结果报告等。

2) 应保留所形成的记录、文件的信息（含书面和电子版的），作为实施内部审核方案以及审核结果的证据，并作为管理评审输入信息来源。

以上介绍的是内部审核管理工作一般性的通用要求。需要进一步学习了解这方面知识的读者，可参考国家标准《质量体系审核指南》GB/T 19011—2021（ISO 19011，IDT）给出的内部审核相关指南。

3.3.5.8 管理评审管理

《通用要求》规定：**“实验室管理层应按照策划的时间间隔对实验室的管理体系进行评审，以确保其持续的适宜性、充分性和有效性，包括执行本标准的相关方针和目标。”**管理评审是实验室保持其管理体系运行持续满足《通用要求》等管理规矩的相关要求的重要手段，因此，管理层尤其是最高管理者应高度重视该工作，并按上述规定和以下要求实施管理评审：

1. 管理评审的准备

管理评审的准备工作包括成立管理评审工作小组，策划、制订和批准管理评审方案等：

(1) 成立管理评审工作小组。管理评审工作小组应由最高管理者为组长，成员由管理层成员和各工作部门负责人，以及经过培训且具备内审员资格的管理人员组成。

(2) 管理评审小组应按照管理评审程序文件的要求，在每年初开始策划本年度的管理评审，实施时间应安排在距离前一次管理评审12个月内进行，并应在正式开始评审工作前制订管理评审方案。管理评审方案的格式、内容、审批等应符合实验室管理评审程序文件（见第3.2.1节相关内容）的相关规定。

(3) 在制订管理评审方案时，应全面、完整地收集和记录管理评审的输入信息，作为管理评审方案的主要内容。管理评审输入至少应包括以下信息：

1) 实验室在上次评审后相关的内外部因素的变化。

2) 实验室目标的可行性或目标的实现程度。

3) 政策和程序的适用（宜）性。

4) 以往管理评审所采取措施的情况，包括采取了哪些措施和采取这些措施后取得的成效（结果）。

5）近期内部审核的结果。

6）纠正措施。

7）由外部机构进行的评审。

8）工作量和工作类型的变化或实验室活动范围的变化。

9）客户和人员（含员工和实验室活动涉及的其他相关人员）反馈。

10）投诉。

11）实施改进的有效性。

12）资源配备的合理性和充分性。

13）风险识别的可控性或结果。

14）结果质量的保障性（或保证结果有效性的输出）。

15）其他相关因素，如监督活动和培训。

（4）对规模较大的实验室，管理评审可以分级、分部门、分次进行。实验室应根据具体情况在前期策划和制订方案时作出相关的安排，以确保管理评审输入和输出的完整性。

（5）对于集团式管理的实验室，通常每个地点均为单独的法人机构，对从属于同一法人的实验室应按本条所述的要求实施完整的管理评审。

2. 管理评审的组织实施

管理评审小组应严格按照管理评审程序文件（详见第3.2.1节相关内容）的相关规定和获批准的管理评审方案的具体安排，开展管理评审工作并提交管理评审报告：

（1）实验室管理层应按照策划的时间间隔和制订的管理评审方案，对实验室的管理体系进行评审，以确保其持续的适宜性、充分性和有效性，包括执行《通用要求》的相关方针和目标。

（2）管理评审的输出要清晰、准确和具体。管理评审的输出至少记录与下列事项相关的决定和措施：

1）管理体系及其过程的有效性：对管理体系及其运行是否符合《通过要求》等管理规矩作出清晰、准确和具体的评价。

2）符合《通用要求》等相关规矩要求的改进：针对评审发现的不符合工作（项），按照《通用要求》等管理规矩的相关要求提出需要作出的改进及其应对措施。

3）提供所需的资源：保证实施所提出的改进意见及其应对措施所需的资源（含人、财、物等）。

4）变更的需求：为保证改进意见及其应对措施取得预期的成效而需要对管理体系作出的变更和调整等。

（3）应按管理评审程序文件的相关要求，记录并保存管理评审工作相关的信息、数据。

以上介绍的内容是管理评审工作的通用要求。需要进一步学习了解这方面知识的读者，可参考《实验室和检验机构管理评审指南》CNAS-GL012给出的管理评审指南。

本节所述的内容是目前我国对实验室管理体系运行管理的最低的通用要求，但随着我国社会经济高质量发展进程的不断推进，各行业监管部门对实验室管理提出了更新、更高的管理要求。因此，实验室应充分应用大数据、区块链、5G与物联网等信息化技术，从通用要求（公正性和保密性）、结构要求（组织机构、职责及其管理）、资源要求（总则、人员、设施和环境条件、设备、计量溯源性、外部提供的产品和服务）、过程要求（要求、标书和合同的评审，方法的选择、验证和确认，抽样、检测或校准物品的处置、技术记录、测量不确定度的评定、确保结果有效性、报告结果、投诉、不符合工作、数据控制和信息管理）、管理体系要求（管理体系方式、管理体系文件及其控制、记录控制、应对风险和机遇的措施、改进、纠正措施、内部审核、管理评审）等涉及的所有资源管理控制的数字化、智能化和信息化，实验室活动（含管理体系运行管理和检测活动）全过程管理控制的程序（软件）化、标准化、网络化、自动化和信息化等方面，持续完善、提升管理体系运行管理的数字化、自动化（智能化）、信息化水平（详见第 4 章所述），保证实验室管理体系的运行持续满足国家实验室管理规矩的相关要求和实验室实施内部管理的实际需要。

第4章 实验室管理的信息化

《建设工程质量检测管理办法》(住房和城乡建设部令第57号)明确提出了**“县级以上地方人民政府住房和城乡建设主管部门应当加强对建设工程质量检测活动的监督管理，建立建设工程质量检测监管信息系统，提高信息化监管水平。”“检测机构应当建立信息化管理系统，对检测业务受理、检测数据采集、检测信息上传、检测报告出具、检测档案管理等活动进行信息化管理，保证建设工程质量检测活动全过程可追溯。”**的建设工程质量检测管理信息化的强制要求。随着物联网、大数据、云计算、人工智能、区块链等新一代信息技术在建筑领域中的融合应用，全国工程质量安全监管平台和全国信用信息共享平台、国家“互联网＋监管”系统、全国企业信用信息公示平台、全国认证认可信息公共服务平台、检验检测机构资质认定信息查询系统、检验检测报告编号查询系统等信息共享平台建成，必然要求政府监管部门大力推进“互联网＋监管”，充分运用大数据、云计算等信息化手段和差异化监督方式，建立建设工程质量检测监管信息系统，以实现“智慧”监督。同时要求各检测机构建设与当前政府对建设工程质量检测宏观（监督）管理信息化要求相适应的实验室内部管理信息化系统，将国家对实验室管理相关的强制性要求、通用要求和特殊要求完全融入该系统中，实现对全部建设工程质量检测活动（工作）的信息化管控，从而保证每一项检测活动（工作）过程及其检测数据、结果报告都可追溯。下面就从实验室管理信息化的要求、实验室管理信息系统的技术架构和实现、实验室管理信息化的应用实例三方面进行介绍。

4.1 实验室管理信息化的要求

4.1.1 实验室宏观（监督）管理信息化的要求

4.1.1.1 中共中央、国务院关于实验室管理信息化的要求

1.《中共中央 国务院关于开展质量提升行动的指导意见》(新华社2017年9月5日发布)

《中共中央 国务院关于开展质量提升行动的指导意见》提出了在质量提升行动中与实验室监督管理的相关要求：

(1) 加强工程质量检测管理，严厉打击出具虚假报告等行为。

(2) 健全质量违法行为记录及公布制度，加大行政处罚等政府信息公开力度。

(3) 构建市场主体自治、行业自律、社会监督、政府监管的质量共治格局。强化质量社会监督和舆论监督。

(4) 建立全国统一的合格评定制度和监管体系，建立政府、行业、社会等多层次采信机制。

(5) 加快推进质量诚信体系建设，完善质量守信联合激励和失信联合惩戒制度。

2.《中共中央 国务院印发〈质量强国建设纲要〉》（新华社 2023 年 2 月 6 日发布）

《中共中央 国务院印发〈质量强国建设纲要〉》提出了在质量强国建设过程中与建设工程质量（含检测服务质量）管理信息化的要求：

（1）开展质量管理数字化赋能行动，推动质量策划、质量控制、质量保证、质量改进等全流程信息化、网络化、智能化转型。

（2）加快大数据、网络、人工智能等新技术的深度应用，促进现代服务业与先进制造业、现代农业融合发展。

（3）发展智能化解决方案、系统性集成、流程再造等服务，提升工业设计、检验检测等科技服务水平，推动产业链与创新链、价值链精准对接、深度融合。

（4）强化新一代信息技术应用和企业质量保证能力建设，构建数字化、智能化质量管控模式，实施供应商质量控制能力考核评价，推动质量形成过程的显性化、可视化。

（5）健全以“双随机、一公开”监管和“互联网＋监管”为基本手段、以重点监管为补充、以信用监管为基础的新型监管机制。

3.《中华人民共和国国民经济和社会发展第十四个五年规划和 2035 年远景目标纲要》

《中华人民共和国国民经济和社会发展第十四个五年规划和 2035 年远景目标纲要》提出了我国国民经济和社会发展进程中信息化建设的相关要求：

（1）推动互联网、大数据、人工智能等同各产业深度融合，推动先进制造业集群发展，构建一批各具特色、优势互补、结构合理的战略性新兴产业增长引擎，培育新技术、新产品、新业态、新模式。

（2）加快数字化发展。发展数字经济，推进数字产业化和产业数字化，推动数字经济和实体经济深度融合，打造具有国际竞争力的数字产业集群。

（3）加强数字社会、数字政府建设，提升公共服务、社会治理等数字化智能化水平。

（4）建立数据资源产权、交易流通、跨境传输和安全保护等基础制度和标准规范，推动数据资源开发利用。

（5）扩大基础公共信息数据有序开放，建设国家数据统一共享开放平台。

（6）保障国家数据安全，加强个人信息保护。

（7）提升全民数字技能，实现信息服务全覆盖。

4.《国务院关于印发“十四五”市场监管现代化规划的通知》（国发〔2021〕30 号）

《国务院关于印发“十四五”市场监管现代化规划的通知》（国发〔2021〕30 号）就建筑市场（含建设工程质量检测市场）监督管理的信息化提出了下列要求：

（1）加快推进智慧监管。充分运用互联网、云计算、大数据、人工智能等现代技术手段，加快提升市场监管效能。

（2）强化跨地区、跨部门、跨层级信息归集共享，推动国家企业信用信息公示系统全面归集市场主体信用信息并依法公示，与全国信用信息共享平台、国家‘互联网＋监管’系统实现信息共享。

4.1.1.2　部门规章

1. 住房和城乡建设部《建设工程质量检测管理办法》

住房和城乡建设部《建设工程质量检测管理办法》（住房和城乡建设部令第 57 号）提出了**“县级以上地方人民政府住房和城乡建设主管部门应当加强对建设工程质量检测活动**

的监督管理，建立建设工程质量检测监管信息系统，提高信息化监管水平”的对建设工程质量检测活动监督管理信息化的要求。

2.《住房和城乡建设部关于印发“十四五”建筑业发展规划的通知》（建市〔2022〕11号）

《住房和城乡建设部关于印发“十四五”建筑业发展规划的通知》（建市〔2022〕11号）提出了下列建筑业（含建设工程质量检测服务业）管理信息化的要求：

（1）打造建筑产业互联网平台。鼓励建筑企业、互联网企业和科研院所等开展合作，加强物联网、大数据、云计算、人工智能、区块链等新一代信息技术在建筑领域中的融合应用。

（2）依托全国工程质量安全监管平台和地方各级监管平台，大力推进“互联网＋监管”，充分运用大数据、云计算等信息化手段和差异化监督方式，实现“智慧”监督。

（3）加强建筑市场信用体系建设。完善建筑市场信用管理政策体系，构建以信用为基础的新型建筑市场监管机制。完善全国建筑市场监管公共服务平台，加强对行政许可、行政处罚、工程业绩、质量安全事故、监督检查、评奖评优等信息的归集和共享，全面记录建筑市场各方主体信用行为。推进部门间信用信息共享，鼓励社会组织及第三方机构参与信用信息归集，丰富和完善建筑市场主体信用档案。加大对违法发包、转包、违法分包、资质资格挂靠等违法违规行为的查处力度，完善和实施建筑市场主体“黑名单”制度，开展失信惩戒，持续规范建筑市场秩序。

3. 国家市场监督管理总局《市场监管总局关于印发〈“十四五”认证认可检验检测发展规划〉的通知》（国市监认证发〔2022〕69号）

《市场监管总局关于印发〈“十四五”认证认可检验检测发展规划〉的通知》（国市监认证发〔2022〕69号）就检测市场监管信息化提出以下要求：

（1）推动“互联网＋监管”模式全面运行，形成多部门联合监管、多种监管手段相互融合、监管机制方法不断创新的系统监管和协同监管格局，全面加强检验检测监管能力建设；构建认证认可检验检测活动全过程追溯机制，加快构建统一管理、共同实施、权威公信、通用互认的认证认可检验检测体系，促进认证认可检验检测市场规范有序和行业长期健康发展。

（2）完善认证机构资质审批和检验检测机构资质认定网上审批系统，全面推行网上办理，提高审批便捷度。

（3）依法严厉打击伪造冒用认证标志、虚假认证、无资质检测和出具虚假检测报告等违法行为。

（4）建立完善全国检验检测机构资质认定信息查询系统、检验检测报告编号查询系统等信息共享平台，建立从业机构及从业人员的诚信档案。

（5）严格实施失信惩戒，依法对严重失信的检验检测从业机构、从业人员、获证组织实施联合惩戒，提高违法失信成本。

（6）做好与企业信用信息公示平台、异常经营名录、严重违法失信名单等信用监管措施的归集和信息报送工作，切实规范认证检测市场秩序。

4.1.2 实验室微观（内部）管理信息化的要求

4.1.2.1 国家标准的相关要求

1. 国家标准《房屋建筑和市政基础设施工程质量检测技术管理规范》GB 50618—2011

国家标准《房屋建筑和市政基础设施工程质量检测技术管理规范》GB 50618—2011（2011年4月2日发布，2012年10月1日实施，以下简称：《管理规范》或“GB 50618”），对检测机构内部管理信息化提出了下列要求：

（1）检测机构应采用工程检测管理信息系统，提高检测管理效果和检测工作水平。

（2）检测机构的检测管理信息系统，应能对工程检测活动各阶段中产生的信息进行采集、加工、储存、维护和使用。

（3）检测管理信息系统宜覆盖全部检测项目的检测业务流程，并宜在网络环境下运行。

（4）检测机构管理信息系统的数据管理应采用数据库管理系统，应确保数据存储与传输安全、可靠；并应设置必要的数据接口，确保系统与检测设备或检测设备与有关信息网络系统的互联互通。

（5）应用软件应符合软件工程的基本要求，应经过相关机构的评审鉴定，满足检测功能要求，具备相应的功能模块，并应定期进行论证。

（6）检测机构应设专人负责信息化管理工作，管理信息系统软件功能应满足相关检测项目所涉及工程技术规范的要求，技术规范更新时，系统应及时升级更新。

2. 推荐性国家标准《检测和校准实验室能力的通用要求》GB/T 27025—2019/ISO/IEC 17025：2017

国家标准《检测和校准实验室能力的通用要求》GB/T 27025—2019/ISO/IEC 17025：2017，2019年12月10日发布，2020年7月1日实施，（以下简称：《通用要求》或“GB/T 27025”），就实验室内部管理信息化提出以下要求：

（1）用于收集、处理、记录、报告、存储或检索数据的计算机化的实验室信息管理系统，在投入使用前应进行功能确认，包括实验室信息管理系统中界面的适当运行。对管理系统的任何变更，包括修改实验室软件配置或现成的商业化软件，在实施前应被批准、形成文件并确认。

（2）实验室信息管理系统应：

1）防止未经授权的访问。

2）安全保护以防止篡改和丢失。

3）在符合系统供应商或实验室规定的环境中运行。

4）以确保数据和信息完整性的方式进行维护。

5）记录系统失效和适当的紧急措施及纠正措施。

（3）当实验室信息管理系统在异地或由外部供应商进行管理和维护时，实验室应确保系统的供应商或运营商符合本标准（《通用要求》）的所有适用要求。

（4）实验室应确保员工易于获取与实验室信息管理系统相关的说明书、手册和参考数据。

4.1.2.2 部门规章和规范性文件的相关要求

1. 住房和城乡建设部《建设工程质量检测管理办法》

住房和城乡建设部《建设工程质量检测管理办法》（住房和城乡建设部令第57号）提出了**“检测机构应当建立信息化管理系统，对检测业务受理、检测数据采集、检测信息上传、检测报告出具、检测档案管理等活动进行信息化管理，保证建设工程质量检测活动全**

过程可追溯”的建设工程质量检测实验室内部管理信息化要求。

2. 住房和城乡建设部《建设工程质量检测机构资质标准》

《住房和城乡建设部关于印发〈建设工程质量检测机构资质标准〉的通知》（建质规〔2023〕1号）（以下简称：《资质标准》）对不同资质建设工程质量检测机构内部管理信息化要求：

（1）综合建设工程质量检测机构内部管理信息化的要求是：**“有完善的信息化管理系统，检测业务受理、检测数据采集、检测信息上传、检测报告出具、检测档案管理等质量检测活动全过程可追溯。”**

（2）专项资质建设工程质量检测机构内部管理信息化的要求是：**“有信息化管理系统，质量检测活动全过程可追溯。”**

4.2 实验室管理信息系统的技术架构和实现

4.2.1 实验室管理信息系统的技术架构

1. 实验室管理信息系统技术架构的组成

实验室管理信息系统的技术架构一般由基础设施层、支撑层、业务层和应用层共4层构成，其组成如图4.2.1所示。

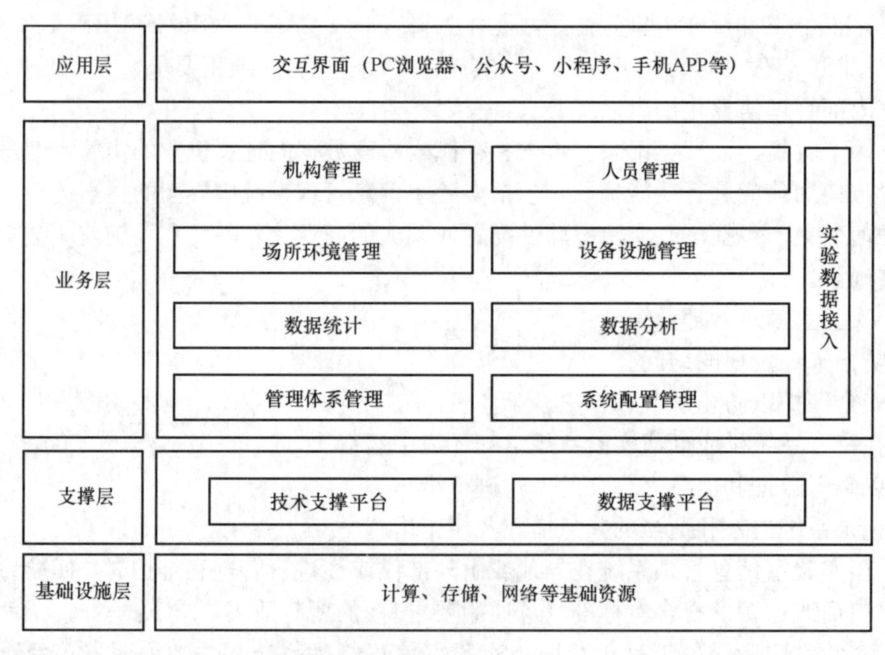

图4.2.1 实验室管理信息系统技术架构组成

2. 技术架构各层次的组成及其主要功能说明

实验室管理信息系统技术架构各层次的组成及其主要功能说明如下：

（1）基础设施层是信息系统的最基本组件，包括网络通信协议、网络拓扑结构、计算机硬件和操作系统等。其中，网络通信协议是网络通信的基础，网络拓扑结构决定了网络的可用性和性能，计算机硬件和操作系统则决定了网络的运行效率。基础层可采用租用共有云或者自建私有云两种方式，为系统运行提供所必需的计算、存储、网络等基础资源。

（2）支撑层包括技术支撑平台和数据支撑平台，对整个系统的高效开发和稳定运行形成有效的支撑，对数据接口进行监控与自动异常处理。其主要组成及主要功能分别是：

1）技术支撑平台负责处理网络通信。包括硬件设备、网络设备、网络软件和网络管理等。硬件设备包括路由器、交换机、防火墙等，这些设备可以进行数据传输和主机管理，保证数据的传输安全和可靠性；网络设备包括路由器和交换机，它们可以进行数据传输和数据交换，实现不同设备之间的通信；网络软件可以实现不同设备之间的通信，例如协议栈和 VPN 等；网络管理包括对硬件设备、网络设备、网络软件等网络资源实施有效的管理。

2）数据支撑平台则负责数据的处理。包括数据的存储、检索和使用等。数据可以是结构化的或非结构化的。结构化数据由关系型数据库管理系统（RDBMS）处理，非结构化数据则可以通过文件或网络传输。

（3）业务层完成实验室的主要业务功能，具体包括通用要求、结构要求、资源要求、过程要求和管理体系要求等方面，涉及实验室的机构管理、人员管理、场所环境管理、设备设施管理、管理体系管理和数据分析统计等功能。在实现路径方面，可以根据本书第 3.3.1 节至第 3.3.5 节所介绍的实验室管理体系运行管理过程中对通用要求的管理、结构要求的管理、资源要求的管理、过程要求的管理和管理体系要求的管理等全部实验室活动（工作）过程及其涉及所有要素的管理控制措施，分别开发成具有独立功能的原子功能模块（或称微服务），在开展具体业务时，实验室及其人员通过系统的应用层直接调用相应的功能模块（微服务）即可快速完成相关任务。

（4）应用层则通过 PC 浏览器、公众号、小程序或手机 APP 访问平台的交互界面，提供友好的用户体验。

4.2.2　实验室管理信息系统的实现

实验室管理信息系统的实现主要通过实验室自主开发管理信息系统和通过政府（可由市场和行业监管部门或其授权/委托的技术机构/行业协会等）的实验室监督管理信息化服务平台提供的云服务两种路径。

1. 实验室自主开发管理信息系统

实验室自主开发管理信息系统主要包括项目启动、需求分析、系统设计、系统构建、系统实施、系统运维和系统更新升级等阶段，各阶段的主要工作如下：

（1）项目启动阶段的主要工作。包括开展项目可行性分析、确定并落实项目预算、建立项目管理团队和制定项目实施计划：

1）开展项目可行性分析。实验室管理信息系统建设是一项涉及实验室所有部门、涵盖样品整个检验检测过程，具有建设周期长、项目投资大的特点。在确定项目建设之前，要从必要性、可能性、建设成本、项目收益、项目风险等多个方面综合分析项目建设可行性，如果是非私营企业还需要考虑信创要求，最终形成项目可行性分析报告。

2）确定并落实项目预算。除了实验室管理信息系统建设费用，还要综合考虑实验室管理信息系统运行所需的软硬件环境及配套设施费用，以及系统上线之后的运维服务费用和可预期的系统后续更新升级费用。

3）建立项目管理团队。团队成员至少包括项目负责人、项目联系人、实验室领域专家、信息技术工程师、系统管理员等，为项目实施提供组织和人力资源保障。

4）制定项目实施计划。明确项目总体建设目标和建设内容，确定项目建设方式和实施进度计划。

（2）需求分析阶段的工作任务。需求分析是实验室管理信息系统建设过程的关键阶段，需要详细描述系统的全部功能需求，至少包括前文所述的通用要求的管理需求、结构要求的管理需求、资源要求的管理需求、过程要求的管理需求和管理体系要求的管理需求、数据分析统计需求和系统配置与安全需求等。需求分析阶段的成果是形成并确认系统需求规格说明书。

（3）系统设计阶段的工作任务，是将用户需求描述转化为软件功能描述及功能实现方案，一般包括概要设计和详细设计，必要时还可增加原型设计。系统设计阶段需要编制的文档有实验室管理信息系统概要设计说明书、实验室管理信息系统详细设计说明书等：

1）概要设计阶段完成实验室管理信息系统总体结构设计，对实验室管理信息系统功能模块进行划分，明确定义模块和模块之间的数据交互和功能调用或依赖关系，并形成概要设计说明书。概要设计说明书需经过评审，确保概要设计满足以下要求：

① 已建立实验室管理信息系统总体结构，并划分功能模块；

② 已定义各功能模块之间的接口；

③ 已覆盖了需求规格说明书的全部内容。

2）详细设计阶段完成每个模块具体实现算法、数据结构以及模块间接口的设计，并形成详细设计说明书。详细设计说明书要经过评审，确保详细设计满足以下要求：

① 已实现实验室管理信息系统概要设计说明书每个模块的内容；

② 每个模块要完成的工作具体描述都已清晰、明确；

③ 每个模块的实现算法、数据结构和接口已实现所有功能需求。

3）必要时，可针对复杂功能模块设计系统原型，最大限度地保障设计人员对系统功能的理解与需求分析人员的理解的一致性。通过原型演示沟通，若发现设计偏差，可修订详细设计说明书并重新评审。

（4）系统构建阶段的工作任务，是依据系统设计说明书，通过编码和配置实现可运行的实验室管理信息系统程序，对程序进行单元测试和集成测试，并完成系统初验。系统构建阶段需要编制的文档有系统程序清单、配置说明、用户手册、测试报告、初验方案、初验报告等：

1）依据实验室管理信息系统详细设计说明书，通过程序编码和系统配置，将系统设计转换成可运行的系统应用程序。

2）针对应用程序，为实验室管理信息系统使用人员编制用户手册。

3）对实验室管理信息系统应用程序各模块进行单元测试，确保算法正确，输出结果符合规范要求。

4）对实验室管理信息系统应用程序进行集成测试，核对各项功能所对应的需求，查找存在的问题或偏差加以纠正，直到解决问题，并形成测试报告。

5）根据单元和集成测试的测试报告，编制初验方案。

6）对实验室管理信息系统功能、性能、可靠性、安全性进行初验，形成初验报告。

（5）系统实施阶段的工作任务，是将构建完成的实验室管理信息系统交付使用，主要工作有系统部署、培训、试运行、验收等。系统实施阶段需要输出系统部署、培训、试运行、验收活动相应的计划、记录和确认文档：

1）硬件准备：包括网络基础设施、机房及机房配套设备、服务器、存储设备、个人工作电脑、手持或移动设备、打印机/条码阅读器/扫描仪等辅助设备等，也可考虑租用云服务以取代传统的服务器以及配套机房和设施。

2）软件准备：包括实验室管理信息系统软件、操作系统软件、数据库软件、安全软件和数据统计分析软件等。

3）文件及数据准备：包括管理体系文件、人员一览表、仪器设备清单、检验检测能力范围、检验流程图、原始记录单模板、报告模板、统计报表模板等。

（6）系统运维阶段的工作任务，是保障实验室管理信息系统正常运行，对发现的错误或使用上的不足进行修正和完善。系统维护阶段的文档有故障及修正报告等，需要时修订用户手册：

1）实验室应建立并保持实验室管理信息系统运维管理程序，明确对运维团队的要求、日常运维工作要求、故障申报及处理机制、系统备份要求、系统应急预案等，从管理、制度、技术等方面保障实验室管理信息系统正常运行。

2）实验室若采购外部服务进行实验室管理信息系统运维，则应建立并保持实验室管理信息系统运维服务商管理程序，包括对运维服务商的要求、选择和审批机制，以及服务期间的监控、评价和管控措施。

3）实验室应对相关人员开展持续的实验室管理信息系统使用培训。

4）实验室应记录并保存实验室管理信息系统运维信息。

5）实验室应持续评价、识别实验室管理信息系统的适用性和有效性，必要时提出实验室管理信息系统更新建议。

（7）系统更新升级的工作任务。当实验室管理或业务需求发生较大变化时，可重新按照项目启动、需求分析、系统设计、系统构建、系统实施的全过程，启动系统更新升级工作。

2. 通过政府实验室监督管理信息化服务平台提供的云服务实现

实验室可以根据政府监管部门对实验室信息化管理的相关要求，通过政府的行业（或/和市场）监管部门或其授权/委托的技术机构/行业协会等建立的建设工程质量检测实验室监督管理信息化服务平台提供的云服务实现实验室管理的信息化。政府监管部门或其授权/委托的技术机构/行业协会组织本行业检测服务和信息化服务方面的权威专家，根据国家对检测实验室管理相关的强制性要求、通用要求和本行业的特殊要求，本书第3.3.1节至第3.3.5节所介绍的实验室管理体系运行管理过程中，对实验室管理的通用要求、结构要求、资源要求、过程要求和管理体系要求等涉及的全部实验室活动（工作）过程及所有要素的管理控制措施，分别开发成具有独立功能的原子功能模块（或称微服务），共享在建设工程质量检测实验室监督管理信息化服务平台上，提供给有需要的实验室调用。作为政府建设工程质量检测实验室监督管理信息化服务云平台的主要服务对象（客户）——实验室，只需要根据自身开展检测业务的实际需求，在平台提供的应用场景之下开发满足自身业务需要应用小程序（或可由政府建设工程质量检测实验室监督管理信息化服务云平台提供的APP下载），在开展实验室活动时，通过应用程序调用云平台提供相关微服务，即可完成所有实验室活动的信息化管控。这样做，既可以保证所有建设工程质量检测活动过程、检测数据、结果都在政府监管信息化服务平台的统一监督管理之下，又可以调动实验室信息化建设的积极性和保证每一项检测活动的工作质量并节省成本。

4.3 实验室管理信息化的应用实例

4.3.1 实验室内部管理信息化应用示例

4.3.1.1 项目背景

为了贯彻落实《中共中央 国务院印发〈质量强国建设纲要〉》（新华社2023年2月6日发布）的各项决策部署，确保实现**“到2025年，质量整体水平进一步全面提高，中国品牌影响力稳步提升，人民群众质量获得感、满意度明显增强，质量推动经济社会发展的作用更加突出，质量强国建设取得阶段性成效”**和**“到2035年，质量强国建设基础更加牢固，先进质量文化蔚然成风，质量和品牌综合实力达到更高水平”**的质量强国建设目标，为我国建筑业高质量发展提供优质高效的检测技术服务保障，住房和城乡建设部在《建设工程质量检测管理办法》（住房和城乡建设部令第57号）提出**“检测机构应当建立信息化管理系统，对检测业务受理、检测数据采集、检测信息上传、检测报告出具、检测档案管理等活动进行信息化管理，保证建设工程质量检测活动全过程可追溯”**的建设工程质量检测机构管理信息化的强制性要求。《住房和城乡建设部关于印发〈建设工程质量检测机构资质标准〉的通知》（建质规〔2023〕1号）更加明确了建设工程质量检测机构管理信息化的要求：**“综合资质：有完善的信息化管理系统，检测业务受理、检测数据采集、检测信息上传、检测报告出具、检测档案管理等质量检测活动全过程可追溯；专项资质：有信息化管理系统，质量检测活动全过程可追溯。”**

现有的建设工程质量检测业务管理系统，多属于基于C/S架构建设的系统，有的使用年限甚至已超过十年，虽然在当年开发时能满足应用要求，但系统从兼容性和扩展性上都难以满足业务快速发展的需求。主要表现在：

1. 系统架构落后和自动化水平较低

突出存在以下问题：

（1）基本的数据储存、业务流程管理功能。

（2）语言架构陈旧，无法适配智能化、国产化的要求。

（3）主控件不兼容，对外客户服务系统无法继续拓展。

（4）业务数据及检测数据未得到充分利用，数据无法实现进一步挖掘应用，很难实现移动端应用。

2. 无法满足实验室管理规矩的新要求

（1）影响“质量管理与技术管理”结果的6大要素“人机料法环测”没有系统性融合统一，特别是国家标准《检测和校准实验室能力的通用要求》GB/T 27025—2019所提出的通用要求、结构要求、资源要求、过程要求和管理体系要求等很难用信息化控制点实现管理要求、检测标准等自动控制、预警控制。

（2）任务单、原始记录等依赖大量纸质单据及手工记录和人工处理，无法自动读取试验机、仪器设备软件等数据。

（3）数据标准、数据接口不兼容，难以实现与 ERP、CRM 及 OA 办公系统数据应用集成。

4.3.1.2　建设目标

1. 建设满足国家实验室管理最新要求的信息化管理系统

建设满足**“检测机构应当建立信息化管理系统，对检测业务受理、检测数据采集、检测信息上传、检测报告出具、检测档案管理等活动进行信息化管理，保证建设工程质量检测活动全过程可追溯”**要求的，基于检测这一主营业务，以质量、安全、技术为主链条的信息化、智能化管理系统，解决目前依靠人工、纸质等传统的体系管理模式所存在的问题，将“人机料法环测”管理要素和实验室管理的通用要求、结构要求、资源要求、过程要求和管理体系要求等相关要素进行业务流程埋点部署，实现检测过程质量内审、参数技术标准、作业监督与动态预警、计量认证评审等关键功能。

2. 建设满足企业内部管理需要的信息化管理系统

基于业财融合的要求，做好系统顶层架构设计，建设基于检测业务的数据中台和数据交换标准，通过数据接口，打通检测与财务系统的数据通道，解决项目全过程管理中数据统一性与准确性的问题。

4.3.1.3　建设工程质量检测信息化管理系统的业务框架

建设工程质量检测信息化管理系统（以下简称：管理系统）的业务框架由前台、中台（业务中台、数据中台）和后台三部分组成。管理系统的业务框架如图 4.3.1-1 所示。

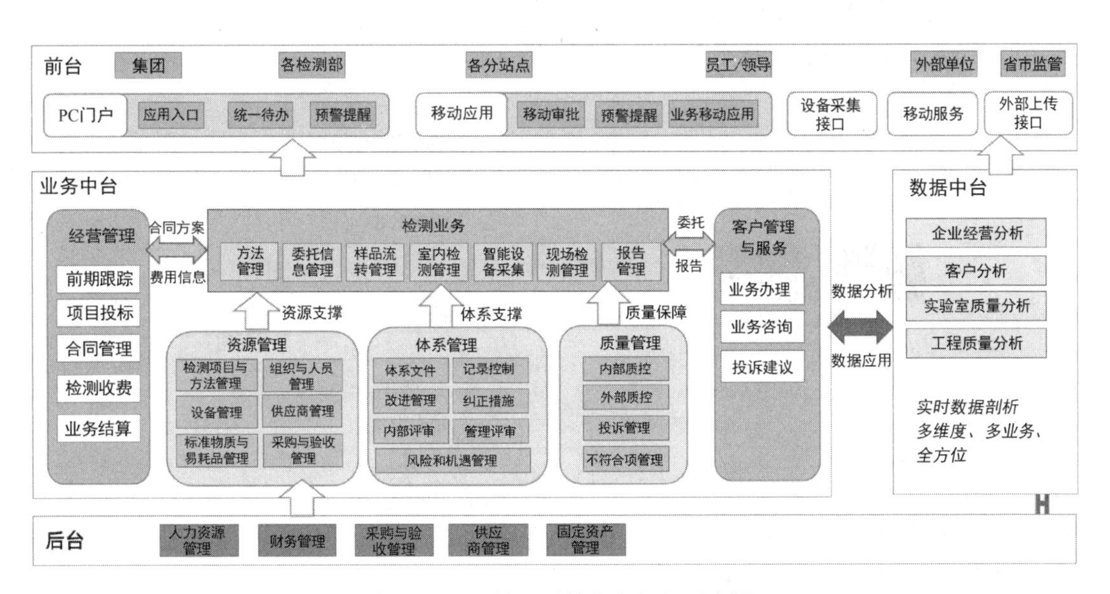

图 4.3.1-1　管理系统业务框架示意图

4.3.1.4 建设工程质量检测信息化管理系统的总体需求目标

1. 无纸化办公

实现内部办公及生产的无纸化。如任务单流转单、质量体系文件（设备使用记录、温湿度监控记录等）、原始记录等文件电子化线上审批、自动获取电子签名、电子签章，实现检测记录、样品标签无纸化。

2. 全流程管理

生产节点灵活配置与应用，各节点形成数字化业务流程，包括分样、加工、物联网应用：对接检测设备，获取设备使用数据，自动生成设备使用记录。

3. 电子化、智能化改造

检验检测数据的直接传输，实现数据不落地，数据加密传输，各类记录实时电子化，必要的检验检测项目能做到实时传输，数据处理及报告生成自动化。

4. 智能提醒功能

待办提醒、超期提醒、超龄期、超期未付款、不合格报告信息推送、设备检定等灵活设置提醒周期和处理人，并支持后台设置和启用。

5. 跨平台业务融合

与OA系统、ERP系统、政府监管平台、网上委托平台进行数据对接，要求对接数据准确及时。

6. 全过程数据一览

基于数据仓库静态数据、数据抽取等技术，按专题业务为维度，系统自动关联出样品流转、工程信息、合同信息、报告数据等，在系统中所有业务记录统计并能查看相应明细。

4.3.1.5 管理系统的功能说明

1. 网上自助服务平台的功能说明

（1）业务模型。网上委托平台业务模型如图4.3.1-2所示。

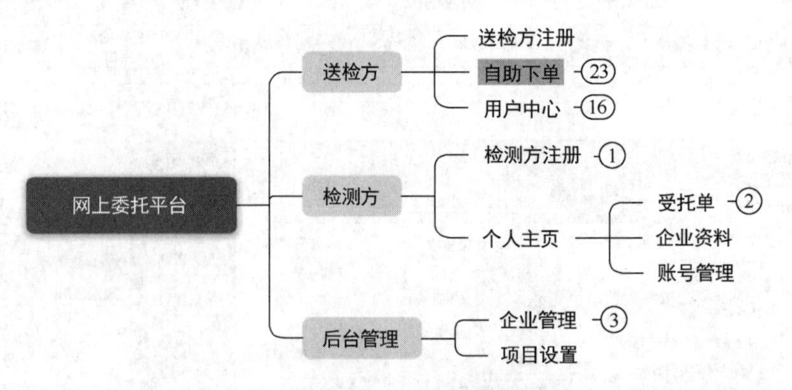

图4.3.1-2 网上委托平台业务模型

（2）总体流程图。主要描述网上委托各角色从注册到委托登记的完整流程，网上委托业务总体流程如图4.3.1-3所示。

（3）功能说明

1）注册/登录模块功能说明

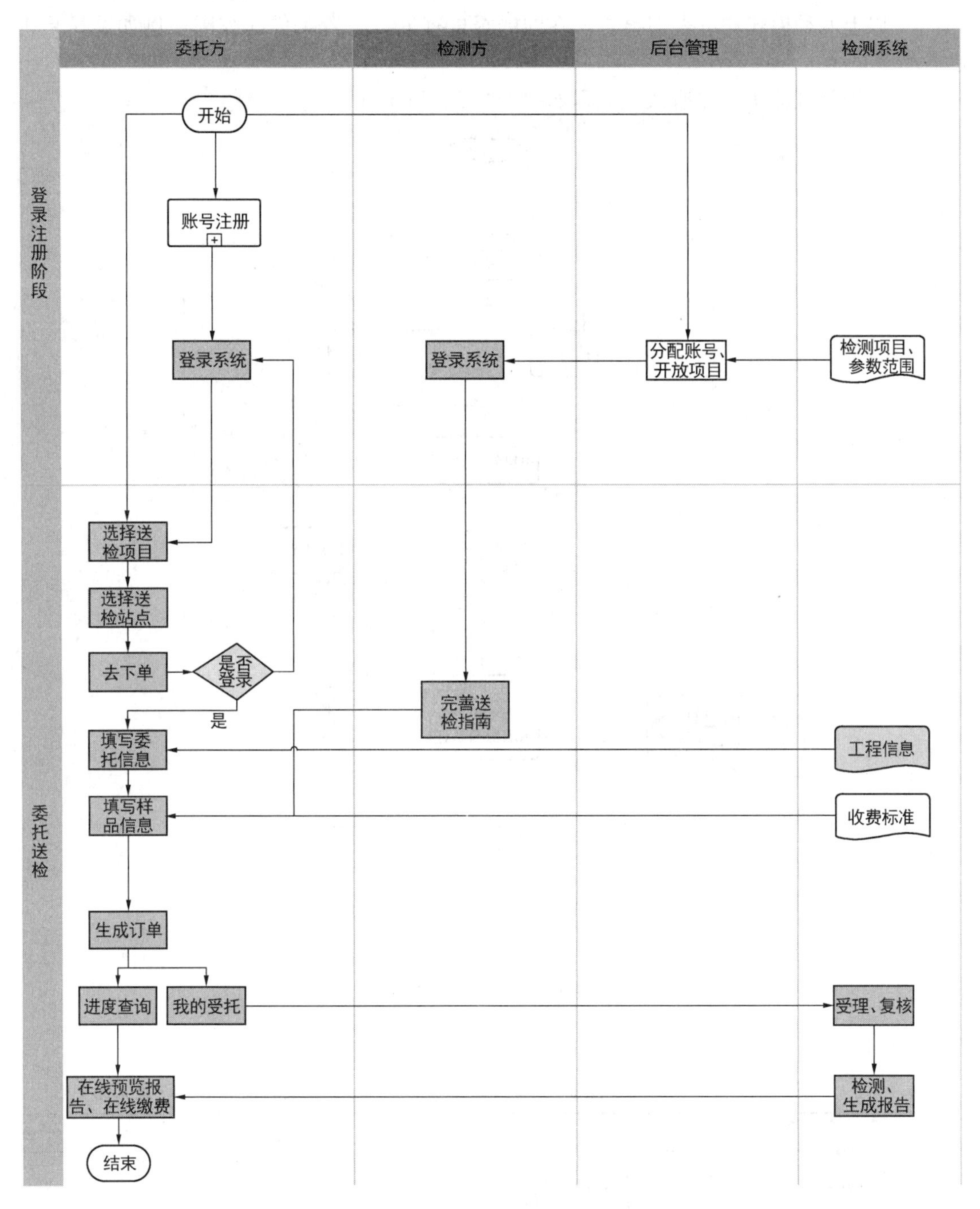

图 4.3.1-3　网上委托业务总体流程

① 注册/登录功能描述：

a. 支持在线注册账号，通过手机号码注册，后台判断手机号码的唯一性，为方便检测机构获取客户资源，客户注册需进行基本资料认证，提供姓名、所在单位等信息；

b. 个人账号可更换手机号码，解决人员流动导致无法查看已委托数据等问题；

c. 无账号网上委托：可以后台自动分配一个账号，关联委托下单时的手机号；

d. 以上两种模式均可查询报告，在线的报告查询可设置条件与权限，例如委托是否已收费等。

② 注册认证流程：注册认证流程如图 4.3.1-4 所示。

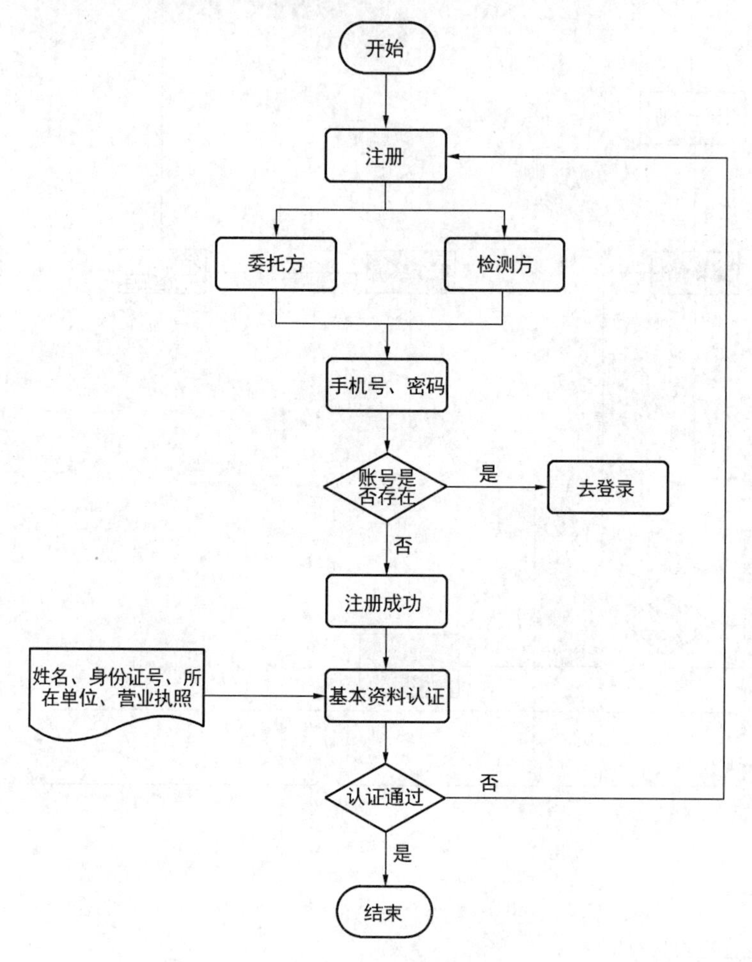

图 4.3.1-4　注册认证流程

③ 用例描述（表 4.3.1-1）。

注册/登录模块用例描述　　　　**表 4.3.1-1**

参与者（角色）	送检人
数据资源	账号信息表
简要说明	通过手机号、密码完成注册和登记
操作流程	点击【注册】输入信息，如账号存在，可以登录，若账号不存在，提示注册成功
业务规则	1. 同个手机号不能重复注册；2. 密码复杂度需符合平台安全性要求；3. 账号状态：已注册、已注销；4.【注册信息】手机号码、验证码、登录密码【基本资料认证信息】姓名、身份证号码、所在单位
权限隔离	个人数据权限

2）自助下单模块功能说明

① 自助下单功能描述：委托单位在线登记委托信息和样品信息进行业务下单操作，实现多端一站式线上自助委托、送检指南查阅，实现客户满意与高效管理双赢。

② 自助下单流程：自助下单流程如图 4.3.1-5 所示。

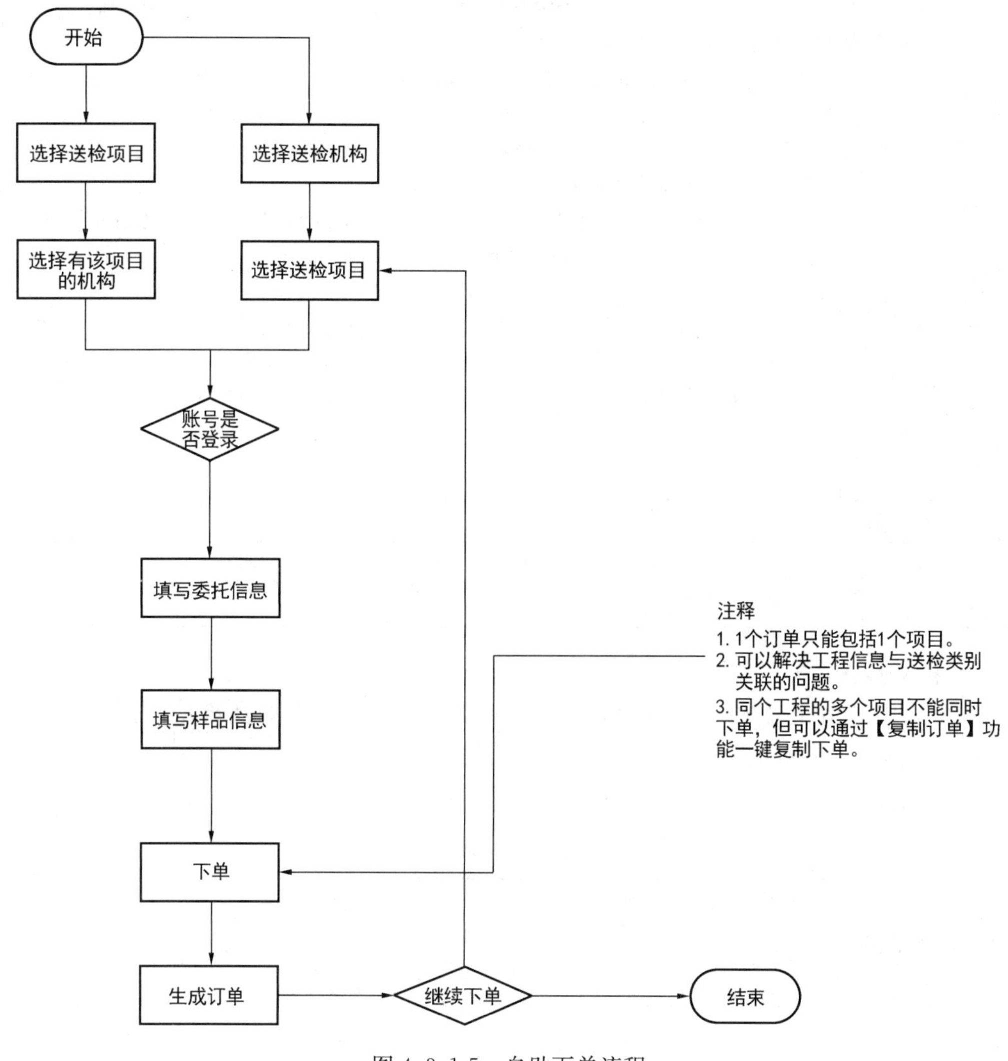

图 4.3.1-5　自助下单流程

③ 用例描述（表 4.3.1-2）。

自助下单用例描述　　　　**表 4.3.1-2**

用例名称	自助下单
参与者（角色）	送检人
数据资源	委托信息表、样品信息表、样品试验参数表
简要说明	委托单位在线登记委托信息和样品信息进行业务下单操作，支持有账号和无账号两种在线委托方式。有账号下单可查询委托进度、复用工程信息等。无账号委托则直接在线填写信息后系统可生成二维码，方便送检受理

续表

业务规则	1. 每个参数要有对应检测方法；2. 设置三级分类选择检测项目；3. 根据检验性质来区分工程信息的填写，如有见证送检要填写见证人、见证电话、见证卡，委托时可上传施工许可证等附件；4. 网上委托不由客户选择合同编号，而是受理时选择；5. 检验性质常规送检放到最前面，送检类别、和工程信息的字段需要客户提供；6. 复检要可填写报告编号，并可根据委托编号填写自动带入。初检编号体现在报告的备注中；7. 增加报告交付形式（纸质、电子），自取、快递方式，如果选择了纸质报告，那么在网上委托那里不能查看。电子报告需要提供邮箱。纸质报告分为自取和邮寄，邮寄需要受检方提供地址，并且能够告知受检方邮费是到付；8. 受检方下单时，可以看到所辖的项目下所有的参数的实验方法，当一个参数存在多个实验方法时，可以让客户去选，在未受理之前可以受检方可以撤销、修改网上委托的信息；9. 网上委托受理前客户可以对网上委托的信息进行修改与撤销，受理后不允许修改；10. 支持通过项目搜索、标准号搜索选检测项目；11. 一个报告对应一个委托，当网上委托批量下单时，不同的项目在受理后会生成不同的委托编号，但是也存在一个委托单有多个样品，此处需要注意；12. 增加备注栏，受检方下单时可以输入备注信息，此备注信息给实验员看，实验员可以根据备注自行判断、修改该备注需不需要显示在报告上面；13. 建立特殊符号库，后台可进行维护；14. 委托登记需要选择报告盖章类型，默认选择的是CMA，若客户有特殊需求的就选择CNAS
权限隔离	个人数据权限
特别关注	一次委托一个项目，可通过【复制订单】功能进行同工程快速委托
对接需求	对接检测系统的收费标准

3）个人中心模块功能说明

① 个人中心功能描述：实现个人账号、工程、委托信息查看及维护，包括：我的委托、项目工程、个人资料、账号信息、意见反馈等功能。

② 用例描述（表 4.3.1-3）。

个人中心用例描述　　表 4.3.1-3

用例名称	个人中心
参与者（角色）	送检人
数据资源	工程信息表、个人信息表、账号信息表、意见反馈信息表
业务规则	1. 一个账号可建立多个工程信息；2. 委托进度查询状态：已下单、已受理、已检测、报告已出具请领取、报告已签收；3. 送检人登录网上委托后可以查看订单，并且受检人可以一目了然去区分已受理和未受理的订单（可以通过颜色区分，未受理为红色，增加筛选条件等）；4. 确认收费后，系统自动同步最终收费信息到委托进度查询页面；5. 网上委托登记时是取电子报告，没付款不能预览报告
权限隔离	个人数据权限
特别关注	关于通过检测系统下发工程信息的数据下发规则
对接需求	1. 检测系统下发工程信息；2. 检测系统推送检测进度，报告签收信息对接；3. 对于报告领取选择电子报告的委托单检测系统推送电子报告；4. 对接检测系统的收费标准

4）企业中心（后台管理）模块功能说明

① 企业中心功能描述：检测机构根据自身业务规则进行后台设置与管理。

② 用例描述（表 4.3.1-4）。

企业中心后台管理用例描述　　表 4.3.1-4

用例名称	企业中心
参与者（角色）	单位管理员
数据资源	企业信息表、送检指南、公告信息、文件信息、账号信息
操作流程	1. 【受托单】可查阅当前受托和历史受托信息；2. 【企业资料】包括企业基本信息管理，企业简介、站点场所信息、联系方式等；3. 【指南配置】按检测项目进行送检指南配置，可上传图片；4. 【公告发布】根据企业内部规定发布通知公告，发布后在检测机构首页可进行查阅；5. 【文件管理】对收费标准、送检指南、样例模板等文件可进行资料上传管理；6. 【账号设置】进行账号密码管理，账号更换手机号码
业务规则	送检指南分为两类，一种是大的针对整个系统的送检指南，还有一种是各个项目的送检指南。需要让检测方可以自定义文字内容、大小写、图片上传
权限隔离	隔离企业数据权限
特别关注	—
对接需求	对接站点、场所、参数的要求试验时长

2. 经营管理平台

（1）经营管理平台业务模型如图 4.3.1-6 所示。

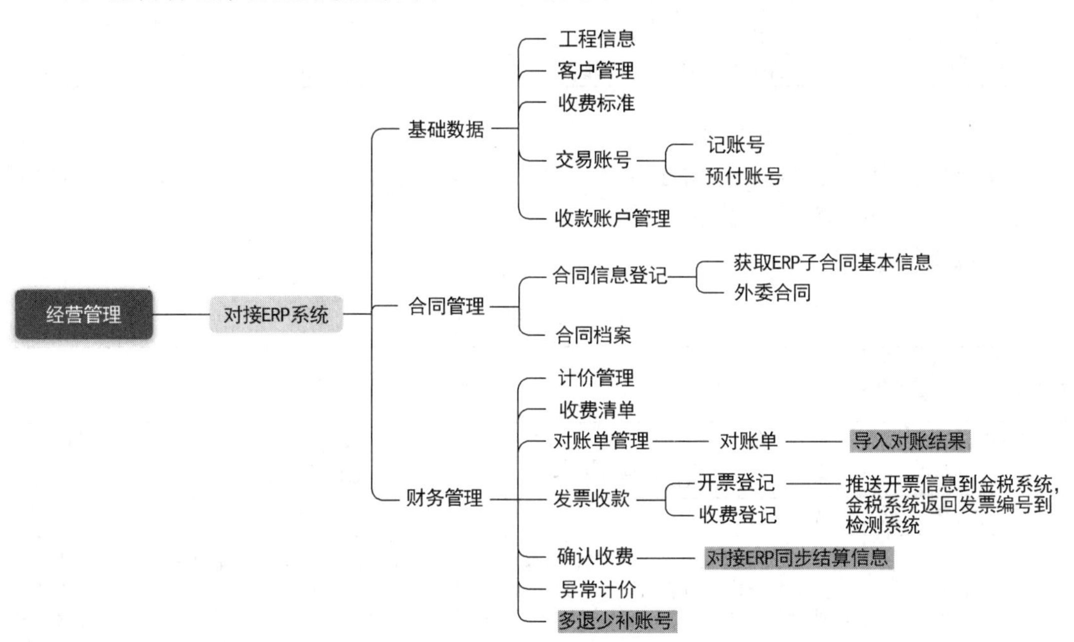

图 4.3.1-6　经营管理平台业务模型

（2）功能说明

1）工程信息模块功能说明

① 工程信息功能描述：实现工程基本信息、主体单位信息等维护。

② 用例描述（表 4.3.1-5）。

工程信息用例描述 **表 4.3.1-5**

用例名称	工程信息
参与者（角色）	前台、业务员
数据资源	工程信息表
业务规则	1.【新增】基础信息、主体单位信息、见证/监督人员信息，存在多个施工单位、监督员（编号、联系电话）、见证人（编号、联系电话）；2. 上传资料包括：施工许可证/工程信息确认表（必须）、见证员证书、见证员授权书、其他资料。 重点关注：是否符合上传监管要求
权限隔离	菜单权限、按钮权限

2）客户信息（合作单位）模块功能说明

① 客户信息功能描述：对已签订合同的客户和合作单位信息进行管理。

② 用例描述（表 4.3.1-6）。

客户信息（合作单位）用例描述 **表 4.3.1-6**

用例名称	客户信息
参与者（角色）	前台、业务员
数据资源	客户信息表、发票信息、诚信评价
业务规则	1. 客户信息内容主要应包括客户基本信息、联系人、发票信息、记账号信息；2. 客户信息由合同自动生成对应客户信息，也可手动登记客户信息；3. 应能对客户进行诚信管理：可记录客户诚信日志，对客户诚信进行评价管理。对于经常不及时缴费的委托方，建立黑名单
权限隔离	菜单权限、按钮权限
特别关注	诚信评价内容由客户提供
对接需求	与经营管理系统、ERP 系统客户－供应商库联通，建议统一主数据

3）收费标准模块功能说明

① 收费标准功能描述：通过定义各个参数的标准价格，用于在没有合同直接委托的情况下，为委托单提供计价标准。

② 用例描述（表 4.3.1-7）。

收费标准用例描述 **表 4.3.1-7**

用例名称	收费标准
参与者（角色）	财务
数据资源	收费标准
简要说明	定义了各个参数的标准价格，用于在没有合同直接委托的情况下，为委托单提供计价标准
操作流程	无
业务规则	1. 系统支持同时录入多套收费标准，可设置默认收费标准，默认收费标准表示在没有选择其他收费标准的情况下，系统自动按照默认收费标准进行计价；（1）直接委托：自动获取默认收费标准；（2）记账号：根据记账号设置的收费标准和折扣进行计价；（3）预付款：根据预付款账号设置的收费标准和折扣进行计价；（4）收费标准支持线上录入修改、批量导入、导出功能；2. 收费标准编号需记录更改日志；3. 收费标准上应标记的对应序号，方便后续核对；4. 支持批量导入收费标准；5. 同一个收费标准下，同一个参数在同一个计价条件下只能有一个价格；6. 如果收费标准状态为停用，则无法被委托单选到；7. 如果明细行中的“是否开放参数”为否，则该行参数暂时被屏蔽，无法自动计价；8. 需要支持按检测项目大类定价
权限隔离	菜单权限、按钮权限
特别关注	收费标准项目、参数信息须与项目资质同步

4）合同管理模块功能说明

① 合同管理功能描述：对批准通过后的合同信息进行业务信息登记，包括：工程、项目、参数、折扣等。

② 用例描述（表4.3.1-8）。

合同管理用例描述　　**表4.3.1-8**

用例名称	合同管理
参与者（角色）	业务员
数据资源	合同信息表
操作流程	合同信息登记——合同信息登记审核
业务规则	1. 合同按业务范围分为单部门合同和多部门合同。如果是单部门合同，先在ERP系统完成登记、审批，再通过数据接口把数据同步到经营管理平台，再在经营管理平台完善参数计价信息；如果是多部门合同，则先在ERP登记主合同和子合同，再把子合同信息推送到经营管理平台；2. 合同类型有常规合同、包干合同、外委合同；3. 参数取的指导价需要带出在收费标准上的对应序号，方便核查；4. 外委委托合同不管工程，只管项目，有独立的合同编号（在编号上需要与其他合同类型区分开）；需要有折扣输入，折扣是以合作单位为主体进行管理；5. 合同完结条件：有履约保证金的返还后自动完结，没有履约保证金的手动完结；6. 合同管理对合同的关键信息、优惠信息和包干信息进行登记、审核和查询，关联到计价和缴费。可设置合同结算日期、催缴提醒日期、账号折扣和折扣适用起止日期等信息；7. 合同登记的项目内容支持导入功能。工程调用工程信息库去选，标准价、折扣等信息可以导入，需要客户提供导入模板。当合同规定的检测项目超过规定数量需要预警；8. 合同有整单折扣和单项目折扣两种情况，如果是整单折扣，确定一个折扣后整个合同的项目自动按这个折扣进行计算价格；9. 目前指导价没有覆盖全部参数，少部分参数是以市场价（内部价）定价，收费标准上需要有标记区分；10. 目前业务中有外委委托类型的合同（其他检测机构做不了的项目，给到客户的公司做），需要增加对合作单位的管理。需要有折扣输入，折扣是以合作单位为主体进行管理；11. 在ERP登记合同后，要推送到新检测系统，检测系统再去维护详细信息、匹配报告，再将报告编号、报告收费情况推送给财务系统；如果是分包合同，则需要在财务系统登记总、分合同，走审批流程，审批后自动把分合同推送到新检测系统，再在检测系统里去维护参数计价信息；12. 合同存在阶梯计价的条款，即合同工作量达到某个额度时，合同单价启用某个约定好的折扣额，这种情况需要去修改已受理的单价；13. 财务系统的合同变更后，如果涉及参数，检测系统要有提醒，并且保证调整后的结果与财务系统变更的结果一致；14. 合同信息、工程信息的地区类信息（省、市、区）跟ERP保持一致，最好是从ERP直接获取，检测系统获取后不做编辑，保持两个系统同步的信息是一致的；15. 数据统计问题：在检测系统新增《新签合同额报表》，便于后续业务部门数据统计上报
权限隔离	菜单权限、按钮权限、数据权限（个人、部门、全部）
特别关注	合同完结的条件是：履约保证金返还、手动完结
对接需求	从ERP财务系统中同步过来的合同信息

5）合同台账模块功能说明

① 合同台账功能描述：实现所有状态合同信息查阅功能。

② 用例描述（表4.3.1-9）。

合同台账用例描述 **表 4.3.1-9**

用例名称	合同台账
参与者（角色）	有权限的人员
数据资源	合同信息表
操作流程	无
业务规则	可查看所有状态合同的合同整体状态、合同基本信息、收款情况、检测情况、费用情况等信息一览功能
权限隔离	菜单权限、按钮权限、数据权限（个人、部门、权限）

6）财务管理模块功能说明

① 计价管理

a. 计价管理功能描述：系统自动计价后生成收费清单登记开票收款。

b. 用例描述（表 4.3.1-10）。

计价管理用例描述 **表 4.3.1-10**

用例名称	计价管理
参与者（角色）	经营部负责人、经营部办事员、前台委托受理员、业务员
数据资源	计价信息表
业务规则	1. 委托登记/委托受理完成后系统按参数自动计价；2. 室内检测：以样品为维度进行计价；现场检测：以工作量为维度，工作量登记后进入计价页面；3. 批量计价（按同个委托单位＋同个记账号/同个委托单位＋现结）；4. 生成收费清单（同个委托单位＋同种计费方式，记账号一样）；5. 自动计价规则：(1) 如果委托单关联了合同，则按照合同规定好的合同价进行计价；(2) 如果委托单没有关联合同，则按照收费标准的标准价进行计价；如果收费标准中没有定义此参数的标准价，则委托单的单价为空，需要临时补上单价；6. 一张委托单对应生成一张计价单，在提交委托单时生成；7. 如果修改了计价单的价格，需要把最新的价格反写到委托单上；8. 列表：委托单位、委托编号、样品编号、合同编号、检测项目、付款方式（现结/记账号）、账号、工程名称、应收（元）＝标准总价、折扣金额（元）、实收（元）＝实际总价、计价类型（正常、异常）、操作（处理、查看）；9. 如果有异常计价的情况，在未开票未收款前可以修改委托计价价格。收款后按异常计价处理；10. 收费分3种情况：(1) 结算计价：以工程量、财政局审批为准；(2) 中间特批，走合同变更补充协议：自动获取补充协议的最新价格；(3) 现结：情况1窗口收委托单；情况2有合同和任务单；情况3有总包合同包含任务单；情况4预收结算；11. 委托后未生成报告在财务系统属于预收，报告批准后属于应收
权限隔离	菜单权限、按钮权限、数据权限（个人、部门、权限）

② 收费清单

a. 收费清单功能描述：生成收费清单后付款方式是现结的数据可直接进行开票收款；记账号的数据则需生成结算书。

b. 用例描述（表 4.3.1-11）。

收费清单用例描述 **表 4.3.1-11**

用例名称	收费清单
参与者（角色）	经营部负责人、经营部办事员、前台委托受理员、业务员
数据资源	收费清单

续表

业务规则	1. 针对合同数据根据按同个委托单位+同个记账号打印对账单；2. 无合同数据可直接根据收费清单登记开票收款信息；3. 支持按委托编号批量打印对账单；4. 支持按委托单位合并打印对账单；5. 支持按固定模板导入来更新收费清单单价；6. 收费清单的单价更新后需要把单价、总价反写到计价单、委托单；7. 列表：清单编号、委托单位、计价方式、金额、清单日期、收款状态（已开票已收款、已开票未收款）、操作（开票收款、查看）
权限隔离	菜单权限、按钮权限、数据权限（个人、部门、权限）

③ 对账单（略）

④ 开票收费

a. 开票收费功能描述：进行开票和收款信息登记。

b. 用例描述（表 4.3.1-12）。

开票收费用例描述　　表 4.3.1-12

用例名称	开票收费
参与者（角色）	经营部负责人、经营部办事员、前台委托受理员
数据资源	开票信息、收款信息
业务规则	1. 无合同的数据关联收费清单登记开票和收款信息；2. 有合同的数据关联对账单登记开票和收款信息；3. 支持先开票后收款、先收款后开票、同时开票收款模式；4. 登记收款后数据进入确认收款状态；5. 如果金税系统对开票信息进行了变更（修改、作废），需要把变更的信息同步给检测系统，检测系统将更新开票信息，并再次给财务确认，同时保留变更记录；6. 开票总金额不能超过收费清单总金额；7. 目前的收费方式有：电汇、刷卡（微信、支付宝、银行卡）、现金；8. 客户办理完委托，客户自助缴费后可以生成开票二维码，客户直接扫码进行开票，客户开票后将开票信息传到检测系统和开票系统，金税系统正式开票后将开票编号同步到检测系统，同事推送发票单信息到 ERP 系统；9. 支持按收费清单部分收款，如果是部分收款（例如收款了 80%），需要把报告都关联上，先分摊 80%的这部分款项，之后收了剩下的 20%款项之后，在这部分报告上进行二次分摊累加；如果收款时有报告未出，需要关联委托单，在委托单出了报告后再把这部分金额分配到报告上；10. 发票登记后不需要财务确认；如果开票异常需要作废、修改，税务部门认可的控税系统需要返回相关信息给检测系统，检测系统接收到异常信息后进行调整和二次确认；11. 开票申请、收款登记（包含现结与非现结）可区分多部门申请、单部门申请；多部门申请其中一个部门确认后其他部门自动确认；12. 委托加工费问题：在委托登记的时候增加勾选“是 否加工”“其他金额”，可填写加工费等其他额外费用金额，这个金额算在委托金额、报告金额内。若在委托的时候没确认是否有加工，后续结算再有加工费，就走异常计价；13. 收款登记按每一笔银行流水方式进行登记，需登记流水号、金额等信息，方便收款确认按每一笔银行流水进行确认；14. 多部门的开票、收款需要在收费清单填写“主管部门”，即该合同牵头部门，从收费清单一直携带下来，填了主管部门后，该数据将共享给此部门。主管部门可以看到其他部门共享的收费清单，由主管部门将其他部门的收费清单汇总起来做开票申请、收款登记；15. 开票时需要根据专票/普票设置不同的必填项；16. 收款方式包含：现金，支票，电汇、商汇、POS 机（即微信或支付宝）；17. 收款的维度可以直接按照委托编号或者报告编号显示，可以直接以委托或者报告进行收款；18. 收款登记时需要选择银行流水进行关联，关联的银行流水总金额不能超过本次收款金额。已经使用过的银行流水无法再次被选到
权限隔离	菜单权限、按钮权限、数据权限（个人、部门、权限）
对接需求	1. 开票信息对接至金税系统，金税系统开票后返回对应的发票编号；2. 收款信息推送到 ERP 系统

⑤ 对接申请

a. 对接申请功能描述：收款完自动推到ERP，需要由业务选择哪些收款记录可以汇总推送到ERP，由财务审批确认后，再推送到ERP生成收款单。

b. 用例描述（表4.3.1-13）。

对接申请用例描述　　表4.3.1-13

用例名称	对接申请
参与者（角色）	经营部负责人、经营部办事员、前台委托受理员
数据资源	收款信息
业务规则	1. 完成业务部门认款的收款登记可以申请对接；2. 勾选多个收款登记记录，合并为一个对接编号，以当天的银行流水为参考标准，需要与银行流水保持一致
权限隔离	菜单权限、按钮权限、数据权限（个人、部门、权限）
对接需求	确认收款并报告签收的数据对接至ERP系统应收账单

⑥ 确认对接

a. 确认对接功能描述：对业务部门提交的对接申请进行确认，确认后推送到ERP生成收款单。

b. 用例描述（表4.3.1-14）。

确认对接用例描述　　表4.3.1-14

用例名称	确认对接
参与者（角色）	财务人员
数据资源	收款信息
业务规则	1. 收费确认完成，系统应自动生成一个收费流水号；2. 现结部分当天进行收费确认；3. 以对收款登记中登记的每一笔银行流水维度进行收费确认；4. 列表：结算单号、收费清单号、付款类型（现结、记账号）、应收（元）、已收（元）、发票编号、收款时间、操作（查看、确认收费）；5. 确认收费：显示开票收费信息，并可修改，确定收费后提示生成收费流水号，数据将不能修改；6. 现结部分的收费确认：当天完成现结的费用（已收费、已开票）应进行收费确认，在进行收费确认时，操作员还应对收款方式进行选择：POS机、微信、银行；记录每一笔现结的收款方式，以便系统自动导出日报表时，每一笔收费能自动进行分类；7. 记账部分的收费确认：①记账号结算完成，付款方当场交钱，此时计价、结算、收费全部完成，此时应进行收费确认，收费确认的日期为实际当天；②记账号结算完成，付款方授权人拿走我方发票并未付款，此笔费用归为“未收款”
权限隔离	菜单权限、按钮权限、数据权限（个人、部门、权限）
对接需求	确认收款并报告签收的数据对接至ERP系统应收账单

⑦ 异常计价

a. 异常计价功能描述：对已收款的数据产生价格变动时提供异常处理功能。

b. 用例描述（表4.3.1-15）。

异常计价用例描述　　表 4.3.1-15

用例名称	异常计价
参与者（角色）	经营部负责人、经营部办事员、前台委托受理员
数据资源	计价信息
业务规则	1. 来自试验前的委托修改、报告批准前的委托修改、报告批准后的报告更改过程对样品价格产生变化的数据。包括：(1) 样品作废（下错项目）；(2) 增减参数、调整加工费（委托加工费问题：在委托登记的时候增加勾选“是/否加工”“其他金额”，可填写加工费等其他额外费用金额，这个金额算在委托金额、报告金额内。若在委托的时候没确认是否有加工，后续结算再有加工费，就走异常计价）；(3) 记错费；2. 产生异常计价后系统不改变原有收费清单信息在原有收费清单基础上生成副单；3. 异常计价金额的处理分为：作废发票并退款、生成多退少补账号；4. 收款确认前修改价格正常修改，收款确认后调整价格走异常计价
权限隔离	菜单权限、按钮权限、数据权限（个人、部门、权限）
对接需求	1. 异常计价信息推送到 ERP；2. 作废发票信息需同步到金税系统

3. 生产管理平台

(1) 业务模型

检测领域、检测类别、检测对象、检测项目（样品）、检测参数的层级关系如图 4.3.1-7 所示。

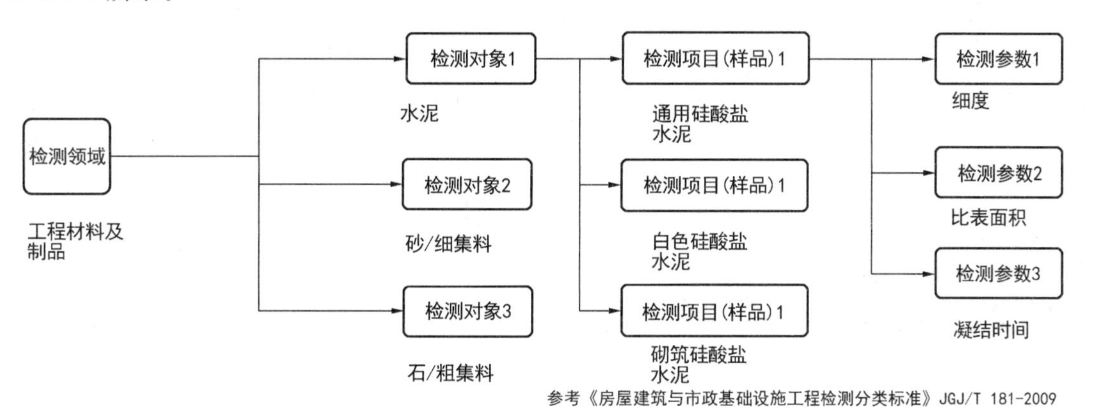

图 4.3.1-7　检测领域、检测类别、检测对象、检测项目（样品）、检测参数的层级关系

(2) 室内检测业务管理

1) 业务模型

① 室内检测业务流程如图 4.3.1-8 所示。

② 分公司受理后转移至本部试验的业务流程如图 4.3.1-9 所示。

③ 委外加工样品流程如图 4.3.1-10 所示。

④ 样品处置（丢弃、退样、留样）流程如图 4.3.1-11 所示。

2) 委托管理模块功能说明

① 收样管理

a. 收样管理功能描述：实现委托人员受理登记并确认委托的过程，实现委托登记、委托复核。通过平台实现委托单打印、签名、样品标签打印等。

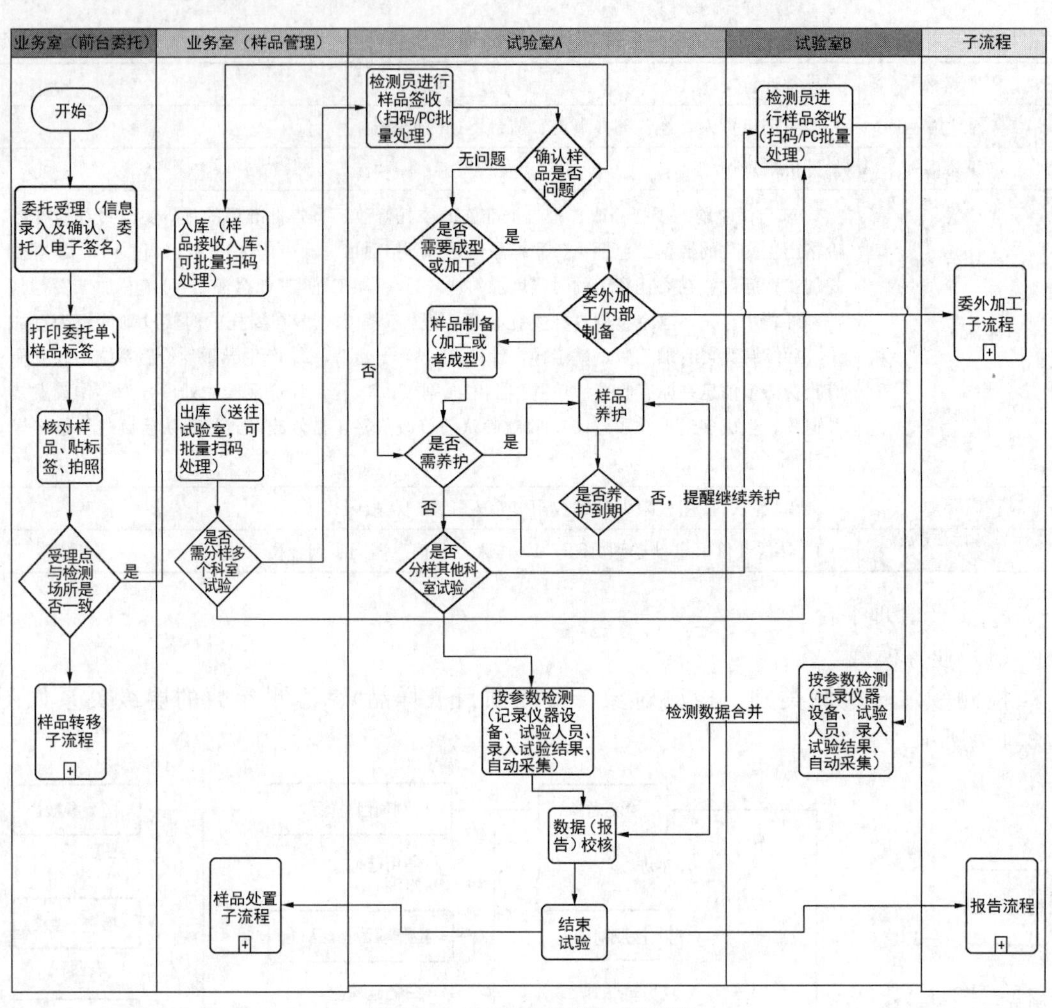

图 4.3.1-8　室内检测业务流程

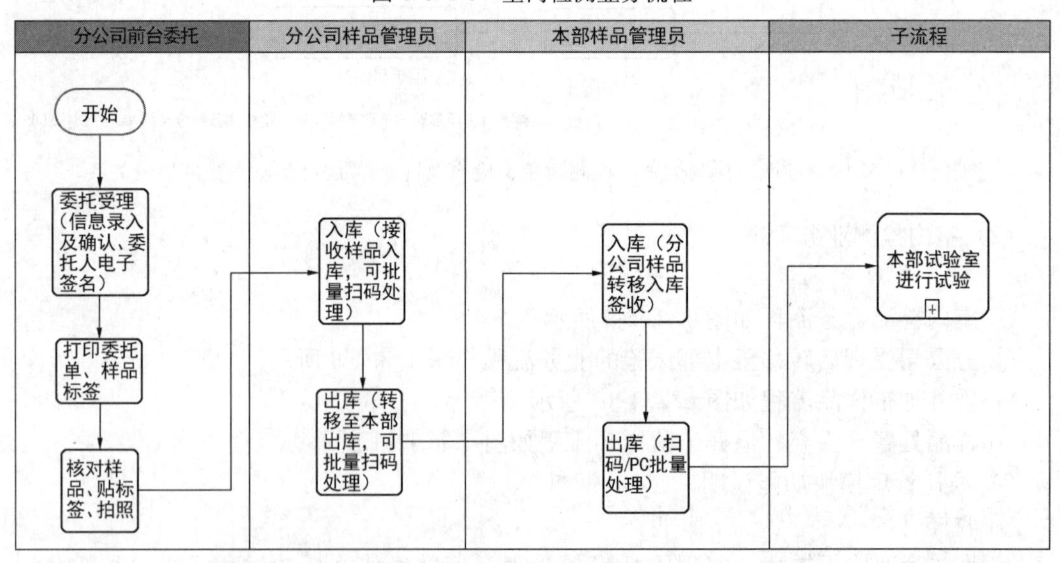

图 4.3.1-9　分公司受理后转移至本部试验的业务流程

第4章

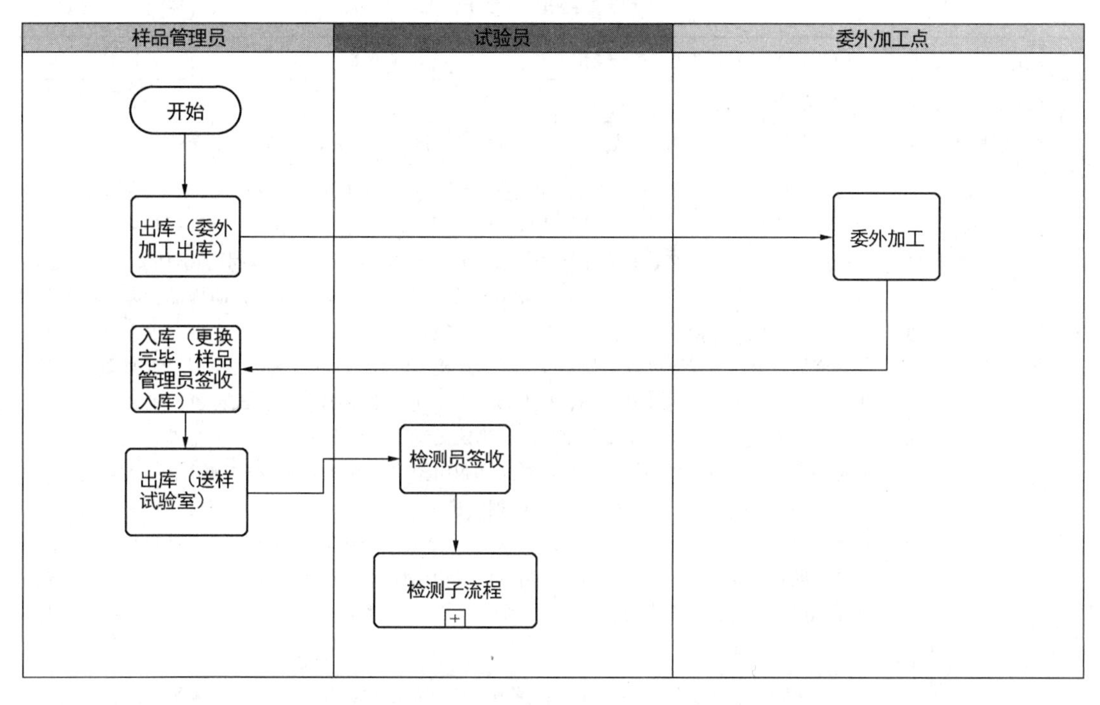

图 4.3.1-10　委外加工样品流程

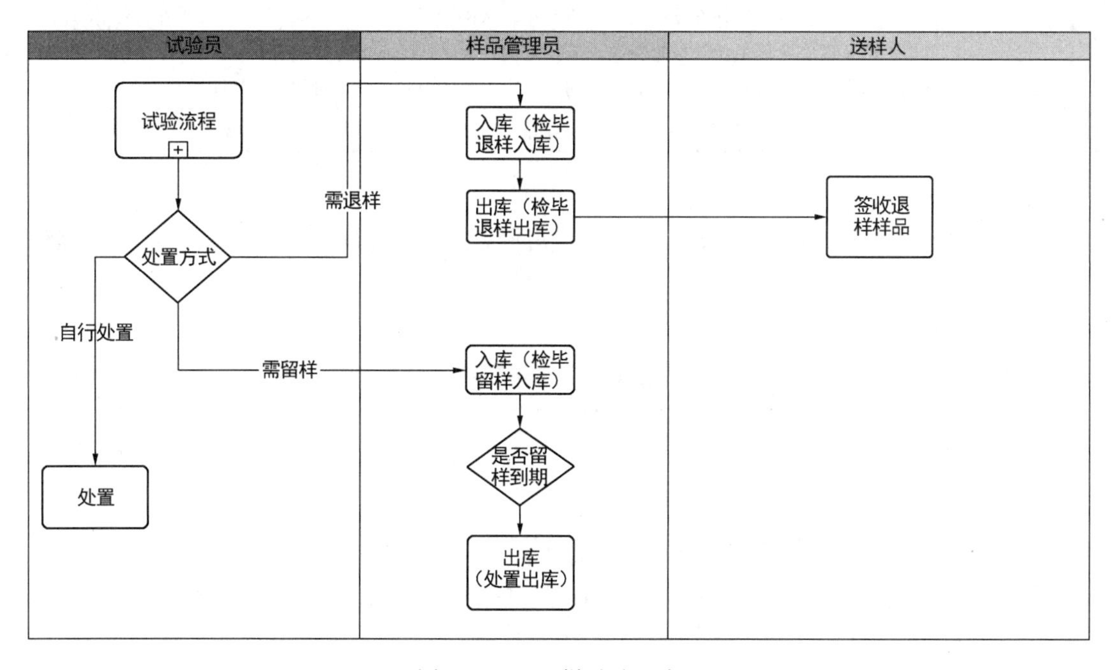

图 4.3.1-11　样品处置流程

b. 用例描述（表 4.3.1-16）。

收样管理用例描述 **表 4.3.1-16**

用例名称	收样管理（委托受理/委托登记）
参与者（角色）	窗口委托人员
数据资源	委托信息表、样品信息表、样品检测参数表、样品流转表，样品流转记录表
操作流程	1. 查询，输入查询条件，可查询出委托暂存、退回委托修改等数据列表；2. 窗口委托受理，进入窗口委托页面，选择检测项目（样品），填写或选择工程信息、选择检测参数、填写样品信息，保存提交，完成计价，生成电子委托单，送检人通过显示屏确认委托单信息，确认无误后手写板签字确认，如客户需电子委托单则打印委托单，打印样品标签，贴至样品，调用拍照设备对样品进行拍照上传，即可完成委托；3. 电子委托受理，进入电子委托受理界面，显示待受理列表，扫码或者通过送检人账号，查询受理编号，选择受理单进行受理，确认信息无误后，补充合同、检测场所等信息，保存提交，完成计价，生成电子委托单，送检人通过显示屏确认委托单信息，确认无误后手写板签字确认，如客户需电子委托单则打印委托单，打印样品标签，贴至样品，调用拍照设备对样品进行拍照上传，即可完成委托；4. 修改委托单，选择一条委托单数据，进入委托单修改页面，进行修改，完成后提交修改。对于问题单需记录修改日志；5. 计价，选择一条委托单数据，进入计价页面，根据收费标准和合同折扣自动计算相应价格，可手动调整；6. 样品拍照，选择一条委托单数据，调用拍照设备对样品进行拍照上传；7. 打印，选择一条委托单数据，进入打印委托单、样品标签、任务单
业务规则	1. 根据送检类别设定见证人、见证单位、监督员、监督单位是否为必输项；2. 计价自动调用合同单价折扣及收费标准进行计价；3. 委托加急需要产生加急费用（检测费用的50%）；4. 委托受理后自动分样，按分样后的样品入库；5. 网上委托受理需要可以跳过签字步骤；6. 内部委托不需要被委托方确认，直接进入样品流转过程；7. 在委托登记的时候选择委托来源。即外部委托或者内部委托，从网上委托过来的都默认是外部委托；8. 合同客户需要在合同上设置报告份数，委托受理时带出，纸质报告需要按 $N+1$ 带出，电子报告按 N 带出。非合同客户在委托受理时填。报告打印时自动按此份数进行打印
权限隔离	1. 按照委托受理站点；2. 按检测部门；3. 按可受理的检测项目（样品）

② 委托查询

a. 委托查询功能描述：对已委托的所有数据状态进行查询，包括送检信息、工程信息、委托单、样品信息等。

b. 用例描述（表 4.3.1-17）。

委托查询用例描述 **表 4.3.1-17**

用例名称	委托查询
参与者（角色）	窗口委托人员
数据资源	委托信息表、样品信息表、样品检测参数表、样品流转表，样品流转记录表
操作流程	1. 查询，输入查询条件，可查询出委托受理数据列表；2. 查看详情，进入委托详情查看页面，可查看该委托单的委托信息、样品信息等内容；3. 导出，可查询出的数据列表进行导出
权限隔离	1. 按照委托受理站点；2. 按检测部门；3. 按可受理的检测项目（样品）

③ 委托更改

a. 委托更改功能描述：生成被退回的委托单，可委托信息修改。

b. 用例描述（表 4.3.1-18）。

委托更改用例描述　　　　**表 4.3.1-18**

用例名称	委托更改
参与者（角色）	—
数据资源	委托信息表、样品信息表、样品检测参数表、样品流转表，样品流转记录表
操作流程	修改委托信息
权限隔离	1. 按照委托受理站点；2. 按检测部门；3. 按可受理的检测项目（样品）

3）样品管理模块功能说明

① 样品入库

a. 样品入库功能描述：是指记录样品经手样品管理员进入样品管理室区域的操作过程。

b. 用例描述（表 4.3.1-19）。

样品入库用例描述　　　　**表 4.3.1-19**

用例名称	样品入库
参与者（角色）	样品管理员
数据资源	样品流转表，样品流转记录表
操作流程	1. 查询待入库样品数据，输入查询条件，查询待入库的样品数据列表；2. 入库操作，选择一条或多条样品记录（可批量扫码选择），进入入库操作界面，形成入库清单，点击确认后入库完成，将样品标记为在库状态，并记录样品流转记录；3. 查看详情，点击样品记录可查看样品信息和流转记录
业务规则	1. 样品进入样品室，即可认定为入库，入库需填写入库存放位置、入库时间、入库来源或类型，入库来源或类型可支持以下类型：(1) 受理接收入库，委托登记后直接受理接收入库；(2) 外点转移入库，分公司受理点转移本部试验室接收入库；(3) 试验退回入库，检测员确认样品不符合检测条件（需重新收样或需委外加工），退回样品室入库；(4) 委外加工入库，委外加工的样品加工完成后，返回样品室入库，自动生成委外加工记录；(5) 检毕留样入库，检测完成的样品需留样或退回客户的样品入库，自动生成留样记录；2. 如该样品有多次入库操作，样品流转记录需分别记录每次样品入库的完整记录，包括样品入库来源，操作人、操作时间，样品管理台账记录该样品最后一次入库时间及操作人；3. 样品入库、出库异常需要有异常提示（重复扫描、查询失败原因等）
权限隔离	1. 按照受理站点和检测场所权限隔离（如本部的样品管理员可操作的数据权限为受理站点或检测场所为本部的样品，考虑分公司转移至本部试验的情况）；2. 按部门权限隔离；3. 按可受理的检测对象（项目）隔离
特别关注	1. 需要有样品确认环节，在受理后需要选择样品编号拍照上传样品照片。样品确认后自动入库。(最多支持 4 张照片)；2. 样品流转可以通过扫描枪和批量去选择直接流转。需要记录到样品详细流转过程，入库，出库、样品接收（各个科室负责人去点击或者扫码枪去接收，一个样品可能会存在分样的情况，所以样品接收可能是多个科室的），样品转移（分站点做不了的项目给总公司去做）、样品检测、退样（需要客户签字，能够通过手写板签字）、留置等（尽可能详细，显示该物品已送达到哪里，客户点击签收，显示客户签收时间）；3. 查看详情，点击样品记录可查看样品信息和流转记录

② 样品出库

a. 样品出库功能描述：指记录样品经手样品管理员离开样品管理室区域的操作过程。

b. 用例描述（表 4.3.1-20）。

样品出库用例描述 **表 4.3.1-20**

用例名称	样品出库
参与者（角色）	样品管理员
数据资源	样品流转表，样品流转记录表
操作流程	1. 查询待出库样品数据，输入查询条件，查询出在库的样品管理台账列表；2. 出库操作，选择一条或多条样品（可批量扫码选择），进入出库操作界面，形成出库清单，点击确认后出库完成，将样品标记为离库状态，并记录样品流转记录；3. 查看详情，点击样品记录可查看样品信息和流转记录
业务规则	1. 样品离开样品室，即可认定为出库，出库需填写出库时间、出库去向或类型，出库去向或类型可支持以下类型：（1）试验出库，样品管理员将样品出库送至各个检测室样品区域；（2）退样出库，样品退回客户进行出库，自动生成退样记录；（3）委外加工出库，出库送至委外加工点进行加工，自动生成委外加工记录；（4）转移出库，分公司受理点样品管理员将样品转移至本部试验进行出库；2. 如该样品有多次出库操作，样品流转记录需分别记录每次样品出库的完整记录，包括样品出库去向，操作人、操作时间，样品管理台账记录该样品最后一次出库时间及操作人；3. 在出库时，如果前一个环节没有在线上完成，但是线下做了，在做下一个环节时允许做，但是要提示上一个环节没有做。如果点“是”，则跳过上一环节或自动补充上一环节信息
权限隔离	1. 按受理站点和检测场所权限隔离（如本部的样品管理员可操作的数据权限为受理站点或检测场所为本部的样品，考虑分公司转移至本部试验的情况）；2. 按部门权限隔离；3. 按可受理的检测对象（项目）隔离
特别关注	如果是外点送样来本部做试验，希望可以先发起待运送清单给本部（样品转移单）；接收业务点与场所一致时不允许转移

③ 样品查询

a. 样品查询功能描述：通过系统查询所有流转的样品记录。

b. 用例描述（表 4.3.1-21）。

样品查询用例描述 **表 4.3.1-21**

用例名称	样品查询
参与者（角色）	样品管理员
数据资源	样品流转表，样品流转记录表
操作流程	1. 查询，输入查询条件，可查询出委托受理数据列表；2. 查看详情，进入详情查看页面，可查询样品信息及样品流转记录；3. 导出，可查询出的数据列表进行导出
权限隔离	1. 按照检测场所；2. 按检测部门；3. 按可受理的检测项目（样品）

4）检测管理模块功能说明

① 样品签收

a. 样品签收功能描述：记录试验员确认收到样品管理员出库样品或其他科室加工后

分样样品的过程。

b. 用例描述（表 4.3.1-22）。

样品签收用例描述　　　　**表 4.3.1-22**

用例名称	样品签收
参与者（角色）	检测员
数据资源	样品流转表，样品流转记录表
操作流程	1. 查询待签收样品，输入样品编号等条件，显示待签收样品（流转状态为待试验签收样品）；2. 签收操作，如试验员线下确认检查样品无问题后，选择样品（可批量扫码选择），进入签收操作界面，形成签收清单，点击确认后签收完成，将样品标记为试验签收状态，并记录样品流转记录；3. 退回样品，如试验员检查样品有问题后操作【退回】，选择要退回的样品，选择退回原因（委外加工、更换样品）。退回操作，只能选择单条数据进行操作；4. 查看详情，点击样品记录可查看样品信息及流转记录
业务规则	如该样品有多次签收操作，样品流转记录需分别记录每次样品签收的完整记录，包括操作人、操作时间，样品管理台账记录该样品最后一次签收时间及签收人
权限隔离	1. 按检测场所隔离；2. 按部门权限隔离；3. 按检测参数隔离
特别关注	跨科室流转样品需分别确认，同个科室其中一人确认即可

② 样品制备

a. 样品制备功能描述：记录试验员将样品加工或成型成符合试验要求样品的过程，试验员自动接收制备的样品任务。

b. 用例描述（表 4.3.1-23）。

样品制备用例描述　　　　**表 4.3.1-23**

用例名称	样品制备
参与者（角色）	试验员
数据资源	样品流转表，样品流转记录表，样品制备记录表（加工或者成型）
操作流程	1. 查询待制备样品记录，输入查询条件，可查询出待制备的样品数据列表；2. 填写制备记录，选择 1 条或多条需要操作的样品数据（可扫码选择），在打开的制备记录页面填写制备记录信息，可选择成型制备和加工制备，选择成型制备可输入成型时间（加水时间），选择加工制备可输入加工时间，选择“自动产生小样”，并输入小样数量，则该样品制备记录提交成功；选择“按检测室分样”则会根据检测室自动分成多条小样，且该样品制备记录提交成功；3. 修改制备记录，选择 1 条样品，修改制备记录；4. 查看制备记录，选择 1 条样品，查看制备记录；5. 查看详情，点击样品记录可查看样品信息及流转记录
业务规则	制备时，如果前一个环节没有在线上完成，但是线下做了，在做下一个环节时允许做，但是要提示上一个环节没有做。如果点“是”，则跳过上一环节或自动补充上一环节信息
权限隔离	1. 按检测场所隔离；2. 按部门权限隔离；3. 按检测参数隔离
特别关注	制备过程中，如有分样要求，则会生成分样样品记录（即样品管理台账将增加分样或样品）

③ 样品养护

a. 样品养护功能描述：记录试验员将进行样品养护的过程。

b. 用例描述（表 4. 3. 1-24）。

样品养护用例描述 **表 4. 3. 1-24**

用例名称	样品养护
参与者（角色）	检测员
数据资源	样品管理台账，养护记录
操作流程	1. 查询待养护数据，输入查询条件，显示待养护的样品数据列表（可根据设置系统项目参数的设置，来显示需养护的样品）；2. 填写养护记录，选择（可扫码批量）待养护样品，记录养护开始日期、养护结束日期，是否结束养护，下一次养护记录可基于上一次选择进行批量记录；3. 修改养护记录，选择 1 条样品数据，进行修改养护记录；4. 查看制备记录，选择 1 条样品数据，进行查看养护记录
业务规则	1. 样品养护并非都需要制备后才开始养护，有些样品制备前就需要养护，可边制备边养护；2. 检验样品设置模块可设置样品是否需养护；3. 养护要选设备，计入设备使用记录
权限隔离	1. 按检测场所隔离；2. 按部门权限隔离；3. 按检测参数隔离
特别关注	1. 系统可根据标准要求设置样品的养护时间，并自动进行下一次更新养护时间的提醒；2. 试验开始后，使用设备前，这一段时间是养护时间，需要参考仓储系统，扫码记录哪个样品在哪个养护室的哪个架子的哪一层，给样品架子赋予编码

④ 样品检测

a. 样品检测功能描述：实现试验过程、采集（录入或自动采集）原始数据，并实现自动计算、评定、给出结论。

b. 用例描述（表 4. 3. 1-25）。

样品检测用例描述 **表 4. 3. 1-25**

用例名称	样品检测
参与者（角色）	检测员
数据资源	样品检测参数表，设备使用记录，检测项目（样品）结果记录表，问题记录
操作流程	1. 查询待检测的数据，输入查询条件，可以查询待检测的数据列表（检测样品参数列表）[样品编号、小样编号、样品名称、检测参数]；2. 使用记录，选择一条或多条需要操作的数据（可批量扫码选择），进入使用记录页面，扫设备二维码，记录环境条件，确定无误后提交，系统生成设备使用记录，记录试验员和试验时间；3. 原始记录，选中一条需要操作的数据，进入原始数据录入页面，录入原始数据，系统自动根据设定进行计算修约及单项评定，可点保存暂存数据或提交完成录入；4. 更改数据，选中一条需要操作的数据，针对退回的记录进行修改，系统将记录修改日志；5. 问题记录，选择一条或多条需要操作的数据（可批量扫码选择），进入问题记录页面，记录问题来源、问题描述等信息；6. 每条样品记录可查看对应设备使用记录、原始记录、问题记录、加工制备记录、养护记录等信息
业务规则	1. 记录设备使用记录时，如设备存在检定过期或者所选检测参数与设备缺乏对应关系时，需给出警示，不予提交；2. 记录辅助试验人员时，如该人员无参数权限，则给出警示，不予提交；3. 原始记录录入时，如该项目数据未计算检测结果和单项评定，需给出提示，不予提交；4. 当完成具有中间报告的参数时（如水泥的 3d 强度），系统将提示是否生成中间报告，如需生成，则自动生成中间报告进行下一步流转；5. 每个参数完成试验时，将检查该样品要求参数是否全部完成，如全部完成，则自动合成报告往下流转；6. 可查看所有已签收未完成检测的数据，如果前一个环节没有在线上完成，但是线下做了，在做下一个环节时允许做，但是要提示上一个环节没有做。如果点“是”，则跳过上一环节或自动补充上一环节信息；7. 试验数据不仅要从试验机采集，还要考虑从外部文件等其他媒介采集（如文件导入）；8. 检测数据录入时要从资质库中选择该参数对应的设备，未关联该参数的设备无法选到
权限隔离	1. 按检测场所隔离；2. 按部门权限隔离；3. 按检测参数隔离
对接需求	1. 根据参数对应设备接口采集数据；2. 自动采集数据上传省市监管平台

⑤ 数据校核

a. 数据校核功能描述：样品完成试验后由试验员对检测数据进行综合校核确认。

b. 用例描述（表 4.3.1-26）。

数据校核用例描述　　　　**表 4.3.1-26**

用例名称	数据校核
参与者（角色）	检测员
数据资源	样品信息表，检测项目（样品）结果记录表，样品检测参数表，设备使用记录，检测项目（样品）结果记录表，问题记录
操作流程	1. 进入数据确认页面，按样品品种列出已试验数据列表（当样品所有参数已完成试验时，可进入数据确认最终检测数据）；2. 选择样品，进入数据详情页面，详情页面包含样品信息、原始记录（整合各参数页面）、报告预览、制备记录、设备使用记录、样品流转记录、自动采集日志、问题日志；3. 如查看有问题，可编辑修改，系统将记录修改记录
业务规则	数据校核时需要预览报告
权限隔离	1. 按检测场所隔离；2. 按部门权限隔离；3. 按检测参数隔离

⑥ 数据查询

a. 数据查询功能描述：实现已完成的检测数据记录查询功能。

b. 用例描述（表 4.3.1-27）。

数据查询用例描述　　　　**表 4.3.1-27**

用例名称	数据查询
参与者（角色）	检测员
数据资源	样品信息表，检测项目（样品）结果记录表，样品检测参数表，设备使用记录，检测项目（样品）结果记录表，问题记录
操作流程	1. 查询，输入查询条件，可查询出委托受理数据列表；2. 查看详情，选择样品，进入数据详情页面，详情页面包含样品信息、原始记录（整合各参数页面）、报告预览、制备记录、设备使用记录、样品流转记录、自动采集日志、问题日志；3. 导出，可查询出的数据列表进行导出
权限隔离	1. 按检测场所隔离；2. 按部门权限隔离；3. 按检测参数隔离

⑦ 样品处置

a. 样品处置功能描述：完成检测后对样品进行处置，检测完毕后，需要对样品进行处置，退样、自行处置、到留样间。

b. 用例描述（表 4.3.1-28）。

样品处置用例描述　　　　**表 4.3.1-28**

用例名称	样品处置
参与者（角色）	检测员
数据资源	样品信息表，检测项目（样品）结果记录表，样品检测参数表，设备使用记录，检测项目（样品）结果记录表，问题记录

续表

操作流程	选择样品，点击处置，如果是到留样间，项目需要先在后台设置好留置的时间，并记录留置间的地点，到期后提醒样品管理员需自行处置样品。若是退样，客户需要通过手写板签字领取样品
权限隔离	1. 按检测场所隔离；2. 按部门权限隔离；3. 按检测参数隔离

（3）现场检测业务管理（由于全国各地对现场检测业务管理的要求差异较大，普遍指导意义有限，故省略）

（4）报告管理

1）功能模块。报告管理功能模块如图 4.3.1-12 所示。

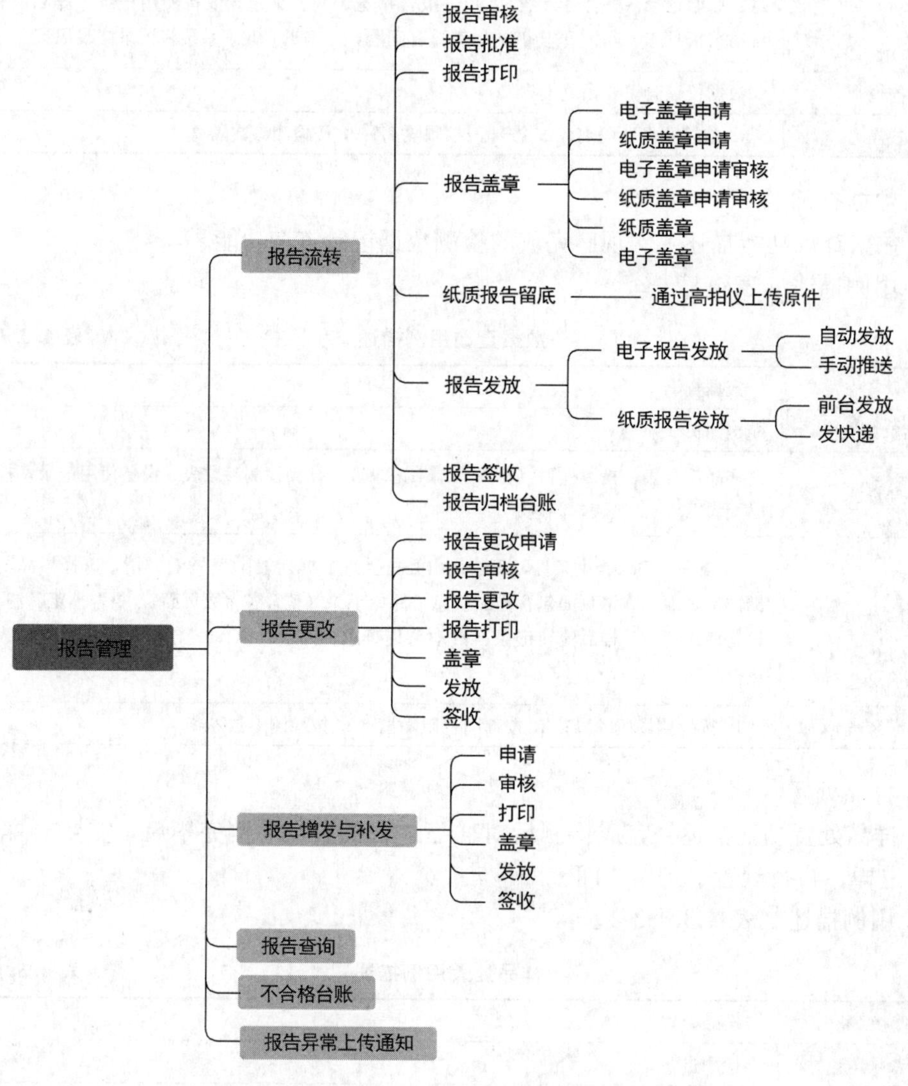

图 4.3.1-12　报告管理功能模块

2）报告管理业务流程

① 报告管理全流程如图 4.3.1-13 所示。

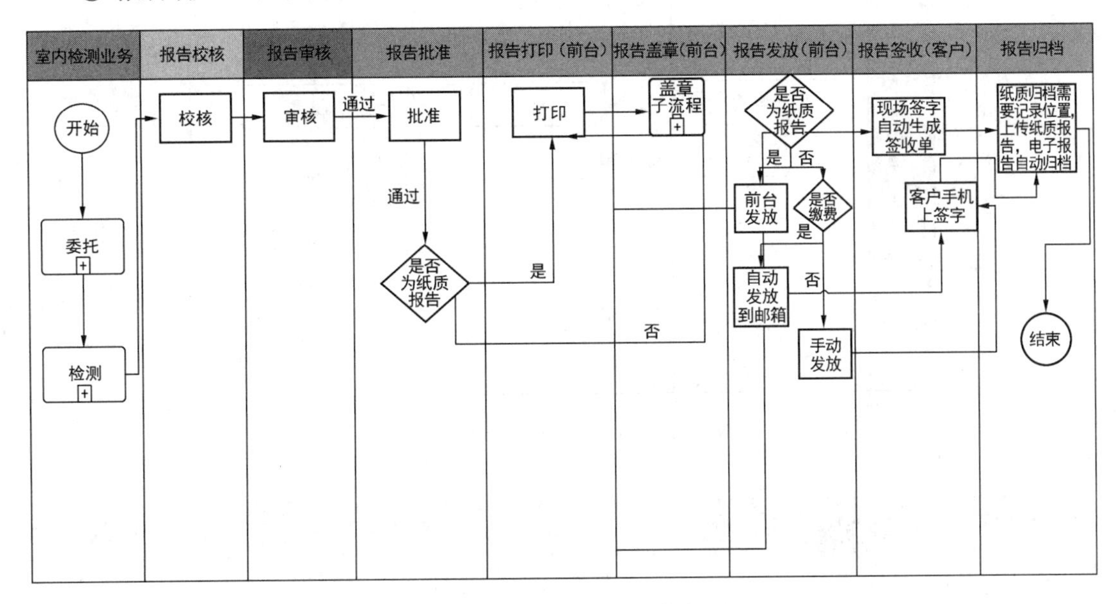

图 4.3.1-13　报告管理全流程

② 纸质报告盖章流程如图 4.3.1-14 所示。

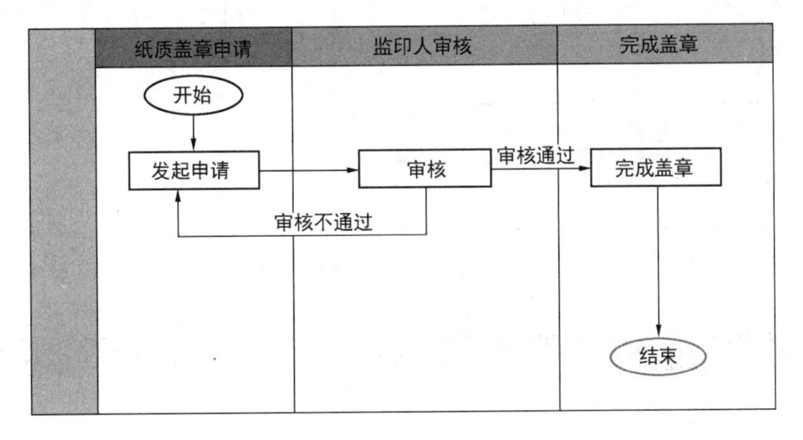

图 4.3.1-14　纸质报告盖章流程

③ 电子报告盖章流程如图 4.3.1-15 所示。

④ 报告更改流程如图 4.3.1-16 所示。

⑤ 报告补发与增发流程如图 4.3.1-17 所示。

3）报告管理——报告校核模块功能说明

① 报告校核功能描述：完成试验后，对报告进行校核。

② 用例描述（表 4.3.1-29）。

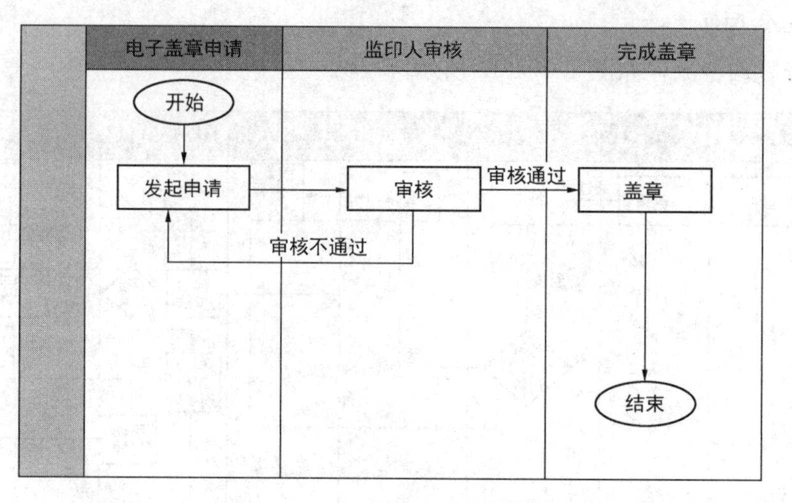

图 4.3.1-15　电子报告盖章流程

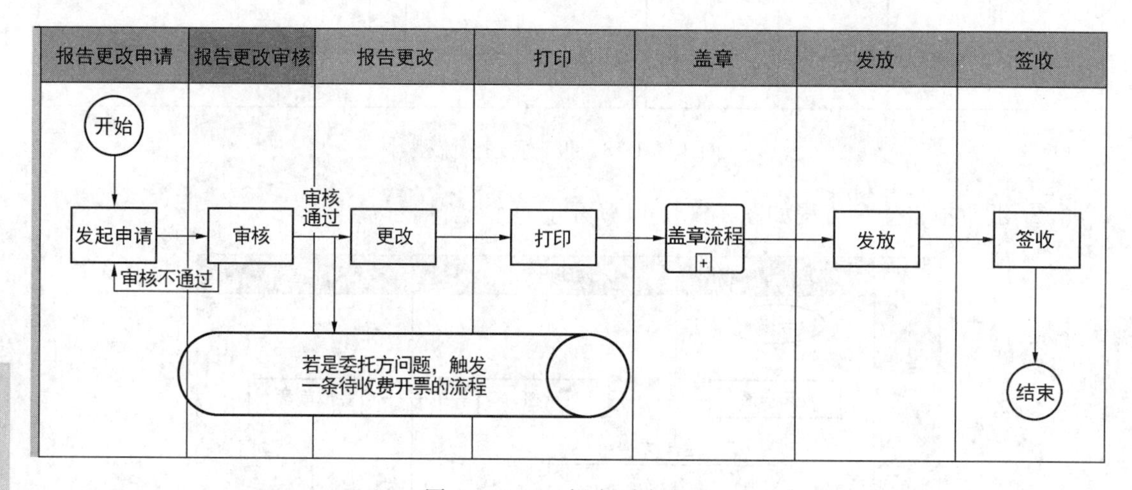

图 4.3.1-16　报告更改流程

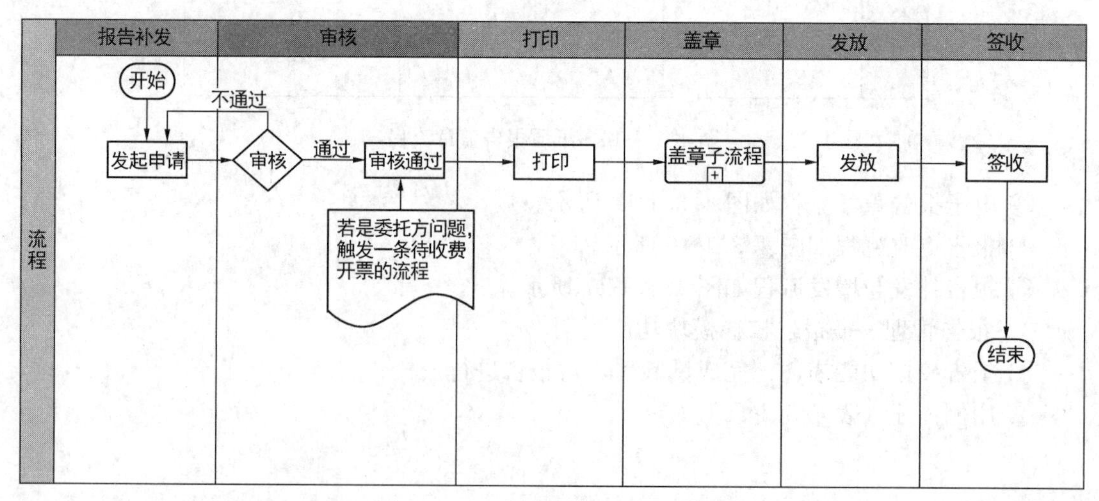

图 4.3.1-17　报告补发与增发流程

报告校核用例描述　　表 4.3.1-29

用例名称	报告校核
参与者（角色）	校核人
数据资源	委托信息表、样品信息表、样品实验参数表、样品流转记录、报告信息、电子签名
操作流程	自动生成待校核清单，选择需要校核的报告，点击校核，可以选择校核通过或者不通过，当校核不通过时，需要填写原因
业务规则	1. 校核不通过可退回委托更改或者原始数据更改阶段；2. 校核通过该数据自动进入报告审核阶段；3. 若下一步仍未进行处理可以撤销；4. 进入【报告校核】模块，可以对普通报告和中间报告进行校核。并查看与此报告相关联的所有信息，包含内容为：委托信息、样品信息、原始记录、原始记录的问题记录和附件、更改记录、流程信息；5. 校核不通过的流程可以选择
权限隔离	项目权限、部门权限、个人权限

4）报告管理——报告审核模块功能说明

① 报告审核功能描述：通过系统实现报告在线审批，审核通过或驳回，并实现电子签名。

② 用例描述（表 4.3.1-30）。

报告审核用例描述　　表 4.3.1-30

用例名称	报告审核
参与者（角色）	审核人
数据资源	委托信息表、样品信息表、样品实验参数表、样品流转记录、报告信息、电子签名
操作流程	自动生成待审核清单，选择需要审核的报告，点击审核，可以选择审核通过或者不通过，当审核不通过时，需要填写原因
业务规则	1. 报告审核不通过的严重程度默认“一般”，退回上节点；如果选择的是“严重”，则委托更改默认退回收样员，数据更改默认退回试验员；如果有多个试验员，需要指定一个人退回，被退回的人会收到提醒；2. 审核通过该数据自动进入报告批准阶段；3. 若下一步仍未进行处理可以撤销审核；4. 进入【报告审核】模块，可以对普通报告和中间报告进行审核。并查看与此报告相关联的所有信息，包含内容为：委托信息、样品信息、原始记录、原始记录的问题记录和附件、更改记录、流程信息。审核不通过的流程可以选择
权限隔离	项目权限、部门权限、个人权限

5）报告管理——报告批准模块功能说明

① 报告批准功能描述：通过系统实现报告在线审批，批准通过或驳回，并实现电子签名。

② 用例描述（表 4.3.1-31）。

报告批准用例描述　　表 4.3.1-31

用例名称	报告批准
参与者（角色）	批准人
数据资源	委托信息表、样品信息表、样品实验参数表、样品流转记录 、报告信息

续表

操作流程	完成批准
业务规则	1. 批准不通过可退回委托更改或原始数据更改阶段；2. 批准通过后该数据自动进入报告批准阶段；3. 若下一步的负责人未进行处理可以撤销审核；4. 进入【报告批准】模块，可对普通报告和中间报告进行批准，查看和此报告相关联的所有信息，包含内容为：委托信息、样品信息、原始记录、原始记录的问题记录和附件、更改记录、流程信息；5. 审核后该数据状态从未批准变成已批准；6. 批准后触发监管，将报告上传到监管平台
权限隔离	1. 按部门权限隔离；2. 按项目权限隔离
特别关注	批准不通过后的流程可选择

6）报告管理——报告打印模块功能说明

① 报告打印功能描述：报告批准后，需要打印纸质报告会进入报告打印环节。实现报告在线打印。

② 用例描述（表 4.3.1-32）。

报告打印用例描述 **表 4.3.1-32**

用例名称	报告打印
参与者（角色）	前台
数据资源	委托信息表、样品信息表、样品实验参数表、样品流转记录、报告信息、电子签名
操作流程	选择需要打印的报告后，点击打印，输入打印份数和打印机。可选择并记录打印日期、打印次数、打印人。支持多选报告进行打印
业务规则	1. 只有批准通过后才可以进入打印环节；2. 按委托单上的报告份数进行打印，不可超过
权限隔离	项目权限、部门权限、个人权限
特别关注	能导出 PDF 报告，若客户选择电子报告自动跳出此环节

7）报告管理——电子报告盖章申请模块功能说明

① 电子报告盖章申请功能描述：对电子报告进行盖章申请，申请通过后自动盖章。

② 用例描述（表 4.3.1-33）。

电子报告盖章申请用例描述 **表 4.3.1-33**

用例名称	电子报告盖章申请
参与者（角色）	前台
数据资源	委托信息表、样品信息表、样品实验参数表、样品流转记录、报告信息、电子签名
操作流程	选择报告，选择需要盖章的类型，给下一部人进行审核
业务规则	1. 只能选择已批准通过的报告，若报告未批准，不允许申请；2. 优化盖章申请和确认的流程：报告打印后即为待盖章状态，在线下盖章后，通过扫描报告二维码形成盖章记录
权限隔离	项目权限、部门权限、个人权限
特别关注	通用报告不能走盖章申请

8）报告管理——纸质报告盖章申请模块功能说明

a. 纸质报告盖章申请功能描述：对纸质报告进行盖章申请。

b. 用例描述（表 4. 3. 1-34）。

纸质报告盖章申请用例描述　　表 4. 3. 1-34

用例名称	纸质报告盖章申请
参与者（角色）	前台
数据资源	委托信息表、样品信息表、样品实验参数表、样品流转记录、报告信息、电子签名
操作流程	选择报告，选择需要盖章的类型，支持扫码录入报告，点击提交，给下一部负责人进行审核
业务规则	1. 只能选择已批准通过的报告，若报告未批准，不允许申请；2. 优化盖章申请和确认的流程：报告打印后即为待盖章状态，在线下盖章后，通过扫描报告二维码形成盖章记录
权限隔离	项目权限、部门权限、个人权限
特别关注	通用报告不能走盖章申请

9）报告管理——电子报告盖章审核模块功能说明

① 电子报告盖章审核功能描述：对电子报告盖章申请进行审核。

② 用例描述（表 4. 3. 1-35）。

电子报告盖章审核用例描述　　表 4. 3. 1-35

用例名称	电子报告盖章审核
参与者（角色）	前台
数据资源	委托信息表、样品信息表、样品实验参数表、样品流转记录、报告信息、电子签名
操作流程	自动生成待审核台账，选择待审核的申请，可以审核通过或者不通过。当报告已缴费时，盖章完通过邮箱、短信推送 pdf 报告，网上委托客户关联 pdf 报告，可下载与打印
业务规则	自动生成待审核台账，选择待审核的申请，可以审核通过或者不通过。电子报告盖章审核通过后进入电子签章环节
权限隔离	项目权限、部门权限、个人权限

10）报告管理——纸质报告盖章审核模块功能说明

① 纸质报告盖章审核功能描述：对纸质报告盖章申请进行审核。

② 用例描述（表 4. 3. 1-36）。

纸质报告盖章审核用例描述　　表 4. 3. 1-36

用例名称	纸质报告盖章审核
参与者（角色）	前台
数据资源	委托信息表、样品信息表、样品实验参数表、样品流转记录、报告信息、电子签名
操作流程	自动生成待审核台账，选择待审核的申请，可以审核通过或者不通过。纸质报告盖章审核通过后进入盖章环节
业务规则	审核通过后数据将进入【纸质报告盖章】模块
权限隔离	项目权限、部门权限、个人权限

11）报告管理——纸质报告发放模块功能说明

① 纸质报告发放功能描述：完成对纸质报告的发放管理。

② 用例描述（表 4.3.1-37）。

纸质报告发放用例描述 **表 4.3.1-37**

用例名称	纸质报告发放
参与者（角色）	前台
数据资源	委托信息表、样品信息表、样品实验参数表、样品流转记录、报告信息、电子签名
操作流程	纸质报告：选择报告，点击发放，客户通过手写板进行签字，系统记录签字时间和签名
业务规则	盖章申请通过后，自动生成待发放台账
权限隔离	项目权限、部门权限、个人权限

12）报告管理——电子报告发放模块功能说明

① 电子报告发放功能描述：完成电子报告发放。

② 用例描述（表 4.3.1-38）。

电子报告发放用例描述 **表 4.3.1-38**

用例名称	电子报告发放
参与者（角色）	前台
数据资源	委托信息表、样品信息表、样品实验参数表、样品流转记录、报告信息、电子签名
操作流程	选择报告，点击发放，将报告发送至客户的邮箱和手机上，客户输入验证码后录入签名
业务规则	已经缴费的电子报告将自动发放，未缴费的报告手动发放，发放的电子报告需要客户在手机上面签字，签字和签字时间将返回检测系统，自动完成签收。控制：电子报告签收后才可以看到报告，并且允许设置报告时限，超过××小时自动签收
权限隔离	项目权限、部门权限、个人权限

13）报告管理——报告签收模块功能说明

① 报告签收功能描述：查看报告的签收情况。

② 用例描述（表 4.3.1-39）。

报告签收用例描述 **表 4.3.1-39**

用例名称	报告签收
参与者（角色）	委托方
数据资源	委托信息表、样品信息表、样品实验参数表、样品流转记录、报告信息、电子签名
操作流程	查看报告签收情况，导出报告签收单
业务规则	1. 支持自动完成签收，也可以手动签收，选择未签收的报告，点击签收。报告签收后可以对每个报告录入工时。后台设置好每个参数的标准工时，根据数量自动计算，允许修改。(工时设置可自定义，配置到任意流程)；2. 要统计报告时效情况（从所有参数试验时间中取最长者＋样品流转时间＋报告处理时间计算出标准时效要求，超出此要求即为报告超期）；3. 报告签收后需要财务审核，审核后才推送到 ERP 生成应收单。提交时要判断是否有工时，没有工时要补充后才能提交。同时签收单需要显示工时，允许修改；4. 室内的签收后自动生成工时，现场检测需要手动录入工时；5. 签收单需要可以预览报告
权限隔离	项目权限、部门权限、个人权限
特别关注	电子报告需要签收之后才可以看到报告
对接需求	签收之后财务确认完应收，数据推送 ERP

14）报告管理——纸质报告留底模块功能说明

① 纸质报告留底功能描述：对已盖章的纸质报告留底。

② 用例描述（表4.3.1-40）。

纸质报告留底用例描述　　表4.3.1-40

用例名称	纸质报告留底
参与者（角色）	委托方
数据资源	报告信息表
操作流程	当报告盖章后，可以通过高拍仪扫描已盖章的纸质报告，输入纸质报告的存档位置
业务规则	支持从特定文件夹中自动识别已盖章报告的扫描件（扫描件按报告编号命名），自动归档
权限隔离	项目权限、部门权限、个人权限
对接需求	对接高拍仪

15）报告管理——报告归档台账模块功能说明

① 报告归档台账功能描述：已签收的报告实现自动归档。

② 用例描述（表4.3.1-41）。

报告归档用例描述　　表4.3.1-41

用例名称	报告归档
参与者（角色）	自动归档
数据资源	报告信息表
操作流程	无需操作，自动归档
权限隔离	项目权限、部门权限、个人权限

16）报告管理——报告更改申请模块功能说明

① 报告更改申请功能描述：在线提交报告更改信息和原因等信息的申请。

② 用例描述（表4.3.1-42）。

报告更改申请用例描述　　表4.3.1-42

用例名称	报告更改申请
参与者（角色）	前台
数据资源	委托信息表、样品信息表、样品实验参数表、样品流转记录、报告信息、电子签名
操作流程	选择需要更改的报告，选择修改类型（委托修改或者原始数据修改），责任情况、发出情况、回收情况等，点击提交
业务规则	1. 报告更改要上传附件；2，如果是正式发出的报告，“是否生成报告标识号”必须为“是”；3. 如果是委托方责任，需要上传附件
权限隔离	项目权限、部门权限、个人权限

17）报告管理——报告更改审核模块功能说明

① 报告更改审核功能描述：对报告更改的申请进行审核。

② 用例描述（表4.3.1-43）。

报告更改审核用例描述　　表 4.3.1-43

用例名称	报告更改审核
参与者（角色）	检测部、生产管理部、质量负责人、技术负责人
数据资源	委托信息表、样品信息表、样品实验参数表、样品流转记录、报告信息、电子签名
操作流程	选择申请，可以审核通过或者审核不通过
权限隔离	项目权限、部门权限、个人权限

18）报告管理——报告更改模块功能说明

① 报告更改功能描述：报告更改申请审核通过后就对报告进行更改操作。

② 用例描述（表 4.3.1-44）。

报告更改用例描述　　表 4.3.1-44

用例名称	报告更改
参与者（角色）	前台
数据资源	委托信息表、样品信息表、样品实验参数表、样品流转记录、报告信息、电子签名
操作流程	选择报告，点击修改，提交
业务规则	只能选择批准通过的报告，系统需要保留更改前和更改后的报告
权限隔离	项目权限、部门权限、个人权限
对接需求	委托方问题时，对接 ERP

19）报告管理——报告增发与补发申请模块功能说明

① 报告增发与补发申请功能描述：完成对报告的补发与增发。

② 用例描述（表 4.3.1-45）。

报告增发与补发申请用例描述　　表 4.3.1-45

用例名称	报告增发与补发申请
参与者（角色）	前台
数据资源	委托信息表、样品信息表、样品实验参数表、样品流转记录、报告信息、电子签名
操作流程	选择已批准报告，选择类型（增发和补发），输入费用、数量等信息，提交审核
业务规则	1. 只能选到完成批准后的报告；2. 报告增发需要多选报告编号
权限隔离	项目权限、部门权限、个人权限

20）报告管理——检测结果不合格项目台账模块功能说明

① 不合格台账功能描述：检测结果若不合格自动在不合格台账插入一条信息，针对不合格项目可以打印不合格通知单，并支持自动通知监管方（邮件）和建设方、监理方、送检方（短信）。

② 用例描述（表 4.3.1-46）。

不合格台账用例描述　　表 4.3.1-46

用例名称	不合格台账
数据资源	委托信息表、样品信息表、样品实验参数表、样品流转记录、报告信息、电子签名
操作流程	此模块的数据自动生成
业务规则	1. 不合格报告不能批量处理；2. 需要有独立的功能维护监督站信息
权限隔离	项目权限、部门权限、个人权限
特别关注	需要提前在后台设置好各个监管的联系方式和邮箱，当发生不合格时自动发放通知，部分特殊可以手动发送

21）报告管理——报告上传异常通知模块功能说明

① 报告上传异常通知功能描述：对上传监管失败的报告进行查看。

② 用例描述（表 4.3.1-47）。

报告上传异常通知用例描述　　表 4.3.1-47

用例名称	报告上传异常通知
参与者（角色）	—
数据资源	委托信息表、样品信息表、样品实验参数表、样品流转记录、报告信息、电子签名
简要说明	当上传监管的报告存在上传失败的情况时，在此模块产生一条通知
操作流程	—
业务规则	—
权限隔离	项目权限

（5）技术报告盖章管理

1）技术报告盖章流程如图 4.3.1-18 所示。

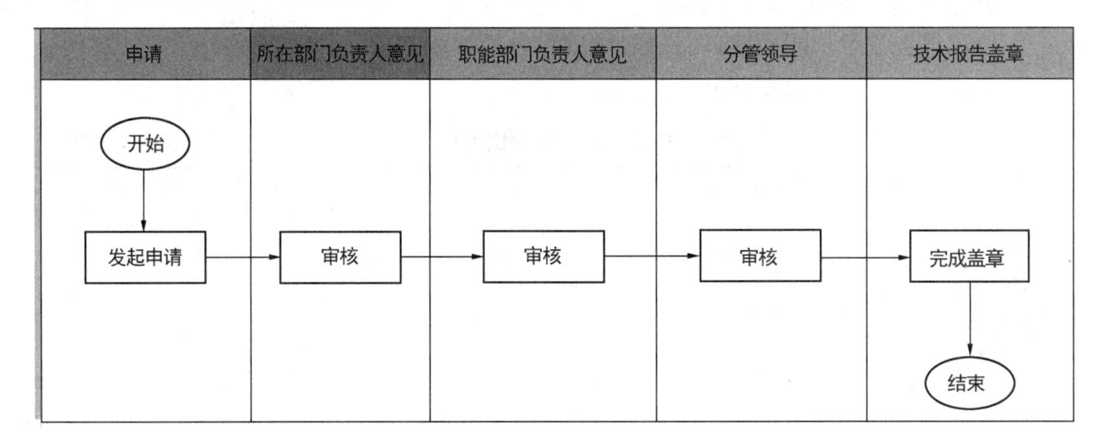

图 4.3.1-18　技术报告盖章流程

2）技术报告专用章申请模块功能说明

① 技术报告专用章申请功能描述：完成技术专用章的申请。

② 用例描述（表 4.3.1-48）。

技术报告专用章申请用例描述　　表 4.3.1-48

用例名称	技术报告专用章申请
参与者（角色）	检测部
数据资源	—
操作流程	点击“新增”、自动带出用章部门、申请人信息，选择文件报告分类、盖章用途、用章事项等信息，上传附件，点击提交
业务规则	—
权限隔离	个人权限、部门权限

3）技术报告部门负责人/职能部门/分管领导审核模块功能说明

① 技术报告部门负责人/职能部门/分管领导审核功能描述：完成技术专用章的审核。

② 用例描述（表 4.3.1-49）。

技术报告审核用例描述　　表 4.3.1-49

用例名称	技术报告审核（包含三个模块，分别由部门负责人、职能部门负责人、分管领导）
参与者（角色）	部门负责人、职能部门负责人、分管领导
数据资源	—
操作流程	选择提交的申请，点击审核、可以选择审核通过或者不通过
业务规则	—
权限隔离	个人权限、部门权限

4）技术报告盖章模块功能说明

① 技术报告盖章功能描述：完成对技术报告的盖章。

② 用例描述（表 4.3.1-50）。

技术报告盖章用例模块　　表 4.3.1-50

用例名称	技术报告盖章
参与者（角色）	部门负责人、职能部门负责人、分管领导
数据资源	—
操作流程	选择申请、点击完成盖章
业务规则	—
权限隔离	个人权限、部门权限

4. 资源管理平台

（1）整体功能

1）资源管理平台整体功能结构如图 4.3.1-19 所示。

2）整体功能说明

资源管理平台整体功能说明如表 4.3.1-51 所示。

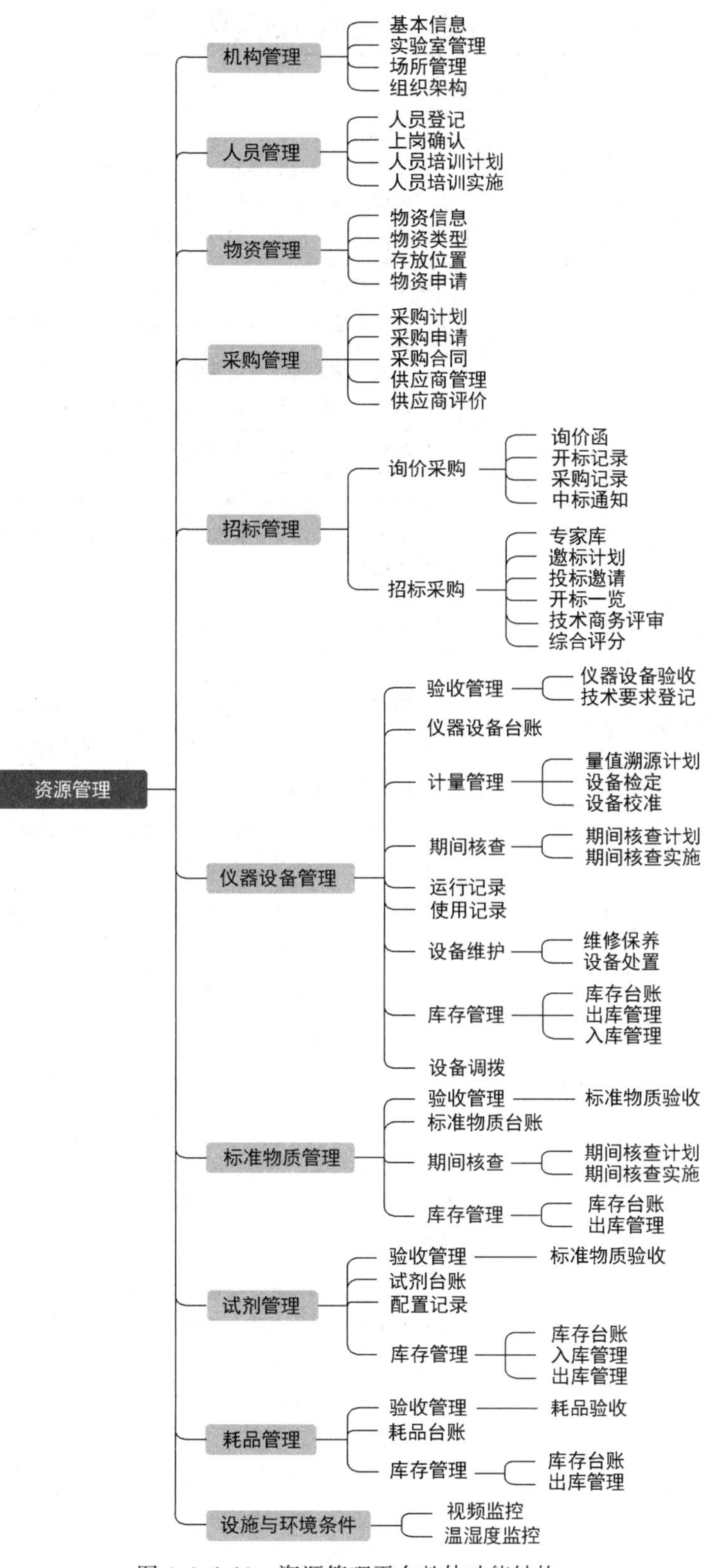

图 4.3.1-19　资源管理平台整体功能结构

资源管理平台整体功能说明　　表 4.3.1-51

一级模块	二级功能	三级功能	功能详细说明
机构管理	机构基本信息	—	由系统管理员进行维护，维护本单位的机构信息，包括：基本信息、组织架构信息、活动范围及实验室资质、实验室岗位职责要求信息、实验室相关图表，如组织结构图、实验室平面图等
	实验室管理	—	实验室基本信息管理。包括：实验室名称、母体名称、实验室类别、实验室地址、质量负责人、检测领域、校准领域等
	场所管理	—	基于实验室进行对应场所管理，可新增实验室对应场所信息，包括场所名称、场所地址、责任人、联系方式等
	组织架构	—	组织架构信息需要与 ERP 系统的组织架构实现同步集成
人员管理	人员信息	—	从 ERP 同步人员基本信息，到检测系统后再补充上岗证等其他信息。可查询人员学历、岗位、所在实验室、上岗证信息等，每个科室只能看到本部门的人员
	人员培训	—	制定年度人员培训计划，在计划实施时可关联具体人员，保留人员参培记录
	上岗确认	—	实验室人员需要通过上岗任命才可参加生产作业，该功能保留了人员上岗审批确认的全过程，保留了完整的可追溯性
	人员监督计划	—	按参数任命实验室内部监督员，制定年度监督计划
	监督实施记录	—	对实验过程是否符合标准和程序文件进行监督，对不合格样品进行复检，记录每次监督行为的结果
物质管理	物质类型	—	以树形结构定义实验室物质分类，物质包括仪器设备、标准物质、试剂、耗品等实验室生产作业用品
	存放地点	—	定义机构的物质存放位置，用于在台账中标记物质的存放地点
	物质信息	—	关联物质类型，形成可申请使用的物质台账
采购管理	采购计划	—	系统的采购计划可以分为年度采购计划、季度采购计划和日常采购计划。制定计划后可关联生成采购申请
	采购申请	—	由使用部门发起物质采购需求，汇总到设备管理员，管理员根据采购总金额发起不同流程的审批，并根据总金额决定使用不同的采购方式
	采购合同	—	完成了招标过程后，或直接采购下与供应商签订的采购订单，包含了本次采购的物质内容、采购单价、采购折扣、预计到货时间等
	供应商管理	—	系统可建立合格供应商名录，内容包括：供应商的基本信息、提供的产品或服务、质量管理资质/能力范围/最近一次评价日期、下次评价日期等； 系统可记录供应商的采购或服务记录、质量反馈记录
	供应商评价	—	采购结束后，对供应商的采购服务进行评分评价，评价结果有合格、观察、不合格，并对不同评价结果的供应商采取相应措施的管理功能

续表

一级模块	二级功能	三级功能	功能详细说明
招标管理	询价采购	询价函	对于采购总金额在 1 万～10 万元的采购申请，需要走询价采购的方式进行采购。询价采购需要先关联采购申请，生成询价函，通过系统内的邮件发送功能将询价函生成 PDF 发送给供应商
		开标记录	如果询价内容符合预期，达成采购意向，则采购业务进入下一阶段，可关联采购申请生成开标记录表，进行审批确认
		采购记录	如果开标记录表审批通过，关联生成采购记录表，记录本次采购具体内容
		中标通知	采购记录审批通过，则关联生成中标通知书，通过系统内的邮件发送功能将中标通知书生成 PDF 发送给供应商，表示此采购过程已结束
	招标采购	专家库	建立专家库，用于在评标过程中随机抽取专家发放技术商务评审表进行评分，确保招标活动的公平性
		邀标计划	对于采购总金额在 10 万～200 万元的采购申请，需要走内部邀标的方式进行采购；采购总金额在 200 万元以上的采购申请，需要走公开招标的方式进行采购，这两种采购方式所需要的程序文件一致（区别在于公开招标需要挂在网上公示），故合并在同一套业务中。招标活动开始时，需要关联采购申请单填写邀标计划，明确采购需求
		投标邀请	确定了潜在供应商后，关联采购申请生成投标邀请，通过邮件发送给各潜在供应商
		技术商务评审	潜在供应商提交投标文件（电子标书）后，进入评标环节。系统从专家库中随机抽取一定数量的专家，向专家发放技术商务评审表（关联采购申请生成），专家填写对投标文件的打分评价
		综合评分	技术商务评审表填写完成后，汇总生成综合评分表，计算出投标文件的最终综合得分
		开标一览	评标过程完成，得出最终结果，根据综合评分表生成开标一览表
		中标通知	根据开标一览表生成中标通知书，通过邮件发送给中标供应商，完成招标采购过程
仪器设备管理	验收管理	仪器设备验收	采购到货后，仪器设备需要经过业务部门验收才能入库。采购合同完成后，根据采购完成的到货信息，自动生成待验收记录。需要完成技术要求登记，并上传相关验收文件、补充台账信息才能完成验收。如果验收不通过，则可以作不符合待整改、不合格退货两种处理
		技术要求登记	验收时需要核对设备的技术要求，并在系统登记备案。生成待验收记录的同时会自动生成技术要求登记
	仪器设备台账	—	验收通过的仪器设备会根据编码规则自动赋予设备编号，自动生成台账。根据计量周期、期间核查周期，系统会对即将超期、已超期但未做计划的设备进行预警

续表

一级模块	二级功能	三级功能	功能详细说明
仪器设备管理	计量管理	量值溯源计划	按年度根据设备的计量周期筛选出本周期内需要做计量的设备，形成量值溯源计划。对于即将超期、已超期未完成的计划系统会进行预警
		设备检定校准	根据量值溯源计划自动生成待检定、校准记录
	期间核查	期间核查计划	根据台账中的期间核查周期，自动生成期间核查计划。对于即将超期、已超期未完成的计划系统会进行预警
		期间核查实施	需要登记期间核查实施的结果
	使用记录	—	采集室内仪器设备和室外检测设备的试验内容和试验时间，形成使用记录
	设备维护	维修保养计划	登记设备维修和日常保养计划
		维护保养实施	登记设备维修和日常保养实施结果
		设备处置	对于无法维修的设备，需要进行报废或降级处理，记录报废（降级）原因和报废（降级）日期
	库存管理	库存台账	根据验收入库、出库借用/领用、归还入库、检定校准情况、期间核查情况、维修报废情况计算出各种仪器设备的可用库存
		领用预订	外检设备的领用预订
		出库管理	外检设备借用出库
		入库管理	借用的设备归还入库
	设备调拨	—	不同实验室之前借用设备，改变设备保管部门
标准物质管理	验收管理	标准物质验收	采购到货后，标准物质需要经过业务部门验收才能入库。采购合同完成后，根据采购完成的到货信息，自动生成待验收记录。需要上传相关验收文件、补充台账信息才能完成验收。如果验收不通过，则可以作不符合待整改、不合格退货两种处理
	标准物质台账	—	验收通过的标准物质会根据编码规则自动赋予标准物质编号，自动生成台账。根据期间核查周期，系统会对即将超期、已超期但未做计划的标准物质进行预警
	期间核查	期间核查计划	根据台账中的期间核查周期，自动生成期间核查计划。对于即将超期、已超期未完成的计划系统会进行预警
		期间核查实施	需要登记期间核查实施的结果
	库存管理	库存台账	根据验收入库、出库领用/报废、使用后归还入库、期间核查情况计算出各种标准物质的可用库存
		出库管理	标准物质领用出库

续表

一级模块	二级功能	三级功能	功能详细说明
试剂管理	验收管理	试剂验收	采购到货后，试剂需要经过业务部门验收才能入库。采购合同完成后，根据采购完成的到货信息，自动生成待验收记录。需要上传相关验收文件、补充台账信息才能完成验收。如果验收不通过，则可以作不符合待整改、不合格退货两种处理
	试剂类别管理	—	获取物质分类中试剂的分类，并定义每种分类生成种类二维码的规则
	试剂台账	—	验收通过的试剂会根据编码规则自动赋予试剂编号，自动生成台账。根据期间核查周期，系统会对即将超期、已超期但未做计划的试剂进行预警
	配置记录	—	实验室需要对试剂的配置记录进行登记备案
	废液登记	—	登记实验室废弃化学品处理记录
	库存管理	库存台账	根据验收入库、出库领用/报废、使用后归还入库、期间核查情况计算出各种试剂的可用库存
		出库管理	标准物质领用出库
		入库管理	标准物质使用后，如果还有剩余量，需要入库归还
耗品管理	验收管理	耗品验收	采购到货后，试剂需要经过业务部门验收才能入库。采购合同完成后，根据采购完成的到货信息，自动生成待验收记录。需要上传相关验收文件、补充台账信息才能完成验收。如果验收不通过，则可以作不符合待整改、不合格退货两种处理
	耗品台账	—	验收通过的耗品会根据编码规则自动赋予试剂编号，自动生成台账。根据期间核查周期，系统会对即将超期、已超期但未做计划的试剂进行预警
	库存管理	库存台账	根据验收入库、出库领用/报废、使用后归还入库、期间核查情况计算出各种耗品的可用库存
		出库管理	耗品领用出库
设施与环境条件	视频监控	—	登记视频监控信息，实现实验室试验全过程直播监控
	温湿度监控	—	登记温湿度监控信息，实现对养护室温湿度的实时监控

（2）机构及人员管理模块功能说明

1）机构及人员管理流程

① 机构、人员管理业务流程如图 4.3.1-20 所示。

② 人员上岗确认流程如图 4.3.1-21 所示。

③ 人员培训和人员监督流程如图 4.3.1-22 所示。

2）机构及人员管理——机构基本信息模块功能说明

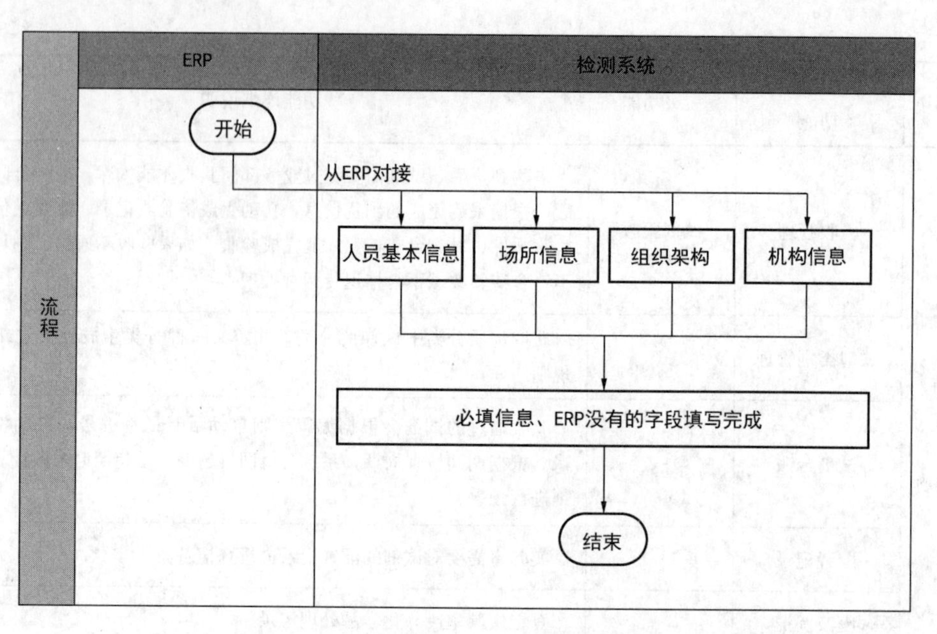

图 4.3.1-20 机构、人员管理业务流程

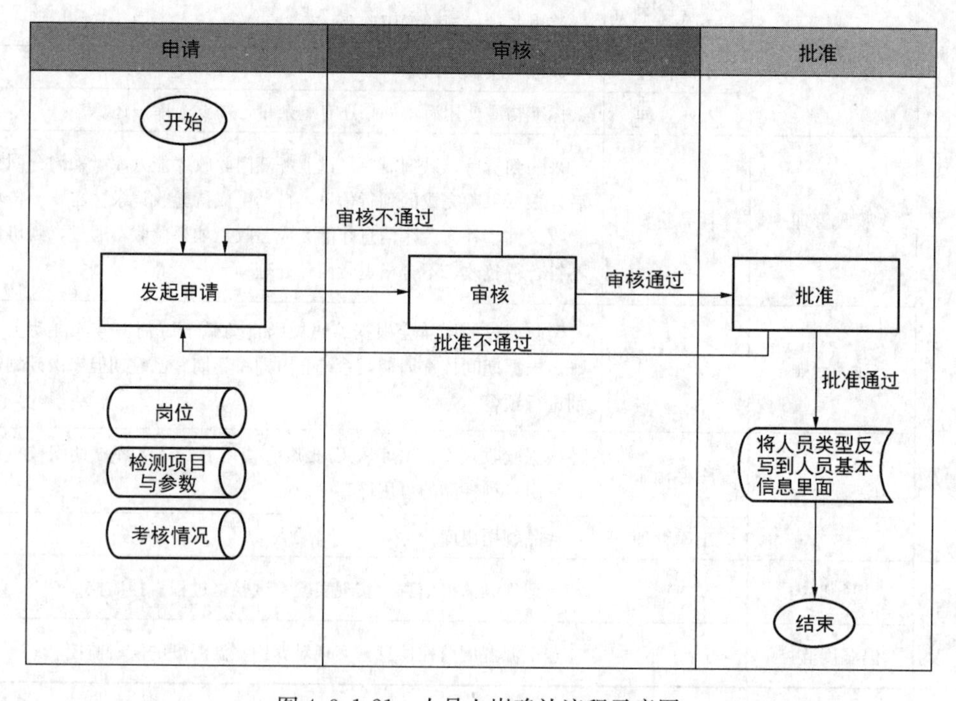

图 4.3.1-21 人员上岗确认流程示意图

① 机构基本信息功能描述：由系统管理员进行维护，维护本单位的机构信息，包括：基本信息、组织架构信息、活动范围及实验室资质、实验室岗位职责要求信息、实验室相关图表，如组织结构图、实验室平面图等。

② 用例描述（表 4.3.1-52）。

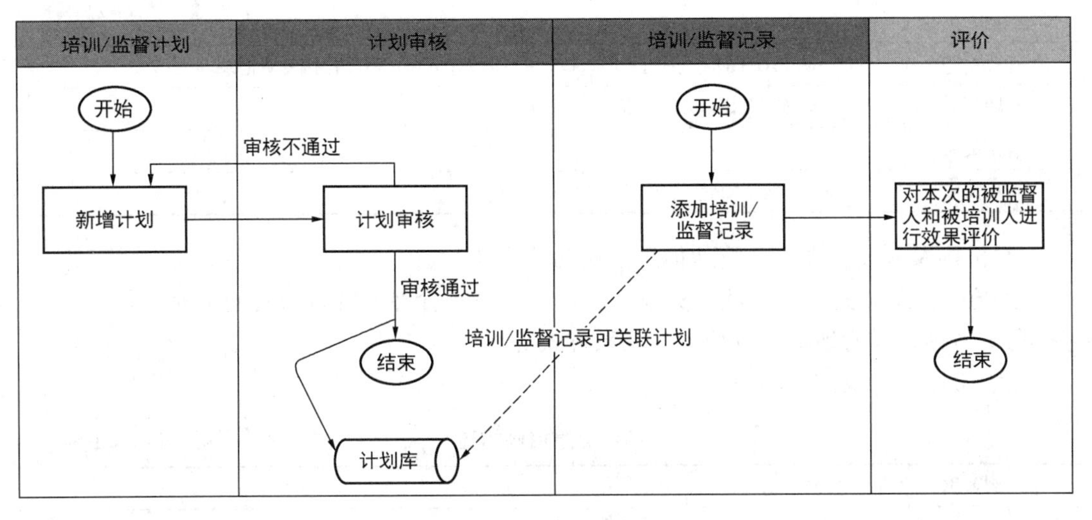

图 4.3.1-22　人员培训和人员监督流程

机构基本信息用例描述　　**表 4.3.1-52**

用例名称	机构基本信息
参与者（角色）	系统管理员
数据资源	机构基本信息表
简要说明	维护本单位机构信息，包括基本信息、经营范围、经营许可证附件等
操作流程	从 ERP 同步（或导入）机构基本信息，如果有信息无法获取，则需要手工补充。相关附件需要重新上传。信息录入途中，点击“保存”可以及时存档。基本信息录入完成后，点击“提交”，信息生效
业务规则	1. 附件只能上传 PDF 和图片；2. 提交后无法编辑，如果需要修改，需要进行信息变更，需要生成变更记录
权限隔离	只有管理员账号才有权编辑
特别关注	无
对接需求	需要对接 ERP 系统，获取机构基本信息

3）机构及人员管理——组织架构模块功能说明

① 组织架构功能描述：组织架构信息须与 ERP 系统的组织架构实现同步集成。

② 用例描述（表 4.3.1-53）。

组织架构用例描述　　**表 4.3.1-53**

用例名称	组织架构
参与者（角色）	系统管理员
数据资源	组织架构表、机构基本信息表
简要说明	与 ERP 系统的组织架构实现同步集成，以树形结构展示本单位组织架构
操作流程	系统初始化期间，调用 ERP 数据同步接口，获取组织架构信息，新检测系统只保留查看功能

续表

业务规则	1. 从 ERP 同步，关闭新增入口；2. 如果有更新，需要保留变更记录
权限隔离	只有管理员账号才有权编辑
特别关注	无
对接需求	需要对接 ERP 系统，获取组织架构信息

4）机构及人员管理——场所信息模块功能说明

① 场所信息功能描述：基于实验室进行对应场所管理，可新增实验室对应场所信息，包括场所名称、场所地址、责任人、联系方式等。

② 用例描述（表 4.3.1-54）。

场所信息用例描述 **表 4.3.1-54**

用例名称	场所信息
参与者（角色）	系统管理员
数据资源	组织架构表、场所信息表
简要说明	管理机构内的检测场所，可新增实验室对应场所信息，包括场所名称、场所地址、责任人、联系方式等
操作流程	1. 新增场所，编码按流水号自动生成，名称、地址必填；2. 录入完毕后保存、提交
业务规则	1. 场所编码、地址不能重复；2. 支持批量导入
权限隔离	只有管理员账号才有权编辑

5）机构及人员管理——实验室信息模块功能说明

① 实验室信息功能描述：实验室基本信息管理。包括：实验室名称、母体名称、实验室类别、实验室地址、质量负责人、检测领域、校准领域等。

② 用例描述（表 4.3.1-55）。

实验室信息用例描述 **表 4.3.1-55**

用例名称	实验室信息
参与者（角色）	系统管理员、实验室负责人
数据资源	场所信息表、实验室信息表、人员信息表
简要说明	维护本单位实验室信息，包括：实验室名称、母体名称、实验室类别、实验室地址、质量负责人、检测领域、校准领域等
操作流程	1. 系统管理员关联场所新增实验室信息；2. 选择实验室对应技术负责人、质量负责人；3. 由质量负责人/技术负责人完善实验室其余信息
业务规则	1. 技术负责人、质量负责人等人员字段需要从人员信息中选择；2. 附件只能上传 PDF 和图片；3. 提交后无法编辑，如果需要修改，需要进行信息变更，需要生成变更记录
权限隔离	每个实验室负责人只能看到与本人相关的实验室信息

6）机构及人员管理——人员信息模块功能说明

① 人员信息功能描述：从 ERP 同步人员基本信息，到检测系统后再补充上岗证等其他信息。可查询人员学历、岗位、所在实验室、上岗证信息等，每个科室只能看到本部门

的人员。

② 用例描述（表4.3.1-56）。

人员信息用例描述　　**表4.3.1-56**

用例名称	人员信息
参与者（角色）	人事负责人
数据资源	实验室信息表、人员信息表
简要说明	采集ERP系统的人员基本信息，并补充其他检测相关信息后，形成检测系统的人员档案
操作流程	1. 通过接口自动从ERP获取人员基本信息；2. 补充其余与检测相关信息；3. 上传附件
业务规则	1. 关闭新增入口，人员信息从单位ERP人力模块中同步过来，通过同步获取的信息无法在检测系统修改；2. 人员信息变更需要保留变更记录；3. 人员信息如果有关联其他业务则不允许被删除
权限隔离	按部门进行数据隔离
特别关注	无
对接需求	对接ERP人力模块，获取人员基本信息；需要有新增和更新的接口

7）机构及人员管理——人员上岗确认模块功能说明

① 人员上岗确认功能描述：实验室人员需要通过上岗任命才可参加生产作业，该功能保留了人员上岗审批确认的全过程，保留了完整的可追溯性。

② 用例描述（表4.3.1-57）。

人员上岗确认用例描述　　**表4.3.1-57**

用例名称	人员上岗确认
参与者（角色）	各部门负责人、人事负责人、机构领导
数据资源	人员信息表、岗位信息表
简要说明	管理实验室相关人员的岗位审批确认
操作流程	1. 选择人员；2. 填写上岗信息；3. 发起审批
业务规则	1. 上岗确认流程通过后，发送提示给系统管理员，需要给人员配置相关权限；2. 人员发生部门调动时，自动取消原部门的权限，并发送提示给系统管理员，需要取消该人员在原部门的权限；3. 选择岗位：抽样人员、检测人员、检验人员、设备使用人员、报告签发人员、提出意见解释人员、关键岗位（包含内审员、监督员等）；4. 选择授权的检测项目和参数批准通过以后，人员类型反写进人员基本信息。支持将原本ERP的数据导入进检测系统
权限隔离	按部门进行数据隔离
特别关注	人员部门调动后权限需要及时取消

8）机构及人员管理——关键岗位人员和授权签字人新增及变更模块功能说明

① 关键岗位人员和授权签字人新增及变更功能描述：管理实验室相关人员的岗位审批确认。

② 用例描述（表4.3.1-58）。

关键岗位人员和授权签字人新增及变更用例描述　　表 4.3.1-58

用例名称	关键岗位人员和授权签字人新增及变更
参与者（角色）	各部门负责人、人事负责人、机构领导
数据资源	人员信息表、岗位信息表
操作流程	1. 选择人员；2. 填写新增的岗位或变更的岗位；3. 发起审批
业务规则	批准通过以后，人员类型写进人员基本信息。支持将原本 ERP 的数据导入检测系统
权限隔离	按部门进行数据隔离
特别关注	人员部门调动后权限需要及时取消

9）机构及人员管理——人员培训计划模块功能说明

① 人员培训计划功能描述：制定年度人员培训计划，在计划实施时可关联具体人员，保留人员参培记录。

② 用例描述（表 4.3.1-59）。

人员培训计划用例描述　　表 4.3.1-59

用例名称	人员培训计划
参与者（角色）	各部门负责人、人事负责人
数据资源	人员信息表、培训计划表
简要说明	管理实验室组织的人员年度培训
操作流程	新增计划，计划开始时间、计划结束时间、培训内容、培训人数为必填
业务规则	1. 计划开始时间不得晚于计划结束时间；2. 计划结束时间不得早于计划开始时间
权限隔离	按部门进行数据隔离

10）机构及人员管理——人员培训实施及评价模块功能说明

① 人员培训实施及评价功能描述：管理培训计划的实施，并对培训结果进行打分评价。

② 用例描述（表 4.3.1-60）。

人员培训实施及评价用例描述　　表 4.3.1-60

用例名称	人员培训实施及评价
参与者（角色）	各部门负责人、人事负责人
数据资源	人员信息表、培训计划表、培训实施表
操作流程	1. 选择培训计划；2. 填写培训结果，参培人员、培训讲师、培训日期为必填；3. 可对培训内容进行修改；4. 对培训效果打分评价
业务规则	1. 选择计划后把培训计划的信息带过来，允许修改；2. 参培人员只能选择到对应实验室的人员
权限隔离	按部门进行数据隔离

11）机构及人员管理——人员监督计划模块功能说明

① 人员监督计划功能描述：按参数任命实验室内部监督员，制定年度监督计划。

② 用例描述（表 4.3.1-61）。

人员监督计划用例描述　　表 4.3.1-61

用例名称	人员监督计划
参与者（角色）	各部门负责人、人事负责人
数据资源	人员信息表、人员监督计划表
简要说明	管理实验室组织的人员年度监督计划
操作流程	新增计划，输入计划开始时间、计划结束时间、监督内容、监督人、被监督人、监督时间、监督周期
业务规则	1. 计划开始时间不得晚于计划结束时间；2. 计划结束时间不得早于计划开始时间
权限隔离	按部门进行数据隔离

12）机构及人员管理——人员监督实施及评价模块功能说明

① 人员监督实施及评价功能描述：对实验过程是否符合标准和程序文件进行监督，对不合格样品进行复检，记录每次监督行为的结果。

② 用例描述（表 4.3.1-62）。

人员监督实施及评价用例描述　　表 4.3.1-62

用例名称	人员监督实施及评价
参与者（角色）	各部门负责人、人事负责人
数据资源	人员信息表、监督计划表、监督实施表
简要说明	管理监督计划的实施，并对监督结果进行打分评价
操作流程	1. 选择监督计划；2. 填写监督结果、监督时间、被监督人等信息；3. 对监督效果打分评价
业务规则	选择计划后把监督的信息带过来，允许修改
权限隔离	按部门进行数据隔离

（3）物质、采购及验收管理

1）业务模型

① 采购计划流程如图 4.3.1-23 所示。

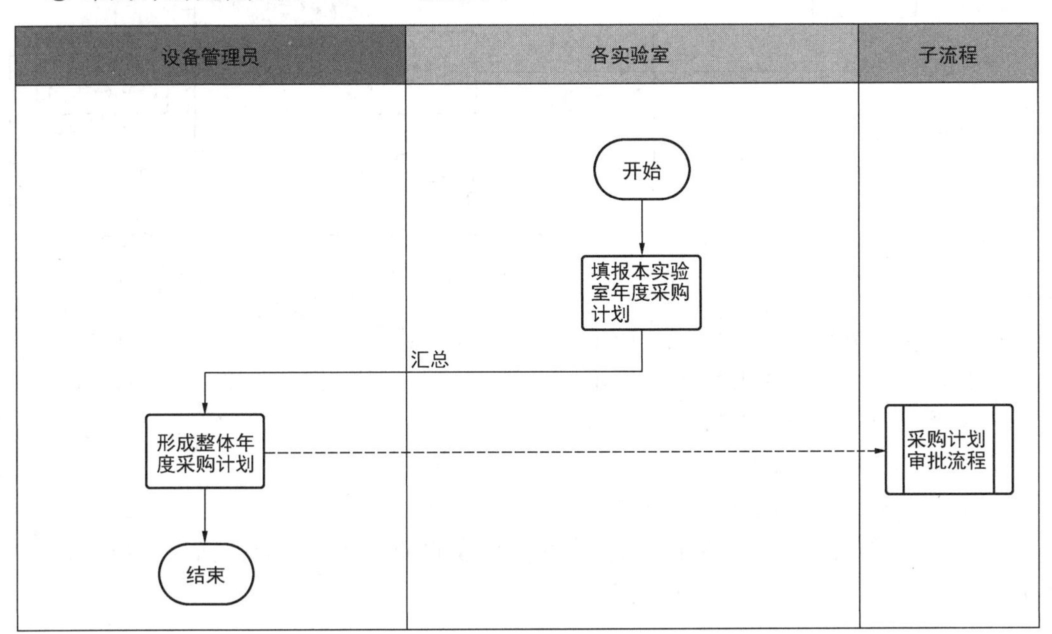

图 4.3.1-23　采购计划流程

② 采购申请流程如图 4.3.1-24 所示。

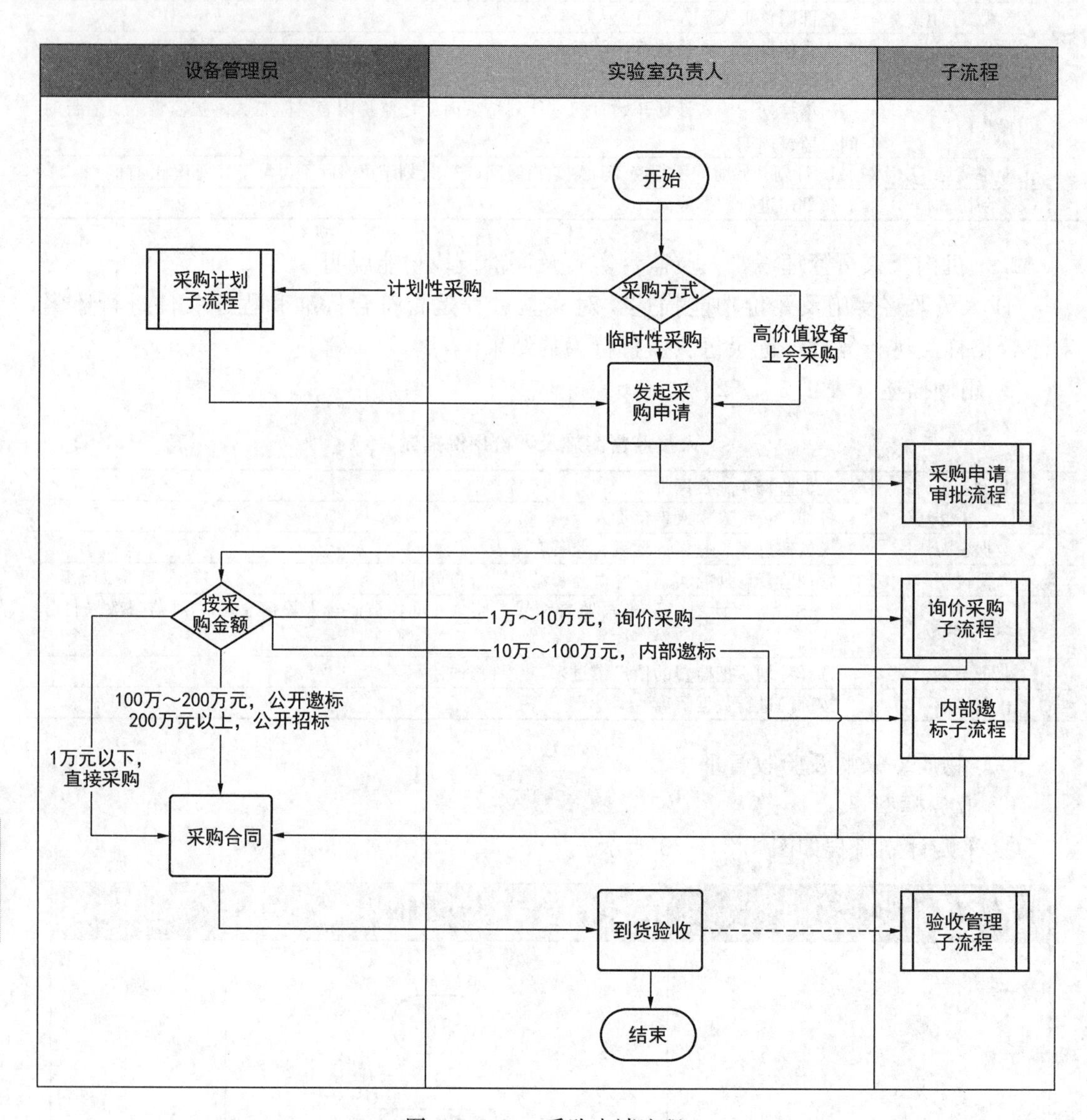

图 4.3.1-24　采购申请流程

③ 询价采购流程如图 4.3.1-25 所示。

④ 招标采购流程如图 4.3.1-26 所示。

⑤ 采购验收流程如图 4.3.1-27 所示。

⑥ 供应商管理流程如图 4.3.1-28 所示。

2）物质管理——物质分类模块功能说明

① 物质分类功能描述：以树形结构定义实验室物质分类，物质包括仪器设备、标准物质、试剂、耗品等实验室生产作业用品。

② 用例描述（表 4.3.1-63）。

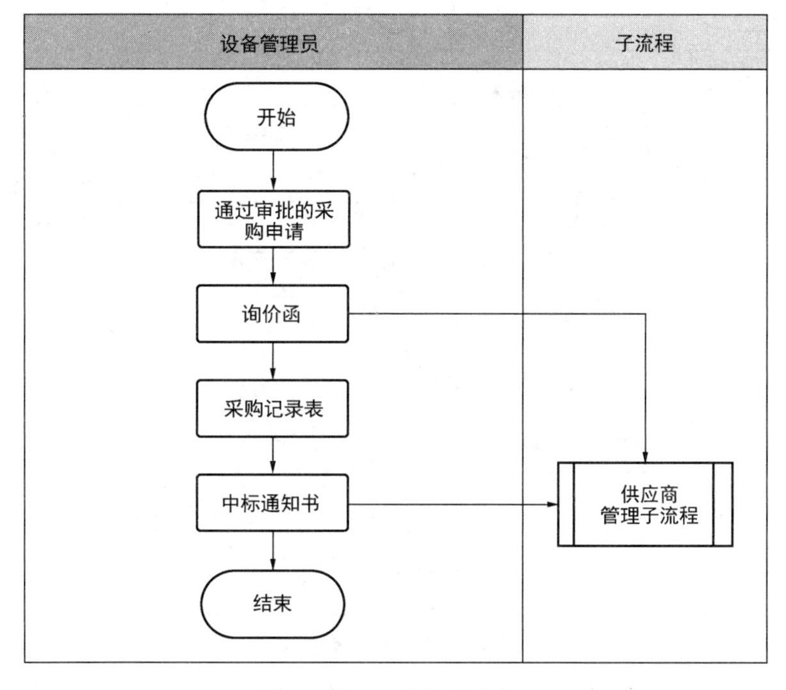

图 4.3.1-25　询价采购流程

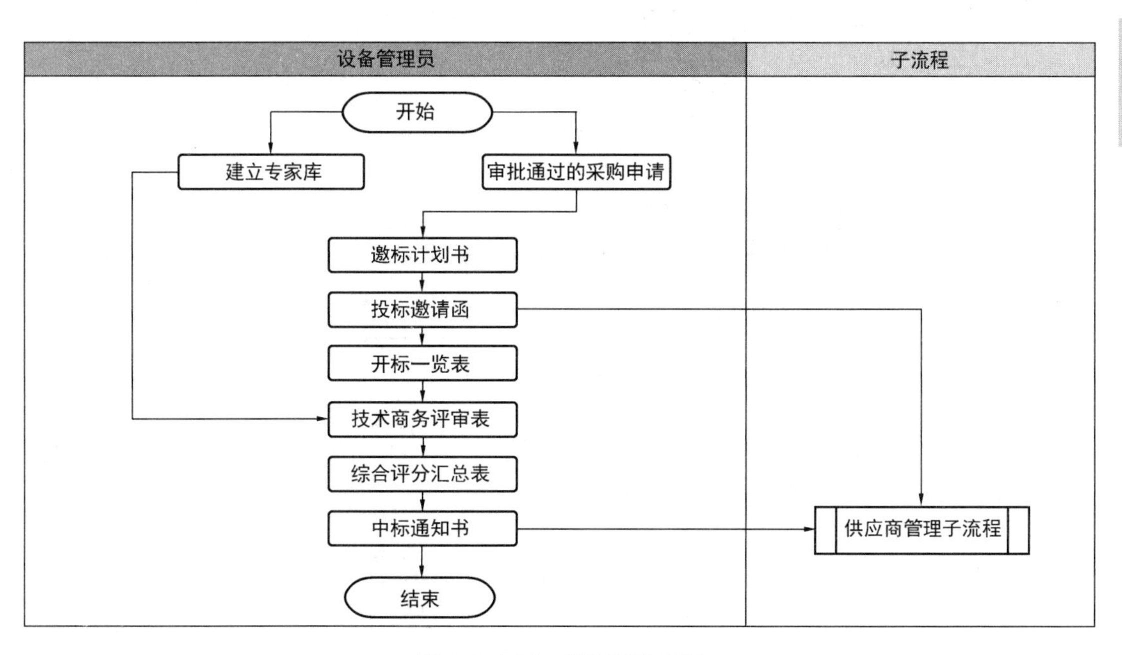

图 4.3.1-26　招标采购流程

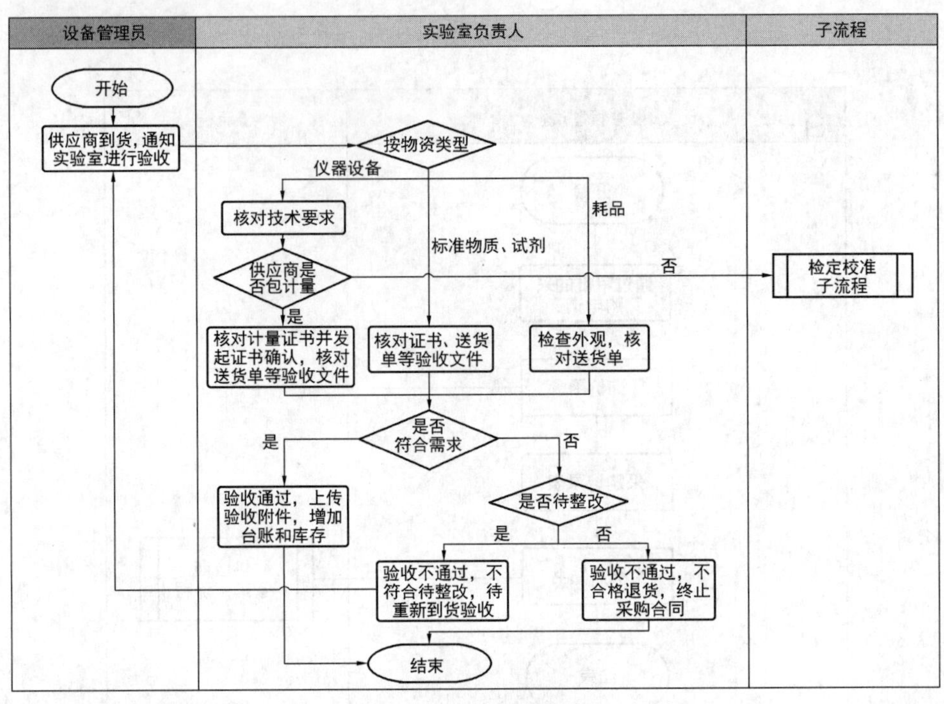

图 4.3.1-27　采购验收流程

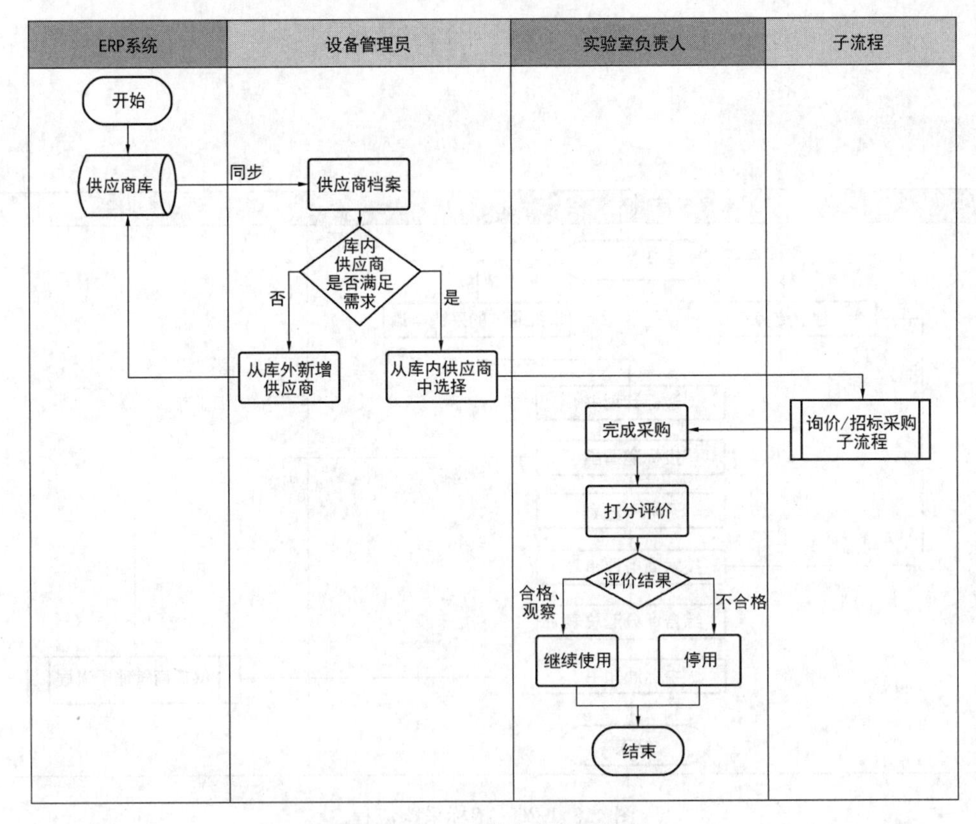

图 4.3.1-28　供应商管理流程

第4章

物质分类用例描述　　表 4.3.1-63

用例名称	物质分类
参与者（角色）	设备管理员
数据资源	物质分类表
简要说明	以树形结构定义实验室物质分类，物质包括仪器设备、标准物质、试剂、耗品等实验室生产作业用品
操作流程	1. 选择层级；2. 新增分类
业务规则	1. 一级分类默认有仪器设备、标准物质、试剂、耗品，这些不允许删除、修改；2. 默认启用

3）物质管理——存放地点模块功能说明

① 存放地点功能描述：定义机构的物质存放位置，用于在台账中标记物质的存放地点。

② 用例描述（表 4.3.1-64）。

存放地点用例描述　　表 4.3.1-64

用例名称	存放地点
参与者（角色）	设备管理员
数据资源	存放地点表
简要说明	管理实验室设备的存放地点信息
操作流程	按层级新增存放地点
业务规则	1. 存放位置一旦关联了其他业务，则不允许删除，只能禁用；2. 默认启用

4）物质管理——物质信息模块功能说明

① 物质信息功能描述：关联物质类型，形成可申请使用的物质台账。

② 用例描述（表 4.3.1-65）。

物质信息用例描述　　表 4.3.1-65

用例名称	物质信息
参与者（角色）	设备管理员
数据资源	物质分类表、物质信息表
简要说明	耗品提前录入到系统中，采购耗品时从提前录入的档案中选择
操作流程	1. 新增物质信息；2. 选择物质分类；3. 补充其余信息
业务规则	1. 新增时物质状态默认为启用；2. 物质分类只能选择到耗品及其下级分类

5）采购管理——采购计划模块功能说明

① 采购计划功能描述：系统的采购计划可以分为年度采购计划、季度采购计划和日常采购计划。制定计划后可关联生成采购申请。

② 用例描述（表 4.3.1-66）。

采购计划用例描述　　表 4.3.1-66

用例名称	采购计划
参与者（角色）	设备管理员
数据资源	物质信息表、采购计划表
简要说明	制定机构本年度设备采购计划
操作流程	1. 新增采购计划，填写计划时间段；2. 选择供应商；3. 选择单据类型（仪器设备、标准物质、试剂、耗品）；4. 选择物质信息；5. 补充计划采购数量
业务规则	1. 支持复制历史采购计划生成新采购计划；2. 审核通过的采购计划才会生效；3. 只能选择启用的物质；4. 只能选择启用的供应商；5. 计划时间支持按年、季度、月
权限隔离	按部门进行数据隔离

6）采购管理——采购申请模块功能说明

① 采购申请功能描述：由使用部门发起物质采购需求，汇总到设备管理员，管理员根据采购总金额发起不同流程的审批，并根据总金额决定使用不同的采购方式。

② 用例描述（表 4.3.1-67）。

采购申请用例描述　　表 4.3.1-67

用例名称	采购申请
参与者（角色）	实验室负责人
数据资源	物质信息表、采购计划表、采购申请表
简要说明	实验室负责人汇总本实验室采购需求，汇总成采购申请，提交审批。采购申请可直接根据公司采购计划进行定期采购
操作流程	1. 新增采购申请，可以和选择采购计划进行关联；2. 选择供应商（或自动带出）；3. 补充物质信息（或自动带出）；4. 补充采购申请数量
业务规则	1. 如果选择关联采购计划，则带出采购计划物质信息；如果不关联生成，则需要手动录入物质信息；2. 申请数量必须大于 0；3. 申请日期带出当前日期；4. 只能选择启用的物质；5. 只能选择启用的供应商；6. 周期性采购申请在专业科室内完成审批后，需要由综合室进行合并送审
权限隔离	按部门进行数据隔离

7）采购管理——询价函模块功能说明

① 询价函功能描述：对于采购总金额在 1 万～10 万元的采购申请，需要走询价采购的方式进行采购。询价采购需要先关联采购申请，生成询价函，通过系统内的邮件发送功能将询价函生成 PDF 发送给供应商。

② 用例描述（表 4.3.1-68）。

询价函用例描述　　表 4.3.1-68

用例名称	询价函
参与者（角色）	设备管理员
数据资源	采购申请表、询价函表

续表

简要说明	关联采购申请单信息生成询价函，生成固定格式，通过邮件发送给供应商询价
操作流程	1. 关联采购申请单生成询价函；2. 补充其余信息；3. 审批通过后自动发送邮件
业务规则	1. 需要关联采购申请，允许关联多个采购申请；2. 支持输入供应商邮箱地址，自动通过机构信息中的邮箱发送 PDF 格式的询价函
权限隔离	按部门进行数据隔离
特别关注	在线上体现完整的采购过程，减少线上线下衔接的工作量
对接需求	需要开发邮箱发送功能

8）采购管理——开标记录表模块功能说明

① 开标记录表功能描述：如果询价内容符合预期，达成采购意向，则采购业务进入下一阶段，可关联采购申请生成开标记录表，进行审批确认。

② 用例描述（表 4.3.1-69）。

开标记录表用例描述　　表 4.3.1-69

用例名称	开标记录表
参与者（角色）	设备管理员
数据资源	采购申请表、询价函表、开标记录表
简要说明	如果询价内容符合预期，达成采购意向，则采购业务进入下一阶段，可关联采购申请生成开标记录表，进行审批确认
操作流程	1. 关联询价函生成开标记录表；2. 补充其余信息
业务规则	关联询价函生成，需要携带采购申请信息
权限隔离	按部门进行数据隔离
特别关注	在线上体现完整的采购过程，减少线上线下衔接的工作量

9）采购管理——采购记录表模块功能说明

① 采购记录表功能描述：如果开标记录表审批通过，关联生成采购记录表，记录本次采购具体内容。

② 用例描述（表 4.3.1-70）。

采购记录表用例描述　　表 4.3.1-70

用例名称	采购记录表
参与者（角色）	设备管理员
数据资源	采购申请表、开标记录表、采购记录表
简要说明	关联开标记录表生成可溯源的采购记录表
操作流程	1. 关联开标记录表生成采购记录表；2. 补充其余信息
业务规则	1. 关联开标记录表生成，需要携带采购申请信息；2. 比选信息的“是否推荐”只能选择一家供应商为“是”
权限隔离	按部门进行数据隔离
特别关注	在线上体现完整的采购过程，减少线上线下衔接的工作量

10）采购管理——中标通知书模块功能说明

① 中标通知书功能描述：采购记录审批通过，则关联生成中标通知书，通过系统内的邮件发送功能将中标通知书生成PDF格式发送给供应商，表示此采购过程已结束。

② 用例描述（表4.3.1-71）。

中标通知书用例描述 **表4.3.1-71**

用例名称	中标通知书
参与者（角色）	设备管理员
数据资源	采购申请表、采购记录表、中标通知书表
简要说明	关联采购记录表生成可溯源的中标通知书，并通过邮件发送给供应商
操作流程	1. 关联采购记录表生成中标通知书；2. 补充其余信息；3. 点击“发送邮件”
业务规则	1. 关联采购记录表生成，需要携带采购申请信息；2. 支持输入供应商邮箱地址，自动通过机构信息中的邮箱发送PDF格式的中标通知书
权限隔离	按部门进行数据隔离
特别关注	在线上体现完整的采购过程，减少线上线下衔接的工作量
对接需求	需要开发邮件发送功能

11）采购管理——专家库模块功能说明

① 专家库功能描述：建立专家库，用于在评标过程中随机抽取专家发放技术商务评审表进行评分，确保招标活动的公平性。

② 用例描述（表4.3.1-72）。

专家库用例描述 **表4.3.1-72**

用例名称	专家库
参与者（角色）	设备管理员
数据资源	专家库表
简要说明	建立专家库，储存招标过程中的专家信息，用于在评标时随机抽取
操作流程	1. 新增专家信息；2. 补充专家姓名、身份证号、所属机构、职称等
业务规则	身份证号不允许重复

12）采购管理——邀标计划书模块功能说明

① 邀标计划书功能描述：对于采购总金额在10万～200万元的采购申请，需要走内部邀标的方式进行采购；采购总金额在200万元以上的采购申请，需要走公开招标的方式进行采购，这两种采购方式所需要的程序文件一致（区别在于公开招标需要挂在网上公示），故合并在同一套业务中。招标活动开始时，需要关联采购申请单填写邀标计划，明确采购需求。

② 用例描述（表4.3.1-73）。

邀标计划书用例描述　　表 4.3.1-73

用例名称	邀标计划书
参与者（角色）	设备管理员
数据资源	采购申请表、邀标计划书表
简要说明	关联采购申请生成邀标计划书
操作流程	1. 关联采购申请生成邀标计划书；2. 补充其余信息
业务规则	需要关联采购申请，允许关联多个采购申请
权限隔离	按部门进行数据隔离
特别关注	在线上体现完整的采购过程，减少线上线下衔接的工作量

13）采购管理——投标邀请函模块功能说明

① 投标邀请函功能描述：确定了潜在供应商后，关联采购申请生成投标邀请函，通过邮件发送给各潜在供应商。

② 用例描述（表 4.3.1-74）。

投标邀请函用例描述　　表 4.3.1-74

用例名称	投标邀请函
参与者（角色）	设备管理员
数据资源	采购申请表、邀标计划书表、投标邀请函表
简要说明	关联邀标计划书生成投标邀请函，并支持按固定模板发送邮件
操作流程	1. 关联邀标计划书生成投标邀请函；2. 补充其余信息；3. 点击“发送邮件”
业务规则	1. 关联邀标计划书生成，需要携带采购申请信息；2. 支持输入供应商邮箱地址，自动通过机构信息中的邮箱发送 PDF 格式的投标邀请函
权限隔离	按部门进行数据隔离
特别关注	在线上体现完整的采购过程，减少线上线下衔接的工作量

14）采购管理——开标一览表模块功能说明

① 开标一览表功能描述：评标过程完成，得出最终结果，根据综合评分表生成开标一览表。

② 用例描述（表 4.3.1-75）。

开标一览表用例描述　　表 4.3.1-75

用例名称	开标一览表
参与者（角色）	设备管理员
数据资源	采购申请表、投标邀请函、开标一览表
简要说明	关联投标邀请函，记录开标结果
操作流程	1. 关联投标邀请函，生成开标一览表；2. 补充其余信息
业务规则	关联投标邀请函生成，需要携带采购申请信息
权限隔离	按部门进行数据隔离
特别关注	在线上体现完整的采购过程，减少线上线下衔接的工作量

15）采购管理——技术商务评审表模块功能说明

① 技术商务评审表功能描述：潜在供应商提交投标文件（电子标书）后，进入评标环节。系统从专家库中随机抽取一定数量的专家，向专家发放技术商务评审表（关联采购申请生成），专家填写对投标文件的打分评价。

② 用例描述（表 4.3.1-76）。

技术商务评审表用例描述 **表 4.3.1-76**

用例名称	技术商务评审表
参与者（角色）	设备管理员
数据资源	采购申请表、专家库表、开标一览表、技术商务评审表
简要说明	在评标阶段通过从专家库随机抽取专家，对标书内容进行打分评价
操作流程	1. 输入专家抽取数量；2. 随机形成专家名单；3. 关联开标一览表生成对应专家数量的技术商务评审表；4. 打印技术商务评审表；5. 录入评分结果
业务规则	1. 抽取了多少专家数量，就生成多少份技术商务评审表；2. 每份评审表对应一个抽取到的专家；3. 关联开标一览表生成，需要携带采购申请信息
权限隔离	按部门进行数据隔离
特别关注	在线上体现完整的采购过程，减少线上线下衔接的工作量

16）采购管理——综合评分汇总表模块功能说明

① 综合评分汇总表功能描述：技术商务评审表填写完成后，汇总生成综合评分表，计算出投标文件的最终综合得分。

② 用例描述（表 4.3.1-77）。

综合评分汇总表用例描述 **表 4.3.1-77**

用例名称	综合评分汇总表
参与者（角色）	设备管理员
数据资源	采购申请表、专家库表、投标邀请函表、技术商务评审表、综合评分汇总表
简要说明	专家完成打分后，汇总各个专家的打分结果形成一个综合的评标结果
操作流程	1. 关联属于同一个投标邀请函的技术商务评审表，生成综合评分汇总表；2. 检查综合评分计算结果，补充其余信息
业务规则	1. 关联技术商务评审表生成，需要携带采购申请信息；2. 选择任意一个技术商务评审表，要把属于同一个投标邀请函的这批评审表自动选上
权限隔离	按部门进行数据隔离
特别关注	在线上体现完整的采购过程，减少线上线下衔接的工作量

17）采购管理——中标通知书模块功能说明

① 中标通知书功能描述：根据开标一览表生成中标通知书，通过邮件发送给中标供应商，完成招标采购过程。

② 用例描述（表 4.3.1-78）。

中标通知书用例描述　　　　表 4.3.1-78

用例名称	中标通知书
参与者（角色）	设备管理员
数据资源	采购申请表、综合评分汇总表、中标通知书表
简要说明	关联综合评分汇总表生成可溯源的中标通知书，并通过邮件发送给供应商
操作流程	1. 关联综合评分汇总表生成中标通知书；2. 补充其余信息；3. 点击“发送邮件”
业务规则	1. 关联综合评分汇总表生成，需要携带采购申请信息；2. 支持输入供应商邮箱地址，自动通过机构信息中的邮箱发送 PDF 格式的中标通知书
权限隔离	按部门进行数据隔离
特别关注	在线上体现完整的采购过程，减少线上线下衔接的工作量
对接需求	需要开发邮件发送功能

18）采购管理——采购合同模块功能说明

① 采购合同功能描述：完成了招标过程后，或直接采购下与供应商签订的采购订单，包含本次采购的物质内容、采购单价、采购折扣、预计到货时间等。

② 用例描述（表 4.3.1-79）。

采购合同用例描述　　　　表 4.3.1-79

用例名称	采购合同
参与者（角色）	设备管理员、实验室负责人、试验员
数据资源	采购申请表、中标通知书表、采购合同表
简要说明	确定供应商后，管理与供应商签订的采购订单的审批情况、执行情况
操作流程	1. 关联采购申请或中标通知书生成采购合同；2. 补充其余信息；3. 采购到货时，录入实际收货信息
业务规则	1. 关联中标通知书生成时，需要携带采购申请信息；2. 关联生成时，供应商不可修改；3. 采购数量必须大于 0；4. 完成采购时，实际采购数量必须大于 0；5. 合同日期、购置日期带出当前日期；6. 只能选择启用的物质；7. 只能选择启用的供应商
权限隔离	按部门进行数据隔离
特别关注	在线上体现完整的采购过程，减少线上线下衔接的工作量

19）验收管理——仪器设备验收模块功能说明

① 仪器设备验收功能描述：采购到货后，仪器设备需要经过业务部门验收才能入库。采购合同完成后，根据采购完成的到货信息，自动生成待验收记录。需要完成技术要求登记，并上传相关验收文件、补充台账信息才能完成验收。如果验收不通过，则可以作不符合待整改、不合格退货两种处理。

② 用例描述（表 4.3.1-80）。

仪器设备验收用例描述　　　　表 4.3.1-80

用例名称	仪器设备验收
参与者（角色）	实验室负责人、试验员
数据资源	采购合同表、仪器设备验收表
简要说明	管理仪器设备的验收过程与结果
操作流程	1. 采购合同完成采购后，系统自动生成待验收记录；2. 补充验收信息；3. 上传计量证书，发起计量证书确认流程；4. 上传采购发票、送货单、整套采购文件等验收附件

续表

业务规则	1. 按采购合同的完成采购信息生成待验收记录，每一个仪器设备都需要生成单独的验收记录；2. 如果计量证书确认流程不通过，则验收不通过；3. 计量证书、采购发票、送货单、整套采购文件必须要上传；4. 如果验收结果为通过，则自动产生仪器设备台账信息，并增加库存；5. 如果验收结果为不符合待验收，则该记录标记状态后挂起，待重新验收；6. 如果验收结果为不合格退货，则该验收记录关闭，并提示设备管理员需要去终止采购合同；7. 如果待验收记录是手工关闭的，可以反关闭；如果是根据验收结果自动关闭的，不允许手工反关闭；8. 如果关闭待验收记录，技术要求登记同步关闭；9. 预留接口，与计量单位对接，获取计量证书、计量记录；10. 根据到货日期进行预警
权限隔离	按部门进行数据隔离
特别关注	在验收时要把台账信息补充完整，形成台账后不用再去补充

20）验收管理——标准物质验收模块功能说明

① 标准物质验收功能描述：采购到货后，标准物质需要经过业务部门验收才能入库。采购合同完成后，根据采购完成的到货信息，自动生成待验收记录。需要上传相关验收文件、补充台账信息才能完成验收。如果验收不通过，则可以作不符合待整改、不合格退货两种处理。

② 用例描述（表 4.3.1-81）。

标准物质验收用例描述　　表 4.3.1-81

用例名称	标准物质验收
参与者（角色）	实验室负责人、试验员
数据资源	采购合同表、标准物质验收表
简要说明	管理标准物质的验收过程与结果
操作流程	1. 采购合同完成采购后，系统自动生成待验收记录；2. 补充验收信息；3. 上传标准物质证书；4. 上传采购发票、送货单、整套采购文件等验收附件
业务规则	1. 按采购合同的完成采购信息生成待验收记录，每一个标准物质都需要生成单独的验收记录；2. 如果验收时勾选了“有证书”，则必须上传标准物质证书附件；3. 采购发票、送货单、整套采购文件必须要上传；4. 如果验收结果为通过，则自动产生标准物质台账信息，并增加库存；5. 如果验收结果为不符合待验收，则该记录标记状态后挂起，待重新验收；6. 如果验收结果为不合格退货，则该验收记录关闭，并提示设备管理员需要去终止采购合同；7. 如果待验收记录是手工关闭的，可以反关闭；如果是根据验收结果自动关闭的，不允许手工反关闭；8. 根据到货日期进行预警；9. 支持批量验收
权限隔离	按部门进行数据隔离
特别关注	在验收时要把台账信息补充完整，形成台账后不用再去补充

21）验收管理——试剂验收模块功能说明

① 试剂验收功能描述：采购到货后，试剂需要经过业务部门验收才能入库。采购合同完成后，根据采购完成的到货信息，自动生成待验收记录。需要上传相关验收文件、补充台账信息才能完成验收。如果验收不通过，则可以作不符合待整改、不合格退货两种处理。

② 用例描述（表 4.3.1-82）。

试剂验收用例描述　　　　表 4.3.1-82

用例名称	试剂验收
参与者（角色）	实验室负责人、试验员
数据资源	采购合同表、试剂验收表
简要说明	管理试剂的验收过程与结果
操作流程	1. 采购合同完成采购后，系统自动生成待验收记录；2. 补充验收信息；3. 上传试剂证书；4. 上传采购发票、送货单、整套采购文件等验收附件
业务规则	1. 按采购合同的完成采购信息生成待验收记录，每一个试剂都需要生成单独的验收记录；2. 如果验收时勾选了“有证书”，则必须上传试剂证书附件；3. 采购发票、送货单、整套采购文件必须要上传；4. 如果验收结果为通过，则自动产生试剂台账信息，并增加库存；5. 如果验收结果为不符合待验收，则该记录标记状态后挂起，待重新验收；6. 如果验收结果为不合格退货，则该验收记录关闭，并提示设备管理员需要去终止采购合同；7. 如果待验收记录是手工关闭的，可以反关闭；如果是根据验收结果自动关闭的，不允许手工反关闭；8. 根据到货日期进行预警；9. 支持批量验收
权限隔离	按部门进行数据隔离
特别关注	在验收时要把台账信息补充完整，形成台账后不用再去补充

22）验收管理——耗品验收模块功能说明

① 耗品验收功能描述：采购到货后，试剂需要经过业务部门验收才能入库。采购合同完成后，根据采购完成的到货信息，自动生成待验收记录。需要上传相关验收文件、补充台账信息才能完成验收。如果验收不通过，则可以作不符合待整改、不合格退货两种处理。

② 用例描述（表 4.3.1-83）。

耗品验收用例描述　　　　表 4.3.1-83

用例名称	耗品验收
参与者（角色）	实验室负责人、试验员
数据资源	采购合同表、耗品验收表
简要说明	记录耗品的验收结果
操作流程	1. 采购合同完成采购后，系统自动生成待验收记录；2. 补充验收信息
业务规则	1. 按采购合同的完成采购信息生成待验收记录，一个采购合同生成一条耗品验收记录；2. 如果验收结果为通过，则自动产生耗品台账信息（一种耗品对应一条台账信息），并增加库存；3. 如果验收结果为不符合待验收，则该记录标记状态后挂起，待重新验收；4. 如果验收结果为不合格退货，则该验收记录关闭，并提示设备管理员需要去终止采购合同；5. 如果待验收记录是手工关闭的，可以反关闭；如果是根据验收结果自动关闭的，不允许手工反关闭；6. 如果验收时此种类的耗品已存在台账中，则不重复生成台账，只增加库存；7. 生成待验收记录时，识别耗品的名称＋规格型号，如果当前种类的耗品已存在于台账中，则自动带出台账信息，可以修改；如果修改，则视为新的耗品种类，自动新增台账信息与物质信息；8. 根据到货日期进行预警
权限隔离	按部门进行数据隔离
特别关注	在验收时要把台账信息补充完整，形成台账后不用再去补充

23）供应商管理模块功能说明

① 供应商管理功能描述：系统可建立合格供应商名录，内容包括供应商的基本信息、提供的产品或服务、质量管理资质/能力范围/最近一次评价日期、下次评价日期等。

系统可记录供应商的采购或服务记录、质量反馈记录。

② 用例描述（表 4.3.1-84）。

供应商管理用例描述　　表 4.3.1-84

用例名称	供应商管理
参与者（角色）	设备管理员
数据资源	供应商信息表
简要说明	建立供应商档案，可以对供应商进行评分评级
操作流程	1. 新增供应商；2. 完善供应商信息
业务规则	1. 关联了其他业务的供应商档案无法被删除，只能禁用；2. 禁用的供应商档案无法再进行采购申请、采购验收、供应商评价等其他业务；3. 供应商档案类型区分供应商、生产厂家
权限隔离	按部门进行数据隔离

24）供应商评价模块功能说明

① 供应商评价功能描述：采购结束后，对供应商的采购服务进行评分评价，评价结果有合格、观察、不合格，并对不同评价结果的供应商采取相应措施的管理功能。

② 用例描述（表 4.3.1-85）。

供应商评价用例描述　　表 4.3.1-85

用例名称	供应商评价
参与者（角色）	设备管理员
数据资源	供应商信息表、供应商评价表
简要说明	采购合同完成后，对供应商进行评分评级，根据评价结果对供应商采取对应措施
操作流程	1. 采购合同完成或终止，系统自动生成待评价记录；2. 打分评价；3. 选择评价结果
业务规则	1. 评价结果为不合格的供应商自动停用，可走审批重新启用；2. 未发生过采购业务的供应商无法进行评价
权限隔离	按部门进行数据隔离

(4) 仪器设备管理

1) 仪器设备管理业务模型

① 仪器设备管理流程如图 4.3.1-29 所示。

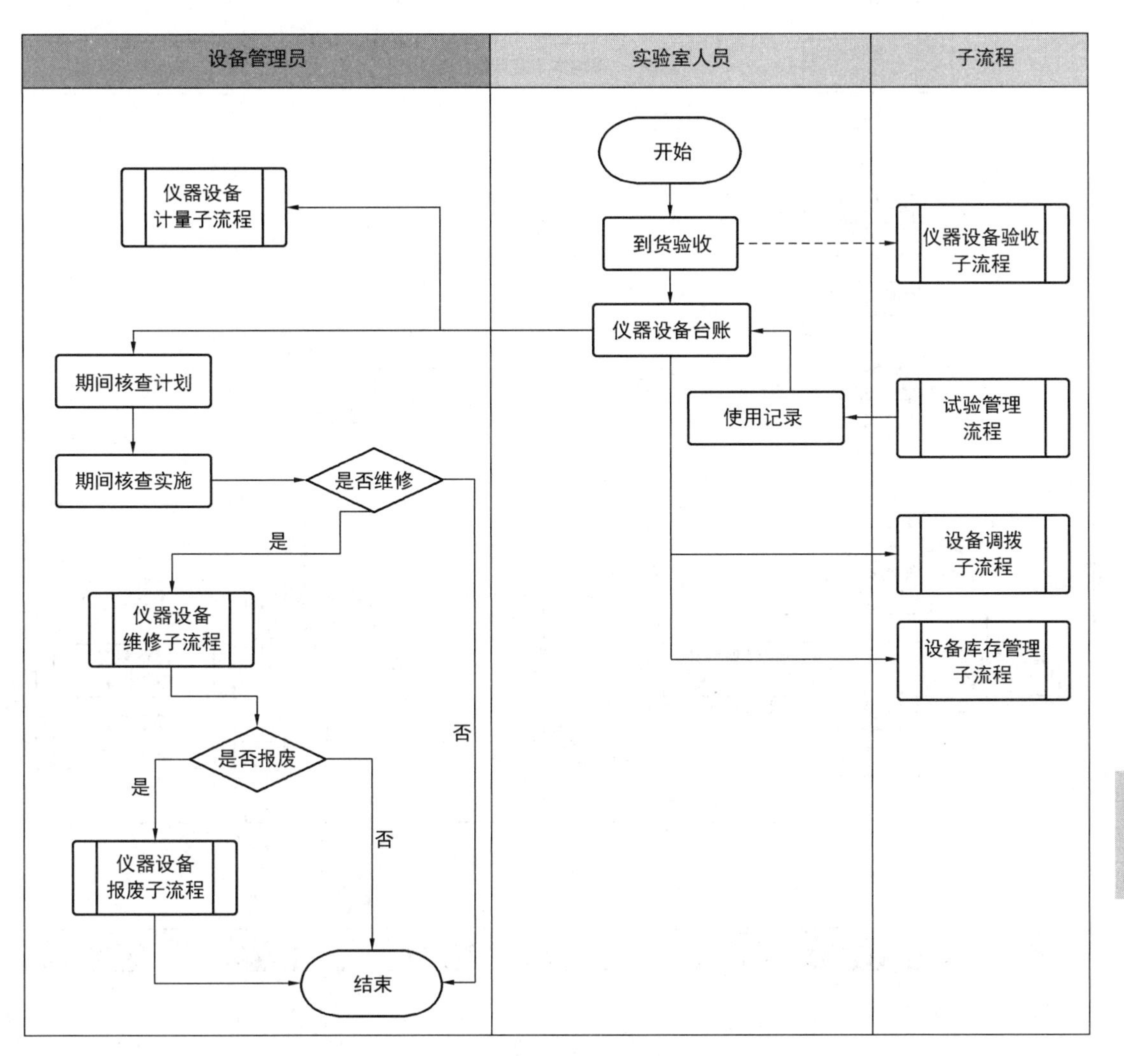

图 4.3.1-29　仪器设备管理流程

② 仪器设备计量流程如图 4.3.1-30 所示。

③ 仪器设备维修流程如图 4.3.1-31 所示。

④ 仪器设备报废流程如图 4.3.1-32 所示。

⑤ 仪器设备调拨流程如图 4.3.1-33 所示。

⑥ 仪器设备库存管理流程如图 4.3.1-34 所示。

⑦ 领用预订流程如图 4.3.1-35 所示。

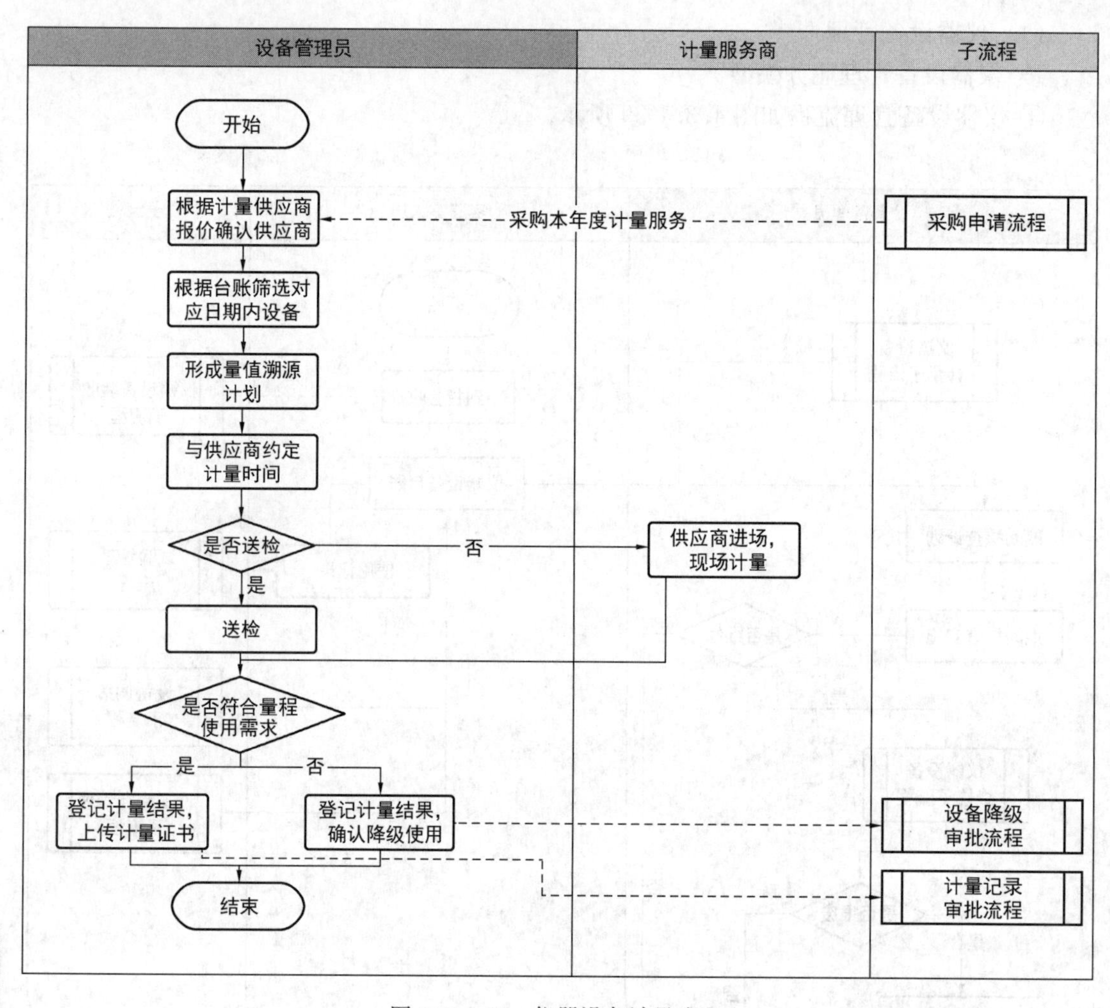

图 4.3.1-30　仪器设备计量流程

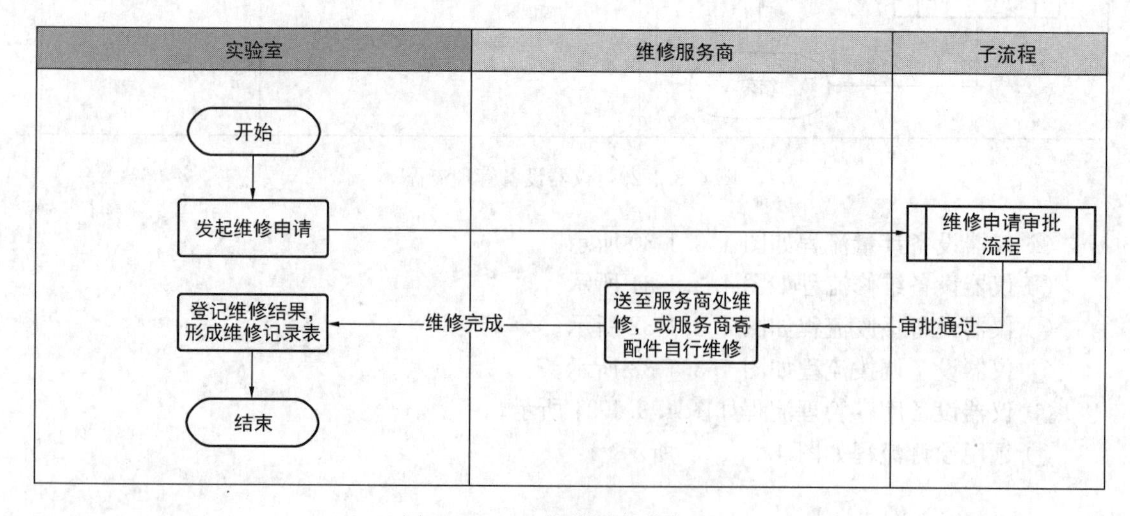

图 4.3.1-31　仪器设备维修流程

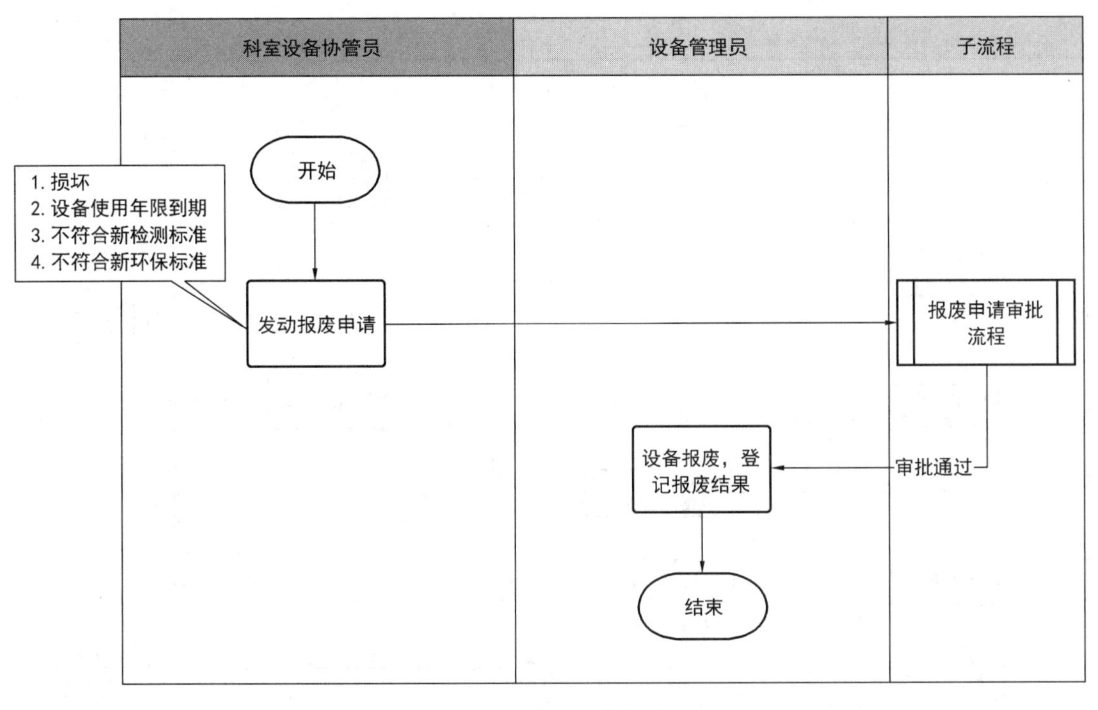

图 4.3.1-32　仪器设备报废流程

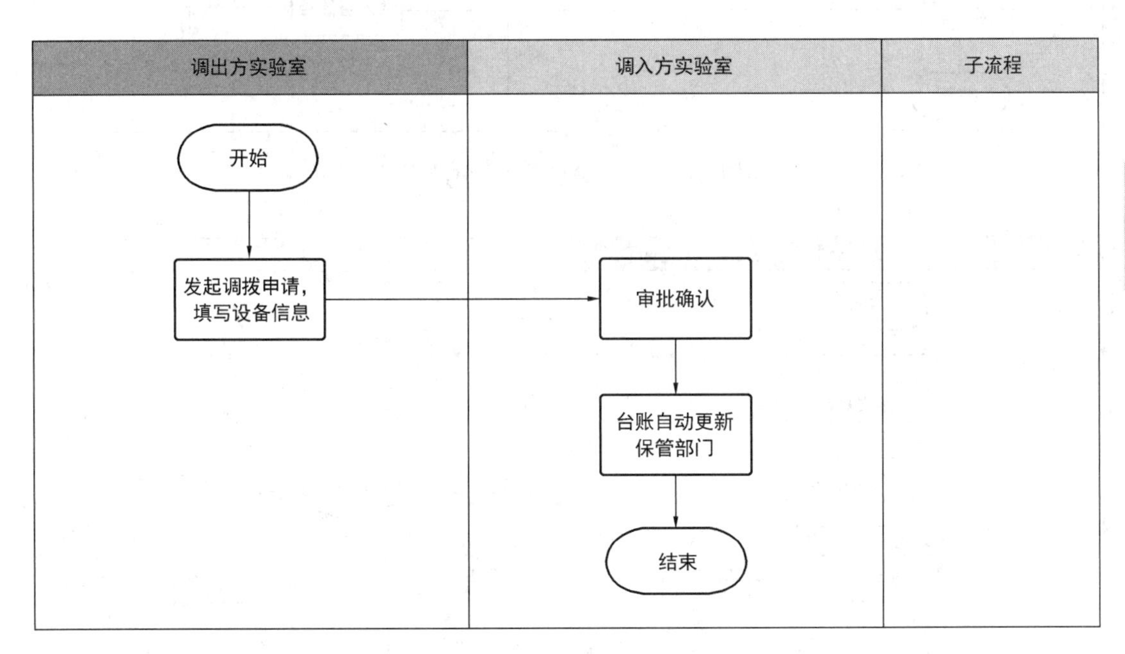

图 4.3.1-33　仪器设备调拨流程

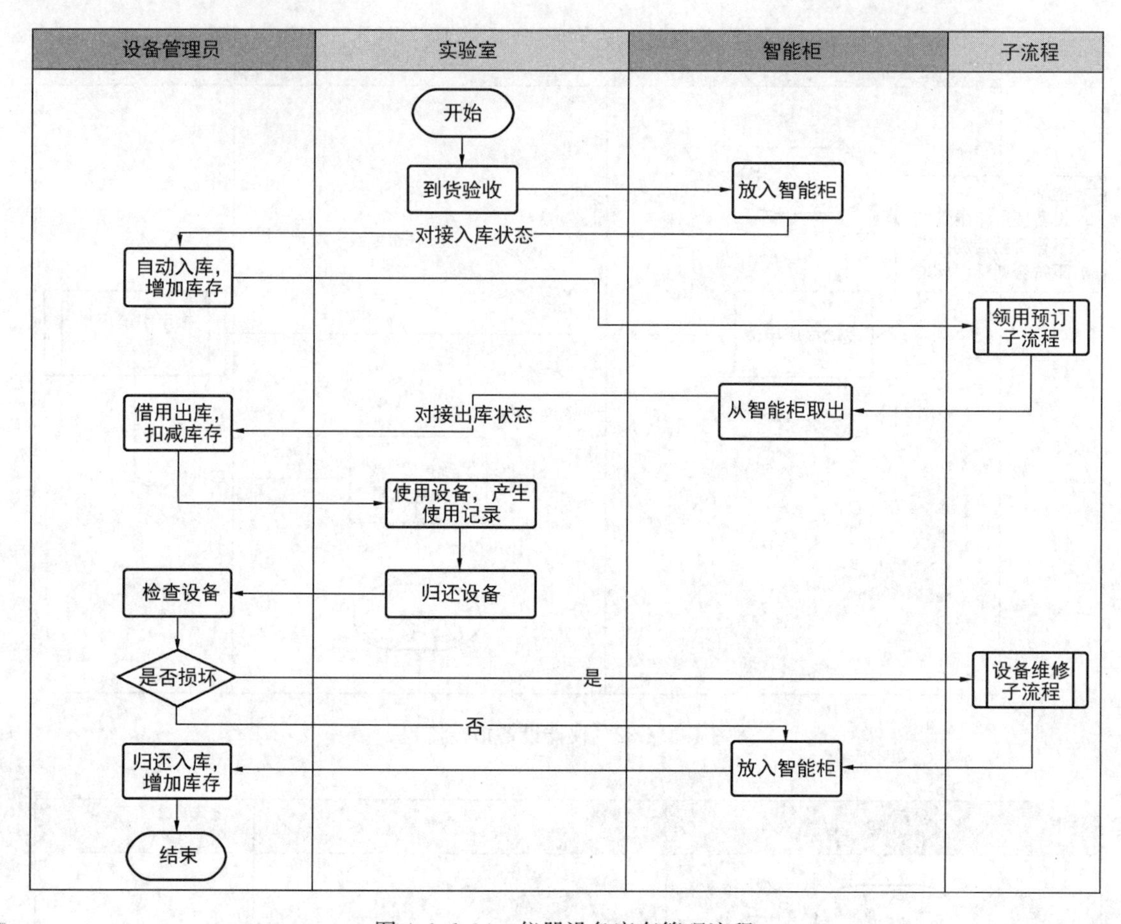

图 4.3.1-34　仪器设备库存管理流程

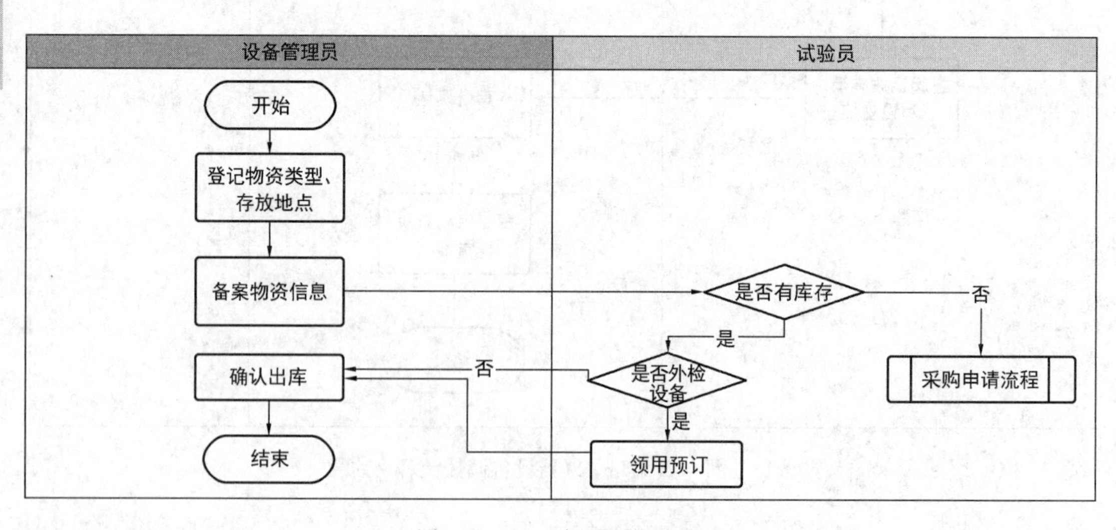

图 4.3.1-35　领用预订流程

2）仪器设备管理——仪器设备台账模块功能说明

① 仪器设备台账功能描述：验收通过的仪器设备会根据编码规则自动赋予设备编号，自动生成台账。根据计量周期、期间核查周期，系统会对即将超期、已超期但未做计划的设备进行预警。

② 用例描述（表 4.3.1-86）。

仪器设备台账用例描述　　　　表 4.3.1-86

用例名称	仪器设备台账
参与者（角色）	实验室负责人、试验员
数据资源	仪器设备验收表、仪器设备台账表
简要说明	管理仪器设备的基本信息、技术要求、计量周期、期间核查周期等信息，及与仪器设备相关的所有附件
操作流程	1. 验收通过，自动增加台账；2. 根据实际情况维护台账信息
业务规则	1. 验收通过则自动增加台账；2. 已使用的台账不允许删除，可以禁用；3. 预留接口，与省、市监管平台对接，设备信息自动同步到监管平台
权限隔离	按部门进行数据隔离

3）仪器设备管理（计量管理）——量值溯源计划模块功能说明

① 量值溯源计划功能描述：按年度根据设备的计量周期筛选出本周期内需要做计量的设备，形成量值溯源计划。对于即将超期、已超期未完成的计划系统会进行预警。

② 用例描述（表 4.3.1-87）。

量值溯源计划用例描述　　　　表 4.3.1-87

用例名称	量值溯源计划
参与者（角色）	设备管理员、实验室负责人、试验员
数据资源	仪器设备台账表、量值溯源计划表
简要说明	按设备计量周期制定量值溯源计划，自动生成检定校准
操作流程	1. 筛选出本年度需计量的设备台账信息；2. 生成本年度计量计划
业务规则	1. 只能选到在用、停用的台账信息；2. 可以按最新计量日期＋计量周期，批量筛选出本年度需要计量的设备；3. 计划提交后不允许删除、修改明细行；4. 按设备的计量周期自动生成本年度的量值溯源计划；5. 按其他采购申请中确定的本年度计量服务商，自动带出到计划中
权限隔离	按部门进行数据隔离

4）仪器设备管理——设备计量检定/校准模块功能说明

① 设备计量检定/校准功能描述：根据量值溯源计划自动生成待检定、校准记录。

② 用例描述（表 4.3.1-88）。

设备计量检定/校准用例描述　　　　表 4.3.1-88

用例名称	设备计量检定/校准
参与者（角色）	设备管理员、实验室负责人、试验员

续表

数据资源	仪器设备台账表、量值溯源计划表、设备检定校准表
简要说明	管理设备检定校准的全流程
操作流程	1. 上传计量证书，通过证书内容自动生成检定校准记录；2. 走审批流程，审批检定校准记录；3. 审批通过，自动更新量值溯源计划状态
业务规则	1. 关闭手动新增的入口；2. 检定校准记录审批通过后，按设备编码将量值溯源计划中的状态更新为已完成；3. 预留接口，与计量院对接，获取计量证书、计量记录；4. 需要支持用文件包导入然后自动匹配，生成计量记录
权限隔离	按部门进行数据隔离
特别关注	检定校准无需手动新增，按计量周期自动生成
对接需求	需要对接计量院

5）仪器设备期间核查管理——期间核查计划模块功能说明

① 期间核查计划功能描述：根据台账中的期间核查周期，自动生成期间核查计划。对于即将超期、已超期未完成的计划系统会进行预警。

② 用例描述（表 4.3.1-89）。

期间核查计划用例描述 **表 4.3.1-89**

用例名称	期间核查计划
参与者（角色）	设备管理员、实验室负责人、试验员
数据资源	仪器设备台账表、设备期间核查计划表
简要说明	按期间核查周期制定本年度设备期间核查计划
操作流程	1. 筛选出本年度需期间核查的设备台账信息；2. 自动计算预计核查日期
业务规则	1. 只能选到在用、停用的台账信息；2. 可以按最新核查日期＋核查周期，批量筛选出本年度需要期间核查的设备；3. 计划提交后不允许删除、修改明细行
权限隔离	按部门进行数据隔离

6）仪器设备期间核查管理——期间核查实施模块功能说明

① 期间核查实施功能描述：登记期间核查实施的结果。

② 用例描述（表 4.3.1-90）。

期间核查实施用例描述 **表 4.3.1-90**

用例名称	期间核查实施
参与者（角色）	设备管理员、实验室负责人、试验员
数据资源	仪器设备台账表、设备期间核查计划表、设备期间核查实施表
简要说明	管理设备期间核查的全流程
操作流程	1. 新增期间核查实施记录，引用期间核查计划（支持手动直接新增实施记录）；2. 填写核查结果，上传核查附件；3. 走审批流程

续表

业务规则	1. 只能选到状态为可用、停用的台账；2. 如果准用申请为范围内可用，需要备注上可用范围；3. 如果准用申请为不可用，则台账的状态更新为停用；4. 如果准用申请为可用，则台账的状态更新为可用；5. 开始实施后，台账的状态更新为核查中；6. 实施记录审批通过后，按设备编号将计划的状态更新为已完成
权限隔离	按部门进行数据隔离

7）仪器设备管理——使用记录模块功能说明

① 使用记录功能描述：采集室内仪器设备和室外检测设备的试验内容和试验时间，形成使用记录。

② 用例描述（表 4.3.1-91）。

使用记录用例描述　　　　**表 4.3.1-91**

用例名称	使用记录
参与者（角色）	实验室负责人、试验员
数据资源	仪器设备台账表、使用记录表
简要说明	采集室内仪器设备、室外检测设备的使用记录，形成台账
操作流程	1. 室内仪器设备：录入试验原始记录，扫描设备二维码时自动生成使用记录；2. 室外检测设备：在 APP 上登记使用情况，形成使用记录
业务规则	1. APP 上只能选择到室外检测设备；2. 使用记录不允许删除、新增
权限隔离	按部门进行数据隔离
特别关注	无
对接需求	需对接部分室内仪器设备，自动采集使用数据

8）设备维护——维修保养计划模块功能说明

① 维修保养计划功能描述：登记设备维修和日常保养计划。

② 用例描述（表 4.3.1-92）。

维修保养计划用例描述　　　　**表 4.3.1-92**

用例名称	维修保养计划
参与者（角色）	设备管理员、实验室负责人、试验员
数据资源	仪器设备台账表、维修保养计划
简要说明	按维修保养周期制定本年度设备维修保养计划
操作流程	1. 筛选出本年度需维修保养的设备台账信息；2. 自动生成预计维修保养日期
业务规则	1. 只能选到在用、停用的台账信息；2. 维修保养内容允许多选；3. 计划提交后不允许删除、修改明细行；4. 维保计划需要和检测数据关联，即生成计划后，在检测数据录入界面，如果选择设备时有维保计划超时或即将超时，需要提示设备管理员按计划实施维保
权限隔离	按部门进行数据隔离

9）设备维护——维修保养实施模块功能说明

① 维修保养实施功能描述：登记设备维修和日常保养实施结果。

② 用例描述（表 4.3.1-93）。

维修保养实施用例描述 **表 4.3.1-93**

用例名称	维修保养实施
参与者（角色）	设备管理员、实验室负责人、试验员
数据资源	仪器设备台账表、维修保养计划表、设备维修保养实施表
简要说明	管理设备维修保养的实施结果
操作流程	1. 按维修保养计划自动生成待实施记录（支持手动直接新增实施记录）；2. 填写维修保养结果，上传相关附件；3. 审批确认
业务规则	1. 只能选到状态为可用、停用的台账；2. 开始实施维修保养后，台账的状态更新为维修中；3. 完成维修后，需要根据实施结果上的“是否计量”，自动生成检定校准记录；4. 实施记录审批通过后，按设备编号将计划的状态更新为已完成
权限隔离	按部门进行数据隔离

10）仪器设备管理——设备处置模块功能说明

① 设备处置功能描述：对于无法维修的设备，需要进行报废或降级处理，记录报废（降级）原因和报废（降级）日期。

② 用例描述（表 4.3.1-94）。

设备处置用例描述 **表 4.3.1-94**

用例名称	设备处置
参与者（角色）	设备管理员、实验室负责人、试验员
数据资源	仪器设备台账表、报废处置表
简要说明	无法维修的设备，需要做报废或者是降级处理
操作流程	1. 无法维修自动生成报废处置记录（或手动直接新增）；2. 选择处置方式（报废/降级）；3. 填写报废处置原因，上传相关附件；4. 审批确认
业务规则	1. 只能选到状态为可用、停用的台账；2. 选择处置方式为报废，并完成后，台账的状态更新为已报废；3. 选择处置方式为降级，并完成后，台账的状态更新为可用，同时台账打上降级的标记；4. 开始实施报废处置后，台账信息更新为处置中
权限隔离	按部门进行数据隔离

11）仪器设备管理——设备调拨模块功能说明

① 设备调拨功能描述：不同实验室之间借用设备，改变设备保管部门。

② 用例描述（表 4.3.1-95）。

设备调拨用例描述 **表 4.3.1-95**

用例名称	设备调拨
参与者（角色）	实验室负责人、试验员
数据资源	仪器设备台账表、设备调拨表

续表

简要说明	管理实验室之间对设备的借用调拨
操作流程	1. 调入方填写设备信息，发起调拨申请；2. 调出方审批确认；3. 台账自动变更保管部门
业务规则	调拨申请确认后，台账自动变更保管部门为调入方部门，且台账里自动新增一条调拨记录
权限隔离	按部门进行数据隔离

12）仪器设备管理（库存管理）——库存台账模块功能说明

① 库存台账功能描述：根据验收入库、出库领用/报废、使用后归还入库、期间核查情况计算出各种标准物质的可用库存。

② 用例描述（表 4.3.1-96）。

库存台账用例描述　　　　表 4.3.1-96

用例名称	库存台账
参与者（角色）	设备管理员、实验室负责人、试验员
数据资源	仪器设备台账表、物质信息表、库存台账表
简要说明	查看可用设备的库存数量、出入库记录
操作流程	无
业务规则	1. 验收完成后，自动增加库存数量；2. 实时计算库存数量；3. 只计算台账状态为可用的设备的库存数量
权限隔离	按部门进行数据隔离

13）仪器设备管理——领用预订模块功能说明

① 领用预订功能描述：实验室有使用外检设备的需求时，需要先在系统上预订物质，由设备管理员确认出库。领用出库后，需要在归还期限内归还入库。如果因为某些原因无法在归还期限内归还，可以申请延期使用。

② 用例描述（表 4.3.1-97）。

领用预订用例描述　　　　表 4.3.1-97

用例名称	领用预订
参与者（角色）	实验室负责人、试验员、设备管理员
数据资源	物质信息表、物质预订表
操作流程	1. 新增领用预订；2. 选择物质信息；3. 补充申请数量、申请类型等信息；4. 设备管理员确认
业务规则	1. 需要填写使用时间，归还时间；2. 只能选择物质状态为启用、设备类型为外检的仪器设备；3. 领用预订可以撤回，撤回需要提示设备管理员；4. 设备管理员确认后，自动生成出库记录；5. 申请延期后，可变更归还期限
权限隔离	按部门进行数据隔离

14）仪器设备管理——出库管理模块功能说明

① 出库管理功能描述：管理外检设备的借用出库。

② 用例描述（表 4.3.1-98）。

出库管理用例描述　　表 4.3.1-98

用例名称	出库管理
参与者（角色）	设备管理员、实验室负责人、试验员
数据资源	仪器设备台账表、物质信息表、库存台账表、出库管理表
操作流程	1. APP 新增出库单，扫描设备二维码（PC 新增出库单，用扫码枪扫描设备二维码）；2. 填写借用日期、预计归还日期；3. 设备管理员审批
业务规则	1. 出库单确认后，自动扣减库存数量，并形成出库记录；2. 只能选择台账状态为可用的设备
权限隔离	按部门进行数据隔离

15）仪器设备管理——入库管理模块功能说明

① 入库管理功能描述：管理外检设备的归还入库。

② 用例描述（表 4.3.1-99）。

入库管理用例描述　　表 4.3.1-99

用例名称	入库管理
参与者（角色）	设备管理员、实验室负责人、试验员
数据资源	仪器设备台账表、物质信息表、库存台账表、出库管理表、入库管理表
操作流程	1. APP 端在入库界面扫描设备二维码（PC 端按用扫码枪扫码设备二维码搜索待入库记录）；2. 填写归还日期，是否需维修；3. 设备管理员审批
业务规则	1. 入库单确认后，自动增加库存数量，并形成入库记录；2. APP 端扫描二维码时要判断是否已出库，未出库的设备不允许做归还入库
权限隔离	按部门进行数据隔离

（5）标准物质管理

1）标准物质管理——业务模型

① 标准物质管理流程如图 4.3.1-36 所示。

② 标准物质库存管理流程如图 4.3.1-37 所示。

2）标准物质管理——标准物质台账模块功能说明

① 标准物质台账功能描述：验收通过的标准物质会根据编码规则自动赋予标准物质编号，自动生成台账。根据期间核查周期，系统会对即将超期、已超期但未做计划的标准物质进行预警。

② 用例描述（表 4.3.1-100）。

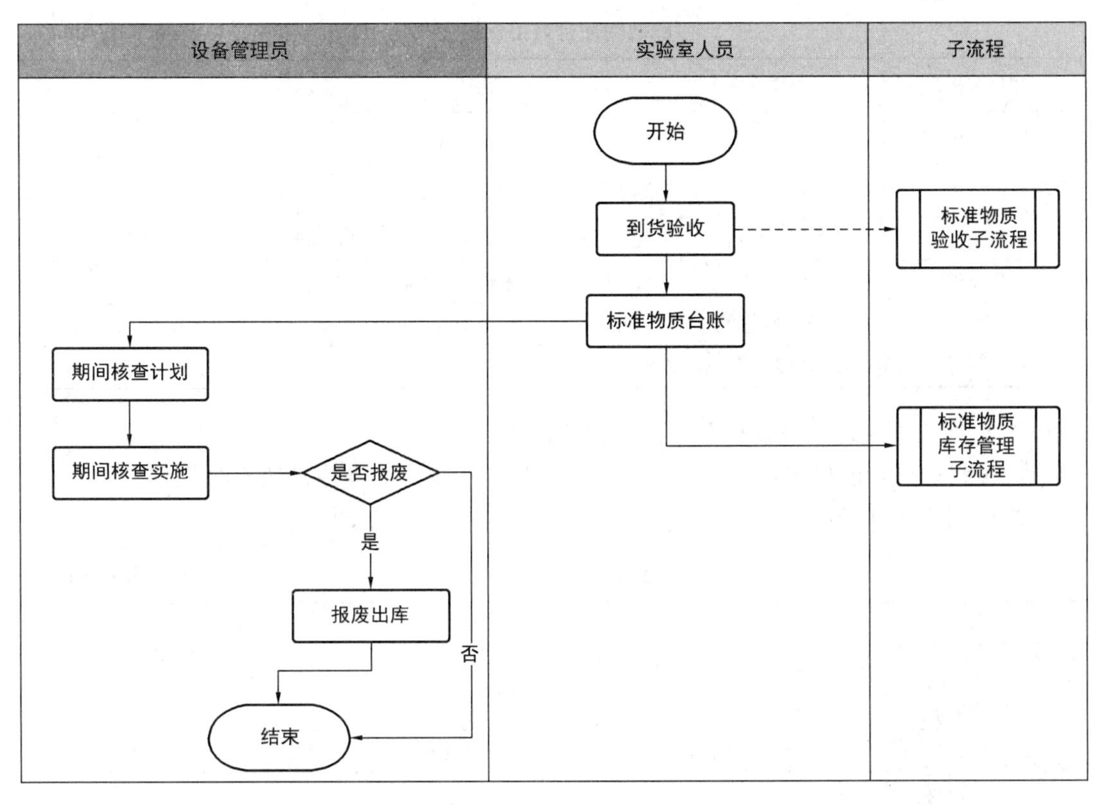

图 4.3.1-36　标准物质管理流程

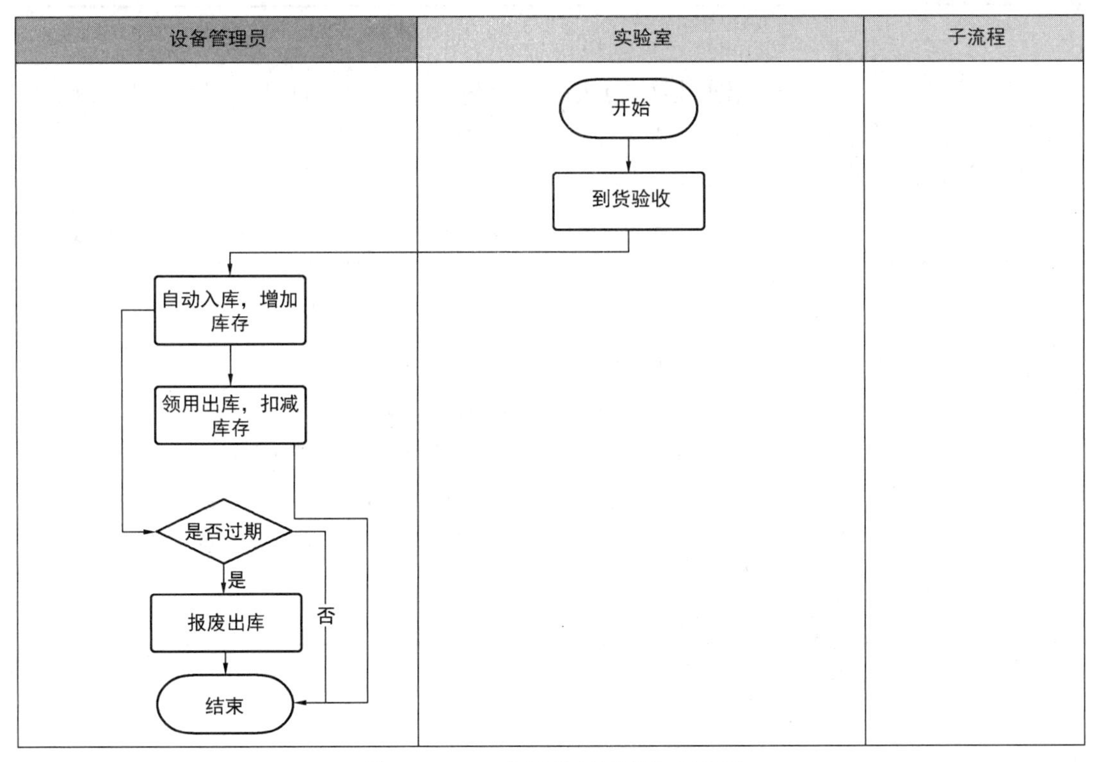

图 4.3.1-37　标准物质库存管理流程

标准物质台账用例描述　　表 4.3.1-100

用例名称	标准物质台账
参与者（角色）	实验室负责人、试验员
数据资源	标准物质验收表、标准物质台账表
简要说明	管理标准物质的基本信息、证书、期间核查周期等信息，及与标准物质相关的所有附件
操作流程	1. 验收通过，自动增加台账；2. 根据实际情况维护台账信息
业务规则	1. 验收通过则自动增加台账；2. 已使用的台账不允许删除，可以禁用
权限隔离	按部门进行数据隔离

3）标准物质管理——废料登记模块功能说明

① 废料登记功能描述：记录危险品标准物质报废出库后产生的废料处理情况。

② 用例描述（表 4.3.1-101）。

废料登记用例描述　　表 4.3.1-101

用例名称	废料登记
参与者（角色）	实验室负责人、试验员
数据资源	标准物质台账表
操作流程	1. 新增废料登记；2. 选择台账信息；3. 登记处理结果
业务规则	无
权限隔离	按部门进行数据隔离

4）标准物质管理——期间核查计划模块功能说明

① 期间核查计划功能描述：根据台账中的期间核查周期，自动生成期间核查计划。对于即将超期、已超期未完成的计划系统会进行预警。

② 用例描述（表 4.3.1-102）。

期间核查计划用例描述　　表 4.3.1-102

用例名称	期间核查计划
参与者（角色）	设备管理员、实验室负责人、试验员
数据资源	标准物质台账表、期间核查计划表
简要说明	按期间核查周期制定本年度标准物质期间核查计划
操作流程	1. 筛选出本年度需期间核查的标准物质台账信息；2. 自动计算预计核查日期
业务规则	1. 只能选到在用、停用的台账信息；2. 可以按最新核查日期＋核查周期，批量筛选出本年度需要期间核查的标准物质；3. 计划提交后不允许删除、修改明细行；4. 计划审批通过后自动生成保存状态的期间核查实施记录
权限隔离	按部门进行数据隔离

5）标准物质管理——期间核查实施模块功能说明

① 期间核查实施功能描述：登记期间核查实施的结果。

② 用例描述（表 4.3.1-103）。

期间核查实施用例描述　　表 4.3.1-103

用例名称	期间核查实施
参与者（角色）	设备管理员、实验室负责人、试验员
数据资源	标准物质台账表、期间核查计划表、期间核查实施表
简要说明	管理标准物质期间核查的全流程
操作流程	1. 按期间核查计划自动生成待实施记录（支持手动直接新增实施记录）；2. 填写核查结果，上传核查附件
业务规则	1. 只能选到状态为可用、停用的台账；2. 如果核查过程中选择了无法核查流程，则此核查流程结束，并自动在出库管理中新增一条出库类型为报废的待出库记录，同时台账的状态更新为报废中；3. 如果准用申请为范围内可用，需要备注上可用范围；4. 如果准用申请为不可用，则台账的状态更新为停用；5. 如果准用申请为可用，则台账的状态更新为可用；6. 开始实施后，台账的状态更新为核查中
权限隔离	按部门进行数据隔离

6）标准物质管理（库存管理）——库存台账模块功能说明

① 库存台账功能描述：根据验收入库、出库领用/报废、使用后归还入库、期间核查情况计算出各种标准物质的可用库存。

② 用例描述（表 4.3.1-104）。

库存台账用例描述　　表 4.3.1-104

用例名称	库存台账
参与者（角色）	设备管理员、实验室负责人、试验员
数据资源	标准物质台账表、物质信息表、库存台账表
简要说明	查看可用标准物质的库存数量、出入库记录
操作流程	无
业务规则	1. 验收完成后，自动增加库存数量；2. 实时计算库存数量；3. 只计算台账状态为可用的库存数量；4、超过有效期需要预警
权限隔离	按部门进行数据隔离

7）标准物质管理（库存管理）——出库管理模块功能说明

① 出库管理功能描述：标准物质领用出库。

② 用例描述（表 4.3.1-105）。

出库管理用例描述　　表 4.3.1-105

用例名称	出库管理
参与者（角色）	设备管理员、实验室负责人、试验员
数据资源	标准物质台账表、物质信息表、库存台账表、出库管理表
简要说明	管理标准物质的领用出库，以及标准物质超过保质期后的报废出库

续表

操作流程	1. APP新增出库单，扫描标准物质二维码（PC新增出库单，用扫码枪扫描标准物质二维码）；2. 填写领用日期；3. 设备管理员审批；4. 如果标准物质超过保质期，设备管理员会收到系统预警，需要在待出库里找到该标准物质并进行报废出库处理
业务规则	1. 出库单确认后，自动扣减库存数量，并形成出库记录；2. 只能选择台账状态为可用的设备；3. 标准物质超过保质期，自动生成报废出库类型的待出库记录。处理完成后，台账状态更新为已报废
权限隔离	按部门进行数据隔离

（6）试剂管理

1）试剂管理——业务模型

① 试剂管理流程如图 4.3.1-38 所示。

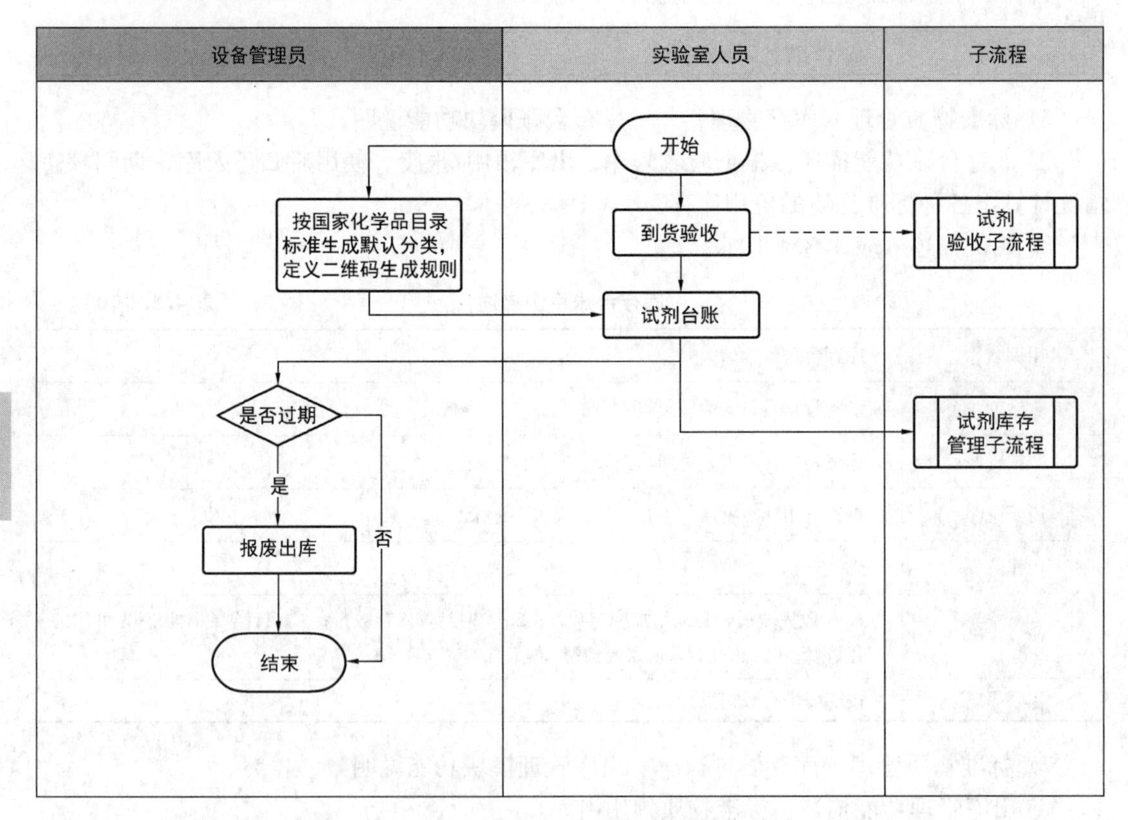

图 4.3.1-38　试剂管理流程

② 试剂库存管理流程如图 4.3.1-39 所示。

2）试剂管理——试剂类别管理模块功能说明

① 试剂类别管理功能描述：获取物质分类中试剂的分类，并定义每种分类生成种类二维码的规则。

② 用例描述（表 4.3.1-106）。

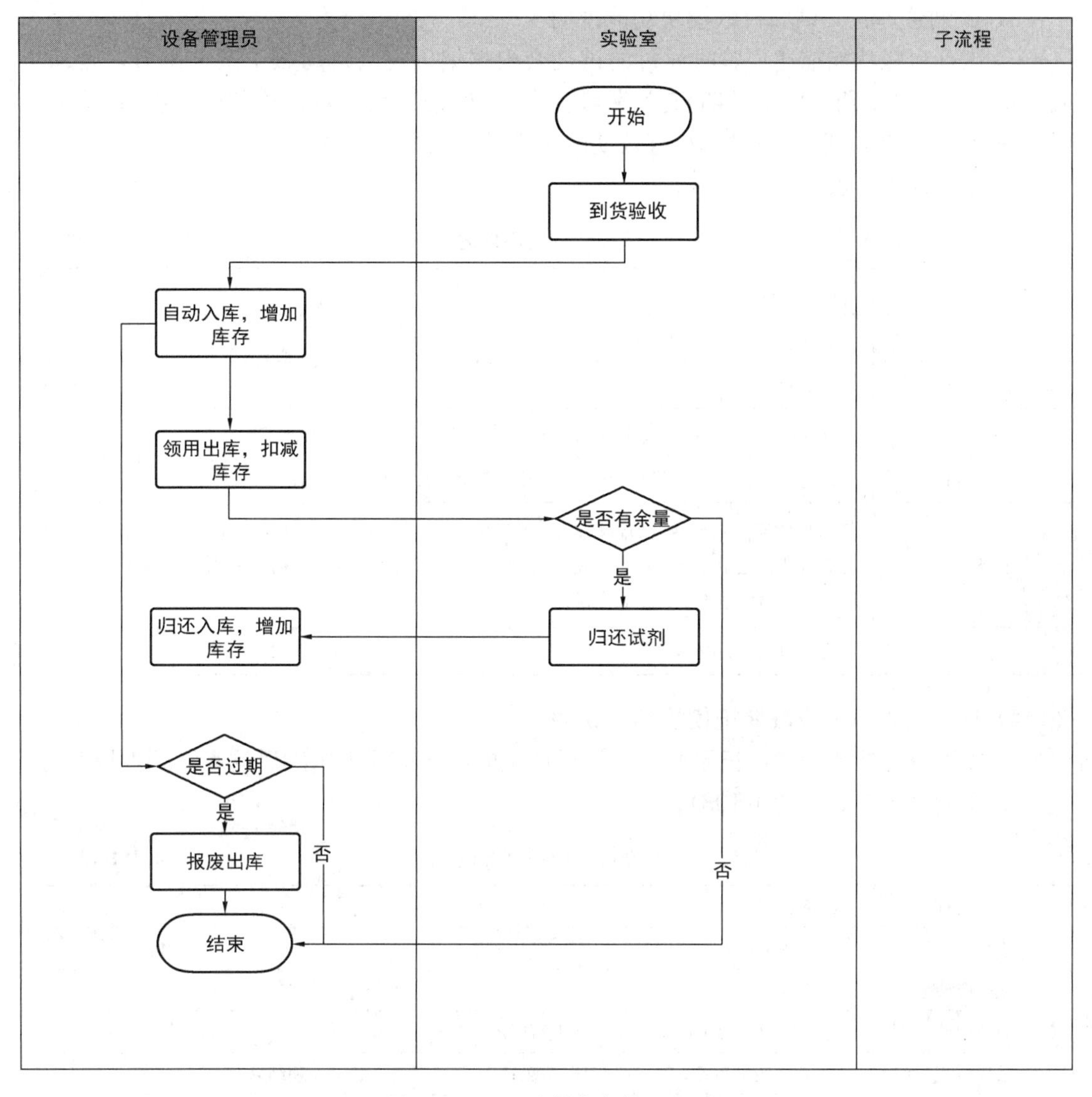

图 4.3.1-39　试剂库存管理流程

试剂类别管理用例描述　　**表 4.3.1-106**

用例名称	试剂类别管理
参与者（角色）	设备管理员
数据资源	物质分类表、试剂类别表
简要说明	获取物质分类中试剂的分类，并定义每种分类生成种类二维码的规则
操作流程	1. 系统自动从物质分类中同步试剂的所有分类；2. 制定每种分类生成二维码的规则（按种类编号，等等）；3. 试剂分类按国家化学品目录自动生成
业务规则	不能新增，数据从物质分类中把一级分类为“试剂”的所有层级分类同步过来
权限隔离	按部门进行数据隔离

3）试剂管理——试剂台账模块功能说明

① 试剂台账功能描述：验收通过的试剂会根据编码规则自动赋予试剂编号，自动生成台账（含配制日期、失效日期/有效期等信息）。根据试剂失效日期/有效期，系统会对即将失效/达到有效期、已超失效/有效期的试剂进行预警。

② 用例描述（表 4.3.1-107）。

试剂台账用例描述 **表 4.3.1-107**

用例名称	试剂台账
参与者（角色）	实验室负责人、试验员
数据资源	试剂验收表、试剂种类表、试剂台账表
简要说明	管理试剂的基本信息、证书等信息，及与试剂相关的所有附件
操作流程	1. 验收通过，自动增加台账；2. 根据实际情况维护台账信息
业务规则	1. 验收通过则自动增加台账；2. 已使用的台账不允许删除，可以禁用；3. 根据试剂名称对危险品、化学品分类进行匹配，自动标注是否危险化学品试剂，采购申请或者选择的时候，显示物质基本信息是否危险品
权限隔离	按部门进行数据隔离

4）试剂管理——废液登记模块功能说明

① 废液登记功能描述：记录试剂使用后产生的或试剂报废出库后的废液处理情况。

② 用例描述（表 4.3.1-108）。

废液登记用例描述 **表 4.3.1-108**

用例名称	废液登记
参与者（角色）	实验室负责人、试验员
数据资源	试剂台账表
简要说明	记录实验过程中产生的废液处理情况
操作流程	1. 新增废液登记；2. 选择台账信息；3. 登记废液容量、处理结果
业务规则	无
权限隔离	按部门进行数据隔离

5）试剂管理——配置记录模块功能说明

① 配置记录功能描述：实验室需要对试剂的配置记录进行登记备案。

② 用例描述（表 4.3.1-109）。

配置记录用例描述 **表 4.3.1-109**

用例名称	配置记录
参与者（角色）	实验室负责人、试验员
数据资源	试剂台账表、配置记录表
简要说明	管理试剂的基本信息、证书等信息，及与试剂相关的所有附件
操作流程	1. 新增配置记录；2. 选择配置前试剂，填写配置量；3. 选择配置后试剂，填写配置量

续表

业务规则	1. 同一条配置记录中，同一种规格的试剂不允许重复出现；2. 支持套用模板生成；3. 配置后的试剂超过有效期需要预警
权限隔离	按部门进行数据隔离
特别关注	希望可以根据配置记录追溯试剂的使用情况

6）试剂管理——库存台账模块功能说明

① 库存台账功能描述：根据验收入库、出库领用/报废、使用后归还入库、期间核查情况计算出各种试剂的可用库存。

② 用例描述（表 4. 3. 1-110）。

库存台账用例描述　　　　**表 4. 3. 1-110**

用例名称	库存台账
参与者（角色）	设备管理员、实验室负责人、试验员
数据资源	试剂台账表、物质信息表、库存台账表
简要说明	查看可用试剂的库存数量、出入库记录
操作流程	无
业务规则	1. 验收完成后，自动增加库存数量；2. 实时计算库存数量；3. 只计算台账状态为可用的试剂的库存数量；4. 超过有效期需要预警
权限隔离	按部门进行数据隔离

7）试剂管理——出库管理模块功能说明

① 出库管理功能描述：标准物质领用出库。

② 用例描述（表 4. 3. 1-111）。

出库管理用例描述　　　　**表 4. 3. 1-111**

用例名称	出库管理
参与者（角色）	设备管理员、实验室负责人、试验员
数据资源	试剂台账表、物质信息表、库存台账表、出库管理表
简要说明	管理试剂的领用出库，以及试剂超过保质期后的报废出库
操作流程	1. APP 新增出库单，扫描试剂二维码（PC 新增出库单，用扫码枪扫描试剂二维码）；2. 填写领用日期、是否归还、预计归还日期；3. 设备管理员审批；4. 如果试剂超过保质期，设备管理员会收到系统预警，需要在待出库里找到该试剂并进行报废出库处理
业务规则	1. 出库单确认后，自动扣减库存数量，并形成出库记录；2. 只能选择台账状态为可用的设备；3. 试剂超过保质期，自动生成报废出库类型的待出库记录。处理完成后，台账状态更新为已报废
权限隔离	按部门进行数据隔离

8）试剂管理——入库管理模块功能说明

① 入库管理功能描述：标准物质使用后，如果还有剩余量，需要入库归还。

② 用例描述（表 4. 3. 1-112）。

入库管理用例描述　　表 4.3.1-112

用例名称	入库管理
参与者（角色）	设备管理员、实验室负责人、试验员
数据资源	耗品台账表、物质信息表、库存台账表、出库管理表、入库管理表
简要说明	管理试剂的使用后有余量的归还入库
操作流程	1. APP 端在入库界面扫描试剂二维码（PC 端按用扫码枪扫描试剂二维码搜索待入库记录）；2. 填写归还日期、剩余量；3. 设备管理员审批；4. 如果使用后没有余量无需归还，则由试验员关闭此待入库记录
业务规则	1. 入库单确认后，自动增加库存数量，并形成入库记录；2. APP 端扫描二维码时要判断是否已出库，未出库的试剂不允许做归还入库；3. 归还时填写的剩余量要更新到库存台账的明细上；4. 如果出库时选择了需要归还，则自动生成待归还入库记录
权限隔离	按部门进行数据隔离

(7) 耗品管理

1）耗品管理业务模型——耗品库存管理流程如图 4.3.1-40 所示。

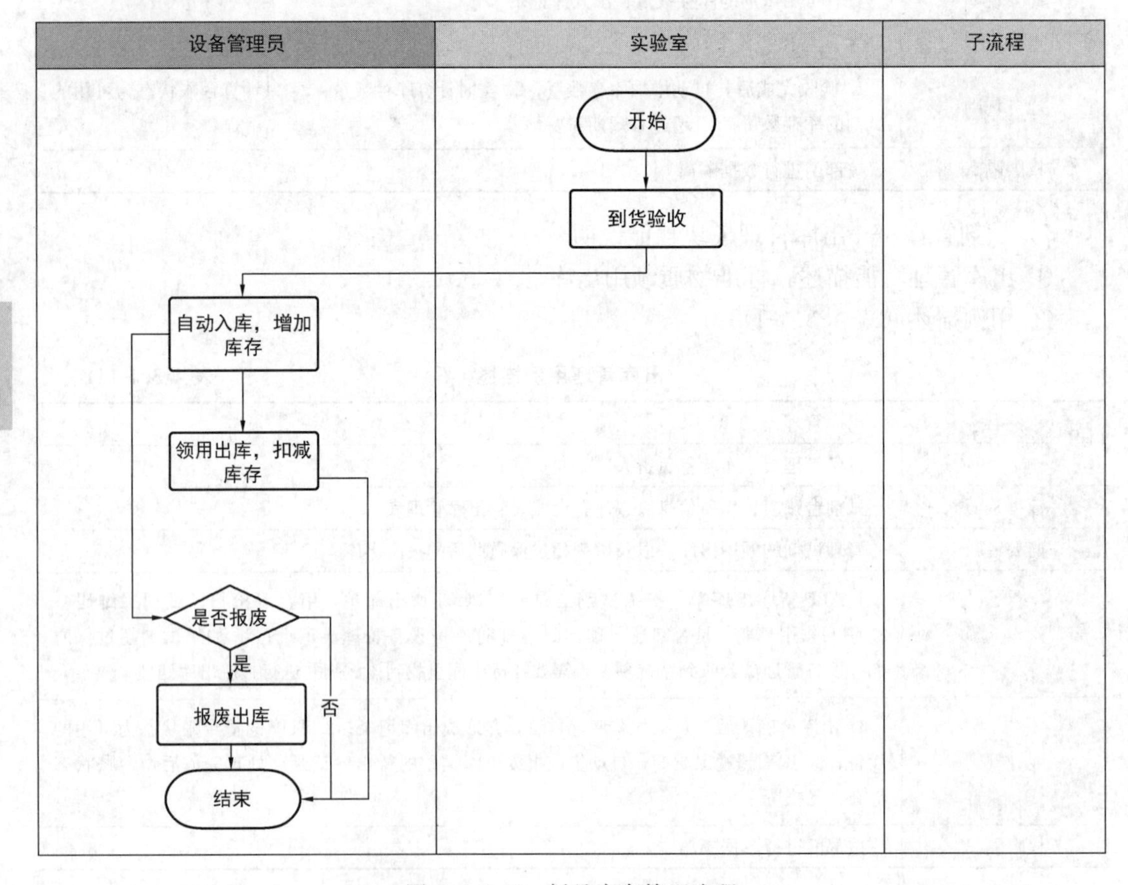

图 4.3.1-40　耗品库存管理流程

2）耗品管理——耗品台账模块功能说明

① 耗品台账功能描述：验收通过的耗品会根据编码规则自动赋予试剂编号，自动生

成台账。根据期间核查周期，系统会对即将超期、已超期但未做计划的试剂进行预警。

② 用例描述（表4.3.1-113）。

耗品台账用例描述 **表4.3.1-113**

用例名称	耗品台账
参与者（角色）	实验室负责人、试验员
数据资源	耗品验收表、耗品台账表
简要说明	管理耗品的基本信息，及与耗品相关的所有附件
操作流程	1. 验收通过，自动增加台账；2. 根据实际情况维护台账信息
业务规则	1. 验收通过则自动增加台账；2. 已使用的台账不允许删除，可以禁用
权限隔离	按部门进行数据隔离

3）耗品管理——库存台账模块功能说明

① 库存台账功能描述：根据验收入库、出库领用/报废、使用后归还入库、期间核查情况计算出各种耗品的可用库存。

② 用例描述（表4.3.1-114）。

库存台账用例描述 **表4.3.1-114**

用例名称	库存台账
参与者（角色）	设备管理员、实验室负责人、试验员
数据资源	耗品台账表、物质信息表、库存台账表
简要说明	查看可用耗品的库存数量、出库记录
操作流程	无
业务规则	1. 验收完成后，自动增加库存数量；2. 实时计算库存数量；3. 只计算台账状态为可用的耗品的库存数量
权限隔离	按部门进行数据隔离

4）耗品管理——出库管理模块功能说明

① 出库管理功能描述：耗品领用出库。

② 用例描述（表4.3.1-115）。

出库管理用例描述 **表4.3.1-115**

用例名称	出库管理
参与者（角色）	设备管理员、实验室负责人、试验员
数据资源	耗品台账表、物质信息表、库存台账表、出库管理表
简要说明	管理耗品的领用出库和报废出库
操作流程	1. APP新增出库单，扫描耗品二维码（PC新增出库单，用扫码枪扫描耗品二维码）；2. 填写领用日期、数量；3. 设备管理员审批
业务规则	1. 出库单确认后，自动扣减库存数量，并形成出库记录；2. 只能选择台账状态为可用的设备；3. 根据耗品分类的“自动出库”选项，自动生成出库记录（如办公用品，验收入库后自动出库）
权限隔离	按部门进行数据隔离

(8) 设施与环境管理

1) 设施与环境管理——视频监控模块功能说明

① 视频监控功能描述：登记视频监控信息，实现实验室试验全过程直播监控。

② 用例描述（表 4.3.1-116）。

视频监控用例描述　　表 4.3.1-116

用例名称	视频监控
参与者（角色）	实验室负责人、试验员
数据资源	视频监控表
简要说明	直播实验室试验过程
操作流程	1. 购买直播流服务；2. 登记视频监控信息；3. 自动形成监控直播
业务规则	无
权限隔离	按实验室进行数据隔离

2) 设施与环境管理——温湿度监控模块功能说明

① 温湿度监控功能描述：登记温湿度监控信息，实现对养护室温湿度的实时监控。

② 用例描述（表 4.3.1-117）。

温湿度监控用例描述　　表 4.3.1-117

用例名称	温湿度监控
参与者（角色）	实验室负责人、试验员
数据资源	温湿度监控表
简要说明	监控养护室温湿度情况
操作流程	1. 登记温湿度设备信息；2. 设置温度、湿度预警域值
业务规则	超过域值自动标红预警
权限隔离	按实验室进行数据隔离

5. 质量体系管理平台

(1) 质量体系管理平台业务模型（略）

(2) 质量体系管理平台功能总说明

质量体系管理平台功能总说明如表 4.3.1-118 所示。

质量体系管理平台功能总说明　　表 4.3.1-118

模块	功能	功能说明
体系文件管理	文件基本信息管理	1. 内部文件应记录文件的类型、名称、编号、版本、修订次数、制修订日期、编写及审批人、发布日期等； 2. 外部文件应记录文件的类型、名称、文号/标准号、发布日期，实施日期、最近一次查新日期、下次查新日期等； 3. 体系文件可按文件类型汇总形成相应的文件清单，并可链接到其他管理模块，供有权限的人员阅读

续表

模块	功能	功能说明
体系文件管理	文件发放及回收	1. 系统可设置文件的发放范围，并自动将文件发放的信息推送给发放对象，对方确认接收文件，即有权限在系统上阅读文件； 2. 系统也可取消原有的授权，完成文件回收，相关人员即无权限阅读文件； 3. 系统应自动保存文件发放及回收记录
	文件查新	1. 系统可设定周期，自动提醒对外部文件进行查新； 2. 文件查新后应自动更新文件的最近一次查新日期和下次查新日期信息，并保存查新记录； 3. 系统可汇总形成文件查新记录表，保存查新记录
	文件作废	1. 系统可记录文件作废的日期、理由、审批等相关信息； 2. 文件作废后，可将其从有效文件库中删除，如有需要可另存在专设的、有明显标识的文件夹里，供有需要的人员参考
记录控制管理	记录管控	1. 系统具备对实验室记录的标识、存储、保护、备份、归档、检索，保存期和处置的管理功能； 2. 系统应提供记录的保存期是否符合合同义务的核对功能； 3. 系统的记录查询功能应符合实验室保密性要求
质量控制	外部和内部质量控制	1. 系统可对外部质控（能力验证、实验室间比对）和内部质控（质控样品、仪器比对、功能核查、控制图、期间核查、方法比对、留样复测、相关性分析、审查报告、人员比对、盲样测试）全流程进行管理，包括：计划申报、频率及覆盖率核查、批准计划、实施计划、结果评价、汇总、记录存档等； 2. 系统可设定频率及覆盖率等核查条件，系统能按领域、检测方法或特定的人员等进行自动核查，判断质控计划的符合性； 3. 可设定每个计划的质控方式和结果评价限，系统可根据填报的结果自动评价，保存相关记录； 4. 当计划未被执行时，可向部门/人员发出提醒； 5. 可按部门、人员或检测领域统计质控的频次和分布，以便对重点领域、项目或岗位加强监控；也可按规定的格式输出质控汇总信息
投诉管理	投诉受理、调查、处理、回复	1. 系统可对投诉的全流程，即受理、调查、处理、反馈、记录归档实施管理； 2. 可设立多种方式受理投诉，如现场、书面/信函、微信、电子邮件、短信、客户服务平台、电话（录音/纸质记录）等； 3. 调查人员可录入调查结果，提出处理意见； 4. 管理层批准处理结果，并在设定的范围通报，同时将其反馈给投诉方； 5. 需要整改时，可链接到不符合工作管理模块； 6. 可查询、统计，并可按设定的格式输出投诉汇总表
不符合工作管理	不符合识别、处置	1. 可对不符合工作控制的全流程实施管理，包括：来源、事实描述、依据（质量要素）、责任部门/岗位/责任人、风险分析/评估、纠正、改进； 2. 根据不符合工作来源和控制方式的不同，可分别与检测过程、组织、资源、体系等相关管理模块链接；整改方案可设置完成期限，能提醒相关人员； 3. 可按来源、依据、部门、风险等级等进行查询、统计

续表

模块	功能	功能说明
改进管理	策划、实施、评价	1. 系统应具备改进计划的申报登记及审批立项功能，可链接不符合工作模块自动获取相关的改进信息； 2. 可登记改进计划及计划的执行记录，以及改进工作的有效性评价记录； 3. 可自动收集、记录改进信息，如资源改进、方法改进、方针改进、目标改进、纠正措施、应对风险和机遇措施等
纠正管理	计划、实施、跟踪	1. 可链接不符合工作管理，获取纠正需求信息； 2. 可完成不符合工作的纠正控制流程，包括：原因分析、是否采取纠正措施、提出纠正措施、实施纠正措施、对纠正措施的跟踪验证、记录归档； 3. 需要时，可链接到风险和机遇管理、体系文件管理模块，更新在策划期间确定的风险和机遇，变更管理体系
风险和机遇管理	识别、策划、实施、评价	1. 系统具备风险和机遇的申报登记及审批立项功能，也可与不符合工作、改进管理和纠正措施模块链接； 2. 风险和机遇申报登记内容可包括：提出部门、项目名称、风险点、机遇点类别、等级、涉及岗位、风险及机遇描述、应对措施、评价方法、项目组长、项目组成员等； 3. 经过审批立项的风险和机遇项目，可登记应对措施执行记录，以及应对措施的有效性评价记录； 4. 当风险和机遇项目相关条件变更或实现预期目标时，可调整或解除/关闭项目
内部审核	准备、实施、报告	1. 可对内部审核全流程实施管理，包括：内审计划、审核依据、内审组、内审方案、内审发现及记录，不符合项、内审报告、记录归档等； 2. 可依据设定的流程，提醒审核要素和关键点，形成内审记录，自动汇总审核发现； 3. 内审发现可按设定传给相应的人员查阅、确认，并可链接不符合工作管理模块，完成后续的整改过程； 4. 可自动收集、汇总内部审核的相应的记录和结果，形成内审报告，在系统上完成编制、审批流程后，推送给相应人员查阅
管理评审	准备、实施、报告	1. 可对管理评审全流程实施管理，包括：制定计划、评审准备、评审实施、评审报告、评审决策的实施、记录存档等； 2. 可依据设定的流程，提醒相关部门/人员准备、上传评审输入，提醒相关部门/人员执行评审决策，包括：制定改进措施、设定改进期限等； 3. 可在系统完成管理评审报告的编制和审批，并推送给相应人员查阅
外审管理	资质许可/认定、监督评审/检查	系统要支持资质申报需求外审组织管理，具备提取机构、人员、设备、质量手册、程序文件等数据生成资质许可/认定申请书，并可对评审的全过程进行跟踪管理。包括资质申报评审、飞行检查等方式

(3) 质量体系管理平台功能详细说明（略）。

4.3.2 实验室宏观（监督）管理信息化应用示例

4.3.2.1 建设工程质量检测监管服务系统的建设背景和依据

1. 建设工程质量检测监管服务系统的建设背景

《住房和城乡建设部关于印发〈“十四五”建筑业发展规划〉的通知》（建市〔2022〕

11号）中明确指出，“十四五”期间，要初步形成建筑业高质量发展体系框架，大幅提升建筑工业化、数字化、智能化水平。近年来，随着互联网技术、云计算技术、大数据、区块链等新技术的飞速发展与广泛应用，建筑业领域的相关企业在数字化、信息化的应用程度上越来越高；与此同时，政府的行业主管部门也积极推出数字化、智能化的管理方法和政策，引导企业应用科技赋能建筑业，推动建筑业高质量发展。随着我国城镇化建设步伐的加大，各地住房和城乡建设工程的行业主管部门及其工程质量监督机构（以下统一简称：“监管部门”或“主管部门”）所承担的工程质量监督管理工作责任与社会责任日益沉重，以施工现场巡查为主的传统监督管理模式已难以适应新形势下建筑业高质量发展的新要求。因此，创新监管方法与监管模式成为必然。而借助于当下先进的信息化技术手段建立起全方位、全过程可追溯的工程质量监管模式已然成为监管部门创新与发展的必然选择。

《中共中央 国务院印发〈质量强国建设纲要〉》部署了建设工程质量管理升级工程，并要求强化新一代信息技术应用和企业质量保证能力建设，构建数字化、智能化质量管控模式，开展质量管理数字化赋能行动，推动质量策划、质量控制、质量保证、质量改进等全流程数字化、网络化、智能化转型。

住房和城乡建设部《建设工程质量检测管理办法》（住房和城乡建设部令第57号）（以下简称《管理办法》）明确规定：**“县级以上地方人民政府住房和城乡建设主管部门应当加强对建设工程质量检测活动的监督管理，建立建设工程质量检测监管信息系统，提高信息化监管水平。”**

目前，随着建设工程质量检测市场的进一步开放，检测行业出现了恶意低价竞争、出具虚假检测数据或检测报告、超资质范围从事检测活动等严重扰乱市场秩序的违法行为，给检测行业监管工作带来了巨大的压力和挑战。

综上所述，创新建设工程质量检测监管手段与监管模式，建立起全过程、数字化的建设工程质量检测监管服务平台已然成为监管部门创新与提升监管服务效能的不二之选。因此，各级人民政府监管部门迫切需要根据《管理办法》等实验室管理规矩的相关要求，利用互联网＋、大数据、区块链和人工智能等新一代信息技术，构建一个建设工程质量检测监管服务系统（以下简称：“监管系统”），实现为建筑业高质量发展赋能和保驾护航的目的。

2. 建设工程质量检测监管服务系统的建设依据

（1）《国家发展改革委关于印发〈“十四五”推进国家政务信息化规划〉的通知》（发改高技〔2021〕1898号），强调**“统筹推进重大政务信息化工程建设，打破信息孤岛，不断巩固政务信息系统整合共享成果。”**要求持续提升在线监管水平。优化完善国家“互联网＋监管”系统，加强监管数据共享利用，建立完善多领域风险预警模型和协同处置分析平台，助力健全新型监管机制，提高事中事后智慧监管水平。要求基本实现政务信息化安全可靠应用。

（2）《国务院关于加强数字政府建设的指导意见》（国发〔2022〕14号）提出加快数字政府建设领域关键核心技术攻关，强化安全可靠技术和产品的应用，切实提高自主可控水平。强化安全可信的信息技术应用创新，充分利用现有政务信息平台，整合构建结构合理、智能集约的平台支撑体系，适度超前布局相关新型基础设施，全面夯实数字政府建设根基。

(3) 2021年9月，为进一步深化改革，促进检验检测行业做优做强，《市场监管总局关于进一步深化改革 促进检验检测行业做优做强的指导意见》(国市监检测发〔2021〕55号) 提出推动检验检测与互联网、人工智能、大数据、区块链和量子传感技术融合发展，引导行业数字化转型升级，不断提升检验检测服务的智能化水平。要求加强规范管理，提高行业公信力。积极利用"互联网+监管""大数据""云监管"等智慧监管手段和能力验证、实验室间比对等技术措施，加强监管方式创新，提升监管效能。

(4)《住房和城乡建设部关于印发"十四五"建筑业发展规划的通知》(建市〔2022〕11号) 明确指出要依托全国工程质量安全监管平台和地方各级监管平台，大力推进"互联网+监管"，充分运用大数据、云计算等信息化手段和差异化监督方式，实现"智慧"监督。

(5)《市场监管总局关于印发〈"十四五"认证认可检验检测发展规划〉的通知》(国市监认证发〔2022〕69号) 提出了健全多措并举的系统监管方式，要求创新监管手段，强化大数据应用。充分运用信息化手段，利用多维度的大数据分析找准检查的切入点，提升监管的靶向精准性，提高监管效能。创新智慧监管。构建覆盖认证认可检验检测活动全过程的智慧监管平台，加强大数据中心和信息管理系统建设，实现数据信息实时采集、精准分析和深度应用。构建质量认证全过程信息共享平台，实时采集认证活动过程信息，打通认证实施与认证监管的信息瓶颈；完善认证现场审核网络签到监管系统，实现认证监管线上线下一体化。

(6)《建设工程质量检测管理办法》(住房和城乡建设部令第57号) 中，除了明确建设工程质量检测管理总则、检测机构资质管理、检测活动管理、监督管理和法律责任等方面的政府监督管理要求外，还提出以下涉及建设工程质量检测管理信息化和保证检测活动全过程可追溯的要求：

1) 建设单位委托检测机构开展建设工程质量检测活动的，建设单位或者监理单位应当对建设工程质量检测活动实施见证。见证人员应当制作见证记录，记录取样、制样、标识、封志、送检以及现场检测等情况，并签字确认。

2) 提供检测试样的单位和个人，应当对检测试样的符合性、真实性及代表性负责。检测试样应当具有清晰的、不易脱落的唯一性标识、封志。

3) 现场检测或者检测试样送检时，应当由检测内容提供单位、送检单位等填写委托单。委托单应当由送检人员、见证人员等签字确认。检测机构接收检测试样时，应当对试样状况、标识、封志等符合性进行检查，确认无误后方可进行检测。

4) 检测机构应当建立建设工程过程数据和结果数据、检测影像资料及检测报告记录与留存制度，对检测数据和检测报告的真实性、准确性负责。

5) 检测机构应当建立档案管理制度。检测合同、委托单、检测数据原始记录、检测报告按照年度统一编号，编号应当连续，不得随意抽撤、涂改。检测机构应当单独建立检测结果不合格项目台账。

6) 检测机构应当建立信息化管理系统，对检测业务受理、检测数据采集、检测信息上传、检测报告出具、检测档案管理等活动进行信息化管理，保证建设工程质量检测活动全过程可追溯。

7）县级以上地方人民政府住房和城乡建设主管部门应当加强对建设工程质量检测活动的监督管理，建立建设工程质量检测监管信息系统，提高信息化监管水平。

8）县级以上地方人民政府住房和城乡建设主管部门应当依法将建设工程质量检测活动相关单位和人员受到的行政处罚等信息予以公开，建立信用管理制度，实行守信激励和失信惩戒。

3. 当前建设工程质量检测行业的痛点

当前，建设工程质量安全检测市场竞争日益激烈，检测单位趋于饱和。为达到生存和获利的目的，一些检测单位不惜采取低价中标、违规操作、超资质承揽检测业务、出具虚假报告等不良甚至违法手段争取追求市场份额和经济效益，对建设工程质量检测市场秩序和检测行业的信誉产生严重的负面效应。这些现象对于建设工程质量而言，失去了科学检测的真实含义，影响到参建单位对建设工程质量安全的判断；对于建筑市场而言，则严重地干扰了市场秩序，不仅影响检测行业自身的正常发展，而且危及国家**“百年大计，质量第一”**的建设工程质量管理方针的贯彻落实。以往惯常的做法是把政府对建设工程质量监管的重心放在参建各方的质量行为上，往往忽视了对工程质量检测机构及其检测行为的监督管理，使得上述问题日益突出。所以，加强对工程质量检测机构的监督管理变得日益重要。只有通过建设和应用信息化监管系统才能实现对工程建设全过程质量问题的预防和控制，才能真正实现建设工程质量检测活动全过程可追溯。现在的建设工程质量检测活动中存在以下几方面的突出问题：

（1）检测行为不规范。主要表现为：

1）不具备相应的资质，擅自承担检测业务。部分检测机构在未取得检测专项资质的情况下出具检测报告，或者检测机构资质证书已过期，仍出具检测报告。

2）未按照有关技术标准和规定进行检测。如部分检测机构出具的检测报告使用错误或不在有效期内的标准规范，或者检测机构违反现行检测方法标准要求出具项目（参数）不全的检测报告。

3）见证取样造假，代做样品、样品调包等问题较为突出。

4）伪造检测数据，出具虚假检测报告或鉴定结论的违法行为屡禁不止。通过视频监控录像，发现有的检测机构未能查询到检测报告或仪器使用记录所对应的检测（活动）过程，或者检测机构出具的报告显示检测时间与原始记录采集时间不一致，或者检测机构在现场并不具备相应检测条件的情况下，仍继续违规进行检测并出具检测结论合格的报告。

（2）人员管理不到位。主要表现为：

1）检测机构人员配备不符合资质标准要求。部分检测机构现有的检测人员、具备执业注册资格人员（注册结构工程师、注册岩土工程师等）和工程师及以上专业技术人员数量或专业技能要求等不能持续满足相应资质标准要求。

2）使用不符合现行工程质量检测管理规矩规定条件的检测人员。如部分检测机构报告签字人员与实际试验人员不一致。

（3）样品管理混乱。主要表现为：

1）未按规定管理待检样品。如部分检测机构待检样品无唯一性标识或唯一性标识信息与委托单不一致，或者检测机构收样后未及时进行养护、试验或对试件养护不到位。

2）已检样品管理不到位。如有的检测机构已检试件未按要求保存 72h，或者检测机构留样区内的部分试件唯一性标识信息与委托单不一致。

3）部分检测机构违规接收跨区域见证取样检测业务。

（4）设备、设施与场所环境管理无序、失控。主要表现为：

1）检测仪器设备未按要求进行检定/校准或未对其功能进行有效确认。如有的检测机构未对仪器设备进行维护保养和有效检定/校准，或者检测机构对仪器设备确认依据规范错误，确认的参数、量程和精度不符合相应规范要求。

2）检测仪器设备未受控。如部分检测机构存在未按规定在仪器设备上贴有相应的管理标识和状态标识，或者检测机构设备使用记录无检测样品编号等溯源信息。

3）检测环境条件不符合检测标准要求。部分检测机构未能有效控制有温湿度要求试验室的温湿度；部分检测机构未对标养室温湿度记录进行修正。

4）检测工作场所不满足试验要求。例如部分检测机构缺砌块、防水材料等试件成型制备场所，或者检测机构的检测区域布局不合理或功能分区不明确。

（5）检测报告和原始记录管理不规范。主要表现为：

1）检测原始记录管理不规范。如部分检测机构检测记录、检测报告未按年度统一编号，或者检测机构现场无法提供检测报告对应的原始记录或原始记录填写信息不全、原始记录数据失真，或者检测机构的原始记录、检测报告修改不符合程序要求。

2）检测报告结论不正确。例如部分检测机构出具的混凝土实体检测报告中，抽检构件数量不满足规范规定按批评定的要求，却出具按批评定的结论；个别检测机构检验批量划分错误，将本不是一个批量的构件按一个检验批进行批量检测；部分检测机构出具的报告未按要求下结论。

（6）数据传输、远程视频监控达不到要求。主要表现为：

1）部分检测机构未按规定将人员、设备、检测报告和自动采集的检测数据等信息及时上传至检测监管信息系统。

2）部分检测机构视频监控摄像头数量不足，视频监控范围未能按有关要求覆盖规定区域，保存期不足 6 个月。

3）部分检测机构未能保证视频监控系统的正常运行。

4.3.2.2 建设工程质量检测监管服务系统的建设目标

“监管系统”是一套基于政府对建设工程质量检测行业管理的相关规矩，利用“互联网＋智慧监管”技术，为政府住房和城乡建设行业监管部门建立覆盖省、市、县三级应用并能够与国家相关监管服务平台互联互通的监管系统，以实现以下建设目标。

1. 业务目标

利用“互联网＋智慧监管”技术，综合政府监管部门和检测机构的需求，实现系统共享数据的集中存储管理与共享应用，包括政府监管系统与检测机构管理信息系统之间的数据交互与共享，以及政府监管系统与全国建设工程质量安全监管平台和国家市场主体信用信息公示平台之间的信息共享应用，构建政府对检测机构的资质管理、检测活动管理、监督管理和法律责任追究等监管活动的线上线下一体化监管服务平台，依法公开获得资质许可的建设工程质量检测机构的资质、能力，守法诚信从业信息及其严重违法失信的信息，健全建设工程质量检测机构及其人员开展检测活动全过程追溯机制，落实严格、规范、公正、文明的政府监管工作要求，逐步实现建设工程质量安全检测监督管理的规范化、标准化和信息化。

（1）利用信息化技术搭建检测机构监管系统，根据《管理办法》的具体要求，强化检测机构资质能力和检测活动的动态监管，具体包括：

1）提供检测机构资质申请、组织资料审查和技术评审、审查核实、批准发证等检测机构资质许可的监管服务。

2）提供资质证书延期、资质变更事项（含机构、检测资质、能力、关键管理/技术人员、方法标准等）的监管服务。

3）对检测机构的资质、检测能力，关键（管理和技术）人员、主要设备配置等情况实施动态监督管理。

4）实时接收管辖范围内建设工程质量检测机构的资质、能力、人员、设备及其开展检测活动的数据信息，将检测企业的资质、能力、人员、设备及其开展检测活动的数据、信息纳入监管平台监督管理。

5）对检测机构开展检测活动情况进行动态监督管理。

（2）建立与全国建设工程质量安全监管平台和国家市场主体信用信息公示平台联通且共享应用检测企业信用信息的公示平台（模块）。依法依规归集并公示检测机构严重违法失信的机构和人员名单、异常经营名录等信用信息，切实规范建设工程质量检测市场秩序。

（3）依法公开获得资质许可的建设工程质量检测机构的名称及其资质、能力等信息，公开接受社会公众的监督，向社会公众提供检测机构资质、能力及其从业人员等信息查询服务。

（4）增强室内检测监管，混凝土试块破型拍照及曲线图上传等功能以丰富监管手段。

（5）依据检测机构的资质能力为其提供检测报告统一防伪标识，实现检测报告电子化。

（6）提升样品、试验和报告的真实性，在样品制作、取样见证、养护送检、收样、验样时，引入二维码、RFID唯一性标识和电子封志等技术，加强检测试件真实性监管。

（7）拓展移动应用端应用，满足政府工程质量移动监管需求以及工程质量检测机构的生产经营服务要求。

（8）通过综合应用物联网、大数据等技术，加强质量管理全过程、关键要素的数据治理，及时判断并预警质量异常或偏差，为监管部门实施差别化监管提供科学支撑。在决策支持方面，发挥数据在研判趋势、风险预警等方面的作用，全面提升监管效能。

2. 技术目标

（1）确保系统完成后长期稳定、安全运行。

（2）技术具有先进性、创新性，实现系统引领同行。

（3）具有良好的开放性、扩展性，便于实际需要进行功能扩展、定制。

（4）操作简便、思路清晰、符合业务标准。

（5）统一具有抵御出现非预期状态的能力，提供正常服务。

（6）统一数据采集、共享标准，支持多数据源数据整合，通过标准 API 接口提供数据服务。

（7）应用系统安全设计方面采用权限管理、强密码、防暴力破解、会话时间限制、敏感信息脱敏技术对系统进行加固。

（8）制定数据备份策略，支持全量、增量模式，最大限度保障数据安全。

4.3.2.3　建设工程质量检测监管服务系统的建设规划

构建覆盖省、市、区（县）三级行政管理的建设工程质量检测监管服务系统，在省、市、区（县）管辖范围内，构建统一的建设工程质量检测的企业库、人员库、设备库和检测数据库，形成对本辖区检测机构资质、人员、设备和检测活动等信息的统一监管，达到预防和查处各种违法违规行为的目的，规范辖区内的建设工程质量检测行为，提高建设工程质量检测服务质量和水平，并向有需要的机构或人员提供检测机构及其从业人员等信息查询服务，建立健全“企业负责、政府监管、社会监督”的工程质量保障体系，实现为建筑业高质量发展赋能和保驾护航的目标。

1. 监管系统的主要功能

（1）运用物联网、云计算、大数据等信息技术，建设一个覆盖辖区内所有建设工程质量检测活动监督管理服务的信息化系统，该系统能够以项目和检测数据为核心，实现辖区内建设工程质量检测行业的闭环管理。

（2）使用统一的用户管理模块，监管部门的（监督）人员登录系统后，可按各自管辖范围、以不同权限获得与其职责相关的各类数据、汇总与预警信息，作为被监管对象的各责任主体（含建设、监理、施工和混凝土生产等单位）和检测机构用户则依据其采集数据（操作层）或使用数据（管理层）的不同角色身份进入系统，纳入统一管理。

（3）工程项目检测管理模块，将监管部门的在监工程项目纳入统一管理，实现工程项目检测全过程信息的共享。建立辖区统一的问题隐患预警及处理机制，实现对项目工程质量安全问题（隐患）的追踪监管。

（4）通过对项目检测全过程管理，全面防范检测机构出具虚假报告等违法违规行为。

（5）建立见证取样管理服务模块，规范见证取样、送检工作的行为和流程。通过手机移动客户端在取样和见证时进行拍照定位及人脸识别确认身份，利用物联网、二维码、AI 图像识别等技术实现样品防调包，确保样品的真实性，有效减少样品和进场材料不一致的问题。

（6）建设检测业务管理平台、混凝土自检管理平台，采集并关联检测业务全流程数据，提供检测过程、人员、仪器设备、报告等全方位数字化项目管理功能。应用实时定位、机器视觉、智能传感和大数据等技术，开展检测实时监控和管理，确保检测技术方案、原始记录数据及视频监控记录等上传完整有效、可闭合、可追溯。应用电子签章、区块链存证防伪等技术，实现检测流程全过程管理，推动电子报告数据安全可信流通，实现精准追溯。

2. 监管系统的建设内容

监管系统总体建设内容如表 4.3.2 所示。

监管系统总体建设内容　　表 4.3.2

序号	功能模块		功能说明
	一级	二级	
1	企业管理	检测机构基本信息	检测机构基本信息、资质能力及诚信评价信息
2		人员基本信息	人员基本信息及资质能力
3		检测设备管理	登记基本信息及检定信息，自动报警同一设备跨机构登记及预警资质临期、超期情况
4	工程管理	工程项目台账	获取工程名称、五方主体单位等工程概况，可按每个工程查看多个检测项目情况，数据比对分析不合格率，预警工程质量问题
5	合同管理	检测合同管理	获取检测合同信息，跟踪各合同执行情况
6	检测行为监管	行为监控	数据比对分析，自动核查检测机构的人员配备是否符合资质条件要求，自动识别和统计超资质检测、无证上岗、人员挂靠、设备超期使用等违法违规行为
7		力值采集数据	对接各检测机构系统获取力值采集数据，包括自动采集、手动采集，并统计比例情况
8		数据修改预警	对接各检测机构系统，预警检测数据和检测报告的修改情况
9		不合格报告	对接各检测机构系统，获取不合格报告、闭环处理等
10		不及时数据	对接各检测机构系统，设定规定上传时限，获取试验时间、上传时间及未及时上传的详细记录
11		视频监控	对接各检测机构系统设备，获取视频实时监控、回放记录，自动巡检在线状态，数据比对分析、AI 识别预警视频异常情况
12		实时在线查询	对接各检测机构系统，获取当天检测机构开机时间、当前是否在线、试验份数、报告份数、上传份数
13		检测报告查询统计	按照区域、工程名称、检测机构、检测项目、检测时段查询各个检测项目的检测报告数、合格份数、不合格份数及其台账等数据
14		试验过程信息汇总	按照检测机构和检测时间段统计各个检测机构的样品检测数量、力值采集份数、检测数据修改份数、不及时上传份数、检测报告合格份数、检测报告不合格份数及不合格率
15	信用管理	信用信息归集、公示	建立信用管理制度，归集检测企业及其从业人员信用信息，实行守信激励和失信惩戒（向国家市场主体信用信息公示平台实时推送并依法公示严重违法失信名单、异常经营名录等）
16	专家库	专家入（出）库及其管理	建立专家库，制定评审程序、评审准则、评审表格等，并组织实施专家评审
17	防伪标识	报告防伪标识管理	为检测报告赋予唯一性防伪标识，包括防伪编码及水印
18	报告真伪校验	报告真伪校验管理	对二维码进行扫描用于和纸质报告进行比对，从而实现报告真伪的验证
19	见证取样管理	见证及取样人员管理	获取取样人员和见证人员基本信息，获取见证取样经手记录，登记人脸生物特征等信息

续表

序号	功能模块		功能说明
	一级	二级	
20	见证取样管理	见证过程	获取样品委托信息、现场取样照片及定位、见证照片及定位等信息
21		可疑信息预警	自动比对人脸信息、定位、样品芯片等信息，以及AI识别混凝土调包等预警超设定偏差值的见证取样试件
22	混凝土自检管理	企业管理	汇总管理企业的基础信息、资质、机构人员、设备等信息
23		检测管理	查询混凝土企业自检试验室上传的检测过程数据。包括主要检测数据、力学类检测试验机自动采集数据、检测过程中的修改记录和检测报告
24		异常数据台账	统计检测异常及异常处理情况。主要统计检测组数、异常数、异常率、未处理数、正在处理数、已处理、未处理率
25		统计分析	统计内容包括供货数量、生产批次数、自检异常数等
26	智慧大屏	智慧大屏	综合展示辖区所有检测项目、检测机构的检测监管情况，以可视化图表形式展示相关专题数据情况及统计分析汇总
27	统计分析	机构不良行为统计	按区域、时间、主体等条件统计人员挂靠、设备超期、数据修改等机构、人员报表图表
28		不合格报告统计	按区域、时间、主体等条件统计不合格检测数据汇总报表图表
29		专项检测统计	按区域、时间、主体、检测项目等条件统计各专项检测的项目、企业、人员、设备及检测情况相关信息报表图表
30		决策分析	通过对现有数据进行分析，评估分析并预测工程质量相关信息
31	移动端	委托管理	获取工程信息、单位信息、人员信息等，委托方送检样品的信息登记
32		信息查询	见证取样信息、第三方检测受理、检测进度情况及报告信息的查询
33		现场取样	现场取样拍照、现场定位及取样信息上传
34		监理见证	监理人员现场拍照、现场定位及见证信息上传
35		验样管理	检测机构见证取样的见证信息验证
36		电子封志	样品电子施封和验封管理
37		混凝土试块防调换管理	对出库试块拍照，并通过与取样时样品进行AI图像识别，匹配度不低于80%，才能出库，否则不允许出库
38	系统管理		实现系统检测分类项目配置，角色、用户、权限管理及用户个性化设置管理；检测项目按9个专项类资质分类，并支持自定义分类；检测参数区分必备参数、可选参数，并支持自定义设置
39	数据接口		制定标准接口与其他政务系统及检测系统进行数据对接
40	资质管理		提供检测资质申请、资料审查、技术评审、审查核准、证书发放、监督管理（监督评审和抽查），资质延期、资质变更、资质注销等监管服务

4.3.2.4　建设工程质量检测监管服务系统的总体设计

1. 监管系统的总体架构（分层）

建设工程质量检测监管服务系统的总体架构如图4.3.2-1所示。

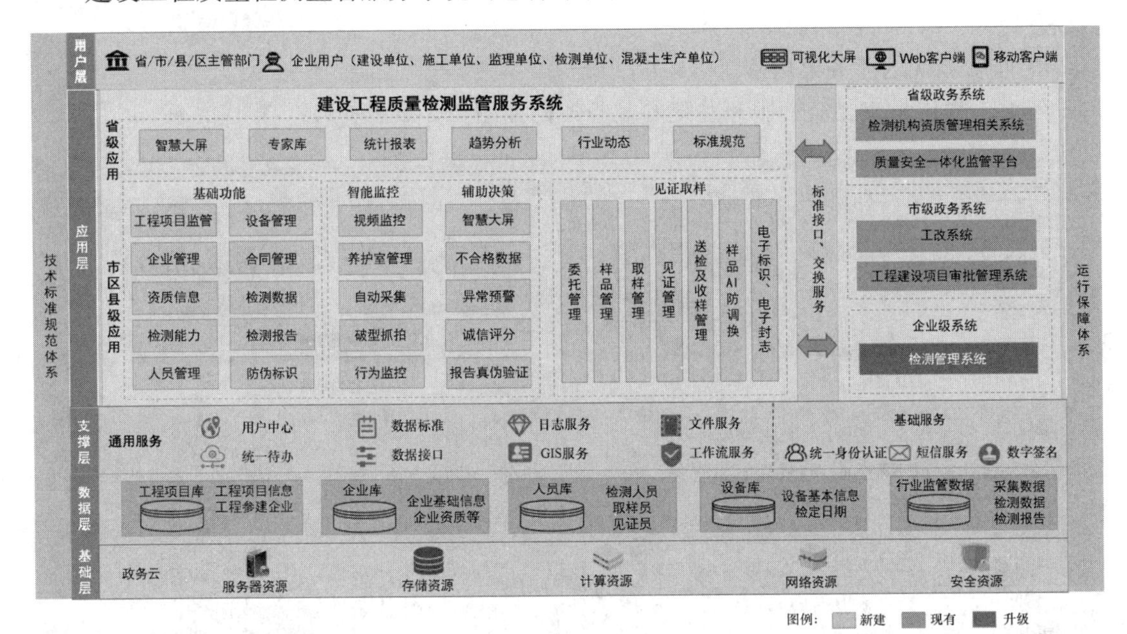

图4.3.2-1　建设工程质量检测监管服务系统的总体架构

监管系统各分层（次）的功能说明：

（1）用户层：用户层包括省、市（县、区）监管部门和企业用户，其中企业用户包括建设单位、施工单位、监理单位、检测单位、混凝土生产单位等。用户层的入口包括可视化大屏、Web客户端和移动客户端，同时支持微信小程序。

（2）应用层：应用层包括省级应用功能和市（县、区）级应用功能，包括智慧大屏、专家库、统计报表和趋势分析等功能；其中市（县、区）级应用功能包括基础管理功能、智能监控功能、辅助决策、见证取样等功能。

（3）支撑层：支撑层提供满足业务应用层所需的系统服务，包括用户中心、统一待办、数据标准、数据接口、数字签名等支撑性系统服务。

（4）数据层：数据层包括建设工程检测监管服务系统的工程项目库，还包括企业库、人员库、设备库和行业监管数据等。

（5）基础层：基础层主要是为了扩大信息采集源，通过集成各种终端设备，为系统稳定和持续原型提供基础，并对数据进行采集、存储和分析提供保障。

（6）技术标准规范体系：通过标准规范的系统性研究和建设，为规划实施落地提供重要保证。建设工程检测监管服务系统建设过程也是一个标准规范建设完善的过程。包括工具选型、技术框架、业务流程、信息资源目录、数据目录、数据接口建设指引等标准和规范。

（7）运行保障体系：建设工程检测监管服务系统运行保障体系包括对系统建设和应用的运营改善、基础设施、应用系统维护以及相关的服务流程管理、维护服务评价，建立持续改进的服务管理体系。

(8) 与省级、市级和企业相关系统的管理：通过与省级、市（县、区）级和企业应用系统的数据对接，实现与省级、市级监管部门之间的信息共享和业务协同，促进跨部门的数据互通。

2. 监管系统的业务架构

建设工程质量检测监管服务系统的业务架构如图 4.3.2-2 所示。

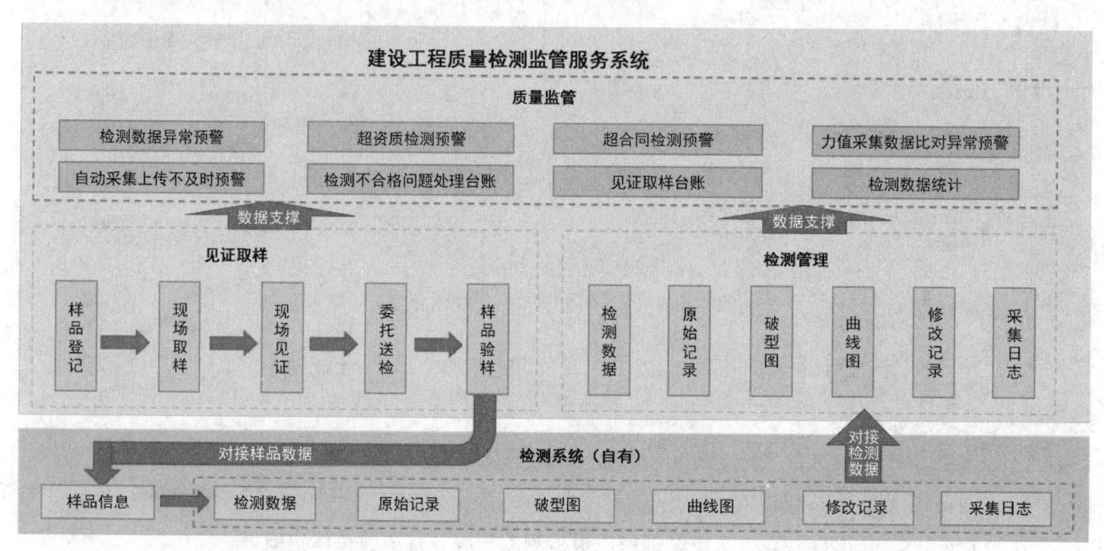

图 4.3.2-2　建设工程质量检测监管服务系统的业务架构

监管系统的各模块功能说明如下：

(1) 见证取样：施工单位的取样员、监理单位或建设单位的见证员通过智能手机客户端实现样品登记、样品取样、见证过程的人脸验证、GPS 定位、拍照，形成现场取样信息与现场见证信息，制作样品时植入 RFID 芯片/绑定二维码作为送检样品的唯一标识，保证样品真实性。送检样品到达检测机构后由检测单位的收样人员进行样品验样，验样通过的样品信息通过标准数据接口对接给检测单位的检测系统。

(2) 检测管理：检测系统接收到验样通过的样品信息后进行检测，系统通过标准数据接口接收检测系统检测数据包括：检测数据、原始记录、破型图、曲线图、修改记录、采集日志。

(3) 质量监管：由见证取样及检测管理的基础数据支撑，系统进行异常数据预警及统计分析。包括：检测数据异常预警、超资质检测预警、超合同检测预警、力值采集数据比对异常预警、自动采集上传不及时预警、检测不合格问题处理台账、见证取样台账、检测数据统计。

3. 监管系统的技术架构

建设工程质量检测监管服务系统的技术架构如图 4.3.2-3 所示。

4. 监管系统的功能架构

建设工程质量检测监管服务系统的功能架构如图 4.3.2-4 所示。

5. 监管系统的电子封志管理模块

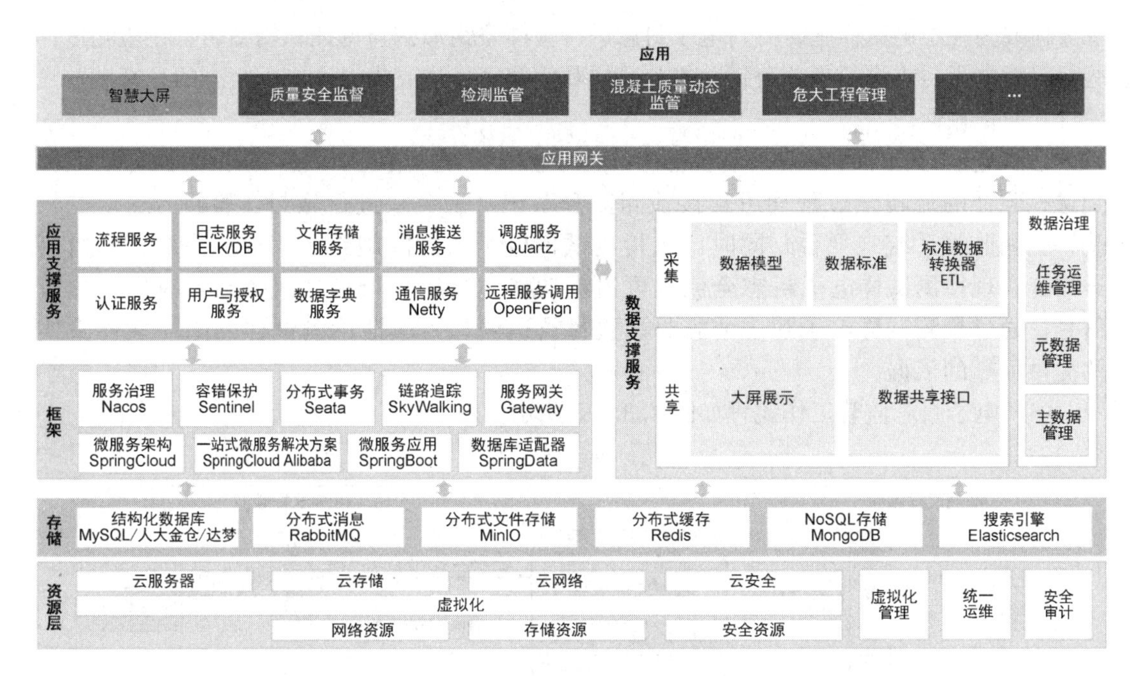

图 4.3.2-3　建设工程质量检测监管服务系统的技术架构

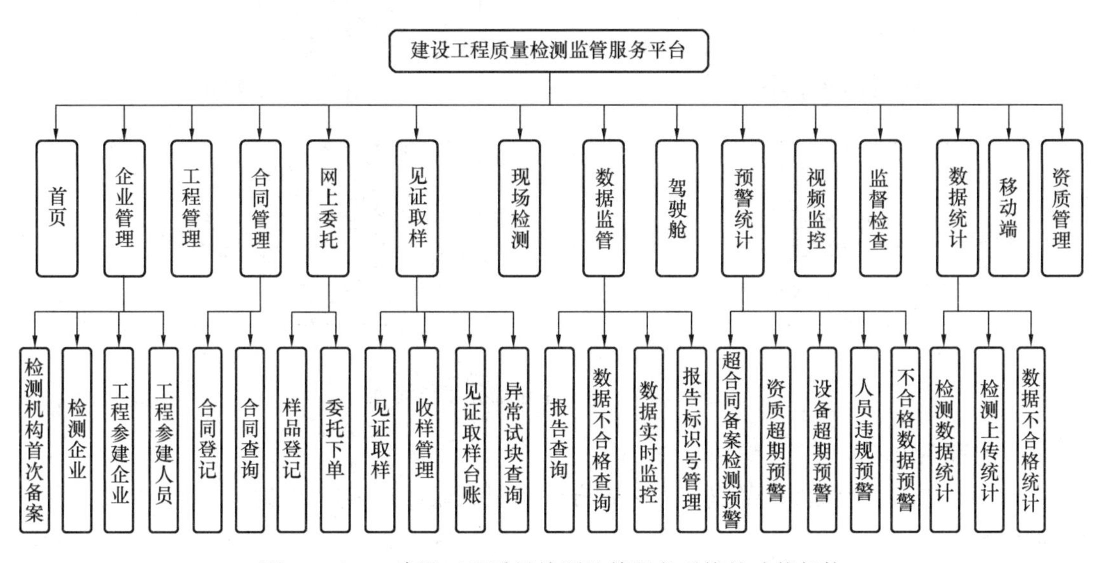

图 4.3.2-4　建设工程质量检测监管服务系统的功能架构

（1）基于电子封志的检测试样施封与验封方法，应用深度学习与图像处理识别技术，对检测试样在见证取样、送检验样等场景拍摄合格的检测试样图像进行识别处理，以检测试样原始图像、检测试样上唯一性标识对应的唯一编码、检测试样中的唯一性标识及其在检测试样的空间位置、检测试样的表面物理特征（自然形成的纹理特征）形成的唯一性特征信息，生成该检测试样的电子封志。

（2）封志专用客户端利用属性加密技术对检测试样电子封志进行一次性的加密与解密，保证电子封志的私密性；再利用非对称密钥加密技术对检测试样电子封志进行处理，主要体现为在检测试样施封时对电子封志进行验样公钥加密与见证私钥签名、在检测试样验封时对电子封志进行见证公钥验签与验样私钥解密，进一步保证电子封志的私密性、完整性和防抵赖性。

（3）电子封志保存在政府监管部门的检测监管系统（平台）中，在检测试样从取样到送检验样的流转全过程均可连接检测监管系统（平台）进行施封、验封、比对、校验，检测监管系统（平台）同时记录检测试样电子封志的施封、存取、获取、验封等操作，实现检测试样电子封志全流程可追溯功能，当施封与解封次数异常时发出预警信号。通过检测试样电子封志的施封、验封及追溯，为验证检测试样的同一性和真实性提供可靠的依据。

（4）电子封志监管工作流程如图 4.3.2-5 所示。

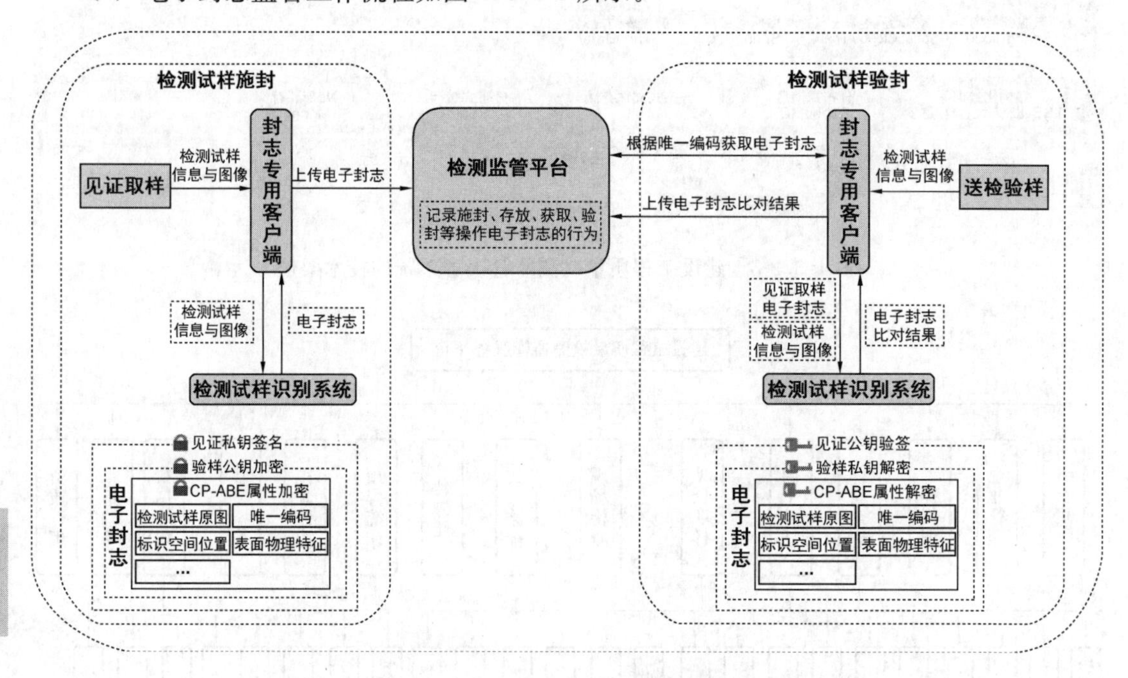

图 4.3.2-5　电子封志监管工作流程

6. 监管系统的样品 AI 识别模块

（1）针对混凝土试件样品真实性判定方法：根据取样时客户的选择，进行单联或者三联对比识别。

（2）单联对比模式：根据试块边缘进行校正，然后对比二维码或芯片偏移度得出位置匹配度，当匹配度大于 80％时，进行纹络对比且纹络对比大于 30％时为匹配合格，其他情况均为匹配不合格。

（3）三联对比模式：先根据试块上的二维码或芯片位置将两试块进行映射对齐，然后对比两试块的重合度，当重合度达到 90％时，进行纹络对比且纹络对比大于 45％时为匹配合格，其他情况均为匹配不合格。

（4）算法一概述：图像识别，角度偏移，芯片的重合度达到一定要求情况下，通过两张混凝土试块图像分割、矫正、对齐、脱模后，进行相似度计算，从而计算出两个试块的匹配度。算法一示例如图 4.3.2-6 所示。

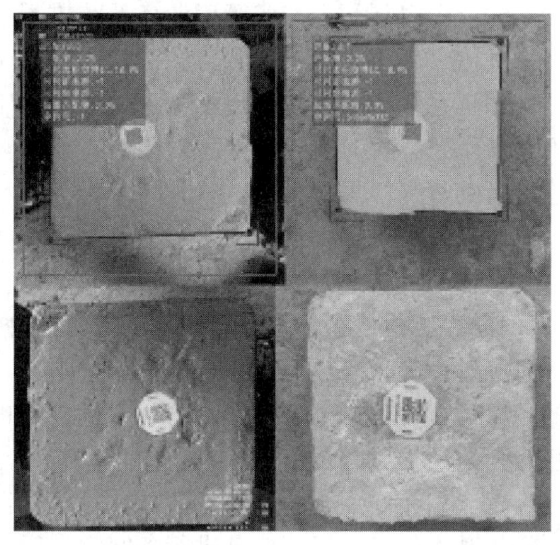

图 4.3.2-6　算法一示例

（5）算法二概述：纹理识别芯片的重合度达到一定要求情况下，通过两张混凝土试块图像分割、矫正、对齐、脱模后，进行相似度计算，从而计算出两个试块的匹配度。算法二示例如图 4.3.2-7 所示。

图 4.3.2-7　算法二示例

4.3.2.5　建设工程质量检测监管服务系统的功能设计

1. 首页

（1）待办事项：根据系统中事务流程提示相关人员处理工作流中的事项，并对各类型的待办事项在首页进行汇总展示，主要待办类型有：首次备案、企业信息变更、检测能力变更、整改回复。通过这些数据链接，可以进行各种事项处理和查看详细数据。

（2）检测机构分布：通过互联网 GIS 地图，实现对全辖区（市、县/区）检测机构分布情况进行查看，同时可以实现基于地图汇聚出各县（区）的检测机构，同时可以对检测机构进行查询定位，查找到检测机构后可以对该机构进行详细信息的查看。

（3）异常预警：汇总展示各类异常预警信息，监管部门可动态了解全辖区（市、区/县）检测机构的异常情况。主要异常预警信息有：资质证书超期、人员证书超期、设备检定超期、不合格处理、逾期未整改等。

(4) 消息提醒：与各管理业务系统进行系统消息关联，推送提醒内容并进行展示。

2. 待办事项

根据系统中事务流程提示相关人员处理工作流中的事项，对各类型的待办事项再进行汇总展示，并可对实现的处理时限进行设置，临期未处理时进行黄灯亮灯提醒，到期未处理进行红灯亮灯提醒。

3. 企业管理

(1) 检测机构首次备案

1) 检测机构在系统注册成功后，首次登录系统，需要对企业信息、人员信息、资质信息等进行完善，提交给监管部门审核备案，审核通过后，才能办理其他业务。相关信息的备案可以在信息申请模块进行一次性提交申报。需要备案的有：企业基本信息、资质信息、检测能力、人员信息、设备信息。

① 基本信息：通过对检测机构信息的备案，对检测机构的企业名称、统一社会信用代码等基本信息、场所信息进行备案登记，并上传营业执照、注册人员一览表、质量检测人员一览表，保证检测机构的真实合法性。

② 资质信息：通过对检测机构资质信息的备案，对检测机构资质类别、证书编号等证书信息进行备案登记，并上传机构资质证书、检测能力附表、检测报告批准人附表等相关材料，确保检测机构资质的真实性。

③ 检测能力：通过对检测机构检测能力的备案，对检测机构检测能力建立档案，控制检测机构超能力、超资质承担检测业务。检测机构在录入机构基本信息时需选择和资质证书相同的检测能力，系统会根据相关检测能力限定检测项目，如果未上传检测能力材料系统将阻止该机构提交备案请求。

④ 人员信息：建立质量负责人、技术负责人、注册人员、报告批准人（授权签字人）、项目负责人、质量检测人员的资格和能力档案，核查检测机构的人员配备是否符合资质条件要求，控制检测人员无证检测。检测机构在录入人员信息时必须上传人员资格证书和证书有效期、身份证号码等相关材料，并根据证书类型由系统自动限定人员只能开展和证书匹配的检测项目。

⑤ 设备信息：通过建立检测机构主要检测设备档案（含设备的校准信息），实现当不同检测机构出现相同厂家和相同出厂编号的设备时系统做出报警，另外对当检测项目涉及的检测设备超出校准期限时做出警示。

2) 监管部门对检测机构提交的首次备案信息或者企业信息变更、人员变更、资质变更等进行审核。审核人员可根据预评审结果给予备案通过或不通过。如备案审核不通过，审核人员将此次申请退回给检测机构，并限定时间让检测机构整改重新提交备案申请。只有备案申请通过后检测机构才能开展以后的工作。检测机构在有资质、人员及企业信息的变更时需在系统提交变更申请，且经监管部门审核通过后方可开展后续工作。

(2) 检测企业

1) 企业信息：通过本模块，汇总统计所有已通过备案登记的检测企业，可对全辖区（市、县/区）的检测企业进行查询，查看企业的基本信息、资质信息、检测能力、人员信息及设备信息等。

2) 人员信息：通过本模块，汇总统计全辖区（市、县/区）所有从事检测相关的已备案登记的人员，可对全辖区（市、县/区）从事质量检测的相关人员进行查询，查看人员的基本信息、人员类型、所属企业等。并可统计出各类人员的数量。

3）设备信息：通过本模块，可对全辖区（市、县/区）检测试验设备进行查询，主要内容有设备名称、设备编号、设备类型、规格型号、生产厂家、校准/检定周期、校准/检定日期、校准/检定证书有效期、设备状态、登记时间等。

（3）工程参建企业

1）工程参建企业信息：与监督系统数据联通，若地市有监督系统，则直接从地市的监管系统同步工程信息，若该地市无监督系统或部分非在监工程未在监督系统登记，则由监管部门系统管理员在系统进行登记备案。可以查询工程信息，登记工程信息，监管部门领导查看数据、检测企业管理员查看数据，根据查询条件筛选工程。

2）见证人员：通过本模块，可对全辖区（市、县/区）见证人员进行查询，查看人员的基本信息、所属企业、关联的工程项目等。

3）取样人员：通过本模块，可对全市取样人员进行查询，查看人员的基本信息、所属企业、关联的工程等。

4．工程管理

（1）工程管理。为保证工程信息的一致性，建立统一的工程项目登记入口，实现工程项目的统一管理。工程登记后，通过数据交换，将工程信息下载到各检测机构的试验室质量检测管理信息系统中。

（2）归档工程。通过本模块，可对全辖区（市、县/区）已归档的工程进行查询，查看工程的建设单位、施工单位、监理单位、监督机构等信息。归档的工程系统判定为已竣工工程，无法再进行业务操作。

5．合同管理

（1）合同信息管理。建设单位与检测机构签订委托合同后，检测单位进行登记和管理。合同管理贯穿整个检测过程，使得检测行为更加规范化。每个工程的各项信息和检测数据都联系起来，可利用大数据分析工程检测总体情况，支撑对工程质量问题进行风险研判，同时也便于跟踪每个合同的签订和执行情况。登记的合同信息包括检测机构项目负责人、签订时间、检测项目、工程名称等信息。检测合同登记后需要监管部门进行审核确认。

（2）合同查询。合同信息包括检测机构项目负责人、签订时间、检测项目、工程名称等信息。

6．数据查询

（1）报告查询

1）报告查询模块，主要用于查询各检测机构、混凝土企业自检试验室上传的检测过程数据。包括主要检测数据、力学类检测试验机自动采集数据、检测过程中的修改记录和检测报告。检测机构的检测数据上传要求如下：

① 试验完检测数据自动上传；

② 试验过程中力学设备采集数据不落地实时上传；

③ 报告批准完打印后检测数据、修改记录重新上传更新，并上传PDF格式的报告，进行系统归档；

④ 钢筋和混凝土试块要求上传力值曲线图，混凝土试块需上传破型图，有效避免假试验和假报告。

2）提供检测报告的真伪查询功能，防止供应商作假检测报告。检测报告有报告唯一编码和二维码，可以扫描辨别真伪。

（2）自动采集数据查询

1）对接各检测机构管理系统获取力值采集数据，力学项目的检测数据由设备自动采集完成，并直接上传监管系统。通过对检测机构、检测项目、样品编号、采集时间等条件，可以查询自动采集的相关信息。对各个检测机构和检测项目采用检测设备自动采集力值、未自动进行力值采集、力值采集所占的比例情况进行统计。

2）监管部门可查看检测试验自动采集的数据情况，主要可查看工程名称、检测单位、检测项目、样品编号、设备编号、极限荷载值、屈服荷载值、试验时间、采集时长、过程曲线图、破型图等。

（3）修改记录查询

1）对接各检测机构系统自动记录检测数据和检测报告的修改情况，统计并预警关键数据修改情况，可以查询各个检测机构数据修改情况和详细修改记录。

2）检测数据修改处理，实现严格流程化与标准化的控制管理，所有更改都必须留下痕迹，记录修改类型、修改人、修改日期、修改内容、改前改后值，并将修改前、后的原始记录表格自动上传系统保存，为事后溯源提供依据。

（4）自检报告查询。监管部门查询企业自检信息，包括原材料自检和混凝土强度自检，检测信息包括：工程名称、施工单位、检测单位、检测项目、检测部位、样品编号、报告编号、试验结果、试验日期、报告日期、上传日期、采集记录、修改记录等。

7. 行为监控

（1）企业资质证书预警。汇总所需的监管信息，对检测机构超出资质认定证书规定的检测能力范围，擅自向社会出具具有证明作用数据、结果的行为进行监督检查，形成超资质监测行为监管报告信息，并通过单独展示，为监管部门提供统一汇总数据。

（2）企业设备证书预警。系统自动根据检测机构在备案时填写的设备校准/检定周期等信息自动向检测机构和监管部门警示设备校准日期即将到期，如果过期系统将会进行报警，为监管部门提供统一汇总数据。

（3）企业人员信息预警。依据《管理办法》和《资质标准》规定，企业资质需要有满足资质要求的人数的注册人员和检测技术人员，当检测机构人员数量不满足要求时，则对该检测机构进行人员预警，为监管部门提供监管数据。系统同时会根据检测机构在备案时填写的人员证书有效期等相关信息自动向人员所属检测机构和监管部门警示人员的证书到期。

（4）异常数据处理

1）异常数据台账：实现监管部门对异常报告的闭环管理。监管部门针对异常报告台账，实现异常报告闭环管理任务委派；监督员结合异常报告情况对工程进行下发整改，整改完毕后提交整改资料进行确认并完成归档。

针对不合格报告，提供检测报告汇总数据查看与展示功能。

2）自检异常台账：汇总混凝土企业自检信息异常数据，实现监管部门对异常报告的闭环管理。监管部门针对异常报告台账，实现异常报告闭环管理任务委派；监督员结合异常报告情况对工程进行下发整改，整改完毕后提交整改资料进行确认并完成归档。

8. 专家库

（1）省住房和城乡建设厅按相关规定建立检测行业评审专家库，制定评审程序、评审准则、评审表格等管理规矩。

（2）检测专家库管理模块主要包括专家分类、专家管理（申请入库、登记、统计、退出）、专家评价和专家使用（抽选）等功能，且应支持随机抽取专家并遵循回避原则。检测专家库管理模块的功能如图4.3.2-8所示。

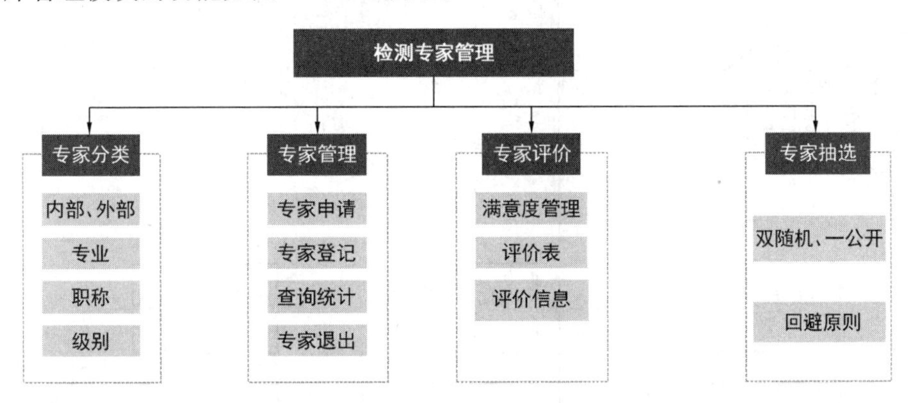

图4.3.2-8　检测专家库管理模块功能

9. 报告防伪标识

检测机构出具的作为建设工程竣工验收依据的检测报告，需要从检测监管服务系统获取的防伪标识，当检测机构在检测系统打印检测报告时，系统会判断检测机构是否有此检测项目的资质或者资质是否有效，从而判断是否要下发。

（1）防伪标识码生成规则：

检测类别（4位，前1位检测类别，后3位检测项目，平台生成）＋年份（2位）＋流水号（8位）

例子：J0012100000001。

（2）并发要求：并发1000。

（3）报告防伪标识生成并发工作流程：报告防伪标识生成下发工作流程如图4.3.2-9所示。

10. 报告真伪校验

系统出具的检测报告将通过增加水印和二维码进行防伪处理。一方面通过水印，避免报告被复印复制；另一方面，还可通过赋予每份报告唯一的二维码标识，客户通过扫描二维码标识可在线调取该二维码对应的真实报告信息，通过与之对比检查，确定纸质报告的真伪情况。

11. 见证取样

（1）见证取样

1）基本要求：见证取样用于管理建筑材料检测样品的取样过程，应满足以下基本要求：

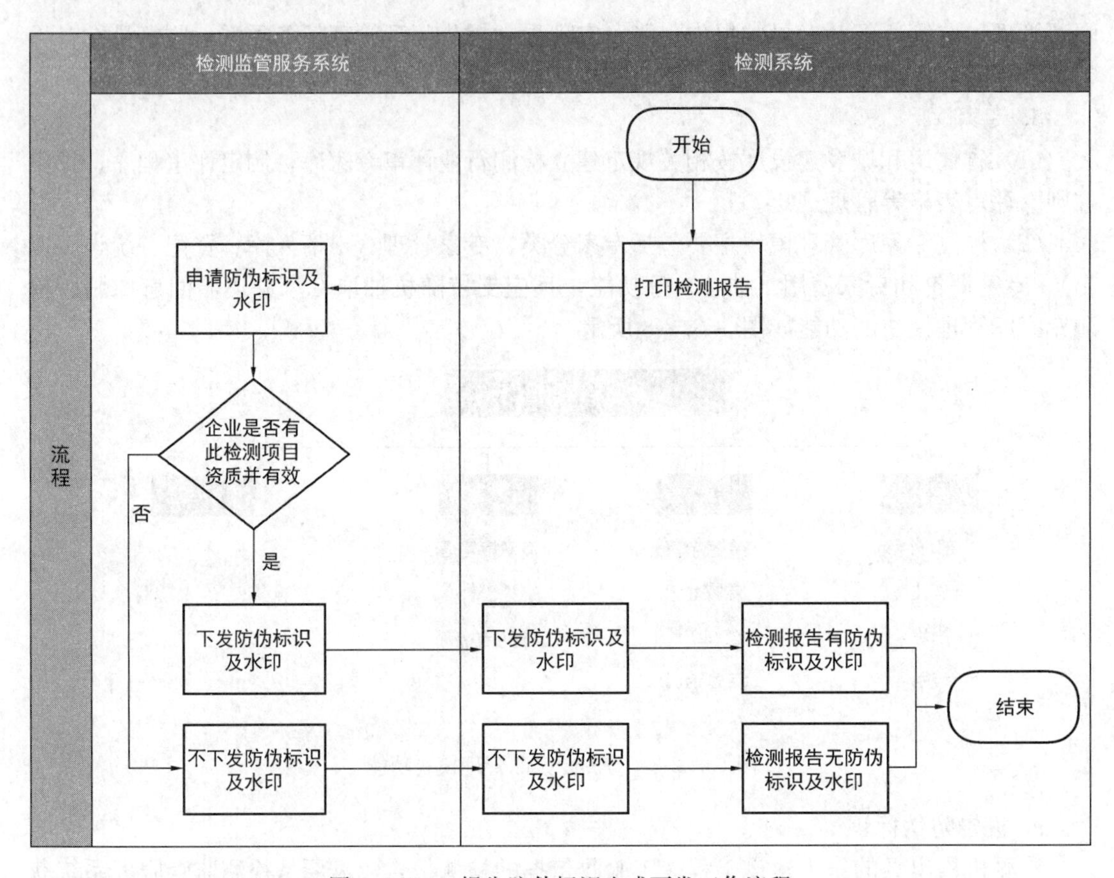

图 4.3.2-9　报告防伪标识生成下发工作流程

① 取样前先由施工单位委派的取样人员通过系统登记样品信息，然后进行取样；

② 在取样前需通过手机客户端进行人脸识别，对封装的样品和取样人进行拍照和定位，确保是在工地现场由指定的取样人进行取样；

③ 应确保取样过程是在监理或建设单位委派的见证人员见证下在工地现场进行取样，且在取样过程中，由见证人员对封装的样品和见证人进行拍照和定位；

④ 封样：混凝土试块需植入芯片，芯片中需写入工程、部位、生产批次号、强度等级、取样人等信息；其他类如钢筋，需用二维码扎带进行封样；芯片和二维码标识录入见证取样记录中。

2）见证管理工作流程：见证管理主要用于解决假试件的问题，见证取样管理工作流程如图 4.3.2-10 所示。

3）样品登记：材料进场收货后，由施工单位的取样人员登录手机客户端根据检测项目（分为混凝土及砂浆、钢筋类两大类）进行各种材料的样品登记，确定送检样品的信息，并生成样品信息。样品信息包含：

① 混凝土及砂浆类：是否复检、检测参数、养护条件、工程部位、生产厂家、强度等级、制作日期、试块边长、是否拆模、代表数量、样品数量（混凝土及砂浆类固定为3，其他项目根据相应检测方法标准选定）；

② 钢筋类：是否复检、检测参数、工程部位、样品直径/厚度、质量等级、牌号、钢

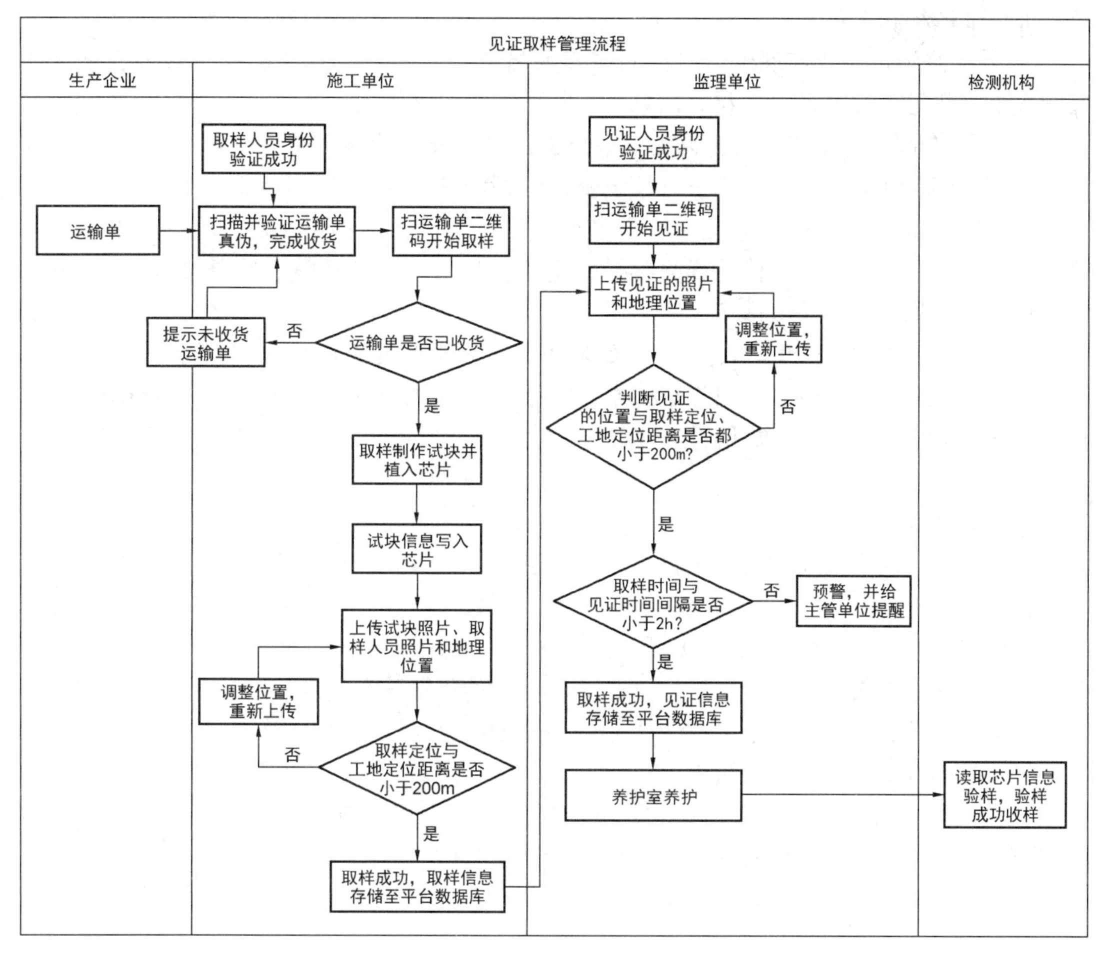

图 4.3.2-10　见证取样管理工作流程

材规格、钢材名称、生产厂家、批量、炉号、备注。

4）现场取样：取样人员完成样品登记后，需要做取样操作，通过扫描运输单二维码，将运输单与本次取样的样品建立关联，并且在见证人的见证下，将芯片植入混凝土试块或者绑定其他样品，并通过移动端的 NFC 功能扫描芯片外码（或扫描芯片二维码），将芯片码与样品信息进行绑定。同时需要上传样品照片、取样人员照片和地理位置信息。现场取样的信息包含：人脸信息（进入现场取样功能时需要验证人脸）、工程信息、样品信息、运输单二维码扫描、芯片二维码扫描、拍照取样。

5）现场见证：检测方式为“有见证送检”的样品才需要见证人员做现场见证，工程项目的建设或监理单位的见证人员登录客户端，进入现场见证，可以查看见证人员所属单位的所有见证记录信息（待见证和已见证）。在取样员完成取样后，在现场见证的列表里会产生一条“待见证”的记录，见证员需要扫描运输单二维码，验证与取样员扫描的运输单是否是同一张、内容是否一致，同时需要上传样品照片、见证人员照片和地理位置信息。

6）委托送检：现场取样前需由施工单位在系统填写检测样品委托信息，用于确定需送检样品的工程名称、工程部位、检测单位以及样品的详细信息等，并生成委托编号，以及查询见证取样相关信息：

① 委托登记，主要实现施工单位的取样人员或是资料员，通过账号与密码登录见证取样系统，登记工程见证取样材料信息。

② 信息查询，在系统实时查询见证取样的进度情况。检测完毕后，可查看 PDF 报告信息。可查询见证取样信息、第三方检测受理、检测进度情况及报告信息。

③ 委托单信息包含检测单位、工程名称、委托单位、委托人、委托人联系电话、监督编号、建设单位、施工单位、样品编号、送检类型（有见证送检、监督抽检）、见证单位、见证人、见证人联系电话等。

7）样品验样：施工单位取样人员及监理单位见证人员完成样品见证取样后，当样品达到养护期后，取样人员及见证人员将样品送至检测单位进行检测，检测单位通过验样客户端对见证送检的样品进行验样，验样通过后的样品检测单位才可进行收样检测。

（2）见证取样台账

见证取样列表页面展示混凝土试块样品，从见证取样到收样到检测并出具报告的全过程信息。包括取样时间、见证时间、验样情况、报告信息、芯片外码信息等，并可以查看取样信息（取样人和拍照定位）、见证信息（见证人和拍照定位）、样品信息等信息。施工单位、监理单位查看自己单位负责的样品登记记录的见证信息情况。各监督站可查询其监督工程的见证信息，住房和城乡建设主管部门查询所有见证信息。

（3）样品真伪智能识别及处置

1）通过 AI 人工智能对比混凝土试块取样照片、出库（或验样）照片、试验机抓拍的试验时的照片，得出对应的相似度，并记录在系统中。

2）样品真伪识别模型和样品真伪识别过程分别如图 4.3.2-11 和图 4.3.2-12 所示。

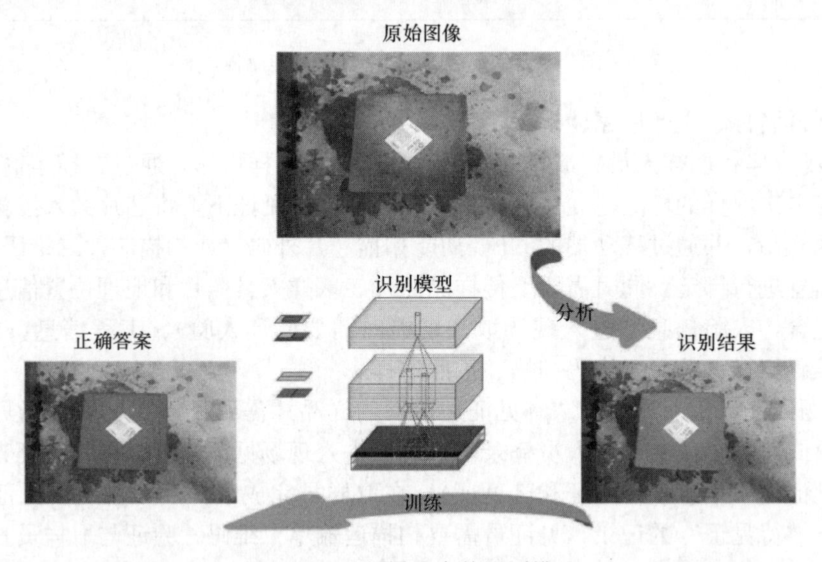

图 4.3.2-11　样品真伪识别模型

3）当 AI 人工智能识别出来相似度低于设定阈值时，则进行预警，提醒主管单位关注。

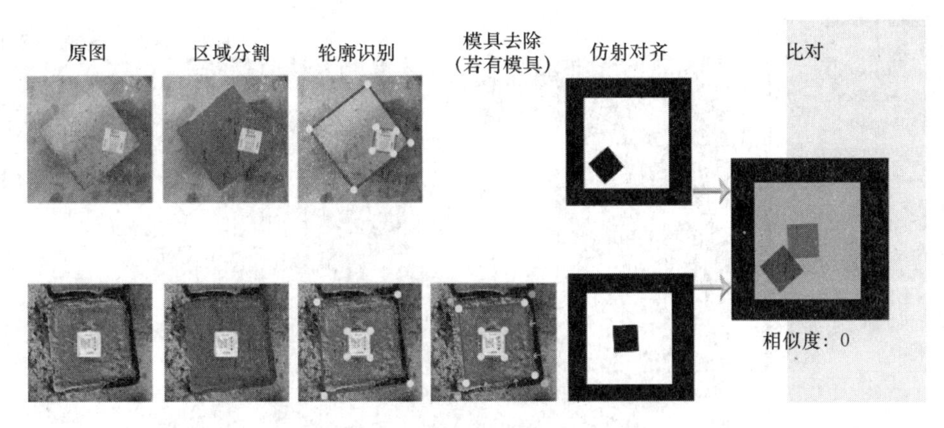

图 4.3.2-12　样品真伪识别过程

12. 视频监控

(1) 实验室视频监控，是对实验室检测过程的视频录像，结合数据上传、验证相关人员身份进行监督和控制管理。

1) 利用互联网和视频技术，实现检测过程的可视化监控和追溯。

2) 通过远程视频监控系统，在试验室和检测现场的关键位置安装视频监控摄像头，对检测全过程进行实时录像和（或）关键试验过程抓拍，实现试验过程图形抓拍与试验编号、图像时间、试验时间进行关联，方便查看整个报告的试验过程，AI 识别预警视频异常情况包括断线、黑屏、监控区域异常更换等。对视频异常情况下上传的可疑数据、报告进行报警提醒，辅助分析研判试验真实性，解决检测过程作假问题。

(2) 检测环节应监控整个检测过程，包括检测环境调控及记录、检测人员数量、使用的仪器设备、采集过程及操作步骤等。监控范围可包括工地试验室（或检测机构）的水泥试验室、钢材试验室、混凝土、砂浆试验室、砖与砌块试验室。

(3) 各试验室自行安装监控设备，图像上传至自己摄像头的网络服务器，供内部人员查看；所有视频采用网络云端存储方式，室内摄像头设置为采用移动侦测录像技术，存储的视频确保是有人员活动的有效视频，存储时间不小于 60 天，方便项目管理人员可随时视频监控。视频监控效果（截屏）如图 4.3.2-13 所示。

13. 温湿度监控

(1) 养护室的温湿度监控是保障检测客观准确的基础条件。通过温湿度监控，管理部门可清晰地获知工地养护室对试件养护环境及设备对温湿度的控制准确与否。通过加强工地养护室的温湿度控制，避免环境条件直接影响各种实验的检测结果。

(2) 相关检测项目的检测方法标准规定对试验（检测）环境条件（温、湿度）有特别要求时，应对试验（检测）场所在进行检测活动期间的环境条件（温、湿度）进行监控，以确保检测数据和结果客观、真实、准确。

(3) 检测机构在标养室和需要控制温度湿度的试验（检测）场所安装自动监测设备（可通过加装温度、湿度传感器），实时监测并上传温度、温度数据至本系统，当出现超出标准规范规定的界限值时，系统发出预警信号，以方便管理人员随时对受控区域的温、湿度进行监控。

⊙当前位置：行为监控 » 视频监控

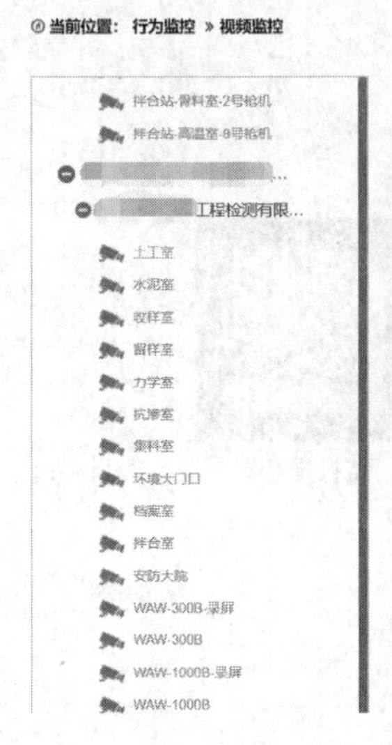

混凝土室抓拍

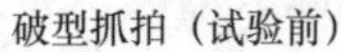
破型抓拍（试验前）　　破型抓拍（试验后）

图 4.3.2-13　视频监控效果（截屏）

14. 统计分析

系统从不同的角度对数据进行汇总分析，包括按资质类别统计、按监督站统计、按检测单位统计、按检测项目汇总、按工程项目统计。通过对汇总的比对分析，可以对供应商的质量情况做出相应的评判，并且配合相应的监督管理手段，如飞行检查等，对检测机构进行差异化管理。

（1）按资质类别统计。按资质类别统计模块，可查看各类资质有多少家检测机构拥有该资质。

（2）按质量监督站统计。统计各质量监督站管辖范围内的工程的检测情况及不合格率等。在同一质量监督站内，可按工程展开进行查看，可查看该工程的检测情况。

（3）按检测单位统计。将检测单位的检测情况进行汇总，了解各个检测机构开展检测活动的情况，统计出总报告、合格数及不合格数（率）；根据实际工程质量情况，来反推检测单位在检测过程中的规范性与准确性。防止检测单位为了合格率，违规有选择性地专出合格报告。

（4）按检测项目统计。统计各检测项目的检测情况及不合格率等，了解每个项目的检测情况。汇总检测系统的检测数据，将检测数据按照检测项目进行分类统计，每一个类型的检测项目的检测总数，不合格数和不合格率等相关内容；各检测项目可按工程展开进行查看，可查看进行了该检测项目试验的各工程的检测数据情况。

（5）按工程项目统计。按工程项目进行检测报告的汇总统计，统计总样品数、不合格数及不合格率；客观地反映各检测项目/参数的质量情况。各工程可按检测项目进行展开查看，可查看该工程各检测项目的检测合格情况。

15. 移动端

（1）样品登记。与本小节11（1）第3）所述相同。

（2）现场取样。与本小节11（1）第4）所述相同。

（3）现场见证。与本小节11（1）第5）所述相同。

（4）委托送检。与本小节11（1）第6）所述相同。

16. 系统管理

（1）参数配置。实现本信息管理系统的基本运行参数设置，主要有各类编号的配置、见证取样配置、系统名称配置、企业注册启用的配置。

（2）检测单位维护。实现维护检测单位的机构编码，设置检测单位的启用和停用状态，维护检测单位的下属分支机构。

（3）检测项目配置

1）根据《管理办法》和《资质标准》的相关要求，制定的检测资质类别、检测项目、检测参数，再结合当地的实际情况，需要对检测项目名称和编号进行初始化和配置，作为系统初始化数据。

2）检测管理系统的检测项目的分类会与检测监管服务系统的项目分析存在差异，需要配置对应关系，检测资质类别需要设置检测项目（参数），同时需要预留检测项目（参数）的配置，用于检测机构备案的信息录入控制。

3）检测资质类别根据不同地市的要求，配置注册人员和检测人员的数量，用于检测机构备案人员数量的控制项。

（4）见证项目配置

1）依据《管理办法》和《资质标准》等检测管理规矩的相关要求，见证人员应当制作见证记录，记录取样、制样、标识、封志、送检以及现场检测等情况，并签字确认。但没有明确具体的材料，各地方可以根据实际情况进行调整，相应的系统需具备见证项目的配置功能。

2）各材料需要委托的信息不一样，为满足各地检测业务的要求。系统应具备委托内容的自定义功能。

（5）芯片备案管理。RFID芯片在使用前，在平台中对RFID标签进行备案登记。RFID标签台账，登记标签情况，包含唯一码、登记人、登记时间等信息。可控制使未备案的芯片不能正常使用。

（6）见证取样日志。与本小节11（1）第6）②③所述相同。

（7）取样和见证人员注册日志。展示通过手机注册的施工单位取样人员数据和建设或监理单位见证人员数据，并可以查看取样人员和见证人员信息，包括姓名、身份证号、身份证照片、授权书和所属工程等信息。

17. 资质管理

资质管理包括提供检测机构资质申请、申请资料审查、技术评审、审（核）查确认、批准许可、证书发放、监督评审、监督抽查、资质延期、资质变更、资质注销等监管服务。

4.3.2.6 建设工程质量检测监管服务系统的技术方案（略）。

4.3.2.7 建设工程质量检测监管服务系统的数据方案（略）。

4.3.2.8 建设工程质量检测监管服务系统的安全设计（略）。

4.3.2.9 建设工程质量检测监管服务系统的软硬件选型及配置清单（略）。

本章选择的应用示例是本行业较有代表性且运行多年的建设工程质量检测内部管理信息系统和政府建设工程质量检测监督管理服务系统。从示例中可以看出，无论是政府监督管理还是检测机构内部管理，都创新性应用了物联网、大数据、云计算、人工智能、区块链等新一代信息技术，并且都取得比较明显的成效。但是，这仍与党中央、国务院**“健全以‘双随机、一公开’监管和‘互联网＋监管’为基本手段、以重点监管为补充、以信用监管为基础的新型监管机制”**的决策部署有较大的差距。因此，我们还必须根据国家实验室宏观（监督）管理和微观（内部）管理信息化的相关要求（见第4.1节所述），加快建成全国建设工程质量检测监督管理信息化服务平台，并与全国建设工程质量安全监管平台、全国信用信息共享平台、国家“互联网＋监管”系统、全国企业信用信息公示平台、全国认证认可信息公共服务平台等信息共享平台之间实现信息交互和数据共享应用，在为广大建设工程质量检测企业提供优质高效的信息化的政府监管和服务的同时，向社会公众和有需要的机构或个人提供与其相关的建设工程质量检测信息的查询服务，实现健全“企业负责、政府监管、社会监督”的建设工程质量保障体系和**“依托全国工程质量安全监管平台和地方各级监管平台，大力推进‘互联网＋监管’，充分运用大数据、云计算等信息化手段和差异化监督方式，实现‘智慧’监督。”**的目的。

在政府和建筑（检测）市场的共同努力下，建设工程质量检测机构所出具的检测结果报告作为建设工程质量管理的“体检证”、建筑市场经济活动的“信用证”、基础设施工程建设国际合作的“通行证”的作用将愈来愈重要和突出，建设工程质量检测服务业在建筑市场中的地位将越来越提高。笔者坚信，这一天将很快就会到来！

附　　录

附录 A：《中共中央 国务院关于开展质量提升行动的指导意见》

（新华社 2017 年 9 月 5 日）

提高供给质量是供给侧结构性改革的主攻方向，全面提高产品和服务质量是提升供给体系的中心任务。经过长期不懈努力，我国质量总体水平稳步提升，质量安全形势稳定向好，有力支撑了经济社会发展。但也要看到，我国经济发展的传统优势正在减弱，实体经济结构性供需失衡矛盾和问题突出，特别是中高端产品和服务有效供给不足，迫切需要下最大气力抓全面提高质量，推动我国经济发展进入质量时代。现就开展质量提升行动提出如下意见。

一、总　体　要　求

（一）指导思想

全面贯彻党的十八大和十八届三中、四中、五中、六中全会精神，深入贯彻习近平总书记系列重要讲话精神和治国理政新理念新思想新战略，牢固树立和贯彻落实新发展理念，紧紧围绕统筹推进“五位一体”总体布局和协调推进“四个全面”战略布局，认真落实党中央、国务院决策部署，以提高发展质量和效益为中心，将质量强国战略放在更加突出的位置，开展质量提升行动，加强全面质量监管，全面提升质量水平，加快培育国际竞争新优势，为实现“两个一百年”奋斗目标奠定质量基础。

（二）基本原则

——**坚持以质量第一为价值导向。**牢固树立质量第一的强烈意识，坚持优质发展、以质取胜，更加注重以质量提升减轻经济下行和安全监管压力，真正形成各级党委和政府重视质量、企业追求质量、社会崇尚质量、人人关心质量的良好氛围。

——**坚持以满足人民群众需求和增强国家综合实力为根本目的。**把增进民生福祉、满足人民群众质量需求作为提高供给质量的出发点和落脚点，促进质量发展成果全民共享，增强人民群众的质量获得感。持续提高产品、工程、服务的质量水平、质量层次和品牌影响力，推动我国产业价值链从低端向中高端延伸，更深更广融入全球供给体系。

——**坚持以企业为质量提升主体。**加强全面质量管理，推广应用先进质量管理方法，提高全员全过程全方位质量控制水平。弘扬企业家精神和工匠精神，提高决策者、经营者、管理者、生产者质量意识和质量素养，打造质量标杆企业，加强品牌建设，推动企业质量管理水平和核心竞争力提高。

——坚持以改革创新为根本途径。深入实施创新驱动发展战略，发挥市场在资源配置中的决定性作用，积极引导推动各种创新要素向产品和服务的供给端集聚，提升质量创新能力，以新技术新业态改造提升产业质量和发展水平。推动创新群体从以科技人员的小众为主向小众与大众创新创业互动转变，推动技术创新、标准研制和产业化协调发展，用先进标准引领产品、工程和服务质量提升。

（三）主要目标

到2020年，供给质量明显改善，供给体系更有效率，建设质量强国取得明显成效，质量总体水平显著提升，质量对提高全要素生产率和促进经济发展的贡献进一步增强，更好满足人民群众不断升级的消费需求。

——产品、工程和服务质量明显提升。质量突出问题得到有效治理，智能化、消费友好的中高端产品供给大幅增加，高附加值和优质服务供给比重进一步提升，中国制造、中国建造、中国服务、中国品牌国际竞争力显著增强。

——产业发展质量稳步提高。企业质量管理水平大幅提升，传统优势产业实现价值链升级，战略性新兴产业的质量效益特征更加明显，服务业提质增效进一步加快，以技术、技能、知识等为要素的质量竞争型产业规模显著扩大，形成一批质量效益一流的世界级产业集群。

——区域质量水平整体跃升。区域主体功能定位和产业布局更加合理，区域特色资源、环境容量和产业基础等资源优势充分利用，产业梯度转移和质量升级同步推进，区域经济呈现互联互通和差异化发展格局，涌现出一批特色小镇和区域质量品牌。

——国家质量基础设施效能充分释放。计量、标准、检验检测、认证认可等国家质量基础设施系统完整、高效运行，技术水平和服务能力进一步增强，国际竞争力明显提升，对科技进步、产业升级、社会治理、对外交往的支撑更加有力。

二、全面提升产品、工程和服务质量

（四）增加农产品、食品药品优质供给

健全农产品质量标准体系，实施农业标准化生产和良好农业规范。加快高标准农田建设，加大耕地质量保护和土壤修复力度。推行种养殖清洁生产，强化农业投入品监管，严格规范农药、抗生素、激素类药物和化肥使用。完善进口食品安全治理体系，推进出口食品农产品质量安全示范区建设。开展出口农产品品牌建设专项推进行动，提升出口农产品质量，带动提升内销农产品质量。引进优质农产品和种质资源。大力发展农产品初加工和精深加工，提高绿色产品供给比重，提升农产品附加值。

完善食品药品安全监管体制，增强统一性、专业性、权威性，为食品药品安全提供组织和制度保障。继续推动食品安全标准与国际标准对接，加快提升营养健康标准水平。推进传统主食工业化、标准化生产。促进奶业优质安全发展。发展方便食品、速冻食品等现代食品产业。实施药品、医疗器械标准提高行动计划，全面提升药物质量水平，提高中药质量稳定性和可控性。推进仿制药质量和疗效一致性评价。

（五）促进消费品提质升级

加快消费品标准和质量提升，推动消费品工业增品种、提品质、创品牌，支撑民众消费升级需求。推动企业发展个性定制、规模定制、高端定制，推动产品供给向“产品+服务”转变、向中高端迈进。推动家用电器高端化、绿色化、智能化发展，改善空气净化器等新兴家电产品的功能和消费体验，优化电饭锅等小家电产品的外观和功能设计。强化智能手机、可穿戴设备、新型视听产品的信息安全、隐私保护，提高关键元器件制造能力。巩固纺织服装鞋帽、皮革箱包等传统产业的优势地位。培育壮大民族日化产业。提高儿童用品安全性、趣味性，加大“银发经济”群体和失能群体产品供给。大力发展民族传统文化产品，推动文教体育休闲用品多样化发展。

（六）提升装备制造竞争力

加快装备制造业标准化和质量提升，提高关键领域核心竞争力。实施工业强基工程，提高核心基础零部件（元器件）、关键基础材料产品性能，推广应用先进制造工艺，加强计量测试技术研究和应用。发展智能制造，提高工业机器人、高档数控机床的加工精度和精度保持能力，提升自动化生产线、数字化车间的生产过程智能化水平。推行绿色制造，推广清洁高效生产工艺，降低产品制造能耗、物耗和水耗，提升终端用能产品能效、水效。加快提升国产大飞机、高铁、核电、工程机械、特种设备等中国装备的质量竞争力。

（七）提升原材料供给水平

鼓励矿产资源综合勘查、评价、开发和利用，推进绿色矿山和绿色矿业发展示范区建设。提高煤炭洗选加工比例。提升油品供给质量。加快高端材料创新，提高质量稳定性，形成高性能、功能化、差别化的先进基础材料供给能力。加快钢铁、水泥、电解铝、平板玻璃、焦炭等传统产业转型升级。推动稀土、石墨等特色资源高质化利用，促进高强轻合金、高性能纤维等关键战略材料性能和品质提升，加强石墨烯、智能仿生材料等前沿新材料布局，逐步进入全球高端制造业采购体系。

（八）提升建设工程质量水平

确保重大工程建设质量和运行管理质量，建设百年工程。高质量建设和改造城乡道路交通设施、供热供水设施、排水与污水处理设施。加快海绵城市建设和地下综合管廊建设。规范重大项目基本建设程序，坚持科学论证、科学决策，加强重大工程的投资咨询、建设监理、设备监理，保障工程项目投资效益和重大设备质量。全面落实工程参建各方主体质量责任，强化建设单位首要责任和勘察、设计、施工单位主体责任。加快推进工程质量管理标准化，提高工程项目管理水平。加强工程质量检测管理，严厉打击出具虚假报告等行为。健全工程质量监督管理机制，强化工程建设全过程质量监管。因地制宜提高建筑节能标准。完善绿色建材标准，促进绿色建材生产和应用。大力发展装配式建筑，提高建筑装修部品部件的质量和安全性能。推进绿色生态小区建设。

（九）推动服务业提质增效

提高生活性服务业品质。完善以居家为基础、社区为依托、机构为补充、医养相结合的多层次、智能化养老服务体系。鼓励家政企业创建服务品牌。发展大众化餐饮，引导餐饮企业建立集中采购、统一配送、规范化生产、连锁化经营的生产模式。实施旅游服务质量提升计划，显著改善旅游市场秩序。推广实施优质服务承诺标识和管理制度，培育知名服务品牌。

促进生产性服务业专业化发展。加强运输安全保障能力建设，推进铁路、公路、水路、民航等多式联运发展，提升服务质量。提高物流全链条服务质量，增强物流服务时效，加强物流标准化建设，提升冷链物流水平。推进电子商务规制创新，加强电子商务产业载体、物流体系、人才体系建设，不断提升电子商务服务质量。支持发展工业设计、计量测试、标准试验验证、检验检测认证等高技术服务业。提升银行服务、保险服务的标准化程度和服务质量。加快知识产权服务体系建设。提高律师、公证、法律援助、司法鉴定、基层法律服务等法律服务水平。开展国家新型优质服务业集群建设试点，支撑引领三次产业向中高端迈进。

（十）提升社会治理和公共服务水平

推广“互联网＋政务服务”，加快推进行政审批标准化建设，优化服务流程，简化办事环节，提高行政效能。提升城市治理水平，推进城市精细化、规范化管理。促进义务教育优质均衡发展，扩大普惠性学前教育和优质职业教育供给，促进和规范民办教育。健全覆盖城乡的公共就业创业服务体系。加强职业技能培训，推动实现比较充分和更高质量就业。提升社会救助、社会福利、优抚安置等保障水平。

提升优质公共服务供给能力。稳步推进进一步改善医疗服务行动计划。建立健全医疗纠纷预防调解机制，构建和谐医患关系。鼓励创造优秀文化服务产品，推动文化服务产品数字化、网络化。提高供电、供气、供热、供水服务质量和安全保障水平，创新人民群众满意的服务供给。开展公共服务质量监测和结果通报，引导提升公共服务质量水平。

（十一）加快对外贸易优化升级

加快外贸发展方式转变，培育以技术、标准、品牌、质量、服务为核心的对外经济新优势。鼓励高技术含量和高附加值项目维修、咨询、检验检测等服务出口，促进服务贸易与货物贸易紧密结合、联动发展。推动出口商品质量安全示范区建设。完善进出口商品质量安全风险预警和快速反应监管体系。促进“一带一路”沿线国家和地区、主要贸易国家和地区质量国际合作。

三、破除质量提升瓶颈

（十二）实施质量攻关工程

围绕重点产品、重点行业开展质量状况调查，组织质量比对和会商会诊，找准比较优势、行业通病和质量短板，研究制定质量问题解决方案。加强与国际优质产品的质量比对，支持企业瞄准先进标杆实施技术改造。开展重点行业工艺优化行动，组织质量提升关键技术攻关，推动企业积极应用新技术、新工艺、新材料。加强可靠性设计、试验与验证技术开发应用，推广采用先进成型方法和加工方法、在线检测控制装置、智能化生产和物流系统及检测设备。实施国防科技工业质量可靠性专项行动计划，重点解决关键系统、关键产品质量难点问题，支撑重点武器装备质量水平提升。

（十三）加快标准提档升级

改革标准供给体系，推动消费品标准由生产型向消费型、服务型转变，加快培育发展团体标准。推动军民标准通用化建设，建立标准化军民融合长效机制。推进地方标准化综合改革。开展重点行业国内外标准比对，加快转化先进适用的国际标准，提升国内外标准一致性程度，推动我国优势、特色技术标准成为国际标准。建立健全技术、专利、标准协同机制，开展对标达标活动，鼓励、引领企业主动制定和实施先进标准。全面实施企业标准自我声明公开和监督制度，实施企业标准领跑者制度。大力推进内外销产品“同线同标同质”工程，逐步消除国内外市场产品质量差距。

（十四）激发质量创新活力

建立质量分级制度，倡导优质优价，引导、保护企业质量创新和质量提升的积极性。开展新产业、新动能标准领航工程，促进新旧动能转换。完善第三方质量评价体系，开展高端品质认证，推动质量评价由追求“合格率”向追求“满意度”跃升。鼓励企业开展质量提升小组活动，促进质量管理、质量技术、质量工作法创新。鼓励企业优化功能设计、模块化设计、外观设计、人体工效学设计，推行个性化定制、柔性化生产，提高产品扩展性、耐久性、舒适性等质量特性，满足绿色环保、可持续发展、消费友好等需求。鼓励以用户为中心的微创新，改善用户体验，激发消费潜能。

（十五）推进全面质量管理

发挥质量标杆企业和中央企业示范引领作用，加强全员、全方位、全过程质量管理，提质降本增效。推广现代企业管理制度，广泛开展质量风险分析与控制、质量成本管理、质量管理体系升级等活动，提高质量在线监测、在线控制和产品全生命周期质量追溯能力，推行精益生产、清洁生产等高效生产方式。鼓励各类市场主体整合生产组织全过程要素资源，纳入共同的质量管理、标准管理、供应链管理、合作研发管理等，促进协同制造和协同创新，实现质量水平整体提升。

（十六）加强全面质量监管

深化“放管服”改革，强化事中事后监管，严格按照法律法规从各个领域、各个环节加强对质量的全方位监管。做好新形势下加强打击侵犯知识产权和制售假冒伪劣商品工作，健全打击侵权假冒长效机制。促进行政执法与刑事司法衔接。加强跨区域和跨境执法协作。加强进口商品质量安全监管，严守国门质量安全底线。开展质量问题产品专项整治和区域集中整治，严厉查处质量违法行为。健全质量违法行为记录及公布制度，加大行政处罚等政府信息公开力度。严格落实汽车等产品的修理更换退货责任规定，探索建立第三方质量担保争议处理机制。完善产品伤害监测体系，提高产品安全、环保、可靠性等要求和标准。加大缺陷产品召回力度，扩大召回范围，健全缺陷产品召回行政监管和技术支撑体系，建立缺陷产品召回管理信息共享和部门协作机制。实施服务质量监测基础建设工程。建立责任明确、反应及时、处置高效的旅游市场综合监管机制，严厉打击扰乱旅游市场秩序的违法违规行为，规范旅游市场秩序，净化旅游消费环境。

（十七）着力打造中国品牌

培育壮大民族企业和知名品牌，引导企业提升产品和服务附加值，形成自己独有的比较优势。以产业集聚区、国家自主创新示范区、高新技术产业园区、国家新型工业化产业示范基地等为重点，开展区域品牌培育，创建质量提升示范区、知名品牌示范区。实施中国精品培育工程，加强对中华老字号、地理标志等品牌培育和保护，培育更多百年老店和民族品牌。建立和完善品牌建设、培育标准体系和评价体系，开展中国品牌价值评价活动，推动品牌评价国际标准化工作。开展“中国品牌日”活动，不断凝聚社会共识、营造良好氛围、搭建交流平台，提升中国品牌的知名度和美誉度。

（十八）推进质量全民共治

创新质量治理模式，注重社会各方参与，健全社会监督机制，推进以法治为基础的社会多元治理，构建市场主体自治、行业自律、社会监督、政府监管的质量共治格局。强化质量社会监督和舆论监督。建立完善质量信号传递反馈机制，鼓励消费者组织、行业协会、第三方机构等开展产品质量比较试验、综合评价、体验式调查，引导理性消费选择。

四、夯实国家质量基础设施

（十九）加快国家质量基础设施体系建设

构建国家现代先进测量体系。紧扣国家发展重大战略和经济建设重点领域的需求，建立、改造、提升一批国家计量基准，加快建立新一代高准确度、高稳定性量子计量基准，加强军民共用计量基础设施建设。完善国家量值传递溯源体系。加快制定一批计量技术规范，研制一批新型标准物质，推进社会公用计量标准升级换代。科学规划建设计量科技基础服务、产业计量测试体系、区域计量支撑体系。

加快国家标准体系建设。大力实施标准化战略，深化标准化工作改革，建立政府主导制定的标准与市场自主制定的标准协同发展、协调配套的新型标准体系。简化国家标准制定修订程序，加强标准化技术委员会管理，免费向社会公开强制性国家标准文本，推动免费向社会公开推荐性标准文本。建立标准实施信息反馈和评估机制，及时开展标准复审和维护更新。

完善国家合格评定体系。完善检验检测认证机构资质管理和能力认可制度，加强检验检测认证公共服务平台示范区、国家检验检测高技术服务业集聚区建设。提升战略性新兴产业检验检测认证支撑能力。建立全国统一的合格评定制度和监管体系，建立政府、行业、社会等多层次采信机制。健全进出口食品企业注册备案制度。加快建立统一的绿色产品标准、认证、标识体系。

（二十）深化国家质量基础设施融合发展

加强国家质量基础设施的统一建设、统一管理，推进信息共享和业务协同，保持中央、省、市、县四级国家质量基础设施的系统完整，加快形成国家质量基础设施体系。开展国家质量基础设施协同服务及应用示范基地建设，助推中小企业和产业集聚区全面加强质量提升。构建统筹协调、协同高效、系统完备的国家质量基础设施军民融合发展体系，增强对经济建设和国防建设的整体支撑能力。深度参与质量基础设施国际治理，积极参加国际规则制定和国际组织活动，推动计量、标准、合格评定等国际互认和境外推广应用，加快我国质量基础设施国际化步伐。

（二十一）提升公共技术服务能力

加快国家质检中心、国家产业计量测试中心、国家技术标准创新基地、国家检测重点实验室等公共技术服务平台建设，创新“互联网＋质量服务”模式，推进质量技术资源、信息资源、人才资源、设备设施向社会共享开放，开展一站式服务，为产业发展提供全生命周期的技术支持。加快培育产业计量测试、标准化服务、检验检测认证服务、品牌咨询等新兴质量服务业态，为大众创业、万众创新提供优质公共技术服务。加快与“一带一路”沿线国家和地区共建共享质量基础设施，推动互联互通。

（二十二）健全完善技术性贸易措施体系

加强对国外重大技术性贸易措施的跟踪、研判、预警、评议和应对，妥善化解贸易摩擦，帮助企业规避风险，切实维护企业合法权益。加强技术性贸易措施信息服务，建设一批研究评议基地，建立统一的国家技术性贸易措施公共信息和技术服务平台。利用技术性贸易措施，倒逼企业按照更高技术标准提升产品质量和产业层次，不断提高国际市场竞争力。建立贸易争端预警机制，积极主导、参与技术性贸易措施相关国际规则和标准的制定。

五、改革完善质量发展政策和制度

（二十三）加强质量制度建设

坚持促发展和保底线并重，加强质量促进的立法研究，强化对质量创新的鼓励、引导、保护。研究修订产品质量法，建立商品质量惩罚性赔偿制度。研究服务业质量管理、产品质量担保、缺陷产品召回等领域立法工作。改革工业产品生产许可证制度，全面清理工业产品生产许可证，加快向国际通行的产品认证制度转变。建立完善产品质量安全事故强制报告制度、产品质量安全风险监控及风险调查制度。建立健全产品损害赔偿、产品质量安全责任保险和社会帮扶并行发展的多元救济机制。加快推进质量诚信体系建设，完善质量守信联合激励和失信联合惩戒制度。

（二十四）加大财政金融扶持力度

完善质量发展经费多元筹集和保障机制，鼓励和引导更多资金投向质量攻关、质量创新、质量治理、质量基础设施建设。国家科技计划持续支持国家质量基础的共性技术研究和应用重点研发任务。实施好首台（套）重大技术装备保险补偿机制。构建质量增信融资体系，探索以质量综合竞争力为核心的质量增信融资制度，将质量水平、标准水平、品牌价值等纳入企业信用评价指标和贷款发放参考因素。加大产品质量保险推广力度，支持企业运用保险手段促进产品质量提升和新产品推广应用。

推动形成优质优价的政府采购机制。鼓励政府部门向社会力量购买优质服务。加强政府采购需求确定和采购活动组织管理，将质量、服务、安全等要求贯彻到采购文件制定、评审活动、采购合同签订全过程，形成保障质量和安全的政府采购机制。严格采购项目履约验收，切实把好产品和服务质量关。加强联合惩戒，依法限制严重质量违法失信企业参与政府采购活动。建立军民融合采购制度，吸纳扶持优质民营企业进入军事供应链体系，拓宽企业质量发展空间。

（二十五）健全质量人才教育培养体系

将质量教育纳入全民教育体系。加强中小学质量教育，开展质量主题实践活动。推进高等教育人才培养质量，加强质量相关学科、专业和课程建设。加强职业教育技术技能人才培养质量，推动企业和职业院校成为质量人才培养的主体，推广现代学徒制和企业新型学徒制。推动建立高等学校、科研院所、行业协会和企业共同参与的质量教育网络。实施企业质量素质提升工程，研究建立质量工程技术人员评价制度，全面提高企业经营管理者、一线员工的质量意识和水平。加强人才梯队建设，实施青年职业能力提升计划，完善技术技能人才培养培训工作体系，培育众多“中国工匠”。发挥各级工会组织和共青团组织作用，开展劳动和技能竞赛、青年质量提升示范岗创建、青年质量控制小组实践等活动。

（二十六）健全质量激励制度

完善国家质量激励政策，继续开展国家质量奖评选表彰，树立质量标杆，弘扬质量先进。加大对政府质量奖获奖企业在金融、信贷、项目投资等方面的支持力度。建立政府质量奖获奖企业和个人先进质量管理经验的长效宣传推广机制，形成中国特色质量管理模式和体系。研究制定技术技能人才激励办法，探索建立企业首席技师制度，降低职业技能型人才落户门槛。

六、切实加强组织领导

（二十七）实施质量强国战略

坚持以提高发展质量和效益为中心，加快建设质量强国。研究编制质量强国战略纲要，明确质量发展目标任务，统筹各方资源，推动中国制造向中国创造转变、中国速度向中国质量转变、中国产品向中国品牌转变。持续开展质量强省、质量强市、质量强县示范活动，走出一条中国特色质量发展道路。

（二十八）加强党对质量工作领导

健全质量工作体制机制，完善研究质量强国战略、分析质量发展形势、决定质量方针政策的工作机制，建立"党委领导、政府主导、部门联合、企业主责、社会参与"的质量工作格局。加强对质量发展的统筹规划和组织领导，建立健全领导体制和协调机制，统筹质量发展规划制定、质量强国建设、质量品牌发展、质量基础建设。地方各级党委和政府要将质量工作摆到重要议事日程，加强质量管理和队伍能力建设，认真落实质量工作责任制。强化市、县政府质量监管职责，构建统一权威的质量工作体制机制。

（二十九）狠抓督察考核

探索建立中央质量督察工作机制，强化政府质量工作考核，将质量工作考核结果作为各级党委和政府领导班子及有关领导干部综合考核评价的重要内容。以全要素生产率、质量竞争力指数、公共服务质量满意度等为重点，探索构建符合创新、协调、绿色、开放、共享发展理念的新型质量统计评价体系。健全质量统计分析制度，定期发布质量状况分析报告。

（三十）加强宣传动员

大力宣传党和国家质量工作方针政策，深入报道我国提升质量的丰富实践、重大成就、先进典型，讲好中国质量故事，推介中国质量品牌，塑造中国质量形象。将质量文化作为社会主义核心价值观教育的重要内容，加强质量公益宣传，提高全社会质量、诚信、责任意识，丰富质量文化内涵，促进质量文化传承发展。把质量发展纳入党校、行政学院和各类干部培训院校教学计划，让质量第一成为各级党委和政府的根本理念，成为领导干部工作责任，成为全社会、全民族的价值追求和时代精神。

各地区各部门要认真落实本意见精神，结合实际研究制定实施方案，抓紧出台推动质量提升的具体政策措施，明确责任分工和时间进度要求，确保各项工作举措和要求落实到位。要组织相关行业和领域，持续深入开展质量提升行动，切实提升质量总体水平。

附录 B：《质量强国建设纲要》（摘要）

（新华社 2023 年 2 月 6 日）

建设质量强国是推动高质量发展、促进我国经济由大向强转变的重要举措，是满足人民美好生活需要的重要途径。为统筹推进质量强国建设，全面提高我国质量总体水平，制定本纲要。

一、形 势 背 景

质量是人类生产生活的重要保障。党的十八大以来，在以习近平同志为核心的党中央坚强领导下，我国质量事业实现跨越式发展，质量强国建设取得历史性成效。全民质量意识显著提高，质量管理和品牌发展能力明显增强，产品、工程、服务质量总体水平稳步提升，质量安全更有保障，一批重大技术装备、重大工程、重要消费品、新兴领域高技术产品的质量达到国际先进水平，商贸、旅游、金融、物流等服务质量明显改善；产业和区域质量竞争力持续提升，质量基础设施效能逐步彰显，质量对提高全要素生产率和促进经济发展的贡献更加突出，人民群众质量获得感显著增强。

当今世界正经历百年未有之大变局，新一轮科技革命和产业变革深入发展，引发质量理念、机制、实践的深刻变革。质量作为繁荣国际贸易、促进产业发展、增进民生福祉的关键要素，越来越成为经济、贸易、科技、文化等领域的焦点。当前，我国质量水平的提高仍然滞后于经济社会发展，质量发展基础还不够坚实。

面对新形势新要求，必须把推动发展的立足点转到提高质量和效益上来，培育以技术、标准、品牌、质量、服务等为核心的经济发展新优势，推动中国制造向中国创造转变、中国速度向中国质量转变、中国产品向中国品牌转变，坚定不移推进质量强国建设。

二、总 体 要 求

（一）指导思想。以习近平新时代中国特色社会主义思想为指导，立足新发展阶段，完整、准确、全面贯彻新发展理念，构建新发展格局，统筹发展和安全，以推动高质量发展为主题，以提高供给质量为主攻方向，以改革创新为根本动力，以满足人民日益增长的美好生活需要为根本目的，深入实施质量强国战略，牢固树立质量第一意识，健全质量政策，加强全面质量管理，促进质量变革创新，着力提升产品、工程、服务质量，着力推动品牌建设，着力增强产业质量竞争力，着力提高经济发展质量效益，着力提高全民质量素养，积极对接国际先进技术、规则、标准，全方位建设质量强国，为全面建设社会主义现代化国家、实现中华民族伟大复兴的中国梦提供质量支撑。

（二）主要目标

到2025年，质量整体水平进一步全面提高，中国品牌影响力稳步提升，人民群众质量获得感、满意度明显增强，质量推动经济社会发展的作用更加突出，质量强国建设取得阶段性成效。

——经济发展质量效益明显提升。经济结构更加优化，创新能力显著提升，现代化经济体系建设取得重大进展，单位GDP资源能源消耗不断下降，经济发展新动能和质量新优势显著增强。

——产业质量竞争力持续增强。制约产业发展的质量瓶颈不断突破，产业链供应链整体现代化水平显著提高，一二三产业质量效益稳步提高，农业标准化生产普及率稳步提升，制造业质量竞争力指数达到86，服务业供给有效满足产业转型升级和居民消费升级需要，质量竞争型产业规模显著扩大，建成一批具有引领力的质量卓越产业集群。

——产品、工程、服务质量水平显著提升。质量供给和需求更加适配，农产品质量安全例行监测合格率和食品抽检合格率均达到98%以上，制造业产品质量合格率达到94%，工程质量抽查符合率不断提高，消费品质量合格率有效支撑高品质生活需要，服务质量满意度全面提升。

——**品牌建设取得更大进展。**品牌培育、发展、壮大的促进机制和支持制度更加健全，品牌建设水平显著提高，企业争创品牌、大众信赖品牌的社会氛围更加浓厚，品质卓越、特色鲜明的品牌领军企业持续涌现，形成一大批质量过硬、优势明显的中国品牌。

——**质量基础设施更加现代高效。**质量基础设施管理体制机制更加健全、布局更加合理，计量、标准、认证认可、检验检测等实现更高水平协同发展，建成若干国家级质量标准实验室，打造一批高效实用的质量基础设施集成服务基地。

——**质量治理体系更加完善。**质量政策法规更加健全，质量监管体系更趋完备，重大质量安全风险防控机制更加有效，质量管理水平普遍提高，质量人才队伍持续壮大，质量专业技术人员结构和数量更好适配现代质量管理需要，全民质量素养不断增强，质量发展环境更加优化。

到 2035 年，质量强国建设基础更加牢固，先进质量文化蔚然成风，质量和品牌综合实力达到更高水平。

三、推动经济质量效益型发展

（三）增强质量发展创新动能。建立政产学研用深度融合的质量创新体系，协同开展质量领域技术、管理、制度创新。加强质量领域基础性、原创性研究，集中实施一批产业链供应链质量攻关项目，突破一批重大标志性质量技术和装备。开展质量管理数字化赋能行动，推动质量策划、质量控制、质量保证、质量改进等全流程信息化、网络化、智能化转型。加强专利、商标、版权、地理标志、植物新品种、集成电路布图设计等知识产权保护，提升知识产权公共服务能力。建立质量专业化服务体系，协同推进技术研发、标准研制、产业应用，打通质量创新成果转化应用渠道。

（四）树立质量发展绿色导向。开展重点行业和重点产品资源效率对标提升行动，加快低碳零碳负碳关键核心技术攻关，推动高耗能行业低碳转型。全面推行绿色设计、绿色制造、绿色建造，健全统一的绿色产品标准、认证、标识体系，大力发展绿色供应链。优化资源循环利用技术标准，实现资源绿色、高效再利用。建立健全碳达峰、碳中和标准计量体系，推动建立国际互认的碳计量基标准、碳监测及效果评估机制。建立实施国土空间生态修复标准体系。建立绿色产品消费促进制度，推广绿色生活方式。

（五）强化质量发展利民惠民。开展质量惠民行动，顺应消费升级趋势，推动企业加快产品创新、服务升级、质量改进，促进定制、体验、智能、时尚等新型消费提质扩容，满足多样化、多层级消费需求。开展放心消费创建活动，推动经营者诚信自律，营造安全消费环境，加强售后服务保障。完善质量多元救济机制，鼓励企业投保产品、工程、服务质量相关保险，健全质量保证金制度，推行消费争议先行赔付，开展消费投诉信息公示，加强消费者权益保护，让人民群众买得放心、吃得安心、用得舒心。

四、增强产业质量竞争力

（六）强化产业基础质量支撑。聚焦产业基础质量短板，分行业实施产业基础质量提升工程，加强重点领域产业基础质量攻关，实现工程化突破和产业化应用。开展材料质量提升关键共性技术研发和应用验证，提高材料质量稳定性、一致性、适用性水平。改进基础零部件与元器件性能指标，提升可靠性、耐久性、先进性。推进基础制造工艺与质量管理、数字智能、网络技术深度融合，提高生产制造敏捷度和精益性。支持通用基础软件、工业软件、平台软件、应用软件工程化开发，实现工业质量分析与控制软件关键技术突破。加强技术创新、标准研制、计量测试、合格评定、知识产权、工业数据等产业技术基础能力建设，加快产业基础高级化进程。

（七）提高产业质量竞争水平。推动产业质量升级，加强产业链全面质量管理，着力提升关键环节、关键领域质量管控水平。开展对标达标提升行动，以先进标准助推传统产业提质增效和新兴产业高起点发展。推进农业品种培优、品质提升、品牌打造和标准化生产，全面提升农业生产质量效益。加快传统制造业技术迭代和质量升级，强化战略性新兴产业技术、质量、管理协同创新，培育壮大质量竞争型产业，推动制造业高端化、智能化、绿色化发展，大力发展服务型制造。加快培育服务业新业态新模式，以质量创新促进服务场景再造、业务再造、管理再造，推动生产性服务业向专业化和价值链高端延伸，推动生活性服务业向高品质和多样化升级。完善服务业质量标准，加强服务业质量监测，优化服务业市场环境。加快大数据、网络、人工智能等新技术的深度应用，促进现代服务业与先进制造业、现代农业融合发展。

（八）提升产业集群质量引领力。支持先导性、支柱性产业集群加强先进技术应用、质量创新、质量基础设施升级，培育形成一批技术质量优势突出、产业链融通发展的产业集群。深化产业集群质量管理机制创新，构建质量管理协同、质量资源共享、企业分工协作的质量发展良好生态。组建一批产业集群质量标准创新合作平台，加强创新技术研发，开展先进标准研制，推广卓越质量管理实践。依托国家级新区、国家高新技术产业开发区、自由贸易试验区等，打造技术、质量、管理创新策源地，培育形成具有引领力的质量卓越产业集群。

（九）打造区域质量发展新优势。加强质量政策引导，推动区域质量发展与生产力布局、区位优势、环境承载能力及社会发展需求对接融合。推动东部地区发挥质量变革创新的引领带动作用，增强质量竞争新优势，实现整体质量提升。引导中西部地区因地制宜发展特色产业，促进区域内支柱产业质量升级，培育形成质量发展比较优势。推动东北地区优化质量发展环境，加快新旧动能转换，促进产业改造升级和质量振兴。健全区域质量合作互助机制，推动区域质量协同发展。深化质量强省建设，推动质量强市、质量强业向纵深发展，打造质量强国建设标杆。

五、加快产品质量提档升级

（十）提高农产品食品药品质量安全水平。严格落实食品安全“四个最严”要求，实行全主体、全品种、全链条监管，确保人民群众“舌尖上的安全”。强化农产品质量安全保障，制定农产品质量监测追溯互联互通标准，加大监测力度，依法依规严厉打击违法违规使用禁限用药物行为，严格管控直接上市农产品农兽药残留超标问题，加强优质农产品基地建设，推行承诺达标合格证制度，推进绿色食品、有机农产品、良好农业规范的认证管理，深入实施地理标志农产品保护工程，推进现代农业全产业链标准化试点。深入实施食品安全战略，推进食品安全放心工程。调整优化食品产业布局，加快产业技术改造升级。完善食品安全标准体系，推动食品生产企业建立实施危害分析和关键控制点体系，加强生产经营过程质量安全控制。加快构建全程覆盖、运行高效的农产品食品安全监管体系，强化信用和智慧赋能质量安全监管，提升农产品食品全链条质量安全水平。加强药品和疫苗全生命周期管理，推动临床急需和罕见病治疗药品、医疗器械审评审批提速，提高药品检验检测和生物制品（疫苗）批签发能力，优化中药审评机制，加速推进化学原料药、中药技术研发和质量标准升级，提升仿制药与原研药、专利药的质量和疗效一致性。加强农产品食品药品冷链物流设施建设，完善信息化追溯体系，实现重点类别产品全过程可追溯。

（十一）优化消费品供给品类。实施消费品质量提升行动，加快升级消费品质量标准，提高研发设计与生产质量，推动消费品质量从生产端符合型向消费端适配型转变，促进增品种、提品质、创品牌。加快传统消费品迭代创新，推广个性化定制、柔性化生产，推动基于材料选配、工艺美学、用户体验的产品质量变革。加强产品前瞻性功能研发，扩大优质新型消费品供给，推行高端品质认证，以创新供给引领消费需求。强化农产品营养品质评价和分等分级。增加老年人、儿童、残疾人等特殊群体的消费品供给，强化安全要求、功能适配、使用便利。对标国际先进标准，推进内外贸产品同线同标同质。鼓励优质消费品进口，提高出口商品品质和单位价值，实现优进优出。制定消费品质量安全监管目录，对质量问题突出、涉及人民群众身体健康和生命财产安全的重要消费品，严格质量安全监管。

（十二）推动工业品质量迈向中高端。发挥工业设计对质量提升的牵引作用，大力发展优质制造，强化研发设计、生产制造、售后服务全过程质量控制。加强应用基础研究和前沿技术研发，强化复杂系统的功能、性能及可靠性一体化设计，提升重大技术装备制造能力和质量水平。建立首台（套）重大技术装备检测评定制度，加强检测评定能力建设，促进原创性技术和成套装备产业化。完善重大工程设备监理制度，保障重大设备质量安全与投资效益。加快传统装备智能化改造，大力发展高质量通用智能装备。实施质量可靠性提升计划，提高机械、电子、汽车等产品及其基础零部件、元器件可靠性水平，促进品质升级。

六、提升建设工程品质

（十三）强化工程质量保障。全面落实各方主体的工程质量责任，强化建设单位工程质量首要责任和勘察、设计、施工、监理单位主体责任。严格执行工程质量终身责任书面承诺制、永久性标牌制、质量信息档案等制度，强化质量责任追溯追究。落实建设项目法人责任制，保证合理工期、造价和质量。推进工程质量管理标准化，实施工程施工岗位责任制，严格进场设备和材料、施工工序、项目验收的全过程质量管控。完善建设工程质量保修制度，加强运营维护管理。强化工程建设全链条质量监管，完善日常检查和抽查抽测相结合的质量监督检查制度，加强工程质量监督队伍建设，探索推行政府购买服务方式委托社会力量辅助工程质量监督检查。完善工程建设招标投标制度，将企业工程质量情况纳入招标投标评审，加强标后合同履约监管。

（十四）提高建筑材料质量水平。加快高强度高耐久、可循环利用、绿色环保等新型建材研发与应用，推动钢材、玻璃、陶瓷等传统建材升级换代，提升建材性能和品质。大力发展绿色建材，完善绿色建材产品标准和认证评价体系，倡导选用绿色建材。鼓励企业建立装配式建筑部品部件生产、施工、安装全生命周期质量控制体系，推行装配式建筑部品部件驻厂监造。落实建材生产和供应单位终身责任，严格建材使用单位质量责任，强化影响结构强度和安全性、耐久性的关键建材全过程质量管理。加强建材质量监管，加大对外墙保温材料、水泥、电线电缆等重点建材产品质量监督抽查力度，实施缺陷建材响应处理和质量追溯。开展住宅、公共建筑等重点领域建材专项整治，促进从生产到施工全链条的建材行业质量提升。

（十五）打造中国建造升级版。坚持百年大计、质量第一，树立全生命周期建设发展理念，构建现代工程建设质量管理体系，打造中国建造品牌。完善勘察、设计、监理、造价等工程咨询服务技术标准，鼓励发展全过程工程咨询和专业化服务。完善工程设计方案审查论证机制，突出地域特征、民族特点、时代风貌，提供质量优良、安全耐久、环境协调、社会认可的工程设计产品。加大先进建造技术前瞻性研究力度和研发投入，加快建筑信息模型等数字化技术研发和集成应用，创新开展工程建设工法研发、评审、推广。加强先进质量管理模式和方法高水平应用，打造品质工程标杆。推广先进建造设备和智能建造方式，提升建设工程的质量和安全性能。大力发展绿色建筑，深入推进可再生能源、资源建筑应用，实现工程建设全过程低碳环保、节能减排。

七、增加优质服务供给

（十六）提高生产服务专业化水平。大力发展农业社会化服务，开展农技推广、生产托管、代耕代种等专业服务。发展智能化解决方案、系统性集成、流程再造等服务，提升工业设计、检验检测、知识产权、质量咨询等科技服务水平，推动产业链与创新链、价值链精准对接、深度融合。统筹推进普惠金融、绿色金融、科创金融、供应链金融发展，提高服务实体经济质量升级的精准性和可及性。积极发展多式联运、智慧物流、供应链物流，提升冷链物流服务质量，优化国际物流通道，提高口岸通关便利化程度。规范发展网上销售、直播电商等新业态新模式。加快发展海外仓等外贸新业态。提高现代物流、生产控制、信息数据等服务能力，增强产业链集成优势。加强重大装备、特种设备、耐用消费品的售后服务能力建设，提升安装、维修、保养质量水平。

（十七）促进生活服务品质升级。大力发展大众餐饮服务，提高质量安全水平。创新丰富家政服务，培育优质服务品牌。促进物业管理、房屋租赁服务专业化、规范化发展。提升旅游管理和服务水平，规范旅游市场秩序，改善旅游消费体验，打造乡村旅游、康养旅游、红色旅游等精品项目。提升面向居家生活、户外旅游等的应急救援服务能力。大力发展公共交通，引导网约出租车、定制公交等个性化出行服务规范发展。推动航空公司和机场全面建立旅客服务质量管理体系，提高航空服务能力和品质。积极培育体育赛事活动、社区健身等服务项目，提升公共体育场馆开放服务品质。促进网络购物、移动支付等新模式规范有序发展，鼓励超市、电商平台等零售业态多元化融合发展。支持有条件的地方建设新型消费体验中心，开展多样化体验活动。加强生活服务质量监管，保障人民群众享有高品质生活。

（十八）提升公共服务质量效率。围绕城乡居民生活便利化、品质化需要，加强便民服务设施建设，提升卫生、文化等公共设施服务质量。推动政务服务事项集成化办理、一窗通办、网上办理、跨省通办，提高服务便利度。建设高质量教育体系，推动基本公共教育、职业技术教育、高等教育等提质扩容。大力推动图书馆、博物馆等公共文化场馆数字化发展，加快线上线下服务融合。加强基层公共就业创业服务平台建设，强化职业技能培训、用工指导等公共就业服务。加强养老服务质量标准与评价体系建设，扩大日间照料、失能照护、助餐助行等养老服务有效供给，积极发展互助性养老服务。健全医疗质量管理体系，完善城乡医疗服务网络，逐步扩大城乡家庭医生签约服务覆盖范围。完善突发公共卫生事件监测预警处置机制，加强实验室检测网络建设，强化科技标准支撑和物资质量保障。持续推进口岸公共卫生核心能力建设，进一步提升防控传染病跨境传播能力。加强公共配套设施适老化、适儿化、无障碍改造。

八、增强企业质量和品牌发展能力

（十九）加快质量技术创新应用。强化企业创新主体地位，引导企业加大质量技术创新投入，推动新技术、新工艺、新材料应用，促进品种开发和品质升级。鼓励企业加强质量技术创新中心建设，推进质量设计、试验检测、可靠性工程等先进质量技术的研发应用。支持企业牵头组建质量技术创新联合体，实施重大质量改进项目，协同开展产业链供应链质量共性技术攻关。鼓励支持中小微企业实施技术改造、质量改进、品牌建设，提升中小微企业质量技术创新能力。

（二十）提升全面质量管理水平。鼓励企业制定实施以质取胜生产经营战略，创新质量管理理念、方法、工具，推动全员、全要素、全过程、全数据的新型质量管理体系应用，加快质量管理成熟度跃升。强化新一代信息技术应用和企业质量保证能力建设，构建数字化、智能化质量管控模式，实施供应商质量控制能力考核评价，推动质量形成过程的显性化、可视化。引导企业开展质量管理数字化升级、质量标杆经验交流、质量管理体系认证、质量标准制定等，加强全员质量教育培训，健全企业首席质量官制度，重视质量经理、质量工程师、质量技术能手队伍建设。

（二十一）争创国内国际知名品牌。完善品牌培育发展机制，开展中国品牌创建行动，打造中国精品和“百年老店”。鼓励企业实施质量品牌战略，建立品牌培育管理体系，深化品牌设计、市场推广、品牌维护等能力建设，提高品牌全生命周期管理运营能力。开展品牌理论、价值评价研究，完善品牌价值评价标准，推动品牌价值评价和结果应用。统筹开展中华老字号和地方老字号认定，完善老字号名录体系。持续办好“中国品牌日”系列活动。支持企业加强品牌保护和维权，依法严厉打击品牌仿冒、商标侵权等违法行为，为优质品牌企业发展创造良好环境。

九、构建高水平质量基础设施

（二十二）优化质量基础设施管理。建立高效权威的国家质量基础设施管理体制，推进质量基础设施分级分类管理。深化计量技术机构改革创新，推进国家现代先进测量体系建设，完善国家依法管理的量值传递体系和市场需求导向的量值溯源体系，规范和引导计量技术服务市场发展。深入推进标准化运行机制创新，优化政府颁布标准与市场自主制定标准二元结构，不断提升标准供给质量和效率，推动国内国际标准化协同发展。深化检验检测机构市场化改革，加强公益性机构功能性定位、专业化建设，推进经营性机构集约化运营、产业化发展。深化检验检测认证机构资质审批制度改革，全面实施告知承诺和优化审批服务，优化规范检验检测机构资质认定程序。加强检验检测认证机构监管，落实主体责任，规范从业行为。开展质量基础设施运行监测和综合评价，提高质量技术服务机构管理水平。

（二十三）加强质量基础设施能力建设。合理布局国家、区域、产业质量技术服务机构，建设系统完备、结构优化、高效实用的质量基础设施。实施质量基础设施能力提升行动，突破量子化计量及扁平化量值传递关键技术，构建标准数字化平台，发展新型标准化服务工具和模式，加强检验检测技术与装备研发，加快认证认可技术研究由单一要素向系统性、集成化方向发展。加快建设国家级质量标准实验室，开展先进质量标准、检验检测方法、高端计量仪器、检验检测设备设施的研制验证。完善检验检测认证行业品牌培育、发展、保护机制，推动形成检验检测认证知名品牌。加大质量基础设施能力建设，逐步增加计量检定校准、标准研制与实施、检验检测认证等无形资产投资，鼓励社会各方共同参与质量基础设施建设。

（二十四）提升质量基础设施服务效能。开展质量基础设施助力行动，围绕科技创新、优质制造、乡村振兴、生态环保等重点领域，大力开展计量、标准化、合格评定等技术服务，推动数据、仪器、设备等资源开放共享，更好服务市场需求。深入实施“标准化＋”行动，促进全域标准化深度发展。实施质量基础设施拓展伙伴计划，构建协同服务网络，打造质量基础设施集成服务基地，为产业集群、产业链质量升级提供“一站式”服务。支持区域内计量、标准、认证认可、检验检测等要素集成融合，鼓励跨区域要素融通互补、协同发展。建设技术性贸易措施公共服务体系，加强对技术性贸易壁垒和动植物卫生检疫措施的跟踪、研判、预警、评议、应对。加强质量标准、检验检疫、认证认可等国内国际衔接，促进内外贸一体化发展。

十、推进质量治理现代化

（二十五）加强质量法治建设。健全质量法律法规，修订完善产品质量法，推动产品安全、产品责任、质量基础设施等领域法律法规建设。依法依规严厉打击制售假冒伪劣商品、侵犯知识产权、工程质量违法违规等行为，推动跨行业跨区域监管执法合作，推进行政执法与刑事司法衔接。支持开展质量公益诉讼和集体诉讼，有效执行商品质量惩罚性赔偿制度。健全产品和服务质量担保与争议处理机制，推行第三方质量争议仲裁。加强质量法治宣传教育，普及质量法律知识。

（二十六）健全质量政策制度。完善质量统计指标体系，开展质量统计分析。完善多元化、多层级的质量激励机制，健全国家质量奖励制度，鼓励地方按有关规定对质量管理先进、成绩显著的组织和个人实施激励。建立质量分级标准规则，实施产品和服务质量分级，引导优质优价，促进精准监管。建立健全强制性与自愿性相结合的质量披露制度，鼓励企业实施质量承诺和标准自我声明公开。完善政府采购政策和招投标制度，健全符合采购需求特点、质量标准、市场交易习惯的交易规则，加强采购需求管理，推动形成需求引领、优质优价的采购制度。健全覆盖质量、标准、品牌、专利等要素的融资增信体系，强化对质量改进、技术改造、设备更新的金融服务供给，加大对中小微企业质量创新的金融扶持力度。将质量内容纳入中小学义务教育，支持高等学校加强质量相关学科建设和专业设置，完善质量专业技术技能人才职业培训制度和职称制度，实现职称制度与职业资格制度有效衔接，着力培养质量专业技能型人才、科研人才、经营管理人才。建立质量政策评估制度，强化结果反馈和跟踪改进。

（二十七）优化质量监管效能。健全以“双随机、一公开”监管和“互联网＋监管”为基本手段、以重点监管为补充、以信用监管为基础的新型监管机制。创新质量监管方式，完善市场准入制度，深化工业产品生产许可证和强制性认证制度改革，分类放宽一般工业产品和服务业准入限制，强化事前事中事后全链条监管。对涉及人民群众身体健康和生命财产安全、公共安全、生态环境安全的产品以及重点服务领域，依法实施严格监管。完善产品质量监督抽查制度，加强工业品和消费品质量监督检查，推动实现生产流通、线上线下一体化抽查，探索建立全国联动抽查机制，对重点产品实施全国企业抽查全覆盖，强化监督抽查结果处理。建立健全产品质量安全风险监控机制，完善产品伤害监测体系，开展质量安全风险识别、评估和处置。建立健全产品质量安全事故强制报告制度，开展重大质量安全事故调查与处理。健全产品召回管理体制机制，加强召回技术支撑，强化缺陷产品召回管理。构建重点产品质量安全追溯体系，完善质量安全追溯标准，加强数据开放共享，形成来源可查、去向可追、责任可究的质量安全追溯链条。加强产品防伪监督管理。建立质量安全“沙盒监管”制度，为新产品新业态发展提供容错纠错空间。加强市场秩序综合治理，营造公平竞争的市场环境，促进质量竞争、优胜劣汰。严格进出口商品质量安全检验监管，持续完善进出口商品质量安全风险预警和快速反应监管机制。加大对城乡结合部、农村等重点区域假冒伪劣的打击力度。强化网络平台销售商品质量监管，健全跨地区跨行业监管协调联动机制，推进线上线下一体化监管。

（二十八）推动质量社会共治。创新质量治理模式，健全以法治为基础、政府为主导、社会各方参与的多元治理机制，强化基层治理、企业主责和行业自律。深入实施质量提升行动，动员各行业、各地区及广大企业全面加强质量管理，全方位推动质量升级。支持群团组织、一线班组开展质量改进、质量创新、劳动技能竞赛等群众性质量活动。发挥行业协会商会、学会及消费者组织等的桥梁纽带作用，开展标准制定、品牌建设、质量管理等技术服务，推进行业质量诚信自律。引导消费者树立绿色健康安全消费理念，主动参与质量促进、社会监督等活动。发挥新闻媒体宣传引导作用，传播先进质量理念和最佳实践，曝光制售假冒伪劣等违法行为。引导社会力量参与质量文化建设，鼓励创作体现质量文化特色的影视和文学作品。以全国“质量月”等活动为载体，深入开展全民质量行动，弘扬企业家精神和工匠精神，营造政府重视质量、企业追求质量、社会崇尚质量、人人关心质量的良好氛围。

（二十九）加强质量国际合作。深入开展双多边质量合作交流，加强与国际组织、区域组织和有关国家的质量对话与磋商，开展质量教育培训、文化交流、人才培养等合作。围绕区域全面经济伙伴关系协定实施等，建设跨区域计量技术转移平台和标准信息平台，推进质量基础设施互联互通。健全贸易质量争端预警和协调机制，积极参与技术性贸易措施相关规则和标准制定。参与建立跨国（境）消费争议处理和执法监管合作机制，开展质量监管执法和消费维权双多边合作。定期举办中国质量大会，积极参加和承办国际性质量会议。

十一、组 织 保 障

（三十）加强党的领导。坚持党对质量工作的全面领导，把党的领导贯彻到质量工作的各领域各方面各环节，确保党中央决策部署落到实处。建立质量强国建设统筹协调工作机制，健全质量监督管理体制，强化部门协同、上下联动，整体有序推进质量强国战略实施。

（三十一）狠抓工作落实。各级党委和政府要将质量强国建设列入重要议事日程，纳入国民经济和社会发展规划、专项规划、区域规划。各地区各有关部门要结合实际，将纲要主要任务与国民经济和社会发展规划有效衔接、同步推进，促进产业、财政、金融、科技、贸易、环境、人才等方面政策与质量政策协同，确保各项任务落地见效。

（三十二）开展督察评估。加强中央质量督察工作，形成有效的督促检查和整改落实机制。深化质量工作考核，将考核结果纳入各级党政领导班子和领导干部政绩考核内容。对纲要实施中作出突出贡献的单位和个人，按照国家有关规定予以表彰。建立纲要实施评估机制，市场监管总局会同有关部门加强跟踪分析和督促指导，重大事项及时向党中央、国务院请示报告。

附录C：《中华人民共和国计量法》

（1985年9月6日第六届全国人民代表大会常务委员会第十二次会议通过。根据2018年10月26日第十三届全国人民代表大会常务委员会第六次会议《关于修改〈中华人民共和国野生动物保护法〉等十五部法律的决定》第五次修正）

第一章 总 则

第一条 为了加强计量监督管理，保障国家计量单位制的统一和量值的准确可靠，有利于生产、贸易和科学技术的发展，适应社会主义现代化建设的需要，维护国家、人民的利益，制定本法。

第二条 在中华人民共和国境内，建立计量基准器具、计量标准器具，进行计量检定，制造、修理、销售、使用计量器具，必须遵守本法。

第三条 国家实行法定计量单位制度。

国际单位制计量单位和国家选定的其他计量单位，为国家法定计量单位。国家法定计量单位的名称、符号由国务院公布。

因特殊需要采用非法定计量单位的管理办法，由国务院计量行政部门另行制定。

第四条 国务院计量行政部门对全国计量工作实施统一监督管理。

县级以上地方人民政府计量行政部门对本行政区域内的计量工作实施监督管理。

第二章 计量基准器具、计量标准器具和计量检定

第五条 国务院计量行政部门负责建立各种计量基准器具，作为统一全国量值的最高依据。

第六条 县级以上地方人民政府计量行政部门根据本地区的需要，建立社会公用计量

标准器具，经上级人民政府计量行政部门主持考核合格后使用。

第七条 国务院有关主管部门和省、自治区、直辖市人民政府有关主管部门，根据本部门的特殊需要，可以建立本部门使用的计量标准器具，其各项最高计量标准器具经同级人民政府计量行政部门主持考核合格后使用。

第八条 企业、事业单位根据需要，可以建立本单位使用的计量标准器具，其各项最高计量标准器具经有关人民政府计量行政部门主持考核合格后使用。

第九条 县级以上人民政府计量行政部门对社会公用计量标准器具，部门和企业、事业单位使用的最高计量标准器具，以及用于贸易结算、安全防护、医疗卫生、环境监测方面的列入强制检定目录的工作计量器具，实行强制检定。未按照规定申请检定或者检定不合格的，不得使用。实行强制检定的工作计量器具的目录和管理办法，由国务院制定。

对前款规定以外的其他计量标准器具和工作计量器具，使用单位应当自行定期检定或者送其他计量检定机构检定。

第十条 计量检定必须按照国家计量检定系统表进行。国家计量检定系统表由国务院计量行政部门制定。

计量检定必须执行计量检定规程。国家计量检定规程由国务院计量行政部门制定。没有国家计量检定规程的，由国务院有关主管部门和省、自治区、直辖市人民政府计量行政部门分别制定部门计量检定规程和地方计量检定规程。

第十一条 计量检定工作应当按照经济合理的原则，就地就近进行。

第三章　计量器具管理

第十二条 制造、修理计量器具的企业、事业单位，必须具有与所制造、修理的计量器具相适应的设施、人员和检定仪器设备。

第十三条 制造计量器具的企业、事业单位生产本单位未生产过的计量器具新产品，必须经省级以上人民政府计量行政部门对其样品的计量性能考核合格，方可投入生产。

第十四条 任何单位和个人不得违反规定制造、销售和进口非法定计量单位的计量器具。

第十五条 制造、修理计量器具的企业、事业单位必须对制造、修理的计量器具进行检定，保证产品计量性能合格，并对合格产品出具产品合格证。

第十六条 使用计量器具不得破坏其准确度，损害国家和消费者的利益。

第十七条 个体工商户可以制造、修理简易的计量器具。

个体工商户制造、修理计量器具的范围和管理办法，由国务院计量行政部门制定。

第四章　计 量 监 督

第十八条 县级以上人民政府计量行政部门应当依法对制造、修理、销售、进口和使用计量器具，以及计量检定等相关计量活动进行监督检查。有关单位和个人不得拒绝、阻挠。

第十九条 县级以上人民政府计量行政部门，根据需要设置计量监督员。计量监督员管理办法，由国务院计量行政部门制定。

第二十条 县级以上人民政府计量行政部门可以根据需要设置计量检定机构，或者授权其他单位的计量检定机构，执行强制检定和其他检定、测试任务。

执行前款规定的检定、测试任务的人员，必须经考核合格。

第二十一条 处理因计量器具准确度所引起的纠纷，以国家计量基准器具或者社会公用计量标准器具检定的数据为准。

第二十二条 为社会提供公证数据的产品质量检验机构，必须经省级以上人民政府计量行政部门对其计量检定、测试的能力和可靠性考核合格。

第五章 法 律 责 任

第二十三条 制造、销售未经考核合格的计量器具新产品的，责令停止制造、销售该种新产品，没收违法所得，可以并处罚款。

第二十四条 制造、修理、销售的计量器具不合格的，没收违法所得，可以并处罚款。

第二十五条 属于强制检定范围的计量器具，未按照规定申请检定或者检定不合格继续使用的，责令停止使用，可以并处罚款。

第二十六条 使用不合格的计量器具或者破坏计量器具准确度，给国家和消费者造成损失的，责令赔偿损失，没收计量器具和违法所得，可以并处罚款。

第二十七条 制造、销售、使用以欺骗消费者为目的的计量器具的，没收计量器具和违法所得，处以罚款；情节严重的，并对个人或者单位直接责任人员依照刑法有关规定追究刑事责任。

第二十八条 违反本法规定，制造、修理、销售的计量器具不合格，造成人身伤亡或者重大财产损失的，依照刑法有关规定，对个人或者单位直接责任人员追究刑事责任。

第二十九条 计量监督人员违法失职，情节严重的，依照刑法有关规定追究刑事责任；情节轻微的，给予行政处分。

第三十条 本法规定的行政处罚，由县级以上地方人民政府计量行政部门决定。

第三十一条 当事人对行政处罚决定不服的，可以在接到处罚通知之日起十五日内向人民法院起诉；对罚款、没收违法所得的行政处罚决定期满不起诉又不履行的，由作出行政处罚决定的机关申请人民法院强制执行。

第六章 附 则

第三十二条 中国人民解放军和国防科技工业系统计量工作的监督管理办法，由国务院、中央军事委员会依据本法另行制定。

第三十三条 国务院计量行政部门根据本法制定实施细则，报国务院批准施行。

第三十四条 本法自 1986 年 7 月 1 日起施行。

附录D：《中华人民共和国标准化法》

（1988年12月29日第七届全国人民代表大会常务委员会第五次会议通过。2017年11月4日第十二届全国人民代表大会常务委员会第三十次会议修订）

第一章 总 则

第一条 为了加强标准化工作，提升产品和服务质量，促进科学技术进步，保障人身健康和生命财产安全，维护国家安全、生态环境安全，提高经济社会发展水平，制定本法。

第二条 本法所称标准（含标准样品），是指农业、工业、服务业以及社会事业等领域需要统一的技术要求。

标准包括国家标准、行业标准、地方标准和团体标准、企业标准。国家标准分为强制性标准、推荐性标准，行业标准、地方标准是推荐性标准。

强制性标准必须执行。国家鼓励采用推荐性标准。

第三条 标准化工作的任务是制定标准、组织实施标准以及对标准的制定、实施进行监督。

县级以上人民政府应当将标准化工作纳入本级国民经济和社会发展规划，将标准化工作经费纳入本级预算。

第四条 制定标准应当在科学技术研究成果和社会实践经验的基础上，深入调查论证，广泛征求意见，保证标准的科学性、规范性、时效性，提高标准质量。

第五条 国务院标准化行政主管部门统一管理全国标准化工作。国务院有关行政主管部门分工管理本部门、本行业的标准化工作。

县级以上地方人民政府标准化行政主管部门统一管理本行政区域内的标准化工作。县级以上地方人民政府有关行政主管部门分工管理本行政区域内本部门、本行业的标准化工作。

第六条 国务院建立标准化协调机制，统筹推进标准化重大改革，研究标准化重大政策，对跨部门跨领域、存在重大争议标准的制定和实施进行协调。

设区的市级以上地方人民政府可以根据工作需要建立标准化协调机制，统筹协调本行政区域内标准化工作重大事项。

第七条 国家鼓励企业、社会团体和教育、科研机构等开展或者参与标准化工作。

第八条 国家积极推动参与国际标准化活动，开展标准化对外合作与交流，参与制定国际标准，结合国情采用国际标准，推进中国标准与国外标准之间的转化运用。

国家鼓励企业、社会团体和教育、科研机构等参与国际标准化活动。

第九条 对在标准化工作中做出显著成绩的单位和个人，按照国家有关规定给予表彰和奖励。

第二章 标 准 的 制 定

第十条 对保障人身健康和生命财产安全、国家安全、生态环境安全以及满足经济社会管理基本需要的技术要求，应当制定强制性国家标准。

国务院有关行政主管部门依据职责负责强制性国家标准的项目提出、组织起草、征求意见和技术审查。国务院标准化行政主管部门负责强制性国家标准的立项、编号和对外通报。国务院标准化行政主管部门应当对拟制定的强制性国家标准是否符合前款规定进行立项审查，对符合前款规定的予以立项。

省、自治区、直辖市人民政府标准化行政主管部门可以向国务院标准化行政主管部门提出强制性国家标准的立项建议，由国务院标准化行政主管部门会同国务院有关行政主管部门决定。社会团体、企业事业组织以及公民可以向国务院标准化行政主管部门提出强制性国家标准的立项建议，国务院标准化行政主管部门认为需要立项的，会同国务院有关行政主管部门决定。

强制性国家标准由国务院批准发布或者授权批准发布。

法律、行政法规和国务院决定对强制性标准的制定另有规定的，从其规定。

第十一条　对满足基础通用、与强制性国家标准配套、对各有关行业起引领作用等需要的技术要求，可以制定推荐性国家标准。

推荐性国家标准由国务院标准化行政主管部门制定。

第十二条　对没有推荐性国家标准、需要在全国某个行业范围内统一的技术要求，可以制定行业标准。

行业标准由国务院有关行政主管部门制定，报国务院标准化行政主管部门备案。

第十三条　为满足地方自然条件、风俗习惯等特殊技术要求，可以制定地方标准。

地方标准由省、自治区、直辖市人民政府标准化行政主管部门制定；设区的市级人民政府标准化行政主管部门根据本行政区域的特殊需要，经所在地省、自治区、直辖市人民政府标准化行政主管部门批准，可以制定本行政区域的地方标准。地方标准由省、自治区、直辖市人民政府标准化行政主管部门报国务院标准化行政主管部门备案，由国务院标准化行政主管部门通报国务院有关行政主管部门。

第十四条　对保障人身健康和生命财产安全、国家安全、生态环境安全以及经济社会发展所急需的标准项目，制定标准的行政主管部门应当优先立项并及时完成。

第十五条　制定强制性标准、推荐性标准，应当在立项时对有关行政主管部门、企业、社会团体、消费者和教育、科研机构等方面的实际需求进行调查，对制定标准的必要性、可行性进行论证评估；在制定过程中，应当按照便捷有效的原则采取多种方式征求意见，组织对标准相关事项进行调查分析、实验、论证，并做到有关标准之间的协调配套。

第十六条　制定推荐性标准，应当组织由相关方组成的标准化技术委员会，承担标准的起草、技术审查工作。制定强制性标准，可以委托相关标准化技术委员会承担标准的起草、技术审查工作。未组成标准化技术委员会的，应当成立专家组承担相关标准的起草、技术审查工作。标准化技术委员会和专家组的组成应当具有广泛代表性。

第十七条　强制性标准文本应当免费向社会公开。国家推动免费向社会公开推荐性标准文本。

第十八条　国家鼓励学会、协会、商会、联合会、产业技术联盟等社会团体协调相关市场主体共同制定满足市场和创新需要的团体标准，由本团体成员约定采用或者按照本团体的规定供社会自愿采用。

制定团体标准，应当遵循开放、透明、公平的原则，保证各参与主体获取相关信息，反映各参与主体的共同需求，并应当组织对标准相关事项进行调查分析、实验、论证。

国务院标准化行政主管部门会同国务院有关行政主管部门对团体标准的制定进行规范、引导和监督。

第十九条 企业可以根据需要自行制定企业标准，或者与其他企业联合制定企业标准。

第二十条 国家支持在重要行业、战略性新兴产业、关键共性技术等领域利用自主创新技术制定团体标准、企业标准。

第二十一条 推荐性国家标准、行业标准、地方标准、团体标准、企业标准的技术要求不得低于强制性国家标准的相关技术要求。

国家鼓励社会团体、企业制定高于推荐性标准相关技术要求的团体标准、企业标准。

第二十二条 制定标准应当有利于科学合理利用资源，推广科学技术成果，增强产品的安全性、通用性、可替换性，提高经济效益、社会效益、生态效益，做到技术上先进、经济上合理。

禁止利用标准实施妨碍商品、服务自由流通等排除、限制市场竞争的行为。

第二十三条 国家推进标准化军民融合和资源共享，提升军民标准通用化水平，积极推动在国防和军队建设中采用先进适用的民用标准，并将先进适用的军用标准转化为民用标准。

第二十四条 标准应当按照编号规则进行编号。标准的编号规则由国务院标准化行政主管部门制定并公布。

第三章 标准的实施

第二十五条 不符合强制性标准的产品、服务，不得生产、销售、进口或者提供。

第二十六条 出口产品、服务的技术要求，按照合同的约定执行。

第二十七条 国家实行团体标准、企业标准自我声明公开和监督制度。企业应当公开其执行的强制性标准、推荐性标准、团体标准或者企业标准的编号和名称；企业执行自行制定的企业标准的，还应当公开产品、服务的功能指标和产品的性能指标。国家鼓励团体标准、企业标准通过标准信息公共服务平台向社会公开。

企业应当按照标准组织生产经营活动，其生产的产品、提供的服务应当符合企业公开标准的技术要求。

第二十八条 企业研制新产品、改进产品，进行技术改造，应当符合本法规定的标准化要求。

第二十九条 国家建立强制性标准实施情况统计分析报告制度。

国务院标准化行政主管部门和国务院有关行政主管部门、设区的市级以上地方人民政府标准化行政主管部门应当建立标准实施信息反馈和评估机制，根据反馈和评估情况对其制定的标准进行复审。标准的复审周期一般不超过五年。经过复审，对不适应经济社会发展需要和技术进步的应当及时修订或者废止。

第三十条 国务院标准化行政主管部门根据标准实施信息反馈、评估、复审情况，对有关标准之间重复交叉或者不衔接配套的，应当会同国务院有关行政主管部门作出处理或者通过国务院标准化协调机制处理。

第三十一条 县级以上人民政府应当支持开展标准化试点示范和宣传工作，传播标准化理念，推广标准化经验，推动全社会运用标准化方式组织生产、经营、管理和服务，发挥标准对促进转型升级、引领创新驱动的支撑作用。

第四章 监督管理

第三十二条 县级以上人民政府标准化行政主管部门、有关行政主管部门依据法定职责，对标准的制定进行指导和监督，对标准的实施进行监督检查。

第三十三条 国务院有关行政主管部门在标准制定、实施过程中出现争议的，由国务院标准化行政主管部门组织协商；协商不成的，由国务院标准化协调机制解决。

第三十四条 国务院有关行政主管部门、设区的市级以上地方人民政府标准化行政主管部门未依照本法规定对标准进行编号、复审或者备案的，国务院标准化行政主管部门应当要求其说明情况，并限期改正。

第三十五条 任何单位或者个人有权向标准化行政主管部门、有关行政主管部门举报、投诉违反本法规定的行为。

标准化行政主管部门、有关行政主管部门应当向社会公开受理举报、投诉的电话、信箱或者电子邮件地址，并安排人员受理举报、投诉。对实名举报人或者投诉人，受理举报、投诉的行政主管部门应当告知处理结果，为举报人保密，并按照国家有关规定对举报人给予奖励。

第五章 法律责任

第三十六条 生产、销售、进口产品或者提供服务不符合强制性标准，或者企业生产的产品、提供的服务不符合其公开标准的技术要求的，依法承担民事责任。

第三十七条 生产、销售、进口产品或者提供服务不符合强制性标准的，依照《中华人民共和国产品质量法》、《中华人民共和国进出口商品检验法》、《中华人民共和国消费者权益保护法》等法律、行政法规的规定查处，记入信用记录，并依照有关法律、行政法规的规定予以公示；构成犯罪的，依法追究刑事责任。

第三十八条 企业未依照本法规定公开其执行的标准的，由标准化行政主管部门责令限期改正；逾期不改正的，在标准信息公共服务平台上公示。

第三十九条 国务院有关行政主管部门、设区的市级以上地方人民政府标准化行政主管部门制定的标准不符合本法第二十一条第一款、第二十二条第一款规定的，应当及时改正；拒不改正的，由国务院标准化行政主管部门公告废止相关标准；对负有责任的领导人员和直接责任人员依法给予处分。

社会团体、企业制定的标准不符合本法第二十一条第一款、第二十二条第一款规定的，由标准化行政主管部门责令限期改正；逾期不改正的，由省级以上人民政府标准化行政主管部门废止相关标准，并在标准信息公共服务平台上公示。

违反本法第二十二条第二款规定，利用标准实施排除、限制市场竞争行为的，依照《中华人民共和国反垄断法》等法律、行政法规的规定处理。

第四十条 国务院有关行政主管部门、设区的市级以上地方人民政府标准化行政主管部门未依照本法规定对标准进行编号或者备案，又未依照本法第三十四条的规定改正的，由国务院标准化行政主管部门撤销相关标准编号或者公告废止未备案标准；对负有责任的领导人员和直接责任人员依法给予处分。

国务院有关行政主管部门、设区的市级以上地方人民政府标准化行政主管部门未依照本法规定对其制定的标准进行复审，又未依照本法第三十四条的规定改正的，对负有责任的领导人员和直接责任人员依法给予处分。

第四十一条 国务院标准化行政主管部门未依照本法第十条第二款规定对制定强制性国家标准的项目予以立项，制定的标准不符合本法第二十一条第一款、第二十二条第一款规定，或者未依照本法规定对标准进行编号、复审或者予以备案的，应当及时改正；对负有责任的领导人员和直接责任人员可以依法给予处分。

第四十二条 社会团体、企业未依照本法规定对团体标准或者企业标准进行编号的，由标准化行政主管部门责令限期改正；逾期不改正的，由省级以上人民政府标准化行政主管部门撤销相关标准编号，并在标准信息公共服务平台上公示。

第四十三条 标准化工作的监督、管理人员滥用职权、玩忽职守、徇私舞弊的，依法给予处分；构成犯罪的，依法追究刑事责任。

第六章 附 则

第四十四条 军用标准的制定、实施和监督办法，由国务院、中央军事委员会另行制定。

第四十五条 本法自 2018 年 1 月 1 日起施行。

附录 E:《中华人民共和国产品质量法》

（1993 年 2 月 22 日第七届全国人民代表大会常务委员会第三十次会议通过。根据 2000 年 7 月 8 日第九届全国人民代表大会常务委员会第十六次会议《关于修改〈中华人民共和国产品质量法〉的决定》第一次修正 根据 2009 年 8 月 27 日第十一届全国人民代表大会常务委员会第十次会议《关于修改部分法律的决定》第二次修正，根据 2018 年 12 月 29 日第十三届全国人民代表大会常务委员会第七次会议《关于修改〈中华人民共和国产品质量法〉等五部法律的决定》第三次修正）

第一章 总 则

第一条 为了加强对产品质量的监督管理，提高产品质量水平，明确产品质量责任，保护消费者的合法权益，维护社会经济秩序，制定本法。

第二条 在中华人民共和国境内从事产品生产、销售活动，必须遵守本法。

本法所称产品是指经过加工、制作，用于销售的产品。

建设工程不适用本法规定；但是，建设工程使用的建筑材料、建筑构配件和设备，属于前款规定的产品范围的，适用本法规定。

第三条 生产者、销售者应当建立健全内部产品质量管理制度，严格实施岗位质量规范、质量责任以及相应的考核办法。

第四条　生产者、销售者依照本法规定承担产品质量责任。

第五条　禁止伪造或者冒用认证标志等质量标志；禁止伪造产品的产地，伪造或者冒用他人的厂名、厂址；禁止在生产、销售的产品中掺杂、掺假，以假充真，以次充好。

第六条　国家鼓励推行科学的质量管理方法，采用先进的科学技术，鼓励企业产品质量达到并且超过行业标准、国家标准和国际标准。

对产品质量管理先进和产品质量达到国际先进水平、成绩显著的单位和个人，给予奖励。

第七条　各级人民政府应当把提高产品质量纳入国民经济和社会发展规划，加强对产品质量工作的统筹规划和组织领导，引导、督促生产者、销售者加强产品质量管理，提高产品质量，组织各有关部门依法采取措施，制止产品生产、销售中违反本法规定的行为，保障本法的施行。

第八条　国务院市场监督管理部门主管全国产品质量监督工作。国务院有关部门在各自的职责范围内负责产品质量监督工作。

县级以上地方市场监督管理部门主管本行政区域内的产品质量监督工作。县级以上地方人民政府有关部门在各自的职责范围内负责产品质量监督工作。

法律对产品质量的监督部门另有规定的，依照有关法律的规定执行。

第九条　各级人民政府工作人员和其他国家机关工作人员不得滥用职权、玩忽职守或者徇私舞弊，包庇、放纵本地区、本系统发生的产品生产、销售中违反本法规定的行为，或者阻挠、干预依法对产品生产、销售中违反本法规定的行为进行查处。

各级地方人民政府和其他国家机关有包庇、放纵产品生产、销售中违反本法规定的行为的，依法追究其主要负责人的法律责任。

第十条　任何单位和个人有权对违反本法规定的行为，向市场监督管理部门或者其他有关部门检举。

市场监督管理部门和有关部门应当为检举人保密，并按照省、自治区、直辖市人民政府的规定给予奖励。

第十一条　任何单位和个人不得排斥非本地区或者非本系统企业生产的质量合格产品进入本地区、本系统。

第二章　产品质量的监督

第十二条　产品质量应当检验合格，不得以不合格产品冒充合格产品。

第十三条　可能危及人体健康和人身、财产安全的工业产品，必须符合保障人体健康和人身、财产安全的国家标准、行业标准；未制定国家标准、行业标准的，必须符合保障人体健康和人身、财产安全的要求。

禁止生产、销售不符合保障人体健康和人身、财产安全的标准和要求的工业产品。具体管理办法由国务院规定。

第十四条　国家根据国际通用的质量管理标准，推行企业质量体系认证制度。企业根据自愿原则可以向国务院市场监督管理部门认可的或者国务院市场监督管理部门授权的部门认可的认证机构申请企业质量体系认证。经认证合格的，由认证机构颁发企业质量体系认证证书。

国家参照国际先进的产品标准和技术要求，推行产品质量认证制度。企业根据自愿原则可以向国务院市场监督管理部门认可的或者国务院市场监督管理部门授权的部门认可的认证机构申请产品质量认证。经认证合格的，由认证机构颁发产品质量认证证书，准许企业在产品或者其包装上使用产品质量认证标志。

第十五条 国家对产品质量实行以抽查为主要方式的监督检查制度，对可能危及人体健康和人身、财产安全的产品，影响国计民生的重要工业产品以及消费者、有关组织反映有质量问题的产品进行抽查。抽查的样品应当在市场上或者企业成品仓库内的待销产品中随机抽取。监督抽查工作由国务院市场监督管理部门规划和组织。县级以上地方市场监督管理部门在本行政区域内也可以组织监督抽查。法律对产品质量的监督检查另有规定的，依照有关法律的规定执行。

国家监督抽查的产品，地方不得另行重复抽查；上级监督抽查的产品，下级不得另行重复抽查。

根据监督抽查的需要，可以对产品进行检验。检验抽取样品的数量不得超过检验的合理需要，并不得向被检查人收取检验费用。监督抽查所需检验费用按照国务院规定列支。

生产者、销售者对抽查检验的结果有异议的，可以自收到检验结果之日起十五日内向实施监督抽查的市场监督管理部门或者其上级市场监督管理部门申请复检，由受理复检的市场监督管理部门作出复检结论。

第十六条 对依法进行的产品质量监督检查，生产者、销售者不得拒绝。

第十七条 依照本法规定进行监督抽查的产品质量不合格的，由实施监督抽查的市场监督管理部门责令其生产者、销售者限期改正。逾期不改正的，由省级以上人民政府市场监督管理部门予以公告；公告后经复查仍不合格的，责令停业，限期整顿；整顿期满后经复查产品质量仍不合格的，吊销营业执照。

监督抽查的产品有严重质量问题的，依照本法第五章的有关规定处罚。

第十八条 县级以上市场监督管理部门根据已经取得的违法嫌疑证据或者举报，对涉嫌违反本法规定的行为进行查处时，可以行使下列职权：

（一）对当事人涉嫌从事违反本法的生产、销售活动的场所实施现场检查；

（二）向当事人的法定代表人、主要负责人和其他有关人员调查、了解与涉嫌从事违反本法的生产、销售活动有关的情况；

（三）查阅、复制当事人有关的合同、发票、账簿以及其他有关资料；

（四）对有根据认为不符合保障人体健康和人身、财产安全的国家标准、行业标准的产品或者有其他严重质量问题的产品，以及直接用于生产、销售该项产品的原辅材料、包装物、生产工具，予以查封或者扣押。

第十九条 产品质量检验机构必须具备相应的检测条件和能力，经省级以上人民政府市场监督管理部门或者其授权的部门考核合格后，方可承担产品质量检验工作。法律、行政法规对产品质量检验机构另有规定的，依照有关法律、行政法规的规定执行。

第二十条 从事产品质量检验、认证的社会中介机构必须依法设立，不得与行政机关和其他国家机关存在隶属关系或者其他利益关系。

第二十一条 产品质量检验机构、认证机构必须依法按照有关标准，客观、公正地出具检验结果或者认证证明。

产品质量认证机构应当依照国家规定对准许使用认证标志的产品进行认证后的跟踪检查；对不符合认证标准而使用认证标志的，要求其改正；情节严重的，取消其使用认证标志的资格。

第二十二条　消费者有权就产品质量问题，向产品的生产者、销售者查询；向市场监督管理部门及有关部门申诉，接受申诉的部门应当负责处理。

第二十三条　保护消费者权益的社会组织可以就消费者反映的产品质量问题建议有关部门负责处理，支持消费者对因产品质量造成的损害向人民法院起诉。

第二十四条　国务院和省、自治区、直辖市人民政府的市场监督管理部门应当定期发布其监督抽查的产品的质量状况公告。

第二十五条　市场监督管理部门或者其他国家机关以及产品质量检验机构不得向社会推荐生产者的产品；不得以对产品进行监制、监销等方式参与产品经营活动。

第三章　生产者、销售者的产品质量责任和义务

第一节　生产者的产品质量责任和义务

第二十六条　生产者应当对其生产的产品质量负责。

产品质量应当符合下列要求：

（一）不存在危及人身、财产安全的不合理的危险，有保障人体健康和人身、财产安全的国家标准、行业标准的，应当符合该标准；

（二）具备产品应当具备的使用性能，但是，对产品存在使用性能的瑕疵作出说明的除外；

（三）符合在产品或者其包装上注明采用的产品标准，符合以产品说明、实物样品等方式表明的质量状况。

第二十七条　产品或者其包装上的标识必须真实，并符合下列要求：

（一）有产品质量检验合格证明；

（二）有中文标明的产品名称、生产厂厂名和厂址；

（三）根据产品的特点和使用要求，需要标明产品规格、等级、所含主要成分的名称和含量的，用中文相应予以标明；需要事先让消费者知晓的，应当在外包装上标明，或者预先向消费者提供有关资料；

（四）限期使用的产品，应当在显著位置清晰地标明生产日期和安全使用期或者失效日期；

（五）使用不当，容易造成产品本身损坏或者可能危及人身、财产安全的产品，应当有警示标志或者中文警示说明。

裸装的食品和其他根据产品的特点难以附加标识的裸装产品，可以不附加产品标识。

第二十八条　易碎、易燃、易爆、有毒、有腐蚀性、有放射性等危险物品以及储运中不能倒置和其他有特殊要求的产品，其包装质量必须符合相应要求，依照国家有关规定作出警示标志或者中文警示说明，标明储运注意事项。

第二十九条　生产者不得生产国家明令淘汰的产品。

第三十条　生产者不得伪造产地，不得伪造或者冒用他人的厂名、厂址。

第三十一条　生产者不得伪造或者冒用认证标志等质量标志。

第三十二条 生产者生产产品，不得掺杂、掺假，不得以假充真、以次充好，不得以不合格产品冒充合格产品。

第二节 销售者的产品质量责任和义务

第三十三条 销售者应当建立并执行进货检查验收制度，验明产品合格证明和其他标识。

第三十四条 销售者应当采取措施，保持销售产品的质量。

第三十五条 销售者不得销售国家明令淘汰并停止销售的产品和失效、变质的产品。

第三十六条 销售者销售的产品的标识应当符合本法第二十七条的规定。

第三十七条 销售者不得伪造产地，不得伪造或者冒用他人的厂名、厂址。

第三十八条 销售者不得伪造或者冒用认证标志等质量标志。

第三十九条 销售者销售产品，不得掺杂、掺假，不得以假充真、以次充好，不得以不合格产品冒充合格产品。

第四章 损 害 赔 偿

第四十条 售出的产品有下列情形之一的，销售者应当负责修理、更换、退货；给购买产品的消费者造成损失的，销售者应当赔偿损失：

（一）不具备产品应当具备的使用性能而事先未作说明的；

（二）不符合在产品或者其包装上注明采用的产品标准的；

（三）不符合以产品说明、实物样品等方式表明的质量状况的。

销售者依照前款规定负责修理、更换、退货、赔偿损失后，属于生产者的责任或者属于向销售者提供产品的其他销售者（以下简称供货者）的责任的，销售者有权向生产者、供货者追偿。

销售者未按照第一款规定给予修理、更换、退货或者赔偿损失的，由市场监督管理部门责令改正。

生产者之间，销售者之间，生产者与销售者之间订立的买卖合同、承揽合同有不同约定的，合同当事人按照合同约定执行。

第四十一条 因产品存在缺陷造成人身、缺陷产品以外的其他财产（以下简称他人财产）损害的，生产者应当承担赔偿责任。

生产者能够证明有下列情形之一的，不承担赔偿责任：

（一）未将产品投入流通的；

（二）产品投入流通时，引起损害的缺陷尚不存在的；

（三）将产品投入流通时的科学技术水平尚不能发现缺陷的存在的。

第四十二条 由于销售者的过错使产品存在缺陷，造成人身、他人财产损害的，销售者应当承担赔偿责任。

销售者不能指明缺陷产品的生产者也不能指明缺陷产品的供货者的，销售者应当承担赔偿责任。

第四十三条 因产品存在缺陷造成人身、他人财产损害的，受害人可以向产品的生产者要求赔偿，也可以向产品的销售者要求赔偿。属于产品的生产者的责任，产品的销售者赔偿的，产品的销售者有权向产品的生产者追偿。属于产品的销售者的责任，产品的生产者赔偿的，产品的生产者有权向产品的销售者追偿。

第四十四条 因产品存在缺陷造成受害人人身伤害的，侵害人应当赔偿医疗费、治疗期间的护理费、因误工减少的收入等费用；造成残疾的，还应当支付残疾者生活自助具费、生活补助费、残疾赔偿金以及由其扶养的人所必需的生活费等费用；造成受害人死亡的，并应当支付丧葬费、死亡赔偿金以及由死者生前扶养的人所必需的生活费等费用。

因产品存在缺陷造成受害人财产损失的，侵害人应当恢复原状或者折价赔偿。受害人因此遭受其他重大损失的，侵害人应当赔偿损失。

第四十五条 因产品存在缺陷造成损害要求赔偿的诉讼时效期间为二年，自当事人知道或者应当知道其权益受到损害时起计算。

因产品存在缺陷造成损害要求赔偿的请求权，在造成损害的缺陷产品交付最初消费者满十年丧失；但是，尚未超过明示的安全使用期的除外。

第四十六条 本法所称缺陷，是指产品存在危及人身、他人财产安全的不合理的危险；产品有保障人体健康和人身、财产安全的国家标准、行业标准的，是指不符合该标准。

第四十七条 因产品质量发生民事纠纷时，当事人可以通过协商或者调解解决。当事人不愿通过协商、调解解决或者协商、调解不成的，可以根据当事人各方的协议向仲裁机构申请仲裁；当事人各方没有达成仲裁协议或者仲裁协议无效的，可以直接向人民法院起诉。

第四十八条 仲裁机构或者人民法院可以委托本法第十九条规定的产品质量检验机构，对有关产品质量进行检验。

第五章 罚 则

第四十九条 生产、销售不符合保障人体健康和人身、财产安全的国家标准、行业标准的产品的，责令停止生产、销售，没收违法生产、销售的产品，并处违法生产、销售产品（包括已售出和未售出的产品，下同）货值金额等值以上三倍以下的罚款；有违法所得的，并处没收违法所得；情节严重的，吊销营业执照；构成犯罪的，依法追究刑事责任。

第五十条 在产品中掺杂、掺假，以假充真，以次充好，或者以不合格产品冒充合格产品的，责令停止生产、销售，没收违法生产、销售的产品，并处违法生产、销售产品货值金额百分之五十以上三倍以下的罚款；有违法所得的，并处没收违法所得；情节严重的，吊销营业执照；构成犯罪的，依法追究刑事责任。

第五十一条 生产国家明令淘汰的产品的，销售国家明令淘汰并停止销售的产品的，责令停止生产、销售，没收违法生产、销售的产品，并处违法生产、销售产品货值金额等值以下的罚款；有违法所得的，并处没收违法所得；情节严重的，吊销营业执照。

第五十二条 销售失效、变质的产品的，责令停止销售，没收违法销售的产品，并处违法销售产品货值金额二倍以下的罚款；有违法所得的，并处没收违法所得；情节严重的，吊销营业执照；构成犯罪的，依法追究刑事责任。

第五十三条 伪造产品产地的，伪造或者冒用他人厂名、厂址的，伪造或者冒用认证标志等质量标志的，责令改正，没收违法生产、销售的产品，并处违法生产、销售产品货值金额等值以下的罚款；有违法所得的，并处没收违法所得；情节严重的，吊销营业执照。

第五十四条 产品标识不符合本法第二十七条规定的，责令改正；有包装的产品标识不符合本法第二十七条第（四）项、第（五）项规定，情节严重的，责令停止生产、销售，并处违法生产、销售产品货值金额百分之三十以下的罚款；有违法所得的，并处没收违法所得。

第五十五条 销售者销售本法第四十九条至第五十三条规定禁止销售的产品，有充分证据证明其不知道该产品为禁止销售的产品并如实说明其进货来源的，可以从轻或者减轻处罚。

第五十六条 拒绝接受依法进行的产品质量监督检查的，给予警告，责令改正；拒不改正的，责令停业整顿；情节特别严重的，吊销营业执照。

第五十七条 产品质量检验机构、认证机构伪造检验结果或者出具虚假证明的，责令改正，对单位处五万元以上十万元以下的罚款，对直接负责的主管人员和其他直接责任人员处一万元以上五万元以下的罚款；有违法所得的，并处没收违法所得；情节严重的，取消其检验资格、认证资格；构成犯罪的，依法追究刑事责任。

产品质量检验机构、认证机构出具的检验结果或者证明不实，造成损失的，应当承担相应的赔偿责任；造成重大损失的，撤销其检验资格、认证资格。

产品质量认证机构违反本法第二十一条第二款的规定，对不符合认证标准而使用认证标志的产品，未依法要求其改正或者取消其使用认证标志资格的，对因产品不符合认证标准给消费者造成的损失，与产品的生产者、销售者承担连带责任；情节严重的，撤销其认证资格。

第五十八条 社会团体、社会中介机构对产品质量作出承诺、保证，而该产品又不符合其承诺、保证的质量要求，给消费者造成损失的，与产品的生产者、销售者承担连带责任。

第五十九条 在广告中对产品质量作虚假宣传，欺骗和误导消费者的，依照《中华人民共和国广告法》的规定追究法律责任。

第六十条 对生产者专门用于生产本法第四十九条、第五十一条所列的产品或者以假充真的产品的原辅材料、包装物、生产工具，应当予以没收。

第六十一条 知道或者应当知道属于本法规定禁止生产、销售的产品而为其提供运输、保管、仓储等便利条件的，或者为以假充真的产品提供制假生产技术的，没收全部运输、保管、仓储或者提供制假生产技术的收入，并处违法收入百分之五十以上三倍以下的罚款；构成犯罪的，依法追究刑事责任。

第六十二条 服务业的经营者将本法第四十九条至第五十二条规定禁止销售的产品用于经营性服务的，责令停止使用；对知道或者应当知道所使用的产品属于本法规定禁止销售的产品的，按照违法使用的产品（包括已使用和尚未使用的产品）的货值金额，依照本法对销售者的处罚规定处罚。

第六十三条 隐匿、转移、变卖、损毁被市场监督管理部门查封、扣押的物品的，处被隐匿、转移、变卖、损毁物品货值金额等值以上三倍以下的罚款；有违法所得的，并处没收违法所得。

第六十四条　违反本法规定，应当承担民事赔偿责任和缴纳罚款、罚金，其财产不足以同时支付时，先承担民事赔偿责任。

第六十五条　各级人民政府工作人员和其他国家机关工作人员有下列情形之一的，依法给予行政处分；构成犯罪的，依法追究刑事责任：

（一）包庇、放纵产品生产、销售中违反本法规定行为的；

（二）向从事违反本法规定的生产、销售活动的当事人通风报信，帮助其逃避查处的；

（三）阻挠、干预市场监督管理部门依法对产品生产、销售中违反本法规定的行为进行查处，造成严重后果的。

第六十六条　市场监督管理部门在产品质量监督抽查中超过规定的数量索取样品或者向被检查人收取检验费用的，由上级市场监督管理部门或者监察机关责令退还；情节严重的，对直接负责的主管人员和其他直接责任人员依法给予行政处分。

第六十七条　市场监督管理部门或者其他国家机关违反本法第二十五条的规定，向社会推荐生产者的产品或者以监制、监销等方式参与产品经营活动的，由其上级机关或者监察机关责令改正，消除影响，有违法收入的予以没收；情节严重的，对直接负责的主管人员和其他直接责任人员依法给予行政处分。

产品质量检验机构有前款所列违法行为的，由市场监督管理部门责令改正，消除影响，有违法收入的予以没收，可以并处违法收入一倍以下的罚款；情节严重的，撤销其质量检验资格。

第六十八条　市场监督管理部门的工作人员滥用职权、玩忽职守、徇私舞弊，构成犯罪的，依法追究刑事责任；尚不构成犯罪的，依法给予行政处分。

第六十九条　以暴力、威胁方法阻碍市场监督管理部门的工作人员依法执行职务的，依法追究刑事责任；拒绝、阻碍未使用暴力、威胁方法的，由公安机关依照治安管理处罚法的规定处罚。

第七十条　本法第四十九条至第五十七条、第六十条至第六十三条规定的行政处罚由市场监督管理部门决定。法律、行政法规对行使行政处罚权的机关另有规定的，依照有关法律、行政法规的规定执行。

第七十一条　对依照本法规定没收的产品，依照国家有关规定进行销毁或者采取其他方式处理。

第七十二条　本法第四十九条至第五十四条、第六十二条、第六十三条所规定的货值金额以违法生产、销售产品的标价计算；没有标价的，按照同类产品的市场价格计算。

第六章　附　　则

第七十三条　军工产品质量监督管理办法，由国务院、中央军事委员会另行制定。

因核设施、核产品造成损害的赔偿责任，法律、行政法规另有规定的，依照其规定。

第七十四条　本法自 1993 年 9 月 1 日起施行。

附录F:《中华人民共和国建筑法》

(1997年11月1日第八届全国人民代表大会常务委员会第二十八次会议通过。根据2011年4月22日第十一届全国人民代表大会常务委员会第二十次会议《关于修改〈中华人民共和国建筑法〉的决定》第一次修正。根据2019年4月23日第十三届全国人民代表大会常务委员会第十次会议《关于修改〈中华人民共和国建筑法〉等八部法律的决定》第二次修正)

第一章 总 则

第一条 为了加强对建筑活动的监督管理，维护建筑市场秩序，保证建筑工程的质量和安全，促进建筑业健康发展，制定本法。

第二条 在中华人民共和国境内从事建筑活动，实施对建筑活动的监督管理，应当遵守本法。

本法所称建筑活动，是指各类房屋建筑及其附属设施的建造和与其配套的线路、管道、设备的安装活动。

第三条 建筑活动应当确保建筑工程质量和安全，符合国家的建筑工程安全标准。

第四条 国家扶持建筑业的发展，支持建筑科学技术研究，提高房屋建筑设计水平，鼓励节约能源和保护环境，提倡采用先进技术、先进设备、先进工艺、新型建筑材料和现代管理方式。

第五条 从事建筑活动应当遵守法律、法规，不得损害社会公共利益和他人的合法权益。

任何单位和个人都不得妨碍和阻挠依法进行的建筑活动。

第六条 国务院建设行政主管部门对全国的建筑活动实施统一监督管理。

第二章 建 筑 许 可

第一节 建筑工程施工许可

第七条 建筑工程开工前，建设单位应当按照国家有关规定向工程所在地县级以上人民政府建设行政主管部门申请领取施工许可证；但是，国务院建设行政主管部门确定的限额以下的小型工程除外。

按照国务院规定的权限和程序批准开工报告的建筑工程，不再领取施工许可证。

第八条 申请领取施工许可证，应当具备下列条件：

（一）已经办理该建筑工程用地批准手续；

（二）依法应当办理建设工程规划许可证的，已经取得建设工程规划许可证；

（三）需要拆迁的，其拆迁进度符合施工要求；

（四）已经确定建筑施工企业；

（五）有满足施工需要的资金安排、施工图纸及技术资料；

（六）有保证工程质量和安全的具体措施。

建设行政主管部门应当自收到申请之日起七日内，对符合条件的申请颁发施工许可证。

第九条 建设单位应当自领取施工许可证之日起三个月内开工。因故不能按期开工的，应当向发证机关申请延期；延期以两次为限，每次不超过三个月。既不开工又不申请延期或者超过延期时限的，施工许可证自行废止。

第十条 在建的建筑工程因故中止施工的，建设单位应当自中止施工之日起一个月内，向发证机关报告，并按照规定做好建筑工程的维护管理工作。

建筑工程恢复施工时，应当向发证机关报告；中止施工满一年的工程恢复施工前，建设单位应当报发证机关核验施工许可证。

第十一条 按照国务院有关规定批准开工报告的建筑工程，因故不能按期开工或者中止施工的，应当及时向批准机关报告情况。因故不能按期开工超过六个月的，应当重新办理开工报告的批准手续。

第二节 从业资格

第十二条 从事建筑活动的建筑施工企业、勘察单位、设计单位和工程监理单位，应当具备下列条件：

（一）有符合国家规定的注册资本；

（二）有与其从事的建筑活动相适应的具有法定执业资格的专业技术人员；

（三）有从事相关建筑活动所应有的技术装备；

（四）法律、行政法规规定的其他条件。

第十三条 从事建筑活动的建筑施工企业、勘察单位、设计单位和工程监理单位，按照其拥有的注册资本、专业技术人员、技术装备和已完成的建筑工程业绩等资质条件，划分为不同的资质等级，经资质审查合格，取得相应等级的资质证书后，方可在其资质等级许可的范围内从事建筑活动。

第十四条 从事建筑活动的专业技术人员，应当依法取得相应的执业资格证书，并在执业资格证书许可的范围内从事建筑活动。

第三章 建筑工程发包与承包

第一节 一般规定

第十五条 建筑工程的发包单位与承包单位应当依法订立书面合同，明确双方的权利和义务。

发包单位和承包单位应当全面履行合同约定的义务。不按照合同约定履行义务的，依法承担违约责任。

第十六条 建筑工程发包与承包的招标投标活动，应当遵循公开、公正、平等竞争的原则，择优选择承包单位。

建筑工程的招标投标，本法没有规定的，适用有关招标投标法律的规定。

第十七条 发包单位及其工作人员在建筑工程发包中不得收受贿赂、回扣或者索取其他好处。

承包单位及其工作人员不得利用向发包单位及其工作人员行贿、提供回扣或者给予其他好处等不正当手段承揽工程。

第十八条 建筑工程造价应当按照国家有关规定，由发包单位与承包单位在合同中约定。公开招标发包的，其造价的约定，须遵守招标投标法律的规定。

发包单位应当按照合同的约定，及时拨付工程款项。

第二节　发　　包

第十九条　建筑工程依法实行招标发包，对不适于招标发包的可以直接发包。

第二十条　建筑工程实行公开招标的，发包单位应当依照法定程序和方式，发布招标公告，提供载有招标工程的主要技术要求、主要的合同条款、评标的标准和方法以及开标、评标、定标的程序等内容的招标文件。

开标应当在招标文件规定的时间、地点公开进行。开标后应当按照招标文件规定的评标标准和程序对标书进行评价、比较，在具备相应资质条件的投标者中，择优选定中标者。

第二十一条　建筑工程招标的开标、评标、定标由建设单位依法组织实施，并接受有关行政主管部门的监督。

第二十二条　建筑工程实行招标发包的，发包单位应当将建筑工程发包给依法中标的承包单位。建筑工程实行直接发包的，发包单位应当将建筑工程发包给具有相应资质条件的承包单位。

第二十三条　政府及其所属部门不得滥用行政权力，限定发包单位将招标发包的建筑工程发包给指定的承包单位。

第二十四条　提倡对建筑工程实行总承包，禁止将建筑工程肢解发包。

建筑工程的发包单位可以将建筑工程的勘察、设计、施工、设备采购一并发包给一个工程总承包单位，也可以将建筑工程勘察、设计、施工、设备采购的一项或者多项发包给一个工程总承包单位；但是，不得将应当由一个承包单位完成的建筑工程肢解成若干部分发包给几个承包单位。

第二十五条　按照合同约定，建筑材料、建筑构配件和设备由工程承包单位采购的，发包单位不得指定承包单位购入用于工程的建筑材料、建筑构配件和设备或者指定生产厂、供应商。

第三节　承　　包

第二十六条　承包建筑工程的单位应当持有依法取得的资质证书，并在其资质等级许可的业务范围内承揽工程。

禁止建筑施工企业超越本企业资质等级许可的业务范围或者以任何形式用其他建筑施工企业的名义承揽工程。禁止建筑施工企业以任何形式允许其他单位或者个人使用本企业的资质证书、营业执照，以本企业的名义承揽工程。

第二十七条　大型建筑工程或者结构复杂的建筑工程，可以由两个以上的承包单位联合共同承包。共同承包的各方对承包合同的履行承担连带责任。

两个以上不同资质等级的单位实行联合共同承包的，应当按照资质等级低的单位的业务许可范围承揽工程。

第二十八条　禁止承包单位将其承包的全部建筑工程转包给他人，禁止承包单位将其承包的全部建筑工程肢解以后以分包的名义分别转包给他人。

第二十九条　建筑工程总承包单位可以将承包工程中的部分工程发包给具有相应资质条件的分包单位；但是，除总承包合同中约定的分包外，必须经建设单位认可。施工总承包的，建筑工程主体结构的施工必须由总承包单位自行完成。

建筑工程总承包单位按照总承包合同的约定对建设单位负责；分包单位按照分包合同的约定对总承包单位负责。总承包单位和分包单位就分包工程对建设单位承担连带责任。

禁止总承包单位将工程分包给不具备相应资质条件的单位。禁止分包单位将其承包的工程再分包。

第四章 建筑工程监理

第三十条 国家推行建筑工程监理制度。

国务院可以规定实行强制监理的建筑工程的范围。

第三十一条 实行监理的建筑工程，由建设单位委托具有相应资质条件的工程监理单位监理。建设单位与其委托的工程监理单位应当订立书面委托监理合同。

第三十二条 建筑工程监理应当依照法律、行政法规及有关的技术标准、设计文件和建筑工程承包合同，对承包单位在施工质量、建设工期和建设资金使用等方面，代表建设单位实施监督。

工程监理人员认为工程施工不符合工程设计要求、施工技术标准和合同约定的，有权要求建筑施工企业改正。

工程监理人员发现工程设计不符合建筑工程质量标准或者合同约定的质量要求的，应当报告建设单位要求设计单位改正。

第三十三条 实施建筑工程监理前，建设单位应当将委托的工程监理单位、监理的内容及监理权限，书面通知被监理的建筑施工企业。

第三十四条 工程监理单位应当在其资质等级许可的监理范围内，承担工程监理业务。

工程监理单位应当根据建设单位的委托，客观、公正地执行监理任务。

工程监理单位与被监理工程的承包单位以及建筑材料、建筑构配件和设备供应单位不得有隶属关系或者其他利害关系。

工程监理单位不得转让工程监理业务。

第三十五条 工程监理单位不按照委托监理合同的约定履行监理义务，对应当监督检查的项目不检查或者不按照规定检查，给建设单位造成损失的，应当承担相应的赔偿责任。

工程监理单位与承包单位串通，为承包单位谋取非法利益，给建设单位造成损失的，应当与承包单位承担连带赔偿责任。

第五章 建筑安全生产管理

第三十六条 建筑工程安全生产管理必须坚持安全第一、预防为主的方针，建立健全安全生产的责任制度和群防群治制度。

第三十七条 建筑工程设计应当符合按照国家规定制定的建筑安全规程和技术规范，保证工程的安全性能。

第三十八条 建筑施工企业在编制施工组织设计时，应当根据建筑工程的特点制定相应的安全技术措施；对专业性较强的工程项目，应当编制专项安全施工组织设计，并采取安全技术措施。

第三十九条 建筑施工企业应当在施工现场采取维护安全、防范危险、预防火灾等措施；有条件的，应当对施工现场实行封闭管理。

施工现场对毗邻的建筑物、构筑物和特殊作业环境可能造成损害的，建筑施工企业应当采取安全防护措施。

第四十条 建设单位应当向建筑施工企业提供与施工现场相关的地下管线资料，建筑施工企业应当采取措施加以保护。

第四十一条 建筑施工企业应当遵守有关环境保护和安全生产的法律、法规的规定，采取控制和处理施工现场的各种粉尘、废气、废水、固体废物以及噪声、振动对环境的污染和危害的措施。

第四十二条 有下列情形之一的，建设单位应当按照国家有关规定办理申请批准手续：

（一）需要临时占用规划批准范围以外场地的；

（二）可能损坏道路、管线、电力、邮电、通信等公共设施的；

（三）需要临时停水、停电、中断道路交通的；

（四）需要进行爆破作业的；

（五）法律、法规规定需要办理报批手续的其他情形。

第四十三条 建设行政主管部门负责建筑安全生产的管理，并依法接受劳动行政主管部门对建筑安全生产的指导和监督。

第四十四条 建筑施工企业必须依法加强对建筑安全生产的管理，执行安全生产责任制度，采取有效措施，防止伤亡和其他安全生产事故的发生。

建筑施工企业的法定代表人对本企业的安全生产负责。

第四十五条 施工现场安全由建筑施工企业负责。实行施工总承包的，由总承包单位负责。分包单位向总承包单位负责，服从总承包单位对施工现场的安全生产管理。

第四十六条 建筑施工企业应当建立健全劳动安全生产教育培训制度，加强对职工安全生产的教育培训；未经安全生产教育培训的人员，不得上岗作业。

第四十七条 建筑施工企业和作业人员在施工过程中，应当遵守有关安全生产的法律、法规和建筑行业安全规章、规程，不得违章指挥或者违章作业。作业人员有权对影响人身健康的作业程序和作业条件提出改进意见，有权获得安全生产所需的防护用品。作业人员对危及生命安全和人身健康的行为有权提出批评、检举和控告。

第四十八条 建筑施工企业应当依法为职工参加工伤保险缴纳工伤保险费。鼓励企业为从事危险作业的职工办理意外伤害保险，支付保险费。

第四十九条 涉及建筑主体和承重结构变动的装修工程，建设单位应当在施工前委托原设计单位或者具有相应资质条件的设计单位提出设计方案；没有设计方案的，不得施工。

第五十条 房屋拆除应当由具备保证安全条件的建筑施工单位承担，由建筑施工单位负责人对安全负责。

第五十一条 施工中发生事故时，建筑施工企业应当采取紧急措施减少人员伤亡和事故损失，并按照国家有关规定及时向有关部门报告。

第六章　建筑工程质量管理

第五十二条　建筑工程勘察、设计、施工的质量必须符合国家有关建筑工程安全标准的要求，具体管理办法由国务院规定。

有关建筑工程安全的国家标准不能适应确保建筑安全的要求时，应当及时修订。

第五十三条　国家对从事建筑活动的单位推行质量体系认证制度。从事建筑活动的单位根据自愿原则可以向国务院产品质量监督管理部门或者国务院产品质量监督管理部门授权的部门认可的认证机构申请质量体系认证。经认证合格的，由认证机构颁发质量体系认证证书。

第五十四条　建设单位不得以任何理由，要求建筑设计单位或者建筑施工企业在工程设计或者施工作业中，违反法律、行政法规和建筑工程质量、安全标准，降低工程质量。

建筑设计单位和建筑施工企业对建设单位违反前款规定提出的降低工程质量的要求，应当予以拒绝。

第五十五条　建筑工程实行总承包的，工程质量由工程总承包单位负责，总承包单位将建筑工程分包给其他单位的，应当对分包工程的质量与分包单位承担连带责任。分包单位应当接受总承包单位的质量管理。

第五十六条　建筑工程的勘察、设计单位必须对其勘察、设计的质量负责。勘察、设计文件应当符合有关法律、行政法规的规定和建筑工程质量、安全标准、建筑工程勘察、设计技术规范以及合同的约定。设计文件选用的建筑材料、建筑构配件和设备，应当注明其规格、型号、性能等技术指标，其质量要求必须符合国家规定的标准。

第五十七条　建筑设计单位对设计文件选用的建筑材料、建筑构配件和设备，不得指定生产厂、供应商。

第五十八条　建筑施工企业对工程的施工质量负责。

建筑施工企业必须按照工程设计图纸和施工技术标准施工，不得偷工减料。工程设计的修改由原设计单位负责，建筑施工企业不得擅自修改工程设计。

第五十九条　建筑施工企业必须按照工程设计要求、施工技术标准和合同的约定，对建筑材料、建筑构配件和设备进行检验，不合格的不得使用。

第六十条　建筑物在合理使用寿命内，必须确保地基基础工程和主体结构的质量。

建筑工程竣工时，屋顶、墙面不得留有渗漏、开裂等质量缺陷；对已发现的质量缺陷，建筑施工企业应当修复。

第六十一条　交付竣工验收的建筑工程，必须符合规定的建筑工程质量标准，有完整的工程技术经济资料和经签署的工程保修书，并具备国家规定的其他竣工条件。

建筑工程竣工经验收合格后，方可交付使用；未经验收或者验收不合格的，不得交付使用。

第六十二条　建筑工程实行质量保修制度。

建筑工程的保修范围应当包括地基基础工程、主体结构工程、屋面防水工程和其他土建工程，以及电气管线、上下水管线的安装工程，供热、供冷系统工程等项目；保修的期限应当按照保证建筑物合理寿命年限内正常使用，维护使用者合法权益的原则确定。具体的保修范围和最低保修期限由国务院规定。

第六十三条 任何单位和个人对建筑工程的质量事故、质量缺陷都有权向建设行政主管部门或者其他有关部门进行检举、控告、投诉。

第七章 法 律 责 任

第六十四条 违反本法规定，未取得施工许可证或者开工报告未经批准擅自施工的，责令改正，对不符合开工条件的责令停止施工，可以处以罚款。

第六十五条 发包单位将工程发包给不具有相应资质条件的承包单位的，或者违反本法规定将建筑工程肢解发包的，责令改正，处以罚款。

超越本单位资质等级承揽工程的，责令停止违法行为，处以罚款，可以责令停业整顿，降低资质等级；情节严重的，吊销资质证书；有违法所得的，予以没收。

未取得资质证书承揽工程的，予以取缔，并处罚款；有违法所得的，予以没收。

以欺骗手段取得资质证书的，吊销资质证书，处以罚款；构成犯罪的，依法追究刑事责任。

第六十六条 建筑施工企业转让、出借资质证书或者以其他方式允许他人以本企业的名义承揽工程的，责令改正，没收违法所得，并处罚款，可以责令停业整顿，降低资质等级；情节严重的，吊销资质证书。对因该项承揽工程不符合规定的质量标准造成的损失，建筑施工企业与使用本企业名义的单位或者个人承担连带赔偿责任。

第六十七条 承包单位将承包的工程转包的，或者违反本法规定进行分包的，责令改正，没收违法所得，并处罚款，可以责令停业整顿，降低资质等级；情节严重的，吊销资质证书。

承包单位有前款规定的违法行为的，对因转包工程或者违法分包的工程不符合规定的质量标准造成的损失，与接受转包或者分包的单位承担连带赔偿责任。

第六十八条 在工程发包与承包中索贿、受贿、行贿，构成犯罪的，依法追究刑事责任；不构成犯罪的，分别处以罚款，没收贿赂的财物，对直接负责的主管人员和其他直接责任人员给予处分。

对在工程承包中行贿的承包单位，除依照前款规定处罚外，可以责令停业整顿，降低资质等级或者吊销资质证书。

第六十九条 工程监理单位与建设单位或者建筑施工企业串通，弄虚作假、降低工程质量的，责令改正，处以罚款，降低资质等级或者吊销资质证书；有违法所得的，予以没收；造成损失的，承担连带赔偿责任；构成犯罪的，依法追究刑事责任。

工程监理单位转让监理业务的，责令改正，没收违法所得，可以责令停业整顿，降低资质等级；情节严重的，吊销资质证书。

第七十条 违反本法规定，涉及建筑主体或者承重结构变动的装修工程擅自施工的，责令改正，处以罚款；造成损失的，承担赔偿责任；构成犯罪的，依法追究刑事责任。

第七十一条 建筑施工企业违反本法规定，对建筑安全事故隐患不采取措施予以消除的，责令改正，可以处以罚款；情节严重的，责令停业整顿，降低资质等级或者吊销资质证书；构成犯罪的，依法追究刑事责任。

建筑施工企业的管理人员违章指挥、强令职工冒险作业，因而发生重大伤亡事故或者造成其他严重后果的，依法追究刑事责任。

第七十二条　建设单位违反本法规定，要求建筑设计单位或者建筑施工企业违反建筑工程质量、安全标准，降低工程质量的，责令改正，可以处以罚款；构成犯罪的，依法追究刑事责任。

第七十三条　建筑设计单位不按照建筑工程质量、安全标准进行设计的，责令改正，处以罚款；造成工程质量事故的，责令停业整顿，降低资质等级或者吊销资质证书，没收违法所得，并处罚款；造成损失的，承担赔偿责任；构成犯罪的，依法追究刑事责任。

第七十四条　建筑施工企业在施工中偷工减料的，使用不合格的建筑材料、建筑构配件和设备的，或者有其他不按照工程设计图纸或者施工技术标准施工的行为的，责令改正，处以罚款；情节严重的，责令停业整顿，降低资质等级或者吊销资质证书；造成建筑工程质量不符合规定的质量标准的，负责返工、修理，并赔偿因此造成的损失；构成犯罪的，依法追究刑事责任。

第七十五条　建筑施工企业违反本法规定，不履行保修义务或者拖延履行保修义务的，责令改正，可以处以罚款，并对在保修期内因屋顶、墙面渗漏、开裂等质量缺陷造成的损失，承担赔偿责任。

第七十六条　本法规定的责令停业整顿、降低资质等级和吊销资质证书的行政处罚，由颁发资质证书的机关决定；其他行政处罚，由建设行政主管部门或者有关部门依照法律和国务院规定的职权范围决定。

依照本法规定被吊销资质证书的，由工商行政管理部门吊销其营业执照。

第七十七条　违反本法规定，对不具备相应资质等级条件的单位颁发该等级资质证书的，由其上级机关责令收回所发的资质证书，对直接负责的主管人员和其他直接责任人员给予行政处分；构成犯罪的，依法追究刑事责任。

第七十八条　政府及其所属部门的工作人员违反本法规定，限定发包单位将招标发包的工程发包给指定的承包单位的，由上级机关责令改正；构成犯罪的，依法追究刑事责任。

第七十九条　负责颁发建筑工程施工许可证的部门及其工作人员对不符合施工条件的建筑工程颁发施工许可证的，负责工程质量监督检查或者竣工验收的部门及其工作人员对不合格的建筑工程出具质量合格文件或者按合格工程验收的，由上级机关责令改正，对责任人员给予行政处分；构成犯罪的，依法追究刑事责任；造成损失的，由该部门承担相应的赔偿责任。

第八十条　在建筑物的合理使用寿命内，因建筑工程质量不合格受到损害的，有权向责任者要求赔偿。

第八章　附　　则

第八十一条　本法关于施工许可、建筑施工企业资质审查和建筑工程发包、承包、禁止转包，以及建筑工程监理、建筑工程安全和质量管理的规定，适用于其他专业建筑工程的建筑活动，具体办法由国务院规定。

第八十二条　建设行政主管部门和其他有关部门在对建筑活动实施监督管理中，除按照国务院有关规定收取费用外，不得收取其他费用。

第八十三条　省、自治区、直辖市人民政府确定的小型房屋建筑工程的建筑活动，参照本法执行。

依法核定作为文物保护的纪念建筑物和古建筑等的修缮，依照文物保护的有关法律规定执行。

抢险救灾及其他临时性房屋建筑和农民自建低层住宅的建筑活动，不适用本法。

第八十四条 军用房屋建筑工程建筑活动的具体管理办法，由国务院、中央军事委员会依据本法制定。

第八十五条 本法自1998年3月1日起施行。

附录G：《建设工程质量管理条例》

（2000年1月30日中华人民共和国国务院令第279号发布，根据2017年10月7日《国务院关于修改部分行政法规的决定》第一次修订，根据2019年4月23日《国务院关于修改部分行政法规的决定》第二次修订）

第一章 总　　则

第一条 为了加强对建设工程质量的管理，保证建设工程质量，保护人民生命和财产安全，根据《中华人民共和国建筑法》，制定本条例。

第二条 凡在中华人民共和国境内从事建设工程的新建、扩建、改建等有关活动及实施对建设工程质量监督管理的，必须遵守本条例。

本条例所称建设工程，是指土木工程、建筑工程、线路管道和设备安装工程及装修工程。

第三条 建设单位、勘察单位、设计单位、施工单位、工程监理单位依法对建设工程质量负责。

第四条 县级以上人民政府建设行政主管部门和其他有关部门应当加强对建设工程质量的监督管理。

第五条 从事建设工程活动，必须严格执行基本建设程序，坚持先勘察、后设计、再施工的原则。

县级以上人民政府及其有关部门不得超越权限审批建设项目或者擅自简化基本建设程序。

第六条 国家鼓励采用先进的科学技术和管理方法，提高建设工程质量。

第二章 建设单位的质量责任和义务

第七条 建设单位应当将工程发包给具有相应资质等级的单位。

建设单位不得将建设工程肢解发包。

第八条 建设单位应当依法对工程建设项目的勘察、设计、施工、监理以及与工程建设有关的重要设备、材料等的采购进行招标。

第九条 建设单位必须向有关的勘察、设计、施工、工程监理等单位提供与建设工程有关的原始资料。

原始资料必须真实、准确、齐全。

第十条 建设工程发包单位不得迫使承包方以低于成本的价格竞标，不得任意压缩合理工期。

建设单位不得明示或者暗示设计单位或者施工单位违反工程建设强制性标准，降低建设工程质量。

第十一条 施工图设计文件审查的具体办法，由国务院建设行政主管部门、国务院其他有关部门制定。

施工图设计文件未经审查批准的，不得使用。

第十二条 实行监理的建设工程，建设单位应当委托具有相应资质等级的工程监理单位进行监理，也可以委托具有工程监理相应资质等级并与被监理工程的施工承包单位没有隶属关系或者其他利害关系的该工程的设计单位进行监理。

下列建设工程必须实行监理：

（一）国家重点建设工程；

（二）大中型公用事业工程；

（三）成片开发建设的住宅小区工程；

（四）利用外国政府或者国际组织贷款、援助资金的工程；

（五）国家规定必须实行监理的其他工程。

第十三条 建设单位在开工前，应当按照国家有关规定办理工程质量监督手续，工程质量监督手续可以与施工许可证或者开工报告合并办理。

第十四条 按照合同约定，由建设单位采购建筑材料、建筑构配件和设备的，建设单位应当保证建筑材料、建筑构配件和设备符合设计文件和合同要求。

建设单位不得明示或者暗示施工单位使用不合格的建筑材料、建筑构配件和设备。

第十五条 涉及建筑主体和承重结构变动的装修工程，建设单位应当在施工前委托原设计单位或者具有相应资质等级的设计单位提出设计方案；没有设计方案的，不得施工。

房屋建筑使用者在装修过程中，不得擅自变动房屋建筑主体和承重结构。

第十六条 建设单位收到建设工程竣工报告后，应当组织设计、施工、工程监理等有关单位进行竣工验收。

建设工程竣工验收应当具备下列条件：

（一）完成建设工程设计和合同约定的各项内容；

（二）有完整的技术档案和施工管理资料；

（三）有工程使用的主要建筑材料、建筑构配件和设备的进场试验报告；

（四）有勘察、设计、施工、工程监理等单位分别签署的质量合格文件；

（五）有施工单位签署的工程保修书。

建设工程经验收合格的，方可交付使用。

第十七条 建设单位应当严格按照国家有关档案管理的规定，及时收集、整理建设项目各环节的文件资料，建立、健全建设项目档案，并在建设工程竣工验收后，及时向建设行政主管部门或者其他有关部门移交建设项目档案。

第三章 勘察、设计单位的质量责任和义务

第十八条 从事建设工程勘察、设计的单位应当依法取得相应等级的资质证书，并在

其资质等级许可的范围内承揽工程。

禁止勘察、设计单位超越其资质等级许可的范围或者以其他勘察、设计单位的名义承揽工程。禁止勘察、设计单位允许其他单位或者个人以本单位的名义承揽工程。

勘察、设计单位不得转包或者违法分包所承揽的工程。

第十九条 勘察、设计单位必须按照工程建设强制性标准进行勘察、设计，并对其勘察、设计的质量负责。

注册建筑师、注册结构工程师等注册执业人员应当在设计文件上签字，对设计文件负责。

第二十条 勘察单位提供的地质、测量、水文等勘察成果必须真实、准确。

第二十一条 设计单位应当根据勘察成果文件进行建设工程设计。

设计文件应当符合国家规定的设计深度要求，注明工程合理使用年限。

第二十二条 设计单位在设计文件中选用的建筑材料、建筑构配件和设备，应当注明规格、型号、性能等技术指标，其质量要求必须符合国家规定的标准。

除有特殊要求的建筑材料、专用设备、工艺生产线等外，设计单位不得指定生产厂、供应商。

第二十三条 设计单位应当就审查合格的施工图设计文件向施工单位作出详细说明。

第二十四条 设计单位应当参与建设工程质量事故分析，并对因设计造成的质量事故，提出相应的技术处理方案。

第四章 施工单位的质量责任和义务

第二十五条 施工单位应当依法取得相应等级的资质证书，并在其资质等级许可的范围内承揽工程。

禁止施工单位超越本单位资质等级许可的业务范围或者以其他施工单位的名义承揽工程。禁止施工单位允许其他单位或者个人以本单位的名义承揽工程。

施工单位不得转包或者违法分包工程。

第二十六条 施工单位对建设工程的施工质量负责。

施工单位应当建立质量责任制，确定工程项目的项目经理、技术负责人和施工管理负责人。

建设工程实行总承包的，总承包单位应当对全部建设工程质量负责；建设工程勘察、设计、施工、设备采购的一项或者多项实行总承包的，总承包单位应当对其承包的建设工程或者采购的设备的质量负责。

第二十七条 总承包单位依法将建设工程分包给其他单位的，分包单位应当按照分包合同的约定对其分包工程的质量向总承包单位负责，总承包单位与分包单位对分包工程的质量承担连带责任。

第二十八条 施工单位必须按照工程设计图纸和施工技术标准施工，不得擅自修改工程设计，不得偷工减料。

施工单位在施工过程中发现设计文件和图纸有差错的，应当及时提出意见和建议。

第二十九条 施工单位必须按照工程设计要求、施工技术标准和合同约定，对建筑材料、建筑构配件、设备和商品混凝土进行检验，检验应当有书面记录和专人签字；未经检验或者检验不合格的，不得使用。

第三十条　施工单位必须建立、健全施工质量的检验制度，严格工序管理，作好隐蔽工程的质量检查和记录。隐蔽工程在隐蔽前，施工单位应当通知建设单位和建设工程质量监督机构。

第三十一条　施工人员对涉及结构安全的试块、试件以及有关材料，应当在建设单位或者工程监理单位监督下现场取样，并送具有相应资质等级的质量检测单位进行检测。

第三十二条　施工单位对施工中出现质量问题的建设工程或者竣工验收不合格的建设工程，应当负责返修。

第三十三条　施工单位应当建立、健全教育培训制度，加强对职工的教育培训；未经教育培训或者考核不合格的人员，不得上岗作业。

第五章　工程监理单位的质量责任和义务

第三十四条　工程监理单位应当依法取得相应等级的资质证书，并在其资质等级许可的范围内承担工程监理业务。

禁止工程监理单位超越本单位资质等级许可的范围或者以其他工程监理单位的名义承担工程监理业务。禁止工程监理单位允许其他单位或者个人以本单位的名义承担工程监理业务。

工程监理单位不得转让工程监理业务。

第三十五条　工程监理单位与被监理工程的施工承包单位以及建筑材料、建筑构配件和设备供应单位有隶属关系或者其他利害关系的，不得承担该项建设工程的监理业务。

第三十六条　工程监理单位应当依照法律、法规以及有关技术标准、设计文件和建设工程承包合同，代表建设单位对施工质量实施监理，并对施工质量承担监理责任。

第三十七条　工程监理单位应当选派具备相应资格的总监理工程师和监理工程师进驻施工现场。

未经监理工程师签字，建筑材料、建筑构配件和设备不得在工程上使用或者安装，施工单位不得进行下一道工序的施工。未经总监理工程师签字，建设单位不拨付工程款，不进行竣工验收。

第三十八条　监理工程师应当按照工程监理规范的要求，采取旁站、巡视和平行检验等形式，对建设工程实施监理。

第六章　建设工程质量保修

第三十九条　建设工程实行质量保修制度。

建设工程承包单位在向建设单位提交工程竣工验收报告时，应当向建设单位出具质量保修书。质量保修书中应当明确建设工程的保修范围、保修期限和保修责任等。

第四十条　在正常使用条件下，建设工程的最低保修期限为：

（一）基础设施工程、房屋建筑的地基基础工程和主体结构工程，为设计文件规定的该工程的合理使用年限；

（二）屋面防水工程、有防水要求的卫生间、房间和外墙面的防渗漏，为5年；

（三）供热与供冷系统，为2个采暖期、供冷期；

（四）电气管线、给排水管道、设备安装和装修工程，为2年。

其他项目的保修期限由发包方与承包方约定。

建设工程的保修期，自竣工验收合格之日起计算。

第四十一条 建设工程在保修范围和保修期限内发生质量问题的，施工单位应当履行保修义务，并对造成的损失承担赔偿责任。

第四十二条 建设工程在超过合理使用年限后需要继续使用的，产权所有人应当委托具有相应资质等级的勘察、设计单位鉴定，并根据鉴定结果采取加固、维修等措施，重新界定使用期。

第七章 监 督 管 理

第四十三条 国家实行建设工程质量监督管理制度。

国务院建设行政主管部门对全国的建设工程质量实施统一监督管理。国务院铁路、交通、水利等有关部门按照国务院规定的职责分工，负责对全国的有关专业建设工程质量的监督管理。

县级以上地方人民政府建设行政主管部门对本行政区域内的建设工程质量实施监督管理。县级以上地方人民政府交通、水利等有关部门在各自的职责范围内，负责对本行政区域内的专业建设工程质量的监督管理。

第四十四条 国务院建设行政主管部门和国务院铁路、交通、水利等有关部门应当加强对有关建设工程质量的法律、法规和强制性标准执行情况的监督检查。

第四十五条 国务院发展计划部门按照国务院规定的职责，组织稽察特派员，对国家出资的重大建设项目实施监督检查。

国务院经济贸易主管部门按照国务院规定的职责，对国家重大技术改造项目实施监督检查。

第四十六条 建设工程质量监督管理，可以由建设行政主管部门或者其他有关部门委托的建设工程质量监督机构具体实施。

从事房屋建筑工程和市政基础设施工程质量监督的机构，必须按照国家有关规定经国务院建设行政主管部门或者省、自治区、直辖市人民政府建设行政主管部门考核；从事专业建设工程质量监督的机构，必须按照国家有关规定经国务院有关部门或者省、自治区、直辖市人民政府有关部门考核。经考核合格后，方可实施质量监督。

第四十七条 县级以上地方人民政府建设行政主管部门和其他有关部门应当加强对有关建设工程质量的法律、法规和强制性标准执行情况的监督检查。

第四十八条 县级以上人民政府建设行政主管部门和其他有关部门履行监督检查职责时，有权采取下列措施：

（一）要求被检查的单位提供有关工程质量的文件和资料；

（二）进入被检查单位的施工现场进行检查；

（三）发现有影响工程质量的问题时，责令改正。

第四十九条 建设单位应当自建设工程竣工验收合格之日起15日内，将建设工程竣工验收报告和规划、公安消防、环保等部门出具的认可文件或者准许使用文件报建设行政主管部门或者其他有关部门备案。

建设行政主管部门或者其他有关部门发现建设单位在竣工验收过程中有违反国家有关建设工程质量管理规定行为的，责令停止使用，重新组织竣工验收。

第五十条　有关单位和个人对县级以上人民政府建设行政主管部门和其他有关部门进行的监督检查应当支持与配合，不得拒绝或者阻碍建设工程质量监督检查人员依法执行职务。

第五十一条　供水、供电、供气、公安消防等部门或者单位不得明示或者暗示建设单位、施工单位购买其指定的生产供应单位的建筑材料、建筑构配件和设备。

第五十二条　建设工程发生质量事故，有关单位应当在24小时内向当地建设行政主管部门和其他有关部门报告。对重大质量事故，事故发生地的建设行政主管部门和其他有关部门应当按照事故类别和等级向当地人民政府和上级建设行政主管部门和其他有关部门报告。

特别重大质量事故的调查程序按照国务院有关规定办理。

第五十三条　任何单位和个人对建设工程的质量事故、质量缺陷都有权检举、控告、投诉。

第八章　罚　　则

第五十四条　违反本条例规定，建设单位将建设工程发包给不具有相应资质等级的勘察、设计、施工单位或者委托给不具有相应资质等级的工程监理单位的，责令改正，处50万元以上100万元以下的罚款。

第五十五条　违反本条例规定，建设单位将建设工程肢解发包的，责令改正，处工程合同价款百分之零点五以上百分之一以下的罚款；对全部或者部分使用国有资金的项目，并可以暂停项目执行或者暂停资金拨付。

第五十六条　违反本条例规定，建设单位有下列行为之一的，责令改正，处20万元以上50万元以下的罚款：

（一）迫使承包方以低于成本的价格竞标的；

（二）任意压缩合理工期的；

（三）明示或者暗示设计单位或者施工单位违反工程建设强制性标准，降低工程质量的；

（四）施工图设计文件未经审查或者审查不合格，擅自施工的；

（五）建设项目必须实行工程监理而未实行工程监理的；

（六）未按照国家规定办理工程质量监督手续的；

（七）明示或者暗示施工单位使用不合格的建筑材料、建筑构配件和设备的；

（八）未按照国家规定将竣工验收报告、有关认可文件或者准许使用文件报送备案的。

第五十七条　违反本条例规定，建设单位未取得施工许可证或者开工报告未经批准，擅自施工的，责令停止施工，限期改正，处工程合同价款百分之一以上百分之二以下的罚款。

第五十八条　违反本条例规定，建设单位有下列行为之一的，责令改正，处工程合同价款百分之二以上百分之四以下的罚款；造成损失的，依法承担赔偿责任；

（一）未组织竣工验收，擅自交付使用的；

（二）验收不合格，擅自交付使用的；

（三）对不合格的建设工程按照合格工程验收的。

第五十九条 违反本条例规定，建设工程竣工验收后，建设单位未向建设行政主管部门或者其他有关部门移交建设项目档案的，责令改正，处1万元以上10万元以下的罚款。

第六十条 违反本条例规定，勘察、设计、施工、工程监理单位超越本单位资质等级承揽工程的，责令停止违法行为，对勘察、设计单位或者工程监理单位处合同约定的勘察费、设计费或者监理酬金1倍以上2倍以下的罚款；对施工单位处工程合同价款百分之二以上百分之四以下的罚款，可以责令停业整顿，降低资质等级；情节严重的，吊销资质证书；有违法所得的，予以没收。

未取得资质证书承揽工程的，予以取缔，依照前款规定处以罚款；有违法所得的，予以没收。

以欺骗手段取得资质证书承揽工程的，吊销资质证书，依照本条第一款规定处以罚款；有违法所得的，予以没收。

第六十一条 违反本条例规定，勘察、设计、施工、工程监理单位允许其他单位或者个人以本单位名义承揽工程的，责令改正，没收违法所得，对勘察、设计单位和工程监理单位处合同约定的勘察费、设计费和监理酬金1倍以上2倍以下的罚款；对施工单位处工程合同价款百分之二以上百分之四以下的罚款；可以责令停业整顿，降低资质等级；情节严重的，吊销资质证书。

第六十二条 违反本条例规定，承包单位将承包的工程转包或者违法分包的，责令改正，没收违法所得，对勘察、设计单位处合同约定的勘察费、设计费百分之二十五以上百分之五十以下的罚款；对施工单位处工程合同价款百分之零点五以上百分之一以下的罚款；可以责令停业整顿，降低资质等级；情节严重的，吊销资质证书。

工程监理单位转让工程监理业务的，责令改正，没收违法所得，处合同约定的监理酬金百分之二十五以上百分之五十以下的罚款；可以责令停业整顿，降低资质等级；情节严重的，吊销资质证书。

第六十三条 违反本条例规定，有下列行为之一的，责令改正，处10万元以上30万元以下的罚款：

（一）勘察单位未按照工程建设强制性标准进行勘察的；

（二）设计单位未根据勘察成果文件进行工程设计的；

（三）设计单位指定建筑材料、建筑构配件的生产厂、供应商的；

（四）设计单位未按照工程建设强制性标准进行设计的。

有前款所列行为，造成工程质量事故的，责令停业整顿，降低资质等级；情节严重的，吊销资质证书；造成损失的，依法承担赔偿责任。

第六十四条 违反本条例规定，施工单位在施工中偷工减料的，使用不合格的建筑材料、建筑构配件和设备的，或者有不按照工程设计图纸或者施工技术标准施工的其他行为的，责令改正，处工程合同价款百分之二以上百分之四以下的罚款；造成建设工程质量不符合规定的质量标准的，负责返工、修理，并赔偿因此造成的损失；情节严重的，责令停业整顿，降低资质等级或者吊销资质证书。

第六十五条 违反本条例规定，施工单位未对建筑材料、建筑构配件、设备和商品混凝土进行检验，或者未对涉及结构安全的试块、试件以及有关材料取样检测的，责令改正，处10万元以上20万元以下的罚款；情节严重的，责令停业整顿，降低资质等级或者吊销资质证书；造成损失的，依法承担赔偿责任。

第六十六条　违反本条例规定，施工单位不履行保修义务或者拖延履行保修义务的，责令改正，处10万元以上20万元以下的罚款，并对在保修期内因质量缺陷造成的损失承担赔偿责任。

第六十七条　工程监理单位有下列行为之一的，责令改正，处50万元以上100万元以下的罚款，降低资质等级或者吊销资质证书；有违法所得的，予以没收；造成损失的，承担连带赔偿责任：

（一）与建设单位或者施工单位串通，弄虚作假、降低工程质量的；

（二）将不合格的建设工程、建筑材料、建筑构配件和设备按照合格签字的。

第六十八条　违反本条例规定，工程监理单位与被监理工程的施工承包单位以及建筑材料、建筑构配件和设备供应单位有隶属关系或者其他利害关系承担该项建设工程的监理业务的，责令改正，处5万元以上10万元以下的罚款，降低资质等级或者吊销资质证书；有违法所得的，予以没收。

第六十九条　违反本条例规定，涉及建筑主体或者承重结构变动的装修工程，没有设计方案擅自施工的，责令改正，处50万元以上100万元以下的罚款；房屋建筑使用者在装修过程中擅自变动房屋建筑主体和承重结构的，责令改正，处5万元以上10万元以下的罚款。

有前款所列行为，造成损失的，依法承担赔偿责任。

第七十条　发生重大工程质量事故隐瞒不报、谎报或者拖延报告期限的，对直接负责的主管人员和其他责任人员依法给予行政处分。

第七十一条　违反本条例规定，供水、供电、供气、公安消防等部门或者单位明示或者暗示建设单位或者施工单位购买其指定的生产供应单位的建筑材料、建筑构配件和设备的，责令改正。

第七十二条　违反本条例规定，注册建筑师、注册结构工程师、监理工程师等注册执业人员因过错造成质量事故的，责令停止执业1年；造成重大质量事故的，吊销执业资格证书，5年以内不予注册；情节特别恶劣的，终身不予注册。

第七十三条　依照本条例规定，给予单位罚款处罚的，对单位直接负责的主管人员和其他直接责任人员处单位罚款数额百分之五以上百分之十以下的罚款。

第七十四条　建设单位、设计单位、施工单位、工程监理单位违反国家规定，降低工程质量标准，造成重大安全事故，构成犯罪的，对直接责任人员依法追究刑事责任。

第七十五条　本条例规定的责令停业整顿，降低资质等级和吊销资质证书的行政处罚，由颁发资质证书的机关决定；其他行政处罚，由建设行政主管部门或者其他有关部门依照法定职权决定。

依照本条例规定被吊销资质证书的，由工商行政管理部门吊销其营业执照。

第七十六条　国家机关工作人员在建设工程质量监督管理工作中玩忽职守、滥用职权、徇私舞弊，构成犯罪的，依法追究刑事责任；尚不构成犯罪的，依法给予行政处分。

第七十七条　建设、勘察、设计、施工、工程监理单位的工作人员因调动工作、退休等原因离开该单位后，被发现在该单位工作期间违反国家有关建设工程质量管理规定，造成重大工程质量事故的，仍应当依法追究法律责任。

第九章　附　　则

第七十八条　本条例所称肢解发包，是指建设单位将应当由一个承包单位完成的建设工程分解成若干部分发包给不同的承包单位的行为。

本条例所称违法分包，是指下列行为：

（一）总承包单位将建设工程分包给不具备相应资质条件的单位的；

（二）建设工程总承包合同中未有约定，又未经建设单位认可，承包单位将其承包的部分建设工程交由其他单位完成的；

（三）施工总承包单位将建设工程主体结构的施工分包给其他单位的；

（四）分包单位将其承包的建设工程再分包的。

本条例所称转包，是指承包单位承包建设工程后，不履行合同约定的责任和义务，将其承包的全部建设工程转给他人或者将其承包的全部建设工程肢解以后以分包的名义分别转给其他单位承包的行为。

第七十九条　本条例规定的罚款和没收的违法所得，必须全部上缴国库。

第八十条　抢险救灾及其他临时性房屋建筑和农民自建低层住宅的建设活动，不适用本条例。

第八十一条　军事建设工程的管理，按照中央军事委员会的有关规定执行。

第八十二条　本条例自发布之日起施行。

附《中华人民共和国刑法》有关条款

第一百三十七条　建设单位、设计单位、施工单位、工程监理单位违反国家规定，降低工程质量标准，造成重大安全事故的，对直接责任人员处五年以下有期徒刑或者拘役，并处罚金；后果特别严重的，处五年以上十年以下有期徒刑，并处罚金。

附录H：《中华人民共和国认证认可条例》

（2003年9月3日中华人民共和国国务院令第390号公布。根据2016年2月6日《国务院关于修改部分行政法规的决定》第一次修订，根据2020年11月29日《国务院关于修改和废止部分行政法规的决定》第二次修订，2023年，国务院又决定对《中华人民共和国认证认可条例》的部分条款予以修改，自2023年8月21日起施行）

附
录

第一章　总　　则

第一条　为了规范认证认可活动，提高产品、服务的质量和管理水平，促进经济和社会的发展，制定本条例。

第二条　本条例所称认证，是指由认证机构证明产品、服务、管理体系符合相关技术规范、相关技术规范的强制性要求或者标准的合格评定活动。

本条例所称认可，是指由认可机构对认证机构、检查机构、实验室以及从事评审、审核等认证活动人员的能力和执业资格，予以承认的合格评定活动。

第三条　在中华人民共和国境内从事认证认可活动，应当遵守本条例。

第四条　国家实行统一的认证认可监督管理制度。

国家对认证认可工作实行在国务院认证认可监督管理部门统一管理、监督和综合协调下，各有关方面共同实施的工作机制。

第五条　国务院认证认可监督管理部门应当依法对认证培训机构、认证咨询机构的活动加强监督管理。

第六条　认证认可活动应当遵循客观独立、公开公正、诚实信用的原则。

第七条　国家鼓励平等互利地开展认证认可国际互认活动。认证认可国际互认活动不得损害国家安全和社会公共利益。

第八条　从事认证认可活动的机构及其人员，对其所知悉的国家秘密和商业秘密负有保密义务。

第二章　认　证　机　构

第九条　取得认证机构资质，应当经国务院认证认可监督管理部门批准，并在批准范围内从事认证活动。

未经批准，任何单位和个人不得从事认证活动。

第十条　取得认证机构资质，应当符合下列条件：

（一）取得法人资格；

（二）有固定的场所和必要的设施；

（三）有符合认证认可要求的管理制度；

（四）注册资本不得少于人民币300万元；

（五）有10名以上相应领域的专职认证人员。

从事产品认证活动的认证机构，还应当具备与从事相关产品认证活动相适应的检测、检查等技术能力。

第十一条　认证机构资质的申请和批准程序：

（一）认证机构资质的申请人，应当向国务院认证认可监督管理部门提出书面申请，并提交符合本条例第十条规定条件的证明文件；

（二）国务院认证认可监督管理部门自受理认证机构资质申请之日起45日内，应当作出是否批准的决定。涉及国务院有关部门职责的，应当征求国务院有关部门的意见。决定批准的，向申请人出具批准文件，决定不予批准的，应当书面通知申请人，并说明理由。

国务院认证认可监督管理部门应当公布依法取得认证机构资质的企业名录。

第十二条　境外认证机构在中华人民共和国境内设立代表机构，须向市场监督管理部门依法办理登记手续后，方可从事与所从属机构的业务范围相关的推广活动，但不得从事认证活动。

境外认证机构在中华人民共和国境内设立代表机构的登记，按照有关外商投资法律、行政法规和国家有关规定办理。

第十三条　认证机构不得与行政机关存在利益关系。

认证机构不得接受任何可能对认证活动的客观公正产生影响的资助；不得从事任何可能对认证活动的客观公正产生影响的产品开发、营销等活动。

认证机构不得与认证委托人存在资产、管理方面的利益关系。

第十四条 认证人员从事认证活动，应当在一个认证机构执业，不得同时在两个以上认证机构执业。

第十五条 向社会出具具有证明作用的数据和结果的检查机构、实验室，应当具备有关法律、行政法规规定的基本条件和能力，并依法经认定后，方可从事相应活动，认定结果由国务院认证认可监督管理部门公布。

第三章 认 证

第十六条 国家根据经济和社会发展的需要，推行产品、服务、管理体系认证。

第十七条 认证机构应当按照认证基本规范、认证规则从事认证活动。认证基本规范、认证规则由国务院认证认可监督管理部门制定；涉及国务院有关部门职责的，国务院认证认可监督管理部门应当会同国务院有关部门制定。

属于认证新领域，前款规定的部门尚未制定认证规则的，认证机构可以自行制定认证规则，并报国务院认证认可监督管理部门备案。

第十八条 任何法人、组织和个人可以自愿委托依法设立的认证机构进行产品、服务、管理体系认证。

第十九条 认证机构不得以委托人未参加认证咨询或者认证培训等为理由，拒绝提供本认证机构业务范围内的认证服务，也不得向委托人提出与认证活动无关的要求或者限制条件。

第二十条 认证机构应当公开认证基本规范、认证规则、收费标准等信息。

第二十一条 认证机构以及与认证有关的检查机构、实验室从事认证以及与认证有关的检查、检测活动，应当完成认证基本规范、认证规则规定的程序，确保认证、检查、检测的完整、客观、真实，不得增加、减少、遗漏程序。

认证机构以及与认证有关的检查机构、实验室应当对认证、检查、检测过程作出完整记录，归档留存。

第二十二条 认证机构及其认证人员应当及时作出认证结论，并保证认证结论的客观、真实。认证结论经认证人员签字后，由认证机构负责人签署。

认证机构及其认证人员对认证结果负责。

第二十三条 认证结论为产品、服务、管理体系符合认证要求的，认证机构应当及时向委托人出具认证证书。

第二十四条 获得认证证书的，应当在认证范围内使用认证证书和认证标志，不得利用产品、服务认证证书、认证标志和相关文字、符号，误导公众认为其管理体系已通过认证，也不得利用管理体系认证证书、认证标志和相关文字、符号，误导公众认为其产品、服务已通过认证。

第二十五条 认证机构可以自行制定认证标志。认证机构自行制定的认证标志的式样、文字和名称，不得违反法律、行政法规的规定，不得与国家推行的认证标志相同或者近似，不得妨碍社会管理，不得有损社会道德风尚。

第二十六条 认证机构应当对其认证的产品、服务、管理体系实施有效的跟踪调查，认证的产品、服务、管理体系不能持续符合认证要求的，认证机构应当暂停其使用直至撤销认证证书，并予公布。

第二十七条　为了保护国家安全、防止欺诈行为、保护人体健康或者安全、保护动植物生命或者健康、保护环境，国家规定相关产品必须经过认证的，应当经过认证并标注认证标志后，方可出厂、销售、进口或者在其他经营活动中使用。

第二十八条　国家对必须经过认证的产品，统一产品目录，统一技术规范的强制性要求、标准和合格评定程序，统一标志，统一收费标准。

统一的产品目录（以下简称目录）由国务院认证认可监督管理部门会同国务院有关部门制定、调整，由国务院认证认可监督管理部门发布，并会同有关方面共同实施。

第二十九条　列入目录的产品，必须经国务院认证认可监督管理部门指定的认证机构进行认证。

列入目录产品的认证标志，由国务院认证认可监督管理部门统一规定。

第三十条　列入目录的产品，涉及进出口商品检验目录的，应当在进出口商品检验时简化检验手续。

第三十一条　国务院认证认可监督管理部门指定的从事列入目录产品认证活动的认证机构以及与认证有关的实验室（以下简称指定的认证机构、实验室），应当是长期从事相关业务、无不良记录，且已经依照本条例的规定取得认可、具备从事相关认证活动能力的机构。国务院认证认可监督管理部门指定从事列入目录产品认证活动的认证机构，应当确保在每一列入目录产品领域至少指定两家符合本条例规定条件的机构。

国务院认证认可监督管理部门指定前款规定的认证机构、实验室，应当事先公布有关信息，并组织在相关领域公认的专家组成专家评审委员会，对符合前款规定要求的认证机构、实验室进行评审；经评审并征求国务院有关部门意见后，按照资源合理利用、公平竞争和便利、有效的原则，在公布的时间内作出决定。

第三十二条　国务院认证认可监督管理部门应当公布指定的认证机构、实验室名录及指定的业务范围。

未经指定的认证机构、实验室不得从事列入目录产品的认证以及与认证有关的检查、检测活动。

第三十三条　列入目录产品的生产者或者销售者、进口商，均可自行委托指定的认证机构进行认证。

第三十四条　指定的认证机构、实验室应当在指定业务范围内，为委托人提供方便、及时的认证、检查、检测服务，不得拖延，不得歧视、刁难委托人，不得牟取不当利益。

指定的认证机构不得向其他机构转让指定的认证业务。

第三十五条　指定的认证机构、实验室开展国际互认活动，应当在国务院认证认可监督管理部门或者经授权的国务院有关部门对外签署的国际互认协议框架内进行。

第四章　认　　可

第三十六条　国务院认证认可监督管理部门确定的认可机构（以下简称认可机构），独立开展认可活动。

除国务院认证认可监督管理部门确定的认可机构外，其他任何单位不得直接或者变相从事认可活动。其他单位直接或者变相从事认可活动的，其认可结果无效。

第三十七条 认证机构、检查机构、实验室可以通过认可机构的认可，以保证其认证、检查、检测能力持续、稳定地符合认可条件。

第三十八条 从事评审、审核等认证活动的人员，应当经认可机构注册后，方可从事相应的认证活动。

第三十九条 认可机构应当具有与其认可范围相适应的质量体系，并建立内部审核制度，保证质量体系的有效实施。

第四十条 认可机构根据认可的需要，可以选聘从事认可评审活动的人员。从事认可评审活动的人员应当是相关领域公认的专家，熟悉有关法律、行政法规以及认可规则和程序，具有评审所需要的良好品德、专业知识和业务能力。

第四十一条 认可机构委托他人完成与认可有关的具体评审业务的，由认可机构对评审结论负责。

第四十二条 认可机构应当公开认可条件、认可程序、收费标准等信息。

认可机构受理认可申请，不得向申请人提出与认可活动无关的要求或者限制条件。

第四十三条 认可机构应当在公布的时间内，按照国家标准和国务院认证认可监督管理部门的规定，完成对认证机构、检查机构、实验室的评审，作出是否给予认可的决定，并对认可过程作出完整记录，归档留存。认可机构应当确保认可的客观公正和完整有效，并对认可结论负责。

认可机构应当向取得认可的认证机构、检查机构、实验室颁发认可证书，并公布取得认可的认证机构、检查机构、实验室名录。

第四十四条 认可机构应当按照国家标准和国务院认证认可监督管理部门的规定，对从事评审、审核等认证活动的人员进行考核，考核合格的，予以注册。

第四十五条 认可证书应当包括认可范围、认可标准、认可领域和有效期限。

第四十六条 取得认可的机构应当在取得认可的范围内使用认可证书和认可标志。取得认可的机构不当使用认可证书和认可标志的，认可机构应当暂停其使用直至撤销认可证书，并予公布。

第四十七条 认可机构应当对取得认可的机构和人员实施有效的跟踪监督，定期对取得认可的机构进行复评审，以验证其是否持续符合认可条件。取得认可的机构和人员不再符合认可条件的，认可机构应当撤销认可证书，并予公布。

取得认可的机构的从业人员和主要负责人、设施、自行制定的认证规则等与认可条件相关的情况发生变化的，应当及时告知认可机构。

第四十八条 认可机构不得接受任何可能对认可活动的客观公正产生影响的资助。

第四十九条 境内的认证机构、检查机构、实验室取得境外认可机构认可的，应当向国务院认证认可监督管理部门备案。

第五章　监　督　管　理

第五十条 国务院认证认可监督管理部门可以采取组织同行评议，向被认证企业征求意见，对认证活动和认证结果进行抽查，要求认证机构以及与认证有关的检查机构、实验室报告业务活动情况的方式，对其遵守本条例的情况进行监督。发现有违反本条例行为的，应当及时查处，涉及国务院有关部门职责的，应当及时通报有关部门。

第五十一条 国务院认证认可监督管理部门应当重点对指定的认证机构、实验室进行监督，对其认证、检查、检测活动进行定期或者不定期的检查。指定的认证机构、实验室，应当定期向国务院认证认可监督管理部门提交报告，并对报告的真实性负责；报告应当对从事列入目录产品认证、检查、检测活动的情况作出说明。

第五十二条 认可机构应当定期向国务院认证认可监督管理部门提交报告，并对报告的真实性负责；报告应当对认可机构执行认可制度的情况、从事认可活动的情况、从业人员的工作情况作出说明。

国务院认证认可监督管理部门应当对认可机构的报告作出评价，并采取查阅认可活动档案资料、向有关人员了解情况等方式，对认可机构实施监督。

第五十三条 国务院认证认可监督管理部门可以根据认证认可监督管理的需要，就有关事项询问认可机构、认证机构、检查机构、实验室的主要负责人，调查了解情况，给予告诫，有关人员应当积极配合。

第五十四条 县级以上地方人民政府市场监督管理部门在国务院认证认可监督管理部门的授权范围内，依照本条例的规定对认证活动实施监督管理。

国务院认证认可监督管理部门授权的县级以上地方人民政府市场监督管理部门，以下称地方认证监督管理部门。

第五十五条 任何单位和个人对认证认可违法行为，有权向国务院认证认可监督管理部门和地方认证监督管理部门举报。国务院认证认可监督管理部门和地方认证监督管理部门应当及时调查处理，并为举报人保密。

第六章 法 律 责 任

第五十六条 未经批准擅自从事认证活动的，予以取缔，处10万元以上50万元以下的罚款，有违法所得的，没收违法所得。

第五十七条 境外认证机构未经登记在中华人民共和国境内设立代表机构的，予以取缔，处5万元以上20万元以下的罚款。

经登记设立的境外认证机构代表机构在中华人民共和国境内从事认证活动的，责令改正，处10万元以上50万元以下的罚款，有违法所得的，没收违法所得；情节严重的，撤销批准文件，并予公布。

第五十八条 认证机构接受可能对认证活动的客观公正产生影响的资助，或者从事可能对认证活动的客观公正产生影响的产品开发、营销等活动，或者与认证委托人存在资产、管理方面的利益关系的，责令停业整顿；情节严重的，撤销批准文件，并予公布；有违法所得的，没收违法所得；构成犯罪的，依法追究刑事责任。

第五十九条 认证机构有下列情形之一的，责令改正，处5万元以上20万元以下的罚款，有违法所得的，没收违法所得；情节严重的，责令停业整顿，直至撤销批准文件，并予公布：

（一）超出批准范围从事认证活动的；

（二）增加、减少、遗漏认证基本规范、认证规则规定的程序的；

（三）未对其认证的产品、服务、管理体系实施有效的跟踪调查，或者发现其认证的产品、服务、管理体系不能持续符合认证要求，不及时暂停其使用或者撤销认证证书并予公布的；

（四）聘用未经认可机构注册的人员从事认证活动的。

与认证有关的检查机构、实验室增加、减少、遗漏认证基本规范、认证规则规定的程序的，依照前款规定处罚。

第六十条 认证机构有下列情形之一的，责令限期改正；逾期未改正的，处2万元以上10万元以下的罚款：

（一）以委托人未参加认证咨询或者认证培训等为理由，拒绝提供本认证机构业务范围内的认证服务，或者向委托人提出与认证活动无关的要求或者限制条件的；

（二）自行制定的认证标志的式样、文字和名称，与国家推行的认证标志相同或者近似，或者妨碍社会管理，或者有损社会道德风尚的；

（三）未公开认证基本规范、认证规则、收费标准等信息的；

（四）未对认证过程作出完整记录，归档留存的；

（五）未及时向其认证的委托人出具认证证书的。

与认证有关的检查机构、实验室未对与认证有关的检查、检测过程作出完整记录，归档留存的，依照前款规定处罚。

第六十一条 认证机构出具虚假的认证结论，或者出具的认证结论严重失实的，撤销批准文件，并予公布；对直接负责的主管人员和负有直接责任的认证人员，撤销其执业资格；构成犯罪的，依法追究刑事责任；造成损害的，认证机构应当承担相应的赔偿责任。

指定的认证机构有前款规定的违法行为的，同时撤销指定。

第六十二条 认证人员从事认证活动，不在认证机构执业或者同时在两个以上认证机构执业的，责令改正，给予停止执业6个月以上2年以下的处罚，仍不改正的，撤销其执业资格。

第六十三条 认证机构以及与认证有关的实验室未经指定擅自从事列入目录产品的认证以及与认证有关的检查、检测活动的，责令改正，处10万元以上50万元以下的罚款，有违法所得的，没收违法所得。

认证机构未经指定擅自从事列入目录产品的认证活动的，撤销批准文件，并予公布。

第六十四条 指定的认证机构、实验室超出指定的业务范围从事列入目录产品的认证以及与认证有关的检查、检测活动的，责令改正，处10万元以上50万元以下的罚款，有违法所得的，没收违法所得；情节严重的，撤销指定直至撤销批准文件，并予公布。

指定的认证机构转让指定的认证业务的，依照前款规定处罚。

第六十五条 认证机构、检查机构、实验室取得境外认可机构认可，未向国务院认证认可监督管理部门备案的，给予警告，并予公布。

第六十六条 列入目录的产品未经认证，擅自出厂、销售、进口或者在其他经营活动中使用的，责令限期改正，处5万元以上20万元以下的罚款；未经认证的违法产品货值金额不足1万元的，处货值金额2倍以下的罚款；有违法所得的，没收违法所得。

第六十七条 认可机构有下列情形之一的，责令改正；情节严重的，对主要负责人和负有责任的人员撤职或者解聘：

（一）对不符合认可条件的机构和人员予以认可的；

（二）发现取得认可的机构和人员不符合认可条件，不及时撤销认可证书，并予公布的；

（三）接受可能对认可活动的客观公正产生影响的资助的。

被撤职或者解聘的认可机构主要负责人和负有责任的人员，自被撤职或者解聘之日起5年内不得从事认可活动。

第六十八条　认可机构有下列情形之一的，责令改正；对主要负责人和负有责任的人员给予警告：

（一）受理认可申请，向申请人提出与认可活动无关的要求或者限制条件的；

（二）未在公布的时间内完成认可活动，或者未公开认可条件、认可程序、收费标准等信息的；

（三）发现取得认可的机构不当使用认可证书和认可标志，不及时暂停其使用或者撤销认可证书并予公布的；

（四）未对认可过程作出完整记录，归档留存的。

第六十九条　国务院认证认可监督管理部门和地方认证监督管理部门及其工作人员，滥用职权、徇私舞弊、玩忽职守，有下列行为之一的，对直接负责的主管人员和其他直接责任人员，依法给予降级或者撤职的行政处分；构成犯罪的，依法追究刑事责任：

（一）不按照本条例规定的条件和程序，实施批准和指定的；

（二）发现认证机构不再符合本条例规定的批准或者指定条件，不撤销批准文件或者指定的；

（三）发现指定的实验室不再符合本条例规定的指定条件，不撤销指定的；

（四）发现认证机构以及与认证有关的检查机构、实验室出具虚假的认证以及与认证有关的检查、检测结论或者出具的认证以及与认证有关的检查、检测结论严重失实，不予查处的；

（五）发现本条例规定的其他认证认可违法行为，不予查处的。

第七十条　伪造、冒用、买卖认证标志或者认证证书的，依照《中华人民共和国产品质量法》等法律的规定查处。

第七十一条　本条例规定的行政处罚，由国务院认证认可监督管理部门或者其授权的地方认证监督管理部门按照各自职责实施。法律、其他行政法规另有规定的，依照法律、其他行政法规的规定执行。

第七十二条　认证人员自被撤销执业资格之日起5年内，认可机构不再受理其注册申请。

第七十三条　认证机构未对其认证的产品实施有效的跟踪调查，或者发现其认证的产品不能持续符合认证要求，不及时暂停或者撤销认证证书和要求其停止使用认证标志给消费者造成损失的，与生产者、销售者承担连带责任。

第七章　附　　则

第七十四条　药品生产、经营企业质量管理规范认证，实验动物质量合格认证，军工产品的认证，以及从事军工产品校准、检测的实验室及其人员的认可，不适用本条例。

依照本条例经批准的认证机构从事矿山、危险化学品、烟花爆竹生产经营单位管理体系认证，由国务院安全生产监督管理部门结合安全生产的特殊要求组织；从事矿山、危险化学品、烟花爆竹生产经营单位安全生产综合评价的认证机构，经国务院安全生产监督管理部门推荐，方可取得认可机构的认可。

第七十五条 认证认可收费，应当符合国家有关价格法律、行政法规的规定。

第七十六条 认证培训机构、认证咨询机构的管理办法由国务院认证认可监督管理部门制定。

第七十七条 本条例自2003年11月1日起施行。1991年5月7日国务院发布的《中华人民共和国产品质量认证管理条例》同时废止。

附录I:《中华人民共和国计量法实施细则》

（1987年1月19日国务院批准 1987年2月1日国家计量局发布。根据2016年2月6日《国务院关于修改部分行政法规的决定》第一次修订，根据2017年3月1日《国务院关于修改和废止部分行政法规的决定》第二次修订，根据2018年3月19日《国务院关于修改和废止部分行政法规的决定》第三次修订，根据2022年3月29日《国务院关于修改和废止部分行政法规的决定》第四次修订）

第一章 总 则

第一条 根据《中华人民共和国计量法》的规定，制定本细则。

第二条 国家实行法定计量单位制度。法定计量单位的名称、符号按照国务院关于在我国统一实行法定计量单位的有关规定执行。

第三条 国家有计划地发展计量事业，用现代计量技术装备各级计量检定机构，为社会主义现代化建设服务，为工农业生产、国防建设、科学实验、国内外贸易以及人民的健康、安全提供计量保证，维护国家和人民的利益。

第二章 计量基准器具和计量标准器具

第四条 计量基准器具（简称计量基准，下同）的使用必须具备下列条件：

（一）经国家鉴定合格；

（二）具有正常工作所需要的环境条件；

（三）具有称职的保存、维护、使用人员；

（四）具有完善的管理制度。

符合上述条件的，经国务院计量行政部门审批并颁发计量基准证书后，方可使用。

第五条 非经国务院计量行政部门批准，任何单位和个人不得拆卸、改装计量基准，或者自行中断其计量检定工作。

第六条 计量基准的量值应当与国际上的量值保持一致。国务院计量行政部门有权废除技术水平落后或者工作状况不适应需要的计量基准。

第七条 计量标准器具（简称计量标准，下同）的使用，必须具备下列条件：

（一）经计量检定合格；

（二）具有正常工作所需要的环境条件；

（三）具有称职的保存、维护、使用人员；

（四）具有完善的管理制度。

第八条　社会公用计量标准对社会上实施计量监督具有公证作用。县级以上地方人民政府计量行政部门建立的本行政区域内最高等级的社会公用计量标准，须向上一级人民政府计量行政部门申请考核；其他等级的，由当地人民政府计量行政部门主持考核。

经考核符合本细则第七条规定条件并取得考核合格证的，由当地县级以上人民政府计量行政部门审批颁发社会公用计量标准证书后，方可使用。

第九条　国务院有关主管部门和省、自治区、直辖市人民政府有关主管部门建立的本部门各项最高计量标准，经同级人民政府计量行政部门考核，符合本细则第七条规定条件并取得考核合格证的，由有关主管部门批准使用。

第十条　企业、事业单位建立本单位各项最高计量标准，须向与其主管部门同级的人民政府计量行政部门申请考核。乡镇企业向当地县级人民政府计量行政部门申请考核。经考核符合本细则第七条规定条件并取得考核合格证的，企业、事业单位方可使用，并向其主管部门备案。

第三章　计　量　检　定

第十一条　使用实行强制检定的计量标准的单位和个人，应当向主持考核该项计量标准的有关人民政府计量行政部门申请周期检定。

使用实行强制检定的工作计量器具的单位和个人，应当向当地县（市）级人民政府计量行政部门指定的计量检定机构申请周期检定。当地不能检定的，向上一级人民政府计量行政部门指定的计量检定机构申请周期检定。

第十二条　企业、事业单位应当配备与生产、科研、经营管理相适应的计量检测设施，制定具体的检定管理办法和规章制度，规定本单位管理的计量器具明细目录及相应的检定周期，保证使用的非强制检定的计量器具定期检定。

第十三条　计量检定工作应当符合经济合理、就地就近的原则，不受行政区划和部门管辖的限制。

第四章　计量器具的制造和修理

第十四条　制造、修理计量器具的企业、事业单位和个体工商户须在固定的场所从事经营，具有符合国家规定的生产设施、检验条件、技术人员等，并满足安全要求。

第十五条　凡制造在全国范围内从未生产过的计量器具新产品，必须经过定型鉴定。定型鉴定合格后，应当履行型式批准手续，颁发证书。在全国范围内已经定型，而本单位未生产过的计量器具新产品，应当进行样机试验。样机试验合格后，发给合格证书。凡未经型式批准或者未取得样机试验合格证书的计量器具，不准生产。

第十六条　计量器具新产品定型鉴定，由国务院计量行政部门授权的技术机构进行；样机试验由所在地方的省级人民政府计量行政部门授权的技术机构进行。

计量器具新产品的型式，由当地省级人民政府计量行政部门批准。省级人民政府计量行政部门批准的型式，经国务院计量行政部门审核同意后，作为全国通用型式。

第十七条　申请计量器具新产品定型鉴定和样机试验的单位，应当提供新产品样机及有关技术文件、资料。

负责计量器具新产品定型鉴定和样机试验的单位，对申请单位提供的样机和技术文件、资料必须保密。

第十八条 对企业、事业单位制造、修理计量器具的质量，各有关主管部门应当加强管理，县级以上人民政府计量行政部门有权进行监督检查，包括抽检和监督试验。凡无产品合格印、证，或者经检定不合格的计量器具，不准出厂。

第五章 计量器具的销售和使用

第十九条 外商在中国销售计量器具，须比照本细则第十五条的规定向国务院计量行政部门申请型式批准。

第二十条 县级以上地方人民政府计量行政部门对当地销售的计量器具实施监督检查。凡没有产品合格印、证标志的计量器具不得销售。

第二十一条 任何单位和个人不得经营销售残次计量器具零配件，不得使用残次零配件组装和修理计量器具。

第二十二条 任何单位和个人不准在工作岗位上使用无检定合格印、证或者超过检定周期以及经检定不合格的计量器具。在教学示范中使用计量器具不受此限。

第六章 计 量 监 督

第二十三条 国务院计量行政部门和县级以上地方人民政府计量行政部门监督和贯彻实施计量法律、法规的职责是：

（一）贯彻执行国家计量工作的方针、政策和规章制度，推行国家法定计量单位；

（二）制定和协调计量事业的发展规划，建立计量基准和社会公用计量标准，组织量值传递；

（三）对制造、修理、销售、使用计量器具实施监督；

（四）进行计量认证，组织仲裁检定，调解计量纠纷；

（五）监督检查计量法律、法规的实施情况，对违反计量法律、法规的行为，按照本细则的有关规定进行处理。

第二十四条 县级以上人民政府计量行政部门的计量管理人员，负责执行计量监督、管理任务；计量监督员负责在规定的区域、场所巡回检查，并可根据不同情况在规定的权限内对违反计量法律、法规的行为，进行现场处理，执行行政处罚。

计量监督员必须经考核合格后，由县级以上人民政府计量行政部门任命并颁发监督员证件。

第二十五条 县级以上人民政府计量行政部门依法设置的计量检定机构，为国家法定计量检定机构。其职责是：负责研究建立计量基准、社会公用计量标准，进行量值传递，执行强制检定和法律规定的其他检定、测试任务，起草技术规范，为实施计量监督提供技术保证，并承办有关计量监督工作。

第二十六条 国家法定计量检定机构的计量检定人员，必须经考核合格。

计量检定人员的技术职务系列，由国务院计量行政部门会同有关主管部门制定。

第二十七条 县级以上人民政府计量行政部门可以根据需要，采取以下形式授权其他单位的计量检定机构和技术机构，在规定的范围内执行强制检定和其他检定、测试任务：

（一）授权专业性或区域性计量检定机构，作为法定计量检定机构；

（二）授权建立社会公用计量标准；

（三）授权某一部门或某一单位的计量检定机构，对其内部使用的强制检定计量器具执行强制检定；

（四）授权有关技术机构，承担法律规定的其他检定、测试任务。

第二十八条　根据本细则第二十七条规定被授权的单位，应当遵守下列规定：

（一）被授权单位执行检定、测试任务的人员，必须经考核合格；

（二）被授权单位的相应计量标准，必须接受计量基准或者社会公用计量标准的检定；

（三）被授权单位承担授权的检定、测试工作，须接受授权单位的监督；

（四）被授权单位成为计量纠纷中当事人一方时，在双方协商不能自行解决的情况下，由县级以上有关人民政府计量行政部门进行调解和仲裁检定。

第七章　产品质量检验机构的计量认证

第二十九条　为社会提供公证数据的产品质量检验机构，必须经省级以上人民政府计量行政部门计量认证。

第三十条　产品质量检验机构计量认证的内容：

（一）计量检定、测试设备的性能；

（二）计量检定、测试设备的工作环境和人员的操作技能；

（三）保证量值统一、准确的措施及检测数据公正可靠的管理制度。

第三十一条　产品质量检验机构提出计量认证申请后，省级以上人民政府计量行政部门应指定所属的计量检定机构或者被授权的技术机构按照本细则第三十条规定的内容进行考核。考核合格后，由接受申请的省级以上人民政府计量行政部门发给计量认证合格证书。产品质量检验机构自愿签署告知承诺书并按要求提交材料的，按照告知承诺相关程序办理。未取得计量认证合格证书的，不得开展产品质量检验工作。

第三十二条　省级以上人民政府计量行政部门有权对计量认证合格的产品质量检验机构，按照本细则第三十条规定的内容进行监督检查。

第三十三条　已经取得计量认证合格证书的产品质量检验机构，需新增检验项目时，应按照本细则有关规定，申请单项计量认证。

第八章　计量调解和仲裁检定

第三十四条　县级以上人民政府计量行政部门负责计量纠纷的调解和仲裁检定，并可根据司法机关、合同管理机关、涉外仲裁机关或者其他单位的委托，指定有关计量检定机构进行仲裁检定。

第三十五条　在调解、仲裁及案件审理过程中，任何一方当事人均不得改变与计量纠纷有关的计量器具的技术状态。

第三十六条　计量纠纷当事人对仲裁检定不服的，可以在接到仲裁检定通知书之日起15日内向上一级人民政府计量行政部门申诉。上一级人民政府计量行政部门进行的仲裁检定为终局仲裁检定。

第九章　费　　用

第三十七条　建立计量标准申请考核，使用计量器具申请检定，制造计量器具新产品申请定型和样机试验，以及申请计量认证和仲裁检定，应当缴纳费用，具体收费办法或收费标准，由国务院计量行政部门会同国家财政、物价部门统一制定。

第三十八条　县级以上人民政府计量行政部门实施监督检查所进行的检定和试验不收费。被检查的单位有提供样机和检定试验条件的义务。

第三十九条　县级以上人民政府计量行政部门所属的计量检定机构，为贯彻计量法律、法规，实施计量监督提供技术保证所需要的经费，按照国家财政管理体制的规定，分别列入各级财政预算。

第十章　法　律　责　任

第四十条　违反本细则第二条规定，使用非法定计量单位的，责令其改正；属出版物的，责令其停止销售，可并处1000元以下的罚款。

第四十一条　违反《中华人民共和国计量法》第十四条规定，制造、销售和进口非法定计量单位的计量器具的，责令其停止制造、销售和进口，没收计量器具和全部违法所得，可并处相当其违法所得10％至50％的罚款。

第四十二条　部门和企业、事业单位的各项最高计量标准，未经有关人民政府计量行政部门考核合格而开展计量检定的，责令其停止使用，可并处1000元以下的罚款。

第四十三条　属于强制检定范围的计量器具，未按照规定申请检定和属于非强制检定范围的计量器具未自行定期检定或者送其他计量检定机构定期检定的，以及经检定不合格继续使用的，责令其停止使用，可并处1000元以下的罚款。

第四十四条　制造、销售未经型式批准或样机试验合格的计量器具新产品的，责令其停止制造、销售，封存该种新产品，没收全部违法所得，可并处3000元以下的罚款。

第四十五条　制造、修理的计量器具未经出厂检定或者经检定不合格而出厂的，责令其停止出厂，没收全部违法所得；情节严重的，可并处3000元以下的罚款。

第四十六条　使用不合格计量器具或者破坏计量器具准确度和伪造数据，给国家和消费者造成损失的，责令其赔偿损失，没收计量器具和全部违法所得，可并处2000元以下的罚款。

第四十七条　经营销售残次计量器具零配件的，责令其停止经营销售，没收残次计量器具零配件和全部违法所得，可并处2000元以下的罚款；情节严重的，由工商行政管理部门吊销其营业执照。

第四十八条　制造、销售、使用以欺骗消费者为目的的计量器具的单位和个人，没收其计量器具和全部违法所得，可并处2000元以下的罚款；构成犯罪的，对个人或者单位直接责任人员，依法追究刑事责任。

第四十九条　个体工商户制造、修理国家规定范围以外的计量器具或者不按照规定场所从事经营活动的，责令其停止制造、修理，没收全部违法所得，可并处以500元以下的罚款。

第五十条　未取得计量认证合格证书的产品质量检验机构，为社会提供公证数据的，责令其停止检验，可并处1000元以下的罚款。

第五十一条 伪造、盗用、倒卖强制检定印、证的，没收其非法检定印、证和全部违法所得，可并处2000元以下的罚款；构成犯罪的，依法追究刑事责任。

第五十二条 计量监督管理人员违法失职，徇私舞弊，情节轻微的，给予行政处分；构成犯罪的，依法追究刑事责任。

第五十三条 负责计量器具新产品定型鉴定、样机试验的单位，违反本细则第十七条第二款规定的，应当按照国家有关规定，赔偿申请单位的损失，并给予直接责任人员行政处分；构成犯罪的，依法追究刑事责任。

第五十四条 计量检定人员有下列行为之一的，给予行政处分；构成犯罪的，依法追究刑事责任：

（一）伪造检定数据的；

（二）出具错误数据，给送检一方造成损失的；

（三）违反计量检定规程进行计量检定的；

（四）使用未经考核合格的计量标准开展检定的；

（五）未经考核合格执行计量检定的。

第五十五条 本细则规定的行政处罚，由县级以上地方人民政府计量行政部门决定。罚款1万元以上的，应当报省级人民政府计量行政部门决定。没收违法所得及罚款一律上缴国库。

本细则第四十六条规定的行政处罚，也可以由工商行政管理部门决定。

第十一章 附 则

第五十六条 本细则下列用语的含义是：

（一）计量器具是指能用以直接或间接测出被测对象量值的装置、仪器仪表、量具和用于统一量值的标准物质，包括计量基准、计量标准、工作计量器具。

（二）计量检定是指为评定计量器具的计量性能，确定其是否合格所进行的全部工作。

（三）定型鉴定是指对计量器具新产品样机的计量性能进行全面审查、考核。

（四）计量认证是指政府计量行政部门对有关技术机构计量检定、测试的能力和可靠性进行的考核和证明。

（五）计量检定机构是指承担计量检定工作的有关技术机构。

（六）仲裁检定是指用计量基准或者社会公用计量标准所进行的以裁决为目的的计量检定、测试活动。

第五十七条 中国人民解放军和国防科技工业系统涉及本系统以外的计量工作的监督管理，亦适用本细则。

第五十八条 本细则有关的管理办法、管理范围和各种印、证标志，由国务院计量行政部门制定。

第五十九条 本细则由国务院计量行政部门负责解释。

第六十条 本细则自发布之日起施行。

附录 J:《建设工程质量检测管理办法》

(2022 年 12 月 29 日 住房和城乡建设部令第 57 号公布　自 2023 年 3 月 1 日起施行)

第一章　总　　则

第一条　为了加强对建设工程质量检测的管理，根据《中华人民共和国建筑法》《建设工程质量管理条例》《建设工程抗震管理条例》等法律、行政法规，制定本办法。

第二条　从事建设工程质量检测相关活动及其监督管理，适用本办法。

本办法所称建设工程质量检测，是指在新建、扩建、改建房屋建筑和市政基础设施工程活动中，建设工程质量检测机构（以下简称检测机构）接受委托，依据国家有关法律、法规和标准，对建设工程涉及结构安全、主要使用功能的检测项目，进入施工现场的建筑材料、建筑构配件、设备，以及工程实体质量等进行的检测。

第三条　检测机构应当按照本办法取得建设工程质量检测机构资质（以下简称检测机构资质），并在资质许可的范围内从事建设工程质量检测活动。

未取得相应资质证书的，不得承担本办法规定的建设工程质量检测业务。

第四条　国务院住房和城乡建设主管部门负责全国建设工程质量检测活动的监督管理。

县级以上地方人民政府住房和城乡建设主管部门负责本行政区域内建设工程质量检测活动的监督管理，可以委托所属的建设工程质量监督机构具体实施。

第二章　检测机构资质管理

第五条　检测机构资质分为综合类资质、专项类资质。

检测机构资质标准和业务范围，由国务院住房和城乡建设主管部门制定。

第六条　申请检测机构资质的单位应当是具有独立法人资格的企业、事业单位，或者依法设立的合伙企业，并具备相应的人员、仪器设备、检测场所、质量保证体系等条件。

第七条　省、自治区、直辖市人民政府住房和城乡建设主管部门负责本行政区域内检测机构的资质许可。

第八条　申请检测机构资质应当向登记地所在省、自治区、直辖市人民政府住房和城乡建设主管部门提出，并提交下列材料：

（一）检测机构资质申请表；

（二）主要检测仪器、设备清单；

（三）检测场所不动产权属证书或者租赁合同；

（四）技术人员的职称证书；

（五）检测机构管理制度以及质量控制措施。

检测机构资质申请表由国务院住房和城乡建设主管部门制定格式。

第九条　资质许可机关受理申请后，应当进行材料审查和专家评审，在 20 个工作日内完成审查并作出书面决定。对符合资质标准的，自作出决定之日起 10 个工作日内颁发检测机构资质证书，并报国务院住房和城乡建设主管部门备案。专家评审时间不计算在资质许可期限内。

第十条 检测机构资质证书实行电子证照，由国务院住房和城乡建设主管部门制定格式。资质证书有效期为5年。

第十一条 申请综合类资质或者资质增项的检测机构，在申请之日起前一年内有本办法第三十条规定行为的，资质许可机关不予批准其申请。

取得资质的检测机构，按照本办法第三十五条应当整改但尚未完成整改的，对其综合类资质或者资质增项申请，资质许可机关不予批准。

第十二条 检测机构需要延续资质证书有效期的，应当在资质证书有效期届满30个工作日前向资质许可机关提出资质延续申请。

对符合资质标准且在资质证书有效期内无本办法第三十条规定行为的检测机构，经资质许可机关同意，有效期延续5年。

第十三条 检测机构在资质证书有效期内名称、地址、法定代表人等发生变更的，应当在办理营业执照或者法人证书变更手续后30个工作日内办理资质证书变更手续。资质许可机关应当在2个工作日内办理完毕。

检测机构检测场所、技术人员、仪器设备等事项发生变更影响其符合资质标准的，应当在变更后30个工作日内向资质许可机关提出资质重新核定申请，资质许可机关应当在20个工作日内完成审查，并作出书面决定。

第三章 检 测 活 动 管 理

第十四条 从事建设工程质量检测活动，应当遵守相关法律、法规和标准，相关人员应当具备相应的建设工程质量检测知识和专业能力。

第十五条 检测机构与所检测建设工程相关的建设、施工、监理单位，以及建筑材料、建筑构配件和设备供应单位不得有隶属关系或者其他利害关系。

检测机构及其工作人员不得推荐或者监制建筑材料、建筑构配件和设备。

第十六条 委托方应当委托具有相应资质的检测机构开展建设工程质量检测业务。检测机构应当按照法律、法规和标准进行建设工程质量检测，并出具检测报告。

第十七条 建设单位应当在编制工程概预算时合理核算建设工程质量检测费用，单独列支并按照合同约定及时支付。

第十八条 建设单位委托检测机构开展建设工程质量检测活动的，建设单位或者监理单位应当对建设工程质量检测活动实施见证。见证人员应当制作见证记录，记录取样、制样、标识、封志、送检以及现场检测等情况，并签字确认。

第十九条 提供检测试样的单位和个人，应当对检测试样的符合性、真实性及代表性负责。检测试样应当具有清晰的、不易脱落的唯一性标识、封志。

建设单位委托检测机构开展建设工程质量检测活动的，施工人员应当在建设单位或者监理单位的见证人员监督下现场取样。

第二十条 现场检测或者检测试样送检时，应当由检测内容提供单位、送检单位等填写委托单。委托单应当由送检人员、见证人员等签字确认。

检测机构接收检测试样时，应当对试样状况、标识、封志等符合性进行检查，确认无误后方可进行检测。

第二十一条 检测报告经检测人员、审核人员、检测机构法定代表人或者其授权的签字人等签署，并加盖检测专用章后方可生效。

检测报告中应当包括检测项目代表数量（批次）、检测依据、检测场所地址、检测数据、检测结果、见证人员单位及姓名等相关信息。

非建设单位委托的检测机构出具的检测报告不得作为工程质量验收资料。

第二十二条 检测机构应当建立建设工程过程数据和结果数据、检测影像资料及检测报告记录与留存制度，对检测数据和检测报告的真实性、准确性负责。

第二十三条 任何单位和个人不得明示或者暗示检测机构出具虚假检测报告，不得篡改或者伪造检测报告。

第二十四条 检测机构在检测过程中发现建设、施工、监理单位存在违反有关法律法规规定和工程建设强制性标准等行为，以及检测项目涉及结构安全、主要使用功能检测结果不合格的，应当及时报告建设工程所在地县级以上地方人民政府住房和城乡建设主管部门。

第二十五条 检测结果利害关系人对检测结果存在争议的，可以委托共同认可的检测机构复检。

第二十六条 检测机构应当建立档案管理制度。检测合同、委托单、检测数据原始记录、检测报告按照年度统一编号，编号应当连续，不得随意抽撤、涂改。

检测机构应当单独建立检测结果不合格项目台账。

第二十七条 检测机构应当建立信息化管理系统，对检测业务受理、检测数据采集、检测信息上传、检测报告出具、检测档案管理等活动进行信息化管理，保证建设工程质量检测活动全过程可追溯。

第二十八条 检测机构应当保持人员、仪器设备、检测场所、质量保证体系等方面符合建设工程质量检测资质标准，加强检测人员培训，按照有关规定对仪器设备进行定期检定或者校准，确保检测技术能力持续满足所开展建设工程质量检测活动的要求。

第二十九条 检测机构跨省、自治区、直辖市承担检测业务的，应当向建设工程所在地的省、自治区、直辖市人民政府住房和城乡建设主管部门备案。

检测机构在承担检测业务所在地的人员、仪器设备、检测场所、质量保证体系等应当满足开展相应建设工程质量检测活动的要求。

第三十条 检测机构不得有下列行为：

（一）超出资质许可范围从事建设工程质量检测活动；

（二）转包或者违法分包建设工程质量检测业务；

（三）涂改、倒卖、出租、出借或者以其他形式非法转让资质证书；

（四）违反工程建设强制性标准进行检测；

（五）使用不能满足所开展建设工程质量检测活动要求的检测人员或者仪器设备；

（六）出具虚假的检测数据或者检测报告。

第三十一条 检测人员不得有下列行为：

（一）同时受聘于两家或者两家以上检测机构；

（二）违反工程建设强制性标准进行检测；

（三）出具虚假的检测数据；

（四）违反工程建设强制性标准进行结论判定或者出具虚假判定结论。

第四章　监　督　管　理

第三十二条　县级以上地方人民政府住房和城乡建设主管部门应当加强对建设工程质量检测活动的监督管理，建立建设工程质量检测监管信息系统，提高信息化监管水平。

第三十三条　县级以上人民政府住房和城乡建设主管部门应当对检测机构实行动态监管，通过“双随机、一公开”等方式开展监督检查。

实施监督检查时，有权采取下列措施：

（一）进入建设工程施工现场或者检测机构的工作场地进行检查、抽测；

（二）向检测机构、委托方、相关单位和人员询问、调查有关情况；

（三）对检测人员的建设工程质量检测知识和专业能力进行检查；

（四）查阅、复制有关检测数据、影像资料、报告、合同以及其他相关资料；

（五）组织实施能力验证或者比对试验；

（六）法律、法规规定的其他措施。

第三十四条　县级以上地方人民政府住房和城乡建设主管部门应当加强建设工程质量监督抽测。建设工程质量监督抽测可以通过政府购买服务的方式实施。

第三十五条　检测机构取得检测机构资质后，不再符合相应资质标准的，资质许可机关应当责令其限期整改并向社会公开。检测机构完成整改后，应当向资质许可机关提出资质重新核定申请。重新核定符合资质标准前出具的检测报告不得作为工程质量验收资料。

第三十六条　县级以上地方人民政府住房和城乡建设主管部门对检测机构实施行政处罚的，应当自行政处罚决定书送达之日起20个工作日内告知检测机构的资质许可机关和违法行为发生地省、自治区、直辖市人民政府住房和城乡建设主管部门。

第三十七条　县级以上地方人民政府住房和城乡建设主管部门应当依法将建设工程质量检测活动相关单位和人员受到的行政处罚等信息予以公开，建立信用管理制度，实行守信激励和失信惩戒。

第三十八条　对建设工程质量检测活动中的违法违规行为，任何单位和个人有权向建设工程所在地县级以上人民政府住房和城乡建设主管部门投诉、举报。

第五章　法　律　责　任

第三十九条　违反本办法规定，未取得相应资质、资质证书已过有效期或者超出资质许可范围从事建设工程质量检测活动的，其检测报告无效，由县级以上地方人民政府住房和城乡建设主管部门处5万元以上10万元以下罚款；造成危害后果的，处10万元以上20万元以下罚款；构成犯罪的，依法追究刑事责任。

第四十条　检测机构隐瞒有关情况或者提供虚假材料申请资质，资质许可机关不予受理或者不予行政许可，并给予警告；检测机构1年内不得再次申请资质。

第四十一条　以欺骗、贿赂等不正当手段取得资质证书的，由资质许可机关予以撤销；由县级以上地方人民政府住房和城乡建设主管部门给予警告或者通报批评，并处5万元以上10万元以下罚款；检测机构3年内不得再次申请资质；构成犯罪的，依法追究刑事责任。

第四十二条 检测机构未按照本办法第十三条第一款规定办理检测机构资质证书变更手续的，由县级以上地方人民政府住房和城乡建设主管部门责令限期办理；逾期未办理的，处5000元以上1万元以下罚款。

检测机构未按照本办法第十三条第二款规定向资质许可机关提出资质重新核定申请的，由县级以上地方人民政府住房和城乡建设主管部门责令限期改正；逾期未改正的，处1万元以上3万元以下罚款。

第四十三条 检测机构违反本办法第二十二条、第三十条第六项规定的，由县级以上地方人民政府住房和城乡建设主管部门责令改正，处5万元以上10万元以下罚款；造成危害后果的，处10万元以上20万元以下罚款；构成犯罪的，依法追究刑事责任。

检测机构在建设工程抗震活动中有前款行为的，依照《建设工程抗震管理条例》有关规定给予处罚。

第四十四条 检测机构违反本办法规定，有第三十条第二项至第五项行为之一的，由县级以上地方人民政府住房和城乡建设主管部门责令改正，处5万元以上10万元以下罚款；造成危害后果的，处10万元以上20万元以下罚款；构成犯罪的，依法追究刑事责任。

检测人员违反本办法规定，有第三十一条行为之一的，由县级以上地方人民政府住房和城乡建设主管部门责令改正，处3万元以下罚款。

第四十五条 检测机构违反本办法规定，有下列行为之一的，由县级以上地方人民政府住房和城乡建设主管部门责令改正，处1万元以上5万元以下罚款：

（一）与所检测建设工程相关的建设、施工、监理单位，以及建筑材料、建筑构配件和设备供应单位有隶属关系或者其他利害关系的；

（二）推荐或者监制建筑材料、建筑构配件和设备的；

（三）未按照规定在检测报告上签字盖章的；

（四）未及时报告发现的违反有关法律法规规定和工程建设强制性标准等行为的；

（五）未及时报告涉及结构安全、主要使用功能的不合格检测结果的；

（六）未按照规定进行档案和台账管理的；

（七）未建立并使用信息化管理系统对检测活动进行管理的；

（八）不满足跨省、自治区、直辖市承担检测业务的要求开展相应建设工程质量检测活动的；

（九）接受监督检查时不如实提供有关资料、不按照要求参加能力验证和比对试验，或者拒绝、阻碍监督检查的。

第四十六条 检测机构违反本办法规定，有违法所得的，由县级以上地方人民政府住房和城乡建设主管部门依法予以没收。

第四十七条 违反本办法规定，建设、施工、监理等单位有下列行为之一的，由县级以上地方人民政府住房和城乡建设主管部门责令改正，处3万元以上10万元以下罚款；造成危害后果的，处10万元以上20万元以下罚款；构成犯罪的，依法追究刑事责任：

（一）委托未取得相应资质的检测机构进行检测的；

（二）未将建设工程质量检测费用列入工程概预算并单独列支的；

（三）未按照规定实施见证的；

（四）提供的检测试样不满足符合性、真实性、代表性要求的；

（五）明示或者暗示检测机构出具虚假检测报告的；

（六）篡改或者伪造检测报告的；

（七）取样、制样和送检试样不符合规定和工程建设强制性标准的。

第四十八条 依照本办法规定，给予单位罚款处罚的，对单位直接负责的主管人员和其他直接责任人员处3万元以下罚款。

第四十九条 县级以上地方人民政府住房和城乡建设主管部门工作人员在建设工程质量检测管理工作中，有下列情形之一的，依法给予处分；构成犯罪的，依法追究刑事责任：

（一）对不符合法定条件的申请人颁发资质证书的；

（二）对符合法定条件的申请人不予颁发资质证书的；

（三）对符合法定条件的申请人未在法定期限内颁发资质证书的；

（四）利用职务上的便利，索取、收受他人财物或者谋取其他利益的；

（五）不依法履行监督职责或者监督不力，造成严重后果的。

第六章 附 则

第五十条 本办法自2023年3月1日起施行。2005年9月28日原建设部公布的《建设工程质量检测管理办法》（建设部令第141号）同时废止。

附录K：《检验检测机构资质认定管理办法》

（2015年4月9日国家质量监督检验检疫总局令第163号公布，根据2021年4月2日国家市场监督管理总局令第38号公布《国家市场监督管理总局关于废止和修改部分规章的决定》修改，自2021年6月1日起施行）

第一章 总 则

第一条 为了规范检验检测机构资质认定工作，优化准入程序，根据《中华人民共和国计量法》及其实施细则、《中华人民共和国认证认可条例》等法律、行政法规的规定，制定本办法。

第二条 本办法所称检验检测机构，是指依法成立，依据相关标准或者技术规范，利用仪器设备、环境设施等技术条件和专业技能，对产品或者法律法规规定的特定对象进行检验检测的专业技术组织。

本办法所称资质认定，是指市场监督管理部门依照法律、行政法规规定，对向社会出具具有证明作用的数据、结果的检验检测机构的基本条件和技术能力是否符合法定要求实施的评价许可。

第三条 在中华人民共和国境内对检验检测机构实施资质认定，应当遵守本办法。

法律、行政法规对检验检测机构资质认定另有规定的，依照其规定。

第四条 国家市场监督管理总局（以下简称市场监管总局）主管全国检验检测机构资质认定工作，并负责检验检测机构资质认定的统一管理、组织实施、综合协调工作。

省级市场监督管理部门负责本行政区域内检验检测机构的资质认定工作。

第五条 法律、行政法规规定应当取得资质认定的事项清单，由市场监管总局制定并公布，并根据法律、行政法规的调整实行动态管理。

第六条 市场监管总局依据国家有关法律法规和标准、技术规范的规定，制定检验检测机构资质认定基本规范、评审准则以及资质认定证书和标志的式样，并予以公布。

第七条 检验检测机构资质认定工作应当遵循统一规范、客观公正、科学准确、公平公开、便利高效的原则。

第二章 资质认定条件和程序

第八条 国务院有关部门以及相关行业主管部门依法成立的检验检测机构，其资质认定由市场监管总局负责组织实施；其他检验检测机构的资质认定，由其所在行政区域的省级市场监督管理部门负责组织实施。

第九条 申请资质认定的检验检测机构应当符合以下条件：

（一）依法成立并能够承担相应法律责任的法人或者其他组织；

（二）具有与其从事检验检测活动相适应的检验检测技术人员和管理人员；

（三）具有固定的工作场所，工作环境满足检验检测要求；

（四）具备从事检验检测活动所必需的检验检测设备设施；

（五）具有并有效运行保证其检验检测活动独立、公正、科学、诚信的管理体系；

（六）符合有关法律法规或者标准、技术规范规定的特殊要求。

第十条 检验检测机构资质认定程序分为一般程序和告知承诺程序。除法律、行政法规或者国务院规定必须采用一般程序或者告知承诺程序的外，检验检测机构可以自主选择资质认定程序。

检验检测机构资质认定推行网上审批，有条件的市场监督管理部门可以颁发资质认定电子证书。

第十一条 检验检测机构资质认定一般程序：

（一）申请资质认定的检验检测机构（以下简称申请人），应当向市场监管总局或者省级市场监督管理部门（以下统称资质认定部门）提交书面申请和相关材料，并对其真实性负责；

（二）资质认定部门应当对申请人提交的申请和相关材料进行初审，自收到申请之日起 5 个工作日内作出受理或者不予受理的决定，并书面告知申请人；

（三）资质认定部门自受理申请之日起，应当在 30 个工作日内，依据检验检测机构资质认定基本规范、评审准则的要求，完成对申请人的技术评审。技术评审包括书面审查和现场评审（或者远程评审）。技术评审时间不计算在资质认定期限内，资质认定部门应当将技术评审时间告知申请人。由于申请人整改或者其它自身原因导致无法在规定时间内完成的情况除外；

（四）资质认定部门自收到技术评审结论之日起，应当在 10 个工作日内，作出是否准予许可的决定。准予许可的，自作出决定之日起 7 个工作日内，向申请人颁发资质认定证书。不予许可的，应当书面通知申请人，并说明理由。

第十二条 采用告知承诺程序实施资质认定的，按照市场监管总局有关规定执行。

资质认定部门作出许可决定前，申请人有合理理由的，可以撤回告知承诺申请。告知承诺申请撤回后，申请人再次提出申请的，应当按照一般程序办理。

第十三条　资质认定证书有效期为 6 年。

需要延续资质认定证书有效期的，应当在其有效期届满 3 个月前提出申请。

资质认定部门根据检验检测机构的申请事项、信用信息、分类监管等情况，采取书面审查、现场评审（或者远程评审）的方式进行技术评审，并作出是否准予延续的决定。

对上一许可周期内无违反市场监管法律、法规、规章行为的检验检测机构，资质认定部门可以采取书面审查方式，对于符合要求的，予以延续资质认定证书有效期。

第十四条　有下列情形之一的，检验检测机构应当向资质认定部门申请办理变更手续：

（一）机构名称、地址、法人性质发生变更的；

（二）法定代表人、最高管理者、技术负责人、检验检测报告授权签字人发生变更的；

（三）资质认定检验检测项目取消的；

（四）检验检测标准或者检验检测方法发生变更的；

（五）依法需要办理变更的其他事项。

检验检测机构申请增加资质认定检验检测项目或者发生变更的事项影响其符合资质认定条件和要求的，依照本办法第十条规定的程序实施。

第十五条　资质认定证书内容包括：发证机关、获证机构名称和地址、检验检测能力范围、有效期限、证书编号、资质认定标志。

检验检测机构资质认定标志，由 China Inspection Body and Laboratory Mandatory Approval 的英文缩写 CMA 形成的图案和资质认定证书编号组成。式样如下：

检验检测机构资质认定标志

第十六条　外方投资者在中国境内依法成立的检验检测机构，申请资质认定时，除应当符合本办法第九条规定的资质认定条件外，还应当符合我国外商投资法律法规的有关规定。

第十七条　检验检测机构依法设立的从事检验检测活动的分支机构，应当依法取得资质认定后，方可从事相关检验检测活动。

资质认定部门可以根据具体情况简化技术评审程序、缩短技术评审时间。

第十八条　检验检测机构应当定期审查和完善管理体系，保证其基本条件和技术能力能够持续符合资质认定条件和要求，并确保质量管理措施有效实施。

检验检测机构不再符合资质认定条件和要求的，不得向社会出具具有证明作用的检验检测数据和结果。

第十九条　检验检测机构应当在资质认定证书规定的检验检测能力范围内，依据相关标准或者技术规范规定的程序和要求，出具检验检测数据、结果。

第二十条 检验检测机构不得转让、出租、出借资质认定证书或者标志；不得伪造、变造、冒用资质认定证书或者标志；不得使用已经过期或者被撤销、注销的资质认定证书或者标志。

第二十一条 检验检测机构向社会出具具有证明作用的检验检测数据、结果的，应当在其检验检测报告上标注资质认定标志。

第二十二条 资质认定部门应当在其官方网站上公布取得资质认定的检验检测机构信息，并注明资质认定证书状态。

第二十三条 因应对突发事件等需要，资质认定部门可以公布符合应急工作要求的检验检测机构名录及相关信息，允许相关检验检测机构临时承担应急工作。

第三章 技术评审管理

第二十四条 资质认定部门根据技术评审需要和专业要求，可以自行或者委托专业技术评价机构组织实施技术评审。

资质认定部门或者其委托的专业技术评价机构组织现场评审（或者远程评审）时，应当指派两名以上与技术评审内容相适应的评审人员组成评审组，并确定评审组组长。必要时，可以聘请相关技术专家参加技术评审。

第二十五条 评审组应当严格按照资质认定基本规范、评审准则开展技术评审活动，在规定时间内出具技术评审结论。

专业技术评价机构、评审组应当对其承担的技术评审活动和技术评审结论的真实性、符合性负责，并承担相应法律责任。

第二十六条 评审组在技术评审中发现有不符合要求的，应当书面通知申请人限期整改，整改期限不得超过30个工作日。逾期未完成整改或者整改后仍不符合要求的，相应评审项目应当判定为不合格。

评审组在技术评审中发现申请人存在违法行为的，应当及时向资质认定部门报告。

第二十七条 资质认定部门应当建立并完善评审人员专业技能培训、考核、使用和监督制度。

第二十八条 资质认定部门应当对技术评审活动进行监督，建立责任追究机制。

资质认定部门委托专业技术评价机构组织技术评审的，应当对专业技术评价机构及其组织的技术评审活动进行监督。

第二十九条 专业技术评价机构、评审人员在评审活动中有下列情形之一的，资质认定部门可以根据情节轻重，对其进行约谈、暂停直至取消委托其从事技术评审活动：

（一）未按照资质认定基本规范、评审准则规定的要求和时间实施技术评审的；

（二）对同一检验检测机构既从事咨询又从事技术评审的；

（三）与所评审的检验检测机构有利害关系或者其评审可能对公正性产生影响，未进行回避的；

（四）透露工作中所知悉的国家秘密、商业秘密或者技术秘密的；

（五）向所评审的检验检测机构谋取不正当利益的；

（六）出具虚假或者不实的技术评审结论的。

第四章 监 督 检 查

第三十条 市场监管总局对省级市场监督管理部门实施的检验检测机构资质认定工作进行监督和指导。

第三十一条 检验检测机构有下列情形之一的，资质认定部门应当依法办理注销手续：

（一）资质认定证书有效期届满，未申请延续或者依法不予延续批准的；

（二）检验检测机构依法终止的；

（三）检验检测机构申请注销资质认定证书的；

（四）法律、法规规定应当注销的其他情形。

第三十二条 以欺骗、贿赂等不正当手段取得资质认定的，资质认定部门应当依法撤销资质认定。

被撤销资质认定的检验检测机构，三年内不得再次申请资质认定。

第三十三条 检验检测机构申请资质认定时提供虚假材料或者隐瞒有关情况的，资质认定部门应当不予受理或者不予许可。检验检测机构在一年内不得再次申请资质认定。

第三十四条 检验检测机构未依法取得资质认定，擅自向社会出具具有证明作用的数据、结果的，依照法律、法规的规定执行；法律、法规未作规定的，由县级以上市场监督管理部门责令限期改正，处 3 万元罚款。

第三十五条 检验检测机构有下列情形之一的，由县级以上市场监督管理部门责令限期改正；逾期未改正或者改正后仍不符合要求的，处 1 万元以下罚款。

（一）未按照本办法第十四条规定办理变更手续的；

（二）未按照本办法第二十一条规定标注资质认定标志的。

第三十六条 检验检测机构有下列情形之一的，法律、法规对撤销、吊销、取消检验检测资质或者证书等有行政处罚规定的，依照法律、法规的规定执行；法律、法规未作规定的，由县级以上市场监督管理部门责令限期改正，处 3 万元罚款：

（一）基本条件和技术能力不能持续符合资质认定条件和要求，擅自向社会出具具有证明作用的检验检测数据、结果的；

（二）超出资质认定证书规定的检验检测能力范围，擅自向社会出具具有证明作用的数据、结果的。

第三十七条 检验检测机构违反本办法规定，转让、出租、出借资质认定证书或者标志，伪造、变造、冒用资质认定证书或者标志，使用已经过期或者被撤销、注销的资质认定证书或者标志的，由县级以上市场监督管理部门责令改正，处 3 万元以下罚款。

第三十八条 对资质认定部门、专业技术评价机构以及相关评审人员的违法违规行为，任何单位和个人有权举报。相关部门应当依据各自职责及时处理，并为举报人保密。

第三十九条 从事资质认定的工作人员，在工作中滥用职权、玩忽职守、徇私舞弊的，依法予以处理；构成犯罪的，依法追究刑事责任。

第五章 附 则

第四十条 本办法自 2015 年 8 月 1 日起施行。国家质量监督检验检疫总局于 2006 年

2月21日发布的《实验室和检查机构资质认定管理办法》同时废止。

附录L：《检验检测机构监督管理办法》

（2021年4月8日 国家市场监督管理总局令第39号公布，自2021年6月1日起施行）

第一条 为了加强检验检测机构监督管理工作，规范检验检测机构从业行为，营造公平有序的检验检测市场环境，依照《中华人民共和国计量法》及其实施细则、《中华人民共和国认证认可条例》等法律、行政法规，制定本办法。

第二条 在中华人民共和国境内检验检测机构从事向社会出具具有证明作用的检验检测数据、结果、报告（以下统称检验检测报告）的活动及其监督管理，适用本办法。

法律、行政法规对检验检测机构的监督管理另有规定的，依照其规定。

第三条 本办法所称检验检测机构，是指依法成立，依据相关标准等规定利用仪器设备、环境设施等技术条件和专业技能，对产品或者其他特定对象进行检验检测的专业技术组织。

第四条 国家市场监督管理总局统一负责、综合协调检验检测机构监督管理工作。

省级市场监督管理部门负责本行政区域内检验检测机构监督管理工作。

地（市）、县级市场监督管理部门负责本行政区域内检验检测机构监督检查工作。

第五条 检验检测机构及其人员应当对其出具的检验检测报告负责，依法承担民事、行政和刑事法律责任。

第六条 检验检测机构及其人员从事检验检测活动应当遵守法律、行政法规、部门规章的规定，遵循客观独立、公平公正、诚实信用原则，恪守职业道德，承担社会责任。

检验检测机构及其人员应当独立于其出具的检验检测报告所涉及的利益相关方，不受任何可能干扰其技术判断的因素影响，保证其出具的检验检测报告真实、客观、准确、完整。

第七条 从事检验检测活动的人员，不得同时在两个以上检验检测机构从业。检验检测授权签字人应当符合相关技术能力要求。

法律、行政法规对检验检测人员或者授权签字人的执业资格或者禁止从业另有规定的，依照其规定。

第八条 检验检测机构应当按照国家有关强制性规定的样品管理、仪器设备管理与使用、检验检测规程或者方法、数据传输与保存等要求进行检验检测。

检验检测机构与委托人可以对不涉及国家有关强制性规定的检验检测规程或者方法等作出约定。

第九条 检验检测机构对委托人送检的样品进行检验的，检验检测报告对样品所检项目的符合性情况负责，送检样品的代表性和真实性由委托人负责。

第十条 需要分包检验检测项目的，检验检测机构应当分包给具备相应条件和能力的检验检测机构，并事先取得委托人对分包的检验检测项目以及拟承担分包项目的检验检测机构的同意。

检验检测机构应当在检验检测报告中注明分包的检验检测项目以及承担分包项目的检

验检测机构。

第十一条　检验检测机构应当在其检验检测报告上加盖检验检测机构公章或者检验检测专用章，由授权签字人在其技术能力范围内签发。

检验检测报告用语应当符合相关要求，列明标准等技术依据。检验检测报告存在文字错误，确需更正的，检验检测机构应当按照标准等规定进行更正，并予以标注或者说明。

第十二条　检验检测机构应当对检验检测原始记录和报告进行归档留存。保存期限不少于 6 年。

第十三条　检验检测机构不得出具不实检验检测报告。

检验检测机构出具的检验检测报告存在下列情形之一，并且数据、结果存在错误或者无法复核的，属于不实检验检测报告：

（一）样品的采集、标识、分发、流转、制备、保存、处置不符合标准等规定，存在样品污染、混淆、损毁、性状异常改变等情形的；

（二）使用未经检定或者校准的仪器、设备、设施的；

（三）违反国家有关强制性规定的检验检测规程或者方法的；

（四）未按照标准等规定传输、保存原始数据和报告的。

第十四条　检验检测机构不得出具虚假检验检测报告。

检验检测机构出具的检验检测报告存在下列情形之一的，属于虚假检验检测报告：

（一）未经检验检测的；

（二）伪造、变造原始数据、记录，或者未按照标准等规定采用原始数据、记录的；

（三）减少、遗漏或者变更标准等规定的应当检验检测的项目，或者改变关键检验检测条件的；

（四）调换检验检测样品或者改变其原有状态进行检验检测的；

（五）伪造检验检测机构公章或者检验检测专用章，或者伪造授权签字人签名或者签发时间的。

第十五条　检验检测机构及其人员应当对其在检验检测工作中所知悉的国家秘密、商业秘密予以保密。

第十六条　检验检测机构应当在其官方网站或者以其他公开方式对其遵守法定要求、独立公正从业、履行社会责任、严守诚实信用等情况进行自我声明，并对声明内容的真实性、全面性、准确性负责。

检验检测机构应当向所在地省级市场监督管理部门报告持续符合相应条件和要求、遵守从业规范、开展检验检测活动以及统计数据等信息。

检验检测机构在检验检测活动中发现普遍存在的产品质量问题的，应当及时向市场监督管理部门报告。

第十七条　县级以上市场监督管理部门应当依据检验检测机构年度监督检查计划，随机抽取检查对象、随机选派执法检查人员开展监督检查工作。

因应对突发事件等需要，县级以上市场监督管理部门可以应急开展相关监督检查工作。

国家市场监督管理总局可以根据工作需要，委托省级市场监督管理部门开展监督检查。

第十八条 省级以上市场监督管理部门可以根据工作需要，定期组织检验检测机构能力验证工作，并公布能力验证结果。

检验检测机构应当按照要求参加前款规定的能力验证工作。

第十九条 省级市场监督管理部门可以结合风险程度、能力验证及监督检查结果、投诉举报情况等，对本行政区域内检验检测机构进行分类监管。

第二十条 市场监督管理部门可以依法行使下列职权：

（一）进入检验检测机构进行现场检查；

（二）向检验检测机构、委托人等有关单位及人员询问、调查有关情况或者验证相关检验检测活动；

（三）查阅、复制有关检验检测原始记录、报告、发票、账簿及其他相关资料；

（四）法律、行政法规规定的其他职权。

检验检测机构应当采取自查自改措施，依法从事检验检测活动，并积极配合市场监督管理部门开展的监督检查工作。

第二十一条 县级以上地方市场监督管理部门应当定期逐级上报年度检验检测机构监督检查结果等信息，并将检验检测机构违法行为查处情况通报实施资质认定的市场监督管理部门和同级有关行业主管部门。

第二十二条 县级以上市场监督管理部门应当依法公开监督检查结果，并将检验检测机构受到的行政处罚等信息纳入国家企业信用信息公示系统等平台。

第二十三条 任何单位和个人有权向县级以上市场监督管理部门举报检验检测机构违反本办法规定的行为。

第二十四条 县级以上市场监督管理部门发现检验检测机构存在不符合本办法规定，但无需追究行政和刑事法律责任的情形的，可以采用说服教育、提醒纠正等非强制性手段予以处理。

第二十五条 检验检测机构有下列情形之一的，由县级以上市场监督管理部门责令限期改正；逾期未改正或者改正后仍不符合要求的，处 3 万元以下罚款：

（一）违反本办法第八条第一款规定，进行检验检测的；

（二）违反本办法第十条规定分包检验检测项目，或者应当注明而未注明的；

（三）违反本办法第十一条第一款规定，未在检验检测报告上加盖检验检测机构公章或者检验检测专用章，或者未经授权签字人签发或者授权签字人超出其技术能力范围签发的。

第二十六条 检验检测机构有下列情形之一的，法律、法规对撤销、吊销、取消检验检测资质或者证书等有行政处罚规定的，依照法律、法规的规定执行；法律、法规未作规定的，由县级以上市场监督管理部门责令限期改正，处 3 万元罚款：

（一）违反本办法第十三条规定，出具不实检验检测报告的；

（二）违反本办法第十四条规定，出具虚假检验检测报告的。

第二十七条 市场监督管理部门工作人员玩忽职守、滥用职权、徇私舞弊的，依法予以处理；涉嫌构成犯罪，依法需要追究刑事责任的，按照有关规定移送公安机关。

第二十八条 本办法自 2021 年 6 月 1 日起施行。

附录M:《公路水运工程质量检测管理办法》

(《公路水运工程质量检测管理办法》已于2023年8月18日经第17次部务会议通过,现予公布,自2023年10月1日起施行)

第一章 总 则

第一条 为了加强公路水运工程质量检测管理,保证公路水运工程质量及人民生命和财产安全,根据《建设工程质量管理条例》,制定本办法。

第二条 公路水运工程质量检测机构、质量检测活动及监督管理,适用本办法。

第三条 本办法所称公路水运工程质量检测,是指按照本办法规定取得公路水运工程质量检测机构资质的公路水运工程质量检测机构(以下简称检测机构),根据国家有关法律、法规的规定,依据相关技术标准、规范、规程,对公路水运工程所用材料、构件、工程制品、工程实体等进行的质量检测活动。

第四条 公路水运工程质量检测活动应当遵循科学、客观、严谨、公正的原则。

第五条 交通运输部负责全国公路水运工程质量检测活动的监督管理。

县级以上地方人民政府交通运输主管部门按照职责负责本行政区域内的公路水运工程质量检测活动的监督管理。

第二章 检测机构资质管理

第六条 检测机构从事公路水运工程质量检测(以下简称质量检测)活动,应当按照资质等级对应的许可范围承担相应的质量检测业务。

第七条 检测机构资质分为公路工程和水运工程专业。

公路工程专业设甲级、乙级、丙级资质和交通工程专项、桥梁隧道工程专项资质。

水运工程专业分为材料类和结构类。水运工程材料类设甲级、乙级、丙级资质。水运工程结构类设甲级、乙级资质。

第八条 申请公路工程甲级、交通工程专项,水运工程材料类甲级、结构类甲级检测机构资质的,应当按照本办法规定向交通运输部提交申请。

申请公路工程乙级和丙级、桥梁隧道工程专项,水运工程材料类乙级和丙级、结构类乙级检测机构资质的,应当按照本办法规定向注册地的省级人民政府交通运输主管部门提交申请。

第九条 申请检测机构资质的检测机构(以下简称申请人)应当具备以下条件:

(一)依法成立的法人;

(二)具有一定数量的具备公路水运工程试验检测专业技术能力的人员(以下简称检测人员);

(三)拥有与申请资质相适应的质量检测仪器设备和设施;

(四)具备固定的质量检测场所,且环境条件满足质量检测要求;

(五)具有有效运行的质量保证体系。

第十条 申请人可以同时申请不同专业、不同等级的检测机构资质。

第十一条 申请人应当按照本办法规定向许可机关提交以下申请材料：

（一）检测机构资质申请书；

（二）检测人员、仪器设备和设施、质量检测场所证明材料；

（三）质量保证体系文件。

申请人应当通过公路水运工程质量检测管理信息系统提交申请材料，并对其申请材料实质内容的真实性负责。许可机关不得要求申请人提交与其申请资质无关的技术资料和其他材料。

第十二条 许可机关受理申请后，应当组织开展专家技术评审。

专家技术评审由技术评审专家组（以下简称专家组）承担，实行专家组组长负责制。

参与评审的专家应当由许可机关从其建立的质量检测专家库中随机抽取，并符合回避要求。

专家应当客观、独立、公正开展评审，保守申请人商业秘密。

第十三条 专家技术评审包括书面审查和现场核查两个阶段，所用时间不计算在行政许可期限内，但许可机关应当将专家技术评审时间安排书面告知申请人。专家技术评审的时间最长不得超过60个工作日。

第十四条 专家技术评审应当对申请人提交的全部材料进行书面审查，并对实际状况与申请材料的符合性、申请人完成质量检测项目的实际能力、质量保证体系运行等情况进行现场核查。

第十五条 专家组应当在专家技术评审时限内向许可机关报送专家技术评审报告。

专家技术评审报告应当包括对申请人资质条件等事项的核查抽查情况和存在问题，是否存在实际状况与申请材料严重不符、伪造质量检测报告、出具虚假数据等严重违法违规问题，以及评审总体意见等。

许可机关可以将专家技术评审情况向社会公示。

第十六条 许可机关应当自受理申请之日起20个工作日内作出是否准予行政许可的决定。

许可机关准予行政许可的，应当向申请人颁发检测机构资质证书；不予行政许可的，应当作出书面决定并说明理由。

第十七条 检测机构资质证书由正本和副本组成。

正本上应当注明机构名称，发证机关，资质专业、类别、等级，发证日期，有效期，证书编号，检测资质标识等；副本上还应当注明注册地址、检测场所地址、机构性质、法定代表人、行政负责人、技术负责人、质量负责人、检测项目及参数、资质延续记录、变更记录等。

检测机构资质证书分为纸质证书和电子证书。纸质证书与电子证书全国通用，具有同等效力。

第十八条 检测机构资质证书有效期为5年。

有效期满拟继续从事质量检测业务的，检测机构应当提前90个工作日向许可机关提出资质延续申请。

第十九条 申请人申请资质延续审批的，应当符合第九条规定的条件。

第二十条 申请人应当按照本办法第十一条规定，提交资质延续审批申请材料。

第二十一条 许可机关应当对申请资质延续审批的申请人进行专家技术评审，并在检测机构资质证书有效期满前，作出是否准予延续的决定。

符合资质条件的，许可机关准予检测机构资质证书延续 5 年。

第二十二条 资质延续审批中的专家技术评审以专家组书面审查为主，但申请人存在本办法第四十八条第三项、第五十二条、第五十三条第五项和第五十五条规定的违法行为，以及许可机关认为需要核查的情形的，应当进行现场核查。

第二十三条 检测机构的名称、注册地址、检测场所地址、法定代表人、行政负责人、技术负责人和质量负责人等事项发生变更的，检测机构应当在完成变更后 10 个工作日内向原许可机关申请变更。

发生检测场所地址变更的，许可机关应当选派 2 名以上专家进行现场核查，并在 15 个工作日内办理完毕；其他变更事项许可机关应当在 5 个工作日内办理完毕。

检测机构发生合并、分立、重组、改制等情形的，应当按照本办法的规定重新提交资质申请。

第二十四条 检测机构需要终止经营的，应当在终止经营之日 15 日前告知许可机关，并按照规定办理有关注销手续。

第二十五条 许可机关开展检测机构资质行政许可和专家技术评审不得收费。

第二十六条 检测机构资质证书遗失或者污损的，可以向许可机关申请补发。

第三章 检 测 活 动 管 理

第二十七条 取得资质的检测机构应当根据需要设立公路水运工程质量检测工地试验室（以下简称工地试验室）。

工地试验室是检测机构设置在公路水运工程施工现场，提供设备、派驻人员，承担相应质量检测业务的临时工作场所。

负有工程建设项目质量监督管理责任的交通运输主管部门应当对工地试验室进行监督管理。

第二十八条 检测机构和检测人员应当独立开展检测工作，不受任何干扰和影响，保证检测数据客观、公正、准确。

第二十九条 检测机构应当保证质量保证体系有效运行。

检测机构应当按照有关规定对仪器设备进行正常维护，定期检定与校准。

第三十条 检测机构应当建立样品管理制度，提倡盲样管理。

第三十一条 检测机构应当建立健全档案制度，原始记录和质量检测报告内容必须清晰、完整、规范，保证档案齐备和检测数据可追溯。

第三十二条 检测机构应当重视科技进步，及时更新质量检测仪器设备和设施。

检测机构应当加强公路水运工程质量检测信息化建设，不断提升质量检测信息化水平。

第三十三条 检测机构出具的质量检测报告应当符合规范要求，包括检测项目、参数数量（批次）、检测依据、检测场所地址、检测数据、检测结果等相关信息。

检测机构不得出具虚假检测报告，不得篡改或者伪造检测报告。

第三十四条 检测机构在同一公路水运工程项目标段中不得同时接受建设、监理、施工等多方的质量检测委托。

第三十五条 检测机构依据合同承担公路水运工程质量检测业务，不得转包、违规分包。

第三十六条 在检测过程中发现检测项目不合格且涉及工程主体结构安全的，检测机构应当及时向负有工程建设项目质量监督管理责任的交通运输主管部门报告。

第三十七条 检测机构的技术负责人和质量负责人应当由公路水运工程试验检测师担任。

质量检测报告应当由公路水运工程试验检测师审核、签发。

第三十八条 检测机构应当加强检测人员培训，不断提高质量检测业务水平。

第三十九条 检测人员不得同时在两家或者两家以上检测机构从事检测活动，不得借工作之便推销建设材料、构配件和设备。

第四十条 检测机构资质证书不得转让、出租。

第四章 监 督 管 理

第四十一条 县级以上人民政府交通运输主管部门（以下简称交通运输主管部门）应当加强对质量检测工作的监督检查，及时纠正、查处违反本办法的行为。

第四十二条 交通运输主管部门开展监督检查工作，主要包括下列内容：

（一）检测机构资质证书使用的规范性，有无转包、违规分包、超许可范围承揽业务、涂改和租借资质证书等行为；

（二）检测机构能力的符合性，工地试验室设立和施工现场检测情况；

（三）原始记录、质量检测报告的真实性、规范性和完整性；

（四）采用的技术标准、规范和规程是否合法有效，样品的管理是否符合要求；

（五）仪器设备的运行、检定和校准情况；

（六）质量保证体系运行的有效性；

（七）检测机构和检测人员质量检测活动的规范性、合法性和真实性；

（八）依据职责应当监督检查的其他内容。

第四十三条 交通运输主管部门实施监督检查时，有权采取以下措施：

（一）要求被检查的检测机构或者有关单位提供相关文件和资料；

（二）查阅、记录、录音、录像、照相和复制与检查相关的事项和资料；

（三）进入检测机构的检测工作场地进行抽查；

（四）发现有不符合有关标准、规范、规程和本办法的质量检测行为，责令立即改正或者限期整改。

检测机构应当予以配合，如实说明情况和提供相关资料。

第四十四条 交通运输部、省级人民政府交通运输主管部门应当组织比对试验，验证检测机构的能力，比对试验情况录入公路水运工程质量检测管理信息系统。

检测机构应当按照前款规定参加比对试验并按照要求提供相关资料。

第四十五条 任何单位和个人都有权向交通运输主管部门投诉或者举报违法违规的质量检测行为。

交通运输主管部门收到投诉或者举报后，应当及时核实处理。

第四十六条 交通运输部建立健全质量检测信用管理制度。

质量检测信用管理实行统一领导，分级负责。各级交通运输主管部门依据职责定期对检测机构和检测人员的从业行为开展信用管理，并向社会公开。

第四十七条 检测机构取得资质后，不再符合相应资质条件的，许可机关应当责令其限期整改并向社会公开。检测机构完成整改后，应当向许可机关提出资质重新核定申请。

第五章 法 律 责 任

第四十八条 检测机构违反本办法规定，有下列行为之一的，其检测报告无效，由交通运输主管部门处1万元以上3万元以下罚款；造成危害后果的，处3万元以上10万元以下罚款；构成犯罪的，依法追究刑事责任：

（一）未取得相应资质从事质量检测活动的；

（二）资质证书已过有效期从事质量检测活动的；

（三）超出资质许可范围从事质量检测活动的。

第四十九条 检测机构隐瞒有关情况或者提供虚假材料申请资质的，许可机关不予受理或者不予行政许可，并给予警告；检测机构1年内不得再次申请该资质。

第五十条 检测机构以欺骗、贿赂等不正当手段取得资质证书的，由许可机关予以撤销；检测机构3年内不得再次申请该资质；构成犯罪的，依法追究刑事责任。

第五十一条 检测机构未按照本办法第二十三条规定申请变更的，由交通运输主管部门责令限期办理；逾期未办理的，给予警告或者通报批评。

第五十二条 检测机构违反本办法规定，有下列行为之一的，由交通运输主管部门责令改正，处1万元以上3万元以下罚款；造成危害后果的，处3万元以上10万元以下罚款；构成犯罪的，依法追究刑事责任：

（一）出具虚假检测报告，篡改、伪造检测报告的；

（二）将检测业务转包、违规分包的。

第五十三条 检测机构违反本办法规定，有下列行为之一的，由交通运输主管部门责令改正，处5000元以上1万元以下罚款：

（一）质量保证体系未有效运行的，或者未按照有关规定对仪器设备进行正常维护的；

（二）未按规定进行档案管理，造成检测数据无法追溯的；

（三）在同一工程项目标段中同时接受建设、监理、施工等多方的质量检测委托的；

（四）未按规定报告在检测过程中发现检测项目不合格且涉及工程主体结构安全的；

（五）接受监督检查时不如实提供有关资料，或者拒绝、阻碍监督检查的。

第五十四条 检测机构或者检测人员违反本办法规定，有下列行为之一的，由交通运输主管部门责令改正，给予警告或者通报批评：

（一）未按规定进行样品管理的；

（二）同时在两家或者两家以上检测机构从事检测活动的；

（三）借工作之便推销建设材料、构配件和设备的；

（四）不按照要求参加比对试验的。

第五十五条 检测机构违反本办法规定，转让、出租检测机构资质证书的，由交通运输主管部门责令停止违法行为，收缴有关证件，处5000元以下罚款。

第五十六条 交通运输主管部门工作人员在质量检测管理工作中，有下列情形之一的，依法给予处分；构成犯罪的，依法追究刑事责任：

（一）对不符合法定条件的申请人颁发资质证书的；

（二）对符合法定条件的申请人不予颁发资质证书的；

（三）对符合法定条件的申请人未在法定期限内颁发资质证书的；

（四）利用职务上的便利，索取、收受他人财物或者谋取其他利益的；

（五）不依法履行监督职责或者监督不力，造成严重后果的。

第六章　附　　则

第五十七条　检测机构资质等级条件、专家技术评审工作程序由交通运输部另行制定。

第五十八条　检测机构资质证书由许可机关按照交通运输部规定的统一格式制作。

第五十九条　本办法自2023年10月1日起施行。交通部2005年10月19日公布的《公路水运工程试验检测管理办法》（交通部令2005年第12号），交通运输部2016年12月10日公布的《交通运输部关于修改〈公路水运工程试验检测管理办法〉的决定》（交通运输部令2016年第80号），2019年11月28日公布的《交通运输部关于修改〈公路水运工程试验检测管理办法〉的决定》（交通运输部令2019年第38号）同时废止。

附录N：《建设工程质量检测机构资质标准》

为加强建设工程质量检测（以下简称质量检测）管理，根据《建设工程质量管理条例》、《建设工程质量检测管理办法》，制定建设工程质量检测机构（以下简称检测机构）资质标准。

一、总　　则

（一）本标准包括检测机构资历及信誉、主要人员、检测设备及场所、管理水平等内容（见附件1：主要人员配备表；附件2：检测专项及检测能力表）。

（二）检测机构资质分为二个类别：

1. 综合资质

综合资质是指包括全部专项资质的检测机构资质。

2. 专项资质

专项资质包括：建筑材料及构配件、主体结构及装饰装修、钢结构、地基基础、建筑节能、建筑幕墙、市政工程材料、道路工程、桥梁及地下工程等9个检测机构专项资质。

（三）检测机构资质不分等级。

二、标　　准

（四）综合资质

1. 资历及信誉

（1）有独立法人资格的企业、事业单位，或依法设立的合伙企业，且均具有15年以上质量检测经历。

（2）具有建筑材料及构配件（或市政工程材料）、主体结构及装饰装修、建筑节能、钢结构、地基基础5个专项资质和其它2个专项资质。

（3）具备9个专项资质全部必备检测参数。

（4）社会信誉良好，近3年未发生过一般及以上工程质量安全责任事故。

2. 主要人员

（1）技术负责人应具有工程类专业正高级技术职称，质量负责人应具有工程类专业高级及以上技术职称，且均具有8年以上质量检测工作经历。

（2）注册结构工程师不少于4名（其中，一级注册结构工程师不少于2名），注册土木工程师（岩土）不少于2名，且均具有2年以上质量检测工作经历。

（3）技术人员不少于150人，其中具有3年以上质量检测工作经历的工程类专业中级及以上技术职称人员不少于60人、工程类专业高级及以上技术职称人员不少于30人。

3. 检测设备及场所

（1）质量检测设备设施齐全，检测仪器设备功能、量程、精度，配套设备设施满足9个专项资质全部必备检测参数要求。

（2）有满足工作需要的固定工作场所及质量检测场所。

4. 管理水平

（1）有完善的组织机构和质量管理体系，并满足《检测和校准实验室能力的通用要求》GB/T 27025—2019要求。

（2）有完善的信息化管理系统，检测业务受理、检测数据采集、检测信息上传、检测报告出具、检测档案管理等质量检测活动全过程可追溯。

（五）专项资质

1. 资历及信誉

（1）有独立法人资格的企业、事业单位，或依法设立的合伙企业。

（2）主体结构及装饰装修、钢结构、地基基础、建筑幕墙、道路工程、桥梁及地下工程等6项专项资质，应当具有3年以上质量检测经历。

（3）具备所申请专项资质的全部必备检测参数。

（4）社会信誉良好，近3年未发生过一般及以上工程质量安全责任事故。

2. 主要人员

（1）技术负责人应具有工程类专业高级及以上技术职称，质量负责人应具有工程类专业中级及以上技术职称，且均具有5年以上质量检测工作经历。

（2）主要人员数量不少于《主要人员配备表》规定要求。

3. 检测设备及场所

（1）质量检测设备设施基本齐全，检测设备仪器功能、量程、精度，配套设备设施满足所申请专项资质的全部必备检测参数要求。

（2）有满足工作需要的固定工作场所及质量检测场所。

4. 管理水平

（1）有完善的组织机构和质量管理体系，有健全的技术、档案等管理制度。

（2）有信息化管理系统，质量检测活动全过程可追溯。

三、业 务 范 围

（六）综合资质

承担全部专项资质中已取得检测参数的检测业务。

（七）专项资质

承担所取得专项资质范围内已取得检测参数的检测业务。

四、附　　则

（八）本标准规定的技术人员是指从事检测试验、检测数据处理、检测报告出具和检测活动技术管理的人员。

（九）本标准规定的人员应不超过法定退休年龄。

（十）本标准中的"以上""不少于"均含本数。

（十一）本标准自发布之日起施行。

（十二）本标准由住房和城乡建设部负责解释。

附件1

主要人员配备表

序号	专项资质类别	主要人员	
		注册人员	技术人员
1	建筑材料及构配件	无	不少于20人，其中具有3年以上质量检测工作经历的工程类专业中级及以上技术职称人员不少于4人
2	主体结构及装饰装修	不少于1名二级注册结构工程师，且具有2年以上质量检测工作经历	不少于15人，其中具有3年以上质量检测工作经历的工程类专业中级及以上技术职称人员不少于4人、工程类专业高级及以上技术职称人员不少于2人
3	钢结构	不少于1名二级注册结构工程师，且具有2年以上质量检测工作经历	不少于15人，其中具有3年以上质量检测工作经历的工程类专业中级及以上技术职称人员不少于4人、工程类专业高级及以上技术职称人员不少于2人
4	地基基础	不少于1名注册土木工程师（岩土），且具有2年以上质量检测工作经历	不少于15人，其中具有3年以上质量检测工作经历的工程类专业中级及以上技术职称人员不少于4人、工程类专业高级及以上技术职称人员不少于2人
5	建筑节能	无	不少于20人，其中具有3年以上质量检测工作经历的工程类专业中级及以上技术职称人员不少于4人
6	建筑幕墙	无	不少于15人，其中具有3年以上质量检测工作经历的工程类专业中级及以上技术职称人员不少于4人、工程类专业高级及以上技术职称人员不少于2人
7	市政工程材料	无	不少于20人，其中具有3年以上质量检测工作经历的工程类专业中级及以上技术职称人员不少于4人
8	道路工程	无	不少于15人，其中具有3年以上质量检测工作经历的工程类专业中级及以上技术职称人员不少于4人、工程类专业高级及以上技术职称人员不少于2人
9	桥梁及地下工程	不少于1名一级注册结构工程师、1名注册土木工程师（岩土），且具有2年以上质量检测工作经历	不少于15人，其中具有3年以上质量检测工作经历的工程类专业中级及以上技术职称人员不少于4人、工程类专业高级及以上技术职称人员不少于2人

附件 2

检测专项及检测能力表

序号	检测专项	编号	检测项目	必备检测参数	可选检测参数
一	建筑材料及构配件	1	水泥	凝结时间、安定性、胶砂强度、氯离子含量	保水率、氧化镁含量、碱含量、三氧化硫含量
		2	钢筋（含焊接与机械连接）	屈服强度、抗拉强度、断后伸长率、最大力下总延伸率、反向弯曲、重量偏差、残余变形	弯曲性能
		3	骨料、集料	细骨料：颗粒级配、含泥量、泥块含量、亚甲蓝值与石粉含量（人工砂）、压碎指标（人工砂）、氯离子含量	表观密度、吸水率、坚固性、碱活性、硫化物和硫酸盐含量、轻物质含量、有机物含量、贝壳含量
				粗骨料：颗粒级配、含泥量、泥块含量、压碎值指标、针片状颗粒含量	坚固性、碱活性、表观密度、堆积密度、空隙率
				轻集料	筒压强度、堆积密度、吸水率、粒型系数、筛分析
		4	砖、砌块、瓦、墙板	抗压强度、抗折强度	干密度、吸水率、抗渗性能、抗弯曲性能（或承载力）、耐急冷急热性、抗冲击性能、抗弯破坏荷载、吊挂力、抗冻性能
		5	混凝土及拌合用水	抗压强度、抗渗等级、坍落度、氯离子含量、拌合用水（氯离子含量）	限制膨胀率、抗冻性能、表观密度、含气量、凝结时间、抗折强度、劈裂抗拉强度、静力受压弹性模量、抑制碱-骨料反应有效性、碱含量、配合比设计、拌合用水（pH、硫酸根离子含量、不溶物含量、可溶物含量）
		6	混凝土外加剂	减水率、pH、密度（或细度）、抗压强度比、凝结时间（差）、含气量、固体含量（或含水率）、限制膨胀率、泌水率比、氯离子含量	相对耐久性指标、含气量 1h 经时变化量（坍落度、含气量）、硫酸钠含量、收缩率比、碱含量
		7	混凝土掺合料	细度、烧失量、需水量比、比表面积、活性指数、流动度比、氯离子含量	含水率、三氧化硫含量、放射性
		8	砂浆	抗压强度、稠度、保水率、拉伸粘结强度（抹灰、砌筑）	分层度、配合比设计、凝结时间、抗渗性能
		9	土	最大干密度、最优含水率、压实系数	—

续表

序号	检测专项	编号	检测项目	必备检测参数	可选检测参数
一	建筑材料及构配件	10	防水材料及防水密封材料	防水卷材：可溶物含量、拉力、延伸率（或最大力时延伸率）、低温柔度、热老化后低温柔度、不透水性、耐热度、断裂拉伸强度、断裂伸长率、撕裂强度	接缝剥离强度、搭接缝不透水性
				防水涂料：固体含量、拉伸强度、耐热性、低温柔性、不透水性、断裂伸长率	涂膜抗渗性、浸水 168h 后拉伸强度、浸水 168h 后断裂伸长率、耐水性、抗压强度、抗折强度、粘结强度、抗渗性
				防水密封材料及其他防水材料：—	耐热性、低温柔性、拉伸粘结性、施工度、表干时间、挤出性、弹性恢复率、浸水后定伸粘结性、流动性、单位面积质量、膨润土膨胀指数、渗透系数、滤失量、拉伸强度、撕裂强度、硬度、7d 膨胀率、最终膨胀率、耐水性、体积膨胀倍率、压缩永久变形、低温弯折、剥离强度、浸水 168h 后的剥离强度保持率、拉力、延伸率、固体含量、7d 粘结强度、7d 抗渗性、拉伸模量、定伸粘结性、断裂伸长率、剪切性能、剥离性能
		11	瓷砖及石材	吸水率、弯曲强度	抗冻性（耐冻融性）、放射性
		12	塑料及金属管材*	塑料管材：—	静液压强度、落锤冲击试验、外观质量、截面尺寸、纵向回缩率、交联度、熔融温度、简支梁冲击、炭黑分散度、炭黑含量、拉伸屈服应力、密度、爆破压力、管环剥离力、熔体质量流动速率、氧化诱导时间、维卡软化温度、热变形温度、拉伸断裂伸长率、拉伸弹性模量、拉伸强度、灰分、烘箱试验、坠落试验
				金属管材：—	屈服强度、抗拉强度、伸长率、厚度偏差、截面尺寸
		13	预制混凝土构件*	—	承载力、挠度、裂缝宽度、抗裂检验、外观质量、构件尺寸、保护层厚度
		14	预应力钢绞线*	—	整根钢绞线最大力、最大力总伸长率、抗拉强度、0.2%屈服力、弹性模量、松弛率

附录

续表

序号	检测专项	编号	检测项目	必备检测参数	可选检测参数
一	建筑材料及构配件	15	预应力混凝土用锚具夹具及连接器*	—	外观质量、尺寸、静载锚固性能、疲劳荷载性能、硬度
		16	预应力混凝土用波纹管*	金属波纹管：—	外观质量、尺寸、局部横向荷载、弯曲后抗渗漏性能
				塑料波纹管：—	环刚度、局部横向载荷、纵向载荷、柔韧性、抗冲击性能、拉伸性能、拉拔力、密封性
		17	材料中有害物质*	—	放射性、游离甲醛、VOC、苯、甲苯、二甲苯、乙苯、游离甲苯二异氰酸酯（TDI）、氨
		18	建筑消能减震装置*	位移相关型阻尼器：—	屈服承载力、弹性刚度、设计承载力、延性系数、滞回曲线面积、极限位移、极限承载力
				速度相关型阻尼器：—	最大阻尼力、阻尼力与速度相关规律、滞回曲线、极限位移
		19	建筑隔震装置*	叠层橡胶隔震支座：—	竖向压缩刚度、竖向变形性能、竖向极限压应力、当水平位移为支座内部橡胶直径 0.55 倍状态时的极限压应力、竖向极限拉应力、竖向拉伸刚度、侧向不均匀变形、水平等效刚度、屈服后水平刚度、等效阻尼比、屈服力、水平极限变形能力
				建筑摩擦摆隔震支座：—	竖向压缩变形、竖向承载力、静摩擦系数、动摩擦系数、屈服后刚度、极限剪切变形
		20	铝塑复合板*	—	剥离强度
		21	木材料及构配件*	—	含水率、弹性模量、静曲强度、钉抗弯强度
		22	加固材料*	—	抗拉强度、抗剪强度、正拉粘结强度、抗拉强度标准值（纤维复合材）、弹性模量（纤维复合材）、极限伸长率（纤维复合材）、不挥发物含量（结构胶粘剂）、耐湿热老化性能（结构胶粘剂）、单位面积质量（纤维织物）、纤维体积含量（预成型板）、K 数（碳纤维织物）
		23	焊接材料*	—	抗拉强度、屈服强度、断后伸长率、化学成分

续表

序号	检测专项	编号	检测项目	必备检测参数	可选检测参数
二	主体结构及装饰装修	1	混凝土结构构件强度、砌体结构构件强度	混凝土强度（回弹法/钻芯法/回弹-钻芯综合法/超声回弹综合法等）、砂浆强度（推出法/筒压法/砂浆片剪切法/回弹法/点荷法/贯入法等）、砖强度（回弹法）	砌体抗压强度（原位轴压法/扁顶法）、砌体抗剪强度（原位单剪法/原位单砖双剪法）
		2	钢筋及保护层厚度	钢筋保护层厚度	钢筋数量、间距、直径、锈蚀状况
		3	植筋锚固力	锚固承载力	—
		4	构件位置和尺寸*（涵盖砌体、混凝土、木结构）	—	轴线位置、标高、截面尺寸、预埋件位置、预留插筋位置及外露长度、垂直度、平整度、构件挠度、平面外变形
		5	外观质量及内部缺陷*	—	外观质量、内部缺陷
		6	装配式混凝土结构节点*	—	钢筋套筒灌浆连接灌浆饱满性、钢筋浆锚搭接连接灌浆饱满性、外墙板接缝防水性能
		7	结构构件性能*（涵盖砌体、混凝土、木结构）	—	静载试验、动力测试
		8	装饰装修工程*	—	后置埋件现场拉拔力、饰面砖粘结强度、抹灰砂浆拉伸粘接强度
		9	室内环境污染物*	—	甲醛、氨、TVOC、苯、氡、甲苯、二甲苯、土壤中的氡
三	钢结构	1	钢材及焊接材料	屈服强度、抗拉强度、伸长率、厚度偏差	断面收缩率、硬度、冲击韧性、冷弯性能、钢材元素含量（钢材化学分析C、S、P）
		2	焊缝	外观质量、内部缺陷探伤（超声法/射线法）	尺寸
		3	钢结构防腐及防火涂装	涂层厚度	涂料粘结强度、涂料抗压强度、涂层附着力
		4	高强度螺栓及普通紧固件	抗滑移系数、硬度	紧固轴力、扭矩系数、最小拉力载荷（普通紧固件）
		5	构件位置与尺寸*	—	垂直度、弯曲矢高、侧向弯曲、结构挠度、轴线位置、标高、截面尺寸
		6	结构构件性能*	—	静载试验、动力测试
		7	金属屋面*	—	静态压力抗风掀、动态压力抗风掀

续表

序号	检测专项	编号	检测项目	必备检测参数	可选检测参数
四	地基基础	1	地基及复合地基	承载力（静载试验/动力触探试验等）	压实系数（环刀法/灌砂法等）、地基土强度、密实度（动力触探试验/标准贯入试验）、变形模量（原位测试）、增强体强度（钻芯法）
		2	桩的承载力	水平承载力（静载试验）、竖向抗压承载力（静载试验/自平衡/高应变法等）、竖向抗拔承载力（抗拔静载试验）	—
		3	桩身完整性	桩身完整性（低应变法/声波透射法/钻芯法等）	—
		4	锚杆抗拔承载力	拉拔试验	—
		5	地下连续墙*	—	墙身完整性（声波透射法/钻芯法等）、墙身混凝土强度（钻芯法）
五	建筑节能	1	保温、绝热材料	导热系数或热阻、密度、压缩强度或抗压强度、垂直于板面方向的抗拉强度、吸水率、传热系数及热阻、单位面积质量、拉伸粘结强度	燃烧性能
		2	粘接材料	拉伸粘接强度	—
		3	增强加固材料	力学性能、抗腐蚀性能	网孔中心距偏差、钢丝网丝径、单位面积质量、断裂伸长率
		4	保温砂浆	抗压强度、干密度、导热系数	剪切强度、拉伸粘结强度
		5	抹面材料	拉伸粘结强度、压折比（或柔韧性）	—
		6	隔热型材	抗拉强度、抗剪强度	—
		7	建筑外窗	气密性能、水密性能、抗风压性能	传热系数、玻璃的太阳得热系数、可见光透射比、中空玻璃密封性能
		8	节能工程	外墙节能构造及保温层厚度（钻芯法）、保温板与基层的拉伸粘结强度、锚固件的锚固力、外窗气密性能	室内平均温度、风口风量、通风与空调系统总风量、风道系统单位风量耗功率、空调机组水流量、空调系统冷热水、冷却水循环流量、室外供热管网水力平衡度、室外供热管网热损失率、照度与照明功率密度、外墙传热系数或热阻
		9	电线电缆	导体电阻值	燃烧性能

续表

序号	检测专项	编号	检测项目	必备检测参数	可选检测参数
五	建筑节能	10	反射隔热材料*	—	半球发射率、太阳光反射比
		11	供暖通风空调节能工程用材料、构件和设备*	风机盘管机组：—	供冷量、供热量、风量、水阻力、噪声及输入功率
				采暖散热器：—	单位散热量、金属热强度
				绝热材料：—	导热系数或热阻、密度、吸水率
		12	配电与照明节能工程用材料、构件和设备*	—	照明光源初始光效
				照明灯具：—	镇流器能效值、效率或能效
				照明设备：—	功率、功率因数、谐波含量值
		13	可再生能源应用系统*	太阳能集热器：—	安全性能、热性能
				太阳能热利用系统的太阳能集热系统：—	得热量、集热效率、太阳能保证率
				太阳能光伏组件：—	发电功率、发电效率
				太阳能光伏发电系统：—	年发电量、组件背板最高工作温度
六	建筑幕墙	1	密封胶	邵氏硬度、结构胶标准条件下的拉伸粘结强度、相容性、剥离粘结性、石材用密封胶的污染性	耐候胶标准状态下的拉伸模量、石材用密封胶的拉伸模量
		2	幕墙玻璃	传热系数、可见光透射比、太阳得热系数、中空玻璃的密封性能	—
		3	幕墙	气密性能、水密性能、抗风压性能、层间变形性能、后置埋件抗拔承载力	保温隔热性能、隔声性能、采光性能、耐撞击性能、防火性能
七	市政工程材料	1	土、无机结合稳定材料	含水率、液限、塑限、击实、粗粒土和巨粒土最大干密度、承载比（CBR）试验、无侧限抗压强度、水泥或石灰剂量	塑性指数、不均匀系数、0.6mm 以下颗粒含量、颗粒分析、有机质含量、易溶盐含量
		2	土工合成材料	拉伸强度、延伸率、梯形撕裂强度、CBR 顶破强力、厚度、单位面积质量	垂直渗透系数、刺破强力
		3	掺合料（粉煤灰、钢渣）	SiO_2 含量、Al_2O_3 含量、Fe_2O_3 含量、烧失量、细度、比表面积	游离氧化钙含量、粉化率、压碎值、颗粒组成
		4	沥青及乳化沥青	针入度、软化点、延度、质量变化、残留针入度比、残留延度、破乳速度、标准黏度、蒸发残留物、弹性恢复	运动黏度、布氏旋转黏度、针入度指数、蜡含量、闪点、动力黏度、溶解度、密度、粒子电荷、1.18mm 筛筛上残留物、恩格拉黏度、与粗集料的粘附性

附录

续表

序号	检测专项	编号	检测项目	必备检测参数	可选检测参数
七	市政工程材料	5	沥青混合料用粗集料、细集料、矿粉、木质素纤维	粗集料：压碎值、洛杉矶磨耗损失、表观相对密度、吸水率、沥青黏附性、颗粒级配	坚固性、软弱颗粒或软石含量、磨光值、针片状颗粒含量、＜0.075mm颗粒含量
				细集料：表观相对密度、砂当量、颗粒级配	棱角性、坚固性、含泥量、亚甲蓝值
				矿粉：表观相对密度、亲水系数、塑性指数、加热安定性、筛分、含水率	—
				木质素纤维：长度、灰分含量、吸油率	pH、含水率
		6	沥青混合料	马歇尔稳定度、流值、矿料级配、油石比、密度	动稳定度、残留稳定度、冻融劈裂强度比、配合比设计
		7	路面砖及路	缘石抗压强度、抗折强度、防滑性能、耐磨性	抗冻性、透水系数、吸水率 、抗盐冻性
		8	检查井盖、水箅、混凝土模块、防撞墩、隔离墩	抗压强度、试验荷载、残余变形	—
		9	水泥	凝结时间、安定性、胶砂强度、氯离子含量	保水率、氧化镁含量、碱含量、三氧化硫含量
		10	骨料、集料	细骨料：颗粒级配、含泥量、泥块含量、亚甲蓝值与石粉含量（人工砂）、压碎指标（人工砂）、氯离子含量	表观密度、吸水率、坚固性、碱活性、硫化物和硫酸盐含量、轻物质含量、有机物含量、贝壳含量
				粗骨料：颗粒级配、含泥量、泥块含量、压碎值指标、针片状颗粒含量	坚固性、碱活性、表观密度、堆积密度、空隙率
				轻集料	筒压强度、堆积密度、吸水率、粒型系数、筛分析
		11	钢筋（含焊接与机械连接）	屈服强度、抗拉强度、断后伸长率、最大力下总延伸率、反向弯曲、重量偏差、残余变形	弯曲性能
		12	外加剂	减水率、pH、密度（或细度）、抗压强度比、凝结时间（差）、含气量、固体含量（或含水率）、限制膨胀率、泌水率比、氯离子含量	相对耐久性指标、含气量1h经时变化量（坍落度、含气量）、硫酸钠含量、收缩率比、碱含量

续表

序号	检测专项	编号	检测项目	必备检测参数	可选检测参数
七	市政工程材料	13	砂浆	抗压强度、稠度、保水率、拉伸粘接强度（抹灰、砌筑）	分层度、配合比设计、凝结时间、抗渗性能
		14	混凝土	抗压强度、抗渗等级、坍落度、氯离子含量	限制膨胀率、抗冻性能、表观密度、含气量、凝结时间、抗折强度、劈裂抗拉强度、静力受压弹性模量、抑制碱一骨料反应有效性、碱含量、配合比设计
		15	防水材料及防水密封材料	防水卷材：可溶物含量、拉力、延伸率（或最大力时延伸率）、低温柔度、热老化后低温柔度、不透水性、耐热度、断裂拉伸强度、断裂伸长率、撕裂强度	胶粘剂：剪切性能、剥离性能 胶粘带：剪切性能、剥离性能 防水卷材：接缝剥离强度、搭接缝不透水性
				透水性防水涂料：固体含量、拉伸强度、耐热性、低温柔性、不透水性、断裂伸长率	涂膜抗渗性、浸水168h后拉伸强度、浸水168h后断裂伸长率、耐水性、抗压强度、抗折强度、粘结强度、抗渗性
				防水密封材料及其他防水材料：—	耐热性、低温柔性、拉伸粘结性、施工度、表干时间、挤出性、弹性恢复率、浸水后定伸粘结性、流动性、单位面积质量、膨润土膨胀指数、渗透系数、滤失量、拉伸强度、撕裂强度、硬度、7d膨胀率、最终膨胀率、耐水性、体积膨胀倍率、压缩永久变形、低温弯折、剥离强度、浸水168h后的剥离强度保持率、拉力、延伸率、固体含量、7d粘结强度、7d抗渗性、拉伸模量、定伸粘结性、断裂伸长率
		16	水	氯离子含量	pH、硫酸根离子含量、不溶物含量、可溶物含量、凝结时间差、抗压强度比、碱含量
		17	石灰*	—	有效氧化钙和氧化镁含量、氧化镁含量、未消化残渣含量、含水率、细度
		18	石材*	—	干燥压缩强度、水饱和压缩强度、干燥弯曲强度、水饱和弯曲强度、体积密度、吸水率
		19	螺栓、锚具夹具及连接器*	—	抗滑移系数、外观质量、尺寸、静载锚固性能、疲劳荷载性能、硬度、紧固轴力、扭矩系数、最小拉力载荷（普通紧固件）

续表

序号	检测专项	编号	检测项目	必备检测参数	可选检测参数
八	道路工程	1	沥青混合料路面	厚度、压实度、弯沉值	平整度、渗水系数、抗滑性能
		2	基层及底基层	厚度、压实度、弯沉值	平整度、无侧限抗压强度
		3	土路基	弯沉值、压实度	土基回弹模量
		4	排水管道工程*	—	地基承载力、回填土压实度、背后土体密实性、严密性试验
		5	水泥混凝土路面*	—	平整度、构造深度、厚度
九	桥梁与地下工程	1	桥梁结构与构件	静态应变（应力）、动态应变（应力）、位移、模态参数（频率、振型、阻尼比）、索力、承载能力、桥梁线形、动态挠度、静态挠度、结构尺寸、轴线偏位、竖直度、混凝土强度（回弹法/钻芯法/回弹-钻芯综合法/超声回弹综合法等）、混凝土碳化深度、钢筋位置及保护层厚度、氯离子含量	外观质量、内部缺陷、预应力孔道摩阻损失、有效预应力、孔道压浆密实性、风速、温度、加速度、速度、冲击性能、混凝土电阻率、钢筋锈蚀状况
		2	隧道主体结构	断面尺寸、锚杆拉拔力、衬砌厚度、衬砌及背后密实状况、墙面平整度、钢筋网格尺寸、锚杆长度、锚杆锚固密实度、管片几何尺寸、错台、椭圆度、混凝土强度（回弹法/钻芯法/回弹-钻芯综合法/超声回弹综合法等）、钢筋位置及保护层厚度	外观质量、内部缺陷、衬砌内钢筋间距、仰拱厚度、渗漏水、钢筋锈蚀状况
		3	桥梁及附属物*	—	桥面系外观质量、桥梁上部外观质量、桥梁下部外观质量、桥梁附属设施外观质量
		4	桥梁支座*	—	外观质量、内在质量、竖向压缩变形、抗压弹性模量、极限抗压强度、盆环径向变形、抗剪弹性模量、抗剪粘结性能、抗剪老化、承载力、摩擦系数、转动性能、尺寸偏差、转角试验
		5	桥梁伸缩装置*	—	外观质量、尺寸偏差、焊缝尺寸、焊缝探伤、涂层附着力、涂层厚度、橡胶密封带夹持性能、装配公差、变形性能、防水性能、承载性能

续表

序号	检测专项	编号	检测项目	必备检测参数	可选检测参数
九	桥梁与地下工程	6	隧道环境*	—	照度、噪声、风速、一氧化碳浓度、二氧化碳浓度、二氧化硫浓度、氧浓度、一氧化氮浓度、二氧化氮浓度、瓦斯浓度、硫化氢浓度、烟尘浓度
		7	人行天桥及地下通道*	—	自振频率、桥面线形、地基承载力、变形缝质量、防水层的缝宽和搭接长度、尺寸、栏杆水平推力
		8	综合管廊主体结构*	—	断面尺寸、衬砌厚度、衬砌密实性、墙面平整度、衬砌内钢筋间距、混凝土强度（回弹法/钻芯法/回弹-钻芯综合法/超声回弹综合法等）、钢筋保护层厚度、钢筋锈蚀状况
		9	涵洞主体结构*	—	外观质量、地基承载力、回填土压实度、混凝土强度（回弹法/钻芯法/回弹-钻芯综合法/超声回弹综合法等）、钢筋保护层厚度、断面尺寸、接缝宽度、错台、钢筋锈蚀状况

备注：带“*”的检测项目为本专项资质的可选检测项目。

附录O：《市场监管总局关于进一步推进检验检测机构资质认定改革工作的意见》

（国市监检测〔2019〕206号）

各省、自治区、直辖市及新疆生产建设兵团市场监管局（厅、委）：

为深入贯彻“放管服”改革要求，认真落实“证照分离”工作部署，进一步推进检验检测机构资质认定改革，创新完善检验检测市场监管体制机制，优化检验检测机构准入服务，加强事中事后监管，营造公平竞争、健康有序的检验检测市场营商环境，充分激发检验检测市场活力，现就有关事项提出如下意见。

一、主要改革措施

（一）依法界定检验检测机构资质认定范围，逐步实现资质认定范围清单管理。

1. 法律、法规未明确规定应当取得检验检测机构资质认定的，无需取得资质认定。对于仅从事科研、医学及保健、职业卫生技术评价服务、动植物检疫以及建设工程质量鉴定、房屋鉴定、消防设施维护保养检测等领域的机构，不再颁发资质认定证书。已取得资质认定证书的，有效期内不再受理相关资质认定事项申请，不再延续资质认定证书有效期。

2. 法律、行政法规对检验检测机构资质管理另有规定的，应当按照国务院有关要求实施检验检测机构资质认定，避免相同事项的重复认定、评审。

（二）试点推行告知承诺制度。

在检验检测机构资质认定工作中，对于检验检测机构能够自我承诺符合告知的法定资质认定条件，市场监管总局和省级市场监管部门通过事中事后予以核查纠正的许可事项，采取告知承诺方式实施资质认定。具体工作按照国务院有关要求和市场监管总局制定的《检验检测机构资质认定告知承诺实施办法（试行）》（见附件）实施。

市场监管总局负责的检验检测机构资质认定事项和省级市场监管部门负责的涉及本行政区域内自由贸易试验区检验检测机构资质认定事项，先行试点实施告知承诺制度。根据试点工作情况，待条件成熟后，在全国范围内推行。

（三）优化准入服务，便利机构取证。

1. 检验检测机构申请延续资质认定证书有效期时，对于上一许可周期内无违法违规行为，未列入失信名单，并且申请事项无实质变化的，市场监管总局和省级市场监管部门可以采取形式审查方式，对于符合要求的，予以延续资质认定证书有效期，无需实施现场评审。

2. 检验检测机构申请无需现场确认的机构法定代表人、最高管理者、技术负责人、授权签字人等人员变更或者无实质变化的有关标准变更时，可以自我声明符合资质认定相关要求，并向市场监管总局或者省级市场监管部门报备。

3. 对于选择一般资质认定程序的，许可时限压缩四分之一，即：15 个工作日内作出许可决定、7 个工作日内颁发资质认定证书；全面推行检验检测机构资质认定网上许可系统，逐步实现申请、许可、发证全过程电子化。

（四）整合检验检测机构资质认定证书，实现检验检测机构“一家一证”。

1. 逐步取消检验检测机构以授权名称取得的资质认定证书，以在机构实体取得的资质认定证书上背书的形式保留其授权名称；检验检测机构与其依法设立的分支机构实行统一质量体系管理的，按照机构自愿申请原则，试点推行证书“一体化”管理，资质认定证书附分支机构地点以及检验检测能力。

2. 检验检测机构具有的检验检测基本条件、技术能力、资质认定信息等相关内容统一接入对外公布的全国检验检测机构大数据平台，纳入全国检验检测服务业统计工作。

二、抓好相关落实工作

（一）加强组织领导，做好宣传培训、指导工作。

各省级市场监管部门要高度重视资质认定改革工作，积极组织做好相关改革措施的宣传、解读工作。加强相关资质认定工作人员和监管人员培训，加快完善网上许可系统、信息系统建设，确保资质认定改革工作顺利推进。

（二）坚持依法推进，切实履职到位。

各省级市场监管部门要依法推进检验检测机构资质认定相关改革措施，切实履行相关职责，充分释放改革红利。积极配合市场监管总局做好相关法律法规立法协调和修订工作，不断完善法制保障。

（三）加强事中事后监管，落实主体责任。

各省级市场监管部门要全面落实“双随机、一公开”监管要求，对社会关注度高、风险等级高、投诉举报多、暗访问题多的领域实施重点监管，加大抽查比例，严查伪造、出具虚假检验检测数据和结果等违法行为；积极运用信用监管手段，逐步完善“互联网＋监管”系统，落实检验检测机构主体责任和相关产品质量连带责任；对以告知承诺方式取得资质认定的机构承诺的真实性进行重点核查，发现虚假承诺或者承诺严重不实的，应当撤销相应资质认定事项，予以公布并记入其信用档案。

本意见规定的相关改革事项自2019年12月1日起施行。

附件：检验检测机构资质认定告知承诺实施办法（试行）

市场监管总局

2019年10月24日

附件

检验检测机构资质认定告知承诺实施办法（试行）

第一条 为进一步简政放权、优化检验检测市场营商环境，完善检验检测机构资质认定管理制度，提高检验检测机构资质认定审批效率，依照《国务院关于在全国推开“证照分离”改革的通知》、《检验检测机构资质认定管理办法》等相关规定，制定本办法。

第二条 本办法所称的告知承诺，是指检验检测机构提出资质认定申请，国家市场监督管理总局或者省级市场监督管理部门（以下统称资质认定部门）一次性告知其所需资质认定条件和要求以及相关材料，检验检测机构以书面形式承诺其符合法定条件和技术能力要求，由资质认定部门作出资质认定决定的方式。

第三条 检验检测机构首次申请资质认定、申请延续资质认定证书有效期、增加检验检测项目、检验检测场所变更时，可以选择以告知承诺方式取得相应资质认定。特殊食品、医疗器械检验检测除外。

第四条 国家市场监督管理总局负责检验检测机构资质认定告知承诺统一管理、组织实施、后续核查监督工作。

各省级市场监督管理部门负责实施所辖区域内检验检测机构资质认定告知承诺、后续核查监督工作。

第五条 对实行检验检测机构资质认定告知承诺的事项，资质认定部门应当向申请机构告知下列内容：

（一）资质认定事项所依据的主要法律、法规、规章的名称和相关条款；

（二）检验检测机构应当具备的条件和技术能力要求；

（三）需要提交的相关材料；

（四）申请机构作出虚假承诺或者承诺内容严重不实的法律后果；

（五）资质认定部门认为应当告知的其他内容。

第六条 申请机构愿意作出承诺的，应当对下列内容作出承诺：

（一）所填写的相关信息真实、准确；

（二）已经知悉资质认定部门告知的全部内容；

（三）本机构能够符合资质认定部门告知的条件和技术能力要求，并按照规定接受后续核查；

（四）本机构能够提交资质认定部门告知的相关材料；

（五）愿意承担虚假承诺或者承诺内容严重不实所引发的相应法律责任；

（六）所作承诺是本机构的真实意思表示。

第七条　对实行检验检测机构资质认定告知承诺的事项，应当由资质认定部门提供告知承诺书。告知承诺书文本式样（见附件）由国家市场监督管理总局统一制定。

资质认定部门应当在其政务大厅或者网站上公示告知承诺书，便于检验检测机构索取或者下载。

第八条　检验检测机构可以通过登录资质认定部门网上审批系统或者现场提交加盖机构公章的告知承诺书以及符合要求的相关申请材料，资质认定部门应当自收到机构申请之日起 5 个工作日内作出是否受理的决定，告知承诺书和相关申请材料不齐全或者不符合法定形式的，资质认定部门应当一次性告知申请机构需要补正的全部内容。

告知承诺书一式两份，由资质认定部门和申请机构各自留档保存，鼓励申请机构主动公开告知承诺书。

第九条　申请机构在规定时间内提交的申请材料齐全、符合法定形式的，资质认定部门应当当场作出资质认定决定。

资质认定部门应当自作出资质认定决定之日起 7 个工作日内，向申请机构颁发资质认定证书。

第十条　资质认定部门作出资质认定决定后，应当在 3 个月内组织相关人员按照《检验检测机构资质认定管理办法》有关技术评审管理的规定以及评审准则的相关要求，对机构承诺内容是否属实进行现场核查，并作出相应核查判定；对于机构首次申请或者检验检测项目涉及强制性标准、技术规范的，应当及时进行现场核查。

现场核查人员应当在规定时限内出具现场核查结论，并对其承担的核查工作和核查结论的真实性、符合性负责，依法承担相应法律责任。

第十一条　对于机构作出虚假承诺或者承诺内容严重不实的，由资质认定部门依照《行政许可法》的相关规定撤销资质认定证书或者相应资质认定事项，并予以公布。

被资质认定部门依法撤销资质认定证书或者相应资质认定事项的检验检测机构，其基于本次行政许可取得的利益不受保护，对外出具的相关检验检测报告不具有证明作用，并承担因此引发的相应法律责任。

第十二条　对于检验检测机构作出虚假承诺或者承诺内容严重不实的，由资质认定部门记入其信用档案，该检验检测机构不再适用告知承诺的资质认定方式。

第十三条　以告知承诺方式取得资质认定的检验检测机构发生违法违规行为的，依照法律法规的相关规定，予以处理。

第十四条　资质认定部门工作人员在实施告知承诺工作中存在滥用职权、玩忽职守、徇私舞弊行为的，依照相关法律法规的规定，予以处理。

第十五条　对实行告知承诺的相关资质认定事项，检验检测机构不选择告知承诺方式的，资质认定部门应当依照《检验检测机构资质认定管理办法》的有关规定实施资质认定。

第十六条 本办法由国家市场监督管理总局负责解释。

第十七条 本办法自2019年12月1日起施行。

附件

检验检测机构资质认定告知承诺书

本机构就申请审批的资质认定事项，作出下列承诺：

（一）所填写的相关信息真实、准确；

（二）已经知悉资质认定部门告知的全部内容；

（三）本机构能够符合资质认定部门告知的条件和技术能力要求，并按照规定接受后续核查；

（四）本机构能够提交资质认定部门告知的相关材料；

（五）愿意承担虚假承诺、承诺内容严重不实所引发的相应法律责任；

（六）所作承诺是本机构的真实意思表示。

法定代表人签字：

（申请机构盖章）

年 月 日

（一式两份）

资质认定部门的告知内容

一、审批依据

本行政审批事项的依据为：

1.《中华人民共和国计量法》第二十二条规定：为社会提供公证数据的产品质量检验机构，必须经省级以上人民政府计量行政部门对其计量检定、测试的能力和可靠性考核合格。

2.《中华人民共和国计量法实施细则》第二十九条规定：为社会提供公证数据的产品质量检验机构，必须经省级以上人民政府计量行政部门计量认证。

3.《中华人民共和国认证认可条例》第十六条规定：向社会出具具有证明作用的数据和结果的检查机构、实验室，应当具备有关法律、行政法规规定的基本条件和能力，并依法经认定后，方可从事相应活动，认定结果由国务院认证认可监督管理部门公布。

4.《中华人民共和国食品安全法》第八十四条规定：食品检验机构按照国家有关认证认可的规定取得资质认定后，方可从事食品检验活动。

5.《检验检测机构资质认定管理办法》。

二、申请条件

申请机构应当符合《中华人民共和国计量法实施细则》第三十条和《检验检测机构资

质认定管理办法》第二章规定的条件，且近2年内未因检验检测违法违规行为受到行政处罚（首次申请机构除外）。

三、应当提交的申请材料

根据审批依据和法定条件，申请机构应当根据申请类型提交相应材料：

（一）首次、延续证书申请材料目录

1. 检验检测机构资质认定申请书；

2. 典型检测报告；

3. 法人证照（营业执照或者登记/注册证书；非法人检验检测机构需提供检验检测机构批文、所属法人单位营业执照或者登记/注册证书、法人授权文件和最高管理者的任命文件）；

4. 固定场所文件；

5. 授权签字人的相关材料；

6.《检验检测机构资质认定告知承诺书》。

（二）检验检测场所变更申请材料目录

1. 检验检测机构资质认定申请书；

2. 场所变更后的法人证照（营业执照或者登记/注册证书）；

3. 固定场所文件；

4.《检验检测机构资质认定告知承诺书》。

（三）增加检验检测项目申请材料目录

1. 检验检测机构资质认定申请书；

2. 增加检验检测项目领域典型检测报告；

3. 相关固定场所文件；

4. 授权签字人的相关材料；

5.《检验检测机构资质认定告知承诺书》。

四、告知承诺的办理程序

申请机构选择告知承诺方式的，应向资质认定部门提交签章后的告知承诺书原件（一式二份）及相关申请材料。

资质认定部门应当按照《检验检测机构资质认定告知承诺实施办法（试行）》相关规定实施审批。

资质认定部门将在作出准予资质认定决定后3个月内，按照《检验检测机构资质认定管理办法》关于技术评审管理的相关规定对申请机构的承诺内容是否属实进行现场核查。

五、监督和法律责任

对于申请机构作出虚假承诺或者承诺内容严重不实的，由资质认定部门依照《行政许可法》的相关规定撤销许可决定，并予以公布。被资质认定部门依法撤销许可决定的检验检测机构，其基于本次行政许可取得的利益不受保护，对外出具的相关检验检测报告不具有证明作用，并承担因此引发的相应法律责任。

以告知承诺方式取得资质认定的检验检测机构发生其他违法违规行为，依照法律法规的相关规定，予以处理。

六、诚信管理

检验检测机构作出虚假承诺、承诺内容严重不实的，由资质认定部门记入其信用档案，该检验检测机构不再适用告知承诺的资质认定方式。

附录 P:《房屋建筑和市政基础设施工程质量检测技术管理规范》GB 50618—2011（条文摘要）

1 总 则

1.0.1 为加强建设工程质量检测管理，规范建设工程质量检测技术活动，保证检测工作质量，制定本规范。

1.0.2 本规范适用于房屋建筑工程和市政基础设施工程有关建筑材料、工程实体质量检测活动的技术管理。

1.0.3 建设工程质量检测技术管理除应符合本规范外，尚应符合国家现行有关标准的规定。

2 术 语

2.0.1 工程质量检测 testing for quality of construction engineering

按照相关规定的要求，采用试验、测试等技术手段确定建设工程的建筑材料、工程实体质量特性的活动。

2.0.2 工程质量检测机构 testing services for quality of construction engineering

具有法人资格，并取得相应资质，对社会出具工程质量检测数据或检测结论的机构。

2.0.3 检测人员 testing personnel

经建设主管部门或其委托有关机构的考核，从事检测技术管理和检测操作人员的总称。

2.0.4 检测设备 testing equipment

在检测工作中使用的、影响对检测结果作出判断的计量器具、标准物质以及辅助仪器设备的总称。

2.0.5 见证人员 witnesses

具备相关检测专业知识，受建设单位或监理单位委派，对检测试件的取样、制作、送检及现场工程实体检测过程真实性、规范性见证的技术人员。

2.0.6 见证取样 witness sampling

在见证人员见证下，由取样单位的取样人员，对工程中涉及结构安全的试块、试件和建筑材料在现场取样、制作，并送至有资格的检测单位进行检测的活动。

2.0.7 见证检测 witness test

在见证人员见证下，检测机构现场测试的活动。

2.0.8 鉴定检测 appraisal test

为建设工程结构性能可靠性鉴定（包括安全性鉴定和正常使用性鉴定）提供技术评估依据进行测试的活动。

2.0.9 工程检测管理信息系统　information management system of testing for construction engineering

利用计算机技术、网络通信技术等信息化手段，对工程质量检测信息进行采集、处理、存储、传输的管理系统。

3 基 本 规 定

3.0.1 建设工程质量检测应执行国家现行有关技术标准。

3.0.2 建设工程质量检测机构（以下简称检测机构）应取得建设主管部门颁发的相应资质证书。

3.0.3 检测机构必须在技术能力和资质规定范围内开展检测工作。

3.0.4 检测机构应对出具的检测报告的真实性、准确性负责。

3.0.5 对实行见证取样和见证检测的项目，不符合见证要求的，检测机构不得进行检测。

3.0.6 检测机构应建立完善的管理体系，并增强纠错能力和持续改进能力。

3.0.7 检测机构的技术能力（检测设备及技术人员配备）应符合本规范附录A中各相应专业检测项目的配备要求。

3.0.8 检测机构应采用工程检测管理信息系统，提高检测管理效果和检测工作水平。

3.0.9 检测机构应建立检测档案及日常检测资料管理制度。

3.0.10 检测应按有关标准的规定留置已检试件。有关标准留置时间无明确要求的，留置时间不应少于72h。

3.0.11 建设工程质量检测应委托具有相应资质的检测机构进行检测。

3.0.12 施工单位应根据工程施工质量验收规范和检测标准的要求编制检测计划，并应做好检测取样、试件制作、养护和送检等工作。

3.0.13 检测试件的提供方应对试件取样的规范性、真实性负责。

4 检 测 机 构 能 力

4.1 检 测 人 员

4.1.1 检测机构应配备能满足所开展检测项目要求的检测人员。

4.1.2 检测机构检测项目的检测技术人员配备应符合本规范附录A的规定，并宜按附录B的要求设立相应的技术岗位。

4.1.3 检测机构的技术负责人、质量负责人、检测项目负责人应具有工程类专业中级及其以上技术职称，掌握相关领域知识，具有规定的工作经历和检测工作经验。检测报告批准人、检测报告审核人应经检测机构技术负责人授权，掌握相关领域知识，并具有规定的工作经历和检测工作经验。

4.1.4 检测机构室内检测项目持有岗位证书的操作人员不得少于2人；现场检测项目持有岗位证书的操作人员不得少于3人。

4.1.5 检测操作人员应经技术培训、通过建设主管部门或委托有关机构的考核，方可从事检测工作。

4.1.6 检测人员应及时更新知识，按规定参加本岗位的继续教育。继续教育的学时应符合国家相关要求。

4.1.7 检测人员岗位能力应按规定定期进行确认。

4.2 检 测 设 备

4.2.1 检测机构应配备能满足所开展检测项目要求的检测设备。

4.2.2 检测机构检测项目的检测设备配备应符合本规范附录A的规定，并宜分为A、B、C三类，分类管理。具体分类宜符合本规范附录C的要求。

4.2.3 A类检测设备的范围宜符合本规范附录C第C.0.1条的规定，并应符合下列规定：

1 本单位的标准物质（如果有时）；

2 精密度高或用途重要的检测设备；

3 使用频繁，稳定性差，使用环境恶劣的检测设备。

4.2.4 B类检测设备的范围宜符合本规范附录C第C.0.2条的规定，并应符合下列要求：

1 对测量准确度有一定的要求，但寿命较长、可靠性较好的检测设备；

2 使用不频繁，稳定性比较好，使用环境较好的检测设备。

4.2.5 C类检测设备的范围宜符合本规范附录C第C.0.3条的规定，并应符合下列要求：

1 只用作一般指标，不影响试验检测结果的检测设备；

2 准确度等级较低的工作测量器具。

4.2.6 A类、B类检测设备在启用前应进行首次校准或检测。

4.2.7 检测设备的校准或检测应送至具有校准或检测资格的实验室进行校准或检测。

4.2.8 A类检测设备的校准或检测周期应根据相关技术标准和规范的要求，检测设备出厂技术说明书等，并结合检测机构实际情况确定。

4.2.9 B类检测设备的校准或检测周期应根据检测设备使用频次、环境条件、所需的测量准确度，以及由于检测设备发生故障所造成的危害程度等因素确定。

4.2.10 检测机构应制定A类和B类检测设备的周期校准或检测计划，并按计划执行。

4.2.11 C类检测设备首次使用前应进行校准或检测，经技术负责人确认，可使用至报废。

4.2.12 检测设备的校准或检测结果应由检测项目负责人进行管理。

4.2.13 检测机构自行研制的检测设备应经过检测验收，并委托校准单位进行相关参数的校准，符合要求后方可使用。

4.2.14 检测机构的所有设备均应标有统一的标识，在用的检测设备均应标有校准或检测有效期的状态标识。

4.2.15 检测机构应建立检测设备校准或检测周期台账，并建立设备档案，记录检测设备技术条件及使用过程的相关信息。

4.2.16 检测机构对大型的、复杂的、精密的检测设备应编制使用操作规程。

4.2.17 检测机构应对主要检测设备作好使用记录，用于现场检测的设备还应记录领用、归还情况。

4.2.18 检测机构应建立检测设备的维护保养、日常检查制度，并作好相应记录。

4.2.19 当检测设备出现下列情况之一时，应进行校准或检测：

1 可能对检测结果有影响的改装、移动、修复和维修后；

2 停用超过校准或检测有效期后再次投入使用；

3 检测设备出现不正常工作情况；

4 使用频繁或经常携带运输到现场的，以及在恶劣环境下使用的检测设备。

4.2.20 当检测设备出现下列情况之一时，不得继续使用：

1 当设备指示装置损坏、刻度不清或其他影响测量精度时；

2 仪器设备的性能不稳定，漂移率偏大时；

3 当检测设备出现显示缺损或按键不灵敏等故障时；

4 其他影响检测结果的情况。

4.3 检 测 场 所

4.3.1 检测机构应具备所开展检测项目相适应的场所。房屋建筑面积和工作场地均应满足检测工作需要，并应满足检测设备布局及检测流程合理的要求。

4.3.2 检测场所的环境条件等应符合国家现行有关标准的要求，并应满足检测工作及保证工作人员身心健康的要求。对有环境要求的场所应配备相应的监控设备，记录环境条件。

4.3.3 检测场所应合理存放有关材料、物质，确保化学危险品、有毒物品、易燃易爆等物品安全存放；对检测工作过程中产生的废弃物、影响环境条件及有毒物质等的处置，应符合环境保护和人身健康、安全等方面的相关规定，并应有相应的应急处理措施。

4.3.4 检测工作场所应有明显标识，与检测工作无关的人员和物品不得进入检测工作场所。

4.3.5 检测工作场所应有安全作业措施和安全预案，确保人员、设备及被检测试件的安全。

4.3.6 检测工作场所应配备必要的消防器材，存放于明显和便于取用的位置，并应有专人负责管理。

4.4 检 测 管 理

4.4.1 检测机构应执行国家现行有关管理制度和技术标准，建立检测技术管理体系，并按管理体系运行。

4.4.2 检测机构应建立内部审核制度，发现技术管理中的不足并进行改正。

4.4.3 检测机构的检测管理信息系统，应能对工程检测活动各阶段中产生的信息进行采集、加工、储存、维护和使用。

4.4.4 检测管理信息系统宜覆盖全部检测项目的检测业务流程，并宜在网络环境下运行。

4.4.5 检测机构管理信息系统的数据管理应采用数据库管理系统，应确保数据存储与传输安全、可靠；并应设置必要的数据接口，确保系统与检测设备或检测设备与有关信息网络系统的互联互通。

4.4.6 应用软件应符合软件工程的基本要求，应经过相关机构的评审鉴定，满足检测功能要求，具备相应的功能模块，并应定期进行论证。

4.4.7 检测机构应设专人负责信息化管理工作，管理信息系统软件功能应满足相关检测项目所涉及工程技术规范的要求，技术规范更新时，系统应及时升级更新。

4.4.8 检测机构宜按规定定期向建设主管部门报告以下主要技术工作：

1 按检测业务范围进行检测的情况；

2 遵守检测技术条件（包括实验室技术能力和检测程序等）的情况；

3 执行检测法规及技术标准的情况；

4 检测机构的检测活动，包括工作行为、人员资格、检测设备及其状态、设施及环境条件、检测程序、检测数据、检测报告等；

5 按规定报送统计报表和有关事项。

4.4.9 检测机构应定期作比对试验，当地管理部门有要求的，并应按要求参加本地区组织的能力验证。

4.4.10 检测机构严禁出具虚假检测报告。凡出现下列情况之一的应判定为虚假检测报告：

1 不按规定的检测程序及方法进行检测出具的检测报告；

2 检测报告中数据、结论等实质性内容被更改的检测报告；

3 未经检测就出具的检测报告；

4 超出技术能力和资质规定范围出具的检测报告。

5 检 测 程 序

5.1 检 测 委 托

5.1.1 建设工程质量检测应以工程项目施工进度或工程实际需要进行委托，并应选择具有相应检测资质的检测机构。

5.1.2 检测机构应与委托方签订检测书面合同，检测合同应注明检测项目及相关要求。需要见证的检测项目应确定见证人员。检测合同主要内容宜符合本规范附录D的规定。

5.1.3 检测项目需采用非标准方法检测时，检测机构应编制相应的检测作业指导书，并应在检测委托合同中说明。

5.1.4 检测机构对现场工程实体检测应事前编制检测方案，经技术负责人批准；对鉴定检测、危房检测，以及重大、重要检测项目和为有争议事项提供检测数据的检测方案应取得委托方的同意。

5.2 取 样 送 检

5.2.1 建筑材料的检测取样应由施工单位、见证单位和供应单位根据采购合同或有关技术标准的要求共同对样品的取样、制样过程、样品的留置、养护情况等进行确认，并应做好试件标识。

5.2.2 建筑材料本身带有标识的，抽取的试件应选择有标识的部分。

5.2.3 检测试件应有清晰的、不易脱落的唯一性标识。标识应包括制作日期、工程部位、设计要求和组号等信息。

5.2.4 施工过程有关建筑材料、工程实体检测的抽样方法、检测程序及要求等应符合国家现行有关工程质量验收规范的规定。

5.2.5 既有房屋、市政基础设施现场工程实体检测的抽样方法、检测程序及要求等应符合国家现行有关标准的规定。

5.2.6　现场工程实体检测的构件、部位、检测点确定后，应绘制测点图，并应经技术负责人批准。

5.2.7　实行见证取样的检测项目，建设单位或监理单位确定的见证人员每个工程项目不得少于 2 人，并应按规定通知检测机构。

5.2.8　见证人员应对取样的过程进行旁站见证，作好见证记录。见证记录应包括下列主要内容：

1　取样人员持证上岗情况；

2　取样用的方法及工具模具情况；

3　取样、试件制作操作的情况；

4　取样各方对样品的确认情况及送检情况；

5　施工单位养护室的建立和管理情况；

6　检测试件标识情况。

5.2.9　检测收样人员应对检测委托单的填写内容、试件的状况以及封样、标识等情况进行检查，确认无误后，在检测委托单上签收。

5.2.10　试件接受应按年度建立台账，试件流转单应采取盲样形式，有条件的可使用条形码技术等。

5.2.11　检测机构自行取样的检测项目应作好取样记录。

5.2.12　检测机构对接收的检测试件应有符合条件的存放设施，确保样品的正确存放、养护。

5.2.13　需要现场养护的试件，施工单位应建立相应的管理制度，配备取样、制样人员，及取样、制样设备及养护设施。

5.3　检　测　准　备

5.3.1　检测机构的收样及检测试件管理人员不得同时从事检测工作，并不得将试件的信息泄露给检测人员。

5.3.2　检测人员应校对试件编号和任务流转单的一致性，保证与委托单编号、原始记录和检测报告相关联。

5.3.3　检测人员在检测前应对检测设备进行核查，确认其运作正常。数据显示器需要归零的应在归零状态。

5.3.4　试件对贮存条件有要求时，检测人员应检查试件在贮存期间的环境条件符合要求。

5.3.5　对首次使用的检测设备或新开展的检测项目以及检测标准变更的情况，检测机构应对人员技能、检测设备、环境条件等进行确认。

5.3.6　检测前应确认检测人员的岗位资格，检测操作人员应熟识相应的检测操作规程和检测设备使用、维护技术手册等。

5.3.7　检测前应确认检测依据、相关标准条文和检测环境要求，并将环境条件调整到操作要求的状况。

5.3.8　现场工程实体检测应有完善的安全措施。检测危险房屋时还应对检测对象先进行勘察，必要时应先进行加固。

5.3.9　检测人员应熟悉检测异常情况处理预案。

5.3.10 检测前应确认检测方法标准，确认原则应符合下列规定：

1 有多种检测方法标准可用时，应在合同中明确选用的检测方法标准；

2 对于一些没有明确的检测方法标准或有地区特点的检测项目，其检测方法标准应由委托双方协商确定。

5.3.11 检测委托方应配合检测机构做好检测准备，并提供必要的条件。按时提供检测试件，提供合理的检测时间，现场工程实体检测还应提供相应的配合等。

5.4 检测操作

5.4.1 检测应严格按照经确认的检测方法标准和现场工程实体检测方案进行。

5.4.2 检测操作应由不少于2名持证检测人员进行。

5.4.3 检测原始记录应在检测操作过程中及时真实记录，检测原始记录应采用统一的格式。原始记录的内容应符合下列规定：

1 试验室检测原始记录内容宜符合本规范附录E第E.0.1条的规定；

2 现场工程实体检测原始记录内容宜符合本规范附录E第E.0.2条的规定。

5.4.4 检测原始记录笔误需要更正时，应由原记录人进行杠改，并在杠改处由原记录人签名或加盖印章。

5.4.5 自动采集的原始数据当因检测设备故障导致原始数据异常时，应予以记录，并应由检测人员作出书面说明，由检测机构技术负责人批准，方可进行更改。

5.4.6 检测完成后应及时进行数据整理和出具检测报告，并应做好设备使用记录及环境、检测设备的清洁保养工作。对已检试件的留置处理除应符合本规范第3.0.10条的规定外尚应符合下列规定：

1 已检试件留置应与其他试件有明显的隔离和标识；

2 已检试件留置应有唯一性标识，其封存和保管应由专人负责；

3 已检试件留置应有完整的封存试件记录，并分类、分品种有序摆放，以便于查找。

5.4.7 见证人员对现场工程实体检测进行见证时，应对检测的关键环节进行旁站见证，现场工程实体检测见证记录内容应包括下列主要内容：

1 检测机构名称、检测内容、部位及数量；

2 检测日期、检测开始、结束时间及检测期间天气情况；

3 检测人员姓名及证书编号；

4 主要检测设备的种类、数量及编号；

5 检测中异常情况的描述记录；

6 现场工程检测的影像资料；

7 见证人员、检测人员签名。

5.4.8 现场工程实体检测活动应遵守现场的安全制度，必要时应采取相应的安全措施。

5.4.9 现场工程实体检测时应有环保措施，对环境有污染的试剂、试材等应有预防撒漏措施，检测完成后应及时清理现场并将有关用后的残剩试剂、试材、垃圾等带走。

5.5 检测报告

5.5.1 检测项目的检测周期应对外公示，检测工作完成后，应及时出具检测报告。

5.5.2 检测报告宜采用统一的格式；检测管理信息系统管理的检测项目，应通过系统出具检测报告。检测报告内容应符合检测委托的要求，并宜符合本规范附录E第E.0.3、第E.0.4条的规定。

5.5.3 检测报告编号应按年度编号，编号应连续，不得重复和空号。

5.5.4 检测报告至少应由检测操作人签字、检测报告审核人签字、检测报告批准人签发，并加盖检测专用章，多页检测报告还应加盖骑缝章。

5.5.5 检测报告应登记后发放。登记应记录报告编号、份数、领取日期及领取人等。

5.5.6 检测报告结论应符合下列规定：

1 材料的试验报告结论应按相关材料、质量标准给出明确的判定；

2 当仅有材料试验方法而无质量标准，材料的试验报告结论应按设计要求或委托方要求给出明确的判定；

3 现场工程实体的检测报告结论应根据设计及鉴定委托要求给出明确的判定。

5.5.7 检测机构应建立检测结果不合格项目台账，并应对涉及结构安全、重要使用功能的不合格项目按规定报送时间报告工程项目所在地建设主管部门。

5.6 检测数据的积累利用

5.6.1 检测机构应对日常检测取得的数据进行积累整理。

5.6.2 检测机构应定期对检测数据统计分析。

5.6.3 检测机构应按规定向工程建设主管部门提供有关检测数据。

6 检 测 档 案

6.0.1 检测机构应建立检测资料档案管理制度，并做好检测档案的收集、整理、归档、分类编目和利用工作。

6.0.2 检测机构应建立检测资料档案室，档案室的条件应能满足纸质文件和电子文件的长期存放。

6.0.3 检测资料档案应包含检测委托合同、委托单、检测原始记录、检测报告和检测台账、检测结果不合格项目台账、检测设备档案、检测方案、其他与检测相关的重要文件等。

6.0.4 检测机构检测档案管理应由技术负责人负责，并由专（兼）职档案员管理。

6.0.5 检测资料档案保管期限，检测机构自身的资料保管期限应分为5年和20年两种。涉及结构安全的试块、试件及结构建筑材料的检测资料汇总表和有关地基基础、主体结构、钢结构、市政基础设施主体结构的检测档案等宜为20年；其他检测资料档案保管期限宜为5年。

6.0.6 检测档案可是纸质文件或电子文件。电子文件应与相应的纸质文件材料一并归档保存。

6.0.7 保管期限到期的检测资料档案销毁应进行登记、造册后经技术负责人批准。销毁登记册保管期限不应少于5年。

附录A　检测项目、检测设备及技术人员配备表

检测项目、检测设备及技术人员配备表　　表A

序号	专业	检测项目（参数）	主要设备	检测人员
1	建筑材料	① 水泥、粉煤灰的物理力学性能和化学分析	① 水泥检验设备。含胶砂搅拌机、净浆搅拌机、胶砂振实台、胶砂跳桌、稠度测定仪、安定性煮沸箱、雷氏夹测定仪、细度负压筛、抗折试验机、恒应力压力试验机和标准养护设备、凝结时间测定仪等	建筑材料专业或相关专业，大专及以上学历，达到规定的检测工作经历及检测工作经验的工程师及以上人员不少于1人；化学专业，大专及以上学历，达到规定的化学分析工作经验的工程师及以上人员不少于1人；经考核持有有效上岗证的检测人员不少于8人；检测项目（参数）较少的，可适当降低检测人员的数量，但不应少于5人
		② 建筑钢材、钢绞线锚夹具力学工艺性能和化学分析	② 300kN、600kN、1000kN拉力试验机（或液压万能试验机）、弯曲试验机、钢绞线专用夹具、洛氏硬度仪、钢材化学成分分析设备	
		③ 混凝土用骨料物理性能和有害物质检测	③ 砂、石试验用电热鼓风干燥箱、砂石筛、振筛机、压碎指标测定仪、针片状规准仪、天平、台秤、量瓶、量桶等	
		④ 砂浆、混凝土及外加剂的物理力学性能和耐久性检测	④ 混凝土搅拌机、振动台、坍落度筒、混凝土拌合物凝结时间测定仪、含气量测定仪、压力泌水率测定仪、混凝土收缩测长仪、砂浆搅拌机、混凝土抗渗仪、砂浆抗渗仪、混凝土标准养护室（湿度95%以上）、混凝土收缩养护室（湿度60±5%）、1000kN、2000kN、3000kN压力试验机、分析天平、可见光光度计、火焰光度计、酸度计、高温炉、碳硫联合分析仪、化学实验室用通风橱、洗眼器、常用玻璃器皿试剂、化学标准物质等	
		⑤ 砖、砌块的物理力学性能检测	⑤ 材料试验机、低温冰箱、电热鼓风干燥箱、蒸煮箱、收缩测定仪、碳化箱、手持应变仪、抗渗装置、砖用卡尺等	
		⑥ 沥青及沥青混合料的物理力学性能及有害物含量检测；防水卷材、涂料物理力学性能检测	⑥ 带大变形检测电子万能试验机、低温试验箱、低温弯折仪、抗穿孔仪、动态抗干不透水仪、邵氏硬度计、天平、大烘箱、实验室温湿度监控设备 沥青延度仪、针入度仪、软化点仪、旋转薄膜烘箱、闪点仪、蜡含量测定仪、马歇尔稳定度测定仪、马歇尔电动击实仪、沥青混合料搅拌机、恒温水浴箱、天平、卡尺、离心抽提仪（四流抽提仪）或燃烧炉、车辙试样成型机、自动车辙试验仪、鼓风干燥箱、100kN压力机、游标卡尺、钢直尺等	

附录

续表

序号	专业	检测项目（参数）	主要设备	检测人员
2	地基基础	① 土工试验	电子秤、烘箱、环刀、标准击实仪、千斤顶、300kN 压力机、密度测量器等	注册岩土工程师1人；达到规定检测工作经历及检测工作经验的工程师不少于2人；每个检测项目经考核持有效上岗证的人员不少于3人
		② 土工布、土工膜、排水板（带）等土工合成材料的物理力学性能检测	分析天平、游标卡尺、土工布厚度仪、等效孔径试验仪、动态穿孔试验仪、电子万能试验机、CBR顶破装置、土工合成材料渗透仪、低温试验箱、空气热老化试验箱、排水板通水量仪等	
		③ 桩（完整性、承载力、强度）、地基、成孔、基础施工监测	静载反力系统（钢梁、千斤顶、配重等），加载能力均不低于10000kN；100t、200t、300t、500t千斤顶； 高应变动测仪、不低于8t的重锤和锤架、精密水准仪、拟合法软件；低应变动测仪、不同锤重的激振锤；具有波列储存功能的非金属超声仪、两种频率的换能器；高速液压钻机、测斜仪、标准贯入试验设备及地基承载力试验设备、复合地基检测设备；张拉千斤顶；精密水准仪、经纬仪、全站仪、测斜仪、钢弦频率仪、静态电阻应变仪、孔压计、水位计等	
3	混凝土结构	回弹法检测强度、钻芯法检测强度、超声法检测缺陷、钢筋保护层厚度检测、后锚固件拉拔试验、碳纤维片正拉粘结强度试验	回弹仪、钻芯机、钢筋位置测试仪、600kN拉力试验机、1000kN拉力试验机、后锚固件拉拔仪、碳纤维片拉拔仪、结构构件变形测量仪等	达到规定检测工作经历及检测工作经验的工程师及以上技术人员不少于4人，其中1人应当具备一级注册结构工程师；每个检测项目经考核持有效上岗证的检测人员不少于3人；报告审核人、批准人为工程类相关专业工程师及以上技术人员。经考核持有效钢结构无损探伤资质证书的检测人员不少于2人
4	砌体结构	回弹法检测砌筑砂浆强度、贯入法检测砌筑砂浆强度、回弹法检测烧结普通砖强度	砂浆回弹仪、砂浆贯入仪、砖回弹仪等	
5	钢结构	无损检测（超声、射线、磁粉）、防火和防腐涂层厚度检测、节点、螺栓等连接件力学性能检测、钢结构变形测量、化学成分分析	超声探伤仪、射线探伤仪、磁粉探伤仪、600kN、1000kN拉力试验机、涡流测厚仪、电磁测厚仪、结构变形测量仪器、钢材化学成分分析设备等	
6	室内环境	空气中氡、甲醛、苯、TVOC、氨的检测、装饰有害物质含量的检测、土壤中氡浓度检测	气相色谱仪（其中应有直接进样），空气采样器，空气流量计、气压计、土壤测氡仪、紫外可见分光光度计、粒料粉磨机、低本底能谱仪，具备化学实验室的设施环境，常用器皿，常用试剂等	化学专业、本科及以上学历，工程师及以上技术人员不少于1人，经考核持有效上岗证的检测人员不少于3人

续表

序号	专业	检测项目（参数）	主要设备	检测人员
7	结构鉴定	各种结构、地基基础检测项目、建筑物变形测量、结构荷载试验	各种结构、地基基础检测项目仪器、建筑变形测量仪器、位移计、万能试验机、结构计算软件等	检测人员经考核持有效上岗证每一检测项目不少于3人；报告编写人员具备工程师及以上技术职称； 报告审核、批准人均具备高级工程师职称，其中1人具备一级注册结构工程师
8	建筑节能	① 保温材料导热系数、密度、抗压强度或压缩强度、燃烧性能（限有机保温材料），保温绝热材料的检测	量程不小于20kN电子万能试验机、导热分散测定仪、分析天平、砂浆搅拌机、分层度仪、收缩仪、标准养护箱、300kN压力试验机、低温试验箱、高温炉、漆膜冲击仪、吸水率检测用真空装置、电位滴定仪、围护结构稳态热传递检测系统、导热系数测定仪、钻芯机、电线电缆导体电阻测试仪、含（0～3300）mm全波段分光光度仪、（2500～25000）mm红外光谱仪、燃烧性能试验室等	工程师及以上技术人员1人； 经考核持有效上岗证的检测人员不少于3人
		② 外墙保温系统及其构造材料的物理力学性能检测；墙体砌块（砖）材料密度、抗压强度、构造的热阻或传热系数测定；墙体、屋面的浅色饰面材料的太阳辐射吸收系数，遮阳材料太阳光透射比、太阳光反射比检测		
		③ 围护结构实体构造的现场检测		
9	建筑幕墙、门窗及外墙面砖	① 幕墙门窗的“三性”检测、现场抽样玻璃的遮阳系数、可见光透射比、热传系数、中空玻璃露点检测、门窗保温性能检测、隔热型材的抗拉强度、抗剪强度检测等	幕墙“三性”测试系统（箱体高度≥16m，宽度≥10m，压力≥12kPa）、门窗“三性”测试系统（压力≥5.0kPa）、型材镀（涂）测厚仪、焊角测试仪、幕墙门窗玻璃光学性能测试设备［含（0～3300）mm全波段分光光度计、红外分光光度计、中空玻璃露点测试仪］、电子万能试验机（附－60℃和300℃下拉伸附件）、硅酮结构胶相容性试验箱、饰面砖粘结强度检测仪等	工程师及以上技术人员1人； 经考核持有效上岗证的检测人员不少于3人
		② 幕墙门窗用型材的镀（涂）层厚度检测		
		③ 塑料门窗的焊角（可焊性）检测		
		④ 硅酮结构胶的相容性试验		
		⑤ 饰面砖粘结强度检测		

续表

序号	专业	检测项目（参数）	主要设备	检测人员
10	建筑电气	① 电线电缆的电性能、机械性能、结构尺寸和燃烧性能的检测、电线电缆截面、芯导体电阻值	电子万能试验机、导体电阻测试仪、绝缘电阻测试仪、闪络击穿试验装置、燃烧试验装置、低倍投影仪、电能质量分析仪、照度计、接地电阻测量仪、防雷检测设备等	电气专业大专及以上学历，达到规定检测工作经历及检测工作经验的工程师及以上技术人员 1 人，经考核持有效上岗证的检测人员不少于 3 人
		② 变配电室的电源质量分析		
		③ 典型功能区的平均照度、接地电阻值、防雷检测和功率密度检测		
11	建筑给排水及采暖	管道、管件强度及严密性检测、管道保温、焊缝检测、水温、水压	水泵、各式压力表、温度仪、焊缝检测设备等	焊接专业工程师 1 人，经考核持有效上岗证的检测人员不少于 3 人
12	通风与空调	① 风管和风管系统的漏风量、系统总风量和风口风量、空调机组水流量、系统冷热水、冷却水流量的检测；制冷机性能系数，水泵能效系数检测，室内空气温湿度检测、全空气空调系统送、排风风机的风量、风压及单位风量耗功率、风量平衡、空调机组冷冻水供回温差、冷冻水系统水力平衡、冷却塔效率、循环水泵流量、扬程、电机功率及输送能效（ER），冷却塔热力性能、流量、电机功率、冷热源设备的制冷、制风量、输入功率性能系数（COP）现场检测	风管漏风量测装置、风量罩、超声波流量计、电力质量分析仪、数字温湿度计，温湿度自动采集仪、压力传感器、数据采集仪、皮托管、温湿度传感器压计；风机盘管机组焓差试验装置、噪声测试系统等	暖通专业大专及以上学历，达到规定检测工作经历及检测工作经验的工程师及以上技术人员 1 人，经考核持有效上岗证的检测人员不少于 3 人
		② 空调系统风机盘机组的供冷量、供热量、风量、出口静压和噪声检测		
13	建筑电梯运行	各种电梯性能检测	电梯性能检测系统设备、电气检测设备及有关材料性能检测设备等	电气专业、机械专业工程师及以上技术人员各 1 人，经考核持有效上岗证的检测人员不少于 3 人
14	建筑智能	各系统性能测试	各系统性能检测系统设备、能形成综合调试检测成果，电气检测设备等	计算机专业工程师及以上技术人员 2 人，经考核持有效上岗证的检测人员不少于 3 人

续表

序号	专业	检测项目（参数）	主要设备	检测人员
15	燃气管道工程	管道强度严密性等项目；燃气器具检测	项目相应的设备、仪器等。同管道专业	同建筑给排水及采暖
16	市政道路	厚度、压实度、承载能力（弯沉试验）、抗滑性能	路面回弹弯沉值测定仪、多功能电动击实仪、标准土壤筛、电动振筛机、摩擦系数测定仪、含水率测定仪等	达到规定检测工作经历及检测工作经验的工程师及以上技术人员1人，经考核持有效上岗证的检测人员不少于3人
17	市政桥梁	桥梁动载试验、桥梁静载试验。桥体及基础结构性能	桥梁挠度检测仪1套、静态电阻应变测试系统1套、动态应变采集系统1套、钢弦频率仪2台、震动测试仪2套、激光测距仪2台。桥体及基础结构性能检测同结构鉴定	达到规定检测工作经历及检测工作经验的道桥专业高级工程师1人；达到规定检测工作经历及检测工作经验的工程师2人；经考核持有效上岗证的检测人员不少于3人
18	其他	① 施工升降机及作业平台	建筑机械设备检测设备、建筑电梯检测设备、脚手架扣件测定仪、安全帽检测设备、安全带及安全网检测设备等	机械专业大专及以上学历，达到规定检测工作经历及检测工作经验的工程师及以上技术人员1人；经考核持有效上岗证的检测人员不少于3人
		② 建筑机械检测		
		③ 安全器具及设备检测		

注：1. 本表列出的各专业检测项目（参数）是检测机构应具备的最基本的检测项目（参数）。
2. 为保证检测项目（参数）的结果正确，规定了检测项目应配备的设备、技术人员。
3. 拥有建筑材料，施工过程的有关检测项目及其他专项检测中的五项及以上检测项目（参数）的检测机构，多项综合检测机构的人员、设备配备可适当调整。

附录B　检测机构技术能力、基本岗位及职责

B.0.1　技术负责人。应具有相应专业的中级、高级技术职称，连续从事工程检测工作的年限符合相关规定，全面负责检测机构的技术工作，其岗位职责如下：

1　确定技术管理层的人员及其职责，确定各检测项目的负责人；

2　主持制定并签发检测人员培训计划，并监督培训计划的实施；

3　主持对检测质量有影响的产品供应方的评价，并签发合格供应方名单；

4　主持收集使用标准的最新有效版本，组织检测方法的确认及检测资源的配置；

5　主持检测结果不确定度的评定；

6　主持检测信息及检测档案管理工作；

7　按照技术管理层的分工批准或授权有相应资格的人批准和审核相应的检测报告；

8　主持合同评审，对检测合作单位进行能力确认；

9　检查和监督安全作业和环境保护工作；

10　批准作业指导书、检测方案等技术文件；

11　批准检测设备的分类，批准检测设备的周期校准或周期检定计划并监督执行；

12　批准实验室比对计划和参加本地区组织的能力验证，并对结果的有效性组织评价。

B.0.2　质量负责人。应具有相应专业的中级或高级技术职称，连续从事工程检测工作的年限符合相关规定，负责检测机构的质量体系管理，其岗位职责如下：

1　主持管理（质量）手册和程序文件的编写、修订，并组织实施；

2　对管理体系的运行进行全面监督，主持制定预防措施、纠正措施，对纠正措施执行情况组织跟踪验证，持续改进管理体系；

3　主持对检测的申诉和投诉的处理，代表检测机构参与检测争议的处理；

4　编制内部质量体系审核计划，主持内部审核工作的实施，签发内部审核报告；

5　编制管理评审计划，协助最高管理者做好管理评审工作，组织起草管理评审报告；

6　负责检测人员培训计划的落实工作；

7　主持检测质量事故的调查和处理，组织编写并签发事故调查报告。

B.0.3　检测项目负责人。应具有相应专业的中级技术职称，从事工作检测工作的年限符合相关规定，负责本检测项目的日常技术、质量管理工作，其岗位职责如下：

1　编制本项目作业指导书、检测方案等技术文件；

2　负责本项目检测工作的具体实施，组织、指导、检查和监督本项目检测人员的工作；

3　负责做好本项目环境设施、检测设备的维护、保养工作；

4　负责本项目检测设备的校准或检定工作，负责确定本项目检测设备的计量特性、分类、校准或检定周期，并对校准结果进行适用性判定；

5　组织编写本项目的检测报告，并对检测报告进行审核；

6　负责本项目检测资料的收集、汇总及整理。

B.0.4　设备管理员。应具有检测设备管理的基本知识和工程检测工作的基本知识，从事工程检测工作的年限符合相关规定，负责检测设备的日常管理工作，其职责如下：

1　协助检测项目负责人确定检测设备计量特性、规格型号，参与检测设备的采购安装；

2　协助检测项目负责人对检测设备进行分类；

3　建立和维护检测设备管理台账和档案；

4　对检测设备进行标识，对标识进行维护更新；

5　协助检测项目负责人确定检测设备的校准或检定周期，编制检测设备的周期校准或检定计划；

6　提出校准或检定单位，执行周期校准或检定计划；

7　对设备的状况进行定期、不定期的检查，督促检测人员按操作规程操作，并做好维护保养工作；

8　指导、检查法定计量单位的使用。

B.0.5　检测信息管理员。具有一级及以上计算机证书，负责本机构信息化工作、局域网及信息上传工作，其职责如下：

1　建立和维护计算机本系统、局域网，作好网络设备、计算机系统软、硬件的维护管理；

2 负责本系统、局域网与本地区信息管理系统控制中心连接的管理工作，确保网络正常连接，准确、及时地上传检测信息；

3 作好检测数据的积累整理；

4 作好检测信息统计及上报工作。

B.0.6 档案管理员。应具有相应的文秘基本知识，负责档案管理的具体工作，其职责如下：

1 指导、督促有关部门或人员作好检测资料的填写、收集、整理、保管，保质保量按期移交档案资料；

2 负责档案资料的收集、整理、立卷、编目、归档、借阅等工作；

3 负责有效文件的发放和登记，并及时回收失效文件；

4 负责档案的保管工作，维护档案的完整与安全；

5 负责电子文件档案的内容应与纸质文件一致，一起归档；

6 参与对已超过保管期限档案的鉴定，提出档案存毁建议，编制销毁清单。

B.0.7 检测操作人员岗位。应经过相应各种检测项目的技术培训，经考核合格，取得岗位证书，其职责如下：

1 掌握所用仪器设备性能、维护知识和正确保管使用；

2 掌握所在检测项目的检测规程和操作程序；

3 按规定的检测方法进行检测，坚持检测程序；

4 作好检测原始记录；

5 对检测结果在检测报告上签字确认；

6 负责所用仪器、设备的日常保管及维护清洁工作；

7 负责所用仪器、设备使用登记台账；

8 负责检测项目工作区的环境卫生工作等。

附录C 常用检测设备管理分类

C.0.1 A类检测设备主要设备宜符合表C.0.1的规定。

A类检测设备主要设备表 **表C.0.1**

设备名称 分类	主要检测设备名称
A类	*压力试验机、*拉力试验机、*抗折试验机、*万能材料试验机、*非金属超声波检测仪、台秤、案秤、混凝土含气量测定仪、混凝土凝结时间测定仪、砝码、游标卡尺、恒温恒湿箱(室)、干湿温度计、冷冻箱、试验筛（金属丝）、*全站仪、*测距仪、*经纬仪、*水准仪、天平、热变形仪、*测厚仪、千分表、百分表、*分光光度计、*原子吸收分光光度计、*气相色谱仪、酸度计（室内环境检测用）、低本底多道γ能谱仪、氡气测定仪、*各类冲击试验机、兆欧表、*塑料管材耐压测试仪、*声级校准器、火焰光度计、*耐压测试仪、声级计、光谱分析仪、引伸仪、力传感器、工作测力环、碳硫分析仪、*螺栓轴向力测试仪、扭矩校准仪、*X射线探伤仪、射线黑白密度计、基桩动测仪、基桩静载仪、*回弹仪、预应力张拉设备、钢筋保护层厚度测定仪、拉拔仪、贯入式砂浆强度检测仪、沥青针入度仪、沥青延度仪、沥青混合料马歇尔稳定度试验仪、粘结强度检测仪、贝克曼梁路面弯沉仪、平整度仪、摆式摩擦系数测定仪、沥青软化点测定仪、弹性模量测试仪、保护热平板导热仪、*单平板导热仪、*双平板导热仪、抗拉拔/抗剪试验装置、轴力试验装置、各类硬度计、测斜仪、频率计、应变计

注：带“*”的设备为应编制使用操作规程和做好使用记录的设备。

C.0.2　B类检测设备主要设备宜符合表C.0.2的规定。

B类检测设备主要设备表　　　　表C.0.2

设备名称 分类	主要检测设备名称
B类	抗渗仪、振实台、雷氏夹、液塑限测定仪、环境测试舱、磁粉探伤仪、透气法比表面积仪、砝码、游标卡尺、高精密玻璃水银温度计、电导率仪、自动电位滴定仪、酸度计（非室内环境检测用）、旋转式黏度计、氧指数测定仪、白度仪、水平仪、角度仪、数显光泽度仪、巡回数字温度记录仪（包括传感器）、表面张力仪、漆膜附着力测定仪、漆膜冲击试验器、电位差计、数字式木材测湿仪、初期干燥抗裂试验仪、刮板细度计、*幕墙空气流量测试系统、*门窗空气流量测试系统、拉力计、物镜测微尺、*砂石碱活性快速测定仪、扭转试验机、比重计、测量显微镜、土壤密度计、钢直尺、泥浆比重计、分层沉降仪、水位计、盐雾试验箱、耐磨试验机、紫外老化箱、维勃稠度仪、低温试验箱。 水泥净浆标准稠度与凝结时间测定仪、水泥净浆搅拌机、水泥胶砂搅拌机、水泥流动度仪、砂浆稠度仪、混凝土标准振动台、水泥抗压夹具、胶砂试体成型、击实仪、干燥箱、试模、连续式钢筋标点机。 水泥细度负压筛析仪、压力泌水仪、贯入阻力仪、（穿孔板）试验筛、高温炉测温系统

注：带“*”的设备为应编制使用操作规程和做好使用记录的设备。

C.0.3　C类检测设备主要设备宜符合表C.0.3的规定。

C类检测设备主要设备表　　　　表C.0.3

设备名称 分类	主要检测设备名称
C类	钢卷尺、寒暑表、低准确度玻璃量器、普通水银温度计、水平尺、环刀、金属容量筒、雷氏夹膨胀值测定仪、沸煮箱、针片状规准仪、跌落试验架、憎水测定仪、折弯试验机、振筛机、砂浆搅拌机、混凝土搅拌机、压碎指标值测定仪、砂浆分层度仪、坍落度筒、弯芯、反复弯曲试验机、路面渗水试验仪、路面构造深度试验仪

附录D　检测合同的主要内容

D.0.1　检测合同可包括检测合同、检测委托单、检测协议书等委托文件。

D.0.2　检测合同应明确如下主要内容：

1　合同委托双方单位名称、地址、联系人及联系方式。

2　工程概况。

3　检测项目及检测结论。接受委托的工程检测项目应逐项填写，提出实验室检测、现场工程实体检测项目及要求，并附委托检测项目名称及收费一览表。

4　检测标准，并附标准名称表。

5　检测费用的核算与支付：

1）确定各检测项目单价清单，并附表；

2）明确结算付款方式；

3）规定检测项目费用有异议时的解决方式。

6　检测报告的交付：

1）乙方交付检测报告时间的约定，各项目应附表，检测报告份数；

2）双方约定检测报告交付方式。

7　检测样品的取样、制样、包装、运输：

1）双方约定检测试件的交付方式，双方的工作内容及责任。乙方按有关规定对检测后的试件进行留样及特殊要求。有特殊要求的应在合同中说明；

2）检测样品运输费用的承担。

8　甲方的权利义务。

9　乙方的权利义务。

10　对检测结论异议的处理。甲方对检测结论有异议时，可由双方共同认可的检测机构复检。复检结论与原检测结论相同，由甲方支付复检费用；反之，则由乙方承担复检费用。若对复检结论仍有异议时，可向建设主管部门申请专家论证解决。

11　违约责任。

12　其他约定事项。

13　争议的解决方式。

14　合同生效、双方签约及双方基本信息。

15　其他事项。

附录E　检测原始记录、检测报告的主要内容

E.0.1　试验室检测原始记录应包括下列内容：

1　试样名称、试样编号、委托合同编号；

2　检测日期、检测开始及结束时间；

3　使用的主要检测设备名称和编号；

4　试样状态描述；

5　检测的依据；

6　检测环境记录数据（如有要求）；

7　检测数据或观察结果；

8　计算公式、图表、计算结果（如有要求）；

9　检测方法要求记录的其他内容；

10　检测人、复核人签名。

E.0.2　现场工程实体检测原始记录应包括下列内容：

1　委托单位名称、工程名称、工程地点；

2　检测工程概况，检测鉴定种类及检测要求；

3　委托合同编号；

4　检测地点、检测部位；

5　检测日期、检测开始及结束时间；

6　使用的主要检测设备名称和编号；

7　检测的依据；

8　检测对象的状态描述；

9　检测环境数据（如有要求）；

10　检测数据或观察结果；

11 计算公式、图表、计算结果（如有要求）；

12 检测异常情况的描述记录；

13 检测、复核人员的签名，有见证要求的见证人员签名。

E. 0. 3 试验室检测报告应包括下列内容：

1 检测报告名称；

2 委托单位名称、工程名称、工程地点；

3 报告的编号和每页及总页数的标识；

4 试样接收日期、检测日期及报告日期；

5 试样名称、生产单位、规格型号、代表批量；

6 试样的说明和标识等；

7 试样的特性和状态描述；

8 检测依据及执行标准；

9 检测数据及结论；

10 必要的检测说明和声明等；

11 检测、审核、批准人（授权签字人）不少于三级人员的签名；

12 取样单位的名称和取样人员的姓名、证书编号；

13 对见证试验，见证单位和见证人员的姓名、证书编号；

14 检测机构的名称、地址及通信信息。

E. 0. 4 现场工程实体检测报告应包括下列内容：

1 委托单位名称；

2 委托单位委托检测的主要目的及要求；

3 工程概况，包括工程名称、结构类型、规模、施工日期、竣工日期及现状等；

4 工程设计单位、施工单位及监理单位名称；

5 被检工程以往检测情况概述；

6 检测项目、检测方法及依据的标准；

7 抽样方案及数量（附测点图）；

8 检测日期，报告完成日期；

9 检测项目的主要分类检测数据和汇总结果；检测结果、检测结论；

10 主要检测人、审核和批准人的签名；

11 对见证检测项目，应有见证单位、见证人员姓名、证书编号；

12 检测机构的名称、地址和通信信息；

13 报告的编号和每页及总页数的标识。

附录Q：《检测和校准实验室能力的通用要求》GB/T 27025—2019/ISO/IEC 17025：2017（条文摘要）

1 范围

本标准规定了实验室能力、公正性以及一致运作的通用要求。

本标准适用于所有从事实验室活动的组织，不论其人员数量多少。

实验室的客户、法定管理机构、使用同行评审的组织和方案、认可机构及其他机构采用本标准证实或承认实验室能力。

2 规范性引用文件

下列文件对于本文件的应用是必不可少的。凡是注日期的引用文件，仅注日期的版本适用于本文件。凡是不注日期的引用文件，其最新版本（包括所有修改单）适用于本文件。

ISO/IEC 指南 99 国际计量学词汇 基本和通用概念及相关术语（VIM）（International vocabulary of metrology—Basic and general concepts and associated terms（VIM））①

ISO/IEC 17000 合格评定 词汇和通用原则（Conformity assessment—Vocabulary and general principles）

3 术语和定义

ISO/IEC 指南 99 和 ISO/IEC 17000 中界定的以及下列术语和定义适用于本文件。

ISO 和 IEC 维护的用于标准化的术语数据库地址如下：

——ISO 在线浏览平台：http：//www. iso. org/obp；

——IEC 电子开放平台：http：//www. electropedia. org/。

3.1 公正性 impartiality

客观性的存在。

注 1：客观性意味着利益冲突不存在或已解决，不会对实验室（3.6）的后续活动产生不利影响。

注 2：其他可用于表示公正性要素的术语有：无利益冲突、没有成见、没有偏见、中立、公平、思想开明、不偏不倚、不受他人影响、平衡。

注 3：改写 GB/T 27021.1—2017，定义 3.2。修改——在注 1 中以“实验室”代替“认证机构”并在注 2 中删除了“独立”。

3.2 投诉 complaint

任何人员或组织向实验室（3.6）就其活动或结果表达不满意，并期望得到回复的行为。

注：改写 GB/T 27000—2006，定义 6.5。修改——删除了“除申诉外”，以“实验室就其活动或结果”代替“认证机构或认可机构就其活动”。

3.3 实验室间比对 interlaboratory comparison

按照预先规定的条件，由两个或多个实验室对相同或类似的物品进行测量或检测的组织、实施和评价。

[GB/T 27043—2012，定义 3.4]

3.4 实验室内比对 intralaboratory comparison

按照预先规定的条件，在同一实验室（3.6）内部对相同或类似的物品进行测量或检测的组织、实施和评价。

3.5 能力验证 proficiency testing

利用实验室间比对，按照预先制定的准则评价参加者的能力。

注：改写 GB/T 27043—2012，定义 3.7，修改——删除了注。

3.6 实验室 laboratory

从事下列一种或多种活动的机构：

---

① ISO/IEC 指南 99 也称为 JCGM 200。

——检测；

——校准；

——与后续检测或校准相关的抽样。

注：在本标准中，“实验室活动”指上述三种活动。

3.7　判定规则　decision rule

当声明与规定要求的符合性时，描述如何考虑测量不确定度的规则。

3.8　验证　verification

提供客观的证据，证明给定项目满足规定要求。

示例1：证实在测量取样质量小至10mg时，对于相关量值和测量程序，给定标准物质的均匀性与其声称的一致。

示例2：证实已达到测量系统的性能特性或法定要求。

示例3：证实可满足目标测量不确定度。

注1：适用时，宜考虑测量不确定度。

注2：项目可以是，例如一个过程、测量程序、物质、化合物或测量系统。

注3：满足规定要求，如制造商的规范。

注4：在国际法制计量术语（VIML）中定义的验证，以及在合格评定中通常所讲的验证，是指对测量系统的检查并加标记和（或）出具验证证书。

注5：验证不宜与校准混淆。不是每个验证都是确认（3.9）。

注6：在化学中，验证实体身份或活性时，需要描述该实体或活性的结构或特性。

[ISO/IEC 指南 99：2007，定义 2.44]

3.9　确认　validation

对规定要求满足预期用途的验证（3.8）。

示例：通常用于测量水中氮的质量浓度的测量程序，经过确认后也可用于测量人体血清中氮的质量浓度。

[ISO/IEC 指南 99：2007，定义 2.45]。

4　通用要求

4.1　公正性

4.1.1　实验室应公正地实施实验室活动，并从组织结构和管理上保证公正性。

4.1.2　实验室管理层应作出公正性承诺。

4.1.3　实验室应对实验室活动的公正性负责，不允许商业、财务或其他方面的压力损害公正性。

4.1.4　实验室应持续识别影响公正性的风险。这些风险应包括实验室活动、实验室的各种关系，或者实验室人员的关系而引发的风险。然而，这些关系并非一定会对实验室的公正性产生风险。

注：危及实验室公正性的关系可能基于所有权、控制权、管理、人员、共享资源、财务、合同、市场营销（包括品牌推广）、支付销售佣金或引荐客户的佣金。

4.1.5　如果识别出公正性风险，实验室应能够证明如何消除或最大程度降低这种风险。

4.2　保密性

4.2.1　实验室应通过作出具有法律效力的承诺，对在实验室活动中获得或产生的所有信

附录

息承担管理责任。实验室应将其准备公开的信息事先通知客户。除了客户公开的信息，或当实验室与客户有约定时（例如：为回应投诉的目的），其他所有信息都被视为专有信息，应予以保密。

4.2.2 实验室依据法律要求或合同授权透露保密信息时，应将所提供的信息通知到相关客户或个人，除非法律禁止。

4.2.3 实验室从客户以外渠道（如投诉人、监管机构）获取有关客户的信息时，应在客户和实验室间保密。除非信息的提供方同意，实验室应为信息提供方（来源）保密，且不告知客户。

4.2.4 人员，包括委员会委员、签约人员、外部机构人员或代表实验室的个人，应对在实施实验室活动过程中获得或产生的所有信息保密，法律要求除外。

5 结构要求

5.1 实验室应为法律实体，或法律实体中被明确界定的一部分，该实体对实验室活动承担法律责任。

注：在本标准中，政府实验室基于其政府地位被视为法律实体。

5.2 实验室应确定对实验室全权负责的管理层。

5.3 实验室应规定符合本标准的实验室活动范围，并形成文件。实验室应仅声明符合本标准的实验室活动范围，不包括持续从外部获得的实验室活动。

5.4 实验室应以满足本标准、实验室客户、法定管理机构和提供承认的组织的要求的方式开展实验室活动，包括在固定设施、固定设施以外的场所、临时或移动设施、客户的设施中实施的实验室活动。

5.5 实验室应：

a）确定实验室的组织和管理结构、其在母体组织中的位置，以及管理、技术运作和支持服务间的关系；

b）规定对实验室活动结果有影响的所有管理、操作或验证人员的职责、权力和相互关系；

c）将程序形成文件，其详略程度需确保实验室活动实施的一致性和结果有效性。

5.6 实验室应具有履行以下职责（无论其是否被赋予其他职责）的人员，并赋予其所需的权力和资源：

a）实施、保持和改进管理体系；

b）识别与管理体系或实验室活动程序的偏离；

c）采取措施以预防或最大程度减少这类偏离；

d）向实验室管理层报告管理体系运行状况和改进需求；

e）确保实验室活动的有效性。

5.7 实验室管理层应确保：

a）针对管理体系有效性、满足客户和其他要求的重要性进行沟通；

b）当策划和实施管理体系变更时，保持管理体系的完整性。

6 资源要求

6.1 总则

实验室应获得管理和实施实验室活动所需的人员、设施、设备、系统及支持服务。

6.2 人员

6.2.1 所有可能影响实验室活动的人员，无论是内部人员还是外部人员，应行为公正、有能力并按照实验室管理体系要求工作。

6.2.2 实验室应将影响实验室活动结果的各职能的能力要求形成文件，包括对教育、资格、培训、技术知识、技能和经验的要求。

6.2.3 实验室应确保人员具备其负责的实验室活动的能力，以及评估偏离影响程度的能力。

6.2.4 实验室管理层应向实验室人员传达其职责和权限。

6.2.5 实验室应有以下活动的程序，并保存相关记录：

a）确定能力要求；

b）人员选择；

c）人员培训；

d）人员监督；

e）人员授权；

f）人员能力监控。

6.2.6 实验室应授权人员从事特定的实验室活动，包括但不限于下列活动：

a）开发、修改、验证和确认方法；

b）分析结果，包括符合性声明或意见和解释；

c）报告、审查和批准结果。

6.3 设施和环境条件

6.3.1 设施和环境条件应适合实验室活动，不应对结果有效性产生不利影响。

注：对结果有效性有不利影响的因素可能包括但不限于：微生物污染、灰尘、电磁干扰、辐射、湿度、供电、温度、声音和振动。

6.3.2 实验室应将从事实验室活动所必需的设施及环境条件的要求形成文件。

6.3.3 当相关规范、方法或程序对环境条件有要求时，或环境条件影响结果的有效性时，实验室应监测、控制和记录环境条件。

6.3.4 实验室应实施、监控并定期评审控制设施的措施，这些措施应包括但不限于：

a）进入和使用影响实验室活动的区域；

b）预防对实验室活动的污染、干扰或不利影响；

c）有效隔离不相容的实验室活动区域。

6.3.5 当实验室在永久控制之外的场所或设施中实施实验室活动时，应确保满足本标准中有关设施和环境条件的要求。

6.4 设备

6.4.1 实验室应获得正确开展实验室活动所需的并影响结果的设备，包括但不限于：测量仪器、软件、测量标准、标准物质、参考数据、试剂、消耗品或辅助装置。

注1：标准物质和有证标准物质有多种名称，包括标准样品、参考标准、校准标准、标准参考物质和质量控制物质。ISO 17034 给出了标准物质生产者的更多信息。满足 ISO 17034 要求的标准物质生产者被视为是有能力的。满足 ISO 17034 要求的标准物质生产者提供的标准物质会提供产品信息单/证书，除其他特性外至少包含规定特性的均匀性和稳定性。对于有证标准物质，信息中包含规定特性的标准

值、相关的测量不确定度和计量溯源性。

注2：ISO指南33给出了标准物质选择和使用指南。ISO指南80给出了内部制备质量控制物质的指南。

6.4.2 实验室使用永久控制以外的设备时，应确保满足本标准对设备的要求。

6.4.3 实验室应有处理、运输、储存、使用和按计划维护设备的程序，以确保其功能正常并防止污染或性能退化。

6.4.4 当设备投入使用或重新投入使用前，实验室应验证其符合规定要求。

6.4.5 用于测量的设备应能达到所需的测量准确度和（或）测量不确定度，以提供有效结果。

6.4.6 在下列情况下，测量设备应进行校准：

——当测量准确度或测量不确定度影响报告结果的有效性；和（或）

——为建立报告结果的计量溯源性，要求对设备进行校准。

注：影响报告结果有效性的设备类型可包括：

——用于直接测量被测量的设备，例如使用天平测量质量；

——用于修正测量值的设备，例如温度测量；

——用于从多个量计算获得测量结果的设备。

6.4.7 实验室应制定校准方案，并进行复核和必要的调整，以保持对校准状态的信心。

6.4.8 所有需要校准或具有规定有效期的设备应使用标签、编码或以其他方式标识，使设备使用人方便地识别校准状态或有效期。

6.4.9 如果设备有过载或处置不当、给出可疑结果、已显示有缺陷或超出规定要求时，应停止使用。这些设备应予以隔离以防误用，或加贴标签/标记以清晰表明该设备已停用，直至经过验证表明能正常工作。实验室应检查设备缺陷或偏离规定要求的影响，并启动不符合工作管理程序（见7.10）。

6.4.10 当需要利用期间核查以保持对设备性能的信心时，应按程序进行核查。

6.4.11 如果校准和标准物质数据中包含参考值或修正因子，实验室应确保该参考值和修正因子得到适当的更新和应用，以满足规定要求。

6.4.12 实验室应有切实可行的措施，防止设备被意外调整而导致结果无效。

6.4.13 实验室应保存对实验室活动有影响的设备记录，适用时，记录应包括以下内容：

a）设备的识别，包括软件和固件版本；

b）制造商名称、型号、序列号或其他唯一性标识；

c）设备符合规定要求的验证证据；

d）当前的位置；

e）校准日期、校准结果、设备调整、验收准则、下次校准的预定日期或校准周期；

f）标准物质的文件、结果、验收准则、相关日期和有效期；

g）与设备性能相关的维护计划和已进行的维护；

h）设备的损坏、故障、改装或维修的详细信息。

附录

6.5 计量溯源性

6.5.1 实验室应通过形成文件的不间断的校准链，将测量结果与适当的参考对象相关联，建立并保持测量结果的计量溯源性，每次校准均会引入测量不确定度。

注1：在ISO/IEC指南99中，计量溯源性定义为“测量结果的特性，结果可以通过形成文件的不间

断的校准链，将测量结果与参考对象相关联，每次校准均会引入测量不确定度”。

注 2：关于计量溯源性的更多信息见附录 A。

6.5.2　实验室应通过以下方式确保测量结果溯源到国际单位制（SI）：

a）具备能力的实验室提供的校准；或

注 1：满足本标准要求的实验室，视为具备能力。

b）由具备能力的标准物质生产者提供并声明计量溯源至 SI 的有证标准物质的标准值；或

注 2：满足 ISO 17034 要求的标准物质生产者被视为是有能力的。

c）SI 单位的直接复现，并通过直接或间接与国家或国际标准比对来保证。

注 3：SI 手册给出了一些重要单位定义的实际复现的详细信息。

6.5.3　技术上不可能计量溯源到 SI 单位时，实验室应证明可计量溯源至适当的参考对象，如：

a）具备能力的标准物质生产者提供的有证标准物质的标准值；

b）描述清晰的、满足预期用途并通过适当比对予以保证的参考测量程序、规定方法或协议标准的结果。

6.6　外部提供的产品和服务

6.6.1　实验室应确保影响实验室活动的外部提供的产品和服务的适宜性，这些产品和服务包括：

a）用于实验室自身的活动；

b）部分或全部直接提供给客户；

c）用于支持实验室的运作。

注：产品可包括测量标准和设备、辅助设备、消耗材料和标准物质。服务可包括校准服务、抽样服务、检测服务、设施和设备维护服务、能力验证服务以及评审和审核服务。

6.6.2　实验室应有以下活动的程序，并保存相关记录：

a）确定、审查和批准实验室对外部提供的产品和服务的要求；

b）确定评价、选择、监控表现和再次评价外部供应商的准则；

c）在使用外部提供的产品和服务前，或直接提供给客户之前，应确保符合实验室规定的要求，或适用时满足本标准的相关要求；

d）根据对外部供应商的评价、监控表现和再次评价的结果采取措施。

6.6.3　实验室应与外部供应商沟通，明确以下要求：

a）需提供的产品和服务；

b）验收准则；

c）能力，包括人员需具备的资格；

d）实验室或其客户拟在外部供应商的场所进行的活动。

7　过程要求

7.1　要求、标书和合同评审

7.1.1　实验室应有要求、标书和合同评审程序。该程序应确保：

a）要求应予充分规定，形成文件，并易于理解；

b）实验室有能力和资源满足这些要求；

c）当使用外部供应商时，应满足 6.6 的要求，实验室应告知客户由外部供应商实施的实验室活动，并获得客户同意；

注 1： 在下列情况下，可能使用外部提供的实验室活动：

——实验室有实施活动的资源和能力，但由于不可预见的原因不能承担部分或全部活动；

——实验室没有实施活动的资源和能力。

d）选择适当的方法或程序，并能满足客户的要求。

注 2： 对于内部或例行客户，要求、标书和合同评审可简化进行。

7.1.2 当客户要求的方法不合适或是过期的，实验室应通知客户。

7.1.3 当客户要求针对检测或校准作出与规范或标准符合性的声明时（如通过/未通过，在允许限内/超出允许限），应明确规定规范或标准以及判定规则。应将选择的判定规则通知客户并得到同意，除非规范或标准本身已包含判定规则。

注： 符合性声明的详细指南见 ISO/IEC 指南 98-4。

7.1.4 要求或标书与合同之间的任何差异，应在实施实验室活动前解决。每项合同应被实验室和客户双方接受。客户要求的偏离应不影响实验室的诚信或结果的有效性。

7.1.5 与合同的任何偏离应通知客户。

7.1.6 如果工作开始后修改合同，应重新进行合同评审，并将修改内容通知所有受到影响的人员。

7.1.7 在澄清客户要求和允许客户监控其相关工作表现方面，实验室应与客户或其代表合作。

注： 这种合作可包括：

a）允许客户合理进入实验室相关区域，以见证与该客户相关的实验室活动；

b）客户出于验证目的所需物品的准备、包装和发送。

7.1.8 实验室应保存评审记录，包括任何重大变化的评审记录。针对客户要求或实验室活动结果与客户的讨论，也应作为记录予以保存。

7.2 方法的选择、验证和确认

7.2.1 方法的选择和验证

7.2.1.1 实验室应使用适当的方法和程序开展所有实验室活动，适当时，包括测量不确定度的评定以及使用统计技术进行数据分析。

注： 本标准所用“方法”可视为是 ISO/IEC 指南 99 定义的“测量程序”的同义词。

7.2.1.2 所有方法、程序和支持文件，例如与实验室活动相关的指导书、标准、手册和参考数据，应保持现行有效并易于人员取阅（见 8.3）。

7.2.1.3 实验室应确保使用最新有效版本的方法，除非不合适或不可能做到。必要时，应补充方法使用的细则以确保应用的一致性。

注： 如果国际、区域或国家标准，或其他公认的规范文本包含了实施实验室活动充分且简明的信息，并便于实验室操作人员使用时，则不需再进行补充或改写为内部程序。可能有必要制定实施细则，或对方法中的可选择步骤提供补充文件。

7.2.1.4 当客户未指定所用的方法时，实验室应选择适当的方法并通知客户。推荐使用国际标准、区域标准或国家标准发布的方法，或由知名技术组织或有关科技文献或期刊中公布的方法，或设备制造商规定的方法。实验室制定或修改的方法也可使用。

7.2.1.5 实验室在引入方法前，应验证能够正确地运用该方法，以确保实现所需的方法性能。应保存验证记录。如果发布机构修订了方法，应依据方法变化的内容重新进行验证。

7.2.1.6 当需要开发方法时，应予以策划，指定具备能力的人员，并为其配备足够的资源。在方法开发的过程中，应进行定期评审，以确定持续满足客户需求。开发计划的任何变更应得到批准和授权。

7.2.1.7 对所有实验室活动方法的偏离，应事先将该偏离形成文件，经技术判断，获得授权并被客户接受。

注：客户接受偏离可以事先在合同中约定。

7.2.2 方法确认

7.2.2.1 实验室应对非标准方法、实验室开发的方法、超出预定范围使用的标准方法、或其他修改的标准方法进行确认。确认应尽可能全面，以满足预期用途或应用领域的需要。

注1：确认可包括检测或校准物品的抽样、处置和运输程序。

注2：可用以下一种或多种技术进行方法确认：

a）使用参考标准或标准物质进行校准或评估偏倚和精密度；

b）对影响结果的因素进行系统性评审；

c）通过改变受控参数（如培养箱温度、加样体积等）来检验方法的稳健度；

d）与其他已确认的方法进行结果比对；

e）实验室间比对；

f）根据对方法原理的理解以及抽样或检测方法的实践经验，评定结果的测量不确定度。

7.2.2.2 当修改已确认过的方法时，应确定这些修改的影响。当发现影响原有的确认时，应重新进行方法确认。

7.2.2.3 当按预期用途评估被确认方法的性能特性时，应确保与客户需求相关，并符合规定要求。

注：方法性能特性可包括但不限于：测量范围、准确度、结果的测量不确定度、检出限、定量限、方法的选择性、线性、重复性或复现性、抵御外部影响的稳健度或抵御来自样品或测试物基体干扰的交互灵敏度以及偏倚。

7.2.2.4 实验室应保存以下方法确认记录：

a）使用的确认程序；

b）要求的详细说明；

c）方法性能特性的确定；

d）获得的结果；

e）方法有效性声明，并详述与预期用途的适宜性。

7.3 抽样

7.3.1 当实验室为后续检测或校准对物质、材料或产品实施抽样时，应有抽样计划和方法。抽样方法应明确需要控制的因素，以确保后续检测或校准结果的有效性。在抽样地点应能得到抽样计划和方法。只要合理，抽样计划应基于适当的统计方法。

7.3.2 抽样方法应描述：

a）样品或地点的选择；

b）抽样计划；

c）从物质、材料或产品中取得样品的制备和处理，以作为后续检测或校准的物品。

注：实验室接收样品后，进一步处置要求见7.4的规定。

7.3.3 实验室应将抽样数据作为检测或校准工作记录的一部分予以保存。相关时，这些记录应包括以下信息：

a）所用的抽样方法；

b）抽样日期和时间；

c）识别和描述样品的数据（如编号、数量和名称）；

d）抽样人的识别；

e）所用设备的识别；

f）环境或运输条件；

g）适当时，标识抽样位置的图示或其他等效方式；

h）对抽样方法和抽样计划的偏离或增减。

7.4 检测或校准物品的处置

7.4.1 实验室应有运输、接收、处置、保护、存储、保留、处理或归还检测或校准物品的程序，包括为保护检测或校准物品的完整性以及实验室与客户利益需要的所有规定。在物品的处置、运输、保存/等候和制备过程中，应注意避免物品变质、污染、丢失或损坏。应遵守随物品提供的操作说明。

7.4.2 实验室应有清晰标识检测或校准物品的系统。物品在实验室负责的期间内应保留该标识。标识系统应确保物品在实物上、记录或其他文件中不被混淆。适当时，标识系统应包含一个物品或一组物品的细分和物品的传递。

7.4.3 接收检测或校准物品时，应记录与规定条件的偏离。当对物品应适于检测或校准有疑问，或当物品不符合所提供的描述时，实验室应在开始工作之前询问客户，以得到进一步的说明，并记录询问的结果。当客户知道偏离了规定条件仍要求进行检测或校准时，实验室应在报告中作出免责声明，并指出偏离可能影响的结果。

7.4.4 如物品需要在规定环境条件下储存或状态调节时，应保持、监控和记录这些环境条件。

7.5 技术记录

7.5.1 实验室应确保每一项实验室活动的技术记录包含结果、报告和足够的信息，以便在可能时识别影响测量结果及其测量不确定度的因素，并确保能在尽可能接近原条件的情况下重复该实验室活动。技术记录应包括每项实验室活动以及审查数据结果的日期和责任人。原始的观察结果、数据和计算应在观察或获得时予以记录，并按特定任务予以识别。

7.5.2 实验室应确保技术记录的修改可以追溯到前一个版本或原始观察结果。应保存原始的以及修改后的数据和文档，包括修改的日期、标识修改的内容和负责修改的人员。

7.6 测量不确定度的评定

7.6.1 实验室应识别测量不确定度的贡献。评定测量不确定度时，应采用适当的分析方法考虑所有显著贡献，包括来自抽样的贡献。

7.6.2 开展校准的实验室，包括校准自有设备的实验室，应评定所有校准的测量不确定度。

7.6.3 开展检测的实验室应评定测量不确定度。当由于检测方法的原因难以严格评定测量不确定度时，实验室应基于对理论原理的理解或使用该方法的实践经验进行评估。

注 1：某些情况下，公认的检测方法对测量不确定度主要来源规定了限值，并规定了计算结果的表示方式，实验室只要遵守检测方法和报告要求，即满足 7.6.3 的要求。

注 2：对一特定方法，如果已确定并验证了结果的测量不确定度，实验室只要证明已识别的关键影响因素受控，则不需要对每个结果评定测量不确定度。

注 3：更多信息参见 ISO/IEC 指南 98-3、ISO 21748 和 ISO 5725 系列标准。

7.7　确保结果有效性

7.7.1　实验室应有监控结果有效性的程序。记录结果数据的方式应便于发现其发展趋势，如可行，采用统计技术审查结果。实验室应对监控进行策划和审查，适当时，监控应包括但不限于以下方式：

a）使用标准物质或质量控制物质；

b）使用其他已校准能够提供可溯源结果的仪器；

c）测量和检测设备的功能核查；

d）适用时，使用核查或工作标准，并制作控制图；

e）测量设备的期间核查；

f）使用相同或不同方法重复检测或校准；

g）留存样品的重复检测或重复校准；

h）物品不同特性结果之间的相关性；

i）报告结果的审查；

j）实验室内比对；

k）盲样测试。

7.7.2　可行和适当时，实验室应通过与其他实验室的结果比对监控能力水平。监控应予以策划和审查，包括但不限于以下一种或两种措施：

a）参加能力验证；

注：GB/T 27043 包含能力验证和能力验证提供者的详细信息。满足 GB/T 27043 要求的能力验证提供者被认为是有能力的。

b）参加除能力验证之外的实验室间比对。

7.7.3　实验室应分析监控活动的数据用于控制实验室活动，适用时实施改进。如果发现监控活动数据分析结果超出预定的准则时，应采取适当措施防止报告不正确的结果。

7.8　报告结果

7.8.1　总则

7.8.1.1　结果在发出前应经过审查和批准。

7.8.1.2　实验室应准确、清晰、明确和客观地出具结果，并且包括客户同意的、解释结果所必需的以及所用方法要求的全部信息。实验室通常以报告的形式提供结果（例如检测报告、校准证书或抽样报告），所有发出的报告应作为技术记录予以保存。

注 1：检测报告和校准证书有时称为检测证书和校准报告。

注 2：只要满足本标准的要求，报告可以硬拷贝或电子方式发布。

7.8.1.3　如客户同意，可用简化方式报告结果。如果未向客户报告 7.8.2 至 7.8.7 中所列的信息，客户应能方便地获得。

7.8.2　（检测、校准或抽样）报告的通用要求

7.8.2.1　除非实验室有有效的理由，每份报告应至少包括下列信息，以最大限度地减少误解或误用的可能性：

a）标题（例如“检测报告”“校准证书”或“抽样报告”）；

b）实验室的名称和地址；

c）实施实验室活动的地点，包括客户设施、实验室固定设施以外的场所，相关的临时或移动设施；

d）将报告中所有部分标记为完整报告一部分的唯一性标识，以及表明报告结束的清晰标识；

e）客户的名称和联络信息；

f）所用方法的识别；

g）物品的描述、明确的标识，以及必要时，物品的状态；

h）检测或校准物品的接收日期，以及对结果的有效性和应用至关重要的抽样日期；

i）实施实验室活动的日期；

j）报告的发布日期；

k）如与结果的有效性或应用相关时，实验室或其他机构所用的抽样计划和抽样方法；

l）结果仅与被检测、被校准或被抽样物品有关的声明；

m）结果，适当时，带有测量单位；

n）对方法的补充、偏离或删减；

o）报告批准人的识别；

p）当结果来自于外部供应商时所做的清晰标识。

注：报告中声明除全文复制外，未经实验室批准不得部分复制报告，可以确保报告不被部分摘用。

7.8.2.2 实验室对报告中的所有信息负责，客户提供的信息除外。客户提供的数据应予明确标识。此外，当客户提供的信息可能影响结果的有效性时，报告中应有免责声明。当实验室不负责抽样（如样品由客户提供），应在报告中声明结果仅适用于收到的样品。

7.8.3 检测报告的特定要求

7.8.3.1 除7.8.2所列要求之外，当解释检测结果需要时，检测报告还应包含以下信息：

a）特定的检测条件信息，如环境条件；

b）相关时，与要求或规范的符合性声明（见7.8.6）；

c）适用时，在下列情况下，带有与被测量相同单位的测量不确定度或被测量相对形式的测量不确定度（如百分比）：

——测量不确定度与检测结果的有效性或应用相关时；

——客户有要求时；

——测量不确定度影响与规范限的符合性时；

d）适当时，意见和解释（见7.8.7）；

e）特定方法、法定管理机构或客户要求的其他信息。

7.8.3.2 如果实验室负责抽样活动，当解释检测结果需要时，检测报告应还满足7.8.5的要求。

7.8.4 校准证书的特定要求

7.8.4.1 除7.8.2的要求外，校准证书应包含以下信息：

a）与被测量相同单位的测量不确定度或被测量相对形式的测量不确定度（如百分比）；

注：根据 ISO/IEC 指南 99，测量结果通常表示为一个被测量值，包括测量单位和测量不确定度。

b）校准过程中对测量结果有影响的条件（如环境条件）；

c）测量如何计量溯源的声明（见附录 A）；

d）如可获得，任何调整或修理前后的结果；

e）相关时，与要求或规范的符合性声明（见 7.8.6）；

f）适当时，意见和解释（见 7.8.7）。

7.8.4.2 如果实验室负责抽样活动，当解释校准结果需要时，校准证书应还满足 7.8.5 的要求。

7.8.4.3 校准证书或校准标签不应包含对校准周期的建议，除非已与客户达成协议。

7.8.5 报告抽样——特定要求

如果实验室负责抽样活动，除 7.8.2 中的要求外，当解释结果需要时，报告应还包含以下信息：

a）抽样日期；

b）抽取的物品或物质的唯一性标识（适当时，包括制造商的名称、标示的型号或类型以及序列号）；

c）抽样位置，包括图示、草图或照片；

d）抽样计划和抽样方法；

e）抽样过程中影响结果解释的环境条件的详细信息；

f）评定后续检测或校准测量不确定度所需的信息。

7.8.6 报告符合性声明

7.8.6.1 当做出与规范或标准符合性声明时，实验室应考虑与所用判定规则相关的风险水平（如错误接受、错误拒绝以及统计假设），将所使用的判定规则形成文件，并应用判定规则。

注：如果客户、法规或规范性文件规定了判定规则，则无需进一步考虑风险水平。

7.8.6.2 实验室在报告符合性声明时应清晰标示：

a）符合性声明适用的结果；

b）满足或不满足的规范、标准或其中条款；

c）应用的判定规则（除非规范或标准中已包含）；

注：详细信息见 ISO/IEC 指南 98-4。

7.8.7 报告意见和解释

7.8.7.1 当表述意见和解释时，实验室应确保只有授权人员才能发布相关意见和解释。实验室应将意见和解释的依据形成文件。

注：应注意区分意见和解释与 GB/T 27020（ISO/IEC 17020，IDT）中的检验声明、GB/T 27065（ISO/IEC 17065，IDT）中的产品认证声明以及 7.8.6 中符合性声明的差异。

7.8.7.2 报告中的意见和解释应基于被检测或校准物品的结果，并清晰地予以标注。

7.8.7.3 当以对话方式直接与客户沟通意见和解释时，应保存对话记录。

7.8.8 报告修改

7.8.8.1 当更改、修订或重新发布已发出的报告时，应在报告中清晰标识修改的信息，适当时标注修改的原因。

7.8.8.2 修改已发出的报告时，应仅以追加文件或数据传送的形式，并包含以下声明：

“对序列号为……（或其他标识）报告的修改”，或其他等效文字。

这类修改应满足本标准的所有要求。

7.8.8.3 当有必要发布全新的报告时，应予以唯一性标识，并注明所替代的原报告。

7.9 投诉

7.9.1 实验室应有形成文件的过程来接收和评价投诉，并对投诉作出决定。

7.9.2 利益相关方有要求时，应可获得对投诉处理过程的说明。在接到投诉后，实验室应证实投诉与其负责的实验室活动的相关性，如相关，应做出处理。实验室应对投诉处理过程中的所有决定负责。

7.9.3 投诉处理过程应至少包括以下要素和方法：

a）对投诉的接收、确认、调查以及决定采取处理措施过程的说明；

b）跟踪并记录投诉，包括为解决投诉所采取的措施；

c）确保采取适当的措施。

7.9.4 接到投诉的实验室应负责收集并验证所有必要的信息，以便确认投诉是否有效。

7.9.5 只要可能，实验室应告知投诉人已收到投诉，并向投诉人提供处理进程的报告和结果。

7.9.6 通知投诉人的处理结果应由与所涉及的实验室活动无关的人员作出，或审查和批准。

注：可由外部人员实施。

7.9.7 只要可能，实验室应正式通知投诉人投诉处理完毕。

7.10 不符合工作

7.10.1 当实验室活动或结果不符合自身的程序或与客户协商一致的要求时（例如，设备或环境条件超出规定限值，监控结果不能满足规定的准则），实验室应有程序予以实施，该程序应确保：

a）确定不符合工作管理的职责和权力；

b）基于实验室建立的风险水平采取措施（包括必要时暂停或重复工作以及扣发报告）；

c）评价不符合工作的严重性，包括分析对先前结果的影响；

d）对不符合工作的可接受性作出决定；

e）必要时，通知客户并召回；

f）规定批准恢复工作的职责。

7.10.2 实验室应保存不符合工作和 7.10.1 中 b）至 f）规定措施的记录。

7.10.3 当评价表明不符合工作可能再次发生时，或对实验室的运行与其管理体系的符合性产生怀疑时，实验室应采取纠正措施。

7.11 数据控制和信息管理

7.11.1 实验室应获得开展实验室活动所需的数据和信息。

7.11.2 用于收集、处理、记录、报告、存储或检索数据的实验室信息管理系统，在投入使用前应进行功能确认，包括实验室信息管理系统中界面的适当运行。对管理系统的任何变更，包括修改实验室软件配置或现成的商业化软件，在实施前应被批准、形成文件并确认。

注 1：本标准中“实验室信息管理系统”包括计算机化和非计算机化系统中的数据和信息管理。相比非计算机化的系统，有些要求更适用于计算机化的系统。

注 2：常用的现成商业化软件在其设计的应用范围内使用可视为已经过充分的确认。

7.11.3　实验室信息管理系统应：

a）防止未经授权的访问；

b）安全保护以防止篡改和丢失；

c）在符合系统供应商或实验室规定的环境中运行，或对于非计算机化的系统，提供保护人工记录和转录准确性的条件；

d）以确保数据和信息完整性的方式进行维护；

e）包括记录系统失效和适当的紧急措施及纠正措施。

7.11.4　当实验室信息管理系统在异地或由外部供应商进行管理和维护时，实验室应确保系统的供应商或运营商符合本标准的所有适用要求。

7.11.5　实验室应确保员工易于获取与实验室信息管理系统相关的说明书、手册和参考数据。

7.11.6　应对计算和数据传送进行适当和系统地检查。

8　管理体系要求

8.1　方式

8.1.1　总则

实验室应建立、实施和保持文件化的管理体系，该管理体系应能够支持和证明实验室持续满足本标准要求，并且保证实验室结果的质量。除满足第 4 章至第 7 章的要求，实验室应按方式 A 或方式 B 实施管理体系。

注：更多信息参见附录 B。

8.1.2　方式 A

实验室管理体系至少应包括下列内容：

——管理体系文件（见 8.2）；

——管理体系文件的控制（见 8.3）；

——记录控制（见 8.4）；

——应对风险和机遇的措施（见 8.5）；

——改进（见 8.6）；

——纠正措施（见 8.7）；

——内部审核（见 8.8）；

——管理评审（见 8.9）。

8.1.3　方式 B

实验室按照 GB/T 19001 的要求建立并保持管理体系，能够支持和证明持续符合第 4 章至第 7 章要求，也至少满足了 8.2 至 8.9 中规定的管理体系要求的目的。

8.2　管理体系文件（方式 A）

8.2.1　实验室管理层应建立、编制和保持符合本标准目的的方针和目标，并确保该方针和目标在实验室组织的各级人员得到理解和执行。

8.2.2　方针和目标应能体现实验室的能力、公正性和一致运作。

8.2.3 实验室管理层应提供建立和实施管理体系以及持续改进其有效性承诺的证据。

8.2.4 管理体系应包含、引用或链接与满足本标准要求相关的所有文件、过程、系统和记录等。

8.2.5 参与实验室活动的所有人员应可获得适用于其职责的管理体系文件和相关信息。

8.3 管理体系文件的控制（方式A）

8.3.1 实验室应控制与满足本标准要求有关的内部和外部文件。

注：本标准中，“文件 ”可以是政策声明、程序、规范、制造商的说明书、校准表格、图表、教科书、张贴品、通知、备忘录、图纸、计划等。这些文件可承载于各种载体，例如硬拷贝或数字形式。

8.3.2 实验室应确保：

a）文件发布前由授权人员审查其充分性并批准；

b）定期审查文件，必要时更新；

c）识别文件更改和当前修订状态；

d）在使用地点应可获得适用文件的相关版本，并在必要时控制其发放；

e）应对文件进行唯一性标识；

f）防止误用作废文件，并对出于某种目的而保留的作废文件做出适当标识。

8.4 记录控制（方式A）

8.4.1 实验室应建立和保存清晰的记录以证明满足本标准的要求。

8.4.2 实验室应对记录的标识、存储、保护、备份、归档、检索、保存期和处置实施所需的控制。实验室记录保存期限应符合合同义务。记录的调阅应符合保密承诺，且记录应易于获得。

注：对技术记录的其他要求见7.5。

8.5 应对风险和机遇的措施（方式A）

8.5.1 实验室应考虑与实验室活动相关的风险和机遇，以：

a）确保管理体系能够实现其预期结果；

b）增强实现实验室目的和目标的机遇；

c）预防或减少实验室活动中的不利影响和可能的失败；

d）实现改进。

8.5.2 实验室应策划：

a）应对这些风险和机遇的措施。

b）如何：

——在管理体系中整合并实施这些措施；

——评价这些措施的有效性。

注：虽然本标准规定实验室应策划应对风险的措施，但并未要求运用正式的风险管理方法或形成文件的风险管理过程。实验室可决定是否采用超出本标准要求的更广泛的风险管理方法，如：通过应用其他指南或标准。

8.5.3 应对风险和机遇的措施应与其对实验室结果有效性的潜在影响相适应。

注1：应对风险的方式包括识别和规避威胁，为寻求机遇承担风险，消除风险源，改变风险的可能性或后果，分担风险，或通过信息充分的决策而保留风险。

注2：机遇可能促使实验室扩展活动范围，赢得新客户，使用新技术和其他方式应对客户需求。

8.6 改进（方式 A）

8.6.1 实验室应识别和选择改进机遇，并采取必要措施。

注：实验室可通过评审操作程序、实施方针、总体目标、审核结果、纠正措施、管理评审、人员建议、风险评估、数据分析和能力验证结果来识别改进机遇。

8.6.2 实验室应向客户征求反馈，无论是正面的还是负面的。应分析和利用这些反馈，以改进管理体系、实验室活动和客户服务。

注：反馈的类型示例包括：客户满意度调查、与客户的沟通记录和共同审查报告。

8.7 纠正措施（方式 A）

8.7.1 当发生不符合时，实验室应：

a）对不符合作出应对，并且在适用时：

——采取措施以控制和纠正不符合；

——处置后果；

b）通过下列活动评价是否需要采取措施，以消除产生不符合的原因，避免其再次发生或者在其他场合发生：

——评审和分析不符合；

——确定不符合的原因；

——确定是否存在或可能发生类似的不符合；

c）实施所需的措施；

d）评审所采取的纠正措施的有效性；

e）必要时，更新在策划期间确定的风险和机遇；

f）必要时，变更管理体系。

8.7.2 纠正措施应与不符合产生的影响相适应。

8.7.3 实验室应保存记录，作为下列事项的证据：

a）不符合的性质、产生原因和后续所采取的措施；

b）纠正措施的结果。

8.8 内部审核（方式 A）

8.8.1 实验室应按照策划的时间间隔进行内部审核，以提供有关管理体系的下列信息：

a）是否符合：

——实验室自身的管理体系要求，包括实验室活动；

——本标准的要求；

b）是否得到有效的实施和保持。

8.8.2 实验室应：

a）考虑实验室活动的重要性、影响实验室的变化和以前审核的结果，策划、制定、实施和保持审核方案，审核方案包括频次、方法、职责、策划要求和报告；

b）规定每次审核的审核准则和范围；

c）确保将审核结果报告给相关管理层；

d）及时采取适当的纠正和纠正措施；

e）保存记录，作为实施审核方案和审核结果的证据。

注：内部审核相关指南参见 GB/T 19011（ISO 19011，IDT）。

8.9 管理评审（方式 A）

8.9.1 实验室管理层应按照策划的时间间隔对实验室的管理体系进行评审，以确保其持续的适宜性、充分性和有效性，包括执行本标准的相关方针和目标。

8.9.2 实验室应记录管理评审的输入，并包括以下相关信息：

a）与实验室相关的内外部因素的变化；

b）目标实现；

c）政策和程序的适宜性；

d）以往管理评审所采取措施的情况；

e）近期内部审核的结果；

f）纠正措施；

g）由外部机构进行的评审；

h）工作量和工作类型的变化或实验室活动范围的变化；

i）客户和人员的反馈；

j）投诉；

k）实施改进的有效性；

l）资源的充分性；

m）风险识别的结果；

n）保证结果有效性的输出；

o）其他相关因素，如监控活动和培训。

8.9.3 管理评审的输出至少应记录与下列事项相关的决定和措施：

a）管理体系及其过程的有效性；

b）履行本标准要求相关的实验室活动的改进；

c）提供所需的资源；

d）所需的变更。

附　录　A
（资料性附录）
计量溯源性

A.1 总则

计量溯源性是确保测量结果在国内和国际上具有可比性的重要概念，本附录给出了有关计量溯源性的更详细的信息。

A.2 建立计量溯源性

A.2.1 建立计量溯源性需考虑并确保以下内容：

a）规定被测量（被测量的量）；

b）一个形成文件的不间断的校准链，可以溯源到声明的适当参考对象（适当参考对象包括国家标准或国际标准以及自然基准）；

c）按照约定的方法评定溯源链中每次校准的测量不确定度；

d）溯源链中每次校准均按照适当的方法进行，并有测量结果及相关的、已记录的测量不确定度；

e）在溯源链中实施一次或多次校准的实验室应提供其技术能力的证据。

A.2.2 当使用被校准的设备将计量溯源性传递至实验室的测量结果时，需考虑该设备的系统测量误差（有时称为偏倚）。有几种方法来考虑测量计量溯源性传递中的系统测量误差。

A.2.3 具备能力的实验室报告测量标准的信息中，如果只有与规范的符合性声明（省略了测量结果和相关不确定度），该测量标准有时也可用于传递计量溯源性，其规范限是不确定度的来源，但此方法取决于：

——使用适当的判定规则确定符合性；

——在后续的不确定度评估中，以技术上适当的方式来处理规范限。

此方法的技术基础在于与规范符合性声明确定了测量值的范围，并预计真值以规定的置信度处于该范围内，该范围考虑了真值的偏倚以及测量不确定度。

示例：使用国际法制计量组织（OIML）R111 各种等级砝码校准天平。

A.3 证明计量溯源性

A.3.1 实验室负责按建立计量溯源性。符合本标准的实验室提供的校准结果具有计量溯源性。符合 ISO 17034 的标准物质生产者所提供的有证标准物质的标准值具有计量溯源性；有不同的方式来证明与本标准的符合性，即第三方承认（如认可机构）、客户进行的外部评审或自我评审。国际上承认的途径包括但不限于：

a）已通过适当同行评审的国家计量院及其指定机构提供的校准和测量能力。该同行评审是在国际计量委员会相互承认协议（CIPM MRA）下实施的。CIPM MRA 所覆盖的服务可以在国际计量局的关键比对数据库（BIPM KCDB）附录 C 中查询，其给出了每项服务的范围和测量不确定度。

b）签署国际实验室认可合作组织（ILAC）协议或 ILAC 承认的区域协议的认可机构认可的校准和测量能力能够证明具有计量溯源性。获认可的实验室的能力范围可从相关认可机构公开获得。

A.3.2 当需要证明计量溯源链在国际上被承认的情况时，BIPM、OIML（国际法制计量组织）、ILAC 和 ISO 关于计量溯源性的联合声明提供了专门指南。

附　录　B
（资料性附录）
管理体系方式

B.1 随着管理体系的广泛应用，日益需要实验室运行的管理体系既符合 GB/T 19001，又符合本标准。因此，本标准提供了实施管理体系相关要求的两种方式。

B.2 方式 A（见 8.1.2）给出了实施实验室管理体系的最低要求，其已纳入 GB/T 19001 中与实验室活动范围相关的管理体系所有要求。因此，符合本标准第 4 章至第 7 章，并实施第 8 章方式 A 的实验室，通常也是按照 GB/T 19001 的要求运作的。

B.3 方式 B（见 8.1.3）允许实验室按照 GB/T 19001 的要求建立和保持管理体系，并能支持和证明持续符合第 4 章至第 7 章的要求。因此实验室实施第 8 章的方式 B，也是按照

GB/T 19001 运作的。实验室管理体系符合 GB/T 19001 的要求，并不证明实验室在技术上具备出具有效数据和结果的能力。实验室还应符合第 4 章至第 7 章。

B.4 两种方式的目的都是为了在管理体系的运行，以及符合 GB/T 27025 第 4 章至第 7 章的要求方面达到同样的结果。

注： 如同 GB/T 19001 和其他管理体系标准，文件、数据和记录是成文信息的组成部分。8.3 规定了文件控制。8.4 和 7.5 节规定了记录控制。7.11 规定了实验室活动的数据控制。

B.5 图 B.1 给出了 GB/T 27025 第 7 章所描述的实验室运作过程的示意图。

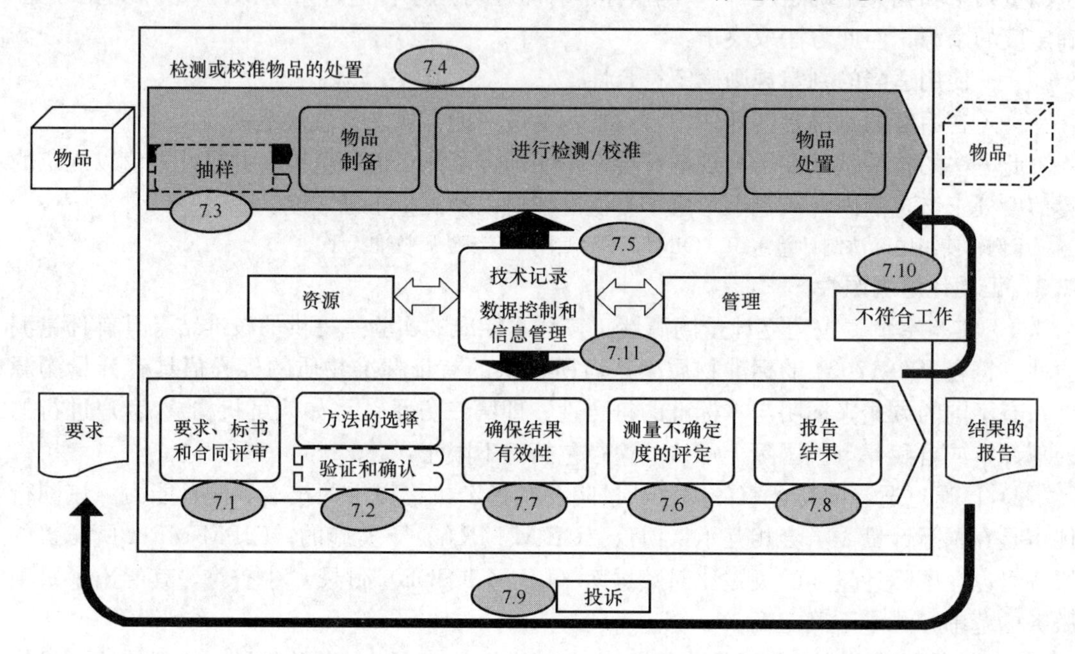

图 B.1 实验室运作过程的示意图

附录